더 쉽게 더 빠르게 합

가스산업기사 기출문제집 필기

합격플래너

추천 3회독 플랜

구분	내용		1회독	2회독	3회독
핵심이론	제1장 연소공학(핵심 1~43)		☐ DAY 1	☐ DAY 29	☐ DAY 43
	제2장 가스설비(핵심 1~63)		☐ DAY 2		
	제3장 안전관리	(핵심 1~60)	☐ DAY 3	☐ DAY 30	
		(핵심 61~120)	☐ DAY 4		
		(핵심 121~171)	☐ DAY 5	☐ DAY 31	
	제4장 계측기기(핵심 1~37)		☐ DAY 6		
10개년 기출문제	**2014년** 제1회 기출문제 / 2014년 제2회 기출문제		☐ DAY 7	☐ DAY 32	☐ DAY 44
	2014년 제4회 기출문제 / **2015년** 제1회 기출문제		☐ DAY 8		
	2015년 제2회 기출문제 / 2015년 제4회 기출문제		☐ DAY 9	☐ DAY 33	
	2016년 제1회 기출문제 / 2016년 제2회 기출문제		☐ DAY 10		☐ DAY 45
	2016년 제4회 기출문제 / **2017년** 제1회 기출문제		☐ DAY 11	☐ DAY 34	
	2017년 제2회 기출문제 / 2017년 제4회 기출문제		☐ DAY 12		
	2018년 제1회 기출문제 / 2018년 제2회 기출문제		☐ DAY 13	☐ DAY 35	☐ DAY 46
	2018년 제4회 기출문제 / **2019년** 제1회 기출문제		☐ DAY 14		
	2019년 제2회 기출문제 / 2019년 제4회 기출문제		☐ DAY 15	☐ DAY 36	
	2020년 제1, 2회 통합 기출문제		☐ DAY 16		☐ DAY 47
	2020년 제3회 기출문제		☐ DAY 17	☐ DAY 37	
	2020년 제4회 CBT 기출복원문제		☐ DAY 18		
	2021년 제1회 CBT 기출복원문제		☐ DAY 19	☐ DAY 38	
	2021년 제2회 CBT 기출복원문제		☐ DAY 20		
	2021년 제4회 CBT 기출복원문제		☐ DAY 21	☐ DAY 39	
	2022년 제1회 CBT 기출복원문제		☐ DAY 22		☐ DAY 48
	2022년 제2회 CBT 기출복원문제		☐ DAY 23	☐ DAY 40	
	2022년 제4회 CBT 기출복원문제		☐ DAY 24		
	2023년 제1회 CBT 기출복원문제		☐ DAY 25	☐ DAY 41	☐ DAY 49
	2023년 제2회 CBT 기출복원문제		☐ DAY 26		
	2023년 제4회 CBT 기출복원문제		☐ DAY 27		
부록	수소 및 수소 안전관리 관련 예상문제		☐ DAY 28	☐ DAY 42	
CBT	CBT 온라인 모의고사(1~3회)		–	–	☐ DAY 50

절취선

단기완성 1회독 맞춤 플랜

구분	내용		30일 꼼꼼코스	14일 집중코스	7일 속성코스
핵심이론	제1장 연소공학(핵심 1~43)		☐ DAY 1	☐ DAY 1	☐ DAY 1
핵심이론	제2장 가스설비(핵심 1~63)		☐ DAY 2	☐ DAY 1	☐ DAY 1
핵심이론	제3장 안전관리	(핵심 1~60)	☐ DAY 3	☐ DAY 2	☐ DAY 1
핵심이론	제3장 안전관리	(핵심 61~120)	☐ DAY 4	☐ DAY 2	☐ DAY 2
핵심이론	제3장 안전관리	(핵심 121~171)	☐ DAY 5	☐ DAY 3	☐ DAY 2
핵심이론	제4장 계측기기(핵심 1~37)		☐ DAY 6	☐ DAY 3	☐ DAY 2
10개년 기출문제	**2014년** 제1회 기출문제 / 2014년 제2회 기출문제		☐ DAY 7	☐ DAY 4	☐ DAY 3
10개년 기출문제	2014년 제4회 기출문제 / **2015년** 제1회 기출문제		☐ DAY 8	☐ DAY 4	☐ DAY 3
10개년 기출문제	2015년 제2회 기출문제 / 2015년 제4회 기출문제		☐ DAY 9	☐ DAY 5	☐ DAY 3
10개년 기출문제	**2016년** 제1회 기출문제 / 2016년 제2회 기출문제		☐ DAY 10	☐ DAY 5	☐ DAY 3
10개년 기출문제	2016년 제4회 기출문제 / **2017년** 제1회 기출문제		☐ DAY 11	☐ DAY 6	☐ DAY 4
10개년 기출문제	2017년 제2회 기출문제 / 2017년 제4회 기출문제		☐ DAY 12	☐ DAY 6	☐ DAY 4
10개년 기출문제	**2018년** 제1회 기출문제 / 2018년 제2회 기출문제		☐ DAY 13	☐ DAY 7	☐ DAY 4
10개년 기출문제	2018년 제4회 기출문제 / **2019년** 제1회 기출문제		☐ DAY 14	☐ DAY 7	☐ DAY 4
10개년 기출문제	2019년 제2회 기출문제 / 2019년 제4회 기출문제		☐ DAY 15	☐ DAY 8	☐ DAY 5
10개년 기출문제	**2020년** 제1, 2회 통합 기출문제		☐ DAY 16	☐ DAY 8	☐ DAY 5
10개년 기출문제	2020년 제3회 기출문제		☐ DAY 17	☐ DAY 9	☐ DAY 5
10개년 기출문제	2020년 제4회 CBT 기출복원문제		☐ DAY 18	☐ DAY 9	☐ DAY 5
10개년 기출문제	**2021년** 제1회 CBT 기출복원문제		☐ DAY 19	☐ DAY 10	☐ DAY 5
10개년 기출문제	2021년 제2회 CBT 기출복원문제		☐ DAY 20	☐ DAY 10	☐ DAY 5
10개년 기출문제	2021년 제4회 CBT 기출복원문제		☐ DAY 21	☐ DAY 10	☐ DAY 5
10개년 기출문제	**2022년** 제1회 CBT 기출복원문제		☐ DAY 22	☐ DAY 11	☐ DAY 6
10개년 기출문제	2022년 제2회 CBT 기출복원문제		☐ DAY 23	☐ DAY 11	☐ DAY 6
10개년 기출문제	2022년 제4회 CBT 기출복원문제		☐ DAY 24	☐ DAY 11	☐ DAY 6
10개년 기출문제	**2023년** 제1회 CBT 기출복원문제		☐ DAY 25	☐ DAY 12	☐ DAY 6
10개년 기출문제	2023년 제2회 CBT 기출복원문제		☐ DAY 26	☐ DAY 12	☐ DAY 6
10개년 기출문제	2023년 제4회 CBT 기출복원문제		☐ DAY 27	☐ DAY 12	☐ DAY 6
부록	수소 및 수소 안전관리 관련 예상문제		☐ DAY28/29	☐ DAY 13	☐ DAY 7
CBT	CBT 온라인 모의고사(1~3회)		☐ DAY 30	☐ DAY 14	☐ DAY 7

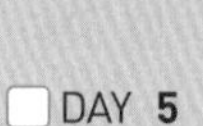

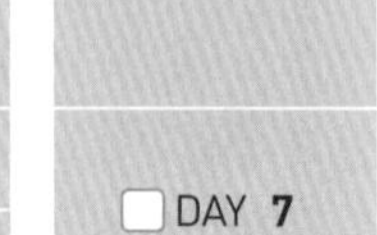

절취선

유일무이 나만의 합격 플랜

나만의 합격코스

			나만의 합격코스	1회독	2회독	3회독	MEMO
핵심이론	제1장 연소공학(핵심 1~43)		월 일	☐	☐	☐	
	제2장 가스설비(핵심 1~63)		월 일	☐	☐	☐	
	제3장 안전관리	(핵심 1~60)	월 일	☐	☐	☐	
		(핵심 61~120)	월 일	☐	☐	☐	
		(핵심 121~171)	월 일	☐	☐	☐	
	제4장 계측기기(핵심 1~37)		월 일	☐	☐	☐	
10개년 기출문제	**2014년** 제1회 기출문제 / 2014년 제2회 기출문제		월 일	☐	☐	☐	
	2014년 제4회 기출문제 / **2015년** 제1회 기출문제		월 일	☐	☐	☐	
	2015년 제2회 기출문제 / 2015년 제4회 기출문제		월 일	☐	☐	☐	
	2016년 제1회 기출문제 / 2016년 제2회 기출문제		월 일	☐	☐	☐	
	2016년 제4회 기출문제 / **2017년** 제1회 기출문제		월 일	☐	☐	☐	
	2017년 제2회 기출문제 / 2017년 제4회 기출문제		월 일	☐	☐	☐	
	2018년 제1회 기출문제 / 2018년 제2회 기출문제		월 일	☐	☐	☐	
	2018년 제4회 기출문제 / **2019년** 제1회 기출문제		월 일	☐	☐	☐	
	2019년 제2회 기출문제 / 2019년 제4회 기출문제		월 일	☐	☐	☐	
	2020년 제1, 2회 통합 기출문제		월 일	☐	☐	☐	
	2020년 제3회 기출문제		월 일	☐	☐	☐	
	2020년 제4회 CBT 기출복원문제		월 일	☐	☐	☐	
	2021년 제1회 CBT 기출복원문제		월 일	☐	☐	☐	
	2021년 제2회 CBT 기출복원문제		월 일	☐	☐	☐	
	2021년 제4회 CBT 기출복원문제		월 일	☐	☐	☐	
	2022년 제1회 CBT 기출복원문제		월 일	☐	☐	☐	
	2022년 제2회 CBT 기출복원문제		월 일	☐	☐	☐	
	2022년 제4회 CBT 기출복원문제		월 일	☐	☐	☐	
	2023년 제1회 CBT 기출복원문제		월 일	☐	☐	☐	
	2023년 제2회 CBT 기출복원문제		월 일	☐	☐	☐	
	2023년 제4회 CBT 기출복원문제		월 일	☐	☐	☐	
부록	수소 및 수소 안전관리 관련 예상문제		월 일	☐	☐	☐	
CBT	CBT 온라인 모의고사(1~3회)		월 일	☐	☐	☐	

절취선

저자쌤의 합격플래너 활용 Tip.

01. Choice

시험대비를 위해 여유 있는 시간을 확보해 제대로 공부하여 시험합격은 물론 고득점을 노리는 수험생들은 **Plan 1 (50일 3회독 완벽코스)**를, 폭넓고 깊은 학습은 불가능해도 꼼꼼하게 공부해 한번에 시험합격을 원하시는 수험생들은 **Plan 2 (30일 꼼꼼코스)**를, 시험준비를 늦게 시작하였으나 짧은 기간에 온전히 학습할 수 있는 많은 시간확보가 가능한 수험생들은 **Plan 3 (14일 집중코스)**를, 부족한 시간이지만 열심히 공부하여 60점만 넘어 합격의 영광을 누리고 싶은 수험생들은 **Plan 4 (7일 속성코스)**가 적합합니다!
단, 저자쌤은 위의 학습플랜 중 충분한 학습기간을 가지고 제대로 시험대비를 할 수 있는 **Plan 1**을 추천합니다!!!

02. Plus

Plan 1~4까지 중 나에게 맞는 학습플랜이 없을 시, **Plan 5**에 **나에게 꼭~ 맞는 나만의 학습계획**을 스스로 세워보거나, 또는 **Plan 2 + Plan 3**, **Plan 2 + Plan 4**, **Plan 3 + Plan 4** 등 제시된 코스를 활용하여 나의 시험준비기간에 잘~ 맞는 학습계획을 세워보세요!

03. Unique

유일무이 나만의 합격 플랜에는 계획에 따라 3회독까지 학습체크를 할 수 있는 공란과, 처음 1회독 시 학습한 날짜를 기입할 수 있는 공간을 따로 두었습니다!

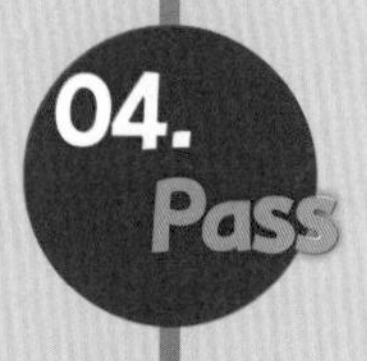

04. Pass

책의 앞부분에 수록되어 있는 필기시험에 자주 출제되고 꼭 알아야 하는 중요내용을 일목요연하게 정리한 **핵심이론**은 플래너의 학습일과 상관없이 기출문제를 풀 때 수시로 참고하거나 모든 학습이 끝난 후 한번 더 반복하여 봐주시길 바랍니다.

※ 합격플래너를 활용해 계획적으로 시험대비를 하여 필기시험에 합격하신 수험생분께는 「문화상품권(2만원)」을 보내드립니다.(단, 선착순(10명)이며, 온라인서점에 플래너 활용사진을 포함한 도서리뷰 or 합격후기를 올려주신 후 인증사진을 보내주신 분에 한합니다.)
☎ 관련문의 : 031-950-6371

절취선

DPLUS

더플러스

더 쉽게 더 빠르게 합격 플러스

가스산업기사 필기 기출문제집

양용석 지음

도서 A/S 안내

성안당에서 발행하는 모든 도서는 저자와 출판사, 그리고 독자가 함께 만들어 나갑니다.

좋은 책을 펴내기 위해 많은 노력을 기울이고 있습니다. 혹시라도 내용상의 오류나 오탈자 등이 발견되면 **"좋은 책은 나라의 보배"**로서 우리 모두가 함께 만들어 간다는 마음으로 연락주시기 바랍니다. 수정 보완하여 더 나은 책이 되도록 최선을 다하겠습니다.

성안당은 늘 독자 여러분들의 소중한 의견을 기다리고 있습니다. 좋은 의견을 보내주시는 분께는 성안당 쇼핑몰의 포인트(3,000포인트)를 적립해 드립니다.

잘못 만들어진 책이나 부록 등이 파손된 경우에는 교환해 드립니다.

저자 문의 e-mail : 3305542a@daum.net(양용석)
본서 기획자 e-mail : coh@cyber.co.kr(최옥현)
홈페이지 : http://www.cyber.co.kr 전화 : 031) 950-6300

머리말

가스산업기사 자격증을 취득하시려는 독자 여러분 반갑습니다.

현재 가스 관련 분야에 근무하고 있거나 관심을 갖고 있는 공학도, 그리고 가스산업기사 국가기술자격증을 취득하기 위하여 준비하시는 수험생 여러분께 도움을 드리고자 이 책을 발행하게 되었습니다.

이 책은 한국산업인력공단의 출제기준과 NCS(국가직무능력표준)의 산업안전(가스분야) 기준으로 핵심이론정리를 하였으며 과년도 출제문제를 중심으로 단기간에 합격할 수 있도록 반드시 필요한 내용만 핵심적으로 간추린 가스산업기사 수험서입니다.

이 책의 특징을 요약하면 다음과 같습니다.

1. 한국산업인력공단의 출제기준, NCS(국가직무능력표준)의 기준을 반영하였습니다.
2. 과년도 출제문제를 바탕으로 꼭 필요한 이론만을 간추려 수록하였습니다.
3. 기출문제를 통해 기출문제와 유사한 관련 이론을 집대성하여 여러 유형의 문제를 해결할 수 있도록 구성하였습니다.
4. 2014년~2023년까지의 기출문제에 알차고 정확한 해설을 수록하였습니다.

끝으로, 이 책의 집필을 위하여 자료 제공 및 여러 가지 지원을 아끼지 않으신 관계자분들과 성안당 이종춘 회장님 이하 편집부 직원 여러분께 진심으로 감사드리며, 수험생 여러분께 꼭 합격의 영광이 함께하시길 바랍니다.

저자 양용석

이 책을 보시면서 궁금한 점이 있으시면 **저자 직통**(010-5835-0508)이나 **저자 메일**(3305542a@daum.net)로 언제든지 질문을 주시면 성실하게 답변드리겠습니다.
또한, 이 책 발행 이후의 오류사항 및 변경내용은 성안당 홈페이지-자료실-정오표 게시판에 올려두겠습니다.

시험 및 핵심이론정리 안내

자격명	가스산업기사	영문명	Industrial Engineer Gas
관련부처	산업통상자원부	시행기관	한국산업인력공단

1 시험 안내

(1) 개요

고압가스가 지닌 화학적, 물리적 특성으로 인한 각종 사고로부터 국민의 생명과 재산을 보호하고 고압가스의 제조과정에서부터 소비과정에 이르기까지 안전에 대한 규제대책, 각종 가스용기, 기계, 기구 등에 대한 제품검사, 가스취급에 따른 제반시설의 검사 등 고압가스에 관한 안전관리를 실시하기 위한 전문인력을 양성하기 위하여 자격제도를 제정하였다.

(2) 시험 수수료

① 필기 – 19,400원
② 실기 – 24,100원

(3) 출제 경향

① 필답형 – 출제기준 참조
② 작업형 – 가스제조 및 가스설비, 운전, 저장 및 공급에 대한 취급과 가스장치의 고장진단 및 유지관리와 가스기기 및 설비에 대한 검사 업무 및 가스안전관리에 관한 업무를 수행할 수 있는지의 능력을 평가

(4) 취득 방법

① 시행처 : 한국산업인력공단
② 관련학과 : 대학과 전문대학의 화학공학, 가스냉동학, 가스산업학 관련학과
③ 시험과목 • 필기 – 1. 연소공학 2. 가스설비 3. 가스안전관리 4. 가스계측
• 실기 – 가스실무
④ 검정방법 • 필기 – 객관식 4지 택일형 과목당 20문항(2시간)
• 실기 – 복합형[필답형(1시간 30분)+작업형(1시간 30분 정도)]
※ 배점 – 필답형 60점, 작업형(동영상) 40점
⑤ 합격기준 • 필기 – 100점을 만점으로 하여 과목당 40점 이상, 전 과목 평균 60점 이상
• 실기 – 100점을 만점으로 하여 60점 이상

2 핵심이론정리 안내

책의 앞부분에 수록되어 있는 제1편의 〈**시험에 잘 나오는 핵심이론정리**〉에 대해 설명드리겠습니다.

〈시험에 잘 나오는 핵심이론정리〉는 기출문제 해설집인 동시에 핵심내용의 관련 이론을 모두 한곳에서 정리함으로써 출제된 문제 이외에 유사한 문제가 다시 출제되더라도 풀어낼 수 있도록 출제가능이론을 일목요연하게 정리하였습니다. 이 핵심이론정리를 잘 활용하시면 관련 이론에서 95% 이상 적중하리라 확신합니다. 그럼 학습방법을 살펴볼까요?

14 최소점화에너지에 대한 설명으로 옳지 않은 것은?

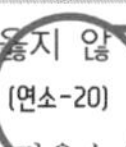

(연소-20)

① 연소속도가 클수록, 열전도도가 작을수록 큰 값을 갖는다.
② 가연성 혼합기체를 점화시키는 데 필요한 최소에너지를 최소점화에너지라 한다.
③ 불꽃방전 시 일어나는 점화에너지의 크기는 전압의 제곱에 비례한다.
④ 일반적으로 산소농도가 높을수록, 압력이 증가할수록 값이 감소한다.

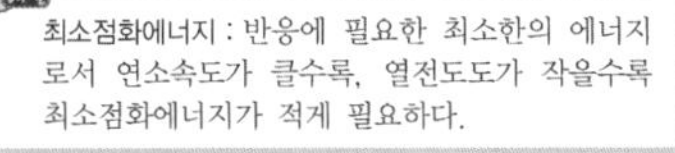

해설
최소점화에너지 : 반응에 필요한 최소한의 에너지로서 연소속도가 클수록, 열전도도가 작을수록 최소점화에너지가 적게 필요하다.

예를 들어, 과년도 출제문제쪽 '연소-20'이면, 핵심이론정리 '연소공학' 부분을 확인!

핵심 20 ◆ 최소점화에너지(MIE)

정 의	연소(착화)에
최소점화에너지가 낮아지는 조건	① 압력이 높을수록 ② 산소농도가 높을수록 ③ 열전도율이 적을수록 ④ 연소속도가 빠를수록 ⑤ 온도가 높을수록

과년도 출제문제와 핵심이론정리를 비교하여 공부하시면 가장 바람직하고 이상적인 학습방법이 될 것입니다.

★ 합격의 행운이 함께 하시길 바랍니다.

시험 접수에서 자격증 수령까지 안내

☑ 원서접수 안내 및 유의사항입니다.

- 원서접수 확인 및 수험표 출력기간은 접수당일부터 시험시행일까지 출력 가능(이외 기간은 조회불가)합니다. 또한 출력장애 등을 대비하여 사전에 출력 보관하시기 바랍니다.
- 원서접수는 온라인(인터넷, 모바일앱)에서만 가능합니다.
- 스마트폰, 태블릿 PC 사용자는 모바일앱 프로그램을 설치한 후 접수 및 취소/환불 서비스를 이용하시기 바랍니다.

STEP 01
필기시험 원서접수

- 필기시험은 온라인 접수만 가능
- Q-net(www.q-net.or.kr) 사이트 회원 가입
- 응시자격 자가진단 확인 후 원서 접수 진행
- 반명함 사진 등록 필요 (6개월 이내 촬영본 / 3.5cm×4.5cm)

STEP 02
필기시험 응시

- 입실시간 미준수 시 시험 응시 불가 (시험시작 30분 전에 입실 완료)
- 수험표, 신분증, 계산기 지참 (공학용 계산기 지참 시 반드시 포맷)

STEP 03
필기시험 합격자 확인

- CBT 형식으로 치러지므로 시험 완료 즉시 합격 여부 확인 가능
- 문자 메시지, SNS 메신저를 통해 합격 통보 (합격자만 통보)
- Q-net(www.q-net.or.kr) 사이트 및 ARS (1666-0100)를 통해서 확인 가능

STEP 04
실기시험 원서접수

- Q-net(www.q-net.or.kr) 사이트에서 원서접수
- 응시자격서류 제출 후 심사에 합격 처리된 사람에 한하여 원서 접수 가능 (응시자격서류 미제출 시 필기시험 합격예정 무효)

※ 자세한 사항은 Q-net 홈페이지(www.q-net.or.kr)를 참고하시기 바랍니다.

"성안당은 여러분의 합격을 기원합니다"

STEP 05
실기시험 응시

- 수험표, 신분증, 필기구, 공학용 계산기, 종목별 수험자 준비물 지참 (공학용 계산기는 허용된 종류에 한하여 사용 가능하며, 수험자 지참 준비물은 실기시험 접수기간에 확인 가능)

STEP 06
실기시험 합격자 확인

- 문자 메시지, SNS 메신저를 통해 합격 통보 (합격자만 통보)
- Q-net(www.q-net.or.kr) 사이트 및 ARS (1666-0100)를 통해서 확인 가능

STEP 07
자격증 교부 신청

- 상장형 자격증, 수첩형 자격증 형식 신청 가능
- Q-net(www.q-net.or.kr) 사이트를 통해 신청

STEP 08
자격증 수령

- 상장형 자격증은 합격자 발표 당일부터 인터넷으로 발급 가능 (직접 출력하여 사용)
- 수첩형 자격증은 인터넷 신청 후 우편수령만 가능 (수수료 : 3,100원 / 배송비 : 3,010원)

★ 필기/실기 시험 시 허용되는 공학용 계산기 기종

1. 카시오(CASIO) FX-901~999
2. 카시오(CASIO) FX-501~599
3. 카시오(CASIO) FX-301~399
4. 카시오(CASIO) FX-80~120
5. 샤프(SHARP) EL-501-599
6. 샤프(SHARP) EL-5100, EL-5230, EL-5250, EL-5500
7. 캐논(CANON) F-715SG, F-788SG, F-792SGA
8. 유니원(UNIONE) UC-400M, UC-600E, UC-800X
9. 모닝글로리(MORNING GLORY) ECS-101

CBT 안내

1 CBT란?

CBT란 Computer Based Test의 약자로, 컴퓨터 기반 시험을 의미한다.
정보기기운용기능사, 정보처리기능사, 굴삭기운전기능사, 지게차운전기능사, 제과기능사, 제빵기능사, 한식조리기능사, 양식조리기능사, 일식조리기능사, 중식조리기능사, 미용사(일반), 미용사(피부) 등 12종목은 이미 오래 전부터 CBT 시험을 시행하고 있으며, **가스산업기사는 2020년 4회 시험부터 CBT 시험이 시행**되었다.
CBT 필기시험은 컴퓨터로 보는 만큼 수험자가 답안을 제출함과 동시에 합격여부를 확인할 수 있다.

2 CBT 시험과정

한국산업인력공단에서 운영하는 홈페이지 **큐넷(Q-net)**에서는 누구나 쉽게 **CBT 시험**을 볼 수 있도록 실제 자격시험 환경과 동일하게 구성한 **가상 웹 체험 서비스를 제공**하고 있으며, 그 과정을 요약한 내용은 아래와 같다.

(1) 시험시작 전 신분 확인절차

수험자가 자신에게 배정된 좌석에 앉아 있으면 신분 확인절차가 진행된다.
이것은 시험장 감독위원이 컴퓨터에 나온 수험자 정보와 신분증이 일치하는지를 확인하는 단계이다.

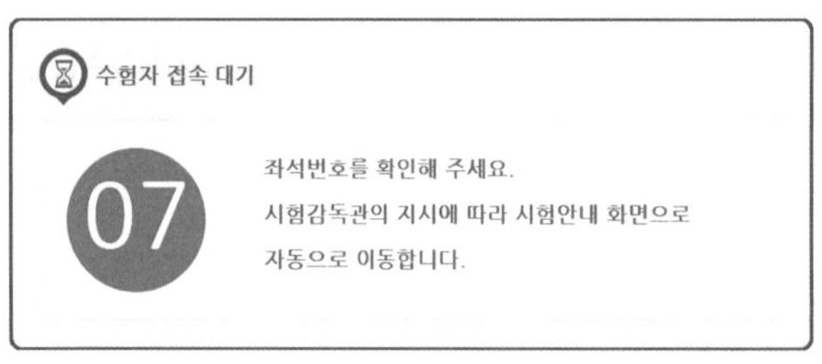

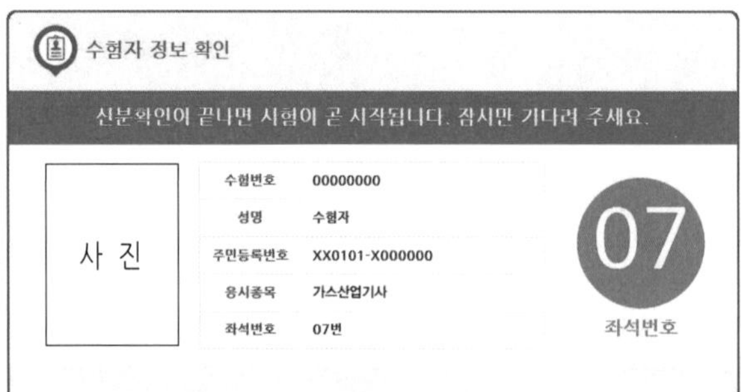

(2) CBT 시험안내 진행

신분 확인이 끝난 후 시험시작 전 CBT 시험안내가 진행된다.

안내사항 > 유의사항 > 메뉴 설명 > 문제풀이 연습 > 시험준비 완료

① 시험 **[안내사항]**을 확인한다.

- 시험은 총 5문제로 구성되어 있으며, 5분간 진행된다.
  (자격종목별로 시험문제 수와 시험시간은 다를 수 있다.(가스산업기사 필기-80문제/2시간))
- 시험도중 수험자 PC 장애 발생 시 손을 들어 시험감독관에게 알리면 긴급장애조치 또는 자리이동을 할 수 있다.
- 시험이 끝나면 합격여부를 바로 확인할 수 있다.

② 시험 **[유의사항]**을 확인한다.

시험 중 금지되는 행위 및 저작권 보호에 관한 유의사항이 제시된다.

③ 문제풀이 **[메뉴 설명]**을 확인한다.

문제풀이 기능 설명을 유의해서 읽고 기능을 숙지해야 한다.

④ 자격검정 CBT **[문제풀이 연습]**을 진행한다.

실제 시험과 동일한 방식의 문제풀이 연습을 통해 CBT 시험을 준비한다.

- CBT 시험 문제화면의 기본 글자크기는 150%이다. 글자가 크거나 작을 경우 크기를 변경할 수 있다.
- 화면배치는 1단 배치가 기본 설정이다. 더 많은 문제를 볼 수 있는 2단 배치와 한 문제씩 보기 설정이 가능하다.

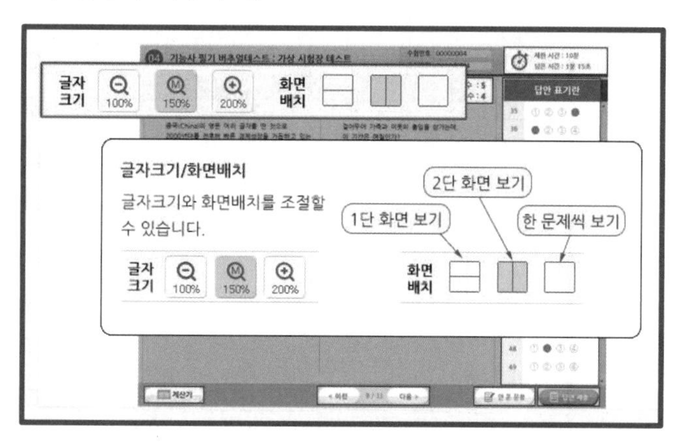

• 답안은 문제의 보기번호를 클릭하거나 답안표기 칸의 번호를 클릭하여 입력할 수 있다.
• 입력된 답안은 문제화면 또는 답안표기 칸의 보기번호를 클릭하여 변경할 수 있다.

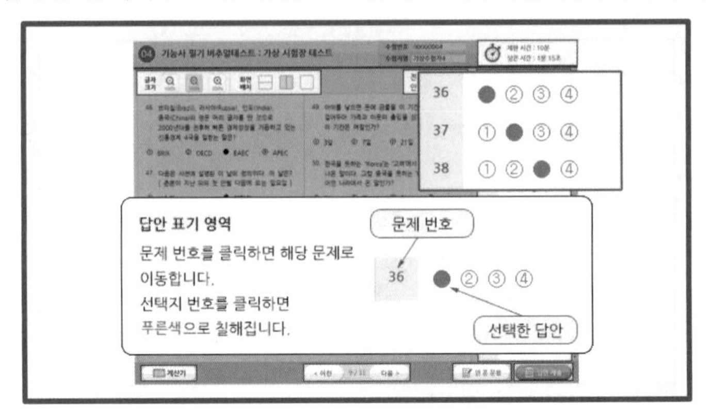

• 페이지 이동은 아래의 페이지 이동 버튼 또는 답안표기 칸의 문제번호를 클릭하여 이동할 수 있다.

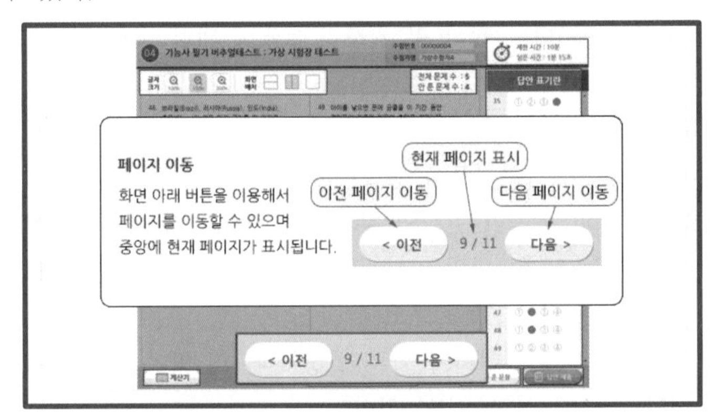

• 응시종목에 계산문제가 있을 경우 좌측 하단의 계산기 기능을 이용할 수 있다.

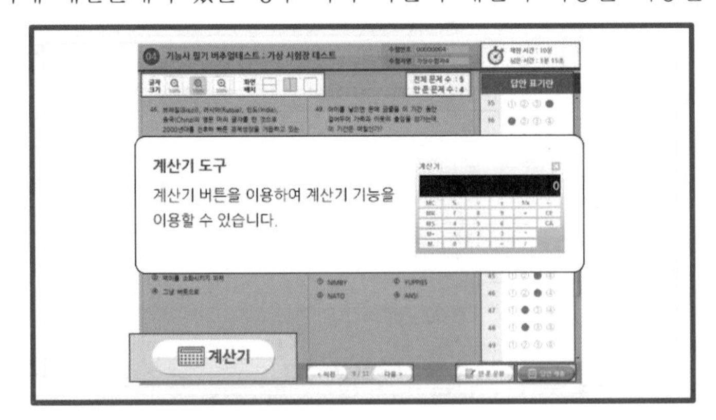

• 안 푼 문제 확인은 답안 표기란 좌측에 안 푼 문제 수를 확인하거나 답안 표기란 하단 [안 푼 문제] 버튼을 클릭하여 확인할 수 있다. 안 푼 문제번호 보기 팝업창에 안 푼 문제번호가 표시된다. 번호를 클릭하면 해당 문제로 이동한다.

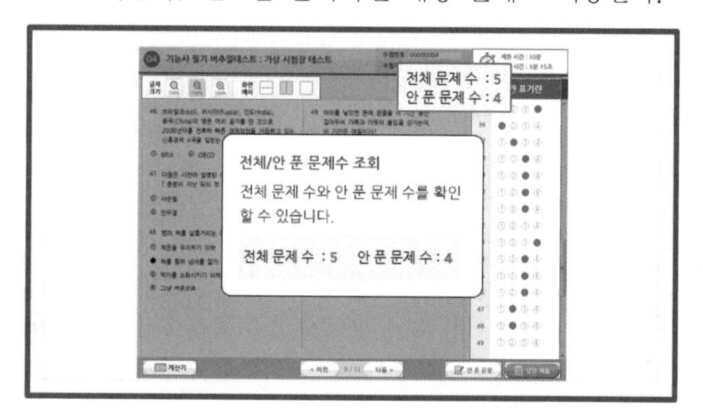

• 시험문제를 다 푼 후 답안 제출을 하거나 시험시간이 모두 경과되었을 경우 시험이 종료되며 시험결과를 바로 확인할 수 있다.

• [답안 제출] 버튼을 클릭하면 답안 제출 승인 알림창이 나온다. 시험을 마치려면 [예] 버튼을 클릭하고 시험을 계속 진행하려면 [아니오] 버튼을 클릭하면 된다. 답안 제출은 실수 방지를 위해 두 번의 확인 과정을 거친다. 이상이 없으면 [예] 버튼을 한 번 더 클릭하면 된다.

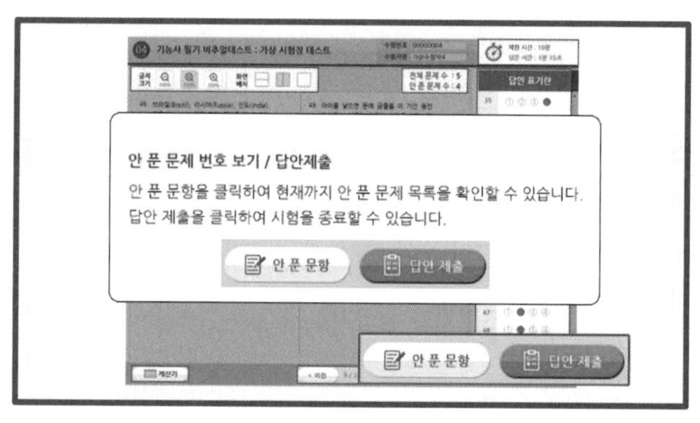

⑤ **[시험준비 완료]**를 한다.

시험 안내사항 및 문제풀이 연습까지 모두 마친 수험자는 [시험준비 완료] 버튼을 클릭한 후 잠시 대기한다.

(3) CBT 시험 시행

(4) 답안 제출 및 합격 여부 확인

★ 더 자세한 내용에 대해서는 Q-Net 홈페이지(www.q-net.or.kr)를 참고해 주시기 바랍니다. ★

출제기준 (적용기간 : 2024.1.1. ~ 2027.12.31.)

▌가스산업기사 필기

필기 과목명	주요 항목	세부 항목	세세 항목
연소공학	1. 연소이론	(1) 연소기초	① 연소의 정의 ② 열역학 법칙 ③ 열전달 ④ 열역학의 관계식 ⑤ 연소속도 ⑥ 연소의 종류와 특성
		(2) 연소계산	① 연소현상 이론 ② 이론 및 실제 공기량 ③ 공기비 및 완전연소 조건 ④ 발열량 및 열효율 ⑤ 화염온도 ⑥ 화염전파 이론
	2. 가스의 특성	(1) 가스의 폭발	① 폭발 범위 ② 폭발 및 확산 이론 ③ 폭발의 종류
	3. 가스안전	(1) 가스화재 및 폭발방지 대책	① 가스폭발의 예방 및 방호 ② 가스화재 소화이론 ③ 방폭구조의 종류 ④ 정전기 발생 및 방지대책
가스설비	1. 가스설비	(1) 가스설비	① 가스제조 및 충전설비 ② 가스기화장치 ③ 저장설비 및 공급방식 ④ 내진설비 및 기술사항
		(2) 조정기와 정압기	① 조정기 및 정압기의 설치 ② 정압기의 특성 및 구조 ③ 부속설비 및 유지관리
		(3) 압축기 및 펌프	① 압축기의 종류 및 특성 ② 펌프의 분류 및 각종 현상 ③ 고장원인과 대책 ④ 압축기 및 펌프의 유지관리

필기 과목명	주요 항목	세부 항목	세세 항목
		(4) 저온장치	① 저온생성 및 냉동사이클, 냉동장치 ② 공기액화사이클 및 액화 분리장치
		(5) 배관의 부식과 방식	① 부식의 종류 및 원리 ② 방식의 원리 ③ 방식시설의 설계, 유지관리 및 측정
		(6) 배관재료 및 배관설계	① 배관설비, 관이음 및 가공법 ② 가스관의 용접 · 융착 ③ 관경 및 두께계산 ④ 재료의 강도 및 기계적 성질 ⑤ 유량 및 압력손실 계산 ⑥ 밸브의 종류 및 기능
	2. 재료의 선정 및 시험	(1) 재료의 선정	① 금속재료의 강도 및 기계적 성질 ② 고압장치 및 저압장치 재료
		(2) 재료의 시험	① 금속재료의 시험 ② 비파괴 검사
	3. 가스용 기기	(1) 가스사용기기	① 용기 및 용기밸브 ② 연소기 ③ 코크 및 호스 ④ 특정설비 ⑤ 안전장치 ⑥ 차단용 밸브 ⑦ 가스누출 경보 · 차단장치
가스 안전관리	1. 가스에 대한 안전	(1) 가스 제조 및 공급, 충전 등에 관한 안전	① 고압가스 제조 및 공급 · 충전 ② 액화석유가스 제조 및 공급 · 충전 ③ 도시가스 제조 및 공급 · 충전 ④ 수소 제조 및 공급 · 충전
	2. 가스사용시설 관리 및 검사	(1) 가스 저장 및 사용에 관한 안전	① 저장탱크 ② 탱크로리 ③ 용기 ④ 저장 및 사용 시설
	3. 가스 사용 및 취급	(1) 용기, 냉동기, 가스용품, 특정설비 등 제조 및 수리 등에 관한 안전	① 고압가스용기제조 수리 검사 ② 냉동기기제조, 특정설비 제조 수리 ③ 가스용품 제조

필기 과목명	주요 항목	세부 항목	세세 항목
		(2) 가스 사용 · 운반 · 취급 등에 관한 안전	① 고압가스 ② 액화석유가스 ③ 도시가스 ④ 수소
		(3) 가스의 성질에 관한 안전	① 가연성 가스 ② 독성 가스 ③ 기타 가스
	4. 가스사고 원인 및 조사, 대책 수립	(1) 가스안전사고 원인 조사 분석 및 대책	① 화재사고 ② 가스폭발 ③ 누출사고 ④ 질식사고 등 ⑤ 안전관리 이론, 안전교육 및 자체검사
가스계측	1. 계측기기	(1) 계측기기의 개요	① 계측기 원리 및 특성 ② 제어의 종류 ③ 측정과 오차
		(2) 가스계측기기	① 압력계측 ② 유량계측 ③ 온도계측 ④ 액면 및 습도계측 ⑤ 밀도 및 비중의 계측 ⑥ 열량계측
	2. 가스분석	(1) 가스분석	① 가스 검지 및 분석 ② 가스기기 분석
	3. 가스미터	(1) 가스미터의 기능	① 가스미터의 종류 및 계량원리 ② 가스미터의 크기 선정 ③ 가스미터의 고장 처리
	4. 가스시설의 원격감시	(1) 원격감시장치	① 원격감시장치의 원리 ② 원격감시장치의 이용 ③ 원격감시설비의 설치 · 유지

▮가스산업기사 실기 [필답형 : 1시간 30분, 작업형 : 1시간 30분 정도]

실기 과목명	주요 항목	세부 항목	세세 항목
가스 실무	1. 가스설비 실무	(1) 가스설비 설치하기	① 고압가스설비를 설계 · 설치 관리할 수 있다. ② 액화석유가스설비를 설계 · 설치 관리할 수 있다. ③ 도시가스설비를 설계 · 설치 관리할 수 있다. ④ 수소설비를 설계 · 설치 관리할 수 있다.
		(2) 가스설비 유지 관리하기	① 고압가스설비를 안전하게 유지 관리할 수 있다. ② 액화석유가스설비를 안전하게 유지 관리할 수 있다. ③ 도시가스설비를 안전하게 유지 관리할 수 있다. ④ 수소설비를 안전하게 유지 관리할 수 있다.
	2. 안전관리 실무	(1) 가스안전 관리하기	① 용기, 가스용품, 저장탱크 등 가스설비 및 기기의 취급 운반에 대한 안전대책을 수립할 수 있다. ② 가스폭발 방지를 위한 대책을 수립하고, 사고 발생 시 신속히 대응할 수 있다. ③ 가스시설의 평가, 진단 및 검사를 할 수 있다.
		(2) 가스안전검사 수행하기	① 가스관련 안전인증 대상 기계 · 기구와 자율안전 확인 대상 기계 · 기구 등을 구분할 수 있다. ② 가스관련 의무안전인증 대상 기계 · 기구와 자율안전 확인대상 기계 · 기구 등에 따른 위험성의 세부적인 종류, 규격, 형식의 위험성을 적용할 수 있다. ③ 가스관련 안전인증 대상 기계 · 기구와 자율안전 대상 기계 · 기구 등에 따른 기계 · 기구에 대하여 측정장비를 이용하여 정기적인 시험을 실시할 수 있도록 관리계획을 작성할 수 있다. ④ 가스관련 안전인증 대상 기계 · 기구와 자율안전 대상 기계 · 기구 등에 따른 기계 · 기구 설치방법 및 종류에 의한 장단점을 조사할 수 있다. ⑤ 공정진행에 의한 가스관련 안전인증 대상 기계 · 기구와 자율안전 확인 대상 기계 · 기구 등에 따른 기계 · 기구의 설치, 해체, 변경 계획을 작성할 수 있다.

Contents

- 머리말 / 3
- 시험 및 핵심이론정리 안내 / 4
- 시험 접수에서 자격증 수령까지 안내 / 6
- CBT 안내 / 8
- 출제기준 / 12

제 1 편 시험에 잘 나오는 핵심이론정리

제 1 장 연소공학 ………… 3
제 2 장 가스설비 ………… 23
제 3 장 안전관리 ………… 48
제 4 장 계측기기 ………… 129

제 2 편 과년도 출제문제

2014.3.2(1회) 과년도 출제문제 ………… 14-1
2014.5.25(2회) 과년도 출제문제 ………… 14-13
2014.9.20(4회) 과년도 출제문제 ………… 14-24

2015.3.8(1회) 과년도 출제문제 ………… 15-1
2015.5.31(2회) 과년도 출제문제 ………… 15-11
2015.9.31(4회) 과년도 출제문제 ………… 15-23

2016.3.6(1회) 과년도 출제문제 ………… 16-1
2016.5.8(2회) 과년도 출제문제 ………… 16-12
2016.10.1(4회) 과년도 출제문제 ………… 16-23

2017.3.5(1회) 과년도 출제문제 ………… 17-1
2017.5.7(2회) 과년도 출제문제 ………… 17-11
2017.9.23(4회) 과년도 출제문제 ………… 17-22

2018.3.4(1회) 과년도 출제문제 ······ 18-1
2018.4.28(2회) 과년도 출제문제 ······ 18-12
2018.9.15(4회) 과년도 출제문제 ······ 18-24

2019.3.3(1회) 과년도 출제문제 ······ 19-1
2019.4.27(2회) 과년도 출제문제 ······ 19-13
2019.9.21(4회) 과년도 출제문제 ······ 19-24

2020.6.14(1,2회 통합) 과년도 출제문제 ······ 20-1
2020.8.23(3회) 과년도 출제문제 ······ 20-12
2020.9.19(4회) CBT 기출복원문제 ······ 20-23

2021.3.2(1회) CBT 기출복원문제 ······ 21-1
2021.5.9(2회) CBT 기출복원문제 ······ 21-12
2021.9.5(4회) CBT 기출복원문제 ······ 21-23

2022.3.2(1회) CBT 기출복원문제 ······ 22-1
2022.4.17(2회) CBT 기출복원문제 ······ 22-13
2022.9.14(4회) CBT 기출복원문제 ······ 22-24

2023.3.1(1회) CBT 기출복원문제 ······ 23-1
2023.5.13(2회) CBT 기출복원문제 ······ 23-12
2023.9.2(4회) CBT 기출복원문제 ······ 23-23

※ 가스산업기사 필기시험은 2020년 4회 필기시험부터 CBT(Computer Based Test)로 시행되고 있으므로 본 도서에 수록된 2020.4회 기출문제부터는 복원된 문제임을 알려드립니다.

부록 수소 경제 육성 및 수소 안전관리에 관한 법령

출제예상문제 ······ 3

빨리 성장하는 것은 쉬 시들고,

서서히 성장하는 것은 영원히 존재한다.

- 호란드 -

'급히 먹는 밥이 체한다'는 말이 있지요.
'급하다고 바늘허리에 실 매어 쓸까'라는 속담도 있고요.
그래요, 속성으로 성장한 것은 부실해지기 쉽습니다.
사과나무가 한 알의 영롱한 열매를 맺기 위해서는
꾸준하게 비바람을 맞고 적당하게 햇볕도 쪼여야 하지요.
빠른 것만이 꼭 좋은 것이 아닙니다.
주위를 두리번거리면서 느릿느릿, 서서히 커나가야 인생이 알차지고 단단해집니다.
이른바 "느림의 미학"이지요.

제 1 편

시험에 잘 나오는 핵심이론정리

제1장 연소공학

제2장 가스설비

제3장 안전관리

제4장 계측기기

최근 출제된 기출문제를 중심으로 핵심이론을 요약·정리하였습니다. '핵심이론정리'는 필기시험에서 언제든지 출제될 수 있을 뿐 아니라 **기출문제 풀이 시 참고자료로 적극 활용**하시길 부탁드리며, 2차(실기) 시험에서도 반드시 필요한 내용이니 이 이론정리를 완벽히 숙지하시면 어떠한 형식으로 문제가 출제되어도 해결할 수 있습니다.

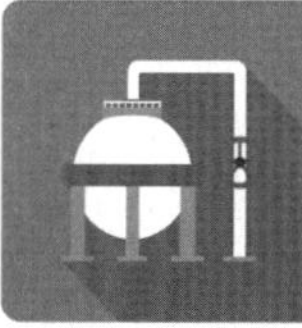

가스산업기사 필기
www.cyber.co.kr

연소공학 제1장

핵심1 ◇ 폭굉(데토네이션), 폭굉유도거리(DID)

폭 굉	
정 의	가스 중 음속보다 화염전파속도(폭발속도)가 큰 경우로 파면 선단에 솟구치는 압력파가 발생하여 격렬한 파괴작용을 일으키는 원인이 된다.
폭굉속도	1000~3500m/s
가스의 정상연소속도	0.1~10m/s
폭굉범위와 폭발범위의 관계	폭발범위는 폭굉범위보다 넓고, 폭굉범위는 폭발범위보다 좁다. ※ 폭굉이 폭발범위 중 어느 부분 가장 격렬한 폭발이 일어나는 부분이므로
폭굉유도거리(DID)	
정 의	최초의 완만한 연소가 격렬한 폭굉으로 발전하는 거리 ※ 연소가 폭굉으로 되는 거리
짧아지는 조건	① 정상연소속도가 큰 혼합가스일수록 ② 압력이 높을수록 ③ 점화원의 에너지가 클수록 ④ 관 속에 방해물이 있거나 관경이 가늘수록
참고사항	폭굉유도거리가 짧을수록 폭굉이 잘 일어나는 것을 의미하며, 위험성이 높은 것을 말한다.

☺ 이 책의 특징 : 2007년도에는 폭굉유도거리가 짧아지는 조건이 출제되었으나 폭굉에 관련된 모든 중요사항을 공부함으로써 어떠한 문제가 출제되어도 대응할 수 있으므로 반드시 합격할 수 있는 가스산업기사(필기) 수험서입니다.

핵심2 ◇ 연소의 종류

(1) 고체물질의 연소

구 분		세부내용
연료 성질에 따른 분류	표면연소	고체표면에서 연소반응을 일으킴(목탄, 코크스)
	분해연소	연소물질이 완전분해를 일으키면서 연소(종이, 목재)
	증발연소	고체물질이 녹아 액으로 변한 다음 증발하면서 연소(양초, 파라핀)
	연기연소	다량의 연기를 동반하는 표면연소

구 분			세부내용
연소 방법에 따른 분류	미분탄 연소	정 의	석탄을 잘게 분쇄(200mesh 이하)하여 연소되는 부분의 표면적이 커져 연소효율이 높게 되며, 연소 형식에는 U형, L형, 코너형, 슬래그탭이 있고, 고체물질 중 연소효율이 가장 높다.
		장 점	① 적은 공기량으로 완전연소가 가능하다. ② 자동제어가 가능하다. ③ 부하변동에 대응하기 쉽다. ④ 연소율이 크다. ⑤ 화염이 연소실 전체로 퍼진다.
		단 점	① 연소실이 커야 한다. ② 타연료에 비해 연소시간이 길다. ③ 화염길이가 길어진다. ④ 가스화 속도가 낮다. ⑤ 완전연소에 거리와 시간이 필요하다. ⑥ 2상류 상태에서 연소한다.
	유동층 연소	정 의	유동층을 형성하면서 700~900℃ 정도의 저온에서 연소하는 방법
		장 점	① 연소 시 활발한 교환혼합이 이루어진다. ② 증기 내 균일한 온도를 유지할 수 있다. ③ 고부하 연소율과 높은 열전달률을 얻을 수 있다. ④ 유동매체로 석회석 사용 시 탈황효과가 있다. ⑤ 질소산화물의 발생량이 감소한다. ⑥ 연소 시 화염층이 작아진다. ⑦ 석탄입자의 분쇄가 필요 없어 이에 따른 동력손실이 없다.
		단 점	① 석탄입자의 비산우려가 있다. ② 공기공급 시 압력손실이 크다. ③ 송풍에 동력원이 필요하다.
	화격자 연소	정 의	화격자 위에 고정층을 만들고, 공기를 불어넣어 연소하는 방법으로 하입식의 경우 석탄층은 연소가스에 직접 접하지 않고 상부의 고온 산화층으로부터 전도, 복사에 의해 가열된다.
		용 어	① 화격자 연소율($kg/m^2 \cdot h$) : 시간당 단위면적당 연소하는 탄소의 양 ② 화격자 열발생률($kcal/m^3 \cdot h$) : 시간당 단위체적당 열발생률

(2) 액체물질의 연소

구 분	세부내용
증발연소	액체연료가 증발하는 성질을 이용하여 증발관에서 증발시켜 연소시키는 방법
액면연소	액체연료의 표면에서 연소시키는 방법
분무연소	액체연료를 분무시켜 미세한 액적으로 미립화시켜 연소시키는 방법 (액체연료 중 연소효율이 가장 높다.)
등심연소	일명 심지연소라고 하며, 램프 등과 같이 연료를 심지로 빨아올려 심지 표면에서 연소시키는 것으로 공기온도가 높을수록 화염의 높이가 커진다.

(3) 기체물질의 연소

구 분			세부내용
혼합상태에 따른 분류	예혼합연소	정 의	산소공기들을 미리 혼합시켜 놓고 연소시키는 방법
		특 징	① 조작이 어렵다. ② 공기와 미리 혼합 시 화염이 불안정하다. ③ 역화의 위험성이 확산연소보다 크다.

구 분			세부내용
혼합상태에 따른 분류	확산연소	정 의	수소, 아세틸렌과 같이 공기보다 가벼운 기체를 확산시키면서 연소시키는 방법
		특 징	① 조작이 용이하다. ② 화염이 안정하다. ③ 역화위험이 없다.
흐름상태에 따른 분류	층류연소		화염의 두께가 얇은 반응대의 화염
	난류연소		반응대에서 복잡한 형상분포를 가지는 연소형태

핵심 3 ◆ 이상기체(완전가스)

항 목	세부내용	
성 질	① 냉각압축하여도 액화하지 않는다. ② 0K에서도 고체로 되지 않고, 그 기체의 부피는 0이다. ③ 기체분자간 인력이나 반발력은 없다. ④ 0K에서 부피는 0이고, 평균운동에너지는 절대온도에 비례한다. ⑤ 보일-샤를의 법칙을 만족한다. ⑥ 분자의 충돌로 운동에너지가 감소되지 않는 완전탄성체이다.	
실제기체와 비교	이상기체	실제기체
	액화 불가능	액화 가능
참고사항	이상기체가 실제기체처럼 행동하는 온도 · 압력의 조건	실제기체가 이상기체처럼 행동하는 온도 · 압력의 조건
	저온, 고압	고온, 저압
	이상기체를 정적 하에서 가열 시 압력과 온도 증가	
C_P, C_V, K	C_P(정압비열), C_V(정적비열), K(비열비)의 관계 • $C_P - C_V = R$ • $\frac{C_P}{C_V} = K$ • $K > 1$	[K의 값] • 단원자분자 : 1.66 • 이원자분자 : 1.4 • 삼원자분자 : 1.33

핵심 4 ◆ 이상기체 상태방정식

방정식의 종류	기호 설명	보충 설명
$PV = nRT$	P : 압력(atm) V : 부피(L) n : 몰수 $= \left[\frac{W(\text{질량}):g}{M(\text{분자량}):g}\right]$ R : 상수(0.082atm · L/mol · K) T : 절대온도(K)	상수 R=0.082atm · L/mol · K =1.987cal/mol · K =8.314J/mol · K

방정식의 종류	기호 설명	보충 설명
$PV=GRT$	P : 압력(kg/m^2) V : 체적(m^3) G : 중량(kg) R : $\frac{848}{M}$(kg · m/kmol · K) T : 절대온도(K)	상수 R값의 변화에 따른 압력단위 변화 $R=\frac{8.314}{M}$(kJ/kg · K), P : kPa(kN/m^2) $R=\frac{8314}{M}$(J/kg · K), P : Pa(N/m^2)
참고사항	(예제) 1. 5atm, 3L에서 20℃의 산소기체의 질량(g)을 구하라. (해설) $PV=nRT$로 풀이 (예제) 2. 5kg/m^2, 10m^3, 20℃의 산소기체의 질량(kg)을 구하라. (해설) $PV=GRT$로 풀이 ※ 주어진 공식의 단위를 보고 어느 공식을 적용할 것인가를 판단	

핵심 5 ◆ 인화점, 착화(발화)점

구 분	인화점	착화(발화)점
정 의	가연물을 연소 시 점화원을 가지고 연소하는 최저온도	가연물을 연소 시 점화원이 없는 상태에서 연소하는 최저온도
참고사항	위험성 척도의 기준 : 인화점	

핵심 6 ◆ 연소에 의한 빛의 색 및 온도

색	적열상태	적색	백열상태	황적색	백적색	휘백색
온 도	500℃	850℃	1000℃	1100℃	1300℃	1500℃

핵심 7 ◆ 연소반응에서 수소－산소의 양론혼합반응식의 종류

총괄반응식		$H_2+\frac{1}{2}O_2 \rightarrow H_2O$
소반응(연쇄반응)	연쇄분지반응	• $H+O_2 \rightarrow OH+O$ • $O+H_2 \rightarrow OH+H$
	연쇄이동반응	$OH+H_2 \rightarrow H_2O+H$
	기상정지반응	$H+O_2+M \rightarrow HO_2+M$
	표면정지반응	H, O, OH → 안정분자

① 연쇄반응 시 화염대는 고온 H_2O가 해리하여 일어남
② M : 임의의 분자
③ 기상정지반응 : 기상반응에 의하여 활성기가 파괴되고, 활성이 낮은 HO_2로 변함
④ 표면정지반응 : 활성 화학종이 벽면과 충돌하여 활성을 잃어 안정한 화학종으로 변함

핵심 8 ◆ 1차, 2차 공기에 의한 연소 방법

연소 방법	개 요	특 징
분젠식 (1차, 2차 공기로 연소)	가스와 1차 공기가 혼합관 내에서 혼합 후 염공에서 분출되면서 연소하는 방법	① 불꽃 주위의 확산으로 2차 공기를 취한다. ② 불꽃온도 1200~1300℃(가장 높음)
적화식 (2차 공기만으로 연소)	가스를 대기 중으로 분출하여 대기 중 공기를 이용하여 연소하는 방법	① 필요공기는 불꽃 주변의 확산에 의해 취한다. ② 불꽃온도 1000℃ 정도
세미분젠식	적화식 · 분젠식의 중간형태의 연소 방법	① 1차 공기율은 40% 이하로 취한다. ② 불꽃온도 1000℃ 정도
전 1차 공기식 (1차 공기만으로 연소)	연소에 필요한 공기를 모두 1차 공기로만 공급하는 연소 방법	① 역화 우려가 있다. ② 불꽃온도 850~900℃

※ 급배기 방식에 따른 연소기구(개방형, 밀폐형, 반밀폐형)

핵심 9 ◆ 폭발과 화재

화재와 폭발의 차이는 에너지 방출 속도에 있다.

(1) 폭발

구분			내용
정 의			다량의 가연성 물질이 한번에 연소되어(급격한 물리 · 화학적 변화) 그로 인해 발생된 에너지가 외계에 기계적인 일로 전환되는 것으로 연소의 다음 단계를 말함
폭발발생의 조건			① 연소범위 내에 가연물이 존재해야 한다. ② 공간이 밀폐되어 있어야 한다. ③ 점화원이 있어야 한다.
형 태	폭연		① 발열반응으로 음속보다 느린 폭발(일명 폭발을 정의할 때 음속보다 느린 현상으로 정의) ② 화염의 전파속도 0.1~10m/s
	폭굉		① 충격파로 연소의 전파속도가 음속보다 빠른 폭발 ② 화염의 전파속도는 가스의 경우 1000~3500m/s이다. ③ 폭굉 발생 시 파면 압력은 정상연소보다 2배 크다. (폭굉의 마하수 : 3~12)
종 류	물리적 폭발		용기의 파열로 내부 가스가 방출되는 폭발(보일러 폭발, LPG 탱크폭발)
	화학적 폭발		화학적 화합물의 분해, 치환 등에 의한 폭발 ① 산화폭발(연소범위를 가진 모든 가연성 가스) ② 분해폭발(C_2H_2, C_2H_4O, N_2H_4) ③ 중합폭발(HCN)
특수 폭발	증기운폭발 (UVCE)	정 의	대기 중 다량의 가연성 가스 또는 액체의 유출로 발생한 증기가 공기와 혼합되어 가연성 혼합기체를 형성하여 발화원에 의해 발생하는 폭발
		특 성	① 증기운폭발은 폭연으로 간주되며, 대부분 화재로 이어진다. ② 폭발효율은 낮다. ③ 증기운의 크기가 크면 점화 우려가 높다. ④ 연소에너지의 20%만 폭풍파로 변한다. ⑤ 점화위치가 방출점에서 멀수록 폭발위력이 크다.

특수 폭발	증기운폭발 (UVCE)	영향인자	① 방출물질의 양 ② 점화원의 위치 ③ 증발물질의 분율
	비등액체 증기폭발 (BLEVE)	정 의	① 가연성 액화가스에서 외부 화재로 탱크 내 액체가 비등 ② 증기가 팽창하면서 폭발을 일으키는 현상
		방지대책	① 탱크를 2중 탱크로 한다. ② 단열재로 외부를 보호한다. ③ 위험 시 물분무살수장치로 액화가스의 비등을 차단한다.
폭발방지의 단계			봉쇄 – 차단 – 불꽃방지기 사용 – 폭발 억제 – 폭발 배출

(2) 화재

화재의 종류	정 의
액면화재(Pool fire)	저장탱크나 용기 내와 같은 액면 위에서 연소되는 석유화재
전실화재 (Flash over)	① 화재 발생 시 가연물의 노출표면에서 급속하게 열분해가 발생 ② 가연성 가스가 가득차 이 가스가 급속하게 발화하여 연소되는 현상
제트화재(Jet fire)	고압의 액화석유가스가 누출 시 점화원에 의해 불기둥을 이루는 복사열에 의해 일어나는 화재
플래시화재	가스증기운 1차 누설 시 고여있는 상태의 화재로 느린 폭연으로 중대한 과압이 발생하지 않는 가스운에서 발생
드래프트화재	건축물의 내부 화염이 외부로 분출하는 화재(화염이 외부의 산소를 취하기 위함)

※ 그 외에 토치화재(가스가 소량 누설되어 있고 여기에 계속 화재가 발생되어 있는 상태)

핵심 10 ◇ 기체물질 연소(확산 · 예혼합)의 비교

종 류	특 징	
	장 점	단 점
확산연소	① 역화위험이 없다. ② 화염이 안정하다. ③ 조작이 용이하다. ④ 고온예열이 가능하다.	① 화염의 길이가 길어진다. ② 완전연소의 정도가 예혼합보다 낮다.
예혼합연소	① 화염길이가 짧다. ② 완전연소 정도가 높다.	① 역화의 위험성이 있다. ② 공기와 미리 혼합되어 화염이 불안정하다. ③ 조작이 어렵다. ④ 화염이 전파된다.

핵심 11 ◇ 고위(H_h), 저위(H_l) 발열량의 관계

$$H_h = H_l + 600(9\mathrm{H} + W)$$

여기서, H_h : 고위발열량, H_l : 저위발열량

$600(9\mathrm{H} + W)$: 수증기 증발잠열

핵심 12 ◇ 안전성 평가기법(KGS FP112 2.1.2.3)

구 분			간추린 핵심내용
평가 개요			보호시설 안전거리 변경 전·후의 안전도에 관하여 한국가스안전공사의 안전성 평가를 받아야 한다.
평가 방법의 구분	정성적 기법	체크리스트 (CheckList)	공정 및 설비의 오류, 결함상태, 위험상황 등을 목록화한 형태로 작성하여 경험적으로 비교함으로써 위험성을 정성적으로 파악하는 안전성 평가기법을 말한다.
		상대위험순위결정 (Dow And Mond Indices)	설비에 존재하는 위험에 대하여 수치적으로 상대위험순위를 지표화하여 그 피해 정도를 나타내는 상대적 위험순위를 정하는 안전성 평가기법을 말한다.
		사고예방질문 분석 (What-if)	공정에 잠재하고 있으면서 원하지 않은 나쁜 결과를 초래할 수 있는 사고에 대하여 예상질문을 통해 사전에 확인함으로써 그 위험과 결과 및 위험을 줄이는 방법을 제시하는 정성적, 안전성 평가기법을 말한다.
		위험과 운전 분석 (HAZOP)	공정에 존재하는 위험요소들과 공정의 효율을 떨어뜨릴 수 있는 운전상의 문제점을 찾아내어 그 원인을 제거하는 정성적인 안전성 평가기법을 말한다.
		이상위험도 분석 (FMECA)	공정 및 설비의 고장형태 및 영향, 고장형태별 위험도 순위 등을 결정하는 기법을 말한다.
	정량적 기법	결함수 분석 (FTA)	사고를 일으키는 장치의 이상이나 운전자 실수의 조합을 연역적으로 분석하는 기법을 말한다.
		사건수 분석 (ETA)	초기사건으로 알려진 특정한 장치의 이상이나 운전자 실수로부터 발생하는 잠재적 사고결과를 평가하는 기법을 말한다.
		원인결과 분석 (CCA)	잠재된 사고의 결과와 이러한 사고의 근본적 원인을 찾아내고 사고결과와 원인의 상호관계를 예측·평가하는 기법을 말한다.
		작업자실수 분석 (HEA)	설비의 운전원, 정비보수원, 기술자 등의 작업에 영향을 미칠 만한 요소를 평가하여 그 실수의 원인을 파악하고 추적하여 정량적으로 실수의 상대적 순위를 결정하는 기법을 말한다.

핵심 13 ◇ 위험물의 분류

분 류	종 류
제1류	산화성 고체
제2류	가연성 고체
제3류	자연발화성 및 금수성 물질
제4류	인화성 액체
제5류	자기연소성 물질(질화면, 셀룰로이드, 질산에스테르, 유기과산화물, 니트로화합물)
제6류	산화성 액체

핵심 14 ◆ 위험장소

(1) 일반위험장소

종 류	정 의	방폭전기기기 분류
0종 장소	상용의 상태에서 가연성 가스의 농도가 연속해서 폭발하한계 이상으로 되는 장소 ※ 폭발상한계를 넘는 경우에는 폭발한계 이내로 들어갈 우려가 있는 경우를 포함한다.	본질안전 방폭구조
1종 장소	① 상용상태에서 가연성 가스가 체류해 위험하게 될 우려가 있는 장소 ② 정비보수 또는 누출 등으로 인하여 종종 가연성 가스가 체류하여 위험하게 될 우려가 있는 장소	(본질안전 · 유입 · 압력 · 내압) 방폭구조
2종 장소	① 밀폐된 용기 또는 설비 안에 밀봉된 가연성 가스가 그 용기 또는 설비의 사고로 인하여 파손되거나 오조작의 경우에만 누출할 위험이 있는 장소 ② 확실한 기계적 환기조치에 따라 가연성 가스가 체류하지 아니하도록 되어 있으나 환기장치에 이상이나 사고가 발생한 경우에는 가연성 가스가 체류해 위험하게 될 우려가 있는 장소 ③ 1종 장소의 주변 또는 인접한 실내에서 위험한 농도의 가연성 가스가 종종 침입할 우려가 있는 장소	(본질안전 · 유입 · 압력 · 내압 · 안전증) 방폭구조

(2) 가스시설의 폭발위험장소의 구분 및 범위 산정에 관한 기준(KGS GC101)

1) 용어 정의

용 어	정 의
위험장소 구분	가스시설 주변을 폭발위험장소와 비폭발위험장소로 나누는 것
폭발성 가스 분위기	대기조건에서 점화 후 자력화염전파를 가능하게 하는 가연성 가스와 공기의 혼합물 ※ 폭발상한(UFL)을 초과하는 혼합물의 경우 위험장소 구분에서 폭발성 가스 분위기로 간주
위험장소 범위	누출원에서 가연성 가스 및 공기혼합물의 농도가 공기에 의하여 폭발하한 이하로 희석되는 지점까지의 거리
누출등급	가연성 가스가 대기 중에서 누출되는 사건의 빈도와 지속시간
폭발위험장소	전기설비를 제작 · 설치 · 사용함에 있어서 특별한 주의를 요할 정도로 폭발성 분위기가 조성되거나 조성될 우려가 있는 장소 ※ 정상상태에서 구조설비 내부가 폭발위험장소, 단 공정설비 내부를 불활성화에 의해 제어하는 경우에는 폭발위험장소가 아님
폭발하한(LFL)	공기 중에서 가연성 가스의 농도가 폭발성 가스 분위기를 형성하지 않는 하한
폭발상한(UFL)	공기 중에서 가연성 가스의 농도가 폭발성 가스 분위기를 형성하는 상한
비폭발위험장소	전기설비를 제작 · 설치 · 사용함에 의해 특별히 주의를 요할 정도로 폭발성 가스 분위기가 조성될 우려가 있는 지역
위험장소	폭발성 분위기의 발생빈도 및 지속시간에 따라 구분하는 폭발위험장소

2) 폭발위험장소의 구분

① 누출등급의 기본기준

누출등급	적용대상 누출원
연속누출등급 (공정설비의 특성상 불가피한 누출)	① 대기 개방형 통기관이 설치된 지붕고정식 탱크의 내부에 저장되어 있는 가연성 액화가스의 표면 ② 연속적으로 또는 장기간에 걸쳐 대기에 개방되어 있는 가연성 액화가스의 표면
1차 누출등급 (정상운전상태에서 발생하는 누출)	① 정상운전상태에서 가연성 가스의 누출이 일어날 수 있는 펌프, 압축기 또는 밸브의 밀봉부 ② 정상운전상태에서 물을 드레인하는 때에 가연성 가스가 공기 중으로 누출될 수 있는 가연성 가스 또는 액체 저장용기의 드레인 포인트(drainage point) ③ 정상운전상태에서 가연성 가스의 대기 누출이 일어날 수 있는 샘플 포인트(sample point) ④ 정상운전상태에서 가연성 가스의 대기 누출이 일어날 수 있는 릴리프밸브, 통기관 및 기타 개구부
2차 누출등급 (사고상황에서 발생하는 누출)	① 정상운전상태에서 가연성 가스의 누출이 일어날 가능성이 없는 펌프, 압축기 또는 밸브의 밀봉부 ② 정상운전상태에서 가연성 가스의 누출이 일어날 가능성이 없는 플랜지, 이음부 및 배관 피팅 ③ 정상운전상태에서 가연성 가스의 대기 누출이 일어날 가능성이 없는 샘플 포인트(sample point) ④ 정상운전상태에서 가연성 가스의 대기 누출이 일어날 가능성이 없는 릴리프밸브, 통기관 및 기타 개구부

② 개구부의 누출 등급

개구부 유형	적용대상
A형	B형, C형 및 D형 개구부에 해당하지 아니하는 개구부. 그 사례는 다음과 같다. ① 접근통로 또는 유틸리티(벽, 천장 및 바닥을 통과하는 덕트 및 배관을 말한다. 이하 같다)용 개구부 ② 빈번하게 개방되는 개구부 ③ 실 또는 건물에 고정 설치된 배기구 및 빈번하게 개방되거나 장시간 개방되는 B형, C형 및 D형과 유사한 개구부
B형	상시 닫혀있고(자동닫힘 등) 드물게 개방되며, 정밀결합(close-fitting) 되어 있는 개구부
C형	상시 닫혀있고(자동닫힘 등) 드물게 개방되며, 개구부 전체 둘레가 밀봉장치(개스킷 등)에 의하여 결합되어 있는 개구부 또는 독립적인 자동닫힘 장치가 되어 있는 B형 개구부 2개가 직렬로 연결된 개구부
D형	특별한 방식으로만 개방되거나 비상시에만 열릴 수 있는 C형 조건을 만족하는 상시닫힘 구조의 개구부, 유틸리티 통로와 같이 유효하게 밀봉된 것 또는 폭발위험장소에 접한 C형 개구부 한 개와 B형 개구부 한 개가 직렬로 조합된 개구부

③ 개구부의 누출 등급 분류

개구부 전단의 폭발위험장소 등급	개구부 유형	누출원으로 고려되는 개구부의 누출 등급
0종 장소	A형 B형 C형 D형	연속누출 등급 연속누출 등급 2차 누출 등급 2차 누출 등급
1종 장소	A형 B형 C형 D형	1차 누출 등급 1차 누출 등급 2차 누출 등급 누출 없음
2종 장소	A형 B형 C형 D형	2차 누출 등급 2차 누출 등급 누출 없음 누출 없음

3) 누출유량 결정

① 액화가스 누출유량

$$W = C_d S \sqrt{2\rho \Delta p}$$

여기서, W : 누출유량(kg/s)

C_d : 유출계수

- 샤프에지 오리피스

  $Re = 30000$ 초과 시 $C_d = 0.61$

  $Re = 30000$ 이하 시 $C_d = 0.75$

- 라운디드 오리피스(0.95~0.99)

S : 유체가 유출되는 개구부의 단면적(m^2)

ρ : 액체밀도(kg/m^2)

Δp : 누출 개구부 양단의 압력차(Pa)

② 일반적으로 위험장소는 누출 등급에 의하여 구분된다. 충분히 환기가 되는 장소(개방지역에 설치된 플랜트)의 경우 연속누출 등급은 0종 장소, 1차 누출 등급은 1종 장소 및 2차 누출 등급은 2종 장소로 구분하는 것을 원칙으로 한다. 다만, 희석 등급 및 환기유효성에 따라 위험장소의 등급을 다르게 할 수 있다.

4) 폭발위험장소

① 폭발성 가스 분위기의 존재가능성이 있는 장소를 위험장소라 하며, 위험장소는 0종 장소, 1종 장소, 2종 장소로 구분한다.

② 위험장소

구 분	정 의
0종 장소	폭발성 가스 분위기가 연속적으로, 장기간 또는 빈번하게 존재하는 장소
1종 장소	정상작동 중에 폭발성 가스 분위기가 주기적 또는 간헐적으로 생성되기 쉬운 장소
2종 장소	정상작동 중 폭발성 가스 분위기가 조성되지 않을 것으로 예상되며, 생성된다 하더라도 짧은 기간에만 지속되는 장소

③ 폭발위험장소 표기법

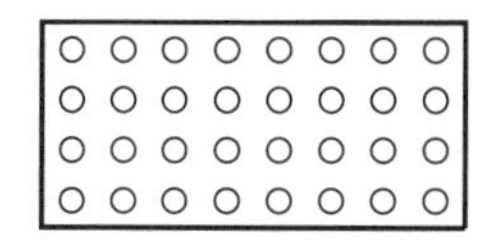
0종 장소

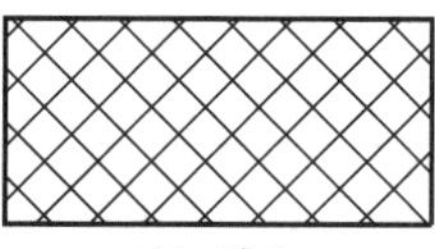
1종 장소

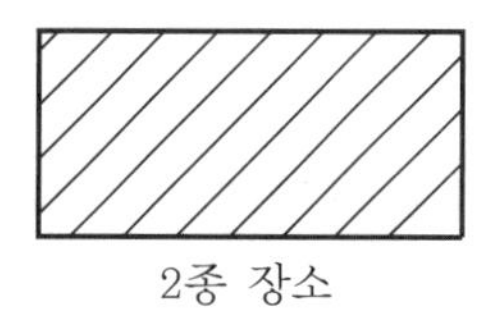
2종 장소

핵심 15 ◆ 공기비(m)

항 목		간추린 핵심내용
정 의		연료를 연소 시 이론공기량(A_o)만으로 절대연소를 시킬 수 없어 여분의 공기를 더 보내 완전연소를 시킬 때 이 여분의 공기를 과잉공기(P_1)라 하고 이론공기와 과잉공기를 합한 것을 실제공기(A)라 하는데 공기비란 A_o(이론공기)에 대한 A(실제공기)의 비를 말한다. 즉, $m=\frac{A}{A_o}$ 이다. (실제로 혼합된 공기량과 완전연소에 필요한 공기량의 비)
관련식		$m=\frac{A}{A_o}=\frac{A_o+P}{A_o}=1+\frac{P}{A_o}$
유사 용어		① 공기비(m)=과잉공기계수 ② 과잉공기비=$(m-1)$ ③ 과잉공기율(%)=$(m-1)\times100$
공기비	큰 경우 영향	① 연소가스 중 질소산화물 증가 ② 질소산화물로 인한 대기오염 우려 ③ 연소가스 온도 저하 ④ 연소가스의 황으로 인한 저온부식 초래 ⑤ 배기가스에 대한 열손실 증대 ⑥ 연소가스 중 SO_3 증대
	작은 경우 영향	① 미연소에 의한 열손실 증가 ② 미연소가스에 의한 역화(폭발) 우려 ③ 불완전연소 ④ 매연 발생
연료별 공기비		기체(1.1~1.3), 액체(1.2~1.4), 고체(1.4~2.0)

핵심 16 ◇ 냉동기, 열펌프의 성적계수 및 열효율

구 분	공 식	기 호
냉동기 성적계수	$\frac{T_2}{T_1 - T_2}$ or $\frac{Q_2}{Q_1 - Q_2}$	• T_1 : 고온 • T_2 : 저온 • Q_1 : 고열량 • Q_2 : 저열량
열펌프 성적계수	$\frac{T_1}{T_1 - T_2}$ or $\frac{Q_1}{Q_1 - Q_2}$	
열효율	$\frac{T_1 - T_2}{T_1}$ or $\frac{Q_1 - Q_2}{Q_1}$	

핵심 17 ◇ 소화의 종류

종 류	내 용
제거소화	연소반응이 일어나고 있는 가연물 및 주변의 가연물을 제거하여 연소반응을 중지시켜 소화하는 방법
질식소화	가연물에 공기 및 산소의 공급을 차단하여 산소의 농도를 16% 이하로 하여 소화하는 방법 ① 불연성 기체로 가연물을 덮는 방법 ② 연소실을 완전 밀폐하는 방법 ③ 불연성 포로 가연물을 덮는 방법 ④ 고체로 가연물을 덮는 방법
냉각소화	연소하고 있는 가연물의 열을 빼앗아 온도를 인화점 및 발화점 이하로 낮추어 소화하는 방법 ① 소화약제(CO_2)에 의한 방법 ② 액체를 사용하는 방법 ③ 고체를 사용하는 방법
억제소화 (부촉매효과법)	연쇄적 산화반응을 약화시켜 소화하는 방법
희석소화	산소나 가연성 가스의 농도를 연소범위 이하로 하여 소화하는 방법, 즉 가연물의 농도를 작게 하여 연소를 중지시킨다.

핵심 18 ◇ 연료비 및 고정탄소

구 분	내 용
연료비	$\frac{\text{고정탄소}}{\text{휘발분}}$
고정탄소	100−(수분+회분+휘발분 탄소)

핵심 19 ◇ 불활성화 방법(이너팅, Inerting)

(1) 방법 및 정의

방 법	정 의
스위퍼 퍼지	용기의 한 개구부로 이너팅 가스를 주입하여 타 개구부로부터 대기 또는 스크레버로 혼합가스를 용기에서 추출하는 방법으로 이너팅 가스를 상압에서 가하고 대기압으로 방출하는 방법이다.
압력 퍼지	일명 가압 퍼지로 용기를 가압하여 이너팅 가스를 주입하여 용기 내를 가한 가스가 충분히 확산된 후 그것을 대기로 방출하여 원하는 산소농도(MOC)를 구하는 방법이다.
진공 퍼지	일명 저압 퍼지로 용기에 일반적으로 쓰이는 방법으로 모든 반응기는 완전진공에 가깝도록 하여야 한다.
사이펀 퍼지	용기에 액체를 채운 다음 용기로부터 액체를 배출시키는 동시에 증기층으로부터 불활성 가스를 주입하여 원하는 산소농도를 구하는 퍼지 방법이다.

(2) 불활성화 정의

① 가연성 혼합가스에 불활성 가스를 주입하여 산소의 농도를 최소산소농도 이하로 낮게 하는 공정

② 이너팅 가스로는 질소, 이산화탄소 또는 수증기 사용

③ 이너팅은 산소농도를 안전한 농도로 낮추기 위하여 이너팅 가스를 용기에 주입하면서 시작

④ 일반적으로 실시되는 산소농도의 제어점은 최소산소농도보다 4% 낮은 농도
MOC(최소산소농도)=산소 몰수×폭발하한계

핵심 20 ◇ 최소점화에너지(MIE)

정 의	연소(착화)에 필요한 최소한의 에너지
최소점화에너지가 낮아지는 조건	① 압력이 높을수록 ② 산소농도가 높을수록 ③ 열전도율이 적을수록 ④ 연소속도가 빠를수록 ⑤ 온도가 높을수록

핵심 21 ◇ 자연발화온도(AIT)

항 목	감소(낮아지는) 조건
산소량	증가 시
압 력	증가 시
용기의 크기	증가 시
분자량	증가 시

핵심 22 ◆ 연소의 이상현상

(1) 백파이어(역화), 리프팅(선화)

역화 (백파이어)	정 의	가스의 연소속도가 유출속도보다 빨라 불길이 역화하여 연소기 내부에서 연소하는 현상
	원 인	① 노즐구멍이 클 때 ② 가스 공급압력이 낮을 때 ③ 버너가 과열되었을 때 ④ 콕이 불충분하게 개방되었을 때
선화 (리프팅)	정 의	가스의 유출속도가 연소속도보다 커서 염공을 떠나 연소하는 현상
	원 인	① 노즐구멍이 작을 때 ② 염공이 작을 때 ③ 가스 공급압력이 높을 때 ④ 공기조절장치가 많이 개방되었을 때

(2) 블로오프, 옐로팁

구 분	정 의
블로오프(blow-off)	불꽃 주위 특히, 불꽃 기저부에 대한 공기의 움직임이 강해지면 불꽃이 노즐에 정착하지 않고 꺼져버리는 현상
옐로팁(yellow tip)	염의 선단이 적황색이 되어 타고 있는 현상으로 연소반응의 속도가 느리다는 것을 의미하며, 1차 공기가 부족하거나 주물 밑부분의 철가루 등이 원인

핵심 23 ◆ 폭발 · 화재의 이상현상

구 분	정 의
BLEVE(블레비) (액체비등증기폭발)	가연성 액화가스에서 외부 화재에 의해 탱크 내 액체가 비등하고, 증기가 팽창하면서 폭발을 일으키는 현상
Fire Ball (파이어볼)	액화가스 탱크가 폭발하면서 플래시 증발을 일으켜 가연성의 혼합물이 대량으로 분출 발화하면 1차 화염을 형성하고, 부력으로 주변 공기가 상승하면서 버섯모양의 화재를 만드는 것
증기운폭발	대기 중 다량의 가연성 가스 및 액체가 유출되어 발생한 증기가 공기와 혼합해서 가연성 혼합기체를 형성하여 발화원에 의해 발생하는 폭발
Roll-over (롤오버)	LNG 저장탱크에서 상이한 액체밀도로 인하여 층상화된 액체의 불안정한 상태가 바로잡힐 때 생기는 LNG의 급격한 물질혼합 현상으로 상당량의 증발가스가 발생
Flash Over (플래시오버) (전실화재)	화재 시 가연물의 모든 노출표면에서 빠르게 열분해가 일어나 가연성 가스가 충만해져 이 가연성 가스가 빠르게 발화하여 격렬하게 타는 현상 〈플래시오버의 방지대책〉 ① 천장의 불연화 ② 가연물량의 제한 ③ 화원의 억제
Back Draft (백드래프트)	플래시오버 이후 연소를 계속하려고 해도 산소 부족으로 연소가 잠재적 진행을 하게 된다. 이때 가연성 증기가 포화상태를 이루는데 갑자기 문을 열게 되면 다량의 공기가 공급되면서 폭발적인 반응을 하게 되는 현상

구 분	정 의
Boil Over (보일오버)	유류탱크에서 탱크 바닥에 물과 기름의 에멀션이 모여있을 때 이로 인하여 화재가 발생하는 현상
Slop Over (슬롭오버)	물이 연소유(oil)의 뜨거운 표면에 들어갈 때 발생되는 over flow 현상
Jet fire	고압의 LPG 누출 시 점화원에 의해 불기둥을 이루는 화재(복사열에 의해 일어남)

핵심 24 ◇ 최대탄산가스량(CO_{2max}%)

(1) 연료가 이론공기량(A_o)만으로 연소 시 전체 연소가스량이 최소가 되어 CO_2%를 계산하면 $\frac{CO_2}{\text{연소가스량}} \times 100$은 최대가 된다. 이것을 CO_{2max}%라 정의한다. 그러나 연소가 완전하지 못하여 여분의 공기가 들어갔을 때 전체 연소가스량이 많아지므로 CO_2%는 낮아진다. 따라서 CO_2%가 높고 낮음은 CO_2 양의 증가, 감소가 아니고, 연소가 원활하여 과잉공기가 적게 들어갔을 때 CO_2의 농도는 증가하고 과잉공기가 많이 들어가면 CO_2의 농도는 감소하게 되는 것이다.

(2) $m = \frac{CO_{2max}}{CO_2} = \frac{21}{21 - O_2}$에서

$$CO_{2max} = mCO_2 = \frac{21CO_2}{21 - O_2}$$

핵심 25 ◇ 층류의 연소속도 측정법 (층류의 연소속도는 온도, 압력, 속도, 농도 분포에 의하여 결정)

종 류	세부내용
슬롯버너법 (Slot)	균일한 속도분포를 갖는 노즐을 이용하여 V자형의 화염을 만들고, 미연소혼합기 흐름을 화염이 둘러싸고 있어 혼합기가 화염대에 들어갈 때까지 혼합기의 유선은 직선을 유지한다.
비눗방울법 (Soap Bubble Method)	비눗방울이 연소의 진행으로 팽창되면 연소속도를 측정할 수 있다.
평면화염버너법 (Flat Flame Burner Method)	혼합기의 유속을 일정하게 하여 유속으로 연소속도를 측정한다.
분젠버너법 (Bunsen Burner Method)	버너 내부의 시간당 화염이 소비되는 체적을 이용하여 연소속도를 측정한다.

※ 층류의 연소속도가 빨라지는 조건
1. 비열과 분자량이 적을수록
2. 열전도율이 클수록
3. 압력과 온도가 높을수록
4. 착화온도가 낮을수록

핵심 26 ◇ 증기 속의 수분의 영향

① 건조도 감소
② 증기엔탈피 감소
③ 증기의 수격작용 발생
④ 장치의 부식
⑤ 효율 및 증기손실 증가

핵심 27 ◇ 화재의 종류

종 류	기 호	색	소화제
일반화재	A급	백색	물
유류 및 가스 화재	B급	황색	분말, CO_2
전기화재	C급	청색	건조사
금속화재	D급	무색	금속화재용 소화기

핵심 28 ◇ 탄화도

정 의	천연 고체연료에 포함된 탄소, 수소의 함량이 변해가는 현상
탄화도가 클수록 인체에 미치는 영향	① 연료비가 증가한다. ② 매연 발생이 적어진다. ③ 휘발분이 감소하고, 착화온도가 높아진다. ④ 고정탄소가 많아지고, 발열량이 커진다. ⑤ 연소속도가 늦어진다.

핵심 29 ◇ 이상기체 관련 법칙

종 류	내 용
아보가드로의 법칙	모든 기체 1mol이 차지하는 체적은 22.4L이며, 이때에 분자량만큼의 무게를 가지며, 그때의 분자수는 6.02×10^{23}개로 한다. 1mol=22.4L=분자량=6.02×10^{23}개
헨리의 법칙 (기체 용해도의 법칙)	기체가 용해하는 질량은 압력에 비례하며, 용해하는 부피는 압력과 무관하다.
르 샤틀리에의 법칙	폭발성 혼합가스의 폭발한계를 구하는 법칙 $\frac{100}{L} = \frac{V_1}{L_1} + \frac{V_2}{L_2} + \frac{V_3}{L_3} + \cdots\cdots$

종 류	내 용
돌턴의 분압 법칙	혼합기체의 압력은 각 성분기체가 단독으로 나타내는 분압의 합과 같다. ① $P = \frac{P_1 V_1 + P_2 V_2}{V}$ ② $분압 = 전압 \times \frac{성분몰}{전\ 몰} = 전압 \times \frac{성분부피}{전\ 부피}$

핵심 30 ◇ 자연발화온도

구 분	내 용
정 의	가연성과 공기의 혼합기체에 온도상승에 의한 에너지를 주었을 때 스스로 연소를 개시하는 온도. 이때 스스로 점화할 수 있는 최저온도를 최소자연발화온도라 하며, 가연성 증기 농도가 양론의 농도보다 약간 높을 때 가장 낮다.
영향인자	온도, 압력, 농도, 촉매, 발화지연시간, 용기의 크기 · 형태

※ 자연발화의 종류 : 분해열, 산화열, 중합열, 흡착열, 미생물에 의한 발열

핵심 31 ◇ 화염일주한계

폭발성 혼합가스를 금속성의 공간에 넣고 미세한 틈으로 분리, 한쪽에 점화하여 폭발할 때 그 틈으로 다른 쪽 가스가 인화 폭발시험 시 틈의 간격을 증감하면서 틈의 간격이 어느 정도 이하가 되면 한쪽이 폭발해도 다른 쪽은 폭발하지 않는 한계의 틈을 화염일주한계라 한다. 즉, 화염일주란 화염이 전파되지 않고 꺼져버리는 현상을 말한다.

핵심 32 ◇ 증기의 상태방정식

종 류	공 식
Van der Waals(반 데르 발스) 식	$\left(P + \frac{n^2 a}{V^2}\right)(V - nb) = nRT$
Clausius(클라우지우스) 식	$P + \frac{a}{T(v+c)^2}(V - b) = RT$
Bethelot(베델롯) 식	$P + \frac{a}{Tv^2}(V - b) = RT$

핵심 33 ◇ 증기 속 수분의 영향

① 증기 엔탈피, 건조도 감소
② 장치 부식
③ 증기 수격작용 발생
④ 효율, 증기 손실 증가

핵심 34 ◇ 가스폭발에 영향을 주는 요인

① 온도가 높을수록 폭발범위가 넓어진다.
② 압력이 높을수록 폭발범위가 넓어진다.(단, CO는 압력이 높을수록 폭발범위가 좁아지고, H_2는 약간의 높은 압력에는 좁아지나 압력이 계속 높아지면 폭발범위가 다시 넓어진다.)
③ 가연성과 공기의 혼합(조성) 정도에 따라 폭발범위가 넓어진다.
④ 폭발할 수 있는 용기의 크기가 클수록 폭발범위가 넓어진다.

핵심 35 ◇ 연소 시 공기 중 산소농도가 높을 때

① 연소속도로 빨라진다.
② 연소범위가 넓어진다.
③ 화염온도가 높아진다.
④ 발화온도가 낮아진다.
⑤ 점화에너지가 감소한다.

핵심 36 ◇ 난류 예혼합화염과 층류 예혼합화염의 비교

난류 예혼합화염	층류 예혼합화염
① 연소속도가 수십배 빠르다. ② 화염의 두께가 두껍고 짧아진다. ③ 연소 시 다량의 미연소분이 존재한다. ④ 층류보다 열효율이 높다.	① 연소속도가 느리다. ② 화염의 두께가 얇다. ③ 화염은 청색이며, 난류보다 휘도가 낮다. ④ 화염의 윤곽이 뚜렷하다.
층류 예혼합화염의 연소특성을 결정하는 요소	
① 연료와 산화제의 혼합비 ② 압력 · 온도 ③ 혼합기의 물리 · 화학적 특성	

핵심 37 ◇ 연돌의 통풍력(Z)

$$Z = 237H\left(\frac{\gamma_o}{273+t_o} - \frac{\gamma_g}{273+t_g}\right)$$

여기서, Z : 연돌의 통풍력(mmH_2O)
H : 연돌의 높이(m)
γ_o : 대기의 비중량
γ_g : 가스의 비중량
t_o : 외기의 온도
t_g : 가스의 온도

핵심 38 ◇ 가역 · 비가역

항목 \ 구분	가 역	비가역
정 의	① 어떤 과정을 수행 후 영향이 없음 ② 열적 · 화학적 평형의 유지. 실제로는 불가능	어떤 과정을 수행 시 영향이 남아 있음
예 시	① 노즐에서 포함 ② Carnot 순환 ③ 마찰이 없는 관 내 흐름	① 연료의 완전연소 ② 실린더 내에서 갑작스런 팽창 ③ 관 내 유체의 흐름
적용법칙	열역학 1법칙	열역학 2법칙
열효율	비가역보다 높다.	가역보다 낮다.
비가역이 되는 이유	① 온도차로 생기는 열전달 ② 압축 및 자유팽창 ③ 혼합 및 화학반응 ④ 확산 및 삼투압 현상 ⑤ 전기적 저항	

핵심 39 ◇ 압축에 필요한 일량(W)

구 분	관련식
단열	$W=\frac{R}{K-1}(T_2-T_1)$
등온	$W=RT\ln\left(\frac{P_1}{P_2}\right)$
정적	$W=0$

핵심 40 ◇ 열효율의 크기

압축비 일정 시	압력 일정 시
오토 > 사바테 > 디젤	디젤 > 사바테 > 오토
디젤사이클의 열효율은 압축비가 클수록 높아지고, 단절(체절)비가 클수록 감소한다.	

핵심 41 ◇ 단열압축에 의한 엔탈피 변화량

$$\Delta H=H_2-H_1=GC_p(T_2-T_1)=G\times\frac{K}{K-1}R(T_2-T_1)$$

여기서, G : 질량(kg)

R : 상수(kJ/kg · K)(kN · m/kg · K)

T_2-T_1 : 온도차

핵심 42 ◆ 폭발 방호대책

구 분	내 용
Venting(벤팅)	압력 배출
Suppression(서프레션)	폭발 억제
Containment(컨테인먼트)	압력 봉쇄

핵심 43 ◆ 1차 · 2차 연료

구 분		내 용
1차 연료	정 의	자연에서 채취한 그대로 사용할 수 있는 연료
	종 류	목재, 무연탄, 석탄, 천연가스
2차 연료	정 의	1차 연료를 가공한 연료
	종 류	목탄, 코크스, LPG, LNG

가스설비

제2장

핵심 1 ◇ 압력

표준대기압	관련 공식
1atm=1.0332kg/cm^2 =10.332mH$_2$O =760mmHg =76cmHg =14.7psi =101325Pa(N/m^2) =101.325kPa =0.101325MPa	절대압력=대기압+게이지압력=대기압−진공압력 ① 절대압력 : 완전진공을 기준으로 하여 측정한 압력으로 압력값 뒤 a를 붙여 표시 ② 게이지압력 : 대기압을 기준으로 측정한 압력으로 압력값 뒤 g를 붙여 표시 ③ 진공압력 : 대기압보다 낮은 압력으로 부압(−)의 의미를 가진 압력으로 압력값 뒤 v를 붙여 표시

압력 단위환산 및 절대압력 계산

상기 대기압력을 암기한 후 같은 단위의 대기압을 나누고, 환산하고자 하는 대기압을 곱함.

ex) 1. 80cmHg를 PSI로 환산 시

① cmHg 대기압 76은 나누고,

② PSI 대기압 14.7은 곱함.

$\therefore \frac{80}{76} \times 14.7 = 15.47\text{PSI}$

2. 만약 80cmHg가 게이지(g)압력일 때 절대압력(kPa)을 계산한다고 가정

① 절대압력=대기압력+게이지압력이므로 cmHg 대기압력 76을 더하여 절대로 환산한 다음

② kPa로 환산, 즉 절대압력으로 계산된 76+80에 cmHg 대기압 76을 나누고

③ kPa 대기압력 101.325를 곱한다.

$\therefore \frac{76+80}{76} \times 101.325 = 207.98\text{kPa(a)}$

핵심 2 ◇ 보일 · 샤를 · 보일−샤를의 법칙

구 분	정 의	공 식	
보일의 법칙	온도가 일정할 때 이상기체의 부피는 압력에 반비례한다.	$P_1V_1 = P_2V_2$	• P_1, V_1, T_1 : 처음의 압력, 부피, 온도 • P_2, V_2, T_2 : 변경 후의 압력, 부피, 온도
샤를의 법칙	압력이 일정할 때 이상기체의 부피는 절대온도에 비례한다. $\left(0℃\text{의 체적 } \frac{1}{273}\text{씩 증가}\right)$	$\frac{V_1}{T_1} = \frac{V_2}{T_2}$	
보일−샤를의 법칙	이상기체의 부피는 압력에 반비례, 절대온도에 비례한다.	$\frac{P_1V_1}{T_1} = \frac{P_2V_2}{T_2}$	

핵심 3 ◇ 도시가스 프로세스

(1) 프로세스의 종류와 개요

종 류	개 요	
	원 료	온도 변환가스 제조열량
열분해	원유, 중유, 나프타(분자량이 큰 탄화수소)	① 800~900℃로 분해 ② 10000kcal/Nm^{3}의 고열량을 제조
부분연소	메탄에서 원유까지 탄화수소를 가스화제로 사용	① 산소, 공기, 수증기를 이용 ② CH_4, H_2, CO, CO_2로 변환하는 방법
수소화분해	C/H비가 비교적 큰 탄화수소 및 수증기 흐름 중 또는 Ni 등의 수소화 촉매를 사용하며, 나프타 등 비교적 C/H가 낮은 탄화수소	수증기 흐름 중 또는 Ni 등의 수소화 촉매를 사용하며, 나프타 등 비교적 C/H가 낮은 탄화수소를 메탄으로 변화시키는 방법 ※ 수증기 자체가 가스화제로 사용되지 않고 탄화수소를 수증기 흐름 중에 분해시키는 방법임
접촉분해 (수증기개질, 사이클링식 접촉분해, 저온수증기 개질, 고온수증기 개질)	사용온도, 400~800℃에서 탄화수소와 수증기를 반응시킴	수소, CO, CO_2, CH_4 등의 저급탄화수소를 변화시키는 반응
사이클링식 접촉분해	연소속도의 빠름과 열량 3000kcal/Nm^3 전후의 가스를 제조하기 위해 이용되는 저열량의 가스를 제조하는 장치	

(2) 수증기 개질(접촉분해) 공정의 반응온도 · 압력(CH_4-CO_2, H_2-CO), 수증기 변화(CH_4-CO, H_2-CO_2)에 따른 가스량 변화의 관계

온도·압력 변화 / 가스량 변화	반응온도		반응압력		수증기 변화 / 가스량 변화	수증기비		카본 생성을 어렵게 하는 조건	
	상승	하강	상승	하강		증가	감소	$2CO \rightarrow CO_2+C$	$CH_4 \rightarrow 2H_2+C$
$CH_4 \cdot CO_2$	가스량 감소	가스량 증가	가스량 증가	가스량 감소	$CH_4 \cdot CO$	가스량 감소	가스량 증가	상기 반응식은 반응온도를 높게, 반응압력을 낮게 하면 카본 생성이 안 됨	상기 반응식은 반응온도를 낮게, 반응압력을 높게 하면 카본 생성이 안 됨
$H_2 \cdot CO$	가스량 증가	가스량 감소	가스량 감소	가스량 증가	$H_2 \cdot CO_2$	가스량 증가	가스량 감소		

※ 암기 방법

(1) 반응온도 상승 시 $CH_4 \cdot CO_2$의 양이 감소하는 것을 기준으로
  ① $H_2 \cdot CO$는 증가
  ② 온도 하강 시 $CH_4 \cdot CO_2$가 증가하므로 $H_2 \cdot CO$는 감소할 것임

(2) 반응압력 상승 시 $CH_4 \cdot CO_2$의 양이 증가하는 것을 기준으로
  ① $H_2 \cdot CO$는 감소
  ② 압력 하강 시 $CH_4 \cdot CO_2$가 감소하므로 $H_2 \cdot CO$는 증가할 것임

(3) 수증기비 증가 시 CH_4 · CO의 양이 감소하는 것을 기준으로
① H_2 · CO_2는 증가
② 수증기비 하강 시 CH_4 · CO가 증가하므로 H_2 · CO_2는 감소할 것임

∴ • 반응온도 상승 시 : CH_4 · CO_2 감소를 암기하면 나머지 가스(H_2 · CO)와 온도하강 시는 각각 역으로 생각할 것
• 반응압력 상승 시 : CH_4 · CO_2 증가를 암기하고 가스량이나 하강 시는 역으로 생각하며 수증기비에서는 (CH_4 · CO)(H_2 · CO_2)를 같이 묶어 한 개의 조로 생각하고 수증기비 증가 시 CH_4 · CO가 감소하므로 나머지 가스나 하강 시는 각각 역으로 생각할 것

핵심 4 ◆ 비파괴검사

종 류	정 의	특 징	
		장 점	단 점
음향검사 (AE)	검사하는 물체에 사용용 망치 등으로 두드려 보고 들리는 소리를 들어 결함 유무를 판별	① 검사비용이 발생치 않아 경제성이 있다. ② 시험방법이 간단하다.	검사자의 숙련을 요하며, 숙련도에 따라 오차가 생길 수 있다.
자분 (탐상)검사 (MT)	시험체의 표면결함을 검출하기 위해 누설 자장으로 결함의 크기 위치를 알아내는 검사법	① 검사방법이 간단하다. ② 미세표면결함 검출이 가능하다.	결함의 길이는 알아내기 어렵다.
침투 (탐상)검사 (PT)	시험체 표면에 침투액을 뿌려 결함부에 침투 시 그것을 빨아올려 결함의 위치, 모양을 검출하는 방법으로 형광침투, 염료침투법이 있다.	① 시험방법이 간단하다. ② 시험체의 크기, 형상의 영향이 없다.	① 시험체 표면에 가까이 가서 침투액을 살포하여야 한다. ② 주위온도의 영향이 있다. ③ 시험체 표면이 열려 있어야 한다.
초음파 (탐상)검사 (UT)	초음파를 시험체에 보내 내부결함으로 반사된 초음파의 분석으로 결함의 크기 위치를 알아내는 검사법 (종류 : 공진법, 투과법, 펄스반사법)	① 위치결함 판별이 양호하고, 건강에 위해가 없다. ② 면상의 결함도 알 수 있다. ③ 시험의 결과를 빨리 알 수 있다.	① 결함의 종류를 알 수 없다. ② 개인차가 발생한다.
방사선 (투과)검사 (RT)	방사선(X선, 감마선) 필름으로 촬영이나 투시하는 방법으로 결함여부를 검출하는 방법	① 내부결함 능력이 우수하다. ② 신뢰성이 있다. ③ 보존성이 양호하다.	① 비경제적이다. ② 방사선으로 인한 위해가 있다. ③ 표면결함 검출능력이 떨어진다.

핵심 5 ◇ 공기액화분리장치

<table>
<tr><th>항 목</th><th colspan="6">핵심 정리사항</th></tr>
<tr><td>개 요</td><td colspan="6">원료공기를 압축하여 액화산소, 액화아르곤, 액화질소를 비등점 차이로 분리 제조하는 공정</td></tr>
<tr><td>액화순서와 비등점</td><td colspan="2">O_2 (−183℃)</td><td colspan="2">Ar (−186℃)</td><td colspan="2">N_2 (−196℃)</td></tr>
<tr><td>불순물</td><td colspan="3">CO_2</td><td colspan="3">H_2O</td></tr>
<tr><td>불순물의 영향</td><td colspan="3">고형의 드라이아이스로 동결하여 장치 내 폐쇄</td><td colspan="3">얼음이 되어 장치 내 폐쇄</td></tr>
<tr><td>불순물 제거방법</td><td colspan="3">가성소다로 제거
$2NaOH + CO_2 \rightarrow Na_2CO_3 + H_2O$</td><td colspan="3">건조제(실리카겔, 알루미나, 소바비드, 가성소다)로 제거</td></tr>
<tr><td>분리장치의 폭발원인</td><td colspan="6">① 공기 중 C_2H_2의 혼입
② 액체공기 중 O_3의 혼입
③ 공기 중 질소화합물의 혼입
④ 압축기용 윤활유 분해에 따른 탄화수소 생성</td></tr>
<tr><td>폭발원인에 대한 대책</td><td colspan="6">① 장치 내 여과기를 설치한다.
② 공기 취입구를 맑은 곳에 설치한다.
③ 부근에 카바이드 작업을 피한다.
④ 연 1회 CCl_4로 세척한다.
⑤ 윤활유는 양질의 광유를 사용한다.</td></tr>
<tr><td>참고사항</td><td colspan="6">① 고압식 공기액화분리장치 압축기 종류 : 왕복피스톤식 다단압축기(압력 150~200atm 정도)
② 저압식 공기액화분리장치 압축기 종류 : 원심압축기(압력 5atm 정도)</td></tr>
<tr><td>적용범위</td><td colspan="6">시간당 압축량 $1000Nm^3/h$ 초과 시 해당</td></tr>
<tr><td>즉시 운전을 중지하고 방출하여야 하는 경우</td><td colspan="6">① 액화산소 5L 중 C_2H_2이 5mg 이상 시
② 액화산소 5L 중 탄화수소의 C 질량이 500mg 이상 시</td></tr>
</table>

핵심 6 ◇ 정압기의 2차 압력 상승 및 저하 원인과 정압기의 특성

(1) 정압기 2차 압력 상승 및 저하 원인

<table>
<tr><th colspan="2">레이놀즈식 정압기</th><th colspan="2">피셔식 정압기</th></tr>
<tr><th>2차 압력상승 원인</th><th>2차 압력저하 원인</th><th>2차 압력상승 원인</th><th>2차 압력저하 원인</th></tr>
<tr><td>① 메인밸브류에 먼지가 끼어 cut-off 불량
② 저압 보조정압기의 cut-off 불량
③ 메인밸브 시트 부근
④ 바이패스밸브류 누설
⑤ 2차압 조절관 파손
⑥ 가스 중 수분 동결
⑦ 보조정압기 다이어프램 파손</td><td>① 정압기 능력 부족
② 필터의 먼지류 막힘
③ 센트스템 부족
④ 동결
⑤ 저압 보조정압기 열림 정도 부족</td><td>① 메인밸브류에 먼지가 끼어 cut-off 불량
② 파일럿 서플라이밸브의 누설
③ 센트스템과 메인밸브 접속 불량
④ 바이패스밸브류 누설
⑤ 가스 중 수분 동결</td><td>① 정압기 능력 부족
② 필터의 먼지류 막힘
③ 파일럿의 오리피스 막힘
④ 센트스템의 작동 불량
⑤ 스트로크 조정 불량
⑥ 주다이어프램 파손</td></tr>
</table>

(2) 정압기의 종류별 특성과 이상

종 류			이상감압에 대처할 수 있는 방법
피셔식	엑셀-플로식	레이놀즈식	
① 정특성, 동특성 양호 ② 비교적 콤팩트하다. ③ 로딩형이다.	① 정특성, 동특성 양호 ② 극히 콤팩트하다. ③ 변칙 언로딩형이다.	① 언로딩형이다. ② 크기가 대형이다. ③ 정특성이 좋다. ④ 안정성이 부족하다.	① 저압 배관의 Loop(루프)화 ② 2차측 압력감시장치 설치 ③ 정압기 2계열 설치

핵심 7 ◆ 배관의 유량식

압력별	공 식	기 호
저압 배관	$Q=K_1\sqrt{\dfrac{D^5H}{SL}}$	Q : 가스 유량(m^3/h), K_1 : 폴의 정수(0.707) K_2 : 콕의 정수(52.31), D : 관경(cm) H : 압력손실(mmH_2O), L : 관 길이(m) P_1 : 초압(kg/cm^2(a)), P_2 : 종압(kg/cm^2(a))
중고압 배관	$Q=K_2\sqrt{\dfrac{D^5(P_1^2-P_2^2)}{SL}}$	

핵심 8 ◆ 배관의 압력손실 요인

종 류	관련 공식		세부항목
마찰저항(직선배관)에 의한 압력손실	$h=\dfrac{Q^2\cdot S\cdot L}{K^2\cdot D^5}$	h : 압력손실 Q : 가스 유량 S : 가스 비중 L : 관 길이 D : 관 지름	① 유량의 제곱에 비례(유속의 제곱에 비례) ② 관 길이에 비례 ③ 관 내경의 5승에 반비례 ④ 가스 비중, 유체의 점도에 비례
입상(수직상향)에 의한 압력손실	$h=1.293(S-1)H$	H : 입상높이(m)	
안전밸브에 의한 압력손실	-		
가스미터에 의한 압력손실	-		

핵심 9 ◆ 캐비테이션

구 분	내 용
정 의	유수 중 그 수온의 증기압보다 낮은 부분이 생기면 물이 증발을 일으키고 기포를 발생하는 현상
방지법	① 펌프 회전수를 낮춘다. ② 펌프 설치위치를 낮춘다. ③ 양흡입 펌프를 사용한다. ④ 두 대 이상의 펌프를 사용한다. ⑤ 수직축 펌프를 사용 회전차를 수중에 잠기게 한다.
발생에 따른 현상	① 양정 효율곡선 저하 ② 소음, 진동 ③ 깃의 침식

핵심 10 ◇ 온도차에 따른 신축이음의 종류와 특징

종 류	도시 기호	개 요
상온(콜드) 스프링	없음	배관의 자유 팽창량을 계산하여 관의 길이를 짧게 절단하는 방법으로 절단 길이는 자유 팽창량의 1/2 정도이다.
루프이음 (신축곡관)		배관의 형상을 루프 형태로 구부려 그것을 이용하여 신축을 흡수하는 이음이며, 신축이음 중 가장 큰 신축을 흡수하는 이음
벨로스(팩레스) 이음		주름관의 형태로 만들어진 벨로스를 부착하여 신축을 흡수하는 방법이며, 신축에 따라 주름관에 의해 함께 신축이 되는 이음
슬리브(슬라이드) 이음		배관 중 슬리브 pipe를 설치하여 수축 팽창 시 파이프 내에서 신축을 흡수하는 이음
스위블이음		배관이음 중 두 개 이상의 엘보를 이용하여 엘보의 빈 공간에서 신축을 흡수하는 이음

참고사항

신축량 계산식 $\lambda = l\alpha\Delta t$

(예제) 12m 관을 상온 스프링으로 연결 시 내부 가스온도 −30℃, 외기온도 20℃일 때 절단길이(mm)는? (단, 관의 선팽창계수 $\alpha = 1.2\times10^{-5}$/℃이다.)

$\lambda = l\alpha\Delta t = 12\times10^3\text{mm}\times1.2\times10^{-5}/℃\times\{20-(-30)\}$

$= 7.2\text{mm}$

$\therefore\ 7.2\times\frac{1}{2} = 3.6\text{mm}$

핵심 11 ◇ 강의 성분 중 탄소 성분이 증가 시

① 인장강도, 경도, 항복점 증가

② 연신율, 단면수축률 감소

핵심 12 ◇ 직동식 · 파일럿식 정압기의 특징

구 분	직동식 정압기	파일럿식 정압기
안정성	안정하다.	안정성이 떨어진다.
로크업	크게 된다.	적게 누를 수 있다.
용량범위	소용량 사용	대용량 사용
오프셋	커진다.	작게 된다.
2차 압력	2차 압력도 시프트 한다.	2차 압력이 시프트 하지 않도록 할 수 있다.

핵심 13 ◆ 배관의 SCH(스케줄 번호)

공식의 종류	단위 구분	
	S(허용응력)	P(사용압력)
$SCH=10\times\frac{P}{S}$	kg/mm^2	kg/cm^2
$SCH=100\times\frac{P}{S}$	kg/mm^2	MPa
$SCH=1000\times\frac{P}{S}$	kg/mm^2	kg/mm^2
S는 허용응력$\left(\text{인장강도}\times\frac{1}{4}=\text{허용응력}\right)$		

핵심 14 ◆ LNG 기화장치의 종류와 특징

항목 \ 종류		오픈랙(Open Rack) 기화장치	서브머지드(SMV ; Submerged conversion) 기화장치	중간매체(IFV)식 기화장치
가열매체		해수(수온 5℃ 정도)	가스	해수와 LNG의 중간열매체
특징	장점	① 설비가 안정되어 있다. ② 고장발생 시 수리가 용이하다. ③ 해수를 사용하므로 경제적이다.	가열매체가 가스이므로 오픈랙과 같이 겨울철 동결우려가 없다.	부하 및 해수 온도에 대하여 해수량의 연속제어가 가능하다.
	단점	동계에 해수가 동결되는 우려가 있다.	가열매체가 가스이므로 연소 시 비용이 발생한다.	① 직접가열방식에 비해 2배의 전열면적이 필요하다. ② 수리보수가 어렵다.

핵심 15 ◆ 왕복압축기의 피스톤 압출량(m^3/h)

$$Q=\frac{\pi}{4}D^2\times L\times N\times n\times n_v\times 60$$

여기서, Q : 피스톤 압출량(m^3/h)
D : 직경(m)
L : 행정(m)
N : 회전수(rpm)
n : 기통수
n_v : 체적효율

※ m^3/min 값으로 계산 시 60을 곱할 필요가 없음.

핵심 16 ◆ 흡수식, 증기압축식 냉동기의 순환과정

종 류			세부내용
흡수식	순환과정		① 증발기 → ② 흡수기 → ③ 발생기 → ④ 응축기 ※ 순환과정이므로 흡수기부터 하면 흡수 → 발생 → 응축 → 증발기 순도 가능
	냉매와 흡수액		① 냉매가 LiBr(리튬브로마이드)일 때 흡수액은 NH_3 ② 냉매가 NH_3일 때 흡수액은 물
증기압축식	순환과정		① 증발기 → ② 압축기 → ③ 응축기 → ④ 팽창밸브 ※ 순환과정이므로 압축기부터 하면 압축 → 응축 → 팽창 → 증발기 순도 가능
	순환 과정의 역할	증발기	팽창밸브에서 토출된 저온 · 저압의 액체냉매가 증발잠열을 흡수하여 피냉동체와 열교환과정이 이루어지는 곳
		압축기	증발기에서 증발된 저온 · 저압의 기체냉매를 압축하면 온도가 상승되어 응축기에서 액화를 용이하게 만드는 곳(등엔트로피 과정이 일어남)
		응축기 (콘덴서)	압축기에서 토출된 고온 · 고압의 냉매가스를 열교환에 의해 응축액화시키는 과정(액체냉매를 일정하게 흐르게 하는 곳)
		팽창 밸브	냉매의 엔탈피가 일정한 곳으로 액체냉매를 증발기에서 증발이 쉽도록 저온 · 저압의 액체냉매로 단열팽창시켜 교축과정이 일어나게 하는 곳
		선도	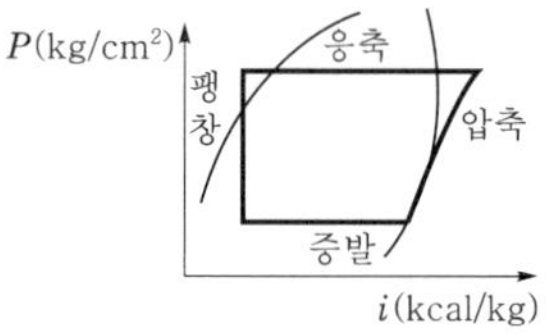

핵심 17 ◆ 원심펌프에서 발생되는 이상현상

이상현상의 종류			핵심내용
캐비테이션 (공동현상)	정 의		Pump로 물을 이송하는 관에서 유수 중 그 수온의 증기압보다 낮은 부분이 생기면 물이 증발을 일으키고 기포를 발생하는 현상
	방지법		① 흡입관경을 넓힌다. ② 양흡입 펌프를 사용한다. ③ 두 대 이상의 펌프를 설치한다. ④ 펌프의 설치위치를 낮춘다. ⑤ 회전수를 낮춘다.
	발생에 따른 현상		① 양정 효율곡선 저하 ② 소음, 진동 ③ 깃의 침식
원심펌프에서 발생되는 이상현상	베이퍼록	정 의	저비등점을 가진 액화가스를 이송 시 펌프 입구에서 발생되는 현상으로 액의 끓음에 의한 동요현상을 일으킴
		방지법	① 흡입관경을 넓힌다. ② 회전수를 낮춘다. ③ 펌프의 설치위치를 낮춘다. ④ 실린더라이너를 냉각시킨다. ⑤ 외부와 단열조치한다.

<table>
<tr><th colspan="3">이상현상의 종류</th><th>핵심내용</th></tr>
<tr><td rowspan="4">원심펌프에서 발생되는 이상현상</td><td rowspan="2">수격작용(워터해머)</td><td>정 의</td><td>관 속을 충만하여 흐르는 대형 송수관로에서 정전 등에 의한 심한 압력변화가 생기면 심한 속도변화를 일으켜 물이 가지고 있는 힘의 세기가 해머를 내려치는 힘과 같아 워터해머라 부름</td></tr>
<tr><td>방지법</td><td>① 펌프에 플라이휠(관성차)을 설치한다.
② 관 내 유속(1m/s 이하)을 낮춘다.
③ 조압수조를 관선에 설치한다.
④ 밸브를 송출구 가까이 설치하고, 적당히 제어한다.</td></tr>
<tr><td rowspan="2">서징(맥동)현상</td><td>정 의</td><td>펌프를 운전 중 규칙바르게 양정, 유량 등이 변동하는 현상</td></tr>
<tr><td>발생조건</td><td>① 펌프의 양정곡선이 산고곡선이고, 그 곡선의 산고상승부에서 운전 시
② 배관 중 물탱크나 공기탱크가 있을 때
③ 유량조절밸브가 탱크 뒤측에 있을 때</td></tr>
</table>

원심압축 시의 서징

1. 정의
   압축기와 송풍기 사이에 토출측 저항이 커지면 풍량이 감소하고 어느 풍량에 대하여 일정압력으로 운전되나 우상 특성의 풍량까지 감소되면 관로에 심한 공기의 맥동과 진동을 발생하여 불안정 운전이 되는 현상
2. 방지법
   ① 우상 특성이 없게 하는 방식
   ② 방출밸브에 의한 방법
   ③ 회전수를 변화시키는 방법
   ④ 교축밸브를 기계에 근접시키는 방법

※ 우상 특성 : 운전점이 오른쪽 상향부로 치우치는 현상

핵심 18 ◇ 가스 종류별 폭발성

종류 \ 폭발성	산화폭발	분해폭발	중합폭발
C_2H_2	○	○	
C_2H_4O	○	○	○
HCN			○
N_2H_4(히드라진)		○	

① 산화폭발 : 모든 가연성 가스가 가지고 있는 폭발
② 분해폭발 : 압력상승 시 가스 성분이 분해되면서 일어나는 폭발
③ 중합폭발 : 수분 2% 이상 함유 시 일어나는 폭발
④ C_2H_4O은 분해와 중합 폭발을 동시에 가지고 있으며, 특히 금속염화물과 반응 시는 중합폭발을 일으킨다.

핵심 19 ◇ 오토클레이브

(1) 정의 및 종류

구 분		내 용
정의		밀폐반응 가마이며, 온도상승 시 증기압이 상승 액상을 유지하면서 반응을 하는 고압반응 가마솥
종 류	교반형	기체 · 액체의 반응으로 기체를 계속 유통할 수 있으며, 주로 전자코일을 이용하는 방법
	진탕형	횡형 오토클레이브 전체가 수평 전후 운동으로 교반하는 방법
	회전형	오토클레이브 자체를 회전시켜 교반하는 형식으로 액체에 가스를 적용시키는 데 적합하나 교반효과는 떨어진다.
	가스교반형	레페반응장치에 이용되는 형식으로 기상부에 반응가스를 취출 액상부의 최저부에 순환 송입하는 방식 등이 있으며, 주로 가늘고 긴 수평 반응기로 유체가 순환되어 교반이 이루어진다.

(2) 부속품과 재료 및 압력 · 온도 측정

구 분	내 용
부속품	압력계, 온도계, 안전밸브
재 료	스테인리스강
압력 측정	부르동관 압력계로 측정
온도 측정	수은 및 열전대 온도계

핵심 20 ◇ 열처리 종류 및 특성

종 류	특 성
담금질(소입)(Quenching)	강도 및 경도 증가
불림(소준)(Normalizing)	결정조직의 미세화
풀림(소둔)(Annealing)	잔류응력 제거 및 조직의 연화강도 증가
뜨임(소려)(Tempering)	내부 응력 제거, 인장강도 및 연성 부여
심랭처리법	오스테나이트계 조직을 마텐자이트 조직으로 바꿀 목적으로 0℃ 이하로 처리하는 방법
표면경화	표면은 견고하게, 내부는 강인하게 하여 내마멸성 · 내충격성 향상

핵심 21 ◇ 저온장치 단열법

종 류	특 징
상압단열법	단열을 하는 공간에 분말섬유 등의 단열재를 충전하는 방법 〈주의사항〉 불연성 단열재 사용, 탱크를 기밀로 할 것
진공단열법	단열공간을 진공으로 하여 공기에 의한 전열을 제거한 단열법 〈종류〉 고진공, 분말진공, 다층진공, 단열법

핵심 22 ◇ 정압기의 특성(정압기를 평가 선정 시 고려하여야 할 사항)

특성의 종류		개 요
정특성		정상상태에 있어서 유량과 2차 압력과의 관계
관련 동작	오프셋	정특성에서 기준유량 Q일 때 2차 압력 P에 설정했다고 하여 유량이 변하였을 때 2차 압력 P로부터 어긋난 것
	로크업	유량이 0으로 되었을 때 끝맺음 압력과 P의 차이
	시프트	1차 압력의 변화 등에 의하여 정압곡선이 전체적으로 어긋난 것
동특성		부하변화가 큰 곳에 사용되는 정압기에 대하여 부하변동에 대한 응답의 신속성과 안정성
유량 특성		메인밸브의 열림(스트로크-리프트)과 유량과의 관계
관련 동작	직선형	(유량)$=K\times$(열림) 관계에 있는 것(메인밸브 개구부 모양이 장방형)
	2차형	(유량)$=K\times$(열림)^2 관계에 있는 것(메인밸브 개구부 모양이 삼각형)
	평방근형	(유량)$=K\times$(열림)$^{\frac{1}{2}}$ 관계에 있는 것(메인밸브가 접시형인 경우)
사용 최대차압		메인밸브에는 1차 압력과 2차 압력의 차압이 정압성능에 영향을 주나 이것이 실용적으로 사용할 수 있는 범위에서 최대로 되었을 때 차압
작동 최소차압		1차 압력과 2차 압력의 차압이 어느 정도 이상이 없을 때 파일럿 정압기는 작동할 수 없게 되며 이 최소값을 말함

핵심 23 ◇ LP가스 이송방법

(1) 이송방법의 종류

① 차압에 의한 방법

② 압축기에 의한 방법

③ 균압관이 있는 펌프 방법

④ 균압관이 없는 펌프 방법

(2) 이송방법의 장 · 단점

구 분	장 점	단 점
압축기	① 충전시간이 짧다. ② 잔가스 회수가 용이하다. ③ 베이퍼록의 우려가 없다.	① 재액화 우려가 있다. ② 드레인 우려가 있다.
펌프	① 재액화 우려가 없다. ② 드레인 우려가 없다.	① 충전시간이 길다. ② 잔가스 회수가 불가능하다. ③ 베이퍼록의 우려가 있다.

핵심 24 ◇ 기화장치(Vaporizer)

(1) 분류방법

장치 구성형식	증발형식
단관식, 다관식, 사관식, 열판식	순간증발식, 유입증발식

작동원리에 따른 분류	
가온감압식	열교환기에 의해 액상의 LP가스를 보내 온도를 가하고 기화된 가스를 조정기로 감압하는 방식
감압가열(온)식	액상의 LP가스를 조정기 감압밸브로 감압하여 열교환기로 보내 온수 등으로 가열하는 방식
작동유체에 따른 분류	
온수가열식	온수온도 80℃ 이하
증기가열식	증기온도 120℃ 이하
3대 구성	① 기화부 ② 제어부 ③ 조압부

(2) 기화기 사용 시 장점(강제기화방식의 장점)

① 한랭 시 연속적 가스공급이 가능하다.

② 기화량을 가감할 수 있다.

③ 공급가스 조성이 일정하다.

④ 설비비, 인건비가 절감된다.

핵심 25 ◇ C_2H_2의 폭발성

폭발의 종류	반응식	강의록
분해폭발	$C_2H_2 \rightarrow 2C+H_2$	아세틸렌은 가스를 충전 시 1.5MPa 이상 압축 시 분해폭발의 위험이 있어 충전 시 2.5MPa 이하로 압축, 부득이 2.5MPa 이상으로 압축 시 안전을 기하기 위하여 N_2, CH_4, CO, C_2H_4 등의 희석제를 첨가한다.
화합폭발	$2Cu+C_2H_2 \rightarrow Cu_2C_2+H_2$	아세틸렌에 Cu(동), Ag(은), Hg(수은) 등 함유 시 아세틸라이드(폭발성 물질)가 생성되어 폭발의 우려가 있어 아세틸렌장치에 동을 사용할 경우 동 함유량 62% 미만의 동합금만 허용이 된다.
산화폭발	$C_2H_2+2.5O_2 \rightarrow 2CO_2+H_2O$	모든 가연성이 가지는 폭발로서 연소범위 이내에 혼합 시 일어나는 폭발이다.

핵심 26 ◆ 압축기의 용량 조정방법

왕복압축기	원심압축기
① 회전수 변경법	① 속도 제어에 의한 방법
② 바이패스 밸브에 의한 방법	② 바이패스에 의한 방법
③ 흡입 주밸브 폐쇄법	③ 안내깃(베인 컨트롤) 각도에 의한 방법
④ 타임드 밸브에 의한 방법	④ 흡입밸브 조정법
⑤ 흡입밸브 강제 개방법	⑤ 토출밸브 조정법
⑥ 클리어런스 밸브에 의한 방법	

핵심 27 ◆ 압축의 종류

종 류	정 의	폴리트로픽 지수(n) 값
등온압축	압축 전후 온도가 같음	$n=1$
폴리트로픽압축	압축 후 약간의 열손실이 있는 압축	$1<n<K$
단열압축	외부와 열의 출입이 없는 압축	$n=K$
일량의 크기		온도변화의 크기
단열>폴리트로픽>등온		단열>폴리트로픽>등온

핵심 28 ◆ 공기액화분리장치의 팽창기

종 류		특 징
왕복동식	팽창기	40 정도
	효율	60~65%
	처리가스량	1000m^3/h
터보식 (충동식, 반동식, 반경류 반동식)	회전수	10000~20000rpm
	팽창비	5
	효율	80~85%

핵심 29 ◆ 각 가스의 부식명

가스의 종류	부식명	조 건	방지금속
O_2	산화	고온 · 고압	Cr, Al, Si
H_2	수소취성(강의 탈탄)	고온 · 고압	5~6% Cr강에 W, Mo, Ti, V 첨가
NH_3	질화, 수소취성	고온 · 고압	Ni 및 STS
CO	카보닐(침탄)	고온 · 고압	장치 내면 피복, Ni-Cr계 STS 사용
H_2S	황화	고온 · 고압	Cr, Al, Si
수분 존재 시 부식을 일으키는 가스 : Cl_2, $COCl_2$, CO_2, SO_2, H_2S			

핵심 30 ◇ 가스홀더의 분류 및 특징

구 분	내 용		
정의	공장에서 정제된 가스를 저장, 가스의 질을 균일하게 유지, 제조량 · 수요량을 조절하는 탱크		
분 류			
중 · 고압식		저압식	
원통형	구형	유수식	무수식
종류별 특징			
구형	① 가스 수요의 시간적 변동에 대하여 제조량을 안정하게 공급하고 남는 것은 저장한다. ② 정전배관공사 공급설비의 일시적 지장에 대하여 어느 정도 공급을 확보한다. ③ 각 지역에 가스홀더를 설치하여 피크 시 공급과 동시에 배관의 수송효율을 높인다.		
유수식	① 물로 인한 기초공사비가 많이 든다. ② 물탱크의 수분으로 습기가 있다. ③ 추운 곳에 물의 동결방지 조치가 필요하다. ④ 유효 가동량이 구형에 비해 크다.		
무수식	① 대용량 저장에 사용된다. ② 물탱크가 없어 기초가 간단하고, 설치비가 적다. ③ 건조상태로 가스가 저장된다. ④ 작업 중 압력변동이 적다.		

핵심 31 ◇ 가스 도매사업자의 공급시설 중 배관의 용접방법

항 목	내 용
용접방법	아크용접 또는 이와 동등 이상의 방법이다.
배관 상호길이 이음매	원주방향에서 원칙적으로 50mm 이상 떨어지게 한다.
배관의 용접	지그(jig)를 사용하여 가운데서부터 정확하게 위치를 맞춘다.

핵심 32 ◇ 압축기에 사용되는 윤활유

각종 가스 윤활유	O_2(산소)	물 또는 10% 이하 글리세린수
	Cl_2(염소)	진한 황산
	LP가스	식물성유
	H_2(수소)	양질의 광유
	C_2H_2(아세틸렌)	
	공기	
	염화메탄	화이트유
구비 조건	① 경제적일 것 ② 화학적으로 안정할 것 ③ 점도가 적당할 것 ④ 인화점이 높을 것 ⑤ 불순물이 적을 것 ⑥ 항유화성이 높고, 응고점이 낮을 것	

핵심 33 ◇ 펌프의 분류

용적형		터보형			
왕복펌프	회전펌프	원심펌프		축류	사류
		벌류트펌프	터빈펌프		
피스톤펌프, 플런저펌프, 다이어프램펌프	기어펌프, 나사펌프, 베인펌프	안내베인이 없는 원심펌프	안내베인이 있는 원심펌프		

핵심 34 ◇ 폭명기

구 분		반응식
종 류	수소폭명기	$2H_2+O_2 \rightarrow 2H_2O$
	염소폭명기	$H_2+Cl_2 \rightarrow 2HCl$
	불소폭명기	$H_2+F_2 \rightarrow 2HF$
정 의		화학반응 시 아무런 촉매 없이 햇빛 등으로 폭발적으로 반응을 일으키는 반응식

핵심 35 ◇ 압축기의 특징

구 분	간추린 핵심내용
왕복 압축기	① 용적형 오일윤활식 무급유식이다. ② 압축효율이 높다. ③ 형태가 크고, 접촉부가 많아 소음 · 진동이 있다. ④ 저속회전이다. ⑤ 압축이 단속적이다. ⑥ 용량조정범위가 넓고 쉽다.
원심(터보) 압축기	① 원심형 무급유식이다. ② 압축이 연속적이다. ③ 소음 · 진동이 적다. ④ 용량조정범위가 좁고 어렵다. ⑤ 설치면적이 작다.

핵심 36 ◇ 펌프 회전수 변경 시 및 상사로 운전 시 변경(송수량, 양정, 동력값)

구 분		내 용
회전수를 $N_1 \rightarrow N_2$로 변경한 경우	송수량(Q_2)	$Q_2 = Q_1 \times \left(\frac{N_2}{N_1}\right)^1$
	양정(H_2)	$H_2 = H_1 \times \left(\frac{N_2}{N_1}\right)^2$
	동력(P_2)	$P_2 = P_1 \times \left(\frac{N_2}{N_1}\right)^3$
회전수를 $N_1 \rightarrow N_2$로 변경과 상사로 운전 시($D_1 \rightarrow D_2$ 변경)	송수량(Q_2)	$Q_2 = Q_1 \times \left(\frac{N_2}{N_1}\right)^1\left(\frac{D_2}{D_1}\right)^3$
	양정(H_2)	$H_2 = H_1 \times \left(\frac{N_2}{N_1}\right)^2\left(\frac{D_2}{D_1}\right)^2$
	동력(P_2)	$P_2 = P_1 \times \left(\frac{N_2}{N_1}\right)^3\left(\frac{D_2}{D_1}\right)^5$

기호 설명

- Q_1, Q_2 : 처음 및 변경된 송수량
- H_1, H_2 : 처음 및 변경된 양정
- P_1, P_2 : 처음 및 변경된 동력
- N_1, N_2 : 처음 및 변경된 회전수

핵심 37 ◇ 냉동톤 · 냉매가스 구비조건

(1) 냉동톤

종 류	IRT값
한국 1냉동톤	3320kcal/hr
흡수식 냉동설비	6640kcal/hr
원심식 압축기	1.2kW(원동기 정격출력)

(2) 냉매의 구비조건

① 임계온도가 높을 것
② 응고점이 낮을 것
③ 증발열이 크고, 액체비열이 적을 것
④ 윤활유와 작용하여 영향이 없을 것
⑤ 수분과 혼합 시 영향이 적을 것
⑥ 비열비가 적을 것
⑦ 점도가 적을 것
⑧ 냉매가스의 비중이 클 것
⑨ 비체적이 적을 것

핵심 38 ◇ 단열재 구비조건

① 경제적일 것
② 화학적으로 안정할 것
③ 밀도가 적을 것
④ 시공이 편리할 것
⑤ 열전도율이 적을 것
⑥ 안전사용온도 범위가 넓을 것

핵심 39 ◇ 강제기화방식, 자연기화방식

(1) 개요 및 종류와 특징

구 분		내 용
강제기화방식	개 요	기화기를 사용하여 액화가스 온도를 상승시켜 가스를 기화하는 방식으로 대량 소비처에 사용
	종 류	생가스 공급방식, 공기혼합가스 공급방식, 변성가스 공급방식
	특 징	① 한랭 시 가스공급이 가능하다. ② 공급가스 조성이 일정하다. ③ 기화량을 가감할 수 있다. ④ 설비비, 인건비가 절감된다. ⑤ 설치면적이 작아진다.
자연기화방식	개 요	대기 중의 열을 흡수하여 액가스를 자연적으로 기화하는 방식으로 소량 소비처에 사용

(2) 분류 방법

장치구성 형식	증발 형식
단관식, 다관식, 사관식, 열판식	순간증발식, 유입증발식
작동원리에 따른 분류	
가온감압식	열교환기에 의해 액상의 LP가스를 보내 온도를 가하고, 기화된 가스를 조정기로 감압하는 방식
감압가열(온)식	액상의 LP가스를 조정기 감압밸브로 감압 열교환기로 보내 온수 등으로 가열하는 방식
작동유체에 따른 분류	
온수가열식	온수온도 80℃ 이하
증기가열식	증기온도 120℃ 이하

TiP

LP가스를 도시가스로 공급하는 방식

1. 직접 혼입가스 공급방식
2. 변성가스 공급방식
3. 공기혼합가스 공급방식

핵심 40 ◇ 열역학의 법칙

종 류	정 의
0법칙	온도가 서로 다른 물체를 접촉 시 일정시간 후 열평형으로 상호간 온도가 같게 됨
1법칙	일은 열로, 열은 일로 상호변환이 가능한 에너지 보존의 법칙
2법칙	열은 스스로 고온에서 저온으로 흐르며, 일과 열은 상호변환이 불가능하며, 100% 효율을 가진 열기관은 없음(제2종 영구기관 부정)
3법칙	어떤 형태로든 절대온도 0K에 이르게 할 수 없음

핵심 41 ◇ 압축비, 각 단의 토출압력, 2단 압축에서 중간압력 계산법

구 분	핵심내용
압축비(a)	$a = \sqrt[n]{\frac{P_2}{P_1}}$ 여기서, n : 단수, P_1 : 흡입 절대압력, P_2 : 토출 절대압력
2단 압축에서 중간압력(P_o)	P_1 → [1] → P_0 → [2] → P_2 $P_o = \sqrt{P_1 \times P_2}$
다단압축에서 각 단의 토출압력	P_1 → [1] → P_{01} → [2] → P_{02} → [3] → P_2 여기서, P_1 : 흡입 절대압력 P_{01} : 1단 토출압력 P_{02} : 2단 토출압력 P_2 : 토출 절대압력 또는 3단 토출압력 $a = \sqrt[n]{\frac{P_2}{P_1}}$ $P_{01} = a \times P_1$ $P_{02} = a \times a \times P_1$ $P_2 = a \times a \times a \times P_1$

예제 1. 흡입압력 1kg/cm², 최종 토출압력 26kg/cm²(g)인 3단 압축기의 압축비를 구하고, 각 단의 토출압력을 게이지압력으로 계산(단, 1atm=1kg/cm²)하시오.

풀이 $a = \sqrt[3]{\frac{(26+1)}{1}} = 3$

$P_{01} = a \times P_1 = 3 \times 1 = 3\text{kg/cm}^2$

$\therefore\ 3 - 1 = 2\text{kg/cm}^2\text{(g)}$

$P_{02} = a \times a \times P_1 = 3 \times 3 \times 1 - 1 = 8\text{kg/cm}^2\text{(g)}$

$P_{03} = a \times a \times a \times P_1 = 3 \times 3 \times 3 \times 1 - 1 = 26\text{kg/cm}^2\text{(g)}$

예제 2. 흡입압력 1kg/cm², 토출압력 4kg/cm²인 2단 압축기의 중간 압력은 몇 kg/cm²(g)인가?(단, 1atm=1kg/cm²이다.)

풀이 $P_o = \sqrt{P_1 \times P_2} = \sqrt{1 \times 4} = 2\text{kg/cm}^2$

$\therefore\ 2 - 1 = 1\text{kg/cm}^2\text{(g)}$

핵심 42 ◇ C_2H_2의 폭발성

폭발의 종류	반응식	강의록
분해폭발	$C_2H_2 \rightarrow 2C + H_2$	아세틸렌은 가스를 충전 시 1.5MPa 이상 압축하면 분해폭발의 위험이 있어 충전 시 2.5MPa 이하로 압축해야 하며 부득이 2.5MPa 이상으로 압축 시에는 안전을 기하기 위하여 N_2, CH_4, CO, C_2H_4 등의 희석제를 첨가한다.
화합폭발	$2Cu + C_2H_2 \rightarrow Cu_2C_2 + H_2$	아세틸렌에 Cu(동), Ag(은), Hg(수은) 등 함유 시 아세틸라이드(폭발성 물질)가 생성 폭발의 우려가 있어 아세틸렌장치에 동을 사용할 경우 동 함유량 62% 미만의 동합금만 허용이 된다.
산화폭발	$C_2H_2 + 2.5O_2 \rightarrow 2CO_2 + H_2O$	모든 가연성이 가지는 폭발로서 연소범위 이내에 혼합 시 일어나는 폭발이다.

핵심 43 ◇ 냉동능력 합산기준

① 냉매가스가 배관에 의하여 공통으로 되어 있는 냉동설비

② 냉매계통을 달리하는 2개 이상의 설비가 1개의 규격품으로 인정되는 설비 내에 조립되어 있는 것(Unit형의 것)

③ 2원(元) 이상의 냉동방식에 의한 냉동설비

④ 모터 등 압축기의 동력설비를 공통으로 하고 있는 냉동설비

⑤ 브라인(Brine)을 공통으로 사용하고 있는 2개 이상의 냉동설비(브라인 중 물과 공기는 포함하지 않는다.)

핵심 44 ◇ 위험도

$$위험도(H) = \frac{U-L}{L}$$

여기서, U : 폭발상한값
L : 폭발하한값

핵심 45 ◇ 밸브의 종류에 따른 특징

종 류	특 징
체크(Check)밸브	① 유체의 역류를 막기 위해서 설치한다. ② 체크밸브는 고압배관 중에 사용된다. ③ 체크밸브는 스윙형과 리프트형의 2가지가 있다. • 스윙형 : 수평, 수직관에 사용 • 리프트형 : 수평 배관에만 사용
게이트밸브(슬루스밸브)	① 대형 관로의 개폐용 개폐에 시간이 소요된다. ② 유체의 저항이 적다.
플러그(Plug)밸브	① 용도 : 중 · 고압용 ② 장점 : 개폐 신속 ③ 단점 : 가스관 중의 불순물에 따라 차단효과 불량
글로브(Globe)밸브	① 용도 : 중 · 저압관용 유량조절용 ② 장점 : 기밀성 유지 양호, 유량조절 용이 ③ 단점 : 볼과 밸브 몸통 접촉면의 기밀성 유지 곤란

핵심 46 ◇ 나사펌프

원 리	특 징
나사를 서로 물리게 하여 케이싱에 봉하고 나사축을 서로 반대방향으로 하여 회전한 쪽의 나사 홈 속의 액체가 다른 쪽 나사산으로 밀려나게 되어 있는 펌프	① 수명이 길다. ② 수압이 평형이 되어 추력이 생기지 않는다. ③ 흐름의 정적, 소음 · 진동이 적다. ④ 고속회전이 가능하고, 소형이며, 값이 저렴하다. ⑤ 체적효율이 좋으며, 흡입양정이 적다.

핵심 47 ◇ 압축비와 실린더 냉각의 목적

압축비가 커질 때의 영향	실린더 냉각의 목적
① 소요동력 증대	① 체적효율 증대
② 실린더 내 온도상승	② 압축효율 증대
③ 체적효율 저하	③ 윤활기능 향상
④ 윤활유 열화 탄화	④ 압축기 수명 연장

핵심 48 ◆ 다단압축의 목적, 압축기의 운전 전·운전 중 주의사항

다단압축의 목적	운전 전 주의사항	운전 중 주의사항
① 압축가스의 온도상승을 피한다. ② 1단 압축에 비하여 일량이 절약된다. ③ 이용효율이 증대된다. ④ 힘의 평형이 양호하다. ⑤ 체적효율이 증대된다.	① 압축기에 부착된 모든 볼트, 너트 조임상태 확인 ② 압력계, 온도계, 드레인밸브를 전개, 지시압력의 이상유무 점검 ③ 윤활유 상태 점검 ④ 냉각수 상태 점검	① 압력, 온도 이상유무 점검 ② 소음·진동 유무 점검 ③ 윤활유 상태 점검 ④ 냉각수량 점검

핵심 49 ◆ 연소 안전장치

구 분	정 의
소화 안전장치	불꽃이 불완전하거나 바람의 영향으로 꺼질 때 열전대가 식어 기전력을 잃고 전자밸브가 닫혀 모든 가스의 통로를 차단하여 생가스 유출을 방지하는 장치
소화 안전장치의 종류	
열전대식	플레임로스식
공소 안전장치의 종류	
바이메탈식	액체팽창식

핵심 50 ◆ 배관 응력의 원인, 진동의 원인

응력의 원인	진동의 원인
① 열팽창에 의한 응력 ② 내압에 의한 응력 ③ 냉간가공에 의한 응력 ④ 용접에 의한 응력	① 바람, 지진의 영향(자연의 영향) ② 안전밸브 분출에 의한 영향 ③ 관 내를 흐르는 유체의 압력변화에 의한 영향 ④ 펌프 압축기에 의한 영향 ⑤ 관의 굽힘에 의한 힘의 영향

핵심 51 ◆ 압축기의 온도 이상현상 및 원인

현 상	원 인
흡입온도 상승	① 흡입밸브 불량에 의한 역류 ② 전단냉각기 능력 저하 ③ 관로의 수열
토출온도 상승	① 토출밸브 불량에 의한 역류 ② 흡입밸브 불량에 의한 고온가스의 흡입 ③ 압축비 증가 ④ 전단냉각기 불량에 의한 고온가스의 흡입

현 상	원 인
흡입온도 저하	① 전단의 쿨러 과냉 ② 바이패스 순환량이 많음
토출온도 저하	① 흡입가스 온도 저하 ② 압축비 저하 ③ 실린더 과냉각

핵심 52 ◈ 도시가스 제조원료가 가지는 특성

① 파라핀계 탄화수소가 많다.
② C/H 비가 작다.
③ 유황분이 적다.
④ 비점이 낮다.

핵심 53 ◈ 배관설계 시 고려사항

① 가능한 옥외에 설치할 것(옥외)
② 은폐 매설을 피할 것=노출하여 시공할 것(노출)
③ 최단거리로 할 것(최단)
④ 구부러지거나 오르내림이 적을 것
=굴곡을 적게 할 것=직선배관으로 할 것(직선)

핵심 54 ◈ 허용응력과 안전율

구 분	세부내용	
응력(σ)	$\sigma = \dfrac{W}{A}$	• σ : 응력 • W : 하중 • A : 단면적
안전율	$\dfrac{\text{인장강도}}{\text{허용응력}}$	

(예제) 단면적 600mm^2, 하중 1200kg, 인장강도 400kg/cm^{2}일 때 허용응력(kg/mm^2)과 안전율을 구하면?

(해설) ① 허용응력$=\dfrac{1200\text{kg}}{600\text{mm}^2}=2\text{kg/mm}^2$

② 안전율$=\dfrac{400\text{kg/cm}^2}{200\text{kg/cm}^2}=2$

※ $2\text{kg/mm}^2=2\times100=200\text{kg/cm}^2$

핵심 55 ◆ 조정기

사용 목적	유출압력을 조정, 안정된 연소를 기함	
고정 시 영향	누설, 불완전연소	
종 류	장 점	단 점
1단 감압식	① 장치가 간단하다. ② 조작이 간단하다.	① 최종 압력이 부정확하다. ② 배관이 굵어진다.
2단 감압식	① 공급압력이 안정하다. ② 중간배관이 가늘어도 된다. ③ 관의 입상에 의한 압력손실이 보정된다. ④ 각 연소기구에 알맞은 압력으로 공급할 수 있다.	① 조정기가 많이 든다. ② 검사방법이 복잡하다. ③ 재액화에 문제가 있다.
자동교체 조정기 사용 시 장점	① 전체 용기 수량이 수동보다 적어도 된다. ② 분리형 사용 시 압력손실이 커도 된다. ③ 잔액을 거의 소비시킬 수 있다. ④ 용기 교환주기가 넓다.	

핵심 56 ◆ LP가스의 특성

일반적 특성	연소 특성
① 가스는 공기보다 무겁다. ② 액은 물보다 가볍다. ③ 기화, 액화가 용이하다. ④ 기화 시 체적이 커진다. ⑤ 천연고무는 용해하므로 패킹재료는 합성고무제인 실리콘고무를 사용한다.	① 연소속도가 늦다. ② 연소범위가 좁다. ③ 발열량이 크다. ④ 연소 시 다량의 공기가 필요하다. ⑤ 발화온도가 높다.

핵심 57 ◆ 가스 액화사이클

종 류	작동원리
클라우드 액화사이클	단열 팽창기를 이용하여 액화하는 사이클
린데식 액화사이클	줄-톰슨 효과를 이용하여 액화하는 사이클
필립스식 액화사이클	피스톤과 보조 피스톤이 있어 양 피스톤의 작용으로 액화하는 사이클로 압축기에서 팽창기로 냉매가 흐를 때는 냉각, 반대일 때는 가열되는 액화사이클
캐피자식 액화사이클	공기의 압축압력을 7atm 정도로 열교환에 축냉기를 사용하여 원료공기를 냉각하여 수분과 탄산가스를 제거함으로써 액화하는 사이클
캐스케이드 액화사이클	비점이 점차 낮은 냉매를 사용하여 저비점의 기체를 액화하는 사이클

핵심 58 ◆ C_2H_2 발생기 및 C_2H_2의 특징

형 식	내 용	특 징
주수식	카바이드에 물을 넣는 방법	① 분해중합의 우려가 있다. ② 불순가스 발생이 많다. ③ 후기가스 발생이 있다.
투입식	물에 카바이드를 넣는 방법	① 대량생산에 적합하다. ② 온도상승이 적다. ③ 불순가스 발생이 적다.
침지식(접촉식)	물과 카바이드를 소량식 접촉	① 발생기 온도상승이 쉽다. ② 불순물이 혼합되어 나온다. ③ 발생량을 자동조정할 수 있다.

(1) 발생기의 표면온도 : 70℃ 이하
(2) 발생기의 최적온도 : 50~60℃
(3) 발생기 구비조건
① 구조 간단, 견고, 취급편리
② 안전성이 있을 것
③ 가열지열 발생이 적을 것
④ 산소의 역류 역화 시 위험이 미치지 않을 것
(4) 용기의 충전 중 압력은 2.5MPa 이하이다.
(5) 최고충전압력은 15℃에서 1.5MPa 이하이다.
(6) 충전 중 2.5MPa 이상 압축 시 N_2, CH_4, CO, C_2H_4의 희석제를 첨가한다.
(7) 용기에 충전 시 다공물질의 다공도는 75% 이상, 92% 미만이다.
(8) 다공물질 종류 : 석면 · 규조토 · 목탄 · 석회 · 다공성 플라스틱

핵심 59 ◆ 강관의 종류

기 호	특 징
SPP(배관용 탄소강관)	사용압력이 낮은(0.98N/mm^2 이하) 곳에 사용
SPPS(압력배관용 탄소강관)	사용압력 0.98~9.8N/mm^2, 350℃ 이하에 사용
SPPH(고압배관용 탄소강관)	사용압력 9.8N/mm^2 이상에 사용
SPHT(고온배관용 탄소강관)	350℃ 이상의 온도에 사용
SPW(배관용 아크용접 탄소강관)	사용압력 0.98N/mm^2 이하, 물기를 공기 가스 등의 배관에 사용
SPA(배관용 합금강관)	주로 고온도의 배관용으로 사용
SPPW(수도용 아연도금강관)	정수두 100m 이하의 급수 배관용
SPLT(저온배관용 탄소강관)	빙점 이하의 온도에 사용

핵심 60 ◇ 전동기 직결식 원심펌프의 회전수(N)

$$N=\frac{120f}{p}\left(1-\frac{S}{100}\right)$$

여기서, N : 회전수(rpm)
f : 전기주파수(60Hz)
p : 모터극수
S : 미끄럼률

핵심 61 ◇ 원심펌프 운전

운전방법	변동항목	
	양정	유량
병렬	불변	증가
직렬	증가	불변

핵심 62 ◇ 외부전원법 시공의 직류전원장치의 연결단자

구 분	연결단자
+극	불용성 양극
−극	가스배관

핵심 63 ◇ 레페반응장치

구 분	세부내용
정 의	C_2H_2을 압축하는 것은 극히 위험하나 레페(Reppe)가 연구하였으며, C_2H_2 및 종래 힘들고 위험한 화합물의 제조를 가능하게 한 다수의 신 반응이 발견되었고 이 신 반응을 레페반응이라 함
종 류	비닐화, 에틸린산, 환중합, 카르보닐화
반응온도와 압력	온도 : 100~200℃, 압력 : 3atm
첨가물질	N_2 : 49% 또는 CO_2 : 42%

안전관리 제3장

핵심 1 ◇ 정압기와 정압기필터의 분해점검주기(KGS FU551, FP551)

<table>
<tr><th colspan="2" rowspan="2">정압기별 / 시설별</th><th rowspan="2">주정압기</th><th rowspan="2">주정압기 기능 상실에 사용 및 월 1회 이상 작동점검을 실시하는 예비정압기</th><th colspan="3">필 터</th></tr>
<tr><th>공급 개시</th><th colspan="2">공급 개시 다음</th></tr>
<tr><td colspan="2">공급시설</td><td>2년 1회</td><td>3년 1회</td><td>1월 이내</td><td colspan="2">1년 1회</td></tr>
<tr><td rowspan="2">사용시설</td><td>첫 번째 분해점검</td><td>3년 1회</td><td rowspan="2">–</td><td rowspan="2">1월 이내</td><td>공급 개시 다음 첫번째</td><td>3년 1회</td></tr>
<tr><td>그 이후 분해점검</td><td>4년 1회</td><td>그 이후 분해점검</td><td>4년 1회</td></tr>
<tr><td colspan="3">1주 1회 이상 점검사항</td><td colspan="4">① 정압기실 전체의 작동상황
② 정압기실 가스 누출경보장치</td></tr>
</table>

핵심 2 ◇ 액화도시가스 충전설비의 용어

용 어	정 의
설계압력	용기 등의 각 부의 계산두께 또는 기계적 강도를 결정하기 위해 설계된 압력
상용압력	내압시험압력 및 기밀시험압력의 기준이 되는 압력으로 사용상태에서 해당 설비 각 부에 작용하는 최고사용압력
설정압력	안전밸브 설계상 정한 분출압력 또는 분출 개시 압력으로서 명판에 표시된 압력
축적압력	내부 유체가 배출될 때 안전밸브에 의해서 축적되는 압력으로 그 설비 내 허용될 수 있는 최대압력
초과압력	안전밸브에서 내부 유체 배출 시 설정압력 이상으로 올라가는 압력
평형 벨로즈형 안전밸브	밸브의 토출측 배압의 변화에 따라 성능 특성에 영향을 받지 않는 안전밸브
일반형 안전밸브	토출측 배압의 변화에 따라 직접적으로 성능특성에 영향을 받는 안전밸브
배압	배출물 처리설비 등으로부터 안전밸브 토출측에 걸리는 압력

핵심 3 ◇ 물분무장치

시설별 \ 구 분	저장탱크 전 표면	준내화구조	내화구조
탱크 상호 1m 또는 최대직경의 1/4 길이 중 큰 쪽과 거리를 유지하지 않은 경우	8L/min	6.5L/min	4L/min
저장탱크 최대직경의 1/4보다 적은 경우	7L/min	4.5L/min	2L/min

① 조작위치 : 15m(탱크 외면 15m 이상 떨어진 위치)　② 연속분무 가능시간 : 30분
③ 소화전의 호스끝 수압 : 0.35MPa　④ 방수능력 : 400L/min

구분	내용	
물분무장치가 없을 경우 탱크의 이격거리	탱크의 직경을 각각 D_1, D_2라고 했을 때	
	$(D_1+D_2)\times\frac{1}{4}>1\text{m}$ 일 때	그 길이 유지
	$(D_1+D_2)\times\frac{1}{4}<1\text{m}$ 일 때	1m 유지
저장탱크를 지하에 설치 시	상호간 1m 이상 유지	

핵심 4 ◇ 연소기구 노즐에서 가스 분출량(m^3/hr)

공 식	기 호	예 제
$Q=0.009D^2\sqrt{\frac{h}{d}}$	Q : 가스 분출량(m^3/h) D : 노즐 직경(mm) K : 계수 h : 분출압력(mmH_2O) d : 비중	노즐 직경 0.5mm, 280mmH_2O의 압력에서 비중 1.7인 노즐에서 가스 분출량(m^3/h) $Q=0.009\times(0.5)^2\times\sqrt{\frac{280}{1.7}}=0.029m^3/h$
$Q=0.011KD^2\sqrt{\frac{h}{d}}$		상기문제에서 계수 K값이 주어지면 $Q=0.011KD^2\sqrt{\frac{h}{d}}$ 의 식으로 계산

핵심 5 ◇ 운반책임자 동승기준

운반형태 구분	가스 종류		독성 허용농도(ppm) 기준 및 비독성의 가연성 · 조연성	적재용량(압축(m^3), 액화(kg))
용기운반	독성	압축가스	200 초과	100m^3 이상
			200 이하	10m^3 이상
		액화가스	200 초과	1000kg 이상
			200 이하	100kg 이상
	비독성	압축가스	가연성	300m^3 이상
			조연성	600m^3 이상
		액화가스	가연성	3000kg 이상※
			조연성	6000kg 이상

※ 가연성 액화가스 용기 중 납붙임용기 및 접합용기의 경우는 2000kg 이상 운반책임자 동승

운반형태 구분	가스 종류	독성 허용농도(ppm) 기준 및 비독성의 가연성 · 조연성	적재용량(압축(m^3), 액화(kg))
차량고정탱크 (운행거리 200km 초과 시에만 운반책임자 동승)	압축가스	독성	$100m^3$ 이상
		가연성	$300m^3$ 이상
		조연성	$600m^3$ 이상
	액화가스	독성	1000kg 이상
		가연성	3000kg 이상
		조연성	6000kg 이상

핵심 6 ◇ 차량 고정탱크의 내용적 한계(L)

구 분	내용적(L)
독성(NH_3 제외)	12000L 초과 금지
가연성(LPG 제외)	18000L 초과 금지

핵심 7 ◇ LPG 저장소 시설기준 충전용기 집적에 의한 저장(30L 이하 용접용기)

구 분	항 목
실외저장소 주위	경계책 설치
경계책과 용기 보관장소 이격거리	20m 이상 거리 유지
충전용기와 잔가스용기 보관장소 이격거리	1.5m 이상
용기 단위 집적량	30톤 초과 금지

핵심 8 ◇ 소화설비의 비치(KGS GC207)

(1) 차량 고정탱크 운반 시

구 분	소화약제명	비치 수	가스 종류에 따른 능력단위	
			BC용 B-10 이상 또는 ABC용 B-12 이상	BC용 B-8 이상 또는 ABC용 B-10 이상
소화제 종류	분말소화제	차량 좌우 각각 1개 이상	가연성	산소

(2) 독성 가스 중 가연성 가스를 용기로 운반 및 독성가스 이외의 충전용기 운반 시(단, 5kg 이하 운반 시는 제외) 소화제는 분말소화제 사용

운반가스량		비치 개수	분말소화제
압축액화	$100m^3$ 이상 1000kg 이상	2개 이상	BC용 또는 ABC용 B-6(약제중량 4.5kg) 이상
	$15m^3$ 초과 $100m^3$ 미만 150kg 초과 1000kg 미만	1개 이상	
	$15m^3$ 이하 150kg 이하	1개 이상	B-3 이상

핵심 9 ◆ 보호시설과 유지하여야 할 안전거리(m) (고법 시행규칙 별표 2, 별표 4, KGS FP112)

개 요	고압가스 처리 저장설비의 유지거리 규정 지하저장설비는 규정 안전거리 1/2 이상 유지 저장능력(압축가스 : m^3, 액화가스 : kg)		
구 분	저장능력	제1종 보호시설	제2종 보호시설
처리 및 저장능력		① 학교, 유치원, 어린이집, 놀이방, 어린이놀이터, 학원, 병원, 도서관, 청소년수련시설, 경로당, 시장, 공중목욕탕, 호텔, 여관, 극장, 교회, 공회당 ② 300인 이상(예식장, 장례식장, 전시장) ③ 20인 이상 수용 건축물(아동복지 장애인복지시설) ④ 면적 $1000m^2$ 이상인 곳 ⑤ 지정문화재 건축물	주택 연면적 $100m^2$ 이상 $1000m^2$ 미만
산소의 저장설비	1만 이하	12m	8m
	1만 초과 2만 이하	14m	9m
	2만 초과 3만 이하	16m	11m
	3만 초과 4만 이하	18m	13m
	4만 초과	20m	14m
독성 가스 또는 가연성 가스의 저장설비	1만 이하	17m	12m
	1만 초과 2만 이하	21m	14m
	2만 초과 3만 이하	24m	16m
	3만 초과 4만 이하	27m	18m
	4만 초과 5만 이하	30m	20m
	5만 초과 99만 이하	30m (가연성 가스 저온 저장탱크는 $\frac{3}{25}\sqrt{X+10000}\,\text{m}$)	20m (가연성 가스 저온 저장탱크는 $\frac{2}{25}\sqrt{X+10000}\,\text{m}$)
	99만 초과	30m (가연성 가스 저온 저장탱크는 120m)	20m (가연성 가스 저온 저장탱크는 80m)

핵심 10 ◆ 다중이용시설(액화석유가스 안전관리법 별표 2)

관계 법령	시설의 종류
유통산업발전법	대형 백화점, 쇼핑센터 및 도매센터
항공법	공항의 여객청사
여객자동차운수법	여객자동차터미널
국유철도특례법	철도역사
관광진흥법	① 관광호텔 관광객 이용시설 ② 종합유원지 시설 중 전문 종합휴양업 시설

관계 법령	시설의 종류
한국마사회법	경마장
청소년기본법	청소년수련시설
의료법	종합병원
항만법	종합여객시설
시·도지사 지정시설	고압가스 저장능력 100kg 초과 시설

핵심 11 ◆ 산소, 수소, 아세틸렌 품질검사(고법 시행규칙 별표 4, KGS FP112 3.2.2.9)

항 목	간추린 핵심내용		
검사장소	1일 1회 이상 가스제조장		
검사자	안전관리책임자가 실시 부총괄자와 책임자가 함께 확인 후 서명		
해당 가스 및 판정기준			
해당 가스	순 도	시약 및 방법	합격온도, 압력
산소	99.5% 이상	동암모니아 시약, 오르자트법	35℃, 11.8MPa 이상
수소	98.5% 이상	피로카롤시약, 하이드로설파이드시약, 오르자트법	35℃, 11.8MPa 이상
아세틸렌	① 발연황산 시약을 사용한 오르자트법, 브롬 시약을 사용한 뷰렛법에서 순도가 98% 이상 ② 질산은 시약을 사용한 정성시험에서 합격한 것		

핵심 12 ◆ 용기 안전점검 및 유지관리(고법 시행규칙 별표 18)

① 용기 내 외면을 점검하여 위험한 부식, 금, 주름 등이 있는지 여부 확인
② 용기는 도색 및 표시가 되어 있는지 여부 확인
③ 용기의 스커트에 찌그러짐이 있는지 사용할 때 위험하지 않도록 적정간격을 유지하고 있는지 확인
④ 유통 중 열영향을 받았는지 점검하고, 열영향을 받은 용기는 재검사 실시
⑤ 용기는 캡이 씌워져 있거나 프로텍터가 부착되어 있는지 여부 확인
⑥ 재검사 도래 여부 확인
⑦ 용기의 아랫부분 부식상태 확인
⑧ 밸브의 몸통 충전구나사, 안전밸브에 지장을 주는 흠, 주름, 스프링 부식 등이 있는지 확인
⑨ 밸브의 그랜드너트가 고정핀에 의하여 이탈방지 조치가 되어 있는지 여부 확인
⑩ 밸브의 개폐조작이 쉬운 핸들이 부착되어 있는지 여부 확인
⑪ 용기에는 충전가스 종류에 맞는 용기 부속품이 부착되어 있는지 여부 확인

핵심 13 ◆ 가스시설의 전기방폭기준(KGS GC201)

(1) 위험장소 분류

가연성 가스가 폭발할 위험이 있는 농도에 도달할 우려가 있는 장소(이하 "위험장소"라 한다)의 등급은 다음과 같이 분류한다.

구분	내용	해당 사용 방폭구조
0종 장소	상용의 상태에서 가연성 가스의 농도가 연속해서 폭발하한계 이상으로 되는 장소(폭발상한계를 넘는 경우에는 폭발한계 이내로 들어갈 우려가 있는 경우를 포함한다)	[해당 사용 방폭구조] 0종 : 본질안전방폭구조 1종 : 본질안전방폭구조 유입방폭구조 압력방폭구조 내압방폭구조 2종 : 본질안전방폭구조 유입방폭구조 내압방폭구조 압력방폭구조 안전증방폭구조
1종 장소	상용상태에서 가연성 가스가 체류해 위험하게 될 우려가 있는 장소, 정비, 보수 또는 누출 등으로 인하여 종종 가연성 가스가 체류하여 위험하게 될 우려가 있는 장소	
2종 장소	① 밀폐된 용기 또는 설비 안에 밀봉된 가연성 가스가 그 용기 또는 설비의 사고로 인하여 파손되거나 오조작의 경우에만 누출할 위험이 있는 장소 ② 확실한 기계적 환기조치에 따라 가연성 가스가 체류하지 아니하도록 되어 있으나 환기장치에 이상이나 사고가 발생한 경우에는 가연성 가스가 체류해 위험하게 될 우려가 있는 장소 ③ 1종 장소의 주변 또는 인접한 실내에서 위험한 농도의 가연성 가스가 종종 침입할 우려가 있는 장소	

(2) 가스시설의 전기방폭기준

종 류	표시방법	정 의
내압방폭구조	d	방폭전기기기(이하 "용기") 내부에서 가연성 가스의 폭발이 발생할 경우 그 용기가 폭발압력에 견디고, 접합면, 개구부 등을 통해 외부의 가연성 가스에 인화되지 않도록 한 구조를 말한다.
유입방폭구조	o	용기 내부에 절연유를 주입하여 불꽃 · 아크 또는 고온발생부분이 기름 속에 잠기게 함으로써 기름면 위에 존재하는 가연성 가스에 인화되지 않도록 한 구조를 말한다.
압력방폭구조	p	용기 내부에 보호가스(신선한 공기 또는 불활성 가스)를 압입하여 내부 압력을 유지함으로써 가연성 가스가 용기 내부로 유입되지 않도록 한 구조를 말한다.
안전증방폭구조	e	정상운전 중에 가연성 가스의 점화원이 될 전기불꽃 · 아크 또는 고온부분 등의 발생을 방지하기 위해 기계적, 전기적 구조상 또는 온도상승에 대해 특히 안전도를 증가시킨 구조를 말한다.
본질안전방폭구조	ia, ib	정상 시 및 사고(단선, 단락, 지락 등) 시에 발생하는 전기불꽃 · 아크 또는 고온부로 인하여 가연성 가스가 점화되지 않는 것이 점화시험, 그 밖의 방법에 의해 확인된 구조를 말한다.
특수방폭구조	s	상기 구조 이외의 방폭구조로서 가연성 가스에 점화를 방지할 수 있다는 것이 시험, 그 밖의 방법으로 확인된 구조를 말한다.
비점화방폭구조	n	2종 장소에 사용되는 가스증기 방폭기기 등에 적용하고, 폭발성 가스 분위기 등에 사용, 전기기기 구조시험 표시 등에 대하여 규정된 방폭구조
몰드방폭구조	m	폭발성 가스의 증기입자 잠재적 위험부위에 사용하고, 정격전압 11000V를 넘지 않는 전기제품 등에 대한 시험요건에 대하여 규정된 방폭구조

(3) 방폭기기 선정

내압방폭구조의 폭발등급			
최대안전틈새 범위(mm)	0.9 이상	0.5 초과 0.9 미만	0.5 이하
가연성 가스의 폭발등급	A	B	C
방폭전기기기의 폭발등급	II A	II B	II C

※ 최대안전틈새는 내용적이 8리터이고, 틈새깊이가 25mm인 표준용기 안에서 가스가 폭발할 때 발생한 화염이 용기 밖으로 전파하여 가연성 가스에 점화되지 않는 최대값

본질안전방폭구조의 폭발등급			
최소점화전류비의 범위(mm)	0.8 초과	0.45 이상 0.8 이하	0.45 미만
가연성 가스의 폭발등급	A	B	C
방폭전기기기의 폭발등급	II A	II B	II C

※ 최소점화전류비는 메탄가스의 최소점화전류를 기준으로 나타낸다.

가연성 가스 발화도 범위에 따른 방폭전기기기의 온도 등급	
가연성 가스의 발화도(℃) 범위	방폭전기기기의 온도 등급
450 초과	T 1
300 초과 450 이하	T 2
200 초과 300 이하	T 3
135 초과 200 이하	T 4
100 초과 135 이하	T 5
85 초과 100 이하	T 6

(4) 기타 방폭전기기기 설치에 관한 사항

기기 분류	간추린 핵심내용
용기	방폭 성능을 손상시킬 우려가 있는 유해한 흠, 부식, 균열, 기름 등 누출부위가 없도록 할 것
방폭전기기기 결합부의 나사류를 외부에서 조작 시 방폭성능 손상우려가 있는 것	드라이버, 스패너, 플라이어 등의 일반 공구로 조작할 수 없도록 한 자물쇠식 죄임구조로 한다.
방폭전기기기 설치에 사용되는 정션박스, 풀박스 접속함	내압방폭구조 또는 안전증방폭구조
조명기구를 천장, 벽에 매달 경우	바람, 진동에 견디도록 하고, 관의 길이를 짧게 한다.

(5) 도시가스 공급시설에 설치하는 정압기실 및 구역압력조정기실 개구부와 RTU(Remote Terminal Unit) Box와 유지거리

구분	유지거리
지구정압기 건축물 내 지역정압기 및 공기보다 무거운 가스를 사용하는 지역정압기	4.5m 이상
공기보다 가벼운 가스를 사용하는 지역정압기 및 구역압력조정기	1m 이상

핵심 14 ◇ 가스계량기, 호스이음부, 배관의 이음부 유지거리(단, 용접이음부 제외)

항 목		해당법규 및 항목구분에 따른 이격거리
전기계량기, 전기개폐기		법령 및 사용, 공급 관계없이 무조건 60cm 이상
전기점멸기, 전기접속기	30cm 이상	공급시설의 배관이음부, 사용시설 가스계량기
	15cm 이상	LPG, 도시사용시설(배관이음부, 호스이음부)
단열조치하지 않은 굴뚝	30cm 이상	① LPG공급시설(배관이음부) ② LPG, 도시사용시설의 가스계량기
	15cm 이상	① 도시가스공급시설(배관이음부) ② LPG, 도시사용시설(배관이음부)
절연조치하지 않은 전선	30cm 이상	LPG공급시설(배관이음부)
	15cm 이상	도시가스공급, LPG, 도시가스사용시설(배관이음부, 가스계량기)
절연조치한 전선		항목, 법규 구분없이 10cm 이상
공급시설		배관이음부
사용시설		배관이음부, 호스이음부, 가스계량기

핵심 15 ◇ 산업통상자원부령으로 정하는 고압가스 관련 설비(특정설비)

① 안전밸브 · 긴급차단장치 · 역화방지장치
② 기화장치
③ 압력용기
④ 자동차용 가스 자동주입기
⑤ 독성 가스 배관용 밸브
⑥ 냉동설비(일체형 냉동기는 제외)를 구성하는 압축기 · 응축기 · 증발기 또는 압력용기
⑦ 특정고압가스용 실린더 캐비닛
⑧ 자동차용 압축천연가스 완속충전설비(처리능력이 시간당 18.5m^3 미만인 충전설비를 말함)
⑨ 액화석유가스용 용기 잔류가스 회수장치

핵심 16 ◆ 방호벽 적용(KGS FP111 2.7.2)

구 분	적용시설
고압가스 일반제조 중 C_2H_2가스 또는 압력이 9.8MPa 이상 압축가스 충전 시	① 압축기와 당해 충전장소 사이 ② 압축기와 당해 충전용기 보관장소 사이 ③ 당해 충전장소와 당해 가스 충전용기 보관장소 사이 및 당해 충전장소와 당해 충전용 주관밸브 사이 암기를 위한 용어(압축기를 기준으로) : ① 충전장소 ② 충전용기 보관장소 ③ 충전용 주관 밸브
고압가스 판매시설	용기보관실의 벽
특정고압가스	압축($60m^3$), 액화(300kg) 이상 사용시설의 용기보관실 벽
충전시설	저장탱크와 가스 충전장소
저장탱크	사업소 내 보호시설

핵심 17 ◆ 압력조정기

(1) 종류에 따른 입구 · 조정 압력 범위

종 류	입구압력(MPa)		조정압력(kPa)
1단 감압식 저압조정기	0.07 ~ 1.56		2.3 ~ 3.3
1단 감압식 준저압조정기	0.1 ~ 1.56		5.0 ~ 30.0 이내에서 제조자가 설정한 기준압력의 ±20%
2단 감압식 1차용 조정기	용량 100kg/h 이하	0.1 ~ 1.56	57.0 ~ 83.0
	용량 100kg/h 초과	0.3 ~ 1.56	
2단 감압식 2차용 저압조정기	0.01 ~ 0.1 또는 0.025 ~ 0.1		2.30 ~ 3.30
2단 감압식 2차용 준저압조정기	조정압력 이상 ~ 0.1		5.0 ~ 30.0 이내에서 제조자가 설정한 기준압력의 ±20%
자동절체식 일체형 저압조정기	0.1 ~ 1.56		2.55 ~ 3.3
자동절체식 일체형 준저압조정기	0.1 ~ 1.56		5.0 ~ 30.0 이내에서 제조자가 설정한 기준압력의 ±20%
그 밖의 압력조정기	조정압력 이상 ~ 1.56		5kPa을 초과하는 압력 범위에서 상기압력조정기 종류에 따른 조정압력에 해당하지 않는 것에 한하며, 제조자가 설정한 기준압력의 ±20%일 것

(2) 종류별 기밀시험압력

종류 / 구분	1단 감압식 저압	1단 감압식 준저압	2단 감압식 1차용	2단 감압식 2차용		자동절체식		그 밖의 조정기
				저압	준저압	저압	준저압	
입구측 (MPa)	1.56 이상	1.56 이상	1.8 이상	0.5 이상		1.8 이상		최대입구압력 1.1배 이상
출구측 (kPa)	5.5	조정압력의 2배 이상	150 이상	5.5	조정압력의 2배 이상	5.5	조정압력의 2배 이상	조정압력의 1.5배

(3) 조정압력이 3.30kPa 이하인 안전장치 작동압력

항 목	압 력(kPa)
작동 표준	7.0
작동 개시	5.60 ~ 8.40
작동 정지	5.04 ~ 8.40

(4) 최대폐쇄압력

항 목	압 력(kPa)
1단 감압식 저압조정기	3.50 이하
2단 감압식 2차용 저압조정기	
자동절체식 일체형 저압조정기	
2단 감압식 1차용 조정기	95.0 이하
1단 감압식 준저압 · 자동절체식	조정압력의 1.25배 이하
일체형 준저압, 그 밖의 조정기	

핵심 18 ◆ 항구증가율(%)

항 목		세부 핵심내용
공 식		$\frac{\text{항구증가량}}{\text{전 증가량}} \times 100$
합격기준	신규검사	10% 이하
	재검사	10% 이하(질량검사 95% 이상 시)
		6% 이하(질량검사 90% 이상, 95% 미만 시)

핵심 19 ◇ 부취제

(1) 부취제 관련 핵심내용

종 류 / 특 성	TBM (터시어리부틸메르카부탄)	THT (테트라하이드로티오페)	DMS (디메틸설파이드)
냄새 종류	양파 썩는 냄새	석탄가스 냄새	마늘 냄새
강 도	강함	보통	약간 약함
혼합 사용 여부	혼합 사용	단독 사용	혼합 사용
부취제 주입설비			
액체주입식	펌프주입방식, 적하주입방식, 미터연결 바이패스방식		
증발식	위크 증발식, 바이패스방식		
부취제 주입농도	$\frac{1}{1000}$ = 0.1% 정도		
토양의 투과성 순서	DMS > TBM > THT		
부취제 구비조건	① 독성이 없을 것 ② 화학적으로 안정할 것 ③ 보통냄새와 구별될 것 ④ 토양에 대한 투과성이 클 것 ⑤ 완전연소할 것 ⑥ 물에 녹지 않을 것 ⑦ 가스관, 가스미터에 흡착되지 않을 것		

(2) 고압 · LPG · 도시가스의 냄새나는 물질의 첨가(KGS FP331 3.2.1.1)

항 목		간추린 세부 핵심내용
공기 중 혼합비율 용량(%)		1/1000(0.1%)
냄새농도 측정방법		① 오더미터법(냄새측정기법) ② 주사기법 ③ 냄새주머니법 ④ 무취실법
시료기체 희석배수 (시료기체 양÷시험가스 양)		① 500배 ② 1000배 ③ 2000배 ④ 4000배
용어설명	패널(panel)	미리 선정한 정상적인 후각을 가진 사람으로서 냄새를 판정하는 자
	시험자	냄새농도 측정에 있어서 희석조작을 하여 냄새농도를 측정하는 자
	시험가스	냄새를 측정할 수 있도록 기화시킨 가스
	시료기체	시험가스를 청정한 공기로 희석한 판정용 기체
기타 사항		① 패널은 잡담을 금지한다. ② 희석배수의 순서는 랜덤하게 한다. ③ 연속측정 시 30분마다 30분간 휴식한다.

핵심 20 ◆ 다공도

개 요	C_2H_2 용기에 가스충전 시 빈 공간으로부터 확산폭발 위험을 없애기 위하여 용기에 주입하는 안정된 물질을 다공물질이라 하며, 다공물질이 빈 공간으로부터 차지하는 부피 %를 말함		
관련 계산식	고압가스 안전관리법의 유지하여야 하는 다공도(%)	다공물질의 종류	다공물질의 구비조건
다공도(%) $= \frac{V-E}{V} \times 100$ V : 다공물질의 용적 E : 침윤 잔용적	75 이상 92 미만	① 규조토 ② 목탄 ③ 석회 ④ 석면 ⑤ 산화철 ⑥ 탄산마그네슘	① 화학적으로 안정할 것 ② 기계적 강도가 있을 것 ③ 고다공도일 것 ④ 가스충전이 쉬울 것 ⑤ 경제적일 것
참고 예제문제		다공도 측정	
다공물질의 용적 $170m^3$, 침윤 잔용적 $100m^3$인 다공도 계산 다공도 $= \frac{170-100}{170} \times 100 = 41.18\%$		20℃에서 아세톤 또는 물의 흡수량으로 측정	

핵심 21 ◆ 용기 및 특정설비의 재검사기간

용기의 종류		신규검사 후 경과연수		
		15년 미만	15년 이상 20년 미만	20년 이상
		재검사주기		
LPG 제외 용접용기	500L 이상	5년마다	2년마다	1년마다
	500L 미만	3년마다	2년마다	1년마다
LPG 용기	500L 이상	5년마다	2년마다	1년마다
	500L 미만	5년마다		2년마다
이음매 없는 용기 및 복합재료 용기	500L 이상	5년마다		
	500L 미만	신규검사 후 10년 이하		5년마다
		신규검사 후 10년 초과		3년마다
LPG 복합재료 용기		5년마다		
특정설비의 종류		신규검사 후 경과연수		
		1년마다	15년 이상 20년 미만	20년 이상
		재검사주기		
차량고정탱크		5년마다	2년마다	1년마다
저장탱크		5년마다(재검사 불합격 수리 시 3년 음향방출시험으로 안전한 것은 5년마다) 이동 설치 시 이동할 때마다		
안전밸브 긴급차단장치		검사 후 2년 경과 시 설치되어 있는 저장탱크의 재검사 때마다		
기화장치	저장탱크와 함께 설치	검사 후 2년 경과 해당 탱크의 재검사 때마다		
	저장탱크 없는 곳에 설치	3년마다		
	설치되지 아니한 것	2년마다		
압력용기		4년마다		

핵심 22 ◇ 용기의 각인사항

기 호	내 용	단 위
V	내용적	L
W	초저온용기 이외의 용기에 밸브 부속품을 포함하지 아니한 용기 질량	kg
T_w	아세틸렌용기에 있어 용기 질량에 다공물질 용제 및 밸브의 질량을 합한 질량	kg
T_P	내압시험압력	MPa
F_P	최고충전압력	MPa
t	500L 초과 용기 동판두께	mm

그 이외에 표시사항
① 용기 제조업자의 명칭 또는 약호 ② 충전하는 명칭 ③ 용기의 번호

핵심 23 ◇ 시설별 이격거리

시 설	이격거리
가연성 제조시설과 가연성 제조시설	5m 이상
가연성 제조시설과 산소 제조시설	10m 이상
액화석유가스 충전용기와 잔가스용기	1.5m 이상
탱크로리와 저장탱크	3m 이상

핵심 24 ◇ 차량고정탱크의 운반기준

항 목	내 용
두 개 이상의 탱크를 동일차량에 운반 시	① 탱크마다 주밸브 설치 ② 탱크 상호 탱크와 차량 고정부착 조치 ③ 충전관에 안전밸브, 압력계 긴급탈압밸브 설치
LPG를 제외한 가연성 산소	18000L 이상 운반금지
NH_3를 제외한 독성	12000L 이상 운반금지
액면요동방지를 위해 하는 조치	방파판 설치
차량의 뒷범퍼와 이격거리	① 후부취출식 탱크(주밸브가 탱크 뒤쪽에 있는 것) : 40cm 이상 이격 ② 후부취출식 이외의 탱크 : 30cm 이상 이격 ③ 조작상자(공구 등 기타 필요한 것을 넣는 상자) : 20cm 이상 이격
기 타	돌출 부속품에 대한 보호장치를 하고, 밸브콕 등에 개폐방향을 표시할 것

핵심 25 ◇ 가스 혼합 시 압축하여서는 안 되는 경우

혼합가스의 종류	압축 불가능 혼합(%)
가연성(C_2H_2, C_2H_4, H_2 제외) 중 산소의 함유(%)	4% 이상
산소 중 가연성(C_2H_2, C_2H_4, H_2 제외) 함유(%)	4% 이상
C_2H_2, H_2, C_2H_4 중 산소 함유(%)	2% 이상
산소 중 C_2H_2, H_2, C_2H_4	2% 이상

핵심 26 ◇ 긴급이송설비(벤트스택, 플레어스택)

가연성, 독성 고압설비 중 특수반응설비 긴급차단장치를 설치한 고압가스 설비에 이상 사태 발생 시 설비 내용물을 긴급 · 안전하게 이송시킬 수 있는 설비

<table>
<tr><th rowspan="3">항 목</th><th colspan="4">시설명</th></tr>
<tr><th colspan="2">벤트스택</th><th colspan="2" rowspan="2">플레어스택</th></tr>
<tr><th>긴급용(공급시설) 벤트스택</th><th>그 밖의 벤트스택</th></tr>
<tr><td>개 요</td><td colspan="2">독성, 가연성 가스를 방출시키는 탑</td><td>개 요</td><td>가연성 가스를 연소시켜 방출시키는 탑</td></tr>
<tr><td rowspan="2">착지농도</td><td colspan="2">가연성 : 폭발하한계값 미만의 높이</td><td rowspan="2">발생 복사열</td><td rowspan="2">제조시설에 나쁜 영향을 미치지 아니하도록 안전한 높이 및 위치에 설치</td></tr>
<tr><td colspan="2">독성 : TLV-TWA 기준농도값 미만이 되는 높이</td></tr>
<tr><td>독성 가스 방출 시</td><td colspan="2">제독 조치 후 방출</td><td>재료 및 구조</td><td>발생 최대열량에 장시간 견딜 수 있는 것</td></tr>
<tr><td>정전기 낙뢰의 영향</td><td colspan="2">착화방지 조치를 강구, 착화 시 즉시 소화조치 강구</td><td>파일럿 버너</td><td>항상 점화하여 폭발을 방지하기 위한 조치가 되어 있는 것</td></tr>
<tr><td>벤트스택 및 연결배관의 조치</td><td colspan="2">응축액의 고임을 제거 및 방지 조치</td><td>지표면에 미치는 복사열</td><td>$4000kcal/m^2 \cdot h$ 이하</td></tr>
<tr><td>액화가스가 함께 방출되거나 급랭 우려가 있는 곳</td><td>연결된 가스공급시설과 가장 가까운 곳에 기액분리기 설치</td><td>액화가스가 함께 방출되지 아니하는 조치</td><td rowspan="2">긴급이송설비로부터 연소하여 안전하게 방출시키기 위하여 행하는 조치사항</td><td rowspan="2">① 파일럿 버너를 항상 작동할 수 있는 자동점화장치 설치 및 파일럿 버너가 꺼지지 않도록 자동점화장치 기능이 완전히 유지되도록 설치
② 역화 및 공기혼합 폭발방지를 위하여 갖추는 시설
• Liquid Seal 설치
• Flame Arrestor 설치
• Vapor Seal 설치
• Purge Gas의 지속적 주입
• Molecular 설치</td></tr>
<tr><td>방출구 위치 (작업원이 정상작업의 필요장소 및 항상 통행장소로부터 이격거리)</td><td>10m 이상</td><td>5m 이상</td></tr>
</table>

핵심 27 ◇ 액화석유가스의 중량 판매기준 (액화석유가스 통합 고시 제6장 액화석유가스 공급방법 기준)

항 목		내 용
적용 범위		가스공급자가 중량 판매방법으로 공급하는 경우와 잔량가스 확인방법에 대하여 적용
중량으로 판매하는 사항	내용적	30L 미만 용기로 사용 시
	주택 제외 영업장 면적	$40m^2$ 이하인 곳 사용 시
	사용기간	6개월만 사용 시
	용 도	① 산업용, 선박용, 농축산용 사용 및 그 부대시설에서 사용 ② 경로당 및 가정보육시설에서 사용 시
	기 타	① 단독주택에서 사용 시 ② 체적 판매방법으로 판매 곤란 시 ③ 용기를 이동하면서 사용 시

핵심 28 ◇ 저장능력에 따른 액화석유가스 사용시설과 화기와 우회거리

저장능력	화기와 우회거리(m)
1톤 미만	2m
1톤 이상 3톤 미만	5m
3톤 이상	8m

핵심 29 ◇ LPG 자동차에 고정된 용기충전소에 설치 가능한 건축물의 종류 (액화석유가스안전관리법 시행규칙 별표 3)

구 분	대상 건축물 또는 시설
해당 충전시설	① 작업장 ② 업무용 사무실 회의실 ③ 관계자 근무대기실 ④ 충전사업자가 운영하는 용기재검사시설 ⑤ 종사자의 숙소 ⑥ 충전소 내 면적 $100m^2$ 이하 식당 ⑦ 면적 $100m^2$ 이하 비상발전기 공구 보관을 위한 창고 ⑧ 충전소, 출입 대상자(자동판매기, 현금자동지급기, 소매점, 전시장) ⑨ 자동차세정의 세차시설
상기의 ①~⑨까지의 건축물 시설은 저장 가스설비 및 자동차에 고정된 탱크 이입 충전장소 외면으로부터 직선거리 8m 이상 이격	

핵심 30 ◇ 안전간격에 따른 폭발 등급

폭발 등급	안전간격	해당 가스
1등급	0.6mm 이상	메탄, 에탄, 프로판, 부탄, 암모니아, 일산화탄소, 아세톤, 벤젠
2등급	0.4mm 이상 0.6mm 미만	에틸렌, 석탄가스
3등급	0.4mm 미만	이황화탄소, 수소, 아세틸렌, 수성가스

핵심 31 ◇ 용기의 각인사항

기 호	내 용	단 위
V	내용적	L
W	초저온용기 이외의 용기에 밸브 부속품을 포함하지 아니한 용기 질량	kg
T_w	아세틸렌용기에 있어 용기 질량에 다공물질 용제 및 밸브의 질량을 합한 질량	kg
T_P	내압시험압력	MPa
F_P	최고충전압력	MPa
t	500L 초과 용기 동판두께	mm
그 이외에 표시사항		
① 용기 제조업자의 명칭 또는 약호 ② 충전하는 명칭 ③ 용기의 번호		

핵심 32 ◇ 용기밸브 나사의 종류, 용기밸브 충전구나사

구 분		핵심내용
용기밸브 나사	A형	밸브의 나사가 수나사인 것
	B형	밸브의 나사가 암나사인 것
	C형	밸브의 나사가 없는 것
용기밸브의 충전구나사	왼나사	NH_3와 CH_3Br을 제외한 모든 가연성 가스
	오른나사	NH_3, CH_3Br을 포함한 가연성이 아닌 모든 가스
전기설비의 방폭시공 여부		① NH_3, CH_3Br을 제외한 모든 가연성 가스 시설의 전기설비는 방폭구조로 시공한다. ② NH_3, CH_3Br을 포함한 가연성이 아닌 가스는 방폭구조로 시공하지 않아도 된다.

핵심 33 ◇ 차량 고정탱크(탱크로리)의 운반기준

항 목	내 용
두 개 이상의 탱크를 동일차량에 운반 시	① 탱크 마다 주밸브 설치 ② 탱크 상호 탱크와 차량 고정부착 조치 ③ 충전관에 안전밸브, 압력계 긴급탈압밸브 설치
LPG를 제외한 가연성 산소	18000L 이상 운반금지
NH_3를 제외한 독성	12000L 이상 운반금지
액면요동방지를 위해 하는 조치	방파판 설치
차량의 뒷범퍼와 이격거리	① 후부취출식 탱크(주밸브가 탱크 뒤쪽에 있는 것) : 40cm 이상 이격 ② 후부취출식 이외의 탱크 : 30cm 이상 이격 ③ 조작상자(공구 등 기타 필요한 것을 넣는 상자) : 20cm 이상 이격
기 타	돌출 부속품에 대한 보호장치를 하고, 밸브콕 등에 개폐표시 방향을 할 것
참고사항	LPG 차량 고정탱크(탱크로리)에 가스를 이입할 수 있도록 설치되는 로딩암을 건축물 내부에 설치 시 통풍을 양호하게 하기 위하여 환기구를 설치, 이때 환기구 면적의 합계는 바닥면적의 6% 이상

☺ 수험생 여러분, 시험에는 독성 가스 12000L 이상 운반금지에 대한 것이 출제되었습니다. 하지만, 상기의 이론 내용 어느 것도 출제될 가능성이 있습니다. 12000L만 문제에서 기억하여 시험보러 가시겠습니까? 상기 모든 내용을 습득하여 합격의 영광을 가지시겠습니까?

핵심 34 ◇ 고압가스 용기에 의한 운반기준(KGS GC206)

구 분		독성 가스 용기의 운반기준	독성 가스 용기 이외의 운반기준
차량 구조	허용농도 100만분의 200 초과 시	① 적재함에 리프트 설치 ② 리프터 설치 예외 경우 • 용기보관실 바닥이 운반차량 적재함 최저 높이로 설치된 경우 • 용기 상하차 설비가 설치된 업소에서 공급하는 경우 • 적재능력 1톤 이하 차량	
차량 구조	허용농도 100만분의 200 이하	① 용기 승하차용 리프트와 밀폐된 구조의 적재함이 부착된 전용차량(독성 가스 전용차량)으로 운반 ② 단, 내용적 1000L 이상 충전용기는 독성 가스 운반전용차량으로 운반하지 않아도 된다.	
경계표지		① 차량 앞뒤 보기 쉬운 곳에 붉은 글씨로 위험고압가스 독성 가스 표시 상호 전화번호 운반기준, 위반행위 신고할 수 있는 허가신고 등록관청 전화번호표시, 적색상 각기 표시 ② RTC 차량의 경우는 좌우에서 볼 수 있도록	독성 가스 경계표시에서 독성 가스 문구를 제외. 그 밖의 표시방법은 동일

<table>
<tr><th colspan="2">구 분</th><th>독성 가스 용기의 운반기준</th><th>독성 가스 용기 이외의 운반기준</th></tr>
<tr><td rowspan="3">경계
표시규격</td><td>직사각형</td><td colspan="2">① 가로 : 차폭의 30% 이상
② 세로 : 가로의 20% 이상</td></tr>
<tr><td>정사각형</td><td colspan="2">전체 경계면적을 600cm^2 이상</td></tr>
<tr><td>적색삼각기</td><td colspan="2">가로 : 40cm 이상, 세로 : 30cm 이상, 바탕색 : 적색, 글자색 : 황색</td></tr>
<tr><td colspan="2">보호장비
(월 1회 이상 점검)</td><td>방독면, 고무장갑, 고무장화, 기타 보호구 및 제독제, 자재공구</td><td>가연성 또는 산소의 경우, 소화설비 재해발생방지를 위한 자재 및 공구</td></tr>
<tr><td colspan="2" rowspan="3">적재</td><td rowspan="3">① 충전용기는 적재함에 세워 적재
② 차량의 최대적재량, 적재함을 초과하지 아니할 것
③ 납붙임 접합용기의 경우 보호망을 적재함에 세워 적재한다.
④ 충전용기는 고무링을 씌우거나 적재함에 세워 적재한다.
⑤ 충전용기는 로프, 그물공구 등으로 확실하게 묶어 적재 운반차량 뒷면에 두께 5mm 이상, 폭 100mm 이상 범퍼 또는 동등 효과의 완충장치 설치
⑥ 독성 중 가연성, 조연성을 동일차량에 적재금지
⑦ 밸브 돌출용기는 밸브 손상방지 조치
⑧ 충전용기 상하차 시 완충판을 이용
⑨ 충전용기 이륜차 운반금지
⑩ 염소와 아세틸렌, 암모니아, 수소는 동일차량 적재금지
⑪ 가연성 산소는 충전용기 밸브가 마주보지 않도록 적재
⑫ 충전용기와 위험물관리법의 위험물과 동일차량 적재금지</td><td>① 충전용기는 고압가스 전용 운반차량에 세워서 적재
② 충전용기는 이륜차에 적재운반금지(단, 차량통행 곤란지역 LPG 충전용기는 운반전용 적재함이 장착되어 있거나 20kg 이하 2개를 초과하지 않을 경우 이륜차 운반 가능)
그 밖에 좌측의 ⑩, ⑪, ⑫항 동일</td></tr>
<tr><td>운반 등의 기준 적용 제외</td></tr>
<tr><td>① 운반의 양이 13kg(압축 1.3m^3) 이하인 경우
② 소방차 구급자동차 구조차량 등이 긴급 시에 사용 시
③ 스킨스쿠버 목적으로 공기충전용기 2개 이하 운반 시
④ 산업통상자원부장관이 필요하다고 인정 시</td></tr>
</table>

핵심 35 ◈ 방파판(KGS AC113 3.4.7)

정 의	액화가스 충전탱크 및 차량 고정탱크에 액면요동을 방지하기 위하여 설치되는 판
면 적	탱크 횡단면적의 40% 이상
부착위치	원호부 면적이 탱크 횡단면적의 20% 이하가 되는 위치
재료 및 두께	3.2mm 이상의 SS 41 또는 이와 동등 이상의 강도(단, 초저온 탱크는 2mm 이상 오스테나이트계 스테인리스강 또는 4mm 이상 알루미늄 합금판)
설치 수	내용적 5m^{3}마다 1개씩

핵심 36 ◇ 저장능력 계산

압축가스	액화가스		
	저장탱크	소형 저장탱크	용 기
$Q=(10P+1)V$	$W=0.9dV$	$W=0.85dV$	$W=\frac{V}{C}$
여기서, Q : 저장능력(m^3) P : 35℃ F_P(MPa) V : 내용적(m^3)	여기서, W : 저장능력(kg) d : 액비중(kg/L) V : 내용적(L) C : 충전상수		

핵심 37 ◇ 저장탱크 및 용기에 충전

설 비 \ 가 스	액화가스	압축가스
저장탱크	90% 이하	상용압력 이하
용 기	90% 이하	최고충전압력 이하
85% 이하로 충전하는 경우	① 소형 저장탱크 ② LPG 차량용 용기 ③ LPG 가정용 용기	

핵심 38 ◇ 전기방식법

지하매설배관의 부식을 방지하기 위하여 양전류를 보내 음전류와 상쇄하여 지하배관의 부식을 방지하는 방법

(1) 희생(유전)양극법

정 의	특 징	
	장 점	단 점
양극의 금속 Mg, Zn 등을 지하매설관에 일정간격으로 설치하면 Fe보다 (−)방향 전위를 가지고 있어 Fe이 (−)방향으로 전위변화를 일으켜 양극의 금속이 Fe 대신 소멸되어 관의 부식을 방지함	① 타 매설물의 간섭이 없다. ② 시공이 간단하다. ③ 단거리 배관에 경제적이다. ④ 과방식의 우려가 없다. ⑤ 전위구배가 적은 장소에 적당하다.	① 전류조절이 어렵다. ② 강한 전식에는 효과가 없고, 효과 범위가 좁다. ③ 양극의 보충이 필요하다.
※ 심매전극법 : 지표면의 비저항보다 깊은 곳의 비저항이 낮은 경우 적용하는 양극 설치 방법		

(2) 외부전원법

정 의	특 징	
	장 점	단 점
방식 전류기를 이용 한전의 교류전원을 직류로 전환 매설배관에 전기를 공급하여 부식을 방지함	① 전압전류 조절이 쉽다. ② 방식 효과범위가 넓다. ③ 전식에 대한 방식이 가능하다. ④ 장거리 배관에 경제적이다.	① 과방식의 우려가 있다. ② 비경제적이다. ③ 타 매설물의 간섭이 있다. ④ 교류전원이 필요하다.

(3) 강제배류법

정 의	특 징	
	장 점	단 점
레일에서 멀리 떨어져 있는 경우에 외부전원장치로 가장 가까운 선택배류방법으로 전기방식하는 방법	① 전압전류 조정이 가능하다. ② 전기방식의 효과범위가 넓다. ③ 전철이 운행중지에도 방식이 가능하다.	① 과방식의 우려가 있다. ② 전원이 필요하다. ③ 타 매설물의 장애가 있다. ④ 전철의 신호장애를 고려해야 한다.

(4) 선택배류법

정 의	특 징	
	장 점	단 점
직류전철에서 누설되는 전류에 의한 전식을 방지하기 위해 배관의 직류전원 (−)선을 레일에 연결부식을 방지함	① 전철의 위치에 따라 효과범위가 넓다. ② 시공비가 저렴하다. ③ 전철의 전류를 사용 비용절감의 효과가 있다.	① 과방식의 우려가 있다. ② 전철의 운행중지 시에는 효과가 없다. ③ 타 매설물의 간섭에 유의해야 한다.

※ 전기방식법에 의한 전위측정용 터미널 간격

1. 외부전원법은 500m마다 설치
2. 희생양극법 배류법은 300m마다 설치

(5) 전위 측정용 터미널 간격

구 분	간 격
희생양극법, 배류법	300m 이내
외부전원법	500m 이내

핵심 39 ◇ 압력계 기능 검사주기, 최고눈금의 범위

압력계 종류	기능 검사주기
충전용 주관 압력계	매월 1회 이상
그 밖의 압력계	3월 1회 이상
최고 눈금 범위	상용압력의 1.5배 이상 2배 이하

핵심 40 ◆ 배관의 감시장치에서 경보하는 경우와 이상사태가 발생한 경우

구 분	경보하는 경우	이상사태가 발생한 경우
배관 내압력	상용압력의 1.05배 초과 시(단상용 압력이 4MPa 이상 시 상용압력에 0.2MPa을 더한 압력)	상용압력의 1.1배 초과 시
압 력	정상압력보다 15% 이상 강하 시	정상압력보다 30% 이상 강하 시
유 량	정상유량보다 7% 이상 변동 시	정상유량보다 15% 이상 증가 시
기 타	긴급차단밸브 고장 시	가스누설검지경보장치 작동 시

핵심 41 ◆ LPG 저장탱크, 도시가스 정압기실, 안전밸브 가스 방출관의 방출구 설치위치

<table>
<tr><th colspan="3">LPG 저장탱크</th><th colspan="2">도시가스 정압기실</th><th rowspan="2">고압가스 저장탱크</th></tr>
<tr><th colspan="2">지상설치탱크</th><th>지하설치탱크</th><th>지상설치</th><th>지하설치</th></tr>
<tr><td rowspan="2">3t 이상 일반탱크</td><td rowspan="2">3t 미만 소형 저장탱크</td><td rowspan="5">지면에서 5m 이상</td><td colspan="2" rowspan="2">지면에서 5m 이상(단, 전기시설물 접촉 등으로 사고 우려 시 3m 이상)</td><td>설치능력</td></tr>
<tr><td>5m³ 이상 탱크</td></tr>
<tr><td rowspan="3">지면에서 5m 이상, 탱크 정상부에서 2m 중 높은 위치</td><td rowspan="3">지면에서 2.5m 이상, 탱크 정상부에서 1m 중 높은 위치</td><td colspan="2">참고사항
(지하 정압기실 배기관의 배기가스 방출구)</td><td>설치위치</td></tr>
<tr><td>공기보다 무거운 도시가스</td><td>공기보다 가벼운 도시가스</td><td rowspan="2">지면에서 5m 이상, 탱크 정상부에서 2m 이상 중 높은 위치</td></tr>
<tr><td>① 지면에서 5m 이상
② 전기시설물 접촉 우려 시 3m 이상</td><td>지면에서 3m 이상</td></tr>
</table>

핵심 42 ◆ 도시가스 사용시설의 사용량

(1) 월 사용예정량

$$Q=\frac{\{(A\times 240)+(B\times 90)\}}{11000}$$

여기서, Q : 월 사용예정량(m^3)
A : 산업용으로 사용하는 연소기의 명판에 기재된 가스소비량 합계(kcal/hr)
B : 산업용이 아닌 연소기의 명판에 기재된 가스소비량 합계(kcal/hr)

(2) 특정가스 사용시설의 사용량

$$Q=X\times\frac{A}{11000}$$

여기서, Q : 도시가스시설의 사용량(m^3)
X : 실제 사용하는 도시가스 사용량(m^3)
A : 실제 사용하는 도시가스 열량($kcal/m^3$)

핵심 43 ◆ 저장탱크 및 용기의 충전(%)

설비 \ 가스	액화가스	압축가스
저장탱크	90% 이하	상용압력 이하
용 기	90% 이하	최고충전압력 이하
85% 이하로 충전하는 경우	① 소형 저장탱크 ② LPG 차량용 용기 ③ LPG 가정용 용기	–

핵심 44 ◆ 독성 가스 제독제와 보유량

가스별	제독제	보유량
염소(Cl_2)	가성소다 수용액	670kg
	탄산소다 수용액	870kg
	소석회	620kg
포스겐($COCl_2$)	가성소다 수용액	390kg
	소석회	360kg
황화수소(H_2S)	가성소다 수용액	1140kg
	탄산소다 수용액	1500kg
시안화수소(HCN)	가성소다 수용액	250kg
아황산가스(SO_2)	가성소다 수용액	530kg
	탄산소다 수용액	700kg
	물	다량
암모니아(NH_3)	물	다량
산화에틸렌(C_2H_4O)		
염화메탄(CH_3Cl)		

핵심 45 ◆ 가스 제조설비의 정전기 제거설비 설치(KGS FP111 2.6.11)

항 목		간추린 세부 핵심내용
설치목적		가연성 제조설비에 발생한 정전기가 점화원으로 되는 것을 방지하기 위함
접지 저항치	총 합	100Ω 이하
	피뢰설비가 있는 것	10Ω 이하
본딩용 접속선 접지접속선 단면적		① 5.5mm^2 이상(단선은 제외)을 사용 ② 경납붙임 용접, 접속금구 등으로 확실하게 접지
단독접지설비		탑류, 저장탱크 열교환기, 회전기계, 벤트스택
충전 전 접지대상설비		① 가연성 가스를 용기 · 저장탱크 · 제조설비 이충전 및 용기 등으로부터 충전 ② 충전용으로 사용하는 저장탱크 제조설비 ③ 차량에 고정된 탱크

핵심 46 ◇ 액화석유가스 판매, 충전사업자의 영업소에 설치하는 용기저장소의 시설, 기술검사 기준(액화석유가스 안전관리법 별표 6)

<table>
<tr><th colspan="2">항 목</th><th>간추린 핵심내용</th></tr>
<tr><td colspan="2">사업소 부지</td><td>한면이 폭 4m 도로에 접할 것</td></tr>
<tr><td rowspan="6">용기보관실</td><td>화기 취급장소</td><td>2m 이상 우회거리</td></tr>
<tr><td>재 료</td><td>불연성 지붕의 경우 가벼운 불연성</td></tr>
<tr><td>판매 용기보관실 벽</td><td>방호벽</td></tr>
<tr><td>용기보관실 면적</td><td>19m²(사무실 면적 : 9m², 보관실 주위 부지확보면적 : 11.5m²)</td></tr>
<tr><td>사무실과의 위치</td><td>동일 부지에 설치</td></tr>
<tr><td>사고 예방조치</td><td>① 가스누출경보기 설치
② 전기설비는 방폭구조
③ 전기스위치는 보관실 밖에 설치
④ 환기구를 갖추고 환기불량 시 강제통풍시설을 갖출 것</td></tr>
</table>

핵심 47 ◇ 차량 고정탱크에 휴대해야 하는 안전운행 서류

① 고압가스 이동계획서
② 관련자격증
③ 운전면허증
④ 탱크테이블(용량 환산표)
⑤ 차량 운행일지
⑥ 차량등록증

핵심 48 ◇ 운반차량의 삼각기

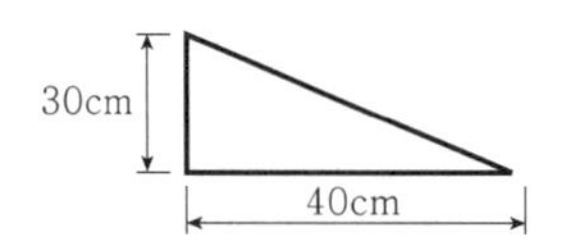

항 목	내 용
바탕색	적색
글자색	황색
규격(가로×세로)	40cm×30cm

핵심 49 ◆ LPG 저장탱크 지하설치 기준(KGS FU331)

설치 기준항목		설치 세부내용
저장탱크실	재료(설계강도)	레드믹스콘크리트(21MPa 이상)(고압가스탱크는 20.6~23.5MPa)
	시 공	수밀성 콘크리트 시공
	천장, 벽, 바닥의 재료와 두께	30cm 이상 방수조치를 한 철근콘크리트
	저장탱크와 저장탱크실의 빈 공간	세립분을 함유하지 않은 모래를 채움 ※ 고압가스 안전관리법의 저장탱크 지하설치 시는 그냥 마른 모래를 채움
	집수관	직경 : 80A 이상(바닥에 고정)
	검지관	① 직경 : 40A 이상 ② 개수 : 4개소 이상
저장탱크	상부 윗면과 탱크실 상부와 탱크실 바닥과 탱크 하부까지 60cm	60cm 이상 유지 ※ 비교사항 1. 탱크 지상 실내 설치 시 : 탱크 정상부 탱크실 천장까지 60cm 유지 2. 고압가스 안전관리법 기준 : 지면에서 탱크 정상부까지 60cm 이상 유지
	2개 이상 인접설치 시	상호간 1m 이상 유지 ※ 비교사항 지상설치 시에는 물분무장치가 없을 때 두 탱크 직경의 1/4을 곱하여 1m 보다 크면 그 길이를, 1m 보다 작으면 1m를 유지
	탱크 묻은 곳의 지상	경계표지 설치
	점검구 – 설치 수	20t 이하 : 1개소
		20t 초과 : 2개소
	점검구 – 규 격	사각형 : 0.8m×1m
		원형 : 직경 0.8m 이상
	가스방출관 설치위치	지면에서 5m 이상 가스 방출관 설치
	참고사항	지하저장탱크는 반드시 저장탱크실 내에 설치(단, 소형 저장탱크는 지하에 설치하지 않는다.)

핵심 50 ◆ 고압가스법 시행규칙 제2조(정의)

용 어		정 의
가연성 가스		① 폭발한계 하한 10% 이하 ② 폭발한계 상한과 하한의 차이가 20% 이상
독성 가스	LC_{50}	인체 유해한 독성을 가진 가스로서 허용농도 100만분의 5000 이하인 가스
		(허용농도) : 해당 가스를 성숙한 흰쥐의 집단에게 대기 중 1시간 동안 계속 노출 14일 이내 흰쥐의 1/2 이상이 죽게 되는 농도
독성 가스	TLV-TWA	인체에 유해한 독성을 가진 가스 허용농도 100만분의 200 이하인 가스
		(허용농도) : 건강한 성인 남자가 그 분위기에서 1일 8시간(주 40시간) 작업을 하여도 건강에 지장이 없는 농도

용 어	정 의
액화가스	가압 냉각에 의해 액체로 되어 있는 것으로 비점이 40℃ 또는 상용온도 이하인 것
압축가스	압력에 의하여 압축되어 있는 가스
저장설비	고압가스를 충전 저장하기 위한 저장탱크 및 충전용기 보관설비
저장탱크	고압가스를 충전 저장을 위해 지상, 지하에 고정 설치된 탱크
초저온 저장탱크	−50℃ 이하 액화가스를 저장하기 위한 탱크로서 단열재를 씌우거나 냉동설비로 냉각시키는 방법으로 탱크 내 가스온도가 상용의 온도를 초과하지 아니하도록 한 것
초저온용기	−50℃ 이하 액화가스를 충전하기 위한 용기로서 단열재를 씌우거나 냉동설비로 냉각시키는 방법으로 용기 내 가스온도가 상용온도를 초과하지 아니하도록 한 것
가연성 가스 저온저장탱크	대기압에서 비점 0℃ 이하 가연성을 0℃ 이하인 액체 또는 기상부 상용압력 0.1MPa 이하 액체상태로 저장하기 위한 탱크로서, 단열재 씌움 · 냉동설비로 냉각 등으로 탱크 내가 상용온도를 초과하지 않도록 한 것
충전용기	충전질량 또는 압력이 1/2 이상 충전되어 있는 용기
잔가스용기	충전질량 또는 압력이 1/2 미만 충전되어 있는 용기
처리설비	고압가스 제조 충전에 필요한 설비로서 펌프 압축기 기화장치
처리능력	처리 · 감압 설비에 의하여 압축 · 액화의 방법으로 1일에 처리할 수 있는 양으로서 0℃, 0Pa(g) 상태를 말한다.

핵심 51 ◆ 도시가스 배관

(1) 도시가스 배관설치 기준

항 목	세부내용
중압 이하 배관 고압배관 매설 시	매설 간격 2m 이상 (철근콘크리트 방호구조물 내 설치 시 1m 이상 배관의 관리주체가 같은 경우 3m 이상)
본관 공급관	기초 밑에 설치하지 말 것
천장 내부 바닥 벽 속에	공급관 설치하지 않음
공동주택 부지 안	0.6m 이상 깊이 유지
폭 8m 이상 도로	1.2m 이상 깊이 유지
폭 4m 이상 8m 미만 도로	1m 이상
배관의 기울기(도로가 평탄한 경우)	$\frac{1}{500} \sim \frac{1}{1000}$

(2) 교량에 배관설치 시

매설심도	2.5m 이상 유지
배관손상으로 위급사항 발생 시	가스를 신속하게 차단할 수 있는 차단장치 설치(단, 고압배관으로 매설구간 내 30분 내 안전한 장소로 방출할 수 있는 장치가 있을 때는 제외)
배관의 재료	강재 사용 접합은 용접
배관의 설계 설치	온도변화에 의한 열응력과 수직 · 수평 하중을 고려하여 설계
지지대 U볼트 등의 고정장치 배관	플라스틱 및 절연물질 삽입

(3) 교량 배관설치 시 지지간격

호칭경(A)	지지간격(m)
100	8
150	10
200	12
300	16
400	19
500	22
600	25

핵심 52 ◆ T_P(내압시험압력), F_P(최고충전압력), A_P(기밀시험압력), 상용압력, 안전밸브 작동압력

<table>
<tr><th colspan="5">용기 분야</th></tr>
<tr><th>압 력
용기 구분</th><th>F_P</th><th>T_P</th><th>A_P</th><th>안전밸브
작동압력</th></tr>
<tr><td>압축가스 충전용기</td><td>35℃에서 용기에 충전할 수 있는 최고압력</td><td rowspan="2">$F_P \times \frac{5}{3}$</td><td>F_P</td><td rowspan="4">$T_P \times \frac{8}{10}$ 이하</td></tr>
<tr><td>저온용기</td><td>상용압력 중 최고압력</td><td>$F_P \times 1.1$</td></tr>
<tr><td>저온용기 이외 압축가스 충전용기</td><td>$T_P \times \frac{3}{5}$</td><td>법규에 정한 A, B로 구분된 압력</td><td>F_P</td></tr>
<tr><td>C_2H_2 용기</td><td>15℃에서 1.5MPa</td><td>$F_P \times \frac{5}{3}$</td><td>$F_P \times 1.1$</td></tr>
</table>

<table>
<tr><th colspan="5">용기 이외의 분야(저장탱크 및 배관 등)</th></tr>
<tr><th>압 력
설비별</th><th>상용압력</th><th>T_P</th><th>A_P</th><th>안전밸브
작동압력</th></tr>
<tr><td>고압가스 및 액화석유가스 분야</td><td>통상설비에서 사용되는 압력</td><td>사용압력×1.5
(단, 공기, 질소로 시험 시 상용압력×1.25)</td><td>상용압력</td><td rowspan="3">$T_P \times \frac{8}{10}$ 이하
(단, 액화산소탱크의 안전밸브 작동압력 =상용압력×1.5)</td></tr>
<tr><td>냉동 분야</td><td>설계압력</td><td>• 설계압력×1.5(공기, 질소로 시험 시 설계압력×1.25) : 냉동제조
• T_P=설계압력×1.3(공기, 질소로 시험 시 설계압력×1.1) : 냉동기설비</td><td>설계압력</td></tr>
<tr><td>도시가스 분야</td><td>최고사용압력</td><td>최고사용압력×1.5
(단, 공기, 질소 등으로 시험 시 최고사용압력×1.25)</td><td>(공급시설)
최고사용압력×1.1
(사용시설 및 정압기 시설)
8.4kPa 또는 최고사용압력×1.1배 중 높은 압력</td></tr>
</table>

핵심 53 ◆ 방류둑의 설치기준

(1) 방류둑 : 액화가스 누설 시 한정된 범위를 벗어나지 않도록 탱크 주위를 둘러쌓은 제방

<table>
<tr><th colspan="3" rowspan="2">법령에 따른 기준</th><th>설치기준</th><th colspan="2" rowspan="2">항 목</th><th rowspan="2">세부 핵심내용</th></tr>
<tr><th>저장탱크 가스홀더 및 설비의 용량</th></tr>
<tr><td rowspan="5">고압가스 안전관리법 (KGS 111, 112)</td><td colspan="2">독성</td><td>5t 이상</td><td rowspan="4">방류둑 용량 (액화가스 누설 시 방류둑에서 차단할 수 있는 양)</td><td rowspan="2">독성 가연성</td><td rowspan="2">저장능력 상당용적</td></tr>
<tr><td colspan="2">산소</td><td>1000t 이상</td></tr>
<tr><td rowspan="2">가연성</td><td>일반제조</td><td>1000t 이상</td><td rowspan="2">산소</td><td rowspan="2">저장능력 상당용적의 60% 이상</td></tr>
<tr><td>특정제조</td><td>500t 이상</td></tr>
<tr><td colspan="2">냉동제조</td><td>수액기 용량 10000L 이상</td><td colspan="2">재 료</td><td>철근콘크리트 · 철골 · 금속 · 흙 또는 이의 조합</td></tr>
<tr><td>LPG 안전관리법</td><td colspan="3">1000t 이상 (LPG는 가연성 가스임)</td><td colspan="2">성토 각도</td><td>45°</td></tr>
<tr><td rowspan="3">도시가스 안전관리법</td><td colspan="2">가스도매사업법</td><td>500t 이상</td><td colspan="2">성토 윗부분 폭</td><td>30cm 이상</td></tr>
<tr><td colspan="2">일반도시가스사업법</td><td>1000t 이상</td><td colspan="2">출입구 설치 수</td><td>50m 마다 1개(전 둘레 50m 미만 시 2곳을 분산 설치)</td></tr>
<tr><td colspan="3">(도시가스는 가연성 가스임)</td><td colspan="2">집합 방류둑</td><td>가연성과 조연성, 가연성, 독성 가스의 저장탱크를 혼합 배치하지 않음</td></tr>
<tr><td>참고사항</td><td colspan="6">① 방류둑 안에는 고인물을 외부로 배출할 수 있는 조치를 한다.
② 배수조치는 방류둑 밖에서 배수차단 조작을 하고 배수할 때 이외는 반드시 닫아둔다.</td></tr>
</table>

(2) 방류둑 부속설비 설치에 관한 규정

구 분	간추린 핵심내용
방류둑 외측 및 내면	10m 이내 그 저장탱크 부속설비 이외의 것을 설치하지 아니함
10m 이내 설치 가능 시설	① 해당 저장탱크의 송출 송액설비 ② 불활성 가스의 저장탱크 물분무, 살수장치 ③ 가스누출검지경보설비 ④ 조명, 배수설비 ⑤ 배관 및 파이프 래크

※ 상기 문제 출제 시에는 10m 이내 설치 가능시설의 규정이 없었으나 법 규정이 이후 변경되었음.

핵심 54 ◇ 내진설계(가스시설 내진설계기준(KGS 203))

(1) 내진설계 시설용량

법규 구분		시설 구분	
		지상저장탱크 및 가스홀더	그 밖의 시설
고압가스 안전관리법	독성, 가연성	5톤, 500m^3 이상	① 반응 · 분리 · 정제 · 증류 등을 행하는 탑류로서 동체부 5m 이상 압력용기 ② 세로방향으로 설치한 동체길이 5m 이상 원통형 응축기 ③ 내용적 5000L 이상 수액기 ④ 지상설치 사업소 밖 고압가스배관 ⑤ 상기 시설의 지지구조물 및 기초연결부
	비독성, 비가연성	10톤, 1000m^3 이상	
액화석유가스의 안전관리 및 사업법		3톤 이상	3톤 이상 지상저장탱크의 지지구조물 및 기초와 이들 연결부
도시가스 사업법	제조시설	3톤(300m^3) 이상	–
	충전시설	5톤(500m^3) 이상	① 반응 · 분리 · 정제 · 증류 등을 행하는 탑류로서 동체부 높이가 5m 이상인 압력용기 ② 지상에 설치되는 사업소 밖의 배관(사용자 공급관 배관 제외) ③ 도시가스법에 따라 설치된 시설 및 압축기, 펌프, 기화기, 열교환기, 냉동설비, 정제설비, 부취제 주입설비, 지지구조물 및 기초와 이들 연결부
	가스도매업자, 가스공급시설 설치자의 시설	① 정압기지 및 밸브기지 내(정압설비, 계량설비, 가열설비, 배관의 지지구조물 및 기초, 방산탑, 건축물) ② 사업소 밖 배관에 긴급차단장치를 설치 또는 관리하는 건축물	
	일반도시가스 사업자	철근콘크리트 구조의 정압기실(캐비닛, 매몰형 제외)	

(2) 내진 등급 분류

중요도 등급	영향도 등급	관리 등급	내진 등급
특	A	핵심시설	내진 특A
	B	–	내진 특
1	A	중요시설	
	B	–	내진 Ⅰ
2	A	일반시설	
	B	–	내진 Ⅱ

(3) 내진설계에 따른 독성가스 종류

구 분	허용농도(TLV-TWA)	종 류
제1종 독성가스	1ppm 이하	염소, 시안화수소, 이산화질소, 불소 및 포스겐
제2종 독성가스	1ppm 초과 10ppm 이하	염화수소, 삼불화붕소, 이산화유황, 불화수소, 브롬화메틸, 황화수소
제3종 독성가스	-	제1종, 제2종 독성가스 이외의 것

(4) 내진설계 등급의 용어

구 분		핵심내용
내진 특등급	시설	그 설비의 손상이나 기능 상실이 사업소 경계 밖에 있는 공공의 생명·재산에 막대한 피해를 초래 및 사회의 정상적인 기능 유지에 심각한 지장을 가져올 수 있는 것
	배관	배관의 손상이나 기능 상실이 사업소 경계 밖에 있는 공공의 생명·재산에 막대한 피해를 초래 및 사회의 정상적인 기능 유지에 심각한 지장을 가져올 수 있는 것(독성 가스를 수송하는 고압가스 배관의 중요도)
내진 1등급	시설	그 설비의 손상이나 기능 상실이 사업소 경계 밖에 있는 공공의 생명과 재산에 상당한 피해를 가져올 수 있는 것
	배관	배관의 손상이나 기능 상실이 사업소 경계 밖에 있는 공공의 생명과 재산에 상당한 피해를 가져올 수 있는 것(가연성 가스를 수송하는 고압가스 배관의 중요도)
내진 2등급	시설	그 설비의 손상이나 기능 상실이 사업소 경계 밖에 있는 공공의 생명·재산에 경미한 피해를 가져 올 수 있는 것
	배관	배관의 손상이나 기능 상실이 사업소 경계 밖에 있는 공공의 생명·재산에 경미한 피해를 가져 올 수 있는 것(독성, 가연성 이외의 가스를 수송하는 배관의 중요도)

※ 내진 등급을 4가지로 분류 시는 내진 특A등급, 내진 특등급, 내진 1등급, 내진 2등급으로 분류

(5) 도시가스 배관의 내진 등급

내진 등급	사업자 구분		관리 등급
	가스도매사업자	일반도시가스사업자	
내진 특등급	모든 배관	-	중요시설
내진 1등급	-	0.5MPa 이상 배관	-
내진 2등급	-	0.5MPa 미만 배관	-

핵심 55 ◆ 방폭전기기기의 온도 등급

가연성 가스의 발화도(℃) 범위	방폭전기기기의 온도 등급
450 초과	T 1
300 초과 450 이하	T 2
200 초과 300 이하	T 3
135 초과 200 이하	T 4
100 초과 135 이하	T 5
85 초과 100 이하	T 6

핵심 56 ◆ 가스용 폴리에틸렌(PE 배관)의 접합(KGS FS451 2.5.5.3)

항 목			접합방법
일반적 사항			① 눈, 우천 시 천막 등의 보호조치를 하고 융착 ② 수분, 먼지, 이물질 제거 후 접합
금속관과 접합			이형질 이음관(T/F)을 사용
공칭 외경이 상이한 경우			관이음매(피팅)를 사용
접합	열융착	맞대기	① 공칭 외경 90mm 이상 직관 연결 시 사용 ② 이음부 연결오차는 배관두께의 10% 이하
		소켓	배관 및 이음관의 접합은 일직선
		새들	새들 중 심선과 배관의 중심선은 직각 유지
	전기융착	소켓	이음부는 배관과 일직선 유지
		새들	이음매 중심선과 배관중심선 직각 유지
시공방법		일반적 시공	매몰 시공
		보호조치가 있는 경우	30cm 이하로 노출 시공 가능
		굴곡허용반경	외경의 20배 이상(단, 20배 미만 시 엘보 사용)
지상에서 탐지방법		매몰형 보호포	–
		로케팅 와이어	굵기 $6mm^2$ 이상

핵심 57 ◆ 도시가스의 연소성을 판단하는 지수

구 분	핵심내용
웨버지수(WI)	$WI=\frac{H_g}{\sqrt{d}}$ 여기서, WI : 웨버지수 H_g : 도시가스 총 발열량($kcal/m^3$) $\sqrt{d}$: 도시가스의 공기에 대한 비중

구 분	핵심내용
연소속도(C_P)	$C_P = K\frac{1.0H_2 + 0.6(CO + C_mH_n) + 0.3CH_4}{\sqrt{d}}$ 여기서, C_P : 연소속도 K : 도시가스 중 산소 함유율에 따라 정하는 정수 H_2 : 도시가스 중 수소 함유율(%) CO : 도시가스 중 CO의 함유율(%) C_mH_n : 도시가스 중 메탄 이외에 탄화수소 함유율(%) CH_4 : 도시가스 중 메탄 함유율(%) d : 도시가스의 공기에 대한 비중

핵심 58 ◆ 압축금지 가스

구 분	압축금지(%)
가연성 중의 산소 및 산소 중 가연성	4% 이상
수소, 아세틸렌, 에틸렌 중 산소 및 산소 중 수소, 아세틸렌, 에틸렌	2% 이상

핵심 59 ◆ 용기의 도색 표시(고법 시행규칙 별표 24)

가연성 · 독성		의료용		그 밖의 가스	
종 류	도 색	종 류	도 색	종 류	도 색
LPG	회색	O_2	백색	O_2	녹색
H_2	주황색	액화탄산	회색	액화탄산	청색
C_2H_2	황색	He	갈색	N_2	회색
NH_3	백색	C_2H_4	자색	소방용 용기	소방법의 도색
Cl_2	갈색	N_2	흑색	그 밖의 가스	회색

※ 의료용의 사이크로프로판 : 주황색 용기에 가연성은 화기, 독성은 해골 그림 표시

핵심 60 ◆ 방폭안전구조의 틈새범위

최대안전틈새 범위(mm)	0.9 이상	0.5 초과 0.9 미만	0.5 이하
가연성 가스의 폭발 등급	A	B	C
방폭전기기기의 폭발 등급	II A	II B	II C

최대안전틈새는 내용적이 8리터이고, 틈새깊이가 25mm인 표준용기 안에서 가스가 폭발할 때 발생한 화염이 용기 밖으로 전파되어 가연성 가스에 점화되지 않는 최대값

핵심 61 ◇ 고압 · LPG · 도시가스의 냄새나는 물질의 첨가(KGS FP331 3.2.1.1)

항 목		간추린 세부 핵심내용
공기 중 혼합비율 용량(%)		1/1000(0.1%)
냄새농도 측정방법		① 오더미터법(냄새 측정기법) ② 주사기법 ③ 냄새주머니법 ④ 무취실법
시료기체 희석배수 (시료기체 양÷시험가스 양)		① 500배 ② 1000배 ③ 2000배 ④ 4000배
용어설명	패널(panel)	미리 선정한 정상적인 후각을 가진 사람으로서 냄새를 판정하는 자
	시험자	냄새농도 측정에 있어서 희석조작을 하여 냄새농도를 측정하는 자
	시험가스	냄새를 측정할 수 있도록 기화시킨 가스
	시료 기체	시험가스를 청정한 공기로 희석한 판정용 기체
기타 사항		① 패널은 잡담을 금지한다. ② 희석배수의 순서는 랜덤하게 한다. ③ 연속측정 시 30분마다 30분간 휴식한다.
부취제 구비조건		① 경제적일 것 ② 화학적으로 안정할 것 ③ 보통존재 냄새와 구별될 것 ④ 물에 녹지 않을 것 ⑤ 독성이 없을 것

핵심 62 ◇ 도시가스 지하 정압기실

구 분 / 항 목	공기보다 가벼움	공기보다 무거움
흡입구, 배기구 관경	100mm 이상	
환기구 방향	2방향 분산 설치	2방향 분산 설치
배기구 위치	천장면에서 30cm	지면에서 30cm
배기가스 방출구	지면에서 3m 이상	지면에서 5m 이상(전기시설물 접촉 우려 시 3m 이상)

핵심 63 ◇ 용기의 C, P, S 함유량(%)

성 분 / 용기 종류	C(%)	P(%)	S(%)
무이음용기	0.55 이하	0.04 이하	0.05 이하
용접용기	0.33 이하	0.04 이하	0.05 이하

핵심 64 ◆ 용기 종류별 부속품의 기호

기 호	내 용
AG	C_2H_2 가스를 충전하는 용기 및 그 부속품
PG	압축가스를 충전하는 용기 및 그 부속품
LG	LPG 이외의 액화가스를 충전하는 용기 및 그 부속품
LPG	액화석유가스를 충전하는 용기 및 그 부속품
LT	초저온 저온용기의 부속품

핵심 65 ◆ 전기방식(KGS FP202 2.2.2.2)

<table>
<tr><th colspan="4">측정 및 점검주기</th></tr>
<tr><td>관대지전위</td><td>외부전원법에 따른 외부전원점 관대지전위 정류기 출력전압 전류 배선접속 계기류 확인</td><td>배류법에 따른 배류점 관대지전위 배류기 출력전압 전류 배선접속 계기류 확인</td><td>절연부속품
역전류방지장치
결선보호 절연체 효과</td></tr>
<tr><td>1년 1회 이상</td><td>3개월 1회 이상</td><td>3개월 1회 이상</td><td>6개월 1회 이상</td></tr>
<tr><td colspan="4">전기방식조치를 한 전체 배관망에 대하여 2년 1회 이상 관대지 등의 전위를 측정</td></tr>
<tr><th colspan="4">전위측정용(터미널(T/B)) 시공방법</th></tr>
<tr><td colspan="2">외부전원법</td><td colspan="2">희생양극법, 배류법</td></tr>
<tr><td colspan="2">500m 간격</td><td colspan="2">300m 간격</td></tr>
<tr><th colspan="4">전기방식 기준(자연전위 변화값 : −300mV)</th></tr>
<tr><td>고압가스</td><td colspan="2">액화석유가스</td><td>도시가스</td></tr>
<tr><th colspan="4">포화황산동 기준 전극</th></tr>
<tr><td>−5V 이상
−0.85V 이하</td><td colspan="2">−0.85V 이하</td><td>−0.85V 이하</td></tr>
<tr><th colspan="4">황산염 환원박테리아가 번식하는 토양</th></tr>
<tr><td>−0.95V 이하</td><td colspan="2">−0.95V 이하</td><td>−0.95V 이하</td></tr>
</table>

전기방식 효과를 유지하기 위하여 절연조치를 하는 장소는 다음과 같다.

① 교량횡단 배관의 양단
② 배관 등과 철근콘크리트 구조물 사이
③ 배관과 강제 보호관 사이
④ 배관과 지지물 사이
⑤ 타 시설물과 접근 교차지점
⑥ 지하에 매설된 부분과 지상에 설치된 부분의 경계
⑦ 저장탱크와 배관 사이
⑧ 고압가스 · 액화석유가스 시설과 철근콘크리트 구조물 사이

전위측정용 터미널의 설치장소는 다음과 같다.
① 직류전철 횡단부 주위
② 지중에 매설되어 있는 배관절연부의 양측
③ 다른 금속구조물의 근접 교차부분
④ 밸브스테이션
⑤ 희생양극법, 배류법에 따른 배관에는 300m 이내 간격
⑥ 외부전원법에 따른 배관에는 500m 이내 간격으로 설치

핵심 66 ◇ 도시가스 배관의 종류

배관의 종류		정 의
배관		본관, 공급관, 내관 또는 그 밖의 관
본관	가스도매사업	도시가스 제조사업소(액화천연가스의 인수기지)의 부지경계에서 정압기지의 경계까지 이르는 배관(밸브기지 안 밸브 제외)
	일반도시가스사업	도시가스 제조사업소의 부지경계 또는 가스도매사업자의 가스시설 경계에서 정압기까지 이르는 배관
	나프타 부생 바이오가스 제조사업	해당 제조사업소의 부지경계에서 가스도매사업자 또는 일반도시가스사업자의 가스시설 경계 또는 사업소 경계까지 이르는 배관
	합성 천연가스 제조사업	해당 제조사업소 부지경계에서 가스도매사업자의 가스시설 경계 또는 사업소경계까지 이르는 배관
공급관	공동주택, 오피스텔, 콘도미니엄, 그 밖의 산업통상자원부 인정 건축물에 가스공급 시	정압기에서 가스사용자가 구분하여 소유하거나 점유하는 건축물의 외벽에 설치하는 계량기의 전단밸브까지 이르는 배관
	공동주택 외의 건축물 등에 도시가스 공급 시	정압기에서 가스사용자가 소유하거나 점유하고 있는 토지의 경계까지 이르는 배관
	가스도매사업의 경우	정압기지에서 일반 도시가스사업자의 가스공급 시설이나 대량수요자의 가스사용 시설에 이르는 배관
	나프타 부생가스, 바이오가스 제조사업 및 합성 천연가스 제조사업	해당 사업소의 본관 또는 부지경계에서 가스사용자가 소유하거나 점유하고 있는 토지의 경계까지 이르는 배관
사용자 공급관		공급관 중 가스사용자가 소유하거나 점유하고 있는 토지의 경계에서 가스사용자가 구분하여 소유하거나 점유하는 건축물의 외벽에 설치된 계량기의 전단밸브(계량기가 건축물 내부에 설치된 경우 그 건축물의 외벽)까지 이르는 배관
내관		① 가스사용자가 소유하거나 점유하고 있는 토지의 경계에서 연소기까지 이르는 배관 ② 공동주택 등으로 가스사용자가 구분하여 소유하거나 점유하는 건축물 외벽에 계량기 설치 시 : 계량기 전단밸브까지 이르는 배관 ③ 계량기가 건축물 내부에 설치 시 : 건축물 외벽까지 이르는 배관

핵심 67 ◆ 가스누출경보기 및 자동차단장치 설치(KGS FU211, FP211, FP111)

(1) 가스누출경보기 및 자동차단장치 설치(KGS FP111 2.6.2)

항 목		간추린 핵심내용
설치 목적		① 독성, 공기보다 무거운 가연성 가스 누출 시 신속히 검지 ② 효과적으로 대응조치를 위하여
기 능		누출검지 후 농도 지시 동시에 경보하는 기능
종 류		접촉연소, 격막 갈바니전지, 반도체식, 기체열전도도식으로 담배연기, 잡가스 등에는 경보하지 않을 것
경보농도	가연성	폭발하한의 1/4 이하
	독성	TLV-TWA의 허용농도 이하
	NH_3	실내에서 사용 시 50ppm 이하
정밀도	가연성	±25% 이하
	독성	±30% 이하
검지에서 발신까지 시간 (경보농도 1.6배 농도 기준)	NH_3, CO	1분
	그 밖의 가스	30초
지시계 눈금	가연성	0 ~ 폭발하한
	독성	TLV-TWA 허용농도 3배 값
	NH_3 실내 사용	150ppm
경보기가 작동되었을 때		가스 농도가 변화하여도 계속 경보를 울리고 확인 대책 강구 후에 정지되어야 한다.

(2) 가스누출경보 및 차단장치 설치장소 및 검지부의 설치개수(KGS FP111, FP331, FP451)

법규에 따른 항목			설치 세부내용		
			장 소	설치간격	개 수
고압 가스 (KGS FP111 2.6.2.3)	제조 시설	건축물 내	바닥면 둘레	10m	1개
		건축물 밖		20m	1개
		가열로 발화원의 제조설비 주위		20m	1개
		특수반응 설비		10m	1개
		그 밖의 사항	계기실 내부	1개 이상	
			방류둑 내 탱크	1개 이상	
			독성 가스 충전용 접속군	1개 이상	
	배관		경보장치의 검출부 설치장소		
			① 긴급차단장치부분 ② 슬리브관, 이중관 밀폐 설치부분 ③ 누출가스 체류 쉬운 부분 ④ 방호구조물 등에 의하여 밀폐되어 설치된 배관 부분		

<table>
<tr><th colspan="4">법규에 따른 항목</th><th>설치 세부내용
(장소, 설치간격, 개수)</th></tr>
<tr><td rowspan="2">LPG
(KGS
FP331
2.6.2.3)</td><td colspan="3">경보기의 검지부 설치장소</td><td>① 저장탱크, 소형 저장탱크 용기
② 충전설비 로딩암 압력용기 등 가스설비</td></tr>
<tr><td colspan="3">설치해서는 안 되는 장소</td><td>① 증기, 물방울, 기름기 섞인 연기 등이 직접 접촉 우려가 있는 곳
② 온도 40℃ 이상인 곳
③ 누출가스 유동이 원활치 못한 곳
④ 경보기 파손 우려가 있는 곳</td></tr>
<tr><td rowspan="3">도시
가스
사업법
(KGS
FP451
2.6.2.1)</td><td rowspan="3">설치
개수</td><td>건축물 안</td><td rowspan="3">바닥면
둘레</td><td rowspan="2">10m마다 1개 이상
20m마다 1개 이상</td></tr>
<tr><td>지하의 전용탱크 처리설비실</td></tr>
<tr><td>정압기(지하 포함)실</td><td>20m마다 1개 이상</td></tr>
</table>

(3) 설치 개요

독성 및 공기보다 무거운 가연성 가스의 저장설비에는 가스가 누출될 경우 이를 신속히 검지하여 효과적인 대응을 하기 위하여 설치

(4) 검지경보장치 기능(KGS FU211 2.8.2.1)

가스의 누출을 검지하여 그 농도를 지시함과 동시에 경보

① 접촉연소방식, 격막갈바니 전지방식, 반도체방식, 그 밖의 방식으로 검지하여 엘리먼트의 변화를 전기적 신호에 의해 설정가스 농도에서 자동적으로 울리는 기능(단, 담배연기 및 다른 잡가스에는 경보하지 않을 것)

② 경보농도

㉠ 가연성 : 폭발하한의 1/4 이하

㉡ 독성 : TLV-TWA 기준 농도 이하(NH_3는 실내에서 사용 시 50ppm 이하)

③ 경보기 정밀도

㉠ 가연성 ±25% 이하

㉡ 독성 ±30% 이하

④ 검지에서 발신까지 걸리는 시간 : 경보농도의 1.6배 농도에서 30초 이내(단, NH_3, CO는 60초 이내)

⑤ 경보 정밀도 : 전원 · 전압의 변동이 ±10% 정도일 때도 저하되지 않을 것

⑥ 지시계 눈금

㉠ 가연성 : 0~폭발하한계값

㉡ 독성 : TLV-TWA 기준농도의 3배 값(NH_3는 실내에서 사용 시 150ppm)

※ 경보를 발신 후 그 농도가 변화하더라도 계속 경보하고 대책을 강구한 후 경보가 정지하게 된다.

핵심 68 ◆ 가스배관 압력측정 기구별 기밀유지시간(KGS FS551 4.2.2.9.4)

(1) 압력측정 기구별 기밀유지시간

압력측정 기구	최고사용압력	용 적	기밀유지시간
수은주게이지	0.3MPa 미만	$1m^3$ 미만	2분
		$1m^3$ 이상 $10m^3$ 미만	10분
		$10m^3$ 이상 $300m^3$ 미만	V분(다만, 120분을 초과할 경우는 120분으로 할 수 있다)
수주게이지	저압	$1m^3$ 미만	1분
		$1m^3$ 이상 $10m^3$ 미만	5분
		$10m^3$ 이상 $300m^3$ 미만	$0.5\times V$분(다만, 60분을 초과한 경우는 60분으로 할 수 있다)
전기식 다이어프램형 압력계	저압	$1m^3$ 미만	4분
		$1m^3$ 이상 $10m^3$ 미만	40분
		$10m^3$ 이상 $300m^3$ 미만	$4\times V$분(다만, 240분을 초과한 경우는 240분으로 할 수 있다)
압력계 또는 자기압력 기록계	저압 중압	$1m^3$ 미만	24분
		$1m^3$ 이상 $10m^3$ 미만	240분
		$10m^3$ 이상 $300m^3$ 미만	$24\times V$분(다만, 1440분을 초과한 경우는 1440분으로 할 수 있다)
	고압	$1m^3$ 미만	48분
		$1m^3$ 이상 $10m^3$ 미만	480분
		$10m^3$ 이상 $300m^3$ 미만	$48\times V$(다만, 2880분을 초과한 경우는 2880분으로 할 수 있다)

※ 1. V는 피시험부분의 용적(단위 : m^3)이다.
2. 최소기밀시험 유지시간 ① 자기압력기록계 30분, ② 전기다이어프램형 압력계 4분

(2) 기밀유지 실시 시기

대상 구분		기밀시험 실시 시기
PE 배관		설치 후 15년이 되는 해 및 그 이후 5년마다
폴리에틸렌 피복강관	1993.6.26 이후 설치	
	1993.6.25 이전 설치	설치 후 15년이 되는 해 및 그 이후 3년마다
그 밖의 배관		설치 후 15년이 되는 해 및 그 이후 1년마다
공동주택 등(다세대 제외) 부지 내 설치 배관		3년마다

핵심 69 ◆ 운반 독성 가스 양에 따른 소석회 보유량(KGS GC206)

품 명	운반하는 독성 가스 양 액화가스 질량 1000kg		적용 독성 가스
	미만의 경우	이상의 경우	
소석회	20kg 이상	40kg 이상	염소, 염화수소, 포스겐, 아황산가스

핵심 70 ◇ 에어졸 제조시설(KGS FP112)

구 조	내 용	기타 항목
내용적	1L 미만	① 정량을 충전할 수 있는 자동충전기 설치 ② 인체, 가정 사용 제조시설에는 불꽃길이 시험장치 설치 ③ 분사제는 독성이 아닐 것 ④ 인체에 사용 시 20cm 이상 떨어져 사용 ⑤ 특정부위에 장시간 사용하지 말 것
용기재료	강, 경금속	
금속제 용기두께	0.125mm 이상	
내압시험압력	0.8MPa	
가압시험압력	1.3MPa	
파열시험압력	1.5MPa	
누설시험온도	46~50℃ 미만	
화기와 우회거리	8m 이상	
불꽃길이 시험온도	24℃ 이상 26℃ 이하	
시료	충전용기 1조에서 3개 채취	
버너와 시료간격	15cm	
버너 불꽃길이	4.5cm 이상 5.5cm 이하	
가연성	① 40℃ 이상 장소에 보관하지 말 것 ② 불 속에 버리지 말 것 ③ 사용 후 잔가스 제거 후 버릴 것 ④ 밀폐장소에 보관하지 말 것	
가연성 이외의 것	상기 항목 이외에 ① 불꽃을 향해 사용하지 말 것 ② 화기부근에서 사용하지 말 것 ③ 밀폐실 내에서 사용 후 환기시킬 것	

핵심 71 ◇ 차량 고정탱크 및 용기에 의한 운반 · 주차 시의 기준(KGS GC206)

구 분	내 용
주차 장소	① 1종 보호시설에서 15m 이상 떨어진 곳 ② 2종 보호시설이 밀집되어 있는 지역으로 육교 및 고가차도 아래는 피할 것 ③ 교통량이 적고 부근에 화기가 없는 안전하고 지반이 좋은 장소
비탈길 주차 시	주차 Break를 확실하게 걸고 차바퀴에 차바퀴 고정목으로 고정
차량운전자, 운반책임자가 차량에서 이탈한 경우	항상 눈에 띄는 장소에 있도록 한다.
기타 사항	① 장시간 운행으로 가스온도가 상승되지 않도록 한다. ② 40℃ 초과 우려 시 급유소를 이용, 탱크에 물을 뿌려 냉각한다. ③ 노상주차 시 직사광선을 피하고, 그늘에 주차하거나 탱크에 덮개를 씌운다(단, 초저온, 저온탱크는 그러하지 아니 하다). ④ 고속도로 운행 시 규정속도를 준수, 커브길에서는 신중하게 운전한다. ⑤ 200km 이상 운행 시 중간에 충분한 휴식을 한다. ⑥ 운반책임자의 자격을 가진 운전자는 운반도중 응급조치에 대한 긴급지원 요청을 위하여 주변의 제조 · 저장 판매 수입업자, 경찰서, 소방서의 위치를 파악한다. ⑦ 차량 고정탱크로 고압가스 운반 시 고압가스에 대한 주의사항을 기재한 서면을 운반책임자, 운전자에게 교부하고 운반 중 휴대시킨다.

핵심 72 ◇ 안전교육

(1) 고법

교육과정	교육대상자	교육기간
전문교육	특정고압가스 사용 신고시설의 안전관리책임자를 제외한 안전관리책임자 및 안전관리원	신규종사 후 6개월 이내 및 그 후에는 3년이 되는 해마다 1회(검사기관의 기술인력 제외)
특별교육	① 운반차량의 운전자 ② 고압가스 사용 자동차 운전자 ③ 고압가스 자동차 충전시설의 충전원 ④ 고압가스 사용 자동차 정비원	신규종사 시 1회
양성교육	(일반시설, 냉동시설, 판매시설, 사용시설의 안전관리자가 되려는 사람) • 운반책임자가 되려는 사람	

(2) 액화석유가스의 교육과정

교육과정	교육대상자	교육시기
전문교육	① 안전관리책임자와 안전관리원의 대상자는 제외 ② 액화석유가스 특정사용시설의 안전관리책임자와 안전관리원 ③ 시공관리자(제1종 가스시설 시공업자에 채용된 시공관리자만을 말한다) ④ 시공자(제2종 가스시설 시공업자의 기술능력인 시공자 양성교육 또는 가스시설 시공관리자 양성교육을 이수한 자로 한정)와 제2종 가스시설 시공업자에게 채용된 시공관리자 ⑤ 온수보일러 시공자(제3종 가스시설 시공업자의 기술능력인 온수보일러 시공자 양성교육 또는 온수보일러 시공관리자 양성교육을 이수한 자로 한정)와 제3종 가스시설 시공업자에게 채용된 온수보일러 시공 ⑥ 액화석유가스 운반책임자	신규종사 후 6개월 이내 및 그 후에는 3년이 되는 해마다 1회
특별교육	① 액화석유가스 사용 자동차 운전자 ② 액화석유가스 운반자동차 운전자와 액화석유가스 배달원 ③ 액화석유가스 충전시설의 충전원 ④ 제1종 또는 제2종 가스시설 시공업자 중 자동차정비업 또는 자동차 폐차업자의 사업소에서 액화석유가스를 연료로 사용하는 자동차의 액화석유가스 연료계통 부품의 정비작업 또는 폐차직업에 종사하는 자	신규종사 시 1회
양성교육	① 일반시설 안전관리자가 되려는 자 ② 액화석유가스 충전시설 안전관리자가 되려는 자 ③ 판매시설 안전관리자가 되려는 자 ④ 사용시설 안전관리자가 되려는 자 ⑤ 가스시설 시공관리자가 되려는 자 ⑥ 시공자가 되려는 자 ⑦ 온수보일러 시공자가 되려는 자 ⑧ 온수보일러 시공관리자가 되려는 자 ⑨ 폴리에틸렌관 융착원이 되려는 자	–

(3) 도시가스의 교육과정

교육과정	교육대상자	교육시기
전문교육	① 도시가스사업자(도시가스사업자 외의 가스공급시설 설치자를 포함한다)의 안전관리책임자 · 안전관리원 · 안전점검원 ② 가스사용시설 안전관리 업무 대행자에 채용된 기술인력 중 안전관리책임자와 안전관리원 ③ 특정 가스사용시설의 안전관리책임자 ④ 제1종 가스시설 시공자에 채용된 시공관리자 ⑤ 제2종 가스시설 시공업자의 기술인력인 시공자(양성교육이수자만을 말한다) 및 제2종 가스시설 시공업자에 채용된 시공관리자 ⑥ 제3종 가스시설 시공업자에 채용된 온수보일러 시공관리자	신규종사 후 6개월 이내 및 그 후에는 3년이 되는 해마다 1회
특별교육	① 보수 · 유지 관리원 ② 사용시설 점검원 ③ 도기가스 사용 자동차 운전자 ④ 도시가스 자동차 충전시설의 충전원 ⑤ 도시가스 사용자 자동차 정비원	신규종사 시 1회
양성교육	① 도시가스시설, 사용시설 안전관리자가 되려는 자 ② 가스시설 시공관리자가 되려는 자 ③ 온수보일러 시공자가 되려는 자 ④ 폴리에틸렌 융착원이 되려는 자	–

핵심 73 ◆ 가스계량기, 호스이음부, 배관이음부 유지거리(단, 용접이음부 제외)

항 목		해당법규 및 항목구분에 따른 이격거리
전기계량기, 전기개폐기		법령 및 사용, 공급 관계없이 무조건 60cm 이상
전기점멸기, 전기접속기	30cm 이상	공급시설의 배관이음부, 사용시설 가스계량기
	15cm 이상	LPG, 도시사용시설(배관이음부, 호스이음부)
단열조치하지 않은 굴뚝	30cm 이상	① LPG공급시설(배관이음부) ② LPG, 도시사용시설의 가스계량기
	15cm 이상	① 도시가스공급시설(배관이음부) ② LPG, 도시사용시설(배관이음부)
절연조치하지 않은 전선	30cm 이상	LPG공급시설(배관이음부)
	15cm 이상	도시가스공급, LPG, 도시가스사용시설(배관이음부, 가스계량기)
절연조치한 전선		항목, 법규 구분없이 10cm 이상
공급시설		배관이음부
사용시설		배관이음부, 호스이음부, 가스계량기

핵심 74 ◇ 가스용품의 생산단계 검사

생산단계 검사는 자체검사능력과 품질관리능력에 따라 구분된 다음 표의 검사의 종류 중 가스용품 제조자나 가스용품 수입자가 선택한 어느 하나의 검사를 실시한 것

검사의 종류	대 상	구성항목	주 기
제품확인	생산공정검사 또는 종합공정검사 대상 이외 품목	정기품질검사	2개월에 1회
		상시품질검사	신청 시 마다
생산공정검사	제조공정 · 자체검사공정에 대한 품질시스템의 적합성을 충족할 수 있는 품목	정기품질검사	3개월에 1회
		공정확인심사	3개월에 1회
		수시품질검사	1년에 2회 이상
종합공정검사	공정 전체(설계 · 제조 · 자체검사)에 대한 품질시스템의 적합성을 충족할 수 있는 품목	종합품질관리체계심사	6개월에 1회
		수시품질검사	1년에 1회 이상

핵심 75 ◇ 수리자격자별 수리범위

수리자격자	수리범위
용기 제조자	① 용기 몸체의 용접 ② 아세틸렌 용기 내의 다공질물 교체 ③ 용기의 스커트 · 프로텍터 및 넥크링의 교체 및 시공 ④ 용기 부속품의 부품 교체 ⑤ 저온 또는 초저온 용기의 단열재 교체, 초저온 용기 부속품의 탈 · 부착
특정설비 제조자	① 특정설비 몸체의 용접 ② 특정설비의 부속품(그 부품을 포함)의 교체 및 가공 ③ 단열재 교체
냉동기 제조자	① 냉동기 용접 부분의 용접 ② 냉동기 부속품(그 부품을 포함)의 교체 및 가공 ③ 냉동기의 단열재 교체
고압가스 제조자	① 초저온 용기 부속품의 탈부착 및 용기 부속품의 부품(안전장치 제외) 교체(용기 부속품 제조자가 그 부속품의 규격에 적합하게 제조한 부품의 교체만을 말한다.) ② 특정설비의 부품 교체 ③ 냉동기의 부품 교체 ④ 단열재 교체(고압가스 특정제조자만을 말한다) ⑤ 용접가공[고압가스 특정제조자로 한정하며, 특정설비 몸체의 용접가공은 제외. 다만 특정설비 몸체의 용접수리를 할 수 있는 능력을 갖추었다고 한국가스안전공사가 인정하는 제조자의 경우에는 특정설비(차량에 고정된 탱크는 제외) 몸체의 용접가공도 할 수 있다].
검사기관	특정설비의 부품 교체 및 용접(특정설비 몸체의 용접은 제외. 다만, 특정설비 제조자와 계약을 체결하고 해당 제조업소로 하여금 용접을 하게 하거나, 특정설비 몸체의 용접수리를 할 수 있는 용접설비기능사 또는 용접기능사 이상의 자격자를 보유하고 있는 경우에는 그러하지 아니 하다.)

수리자격자	수리범위
검사기관	① 냉동설비의 부품 교체 및 용접 ② 단열재 교체 ③ 용기의 프로텍터 · 스커트 교체 및 용접(열처리설비를 갖춘 전문 검사기관만을 말한다.) ④ 초저온 용기 부속품의 탈부착 및 용기 부속품의 부품 교체 ⑤ 액화석유가스를 액체상태로 사용하기 위한 액화석유가스 용기 액출구의 나사 사용막음 조치(막음 조치에 사용하는 나사의 규격은 KS B 6212에 적합한 경우만을 말한다.)
액화석유가스 충전사업자	액화석유가스 용기용 밸브의 부품 교체(핸들 교체 등 그 부품의 교체 시 가스누출의 우려가 없는 경우만을 말한다.)
자동차 관리사업자	자동차의 액화석유가스 용기에 부착된 용기 부속품의 수리

핵심 76 ◆ 특정고압가스 · 특수고압가스

(1)

특정고압가스	특수고압가스
수소, 산소, 액화암모니아, 액화염소, 아세틸렌, 천연가스, 압축모노실란, 압축디보레인, 액화알진 ① 포스핀, ② 셀렌화수소, ③ 게르만, ④ 디실란, ⑤ 오불화비소, ⑥ 오불화인, ⑦ 삼불화인, ⑧ 삼불화질소, ⑨ 삼불화붕소, ⑩ 사불화유황, ⑪ 사불화규소	포스핀, 압축모노실란, 디실란, 압축디보레인, 액화알진, 셀렌화수소, 게르만

※ 1. ①~⑪까지가 법상의 특정고압가스
2. box 부분도 특정고압가스이나 ①~⑪까지를 우선적으로 간주(보기에 ①~⑪까지가 나오고 box부분이 있을 때는 box부분의 가스가 아닌 보기로 될 수 있음. 법령과 시행령의 해석에 따른 차이이다.)

(2) 특정고압가스를 사용 시 사용신고를 하여야 하는 경우

구 분	저장능력 및 사용신고 조건
액화가스 저장설비	250kg 이상
압축가스 저장설비	$50m^3$ 이상
배관	배관으로 사용 시(천연가스는 제외)
자동차 연료	자동차 연료용으로 사용 시
기 타	압축모노실란, 압축디보레인, 액화알진, 포스핀, 셀렌화수소, 게르만, 디실란, 오불화비소, 오불화인, 삼불화인, 삼불화질소, 삼불화붕소, 사불화유황, 사불화규소, 액화염소, 액화암모니아 사용 시

핵심 77 ◆ 노출가스 배관에 대한 시설 설치기준

(1)

<table>
<tr><th colspan="2">구 분</th><th>세부내용</th></tr>
<tr><td rowspan="4">노출 배관길이 15m 이상
점검통로 조명시설</td><td>가드레일</td><td>0.9m 이상 높이</td></tr>
<tr><td>점검통로 폭</td><td>80cm 이상</td></tr>
<tr><td>발판</td><td>통행상 지장이 없는 각목</td></tr>
<tr><td>점검통로 조명</td><td>가스배관 수평거리 1m 이내 설치
70lux 이상</td></tr>
<tr><td rowspan="2">노출 배관길이 20m 이상 시
가스누출 경보장치 설치기준</td><td>설치간격</td><td>20m마다 설치
근무자가 상주하는 곳에 경보음이 전달되도록</td></tr>
<tr><td>작업장</td><td>경광등 설치(현장상황에 맞추어)</td></tr>
</table>

(2) 도로 굴착공사에 의한 배관손상 방지기준(KGS FS551)

구 분	세부내용
착공 전 조사사항	도면확인(가스 배관 기타 매설물 조사)
점검통로 조명시설을 하여야 하는 노출 배관길이	15m 이상
안전관리전담자 입회 시 하는 공사	배관이 있는 2m 이내에 줄파기공사 시
인력으로 굴착하여야 하는 공사	가스 배관 주위 1m 이내
배관이 하천 횡단 시 주위 흙이 사질토일 때 방호구조물 비중	물의 비중 이상의 값

핵심 78 ◆ 전기방식(KGS FP202 2.2.2.2)

<table>
<tr><th colspan="4">측정 및 점검주기</th></tr>
<tr><td>관대지전위</td><td>외부전원법에 따른 외부전원점 관대지전위 정류기 출력전압 전류 배선접속 계기류 확인</td><td>배류법에 따른 배류점 관대지전위 배류기 출력전압 전류 배선접속 계기류 확인</td><td>① 절연부속품
② 역전류방지장치
③ 결선보호절연체 효과</td></tr>
<tr><td>1년 1회 이상</td><td>3개월 1회 이상</td><td>3개월 1회 이상</td><td>6개월 1회 이상</td></tr>
<tr><td colspan="4">전기방식조치를 한 전체 배관망에 대하여 2년 1회 이상 관대지 등의 전위를 측정</td></tr>
<tr><th colspan="4">전위측정용(터미널(T/B)) 시공방법</th></tr>
<tr><td colspan="2">외부전원법</td><td colspan="2">희생양극법, 배류법</td></tr>
<tr><td colspan="2">500m 간격</td><td colspan="2">300m 간격</td></tr>
<tr><th colspan="4">전기방식기준(자연전위 변화값 : -300mV)</th></tr>
<tr><td>고압가스</td><td colspan="2">액화석유가스</td><td>도시가스</td></tr>
<tr><th colspan="4">포화황산동 기준전극</th></tr>
<tr><td>-5V 이상
-0.85V 이하</td><td colspan="2">-0.85V 이하</td><td>-0.85V 이하</td></tr>
<tr><th colspan="4">황산염 환원박테리아가 번식하는 토양</th></tr>
<tr><td>-0.95V 이하</td><td colspan="2">-0.95V 이하</td><td>-0.95V 이하</td></tr>
</table>

전기방식 효과를 유지하기 위하여 절연조치를 하는 장소는 다음과 같다.
① 교량횡단 배관의 양단
② 배관 등과 철근콘크리트 구조물 사이
③ 배관과 강제 보호관 사이
④ 배관과 지지물 사이
⑤ 타 시설물과 접근 교차지점
⑥ 지하에 매설된 부분과 지상에 설치된 부분의 경계
⑦ 저장탱크와 배관 사이
⑧ 고압가스 · 액화석유가스 시설과 철근콘크리트 구조물 사이

전위측정용 터미널의 설치장소는 다음과 같다.
① 직류전철 횡단부 주위
② 지중에 매설되어 있는 배관절연부의 양측
③ 다른 금속구조물의 근접 교차부분
④ 밸브스테이션
⑤ 희생양극법, 배류법에 따른 배관에는 300m 이내 간격
⑥ 외부전원법에 따른 배관에는 500m 이내 간격으로 설치

핵심 79 ◇ 과압안전장치(KGS FU211, FP211)

(1) 설치(2.8.1)

고압가스설비에는 그 고압가스설비 내의 압력이 상용압력을 초과하는 경우 즉시 상용압력 이하로 되돌릴 수 있는 과압안전장치를 설치한다.

(2) 선정기준(2.8.1.1)

① 기체 증기의 압력상승방지를 위해 설치하는 안전밸브
② 급격한 압력의 상승, 독성 가스의 누출, 유체의 부식성 또는 반응생성물의 성상 등에 따라 안전밸브를 설치하는 것이 부적당시 파열판
③ 펌프 배관에서 액체의 압력상승방지를 위해 설치하는 릴리프밸브 또는 안전밸브
④ 상기의 안전밸브 파열판, 릴리프밸브와 함께 병행 설치할 수 있는 자동압력제어장치

(3) 설치위치(2.8.1.2)

최고허용압력, 설계압력을 초과할 우려가 있는 아래의 장소
① 저장능력 300kg 이상 용기집합장치가 설치된 액화가스 고압가스 설비
② 내 · 외부 요인에 따른 압력상승이 설계압력을 초과할 우려가 있는 압력용기
③ 토출압력 막힘으로 인한 압력상승이 설계압력을 초과할 우려가 있는 압축기 및 압축기의 각단 또는 펌프의 출구측
④ 배관 내의 액체가 2개 이상의 밸브에 의해 차단되어 외부 열원에 따른 액체의 열팽창으로 파열 우려가 있는 배관

⑤ 압력조절의 실패 : 이상반응 밸브의 막힘 등으로 인한 압력상승이 설계압력을 초과할 우려가 있는 고압가스 설비 또는 배관 등

(4) LPG 사용시설 : 저장능력 250kg 이상(자동절체기 사용 시 500kg 이상) 저장설비, 가스설비, 배관에 설치

(5) LPG 사용시설에서 장치의 설치위치 : 가스설비 등의 압력이 허용압력을 초과할 우려가 있는 고압(1MPa 이상)의 구역마다 설치

핵심 80 ◇ 가스누출경보 및 차단장치 설치장소 및 검지부의 설치개수 (KGS FP111 2.6.2.3.1)

<table>
<tr><th colspan="3" rowspan="2">법규에 따른 항목</th><th colspan="3">설치 세부내용</th></tr>
<tr><th>장 소</th><th>설치간격</th><th>개 수</th></tr>
<tr><td rowspan="9">고압가스 (KGS FP111)</td><td rowspan="7">제조시설</td><td>건축물 내</td><td rowspan="4">바닥면 둘레</td><td>10m</td><td>1개</td></tr>
<tr><td>건축물 밖</td><td>20m</td><td>1개</td></tr>
<tr><td>가열로 발화원의 제조설비 주위</td><td>20m</td><td>1개</td></tr>
<tr><td>특수반응설비</td><td>10m</td><td>1개</td></tr>
<tr><td rowspan="3">그 밖의 사항</td><td>계기실 내부</td><td colspan="2">1개 이상</td></tr>
<tr><td>방류둑 내 탱크</td><td colspan="2">1개 이상</td></tr>
<tr><td>독성 가스 충전용 접속군</td><td colspan="2">1개 이상</td></tr>
<tr><td colspan="2" rowspan="2">배관</td><td colspan="3">경보장치의 검출부 설치장소</td></tr>
<tr><td colspan="3">① 긴급차단장치 부분
② 슬리브관, 이중관 밀폐 설치 부분
③ 누출가스 체류 쉬운 부분
④ 방호구조물 등에 의하여 밀폐되어 설치된 배관 부분</td></tr>
<tr><td rowspan="2">LPG (KGS FP331)</td><td colspan="2">경보기의 검지부 설치장소</td><td colspan="3">① 저장탱크, 소형 저장탱크 용기
② 충전설비 로딩암 압력용기 등 가스설비</td></tr>
<tr><td colspan="2">설치해서는 안 되는 장소</td><td colspan="3">① 증기, 물방울, 기름기 섞인 연기 등이 직접 접촉 우려가 있는 곳
② 온도 40℃ 이상인 곳
③ 누출가스 유동이 원활치 못한 곳
④ 경보기 파손 우려가 있는 곳</td></tr>
<tr><td rowspan="3">도시가스 사업법 (KGS FP451)</td><td colspan="2">건축물 안</td><td rowspan="3">바닥면 둘레 및 설치 개수</td><td colspan="2">10m마다 1개 이상</td></tr>
<tr><td colspan="2">지하의 전용탱크 처리설비실</td><td colspan="2">20m마다 1개 이상</td></tr>
<tr><td colspan="2">정압기(지하 포함)실</td><td colspan="2">20m마다 1개 이상</td></tr>
</table>

핵심 81 ◆ 설치장소에 따른 안전밸브 작동검사 주기 (고법 시행규칙 별표 8 저장 사용 시설 검사기준)

설치장소	검사 주기
압축기 최종단	1년 1회 조정
그 밖의 안전밸브	2년 1회 조정
특정제조 허가받은 시설에 설치	4년의 범위에서 연장 가능

핵심 82 ◆ 폭발방지장치의 설치규정

(1) 폭발방지장치
　① 주거지역, 상업지역에 설치되는 저장능력 10t 이상의 LPG 저장탱크
　② 차량에 고정된 LPG 탱크에 폭발방지장치 설치(지하에 설치 시는 제외)
(2) 재료 : 알루미늄 합금 박판
(3) 형태 : 다공성 벌집형

핵심 83 ◆ 고압가스 특정제조시설 · 누출확산 방지조치(KGS FP111 2.5.8.4)

시가지, 하천, 터널, 도로, 수로, 사질토, 특수성 지반(해저 제외) 배관 설치 시 고압가스 종류에 따라 안전한 방법으로 가스의 누출확산 방지조치를 한다. 이 경우 고압가스의 종류, 압력, 배관의 주위상황에 따라 배관을 2중관으로 하고, 가스누출검지 경보장치를 설치한다.

핵심 84 ◆ 가스보일러의 안전장치

① 소화안전장치
② 과열방지장치
③ 동결방지장치
④ 저가스압차단장치

핵심 85 ◆ 저장탱크 부압 파괴방지조치 과충전방지조치(KGS FP111)

항 목		간추린 세부내용
부압 파괴방지	정 의	가연성 저온저장탱크에 내부 압력이 외부 압력보다 낮아져 탱크가 파괴되는 것을 방지
	설비 종류	① 압력계 ② 압력경보설비 ③ 기타 설비 중 1 이상의 설비(진공안전밸브, 균압관 압력과 연동하는 긴급차단장치를 설치한 냉동제어설비 및 송액설비)

항 목		간추린 세부내용
과충전 방지조치	해당 가스	아황산, 암모니아, 염소, 염화메탄, 산화에틸렌, 시안화수소, 포스겐, 황화수소
	설치 개요	충전 시 90% 초과 충전되는 것을 방지하기 위함
	과충전방지법	① 용량 90% 시 액면, 액두압을 검지 ② 용량 검지 시 경보장치 작동
과충전 경보는 관계자가 상주장소 및 작업장소에서 명확히 들을 수 있을 것		

핵심 86 ◆ 자분탐상시험(결함자분 모양의 길이에 따른 등급 분류(KGS GC205))

등급 분류	결함자분 모양의 길이
1급	1mm 이하
2급	1mm 초과 2mm 이하
3급	2mm 초과 4mm 이하
4급	4mm 초과

※ 등급 분류의 4급 및 표면에 균열이 있는 경우는 불합격으로 한다.

핵심 87 ◆ 전기방식 조치대상시설 및 제외대상시설

조치대상시설	제외대상시설
고압가스의 특정 · 일반 제조사업자, 충전사업자, 저장소 설치자 및 특정고압가스 사용자의 시설 중 지중, 수중에서 설치하는 강제 배관 및 저장탱크(액화석유가스 도시가스시설 동일)	① 가정용 시설 ② 기간을 임시 정하여 임시로 사용하기 위한 가스시설 ③ PE(폴리에틸렌관)

핵심 88 ◆ 배관의 지진 해석

(1) 고압가스 배관 및 도시가스 배관의 지진 해석의 적용사항

① 지반운동의 수평 2축방향 성분과 수직방향 성분을 고려한다.

② 배관 · 지반의 상호작용 해석 시 배관의 유연성과 지반의 변형성을 고려한다.

③ 지반을 통한 파의 방사조건을 적절하게 반영한다.

④ 내진설계에 필요한 지반정수들은 동적 하중조건에 적합한 값들을 선정하고, 특히 지반 변형계수와 감쇠비는 발생 변형률 크기에 알맞게 선택한다.

(2) 고압가스 배관 및 도시가스 배관의 기능 수행수준 지진 해석의 기준

① 배관의 거동은 선형으로 가정한다.

② 배관의 지진응답은 선형해석법으로 해석한다.

③ 응답스펙트럼 해석법, 모드 해석법, 주파수영역 해석법, 시간영역 해석법 등을 사용할 수 있다.

④ 상세한 수치 모델링이나 보수성이나 보수성이 입증된 단순해석법을 사용할 수 있다.

(3) 고압가스 배관 및 도시가스 배관의 누출방지수준 지진 해석의 기준

① 배관의 지진응답은 비선형 거동특성을 고려할 수 있는 해석법으로 해석하되, 일반구조물의 지진응답 해석법을 준용할 수 있다.

② 시간영역 해석법을 사용할 수 있다.

③ 상세한 수치 모델링이나 보수성이 입증된 단순해석법을 사용할 수 있다.

핵심 89 ◇ 제조설비에 따른 비상전력의 종류

설 비 \ 비상전력 등	타처 공급전력	자가발전	축전지장치	엔진구동발전	스팀터빈 구동발전
자동제어장치	○	○	○		
긴급차단장치	○	○	○		
살수장치	○	○	○	○	○
방소화설비	○	○	○	○	○
냉각수펌프	○	○	○	○	○
물분무장치	○	○	○	○	○
독성 가스 재해설비	○	○	○	○	○
비상조명설비	○	○	○		
가스누설검지 경보설비	○	○	○		

핵심 90 ◇ 시설별 독성, 가연성과 이격거리(m)

	시 설	이격거리(m)	
		가연성 가스	독성 가스
1	철도(화물, 수용용으로만 쓰이는 것은 제외)	25	40
2	도로(전용공업지역 안에 있는 도로 제외)	25	40
3	학교, 유치원, 어린이집, 시설강습소	45	72
4	아동복지시설 또는 심신장애자복지시설로서 수용능력이 20인 이상인 건축물	45	72
5	병원(의원을 포함)	45	72
6	공공공지(도시계획시설에 한정) 또는 도시공원(전용공업지 300인 이상을 수용할 수 있는 곳)	45	72
7	극장, 교회, 공회당, 그밖에 이와 유사한 시설로서 수용능력이 300인 이상을 수용할 수 있는 곳	45	72
8	백화점, 공동목욕탕, 호텔, 여관, 그 밖에 사람을 수용하는 건축물(가설건축물은 제외)로서 사실상 독립된 부분의 연면적이 $1000m^2$ 이상인 곳	45	72
9	문화재보호법에 따라 지정문화재로 지정된 건축물	65	100
10	수도시설로서 고압가스가 혼입될 우려가 있는 곳	300	300
11	주택(1부터 10까지 열거한 것 또는 가설건축물 제외) 또는 1부터 10까지 열거한 시설과 유사한 시설로서 다수인이 출입하거나 근무하고 있는 곳	25	40

핵심 91 ◇ 역류방지밸브, 역화방지장치 설치기준(KGS FP211)

역류방지밸브(액가스가 역으로 가는 것을 방지)	역화방지장치(기체가 역으로 가는 것을 방지)
① 가연성 가스를 압축 시(압축기와 충전용 주관 사이) ② C_2H_2을 압축 시(압축기의 유분리기와 고압건조기 사이) ③ 암모니아 또는 메탄올(합성 정제탑 및 정제탑과 압축기 사이 배관) ④ 특정고압가스 사용시설의 독성 가스 감압설비와 그 반응설비 간의 배관	① 가연성 가스를 압축 시(압축기와 오토클레이브 사이 배관) ② 아세틸렌의 고압건조기와 충전용 교체밸브 사이 배관 및 충전용 지관 ③ 특정고압가스 사용시설의 산소, 수소, 아세틸렌의 화염 사용시설

핵심 92 ◇ 액화석유가스 집단공급사업 허가제외 대상(시행규칙 제5조)

① 70개소 미만의 수요자(공동주택단지는 전체 가구 수 70가구 미만인 경우)에게 공급하는 경우
② 시장, 군수, 구청장이 집단공급 사업으로 공급이 곤란하다고 인정하는 공동주택 단지에 공급하는 경우
③ 고용주가 종업원의 후생을 위하여 사원주택, 기숙사 등에 직접 공급하는 경우
④ 자치관리를 하는 공동주택의 관리 주체가 입주자 등에 직접 공급하는 경우
⑤ 관광진흥법에 따른 휴양콘도미니엄 사업자가 그 시설을 통하여 이용자에게 직접 공급하는 경우

핵심 93 ◇ 가스보일러의 급 · 배기 방식

반밀폐식		밀폐식	
CF (자연배기식)	FE (강제배기식)	BF (자연 급 · 배기식)	FF (강제 급 · 배기식)
연소용 공기는 실내, 폐가스는 자연통풍으로 옥외 배출	연소용 공기는 실내, 폐가스는 배기용 송풍기에 의해 강제로 옥외로 배출. 단독 배기통의 경우 풍압대와 관계 없이 설치 가능	급 · 배기통을 외기와 접하는 벽을 관통, 옥외로 설치하고 자연통기력에 의해 급 · 배기를 하는 방식	급 · 배기통을 외기와 접하는 벽을 관통하여 옥외로 설치하고 급 · 배기용 송풍기에 의해 강제로 급 · 배기하는 방식

핵심 94 ◇ 안전장치의 분출용량 및 조정성능

(1) 조정압력이 3.3kPa 이하인 안전장치 분출용량(KGS 434)

① 노즐 직경이 3.2mm 이하일 때는 140L/h 이상

② 노즐 직경이 3.2mm를 초과할 경우 $Q=4.4D$의 식을 따른다.

여기서, Q : 안전장치 분출용량(L/h)

D : 조정기 노즐 직경(mm)

(2) 조정성능

조정성능 시험에 필요한 시험용 가스는 15℃의 건조한 공기로 하고 15℃의 프로판 가스의 질량으로 환산하며, 환산식은 다음과 같다.

$$W = 1.513Q$$

여기서, W : 프로판가스의 질량(kg/h), Q : 건공기의 유량(m^3/h)

핵심 95 ◇ 독성 가스의 표지 종류(KGS FU111)

표지판의 설치목적	독성 가스 시설에 일반인의 출입을 제한하여 안전을 확보하기 위함	
항목 \ 표지 종류	식 별	위 험
보 기	독성 가스(○○) 저장소	독성 가스 누설주의 부분
문자 크기(가로×세로)	10cm×10cm	5cm×5cm
식별거리	30m 이상에서 식별 가능	10m 이상에서 식별 가능
바탕색	백색	백색
글씨색	흑색	흑색
적색표시 글자	가스 명칭(○○)	주의

핵심 96 ◇ 환상 배관망 설계

도시가스 배관 설치 후 대규모 주택 및 인구의 증가로 Peak 공급압력이 저하되는 것을 방지하기 위하여 근접 배관과 상호연결하여 압력저하를 방지하는 공급방식

핵심 97 ◇ 가스용 콕의 제조시설 검사기준(KGS AA334)

콕의 종류	작동원리
퓨즈콕	가스유로를 볼로 개폐하는 과류차난 안선기구가 부착된 것으로 배관과 호스, 호스와 호스, 배관과 배관 또는 배관과 커플러를 연결하는 구조
상자콕	가스유로를 핸들 누름, 당김 등의 조작으로 개폐하고 과류차단 안전기구가 부착된 것으로 밸브 핸들이 반개방상태에서도 가스가 차단되어야 하며 배관과 커플러를 연결하는 구조로 한다.
주물연소기용 노즐콕	주물연소기 부품으로 사용하여, 볼로 개폐하는 구조
업무용 대형 연소기용 노즐콕	업무용 대형 연소기 부품으로 사용하는 것으로서 가스흐름은 볼로 개폐하는 구조
기타 사항	① 콕은 1개의 핸들로 1개의 유로를 개폐하는 구조 ② 콕의 핸들은 개폐상태가 눈으로 확인할 수 있는 구조로 하고 핸들이 회전하는 구조의 것은 회전각도가 90°의 것을 원칙으로 열림방향을 시계바늘 반대방향(단, 주물연소기용 노즐콕 및 업무용 대형 연소기형 노즐콕은 그러하지 아니할 수 있다.)

핵심 98 ◇ 액화가스 고압설비에 부착되어 있는 스프링식 안전밸브

설비 내 상용체적의 98%까지 팽창되는 온도에 대응하는 압력에 작동하여야 한다.

핵심 99 ◇ 안전밸브의 형식 및 종류

종 류	해당 가스
가용전식	C_2H_2, Cl_2, C_2H_2O
파열판식	압축가스
스프링식	가용전식, 파열판식을 제외한 모든 가스(가장 널리 사용)
중추식	거의 사용 안함

TIP

파열판식 안전밸브의 특징

1. 한 번 작동 후 새로운 박판과 교체하여야 한다.
2. 구조 간단, 취급점검이 용이하다.
3. 부식성 유체에 적합하다.

핵심 100 ◆ 안전성 평가 관련 전문가 구성팀(KGS GC211)

① 안전성 평가 전문가
② 설계전문가
③ 공정전문가 1인 이상 참여

핵심 101 ◆ 도시가스 배관망의 전산화 관리대상

(1) 도시가스 배관망의 전산화 및 가스설비 유지관리(KGS FS551)

① 가스설비 유지관리(3.1.3)

개 요	도시가스 사업자는 구역압력조정기의 가스누출경보, 차량추돌 비상발생 시 상황실로 전달하기 위함
안전조치사항 (①, ② 중 하나만 조치하면 된다)	① 인근 주민(2~3세대)을 모니터 요원으로 지정, 가스안전관리 업무 협약서를 작성보존 ② 조정기 출구배관 가스압력의 비정상적인 상승, 출입문 개폐여부 가스 누출여부 등을 도시가스 사업자의 안전관리자가 상주하는 곳에 통보할 수 있는 경보설비를 갖춤

② 배관망의 전산화(3.1.4.1)

개 요	가스공급시설의 효율적 관리
전산화 항목	(배관, 정압기) ① 설치도면 ② 시방서(호칭경, 재질 관련 사항) ③ 시공자, 시공연월일

(2) 도시가스 시설 현대화 항목 및 안전성 재고를 위한 과학화 항목

도시가스 시설 현대화	안전성 재고를 위한 과학화
① 배관망 전산화 ② 관리대상 시설 개선 ③ 원격감시 및 차단장치 ④ 노후배관 교체실적 ⑤ 가스사고 발생빈도	① 시공관리 실시 배관 ② 배관 순찰 차량 ③ 노출배관 ④ 주민 모니터링제 ⑤ 매설배관의 설치위치

핵심 102 ◇ 고압가스 저장

구 분		이격거리 및 설치기준
화기와 우회거리	가연성 산소설비	8m 이상
	그 밖의 가스설비	2m 이상
유동방지시설	높이	2m 이상 내화성의 벽
	가스설비 및 화기와 우회 수평거리	8m 이상
불연성 건축물 안에서 화기 사용 시	수평거리 8m 이내에 있는 건축물 개구부	방화문 또는 망입유리로 폐쇄
	사람이 출입하는 출입문	2중문의 시공
화기와 직선거리	가연성 · 독성 충전용기 보관설비	2m 이상

핵심 103 ◇ 소형 저장탱크 설치방법

(1) 일반기준

<table>
<tr><th>구 분</th><th colspan="3">세부내용</th></tr>
<tr><td>시설기준</td><td colspan="3">지상 설치, 옥외 설치, 습기가 적은 장소, 통풍이 양호한 장소, 사업소 경계는 바다, 호수, 하천, 도로의 경우 토지 경계와 탱크 외면간 0.5m 이상 안전공지 유지</td></tr>
<tr><td>전용 탱크실에 설치하는 경우</td><td colspan="3">① 옥외 설치할 필요 없음
② 환기구 설치(바닥면적 $1m^2$당 $300cm^2$의 비율로 2방향 분산 설치)
③ 전용 탱크실 외부(LPG 저장소, 화기엄금, 관계자 외 출입금지 등을 표시)</td></tr>
<tr><td>살수장치</td><td colspan="3">저장탱크 외면 5m 떨어진 장소에서 조작할 수 있도록 설치</td></tr>
<tr><td>설치기준</td><td colspan="3">① 동일장소 설치 수 : 6기 이하
② 바닥에서 5cm 이상 콘크리트 바닥에 설치
③ 충전질량 합계 : 5000kg 미만
④ 충전질량 1000kg 이상은 높이 1m 이상 경계책 설치하고 출입구를 만든다.
⑤ 화기와 거리 5m 이상 이격</td></tr>
<tr><td>기 초</td><td colspan="3">지면 5cm 이상 높게 설치된 콘크리트 위에 설치</td></tr>
<tr><td rowspan="4">보호대</td><td colspan="2">재 질</td><td>철근콘크리트, 강관재</td></tr>
<tr><td colspan="2">높 이</td><td>80cm 이상</td></tr>
<tr><td rowspan="2">두 께</td><td>강관재</td><td>100A 이상</td></tr>
<tr><td>철근콘크리트</td><td>12cm 이상</td></tr>
<tr><td>기화기</td><td colspan="3">① 3m 이상 우회거리 유지
② 자동안전장치 부착</td></tr>
<tr><td>소화설비</td><td colspan="3">① 충전질량 1000kg 이상 ABC용 분말소화기(B−12) 2개 이상 보유
② 충전호스 길이 10m 이상</td></tr>
</table>

(2) 소형저장탱크 설치거리 기준

충전질량	가스충전구로부터 토지경계선에 대한 수평거리	탱크간 거리	가스충전구로부터 건축물 개구부에 대한 거리
1000kg 미만	0.5m 이상	0.3m 이상	0.5m 이상
1000kg 이상 2000kg 미만	3.0m 이상	0.5m 이상	3.0m 이상
2000kg 이상	5.5m 이상	0.5m 이상	3.5m 이상

(3) LPG 소형저장탱크 가스방출관의 방출구 위치(KGS FU432)

구 분	설치기준
기본적인 설치위치	건축물 밖 화기가 없는 위치 지면에서 2.5m 이상, 탱크 정상부에서 1m 이상 중 높은 위치
2개 이상 소형저장탱크가 가스방출관을 같이 사용하는 경우 저장능력이 1톤 미만인 동시에 방출관 방출구 수직상방향 연장선으로부터 2m 이내 화기나 다른 건축물이 없는 경우	지면에서 2m 이상, 탱크정상부에서 0.5m 이상 중 높은 위치
가스방출구 위치가 건축물 개구부로부터 수평거리 1m 미만이거나 연소기의 개구부 및 환기용 공기흡입구로부터 각각 1.5m 이상 떨어지지 않는 경우	지면에서 5m 이상, 탱크정상부에서 2m 이상 중 높은 위치

핵심 104 ◆ 정압기(Governor) (KGS FS552)

구 분	세부내용
정 의	도시가스 압력을 사용처에 맞게 낮추는 감압기능, 2차측 압력을 허용범위 내의 압력으로 유지하는 정압기능, 가스흐름이 없을 때 밸브를 완전히 폐쇄하여 압력상승을 방지하는 폐쇄기능을 가진 기기로서 정압기용 압력조정기와 그 부속설비
정압기용 부속설비	1차측 최초 밸브로부터 2차측 말단 밸브 사이에 설치된 배관, 가스차단장치, 정압기용 필터, 긴급차단장치(slamshut valve), 안전밸브(safety valve), 압력기록장치(pressure recorder), 각종 통보설비, 연결배관 및 전선
종 류	**세부내용**
지구정압기	일반도시가스 사업자의 소유시설로 가스도매사업자로부터 공급받은 도시가스의 압력을 1차적으로 낮추기 위해 설치하는 정압기
지역정압기	일반도시가스 사업자의 소유시설로서 지구정압기 또는 가스도매사업자로부터 공급받은 도시가스의 압력을 낮추어 다수의 사용자에게 가스를 공급하기 위해 설치하는 정압기
캐비닛형 구조의 정압기	정압기 배관 및 안전장치 등이 일체로 구성된 정압기에 한하여 사용할 수 있는 정압기실로 내식성 재료의 캐비닛과 철근콘크리트 기초로 구성된 정압기실을 말한다.

핵심 105 ◆ 고압가스 제조설비의 사용 전후 점검사항(KGS FP112)

구 분	점검사항
사용개시 전	① 계기류의 기능, 특히 인터록, 긴급용 시퀀스 경보 및 자동제어장치의 기능 ② 긴급차단 및 긴급방출장치, 통신설비, 제어설비, 정전기 방지 및 제거설비, 그 밖의 안전장치의 기능 ③ 각 배관계통에 부착된 밸브 등의 개폐상황 및 맹판의 탈부착 상황 ④ 회전기계의 윤활유 보급 상황 및 회전구동 상황 ⑤ 가스설비의 전반적인 누출 유무 ⑥ 가연성 가스, 독성 가스가 체류하기 쉬운 곳의 해당 가스 농도 ⑦ 전기, 물, 증기, 공기 등 유틸리티 시설의 준비 상황 ⑧ 안전용 불활성 가스 등의 준비 상황 ⑨ 비상전력 등의 준비 상황
사용종료 시	① 사용 종료 직전에 각 설비의 운전 상황 ② 사용 종료 후에 가스설비에 있는 잔유물의 상황 ③ 가스설비 안의 가스액 등의 불활성 가스 치환 상황 또는 설비 내 공기의 치환 상황 ④ 개방하는 가스설비와 다른 가스설비와의 차단 상황 ⑤ 부식, 마모, 손상, 폐쇄, 결합부의 풀림, 기초의 경사침하 이상 유무

핵심 106 ◆ 중요 가스 폭발범위

가스명	폭발범위(%)	가스명	폭발범위(%)
C_2H_2	2.5~81	CH_4	5~15
C_2H_4O	3~80	C_2H_6	3~12.5
H_2	4~75	C_2H_4	2.7~36
CO	12.5~74	C_3H_8	2.1~9.5
HCN	6~41	C_4H_{10}	1.8~8.4
CS_2	1.2~44	NH_3	15~28
H_2S	4.3~45	CH_3Br	13.5~14.5

핵심 107 ◆ 내진설계기준

P.75 "핵심 54 내진설계" 내용 참조

핵심 108 ◆ 냉동설비의 과압차단장치, 자동제어장치

(1) 냉동설비의 과압차단장치

정 의	냉매설비 안 냉매가스 압력이 상용압력 초과 시 즉시 상용압력 이하로 되돌릴 수 있는 장치
종 류	고압차단장치, 안전밸브, 파열판, 용전, 압력릴리프장치

(2) 냉동제조의 자동제어장치의 종류

장치명	기 능
고압차단장치	압축기 고압측 압력이 상용압력 초과 시 압축기 운전을 정지
저압차단장치	개방형 압축기인 경우 저압측 압력이 상용압력보다 이상 저하 시 압축기 운전을 정지
과부하보호장치	압축기를 구동하는 동력장치
액체의 동결방지장치	셀형 액체냉각기의 경우 설치
과열방지장치	난방기, 전열기를 내장한 에어컨 냉동설비에서 사용

(3) 고압가스 냉동기 제조의 시설기술 검사기준의 안전장치(KGS AA111 3.4.6)

안전장치 부착의 목적	냉동설비를 안전하게 사용하기 위하여 상용압력 이하로 되돌림
종 류	① 고압차단장치 ② 안전밸브(압축기 내장형 포함) ③ 파열판 ④ 용전 및 압력 릴리프장치
안전밸브 구조	작동압력을 설정한 후 봉인될 수 있는 구조
안전밸브 가스통과 면적	안전밸브 구경면적 이상
고압차단장치	① 설정압력이 눈으로 판별할 수 있는 것 ② 원칙적으로 수동복귀방식이다(단, 냉매가 가연성·독성이 아닌 유닛형 냉동설비에서 자동 복귀되어도 위험이 없는 경우는 제외). ③ 냉매설비 고압부 압력을 바르게 검지할 수 있을 것
용 전	냉매가스 온도를 정확히 검지할 수 있고 압축기 또는 발생기의 고온 토출 가스에 영향을 받지 않는 위치에 부착
파열판	냉매가스 압력이 이상 상승 시 파열 냉매가스를 방출하는 구조
강제환기장치	냉동능력 1ton당 $2m^3$/min 능력의 환기장치설치(환기구 면적 미확보 시)

핵심 109 ◇ 도시가스 정압기실 안전밸브 분출부의 크기

입구측 압력		분출부 구경
0.5MPa 이상		50A 이상
0.5MPa 미만	유량 $1000Nm^3/h$ 이상	50A 이상
	유량 $1000Nm^3/h$ 미만	25A 이상

핵심 110 ◇ 긴급차단장치

구 분	내 용
기 능	이상사태 발생 시 작동하여 가스 유동을 차단하여 피해 확대를 막는 장치(밸브)
적용시설	내용적 5000L 이상 저장탱크
원격조작온도	110℃
동력원(밸브를 작동하게 하는 힘)	유압, 공기압, 전기압, 스프링압
설치위치	① 탱크 내부 ② 탱크와 주밸브 사이 ③ 주밸브의 외측 ※ 단, 주밸브와 겸용으로 사용해서는 안 된다.

긴급차단장치를 작동하게 하는 조작원의 설치위치	
고압가스, 일반제조시설, LPG법 일반도시가스 사업법	① 고압가스 특정제조시설 ② 가스도매사업법
탱크 외면 5m 이상	탱크 외면 10m 이상
수압시험 방법	연 1회 이상 KS B 2304의 방법으로 누설검사

핵심 111 ◇ 용기보관실 및 용기집합설비의 설치(KGS FU431)

(1)

저장능력	
100kg 이하	100kg 초과
용기가 직사광선, 빗물을 받지 않도록 조치	① 용기보관실 설치 시 용기보관실의 벽, 문, 지붕은 불연재료(지붕은 가벼운 불연재료)로 설치하고, 단층구조로 한다. ② 용기보관실 설치 곤란 시 외부인 출입을 방지하기 위하여 출입문을 설치하고 경계표시를 한다. ③ 용기집합설비의 양단 마감조치에는 캡 또는 플랜지를 설치한다. ④ 용기를 3개 이상 집합하여 사용 시 용기집합장치로 설치한다. ⑤ 용기와 연결된 측도관 트윈호스의 조정기 연결부는 조정기 이외의 설비에는 연결하지 않는다.

(2) 고압가스 용기의 보관(시행규칙 별표 9)

항 목	간추린 핵심내용
구분 보관	① 충전용기 잔가스용기 ② 가연성 독성 산소용기
충전용기	① 40℃ 이하 유지 ② 직사광선을 받지 않도록 ③ 넘어짐 및 충격 밸브손상 방지조치 난폭한 취급금지(5L 이하 제외) ④ 밸브 돌출용기 가스충전 후 넘어짐 및 밸브손상 방지조치(5L 이하 제외)
용기 보관장소	2m 이내 화기인화성, 발화성 물질을 두지 않을 것
가연성 보관장소	① 방폭형 휴대용 손전등 이외 등화를 휴대하지 않을 것 ② 보관장소는 양호한 통풍구조로 할 것
가연성, 독성 용기 보관장소	충전용기 인도 시 가스누출 여부를 인수자가 보는데서 확인
가스누출 검지경보장치 설치	① 독성 가스 ② 공기보다 무거운 가연성 가스

핵심 112 ◆ 가스보일러의 설치(KGS FU551)

구 분		간추린 핵심내용
공동 설치기준		① 가스보일러는 전용보일러실에 설치 ② 전용보일러실에 설치하지 않아도 되는 종류 • 밀폐식 보일러 • 보일러를 옥외 설치 시 • 전용 급기통을 부착시키는 구조로 검사에 합격한 강제식 보일러 ③ 전용 보일러실에는 환기팬을 설치하지 않는다. ④ 보일러는 지하실, 반지하실에 설치하지 않는다.
반밀폐식	자연배기식	① 배기통 굴곡 수는 4개 이하 ② 배기통 입상높이는 10m 이하, 10m 초과 시는 보온조치 ③ 배기통 가로길이는 5m 이하
	공동배기식	① 공동배기구 정상부에서 최상층 보일러 : 역풍방지장치 개구부 하단까지 거리가 4m 이상 시 공동배기구에 연결하고 그 이하는 단독배기통 방식으로 한다. ② 공동배기구 유효단면적 $A = Q \times 0.6 \times K \times F + P$ 여기서, A : 공동배기구 유효단면적(mm^2) Q : 보일러 가스소비량 합계(kcal/h) K : 형상계수, F : 보일러의 동시 사용률 P : 배기통의 수평투영면적(mm^2) ③ 동일층에서 공동배기구로 연결되는 보일러 수는 2대 이하 ④ 공동배기구 최하부에는 청소구와 수취기 설치 ⑤ 공동배기구 배기통에는 방화댐퍼를 설치하지 아니 한다.

핵심 113 ◆ 독성 가스 배관 중 이중관의 설치 규정(KGS FP112)

항 목	이중관 대상가스
이중관 설치 개요	독성 가스 배관이 가스 종류, 성질, 압력, 주위 상황에 따라 안전한 구조를 갖기 위함
독성 가스 중 이중관 대상가스 (2.5.2.3.1 관련) 제조시설에서 누출 시 확산을 방지해야 하는 독성 가스	아황산, 암모니아, 염소, 염화메탄, 산화에틸렌, 시안화수소, 포스겐, 황화수소(**암기** **아암염염산시포황**)
하천수로 횡단하여 배관 매설 시 이중관	아황산, 염소, 시안화수소, 포스겐, 황화수소, 불소, 아크릴알데히드 ※ 독성 가스 중 이중관 가스에서 암모니아, 염화메탄, 산화에틸렌을 제외하고 불소와 아크릴알데히드 추가(제외 이유 : 암모니아, 염화메탄, 산화에틸렌은 물로서 중화가 가능하므로)
하천수로 횡단하여 배관매설 시 방호구조물에 설치하는 가스	하천수로 횡단 시 2중관으로 설치되는 독성 가스를 제외한 그 밖의 독성, 가연성 가스의 배관
이중관의 규격	외층관 내경=내층관 외경×1.2배 이상 ※ 내층관과 외층관 사이에 가스누출검지 경보설비의 검지부 설치하여 누출을 검지하는 조치 강구

핵심 114 ◇ 액화석유가스 자동차에 고정된 충전시설 가스설비의 설치기준 (KGS FP332 2.4)

구 분		간추린 핵심내용
로딩암 설치		충전시설 건축물 외부
로딩암을 내부 설치 시		① 환기구 2방향 설치 ② 환기구 면적은 바닥면적 6% 이상
충전기 보호대	높 이	80cm 이상
	두 께	① 철근콘크리트제 : 12cm 이상 ② 배관용 탄소강관 : 100A 이상 ※ 말뚝형태의 보호대는 2개 이상 설치 시 1.5m 이상의 간격을 둘 것
캐노피		충전기 상부 공지면적의 1/2 이하로 설치
충전기 호스길이		① 5m 이내 정전기 제거장치 설치 ② 자동차 제조공정 중에 설치 시는 5m 이상 가능
가스주입기		원터치형으로 할 것
세이프티 커플러 설치		충전호스에 과도한 인장력이 가해졌을 때 충전기와 가스 주입기가 분리될 수 있는 안전장치
소형 저장탱크의 보호대	재 질	철근콘크리트 및 강관제
	높 이	80cm 이상
	두 께	① 철근콘크리트 12cm 이상 ② 강관제 100A 이상

핵심 115 ◇ 비파괴시험 대상 및 생략 대상배관 (KGS FS331 2.5.5, FS551 2.5.5)

법규 구분	비파괴시험 대상	비파괴시험 생략 대상
고 법	① 중압(0.1MPa) 이상 배관 용접부 ② 저압 배관으로 호칭경 80A 이상 용접부	① 지하 매설배관 ② 저압으로 80A 미만으로 배관 용접부
LPG	① 0.1MPa 이상 액화석유가스가 통하는 배관 용접부 ② 0.1MPa 미만 액화석유가스가 통하는 호칭지름 80mm 이상 배관의 용접부	건축물 외부에 노출된 0.01MPa 미만 배관의 용접부
도시가스	① 지하 매설배관(PE관 제외) ② 최고사용압력 중압 이상인 노출 배관 ③ 최고사용압력 저압으로서 50A 이상 노출 배관	① PE 배관 ② 저압으로 노출된 사용자 공급관 ③ 호칭지름 80mm 미만인 저압의 배관
참고사항	LPG, 도시가스 배관의 용접부는 100% 비파괴시험을 실시할 경우 ① 50A 초과 배관은 맞대기 용접을 하고 맞대기 용접부는 방사선 투과시험을 실시 ② 그 이외의 용접부는 방사선투과, 초음파탐상, 자분탐상, 침투탐상 시험을 한다.	

핵심 116 ◆ 고압가스 운반차량의 경계표지(KGS GC206 2.1.1.2)

구 분		경계표지의 종류
독성 가스 충전용기운반		① 붉은글씨의 위험고압가스, 독성 가스 ② 위험을 알리는 도형, 상호, 사업자전화번호, 운반기준 위반행위를 신고할 수 있는 등록관청전화번호 안내문
독성 가스 이외 충전용기운반		상기 항목의 독성 가스 표시를 제외한 나머지는 모두 동일하게 표시
경계표지 크기	직사각형	① 가로 : 차체폭의 30% 이상 ② 세로 : 가로의 20% 이상
	정사각형	경계면적 600cm^2 이상
	삼각기	바탕색 : 적색, 글자색 : 황색
그 밖의 사항		경계표지는 차량의 앞뒤에서 볼 수 있도록 위험고압가스, 필요에 따라 독성 가스라 표시, 삼각기를 외부운전석에 게시(단, RTC의 경우는 좌우에서 볼 수 있도록)

핵심 117 ◆ 고압가스 제조 배관의 매몰 설치(KGS FP112)

사업소 안		사업소 밖	
항 목	매설깊이 이상	항 목	매설깊이 이상
① 지면	1m	건축물	1.5m
② 도로폭 8m 이상 공도 횡단부 지하	지면 1.2m	지하도로 터널	10m
③ 철도 횡단부 지하	1.2m 이상 (강제 케이싱으로 보호)	독성 가스 혼입 수도시설	300m
①, ②항의 매설깊이 유지곤란 시	카바플레이트 케이싱으로 보호	다른 시설물	0.3m
		산 · 들	1m
		그 밖의 지역	1.2m

☺ 수험생 여러분, 시험에는 독성 가스 혼입 우려 수도시설과 300m 이격부분이 출제되었으나 그와 관련 모든 이론을 습득하므로써 기출문제 풀이에 대한 단점을 보완하여 반드시 합격할 수 있도록 총체적 이론을 집대성한 부분이므로 반드시 숙지하여 합격의 영광을 누리시길 바랍니다.

핵심 118 ◆ LPG 충전시설의 표지

충전중엔진정지	(황색 바탕에 흑색 글씨)
화기엄금	(백색 바탕에 적색 글씨)

핵심 119 ◆ 도시가스 공급시설 배관의 내압 · 기밀 시험(KGS FS551)

(1) 내압시험(4.2.2.10)

항 목	간추린 핵심내용	
수압으로 시행하는 경우	시험압력	최고사용압력×1.5배
공기 등의 기체로 시행하는 경우	시험압력	최고사용압력×1.25배
	공기·기체 시행요건	① 중압 이하 배관 ② 50m 이하 고압배관에 물을 채우기가 부적당한 경우 공기 또는 불활성 기체로 실시
	시험 전 안전상 확인사항	강관용접부 전체 길이에 방사선 투과시험 실시, 고압배관은 2급 이상 중압 이하 배관은 3급 이상을 확인
공기 등의 기체로 시행하는 경우	시행절차	일시에 승압하지 않고 ① 상용압력 50%까지 승압 ② 향후 상용압력 10%씩 단계적으로 승압
공통사항	① 중압 이상 강관 양 끝부에 엔드캡, 막음 플랜지 용접 부착 후 비파괴 시험 후 실시 ② 규정압력 유지시간은 5~20분까지를 표준으로 한다. ③ 시험 감독자는 시험시간 동안 시험구간을 순회점검하고 이상 유무를 확인한다. ④ 시험에 필요한 준비는 검사 신청인이 한다.	

(2) 기밀시험(4.2.2.9.3)

항 목	간추린 핵심내용
시험 매체	공기 불활성 기체
배관을 통과하는 가스로 하는 경우	① 최고사용압력 고압 · 중압으로 길이가 15m 미만 배관 ② 부대설비가 이음부와 동일재를 동일시공 방법으로 최고사용압력×1.1배에서 누출이 없는 것을 확인하고 신규로 설치되는 본관 공급관의 기밀시험 방법으로 시험한 경우 ③ 최고사용압력이 저압인 부대설비로서 신규설치되는 본관 공급관의 기밀시험 방법으로 시험한 경우
시험압력	최고사용압력×1.1배 또는 8.4kPa 중 높은 압력
신규로 설치되는 본관 공급관의 기밀시험 방법	① 발포액을 도포, 거품의 발생 여부로 판단 ② 가스농도가 0.2% 이하에서 작동하는 검지기를 사용 검지기가 작동되지 않는 것으로 판정(이 경우 매몰배관은 12시간 경과 후 판정) ③ 최고사용압력 고압 · 중압 배관으로 용접부 방사선 투과 합격된 것은 통과가스를 사용 0.2% 이하에서 작동되는 가스 검지기 사용 검지기가 작동되지 않는 것으로 판정(매몰배관은 24시간 이후 판정)

핵심 120 ◆ 고압가스 재충전 금지 용기 기술 · 시설 기준(KGS AC216 1.7)

항 목	세부 핵심내용
충전제한	① 합격 후 3년 경과 시 충전금지 ② 가연성 독성 이외 가스 충전
재 료	① 스테인리스, 알루미늄 합금 ② 탄소(0.33% 이하), 인(0.04% 이하), 황(0.05% 이하)
두 께	동판의 최대 · 최소 두께 차는 평균두께의 10% 이하
구 조	용기와 부속품을 분리할 수 없는 구조
치 수	① 최고충전압력 수치와 내용적(L)의 곱이 100 이하 ② 최고충전압력이 22.5MPa 이하, 내용적 20L 이하 ③ 최고충전압력 3.5MPa 이상일 시 내용적 5L 이하 ④ 납붙임 부분은 용기 몸체두께 4배 이상

핵심 121 ◆ 도시가스 배관의 손상방지 기준(KGS 253. (3) 공통부분)

구 분 굴착공사		간추린 핵심내용
매설배관 위치확인	확인방법	지하 매설배관 탐지장치(Pipe Locator) 등으로 확인
	시험굴착 지점	확인이 곤란한 분기점, 곡선부, 장애물 우회 지점
	인력굴착 지점	가스 배관 주위 1m 이내
	준비사항	위치표시용 페인트, 표지판, 황색 깃발
매설배관 위치표시	굴착예정지역 표시방법	흰색 페인트로 표시(표시 곤란 시는 말뚝, 표시 깃발 표지판으로 표시)
	포장도로 표시방법	페인트 도시가스관 매설지점
	표시 말뚝	전체 수직거리는 50cm
	깃발	도시가스관 매설지점 바탕색 : 황색 글자색 : 적색
	표지판	도시가스관 매설지점 심도, 관경, 압력 등 표시 • 가로 : 80cm • 바탕색 : 황색 • 세로 : 40cm • 글자색 : 흑색 • 위험글씨 : 적색
파일박기 또는 빼기작업	시험굴착으로 가스배관의 위치를 정확히 파악하여야 하는 경우	배관 수평거리 2m 이내에서 파일박기를 할 경우(위치파악 후는 표지판 설치), 가스배관 수평거리 30cm 이내는 파일박기 금지, 항타기는 배관 수평거리 2m 이상 되는 곳에 설치
줄파기작업	줄파기 심도	1.5m 이상
	줄파기 공사 후 배관 1m 이내 파일박기를 할 경우	유도관(Guide Pipe)을 먼저 설치 후 되메우기 실시

핵심 122 ◆ 도시가스 배관 매설 시 포설하는 재료 (KGS FS551 2.5.8.2.1 배관의 지하매설)

G.L.

④ 되메움 재료
③ 침상재료
② (배관)
① 기초재료

재료의 종류	배관으로부터 설치장소
되메움	침상재료 상부
침상재료	배관 상부 30cm
배관	–
기초재료	배관 하부 10cm

핵심 123 ◆ LP가스 환기설비(KGS FU332 2.8.9)

항 목		세부 핵심내용
자연환기	환기구	바닥면에 접하고 외기에 면하게 설치
	통풍면적	바닥면적 $1m^2$당 $300cm^2$ 이상
	1개소 환기구 면적	① $2400cm^2$ 이하(철망 환기구 틀통의 면적은 뺀 것으로 계산) ② 강판 갤러리 부착 시 환기구 면적의 50%로 계산
	한방향 환기구	전체 환기구 필요 통풍가능 면적의 70% 까지만 계산
	사방이 방호벽으로 설치 시	환기구 방향은 2방향 분산 설치
강제환기	개요	자연환기설비 설치 불가능 시 설치
	통풍능력	바다면적 $1m^2$당 $0.5m^3/min$ 이상
	흡입구	바닥면 가까이 설치
	배기가스 방출구	지면에서 5m 이상 높이에 설치

핵심 124 ◆ 배관의 표지판 간격

법규 구분		설치간격(m)
고압가스안전관리법 (일반도시가스사업법의 고정식 압축도시가스 충전시설, 고정식 압축도시가스 자동차 충전시설, 이동식 압축 도시가스 자동차 충전시설, 액화도시가스 자동차 충전시설)	지상배관	1000m마다
	지하배관	500m마다
가스도매사업법		500m마다
일반도시가스사업법	제조공급소 내	500m마다
	제조공급소 밖	200m마다

핵심 125 ◇ 고압가스 특정제조 안전구역 설정(KGS FP111 2.1.9)

구 분	간추린 핵심내용
설치 개요	재해발생 시 확대방지를 위해 가연성, 독성 가스설비를 통로 공지 등으로 구분된 안전구역 안에 설치
안전구역면적	2만m^2 이하
저장 처리설비 안에 1종류의 가스가 있는 경우 연소열량수치(Q)	$Q=K \cdot W=6\times10^8$ 이하 여기서, Q : 연소열량의 수치 K : 가스 종류 및 상용온도에 따른 수치 W : 저장설비, 처리설비에 따라 정한 수치

핵심 126 ◇ 배관의 해저 · 해상 설치(KGS FP111 2.5.7.5)

구 분	간추린 핵심내용
설치위치	해저면 밑에 매설(단, 닻 내림 등 손상우려가 없거나 부득이한 경우는 제외)
설치방법	① 다른 배관과 교차하지 아니할 것 ② 다른 배관과 30m 이상 수평거리 유지

핵심 127 ◇ 내부반응 감시장치와 특수반응 설비(KGS FP111 2.6.14)

항 목	간추린 핵심내용
설치 개요	① 고압설비 중 현저한 발열반응 ② 부차적으로 발생하는 2차 반응으로 인한 폭발 등의 위해 발생 방지를 위함
내부반응 감시장치	① 온도감시장치 ② 압력감시장치 ③ 유량감시장치 ④ 가스밀도조성 등의 감시장치
내부반응 감시장치의 특수반응설비	① 암모니아 2차 개질로 ② 에틸렌 제조시설의 아세틸렌 수첨탑 ③ 산화에틸렌 제조시설의 에틸렌과 산소 또는 공기와의 반응기 ④ 사이크로헥산 제조시설의 벤젠수첨 반응기 ⑤ 석유 정제에 있어서 중유 직접 수첨 탈황반응기 및 수소화 분해반응기 ⑥ 저밀도 폴리에틸렌 중합기 ⑦ 메탄올 합성 반응탑

핵심 128 ◆ 고압가스 특정 일반제조의 시설별 이격거리

시설별	이격거리
가연성 제조시설과 가연성 제조시설	5m 이상
가연성 제조시설과 산소 제조시설	10m 이상
액화석유가스 충전용기와 잔가스용기	1.5m 이상
탱크로리와 저장탱크 사이	3m 이상

핵심 129 ◆ 특정고압가스 사용시설 · 기술 기준(고법 시행규칙 별표 8)

항 목		간추린 핵심내용
화기와의 거리	가연성 설비, 저장설비	우회거리 8m
	산소	이내거리 5m
저장능력 500kg 이상 액화염소저장시설 안전거리	1종	17m 이상
	2종	12m 이상
가연성 · 산소 충전용기 보관실 벽		불연재료 사용
가연성 충전용기 보관실 지붕		가벼운 불연재료 또는 난연재료 사용 (단, 암모니아는 가벼운 재료를 하지 않아도 된다.)
독성 가스 감압설비 그 반응설비 간의 배관		역류방지장치 설치
수소 · 산소 · 아세틸렌 · 화염 사용시설		역화방지장치 설치
방호벽 설치 저장용량	액화가스	300kg 이상
	압축가스	60m^3 이상
안전밸브 설치용량		액화가스 저장량 300kg 이상

핵심 130 ◆ 판매시설 용기보관실의 면적(KGS FS111 2.3.1)

(1) 판매시설 용기보관실 면적(m^2)

법규 구분	용기보관실	사무실 면적	용기보관실 주위 부지확보 면적 및 주차장 면적
고압가스 안전관리법 (산소, 독성, 가연성)	10m^2 이상	9m^2 이상	11.5m^2 이상
액화석유가스 안전관리법	19m^2 이상	9m^2 이상	11.5m^2 이상

(2) 저장설비 재료 및 설치기준

항 목	간추린 핵심내용
충전용기 보관실	불연재료 사용
충전용기 보관실 지붕	불연성, 난연성 재료의 가벼운 것
용기 보관실 사무실	동일 부지에 설치
가연성, 독성, 산소 저장실	구분하여 설치
누출가스가 혼합 후 폭발성 가스나 독성 가스 생성우려가 있는 경우	가스의 용기보관실을 분리하여 설치

핵심 131 ◈ 도시가스 시설의 설치공사, 변경공사 시 시공감리 기준(KGS GC252)

구 분	항 목
전 공정 감리대상	① 일반도시가스 사업자의 공급시설 중 본관, 공급관 및 사용자 공급관(부속설비 포함) ② 도시가스사업자 외의 가스공급시설 설치자의 가스공급시설 중 배관
일부 공정 감리대상	① 가스도매사업자의 가스공급시설 ② 일반도시가스 사업자 및 도시가스사업자 외의 가스공급 설치자의 제조소 및 정압기 ③ 시공감리 대상시설(가스도매사업의 가스공급시설, 사용자 공급관, 일반도시가스 사업자 및 도시가스사업자 외의 가스공급시설 설치자의 가스공급시설)

핵심 132 ◈ 액화천연가스 사업소 경계와 거리(KGS FP451 2.1.4)

구 분	핵심 내용
개 요	액화천연가스의 저장·처리 설비(1일 처리능력 52500m^3 이하인 펌프, 압축기, 기화장치 제외)는 그 외면으로부터 사업소 경계까지의 계산식(계산 값이 50m 이하인 경우는 50m 이상 유지)
공 식	$L = C^3\sqrt{143000\,W}$ 여기서, L : 사업소 경계까지 유지거리 C : 저압지하식 저장탱크는 0.240, 그 밖의 가스저장 처리설비는 0.576 W : 저장탱크는 저장능력(톤)의 제곱근, 그 밖의 것은 그 시설 안의 액화천연가스 질량(톤)

핵심 133 ◈ 도시가스 사업법에 의한 용어의 정의(법 제2조)

용 어	정 의
도시가스	천연가스(액화 포함), 배관을 통하여 공급되는 석유가스, 나프타 부생가스, 바이오 또는 합성천연가스로서 대통령령으로 정하는 것
가스도매사업	일반도시가스사업자 및 나프타 부생가스·바이오가스 제조사업자 외의 자가 일반도시가스사업자, 도시가스충전사업자 또는 대량 수요자에게 도시가스를 공급하는 사업
일반도시가스사업	가스도매사업자 등으로부터 공급받은 도시가스 또는 스스로 제조한 석유, 나프타부생·바이오가스를 수요에 따라 배관을 통하여 공급하는 사업
천연가스	액화를 포함한 지하에서 자연적으로 생성되는 가연성 가스로서 메탄을 주성분으로 하는 가스
석유가스	액화석유가스 및 기타석유가스를 공기와 혼합하여 제조한 가스
나프타 부생가스	나프타 분해공정을 통해 에틸렌·프로필렌 등을 제조하는 과정에서 부산물로 생성되는 가스로서, 메탄이 주성분인 가스 및 이를 다른 도시가스와 혼합하여 제조한 가스
바이오가스	유기성 폐기물 등 바이오매스로부터 생성된 기체를 정제한 가스로서, 메탄이 주성분인 가스 및 이를 다른 도시가스와 혼합하여 제조한 가스
합성천연가스	석탄을 주원료로 하여 고온·고압의 가스화 공정을 거쳐 생산한 가스로서, 메탄이 주성분인 가스 및 이를 다른 도시가스와 혼합하여 제조한 가스

핵심 134 ◆ 독성 가스의 누출가스 확산방지 조치(KGS FP112 2.5.8.41)

구 분	간추린 핵심내용	
개 요	시가지, 하친, 터널, 도로, 수로 및 사질토 등의 특수성 지반(해저 제외) 중에 배관 설치할 경우 고압가스 종류에 따라 누출가스의 확산방지 조치를 하여야 한다.	
확산조치방법	이중관 및 가스누출검지 경보장치 설치	
이중관의 가스 종류 및 설치장소		
가스 종류	주위상황	
	지상 설치(하천, 수로 위 포함)	지하 설치
염소, 포스겐, 불소, 아크릴알데히드	주택 및 배관설치 시 정한 수평거리의 2배(500m 초과 시는 500m로 함) 미만의 거리에 배관설치 구간	사업소 밖 배관 매몰설치에서 정한 수평거리 미만인 거리에 배관을 설치하는 구간
아황산, 시안화수소, 황화수소	주택 및 배관설치 시 수평거리의 1.5배 미만의 거리에 배관설치 구간	
독성 가스 제조설비에서 누출 시 확산방지 조치하는 독성 가스		아황산, 암모니아, 염소, 염화메탄, 산화에틸렌, 시안화수소, 포스겐

핵심 135 ◆ 가스누출 자동차단장치의 설치대상(KGS FU551) 및 제외대상

설치대상	세부내용	설치 제외대상	세부내용
특정가스 사용시설(식품위생법)	영업장 면적 $100m^2$ 이상	연소기가 연결된 퓨즈콕, 상자콕 및 소화안전장치 부착 시	월 사용예정량 $2000m^3$ 미만 시
지하의 가스 사용시설	가정용은 제외	공급이 불시에 중지 시	막대한 손실 재해 우려 시
		다기능 안전계량기 설치 시	누출경보기 연동차단 기능이 탑재

핵심 136 ◆ 비파괴시험 대상 및 생략 대상배관(KGS FS331 2.5.5.1, FS551 2.5.5.1)

법규 구분	비파괴시험 대상	비파괴시험 생략 대상
고 법	① 중압(0.1MPa) 이상 배관 용접부 ② 저압 배관으로 호칭경 80A 이상 용접부	① 지하 매설배관 ② 저압으로 80A 미만으로 배관 용접부
LPG	① 0.1MPa 이상 액화석유가스가 통하는 배관 용접부 ② 0.1MPa 미만 액화석유가스가 통하는 호칭지름 80mm 이상 배관의 용접부	건축물 외부에 노출된 0.01MPa 미만 배관의 용접부
도시가스	① 지하 매설배관(PE관 제외) ② 최고사용압력 중압 이상인 노출 배관 ③ 최고사용압력 저압으로서 50A 이상 노출 배관	① PE 배관 ② 저압으로 노출된 사용자 공급관 ③ 호칭지름 80mm 미만인 저압의 배관
참고사항	LPG, 도시가스 배관의 용접부는 100% 비파괴시험을 실시할 경우 ① 50A 초과 배관은 맞대기 용접을 하고 맞대기 용접부는 방사선 투과시험을 실시 ② 그 이외의 용접부는 방사선투과, 초음파탐상, 자분탐상, 침투탐상 시험을 한다.	

핵심 137 ◆ 반밀폐 자연배기식 보일러 설치기준(KGS FU551 2.7.3.1)

항 목	내 용
배기통 굴곡 수	4개 이하
배기통 입상높이	10m 이하(10m 초과 시는 보온조치)
배기통 가로길이	5m 이하
급기구, 상부환기구 유효단면적	배기통 단면적 이상
배기통의 끝	옥외로 뽑아냄

핵심 138 ◆ 도시가스 사업자의 안전점검원 선임기준 배관(KGS FS551 3.1.4.3.3)

구 분	간추린 핵심내용
선임대상 배관	공공도로 내의 공급관(단, 사용자 공급관, 사용자 소유 본관, 내관은 제외)
선임 시 고려사항	① 배관 매설지역(도심 시외곽 지역 등) ② 시설의 특성 ③ 배관의 노출 유무, 굴착공사 빈도 등 ④ 안전장치 설치 유무(원격 차단밸브, 전기방식 등)
선임기준이 되는 배관길이	60km 이하 범위, 15km를 기준으로 1명씩 선임된 자를 배관 안전점검원이라 함

핵심 139 ◆ 가스용 폴리에틸렌(PE 배관)의 접합(KGS FS451 2.5.5.3)

항 목			접합방법
일반적 사항			① 눈, 우천 시 천막 등의 보호조치를 하고 융착 ② 수분, 먼지, 이물질 제거 후 접합
금속관과 접합			이형질 이음관(T/F)을 사용
공칭 외경이 상이한 경우			관이음매(피팅)를 사용
접합	열융착	맞대기	① 공칭외경 90mm 이상 직관 연결 시 사용 ② 이음부 연결오차는 배관두께의 10% 이하
		소켓	배관 및 이음관의 접합은 일직선
		새들	새들 중 심선과 배관의 중심선은 직각 유지
	전기융착	소켓	이음부는 배관과 일직선 유지
		새들	이음매 중심선과 배관중심선 직각 유지
시공방법		일반적 시공	매몰시공
		보호조치가 있는 경우	30cm 이하로 노출시공 가능
		굴곡허용반경	외경의 20배 이상(단, 20배 미만 시 엘보 사용)
지상에서 탐지방법		매몰형 보호포	–
		로케팅 와이어	굵기 $6mm^2$ 이상

핵심 140 ◇ 고압가스 특정제조시설, 고압가스 배관의 해저 · 해상 설치기준 (KGS FP111 2.5.7.1)

항 목	핵심내용
설치	해저면 밑에 매설, 닻 내림 등으로 손상우려가 없거나 부득이한 경우에는 매설하지 아니할 수 있다.
다른 배관의 관계	① 교차하지 아니 한다. ② 수평거리 30m 이상 유지한다. ③ 입상부에는 방호시설물을 설치한다.
두 개 이상의 배관 설치 시	① 두 개 이상의 배관을 형광등으로 매거나 구조물에 조립설치 ② 충분한 간격을 두고 부설 ③ 부설 후 적정간격이 되도록 이동시켜 매설

핵심 141 ◇ 일반도시가스 공급시설의 배관에 설치되는 긴급차단장치 및 가스공급 차단장치(KGS FS551 2.8.6)

긴급차단장치		
항 목		핵심내용
긴급차단장치 설치개요		공급권역에 설치하는 배관에는 지진, 대형 가스누출로 인한 긴급사태에 대비하여 구역별로 가스공급을 차단할 수 있는 원격조작에 의한 긴급차단장치 및 동등 효과의 가스차단장치 설치
설치사항	긴급차단장치가 설치된 가스도매사업자의 배관	일반도시가스 사업자에게 전용으로 공급하기 위한 것으로서 긴급차단장치로 차단되는 구역의 수요자 수가 20만 이하일 것
	가스누출 등으로 인한 긴급 차단 시	사업자 상호간 공용으로 긴급차단장치를 사용할 수 있도록 사용계약과 상호 협의체계가 문서로 구축되어 있을 것
	연락 가능사항	양사간 유 · 무선으로 2개 이상의 통신망 사용
	비상, 훈련 합동 점검사항	6월 1회 이상 실시
	가스공급을 차단할 수 있는 구역	수요자가구 20만 이하(단, 구역 설정 후 수요가구 증가 시는 25만 미만으로 할 수 있다.)

가스공급차단장치	
항 목	핵심내용
고압 · 중압 배관에서 분기되는 배관	분기점 부근 및 필요장소에 위급 시 신속히 차단할 수 있는 장치 설치(단, 관길이 50m 이하인 것으로 도로와 평행 매몰되어 있는 규정에 따라 차단장치가 있는 경우는 제외)
도로와 평행하여 매설되어 있는 배관으로부터 가스사용자가 소유하거나 점유한 토지에 이르는 배관	호칭지름 65mm(가스용 폴리에틸렌관은 공칭외경 75mm) 초과하는 배관에 가스차단장치 설치

핵심 142 ◆ 고정식 압축도시가스 자동차 충전시설 기준(KGS FP651 2.6.2)

항 목		세부 핵심내용	
가스누출 경보장치	설치장소	① 압축설비 주변 ② 압축가스설비 주변 ③ 개별충전설비 본체 내부 ④ 밀폐형 피트 내부에 설치된 배관접속부(용접부 제외) 주위 ⑤ 펌프 주변	
	설치개수	1개 이상	① 압축설비 주변 ② 충전설비 내부 ③ 펌프 주변 ④ 배관접속부 10m마다
		2개	압축가스 설비 주변
긴급 분리장치	설치개요	충전호스에는 충전 중 자동차의 오발진으로 인한 충전기 및 충전호스의 파손 방지를 위하여	
	설치장소	각 충전설비 마다	
	분리되는 힘	수평방향으로 당길 때 666.4N(68kgf) 미만의 힘	
방호벽	설치장소	① 저장설비와 사업소 안 보호시설 사이 ② 압축장치와 충전설비 사이 및 압축가스 설비와 충전설비 사이	
자동차 충전기	충전 호스길이	8m 이하	

핵심 143 ◆ 불합격 용기 및 특정설비 파기방법

신규 용기 및 특정설비	재검사 용기 및 특정설비
① 절단 등의 방법으로 파기, 원형으로 가공할 수 없도록 할 것 ② 파기는 검사장소에서 검사원 입회하에 용기 및 특정설비 제조자로 하여금 실시하게 할 것	① 절단 등의 방법으로 파기, 원형으로 가공할 수 없도록 할 것 ② 잔가스를 전부 제거한 후 절단할 것 ③ 검사신청인에게 파기의 사유, 일시, 장소, 인수시한 등을 통지하고 파기할 것 ④ 파기 시 검사장소에서 검사원으로 하여금 직접하게 하거나 검사원 입회하에 용기·특정설비 사용자로 하여금 실시하게 할 것 ⑤ 파기한 물품은 검사신청인이 인수시한(통지한 날로부터 1월 이내) 내에 인수치 않을 경우 검사기관으로 하여금 임의로 매각 처분하게 할 것

핵심 144 ◆ 일반도시가스 제조공급소 밖, 하천구역 배관매설(KGS FS551 2.5.8.2.3)

구 분	핵심내용(설치 및 매설깊이)
하천 횡단매설	① 교량 설치 ② 교량 설치 불가능 시 하천 밑 횡단매설
하천수로 횡단매설	2중관 또는 방호구조물 안에 설치
배관매설깊이 기준	하상변동, 패임, 닻 내림 등 영향이 없는 곳에 매설(단, 한국가스안전공사의 평가 시 평가제시거리 이상으로 하되 최소깊이는 1.2m 이상)

구 분	핵심내용(설치 및 매설깊이)
하천구역깊이	4m 이상, 단폭이 20m 이하 중압 이하 배관을 하천매설 시 하상폭 양끝단에서 보호시설까지 $L=220\sqrt{P}\cdot d$ 산출식 이상인 경우 2.5m 이상으로 할 수 있다.
소화전 수로	2.5m 이상
그 밖의 좁은 수로	1.2m 이상

핵심 145 ◇ 배관의 하천 병행 매설(KGS FP112 2.5.7.7)

구 분	내 용
설치지역	하상이 아닌 곳
설치위치	방호구조물 안
매설심도	배관 외면 2.5m 이상 유지
위급상황 시	신속히 차단할 수 있는 장치 설치 (단, 30분 이내 화기가 없는 안전장소로 방출이 가능한 벤트스택, 플레어스택을 설치한 경우는 제외)

핵심 146 ◇ 가스사용 시설에서 PE관을 노출 배관으로 사용할 수 있는 경우 (KGS FU551 1.7.1)

지상 배관과 연결을 위하여 금속관을 사용하여 보호조치를 한 경우로 지면에서 30cm 이하로 노출하여 시공하는 경우

핵심 147 ◇ 도시가스 배관

(1) 도시가스 배관 설치 기준

항 목	세부 내용
중압 이하 배관 고압배관 매설 시	매설 간격 2m 이상 (철근콘크리트 방호구조물 내 설치 시 1m 이상 배관의 관리주체가 같은 경우 3m 이상)
본관 공급관	기초 밑에 설치하지 말 것
천장 내부 바닥 벽 속에	공급관 설치하지 않음
공동주택 부지 안	0.6m 이상 깊이 유지
폭 8m 이상 도로	1.2m 이상 깊이 유지
폭 4m 이상 8m 미만 도로	1m 이상
배관의 기울기(도로가 평탄한 경우)	$\frac{1}{500}\sim\frac{1}{1000}$
도로경계	1m 이상 유지
다른 시설물	0.3m 이상 유지

(2) 교량에 배관설치 시

매설심도	2.5m 이상 유지
배관손상으로 위급사항 발생 시	가스를 신속하게 차단할 수 있는 차단장치 설치(단, 고압배관으로 매설구간 내 30분 내 안전한 장소로 방출할 수 있는 장치가 있을 때는 제외)
배관의 재료	강재 사용 접합은 용접
배관의 설계 설치	온도변화에 의한 열응력과 수직·수평 하중을 고려하여 설계
지지대 U볼트 등의 고정장치 배관	플라스틱 및 절연물질 삽입

(3) 교량 배관설치 시 지지간격

호칭경(A)	지지간격(m)
100	8
150	10
200	12
300	16
400	19
500	22
600	25

핵심 148 ◇ LPG 충전시설의 사업소 경계와 거리(KGS FP331 2.1.4)

시설별		사업소 경계거리
충전설비		24m
저장설비	저장능력	사업소 경계거리
	10톤 이하	24m
	10톤 초과 20톤 이하	27m
	20톤 초과 30톤 이하	30m
	30톤 초과 40톤 이하	33m
	40톤 초과 200톤 이하	36m
	200톤 초과	39m

핵심 149 ◇ 굴착공사 시 협의서를 작성하는 경우

구 분	세부내용
배관길이	100m 이상인 굴착공사
압력 배관	중압 이상 배관이 100m 이상 노출이 예상되는 굴착공사
긴급굴착공사	① 천재지변 사고로 인한 긴급굴착공사 ② 급수를 위한 길이 100m, 너비 3m 이하 굴착공사 시 현장에서 도시가스사업자와 공동으로 협의, 안전점검원 입회하에 공사 가능

핵심 150 ◇ 도시가스 공급시설 계기실의 구조

세부항목	시공하여야 하는 구조
출입문, 창문	내화성(창문은 망입유리 및 안전유리로 시공)
계기실 구조	내화구조
내장재	불연성(단, 바닥은 불연성 및 난연성)
출입구 장소	2곳 이상
출입문	방화문 시공(그 중 하나는 위험장소로 향하지 않도록 설치) 계기실 출입문은 2중문으로

핵심 151 ◇ 특정가스 사용시설의 종류(도법 시행규칙 제20조)

가스 사용시설	월 사용예정량 $2000m^3$ 이상 시 (1종 보호시설 내는 $1000m^3$ 이상)
월 사용예정량 $2000m^3$ 미만 (1층은 $1000m^3$ 미만) 사용시설	① 내관 및 그 부속시설이 바닥, 벽 등에 매립 또는 매몰 설치 사용시설 ② 다중이용시설로서 시 · 도지사가 안전관리를 위해 필요하다고 인정하는 사용시설
자동차의 가스 사용시설	도시가스를 연료로 사용하는 경우
자동차에 충전하는 가스 사용시설	자동차용 압축천연가스 완속 충전설비를 갖춘 경우
천연가스를 사용하는 가스 사용시설	액화천연가스 저장탱크를 설치한 경우
특정가스 사용시설에서 제외되는 경우	
① 전기사업법의 전기설비 중 도시가스를 사용하여 전기를 발생시키는 발전설비 안의 가스 사용시설 ② 에너지사용합리화법에 따른 검사 대상기기에 해당하는 가스 사용시설	

핵심 152 ◇ 경계책(KGS FP112 2.9.3)

항 목	세부내용
설치높이	1.5m 이상 철책, 철망 등으로 일반인의 출입 통제
경계책을 설치한 것으로 보는 경우	① 철근콘크리트 및 콘크리트 블록재로 지상에 설치된 고압가스 저장실 및 도시가스 정압기실 ② 도로의 지하 또는 도로와 인접설치되어 사람과 차량의 통행에 영향을 주는 장소로서 경계책 설치가 부적당한 고압가스 저장실 및 도시가스 정압기실 ③ 건축물 내에 설치되어 설치공간이 없는 도시가스 정압기실, 고압가스 저장실 ④ 차량통행 등 조업시행이 곤란하여 위해요인 가중 우려 시 ⑤ 상부 덮개에 시건조치를 한 매몰형 정압기 ⑥ 공원지역, 녹지지역에 설치된 정압기실
경계표지	경계책 주위에는 외부 사람의 무단출입을 금하는 내용의 경계표지를 보기쉬운 장소에 부착
발화 인화물질 휴대사항	경계책 안에는 누구도 발화, 인화 우려물질을 휴대하고 들어가지 아니 한다(단, 당해 설비의 수리, 정비 불가피한 사유 발생 시 안전관리책임자 감독하에 휴대가능).

핵심 153 ◇ 고정식 압축도시가스 자동차 충전시설 기술기준(KGS FP651) (2)

항 목		이격거리 및 세부내용
(저장, 처리, 충전, 압축가스) 설비	고압전선 (직류 750V 초과 교류 600V 초과)	수평거리 5m 이상 이격
	저압전선 (직류 750V 이하 교류 600V 이하)	수평거리 1m 이상 이격
	화기취급장소 우회거리, 인화성 가연성 물질 저장소 수평거리	8m 이상
	철도	30m 이상 유지
처리설비 압축가스설비	30m 이내 보호시설이 있는 경우	방호벽 설치(단, 처리설비 주위 방류둑 설치 경우 방호벽을 설치하지 않아도 된다.)
유동방지시설	내화성 벽	높이 2m 이상으로 설치
	화기취급장소 우회거리	8m 이상
사업소 경계	압축, 충전설비 외면	10m 이상 유지(단, 처리 압축가스설비 주위 방호벽 설치 시 5m 이상 유지)
도로경계	충전설비	5m 이상 유지
충전설비 주위	충전기 주위 보호구조물	높이 30cm 이상 두께 12cm 이상 철근콘크리트 구조물 설치
방류둑	수용용량	최대저장용량 110% 이상의 용량
긴급분리장치	분리되는 힘	수평방향으로 당길 때 666.4N(68kgf) 미만
수동긴급 분리장치	충전설비 근처 및 충전설비로부터	5m 이상 떨어진 장소에 설치
역류방지밸브	설치장소	압축장치 입구측 배관
내진설계 기준 저장능력	압축	500m^3 이상
	액화	5톤 이상 저장탱크 및 압력용기에 적용
압축가스설비	밸브와 배관부속품 주위	1m 이상 공간확보 (단, 밀폐형 구조물 내에 설치 시는 제외)
펌프 및 압축장치	직렬로 설치 병렬로 설치	차단밸브 설치 토출 배관에 역류방지밸브 설치
강제기화장치	열원차단장치 설치	열원차단장치는 15m 이상 위치에 원격조작이 가능할 것
대기식 및 강제기화장치	저장탱크로부터 15m 이내 설치 시	기화장치에서 3m 이상 떨어진 위치에 액배관에 자동차단밸브 설치

핵심 154 ◇ 가스도매사업 고압가스 특정 제조 배관의 설치기준

구 분								
지하매설				시가지의 도로 노면		시가지 외 도로 노면	철도 부지에 매설	
건축물	타 시설물	산들	산들 이외 그 밖의 지역	배관 외면	방호구조물 내 설치 시	배관의 외면	궤도 중심	철도 부지 경계
1.5m 이상	0.3m 이상	1m 이상	1.2m 이상	1.5m 이상	1.2m 이상	1.2m 이상	4m 이상	1m 이상

※ 고압가스 안전관리법(특정 제조시설) 규정에 의한 배관을 지하매설 시 독성 가스 배관으로 수도시설에 혼입 우려가 있을 때는 300m 이상 간격

핵심 155 ◇ 예비정압기를 설치하여야 하는 경우

① 캐비닛형 구조의 정압기실에 설치된 경우
② 바이패스관이 설치되어 있는 경우
③ 공동 사용자에게 가스를 공급하는 경우

핵심 156 ◇ 도시가스 배관의 보호판 및 보호포 설치기준(KGS FS451, FS551)

(1) 보호판(KGS FS451)

규 격			설치기준
두 께	중압 이하 배관	4mm 이상	① 배관 정상부에서 30cm 이상(보호판에서 보호포까지 30cm 이상) ② 직경 30mm 이상 50mm 이하 구멍을 3m 간격으로 뚫어 누출가스가 지면으로 확산되도록 한다.
	고압 배관	6mm 이상	
곡률반경	5~10mm		
길 이	1500mm 이상		
보호관으로 보호 곤란 시, 보호관으로 보호 조치 후, 보호관에 하는 표시문구			도시가스 배관 보호관, 최고사용압력 (○○)MPa(kPa)
보호판 설치가 필요한 경우			① 중압 이상 배관 설치 시 ② 배관의 매설심도를 확보할 수 없는 경우 ③ 타시설물과 이격거리를 유지하지 못했을 때

(2) 보호포(KGS FS551)

항 목		핵심 정리내용
종 류		일반형, 탐지형
재질, 두께		폴리에틸렌수지, 폴리프로필렌수지, 0.2mm 이상
폭		① 도시가스 제조소, 공급소 밖 및 도시가스 사용시설 : 15cm 이상 ② 제조소, 공급소 : 15~35cm
색 상	저압관	황색
	중압 이상	적색
표시사항		가스명, 사용압력, 공급자명 등을 표시 도시가스(주) 도시가스.중.압, ○○ 도시가스(주), 도시가스 20cm 간격 액화석유가스 0.1MPa 미만 / 액화석유가스 0.1MPa 미만 20cm
설치위치	중압	보호판 상부 30cm 이상
	저압	① 매설깊이 1m 이상 : 배관 정상부 60cm 이상 ② 매설깊이 1m 미만 : 배관 정상부 40cm 이상
	공동주택 부지 안	배관 정상부에서 40cm 이상
	설치기준, 폭	호칭경에 10cm 더한 폭 2열 설치 시 보호포 간격은 보호폭 이내

핵심 157 ◆ 적용 고압가스 · 적용되지 않는 고압가스의 종류와 범위

구 분		간추린 핵심내용
적용되는 고압가스 종류 범위	압축가스	① 상용온도에서 압력 1MPa(g) 이상되는 것으로 실제로 1MPa(g) 이상되는 것으로서 실제로 그 압력이 1MPa(g) 이상되는 것 ② 35℃에서 1MPa(g) 이상되는 것(C_2H_2 제외)
	액화가스	① 상용온도에서 압력 0.2MPa(g) 이상되는 것으로 실제로 0.2MPa 이상되는 것 ② 압력이 0.2MPa가 되는 경우 온도가 35℃ 이하인 것
	아세틸렌	15℃에서 0Pa를 초과하는 것
	액화(HCN, CH_3Br, C_2H_4O)	35℃에서 0Pa를 초과하는 것
적용 범위에서 제외되는 고압가스	에너지 이용 합리화법 적용	보일러 안과 그 도관 안의 고압증기
	철도차량	에어컨디셔너 안의 고압가스
	선박안전법	선박 안의 고압가스
	광산법, 항공법	광업을 위한 설비 안의 고압가스, 항공기 안의 고압가스
	기 타	① 전기사업법에 의한 전기설비 안 고압가스 ② 수소, 아세틸렌 염화비닐을 제외한 오토클레이브 내 고압가스 ③ 원자력법에 의한 원자로 · 부속설비 내 고압가스 ④ 등화용 아세틸렌 ⑤ 액화브롬화메탄 제조설비 외에 있는 액화브롬화메틸 ⑥ 청량음료수 과실주 발포성 주류 고압가스 ⑦ 냉동능력 35 미만의 고압가스 ⑧ 내용적 1L 이하 소화용기의 고압가스

핵심 158 ◆ 배관의 두께 계산식

구 분	공 식	기 호
외경, 내경의 비가 1.2 미만	$t=\dfrac{PD}{2\cdot\dfrac{f}{s}-p}+C$	t : 배관두께(mm) P : 상용압력(MPa) D : 내경에서 부식여유에 상당하는 부분을 뺀 부분(mm) f : 재료인장강도(N/mm^2) 규격 최소치이거나 항복점 규격 최소치의 1.6배 C : 부식 여유치(mm) s : 안전율
외경, 내경의 비가 1.2 이상	$t=\dfrac{D}{2}\left[\sqrt{\dfrac{\dfrac{f}{s}+p}{\dfrac{f}{s}-p}}-1\right]+C$	

핵심 159 ◆ 도시가스 시설의 T_P · A_P

구 분		내 용
T_P	시험압력(물)	최고사용압력×1.5
	시험압력(공기, 질소)	최고사용압력×1.25
A_P		최고사용압력의 1.1배 또는 8.4kPa 중 높은 압력

핵심 160 ◆ 배관을 지상설치 시 상용압력에 따라 유지하여야 하는 공지의 폭

상용압력	공지의 폭
0.2MPa 미만	5m 이상
0.2 이상 1MPa 미만	9m 이상
1MPa 이상	15m 이상

핵심 161 ◆ 충전용기 · 차량고정탱크 운행 중 재해방지 조치사항(KGS GC206)

구 분 \ 항 목	재해방지를 위한 차량비치 내용	
	가스의 명칭 및 물성	운반 중 주의사항
용기 및 차량고정탱크 공통부분	① 가스의 명칭 ② 가스의 특성(온도 압력과의 관계, 비중, 색깔, 냄새) ③ 화재 폭발의 유무 ④ 인체에 의한 독성유무	① 점검부분과 방법 ② 휴대품의 종류와 수량 ③ 경계표지 부착 ④ 온도상승 방지조치 ⑤ 주차 시 주의 ⑥ 안전운전 요령
차량고정탱크	운행종료 시 조치사항 ① 밸브 등의 이완이 없도록 한다. ② 경계표지와 휴대품의 손상이 없도록 한다. ③ 부속품 등의 볼트 연결상태가 양호하도록 한다. ④ 높이검지봉과 부속배관 등이 적절하게 부착되어 있도록 한다. ⑤ 가스누출 등 이상유무를 점검하고 이상 시 보수를 하거나 위험방지조치를 한다.	
기타사항	① 차량고장으로 정차 시 적색 표지판 설치 ② 현저하게 우회하는 도로(이동거리가 2배 이상되는 경우) ③ 번화가 : 도로 중심부 번화한 상점(차량너비 +3.5m 더한 너비 이하) ④ 운반 중 누출 우려 시(즉시 운행중지 경찰서, 소방서 신고) ⑤ 운반 중 도난 분실 시(즉시 경찰서 신고)	

핵심 162 ◆ 특정설비 중 재검사대상 제외항목(고법 시행규칙 별표 22)

① 평저형 및 이중각 진공 단열형 저온저장탱크
② 역화방지장치
③ 독성가스 배관용 밸브
④ 자동차용 가스자동주입기
⑤ 냉동용 특정설비
⑥ 대기식 기화장치
⑦ 저장탱크에 부착되지 않은 안전밸브 및 긴급차단밸브
⑧ 초저온 저장탱크, 초저온 압력용기
⑨ 분리 불가능한 이중관식 열교환기
⑩ 특정고압가스용 실린더 캐비닛
⑪ 자동차용 압축 천연가스 완속충전설비
⑫ 액화석유가스용 용기잔류가스 회수장치

핵심 163 ◇ 재료에 따른 초음파 탐상검사대상

재 료	두께(mm)
탄소강	50mm 이상
저합금강	38mm 이상
최소인장강도 568.4N/mm^2 이상인 강	19mm 이상
0℃ 미만 저온에서 사용하는 강	19mm 이상(알루미늄으로 탈산처리한 것 제외)
2.5% 또는 3.5% 니켈강	13mm 이상
9% 니켈강	6mm 이상

핵심 164 ◇ 퀵카플러

구 분	세부내용
사용형태	호스접속형, 호스엔드접속형
기밀시험압력(kPa)	4.2
탈착조작	분당 10~20회의 속도로 6000회 실시 후 작동시험에서 이상이 없어야 한다.

핵심 165 ◇ 초저온용기의 단열성능시험

시험용 가스	
종 류	비 점
액화질소	-196℃
액화산소	-183℃
액화아르곤	-186℃
침투열량에 따른 합격기준	
내용적(L)	열량(kcal/hr · ℃ · L)
1000L 이상	0.002
1000L 미만	0.0005
침입열량 계산식	

$$Q = \frac{W \cdot q}{H \cdot \Delta t \cdot V}$$

여기서, Q : 침입열량(kcal/hr · ℃ · L), W : 기화 가스량(kg)
q : 시험가스의 기화잠열(kcal/kg), H : 측정시간(hr)
Δt : 가스비점과 대기온도차(℃), V : 내용적(L)

핵심 166 ◆ 독성가스 운반 시 보호장비(KGS GC206 2.1.1.3)

품 명	규 격	운반하는 독성 가스의 양 압축가스 용적 $100m^3$ 또는 액화가스 질량 1000kg 미만인 경우	운반하는 독성 가스의 양 압축가스 용적 $100m^3$ 또는 액화가스 질량 1000kg 이상인 경우	비 고
방독마스크	독성가스의 종류에 적합한 격리식 방독마스크(전면형, 고농도용의 것)	○	○	공기호흡기를 휴대한 경우는 제외
공기호흡기	압축공기의 호흡기(전면형의 것)	–	○	빨리 착용할 수 있도록 준비된 경우는 제외
보호의	비닐피복제 또는 고무피복제의 상의 등 신속히 작용할 수 있는 것	○	○	압축가스의 독성가스인 경우는 제외
보호장갑	고무제 또는 비닐피복제의 것(저온가스의 경우는 가죽제의 것)	○	○	압축가스의 독성가스인 경우는 제외
보호장화	고무제의 장화	○	○	압축가스의 독성가스인 경우는 제외

핵심 167 ◆ 도시가스용 압력조정기, 정압기용 압력조정기

항 목 / 구 분		내 용
도시가스용 압력조정기		도시가스 정압기 이외에 설치되는 압력조정기로서 입구측 호칭지름이 50A 이하 최대표시유량 $300Nm^3/hr$ 이하인 것
정압기용 압력조정기	정 의	도시가스 정압기에 설치되는 압력조정기
	종 류	• 중압 : 출구압력 0.1~1.0MPa 미만 • 준저압 : 출구압력 4~100kPa 미만 • 저압 : 1~4kPa 미만

핵심 168 ◆ 가스보일러, 온수기, 난방기에 설치되는 안전장치의 종류

설비별	반드시 설치 안전장치	그 밖의 안전장치
가스보일러	① 점화장치 ② 가스 거버너 ③ 동결방지장치 ④ 물빼기장치 ⑤ 난방수여과장치 ⑥ 과열방지안전장치	① 정전안전장치 ② 소화안전장치 ③ 역풍방지장치 ④ 공기조절장치 ⑤ 공기감시장치
가스온수기 용기내장형 가스난방기	① 정전안전장치 ② 역풍방지장치 ③ 소화안전장치	① 거버너 ② 불완전연소방지장치 ③ 전도안전장치 ④ 배기폐쇄안전장치 ⑤ 과열방지장치 ⑥ 과대풍압안전장치 ⑦ 저온차단장치

핵심 169 ◆ 염화비닐호스 규격 및 검사방법

구 분	세부내용		
호스의 구조 및 치수	호스는 안층, 보강층, 바깥층의 구조 안지름과 두께가 균일한 것으로 굽힘성이 좋고 흠, 기포, 균열 등 결점이 없을 것(안층 재료 염화비닐)		
호스의 안지름 치수	종 류	안지름(mm)	허용차(mm)
	1종	6.3	±0.7
	2종	9.5	
	3종	12.7	
내압성능	1m 호스를 3MPa에서 5분간 실시하는 내압시험에서 누출이 없으며, 파열, 국부적인 팽창이 없을 것		
파열성능	1m 호스를 4MPa 이상의 압력에서 파열되는 것으로 한다.		
기밀성능	1m 호스를 2MPa 압력에서 실시하는 기밀시험에서 3분간 누출이 없고 국부적인 팽창이 없을 것		
내인장성능	호스의 안층 인장강도는 73.6N/5mm 폭 이상		

핵심 170 ◆ 지반의 종류에 따른 허용지지력도(KGS FP112 2.2.1.5) 및 지반의 분류

(1)

지반의 종류	허용지지력도(MPa)	지반의 종류	허용지지력도(MPa)
암반	1	조밀한 모래질 지반	0.2
단단히 응결된 모래층	0.5	단단한 점토질 지반	0.1
황토흙	0.3	점토질 지반	0.02
조밀한 자갈층	0.3	단단한 롬(loam)층	0.1
모래질 지반	0.05	롬(loam)층	0.05

(2) 지반의 분류

지반은 기반암의 깊이(H)와 기반암 상부 토층의 평균 전단파속도($V_{S,\,Soil}$)에 근거하여 표와 같이 S_1, S_2, S_3, S_4, S_5, S_6의 6종류로 분류한다.

지반분류	지반분류의 호칭	분류기준	
		기반암 깊이, H(m)	토층 평균 전단파속도 $V_{S,\,Soil}$(m/s)
S_1	암반 지반	1 미만	-
S_2	얕고 단단한 지반	1~20 이하	260 이상
S_3	얕고 연약한 지반		260 미만
S_4	깊고 단단한 지반	20 초과	180 이상
S_5	깊고 연약한 지반		180 미만
S_6	부지 고유의 특성 평가 및 지반응답해석이 요구되는 지반		

[비고] 1. 기반암 : 전단파속도 760m/s 이상을 나타내는 지층
2. 기반암 깊이와 무관하게 토층 평균 전단파속도가 120m/s 이하인 지반은 S_5지반으로 분류

핵심 171 ◆ 고압가스안전관리법 시행규칙-사고의 통보방법 등

(1) 사고의 종류별 통보 방법 및 기한

사고의 종류	통보방법	통보기한	
		속보	상보
가. 사람이 사망한 사고	전화 또는 팩스를 이용한 통보(이하 "속보"라 한다) 및 서면으로 제출하는 상세한 통보(이하 "상보"라 한다)	즉시	사고발생 후 20일 이내
나. 사람이 부상당하거나 중독된 사고	속보 및 상보	즉시	사고발생 후 10일 이내
다. 가스누출에 의한 폭발 또는 화재사고 (가목 및 나목의 경우는 제외한다)	속보	즉시	–
라. 가스시설이 파손되거나 가스누출로 인하여 인명대피나 공급중단이 발생한 사고 (가목 및 나목의 경우는 제외한다)	속보	즉시	–
마. 사업자 등의 저장탱크에서 가스가 누출된 사고 (가목부터 라목까지의 경우는 제외한다)	속보	즉시	–

※ 한국가스안전공사가 법 제26조 제2항에 따라 사고조사한 경우에는 자세하게 보고하지 않을 수 있다.

(2) 사고의 통보내용에 포함되어야 하는 사항
㉠ 통보자의 소속, 지위, 성명 및 연락처
㉡ 사고발생 일시
㉢ 사고발생 장소
㉣ 사고내용(가스 종류, 양 및 확산거리 등을 포함한다)
㉤ 시설현황(시설 종류, 위치 등을 포함한다)
㉥ 인명 및 재산의 피해현황

제4장 계측기기

핵심 1 ◆ 흡수분석법

종 류	분석순서					
오르자트법	CO_2	O_2	CO			
헴펠법	CO_2	C_mH_n	O_2	CO		
게겔법	CO_2	C_2H_2	C_3H_6, $n-C_4H_{10}$	C_2H_4	O_2	CO

분석가스에 대한 흡수액

CO_2	C_mH_n	O_2	CO
33% KOH	발연황산	알칼리성 피로카롤 용액	암모니아성 염화제1동 용액

C_2H_2	C_3H_6, $n-C_4H_{10}$	C_2H_4
옥소수은칼륨 용액	87% H_2SO_4	취수소

핵심 2 ◆ 계통오차(측정자의 쏠림에 의하여 발생하는 오차)

종 류	환경오차	계기오차	개인(판단) 오차	이론(방법) 오차
정 의	측정환경의 변화(온도 압력)에 의하여 생김	측정기의 불안전 설치의 영향 등으로 생김	개인 판단에 의하여 생김	공식 계산의 오류로 생김
계통오차의 제거방법	① 제작 시에 생긴 기차를 보정한다. ② 외부의 진동충격을 제거한다. ③ 외부조건을 표준조건으로 유지한다.			
특 징	① 편위로서 정확도를 표시 ② 측정 조건변화에 따라 규칙적으로 발생 ③ 원인을 알 수도 있고, 제거가 가능 ④ 참값에 대하여 정(+), 부(−) 한쪽으로 치우침			

핵심 3 ◆ 가스분석계의 분류

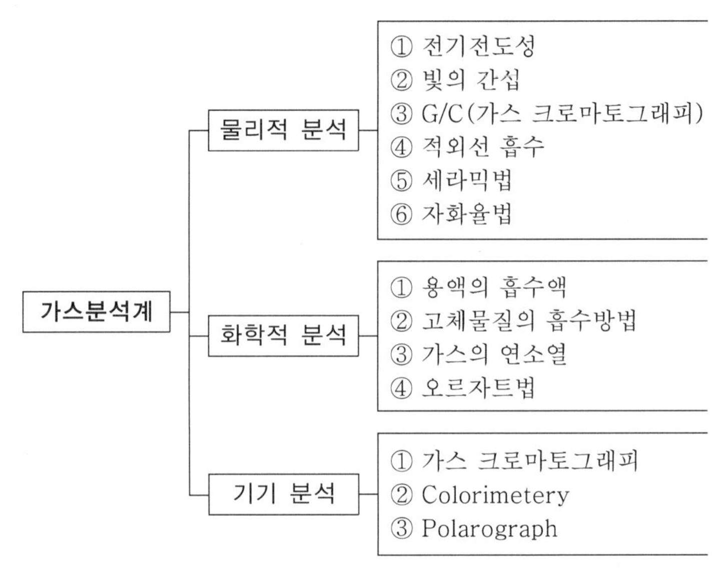

핵심 4 ◆ 동작신호와 전송방법

(1) 동작신호

구분 (항목)		정 의	특 징	수 식
연속동작	비례(P) 동작	입력의 편차에 대하여 조작량의 출력변화가 비례관계에 있는 동작	① 동작신호에 의하여 조작량을 정해야 잔류편차가 남는다. ② 부하변화가 크지 않은 곳에 사용하며, 사이클링(cycling)은 없다. ③ 정상오차를 수반한다.	$y = K_p x_1$ y : 조작량 K_p : 비례정수 x_1 : 동작신호
	적분(I) 동작	제어량의 편차 발생 시 적분차를 가감, 조작단의 이동속도에 비례하는 동작	① P동작과 조합하여 사용하며, 안정성이 떨어진다. ② 잔류편차를 제거한다. ③ 진동하는 경향이 있다.	$y = \frac{1}{T_1}\int x_1 dt$ y : 조작량 T_1 : 적분시간
	미분(D) 동작	제어편차를 검출 시 편차가 변화하는 속도의 미분값에 비례하여 조작량을 가감하는 동작	① 조작량이 동작신호의 미분값에 비례한다. ② 진동이 제어되고, 안정속도가 빠르다. ③ 오차가 커지는 것을 미리 방지할 수 있다.	$y = K_d \frac{dx}{dt}$ y : 조작량 K_d : 미분동작계수

구분		정의	특징	수식
연속동작	비례적분(PI) 동작	잔류편차(오프셋)를 소멸시키기 위하여 적분동작을 부가시킨 제어동작	① 잔류편차를 제거한다. ② 제어결과가 진동적으로 될 수 있다. ③ 오차가 커지는 것을 미리 방지할 수 있다.	$y = K_P\left(x_i + \frac{1}{T_1}\int x_i\,dt\right)$ y : 조작량 T_1 : 적분시간 $\frac{1}{T_1}$: 리셋률
연속동작	비례미분(PD) 동작	제어결과에 속응성이 있게끔 미분동작을 부가한 것	응답의 속응성을 개선한다.	$y = K_P\left(x_i + T_D\frac{dx}{dt}\right)$ y : 조작량 T_D : 미분시간
연속동작	비례미분적분(PID) 동작	제어결과의 단점을 보완하기 위하여 비례미분적분동작을 조합시킨 동작으로서 온도, 농도 제어에 사용	① 잔류편차를 제거한다. ② 응답의 오버슈터가 감소한다. ③ 응답의 속응성을 개선한다.	$y = K_P\left(x_i + \frac{1}{T_1}\int x_i\,dt + T_D\frac{dx_i}{dt}\right)$
불연속동작	on-off (2위치 동작)	조작량이 정해진 두 값 중 하나를 취함	제어량이 목표치를 중심으로 그 상하의 한계점에서 on-off 동작을 지령 제어결과가 사이클링 또는 off set을 일으킴	

(2) 전송방법

종류	개요	장점	단점
전기식	DC 전류를 신호로 사용하며, 전송거리가 길어도 전송에 지연이 없다.	① 전송거리가 길다(300~1000m). ② 조작력이 용이하다. ③ 복잡한 신호에 용이, 대규모 장치 이용이 가능하다. ④ 신호전달에 지연이 없다.	① 수리 · 보수가 어렵다. ② 조작속도가 빠른 경우 비례 조작부를 만들기가 곤란하다.
유압식	전송거리 300m 정도로 오일을 사용하며, 전송지연이 적고, 조작력이 크다.	① 조작력이 강하고, 조작속도가 크다. ② 전송지연이 적다. ③ 응답속도가 빠르고, 희망특성을 만들기 쉽다.	① 오일로 인한 인화의 우려가 있다. ② 오일 누유로 인한 환경문제를 고려하여야 한다.
공기압식	전송거리가 가장 짧고(100~150m), 석유화학단지 등 위험성이 있는 곳에 주로 사용되는 방법이다.	① 위험성이 없다. ② 수리보수가 용이하다. ③ 배관시공이 용이하다.	① 조작이 지연된다. ② 신호전달이 지연된다. ③ 희망특성을 살리기 어렵다.

핵심 5 ◆ 가스미터의 고장

구 분		정 의	고장의 원인
막식 가스 미터	부동	가스가 가스미터는 통과하나 눈금이 움직이지 않는 고장	① 계량막 파손 ② 밸브 탈락 ③ 밸브와 밸브시트 사이 누설 ④ 지시장치 기어 불량
	불통	가스가 가스미터를 통과하지 않는 고장	① 크랭크축 녹슴 ② 밸브와 밸브시트가 타르, 수분 등에 의한 점착, 고착 ③ 날개조절장치 납땜의 떨어짐 등 회전장치 부분 고장
	기차 불량	기차가 변하여 계량법에 규정된 사용 공차를 넘는 경우의 고장	① 계량막 신축으로 계량실의 부피변동으로 막에서 누설 ② 밸브와 밸브시트 사이에 패킹 누설
	누설	가스계량기 연결부위 가스 누설	날개축 평축이 각 격벽을 관통하는 시일부분의 기밀 파손
	감도 불량	감도유량을 보냈을 때 지침의 시도에 변화가 나타나지 않는 고장	계량막과 밸브와 밸브시트 사이에 패킹 누설
	이물질에 의한 불량	크랭크축 이물질 침투로 인한 고장	① 크랭크축 이물질 침투 ② 밸브와 밸브시트 사이 유분 등 점성 물질 침투
루터 미터	부동	회전자의 회전미터 지침이 작동하지 않는 고장	① 마그넷 커플링 장치의 슬립 ② 감속 또는 지시 장치의 기어물림 불량
	불통	회전자의 회전정지로 가스가 통과하지 못하는 고장	① 회전자 베어링 마모에 의한 회전자 접촉 ② 설치공사 불량에 의한 먼지, 시일제 등의 이물질 끼어듬
	기차 불량	기차부품의 마모 등에 의하여 계량법에 규정된 사용공차를 넘어서는 고장	① 회전자 베어링의 마모 등에 의한 간격 증대 ② 회전부분의 마찰저항 증가 등에 의한 진동 발생

핵심 6 ◆ 실측식 · 추량식 계량기의 분류

실측식			추량식(추측식)
건 식		습 식	
막식	회전자식		
① 독립내기식 ② 그로바식	① 루트식 ② 로터리 피스톤식 ③ 오벌식	–	① 오리피스식 ② 벤투리식 ③ 터빈식 ④ 와류식 ⑤ 선근차식

핵심 7 ◇ 가스계량기의 검정 유효기간(계량법 시행령 별표 13)

계량기의 종류	검정 유효기간
기준 가스계량기	2년
LPG 가스계량기	3년
최대유량 $10m^3/h$ 이하 가스계량기	5년
기타 가스계량기	8년

핵심 8 ◇ 막식, 습식, 루트식 가스미터의 장·단점

항 목 / 종 류	장 점	단 점	일반적 용도	용량범위 (m^3/h)
막식 가스미터	① 미터 가격이 저렴하다. ② 설치 후 유지관리에 시간을 요하지 않는다.	대용량의 경우 설치면적이 크다.	일반수용가	1.5~200
습식 가스미터	① 계량값이 정확하다. ② 사용 중에 기차변동이 없다. ③ 드럼 타입으로 계량된다.	① 설치면적이 크다. ② 사용 중 수위조정이 필요하다.	① 기준 가스미터용 ② 실험실용	0.2~3000
루트식 가스미터	① 설치면적이 작다. ② 중압의 계량이 가능하다. ③ 대유량의 가스측정에 적합하다.	① 스트레이너 설치 및 설치 후의 유지관리가 필요하다. ② $0.5m^3/h$ 이하의 소유량에서는 부동의 우려가 있다.	대수용가	100~5000

핵심 9 ◇ 열전대 온도계

(1) 열전대 온도계의 측정온도 범위와 특성

종 류	온도 범위	특 성
PR(R형)(백금-백금 · 로듐) P(-), R(+)	0~1600℃	산에 강하고, 환원성이 약하다(산강환약).
CA(K형)(크로멜-알루멜) C(+), A(-)	-20~1200℃	환원성에 강하고, 산화성에 약하다(환강산약).
IC(J형)(철-콘스탄탄) I(+), C(-)	-20~800℃	환원성에 강하고, 산화성에 약하다(환강산약).
CC(T형)(동-콘스탄탄) C(+), C(-)	-200~400℃	약산성에 사용하며, 수분에 취약하다.

성 분	
• P : Pt(백금)	• R : Rh(백금로듐)
• C : Ni+Cr(크로멜)	• A : Ni+Al, Mn, Si(알루멜)
• I : (철)	• C : (콘스탄탄) (Cu+Ni)
• C : (동)	• C : (콘스탄탄)

(2) 열전대의 열기전력 법칙

종 류	정 의
균일회로의 법칙	단일한 균일재료로 되어 있는 금속선은 형상, 온도분포에 상관 없이 열기전력이 발생하지 않는다는 법칙
중간금속의 법칙	열전대가 회로의 임의의 위치에 다른 금속선을 봉입해도 이 봉입 금속선의 양단 온도가 같은 경우 이 열전대의 기전력은 변화하지 않는다는 법칙
중간온도의 법칙	두 가지 열전대를 직렬로 접속할 때 얻을 수 있는 열기전력은 두 가지 열전대에 발생하는 열기전력의 합을 나타내며, 이 두 가지의 열전대는 같은 종류이든 다른 종류이든 관계가 없다는 법칙
측정 원리 및 효과와 구성요소	
측정 원리	열기전력(측온접점－기준접점)
효 과	제베크 효과
구성요소	열접점, 냉접점, 보상도선, 열전선, 보호관 등

핵심 10 ◇ G/C(가스 크로마토그래피)의 측정원리와 특성

항 목 \ 구 분	핵심내용
측정원리	① 흡착제를 충전한 관 속에 혼합시료를 넣어 용제를 유동 ② 흡수력, 이동속도 차이에 성분분석이 일어남. 기기분석법에 해당
3대 요소	분리관, 검출기, 기록계
캐리어가스 (운반가스)	He, H_2, Ar, N_2(이 중 가장 많이 사용하는 가스 : He, H_2)
구비조건	① 운반가스는 불활성 고순도이며, 구입이 용이하여야 한다. ② 기체의 확산을 최소화하여야 한다. ③ 사용 검출기에 적합하여야 한다. ④ 시료가스에 대하여 불활성이어야 한다.

핵심 11 ◇ 계측의 측정방법

종 류	특 징	관련 기기
편위법	측정량과 관계 있는 다른 양으로 변환시켜 측정하는 방법. 정도는 낮지만 측정이 간단하다.	전류계, 스프링저울, 부르동관 압력계
영위법	측정하고자 하는 상태량과 비교하여 측정하는 방법	블록게이지, 천칭의 질량측정법
치환법	지시량과 미리 알고 있는 다른 양으로 측정량을 나타내는 방법	화학 천칭
보상법	측정량과 크기가 거의 같은 미리 알고 있는 양을 준비하여 그 미리 알고 있는 양의 차이로 측정량을 알아내는 방법	－

핵심 12 ◆ 자동제어계의 분류

(1) 목표값(제어목적)에 의한 분류

구 분	개 요	
정치제어	목표값이 시간에 관계 없이 항상 일정한 제어(프로세스, 자동조정)	
추치제어	목표값의 위치, 크기가 시간에 따라 변화하는 제어	
	추종	제어량의 분류 중 서보기구에 해당하는 값을 제어하며, 미지의 임의시간적 변화를 하는 목표값에 제어량을 추종시키는 제어
	프로그램	미리 정해진 시간적 변화에 따라 정해진 순서대로 제어(무인자판기, 무인열차 등)
	비율	목표값이 다른 것과 일정비율 관계를 가지고 변화하는 추종제어

(2) 제어량에 의한 분류

구 분	개 요
서보기구	제어량의 기계적인 추치제어로서 물체의 위치, 방위 등이 목표값의 임의의 변화에 추종하도록 한 제어
프로세스(공칭)	제어량이 피드백 제어계로서 정치제어에 해당하며, 온도, 유량, 압력, 액위, 농도 등의 플랜트 또는 화학공장의 원료를 사용하여 제품생산을 제어하는 데 이용
자동조정	정치제어에 해당. 주로 전압, 주파수, 속도 등의 전기적, 기계적 양을 제어하는 데 이용

(3) 기타 자동제어

구 분		간추린 핵심내용
캐스케이드 제어		2개의 제어계를 조합하여 수행하는 제어로서 1차 제어장치는 제어량을 측정하고 제어명령을 하며, 2차 제어장치가 미명령으로 제어량을 조절하는 제어
개회로 (open loop control system) 제어	정 의	귀환요소가 없는 제어로서 가장 간편하며, 출력과 관계 없이 신호의 통로가 열려 있다.
	장 점	① 제어시스템이 간단하다. ② 설치비가 저렴하다.
	단 점	① 제어오차가 크다. ② 오차교정이 어렵다.
폐회로 (closed loop control system) 제어 (피드백제어)	정 의	출력의 일부를 입력방향으로 피드백시켜 목표값과 비교되도록 폐루프를 형성하는 제어계
	장 점	① 생산량 증대, 생산수명이 연장된다. ② 동력과 인건비가 절감된다. ③ 생산품질이 향상되고, 감대폭, 정확성이 증가된다.
	단 점	① 한 라인 공장으로 전 설비에 영향이 생긴다. ② 고도의 숙련과 기술이 필요하다. ③ 설비비가 고가이다.
	특 징	① 입력 · 출력 장치가 필요하다. ② 신호의 전달경로는 폐회로이다. ③ 제어량과 목표값이 일치하게 하는 수정동작이 있다.

핵심 13 ◆ G/C 검출기의 종류 및 특징

종 류	원 리	특 징
불꽃이온화 검출기 (FID)	시료가 이온화될 때 불꽃 중의 각 전극 사이에 전기전도도가 증대하는 원리를 이용하여 검출	① 유기화합물 분석에 적합하다. ② 탄화수소에 감응이 최고이다. ③ H_2, O_2, CO_2, SO_2에 감응이 없다. ④ 캐리어가스로는 N_2, He이 사용된다. ⑤ 검지감도가 매우 높고, 정량범위가 넓다.
열전도도형 검출기 (TCD)	기체가 열을 전도하는 성질을 이용, 캐리어가스와 시료성분가스의 열전도도의 차이를 측정하여 검출, 검출기 중 가장 많이 사용	① 구조가 간단하다. ② 가장 많이 사용된다. ③ 캐리어가스로는 H_2, He이 사용된다. ④ 캐리어가스 이외 모든 성분 검출이 가능하다.
전자포획 이온화 검출기 (ECD)	방사성 동위원소의 자연붕괴과정에서 발생되는 시료량을 검출하여 자유전자 포착 성질을 이용, 전자친화력이 있는 화합물에만 감응하는 원리를 적용	① 할로겐(F, Cl, Br) 산소화합물에 감응이 최고, 탄화수소에는 감응이 떨어진다. ② 캐리어가스로는 N_2, He이 사용된다. ③ 유기할로겐, 유기금속 니트로화합물을 선택적으로 검출할 수 있다.
염광광도 검출기 (FPD)	S(황), P(인)의 탄소화합물이 연소 시 일으키는 화학적 발광성분으로 시료량을 검출	① 인(P), 황(S) 화합물을 선택적으로 검출할 수 있다. ② 기체흐름 속도에 민감하게 반응한다.
알칼리성 열이온화 검출기 (FTD)	수소염이온화검출기(FID)에 알칼리 금속염을 부착하여 시료량을 검출	유기질소, 유기인 화합물을 선택적으로 검출할 수 있다.
열이온화 검출기 (TID)	특정한 알칼리 금속이온이 수소가 많은 불꽃이 존재할 때 질소, 인 화합물의 이온화율이 타 화합물보다 증가하는 원리로 시료량을 검출	질소, 인 화합물을 선택적으로 검출할 수 있다.

핵심 14 ◆ 자동제어계의 기본 블록선도 (구성요소 : 전달요소 치환, 인출점 치환, 병렬결합, 피드백 결합)

(1) 기본 순서

검출 → 조절 → 조작(조절 : 비교 → 판단)

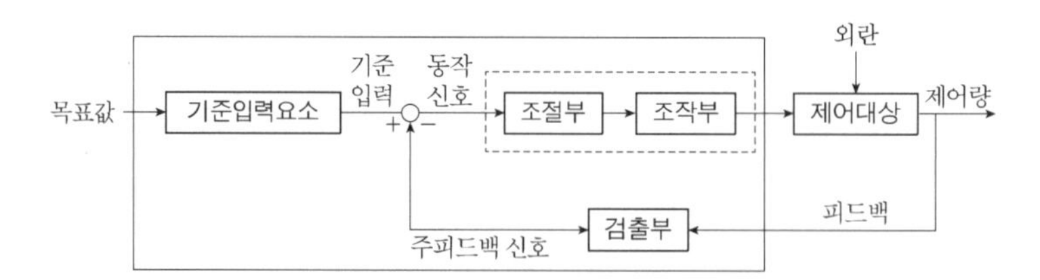

- **블록선도** : 제어신호의 전달경로를 표시하는 것으로 각 요소간 출입하는 신호연락 등을 사각으로 둘러싸 표시한 것

※ 블록선도의 등가변환 요소
1. 전달요소 치환
2. 인출점 치환
3. 병렬 결합
4. 피드백 결합

(2) 용어 해설

① 목표값 : 제어계의 설정되는 값으로서 제어계에 가해지는 입력을 의미한다.

② 기준입력요소 : 목표값에 비례하는 신호인 기준입력신호를 발생시키는 장치로서 제어계의 설정부를 의미한다.

③ 동작신호 : 목표값과 제어량 사이에서 나타나는 편차값으로서 제어요소의 입력신호이다.

④ 제어요소 : 조절부와 조작부로 구성되어 있으며, 동작신호를 조작량으로 변환하는 장치이다.

⑤ 조작량 : 제어장치 또는 제어요소의 출력이면서 제어대상의 입력인 신호이다.

⑥ 제어대상 : 제어기구로 제어장치를 제외한 나머지 부분을 의미한다.

⑦ 제어량 : 제어계의 출력으로서 제어대상에서 만들어지는 값이다.

⑧ 검출부 : 제어량을 검출하는 부분으로서 입력과 출력을 비교할 수 있는 비교부에 출력신호를 공급하는 장치이다.

⑨ 외란 : 제어대상에 가해지는 정상적인 입력 이외의 좋지 않은 외부입력으로서 편차를 유도하여 제어량의 값을 목표값에서부터 멀어지게 하는 능력이다.

⑩ 제어장치 : 기준입력요소, 제어요소, 검출부, 비교부 등과 같은 제어동작이 이루어지는 제어계 구성부분을 의미하며, 제어대상은 제외된다.

핵심 15 ◆ 독성 가스 누설검지 시험지와 변색상태

검지가스	시험지	변 색
NH_3	적색 리트머스지	청변
Cl_2	KI 전분지	청변
HCN	초산(질산구리)벤젠지	청변
C_2H_2	염화제1동 착염지	적변
H_2S	연당지	흑변
CO	염화파라듐지	흑변
$COCl_2$	하리슨 시험지	심등색

핵심 16 ◆ 액주계, 압력계 액의 구비조건

① 화학적으로 안정할 것
② 점도 팽창계수가 적을 것
③ 모세관현상이 없을 것
④ 온도변화에 의한 밀도변화가 적을 것

핵심 17 ◆ 연소분석법

정 의		시료가스를 공기 또는 산소 또는 산화제에 의해서 연소하고 그 결과 생긴 용적의 감소, 이산화탄소의 생성량, 산소의 소비량 등을 측정하여 목적성분으로 산출하는 방법
종류	폭발법	일정량의 가연성 가스 시료를 뷰렛에 넣고 적당량의 산소 또는 공기를 혼합폭발 피펫에 옮겨 전기 스파크로 폭발시킨다.
	완만연소법	직경 0.5mm 정도의 백금선을 3~4mm 코일로 한 적열부를 가진 완만한 연소 피펫으로 시료가스를 연소시키는 방법
	분별연소법	2종의 동족 탄화수소와 H_2가 혼재하고 있는 시료에서는 폭발법, 완만연소법이 불가능할 때 탄화수소는 산화시키지 않고 H_2 및 CO만을 분별적으로 연소시키는 방법(종류 : 파라듐관 연소분석법, 산화구리법) ① 파라듐관 연소분석법 : 10% 파라듐 석면을 넣은 파라듐관에 시료가스와 적당량의 O_2를 통하여 연소시켜 파라핀계 탄화수소가 변화하지 않을 때 H_2를 산출하는 방법으로 파라듐 석면, 파라듐 흑연, 실리카겔이 촉매로 사용된다. ② 산화구리법 : 산화구리를 250℃로 가열하여 시료가스 통과 시 H_2, CO는 연소하고 CH_4이 남는다. 800~900℃ 가열된 산화구리에서는 CH_4도 연소되므로 H_2, CO를 제거한 가스에 대하여 CH_4도 정량이 된다.

핵심 18 ◆ 가스미터의 기차

① 기차 $= \dfrac{\text{시험미터 지시량} - \text{기준미터 지시량}}{\text{시험미터 지시량}} \times 100$

② 가스미터의 사용오차 : 최대허용오차의 2배

핵심 19 ◆ 오리피스 유량계에 사용되는 교축기구의 종류

종 류	특 징
베나탭(Vend-tap)	교축기구를 중심으로 유입은 관 내경의 거리에서 취출, 유출은 가장 낮은 압력이 되는 위치에서 취출하며 가장 많이 사용한다.
플랜지탭(Flange-tap)	교축기구로부터 25mm 전후의 위치에서 차압을 취출한다.
코너탭(Corner-tap)	평균압력을 취출하여 교축기구 직전 전후의 차압을 취출하는 형식이다.

핵심 20 ◆ 가연성 가스 검출기의 종류

구 분	내 용
간섭계형	가스의 굴절률 차이를 이용하여 농도를 측정(CH_4 및 일반 가연성 가스 검출) $x=\dfrac{Z}{n_m-n_a}\times 100$ 여기서, x : 성분 가스의 농도(%) Z : 공기의 굴절률 차에 의한 간섭무늬의 이동 n_m : 성분 가스의 굴절률 n_a : 공기의 굴절률
안전등형	① 탄광 내 CH_4의 발생을 검출하는 데 이용(사용연료는 등유) ② CH_4의 농도에 따라 청색불꽃길이가 달라지는 것을 판단하여 CH_4의 농도(%)를 측정
열선형	브리지 회로의 편위전류로서 가스의 농도 지시 또는 자동적으로 경보하여 검출하는 방법

핵심 21 ◆ 검지관에 의한 측정농도 및 검지한도

대상가스	측정농도 범위(%)	검지한도(ppm)	대상가스	측정농도 범위(%)	검지한도(ppm)
아세틸렌	0~0.3	10	시안화수소	0~0.1	0.2
수소	0~1.5	250	황화수소	0~0.18	0.5
산화에틸렌	0~3.5	10	암모니아	0~25	5
염소	0~0.004	0.1	프로판	0~5	100
포스겐	0~0.005	0.02	브롬화메탄	0~0.05	1
일산화탄소	0~0.1	1	에틸렌	0~1.2	0.01

핵심 22 ◆ 전기저항 온도계

온도상승 시 저항이 증가하는 것을 이용한다.

(1) 측정원리

금속의 전기저항(공칭저항치의 0℃의 저항소자)

(2) 종류 및 특징

종 류	특 징
백금저항 온도계	① 측정범위(−200~850℃) ② 저항계수가 크다. ③ 가격이 고가이다. ④ 정밀 특정이 가능하다. ⑤ 표준저항값으로 25Ω, 50Ω, 100Ω이 있다.

종 류	특 징
니켈저항 온도계	① 측정범위(−50~150℃) ② 가격이 저렴하다. ③ 안전성이 있다. ④ 표준저항값(500)
구리저항 온도계	① 측정범위(0~120℃) ② 가격이 저렴하다. ③ 유지관리가 쉽다.
서미스터 온도계 (Ni+Cu+Mn+Fe+Co 등을 압축소결시켜 만든 온도계)	① 측정범위(−50~350℃) ② 저항계수가 백금 ③ 경년변화가 있다. ④ 응답이 빠르다.
저항계수가 큰 순서	
서미스터 온도계>백금저항 온도계>니켈저항 온도계>구리저항 온도계	

핵심 23 ◇ 차압식 유량계

(1)

구 분	세부내용
측정원리	압력차로 베르누이 원리를 이용
종 류	오리피스, 플로노즐, 벤투리
압력손실이 큰 순서	오리피스>플로노즐>벤투리

(2) 유량계 분류

구 분		종 류
측정방법	직접	습식 가스미터
	간접	피토관, 오리피스, 벤투리, 로터미터
측정원리	차압식	오리피스, 플로노즐, 벤투리
	유속식	피토관
	면적식	로터미터

핵심 24 ◇ 접촉식, 비접촉식 온도계

접촉식		비접촉식	
열전대, 바이메탈, 유리제, 전기저항	① 취급이 간단하다. ② 연속기록, 자동제어가 불가능하다. ③ 원격측정이 불가능하다.	광고, 광전관, 색, 복사(방사)	① 측정온도 오차가 크다. ② 고온 측정, 이동물체 측정에 적합하다. ③ 응답이 빠르고, 내구성이 좋다. ④ 접촉에 의한 열손실이 없다.

핵심 25 ◆ 습도

구 분	세부내용
절대습도(x)	건조공기 1kg과 여기에 포함되어 있는 수증기량(kg)을 합한 것에 대한 수증기량 (예제) 습공기 305kg, 수증기량 5kg일 때 절대습도는? $x = \frac{5}{305-5} = 0.016\text{kg/kg}$
상대습도(ϕ)	대기 중 존재할 수 있는 최대습기량과 현존하는 습기량
비교습도 (포화도)	습공기의 절대습도와 그와 동일 온도인 포화습공기의 절대습도비$= \frac{\text{실제 몰습도}}{\text{포화 몰습도}}$

참고사항

① 과열도=과열증기 온도−포화증기 온도

② 건조도 $= \frac{\text{습증기 중 건조포화증기 무게}}{\text{습증기 무게}} = \frac{\text{습증기 엔트로피} - \text{포화수 엔트로피}}{\text{포화증기 엔트로피} - \text{포화수 엔트로피}}$

③ 습도 $= \frac{(\text{포화증기} - \text{습증기})\text{엔트로피}}{(\text{포화증기} - \text{포화수})\text{엔트로피}}$

※ 습도는 주로 노점으로 측정

핵심 26 ◆ 액면계의 사용용도

용 도		종 류
인화와 중독 우려가 없는 곳에 사용		슬립튜브식, 회전튜브식, 고정튜브식
LP가스 저장탱크	지상	클링커식
	지하	슬립튜브식
산소 · 불활성에만 사용 가능		환형 유리제 액면계
직접식		직관식, 검척식, 플로트식, 편위식
간접식		차압식, 기포식, 방사선식, 초음파식, 정전용량식

액면계 구비조건

① 고온 · 고압에 견딜 것
② 연속, 원격 측정이 가능할 것
③ 부식에 강할 것
④ 자동제어장치에 적용 가능할 것
⑤ 경제성이 있고, 수리가 쉬울 것

핵심 27 ◇ 다이어프램 압력계

구 분	내 용
용 도	연소로의 통풍계로 사용
정 도	±1~2%
측정범위	20~5000mmH_2O
특 징	① 감도가 좋아 저압측정에 유리하다. ② 부식성 유체점도가 높은 유체측정이 가능하다. ③ 과잉압력으로 파손 시에도 위험성이 적다. ④ 응답성이 좋다. ⑤ 격막의 재질 : 천연고무, 합성고무, 테프론 ⑥ 온도의 영향을 받는다. ⑦ 영점조절장치가 필요하다. ⑧ 직렬형은 A형, 격리형은 B형을 사용한다.

핵심 28 ◇ 터빈 유량계

회전체에 대해 비스듬히 설치된 날개에 부딪치는 유체의 운동량으로 회전체를 회전시킴으로 가스유량을 측정하는 원리로 추량식에 속하며, 압력손실이 적고 측정 범위가 넓으나 스월(소용돌이)의 영향을 받으며 유체의 에너지를 이용하여 측정하는 유량계이다.

핵심 29 ◇ 오차의 종류

<table>
<tr><th colspan="2">종 류</th><th>정 의</th></tr>
<tr><td colspan="2">과오오차</td><td>측정자의 부주의로 생기는 오차</td></tr>
<tr><td colspan="2">계통적 오차</td><td>측정값에 영향을 주는 원인에 의하여 생기는 오차로서 측정자의 쏠림에 의하여 발생</td></tr>
<tr><td colspan="2">우연오차</td><td>상대적 분포현상을 가진 측정값을 나타내는데 이것을 산포라 부르며, 이 오차는 우연히 생기는 값으로서 오차를 없애는 방법이 없음</td></tr>
<tr><td colspan="2">상대오차</td><td>참값 또는 측정값에 대한 오차의 비율을 말함</td></tr>
<tr><th colspan="3">계통오차</th></tr>
<tr><td colspan="2">정 의</td><td>측정값에 일정한 영향을 주는 원인에 의하여 생기는 오차 평균치를 구하였으나 진실값과 차이가 생기며, 편위(평균치－진실치)에 의하여 생기는 오차(정확도는 표시함)</td></tr>
<tr><td rowspan="4">종 류</td><td>계기오차</td><td>측정기가 불완전하거나 내부 요인의 설치상황에 따른 영향, 사용상 제한 등으로 생기는 오차</td></tr>
<tr><td>개인(판단)오차</td><td>개인의 습관, 버릇 판단으로 생기는 오차</td></tr>
<tr><td>이론(방법)오차</td><td>사용하는 공식이나 계산 등으로 생기는 오차</td></tr>
<tr><td>환경오차</td><td>온도, 압력, 습도 등 측정환경의 변화에 의하여 측정기나 측정량이 규칙적으로 변하기 때문에 생기는 오차</td></tr>
</table>

핵심 30 ◇ 계량기 종류별 기호

종 류	기 호
전기계량기	G
전량 눈금새김탱크	N
연료유미터	K
가스미터	H
LPG미터	L
로드셀	R

핵심 31 ◇ 바이메탈 온도계

구 분	내 용
측정원리	선팽창계수가 다른 두 금속을 결합하여 온도에 따라 휘어지는 정도를 이용한 것
특 징	• 구조가 간단하고, 보수가 용이하다. • 온도변화에 따른 응답이 빠르다. • 조작이 간단하다. • 유리제에 비하여 견고하고, 지시 눈금의 직독이 가능하다. • 히스테리 오차가 발생한다.
측정온도	−50~500℃
종 류	나선형, 원호형, 와권형
용 도	실험실용, 자동제어용, 현장지시용

핵심 32 ◇ 임펠러식(Impeller type) 유량계의 특징

① 구조가 간단하다.
② 직관부분이 필요하다.
③ 측정 정도는 약 ±0.5%이다.
④ 부식성이 강한 액체에도 사용할 수 있다.

핵심 33 ◇ 압력계의 구분

<table>
<tr><th>항 목
구 분</th><th colspan="2">종 류</th><th>특 성</th><th>기타사항</th></tr>
<tr><td>1차</td><td colspan="2">자유(부유) 피스톤식, 액주식(manometer)</td><td>부르동관 압력계의 눈금교정용, 실험실용 U자관, 경사관식, 링밸런스식(환상천평식)으로 1차 압력계의 기본이 되는 압력계</td><td>–</td></tr>
<tr><td rowspan="5">2차</td><td rowspan="3">탄성식
(압력변화에 따른 탄성변위를 이용하는 방법)</td><td>부르동관</td><td>① 고압측정용
② 재질(고압용 : 강, 저압용 : 동)
③ 측정범위 0.5~3000kg/cm^2
④ 정도 ±1~3%</td><td>① 80℃ 이상되지 않도록 할 것
② 동결, 충격에 유의</td></tr>
<tr><td>벨로스</td><td>① 벨로스의 신축을 이용
② 용도 : 0.01~10kg/cm^2 미압 및 차압 측정</td><td>주위온도 오차에 충분히 주의할 것</td></tr>
<tr><td>다이어프램</td><td>① 연소계의 통풍계로 이용
② 부식성 유체에 적합
③ 20~5000mmH_2O 측정</td><td>감도가 좋아 저압측정에 유리</td></tr>
<tr><td rowspan="2">전기식
(물리적 변화를 이용하는 방법)</td><td>전기저항 압력계</td><td colspan="2">금속의 전기저항값이 변화되는 것을 이용</td></tr>
<tr><td>피에조전기 압력계</td><td colspan="2">① 가스폭발 등 급속한 압력변화를 측정
② 수정, 전기석, 롯셀염 등이 결정체의 특수방향에 압력을 가하여 발생되는 전기량으로 압력을 측정</td></tr>
</table>

핵심 34 ◇ 가스계량기의 표시

① MAX(m^3/hr) : 최대유량

② L/rev : 계량실의 1주기 체적

핵심 35 ◇ 이론단의 높이, 이론단수

$$\text{이론단의 높이(HETP)} = \frac{L}{N}$$

$$\text{이론단수}(N) = 16 \times \left(\frac{K}{B}\right)^2$$

여기서, L : 관 길이

N : 이론단수

K : 피크점까지 최고길이(체류부피=머무른 부피)

B : 띠나비(봉우리 폭)

핵심 36 ◇ 계측기기의 구비조건

① 견고하고 신뢰성이 높을 것
② 원거리지시 및 기록이 가능할 것
③ 연속측정이 용이할 것
④ 설치방법이 간단하고, 조작이 용이할 것
⑤ 보수가 쉬울 것

핵심 37 ◇ 기본단위(물리량을 나타내는 기본적인 7종)

종 류	길 이	질 량	시 간	온 도	전 류	물질량	광 도
단 위	m	kg	S	K	A	mol	Cd

성공하려면
당신이 무슨 일을 하고 있는지를 알아야 하며,
하고 있는 그 일을 좋아해야 하며,
하는 그 일을 믿어야 한다.

-윌 로저스(Will Rogers)-

☆

때론 지치고 힘들지만 언제나 가슴에 큰 꿈을 안고 삽시다.
노력은 배반하지 않습니다.^^

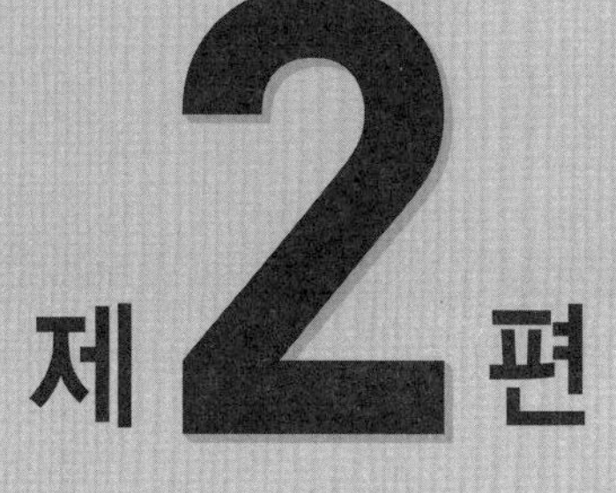

제 2 편

과년도 출제문제

(최근의 기출문제 수록)

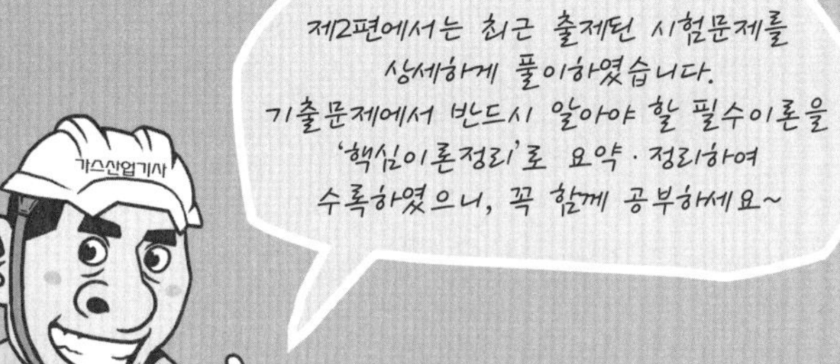

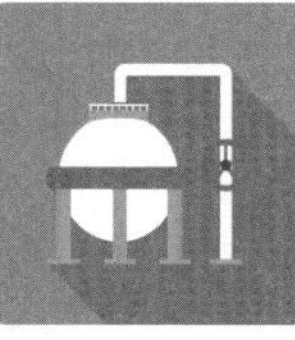

HAPPY GAS
GAS
가스산업기사 필기
www.cyber.co.kr

국가기술자격 시험문제

2014년 산업기사 제1회 필기시험(2부) (2014년 3월 2일 시행)

자격종목	시험시간	문제수	문제형별
가스산업기사	2시간	80	A

수험번호		성 명	

제1과목 연소공학

01 다음 연료 중 착화온도가 가장 낮은 것은 어느 것인가?

① 벙커C유
② 무연탄
③ 역청탄
④ 목재

연료의 착화온도

구 분	착화온도(℃)	구 분	착화온도(℃)
목탄	320~370	CO	580~650
갈탄	250~450	CH_4	650~750
역청탄	320~400	발생로 가스	700~800
무연탄	440~500		
중유(벙커C유)	530~580	목재	250~300
수소	580~600		

02 예혼합연소에 대한 설명으로 옳지 않은 것은?

① 난류연소 속도는 연료의 종류, 온도, 압력에 대응하는 고유값을 갖는다.
② 전형적인 층류 예혼합화염은 원추상 화염이다.
③ 층류 예혼합화염의 경우 대기압에서의 화염두께는 대단히 얇다.
④ 난류 예혼합화염은 층류화염보다 훨씬 높은 연소속도를 가진다.

03 액체연료의 인화점 측정방법이 아닌 것은?

① 타그법
② 펜스키 마르텐스법
③ 에벨펜스키법
④ 봄베법

인화점 시험방법
㉠ 타그 개방식 : 인화점 80℃ 이하 휘발성 가연물
㉡ 타그 밀폐식 : 인화점 80℃ 이하 석유제품
㉢ 펜스키 마르텐스식 : 등유, 경유, 중유 등의 연료유 컷백 아스팔트 등, 그 이외에 에벨펜스키법 등

04 공기 중에서 압력을 증가시켰더니 폭발범위가 좁아지다가 고압 이후부터 폭발범위가 넓어지기 시작했다. 어떤 가스인가?

① 수소 ② 일산화탄소
③ 메탄 ④ 에틸렌

㉠ CO : 압력을 올리면 폭발범위가 좁아짐
㉡ H_2 : 압력을 올리면 폭발범위가 좁아지다가 계속 압력을 올리면 어느 한계점에서 다시 넓어짐

05 연소범위에 대한 온도의 영향으로 옳은 것은?

① 온도가 낮아지면 방열속도가 느려져서 연소범위가 넓어진다.
② 온도가 낮아지면 방열속도가 느려져서 연소범위가 좁아진다.
③ 온도가 낮아지면 방열속도가 빨라져서 연소범위가 넓어진다.
④ 온도가 낮아지면 방열속도가 빨라져서 연소범위가 좁아진다.

정답 01.④ 02.① 03.④ 04.① 05.④

06 상온 · 상압 하에서 에탄(C_2H_6)이 공기와 혼합되는 경우 폭발범위는 약 몇 %인가? (안전-106)

① 3.0~10.5% ② 3.0~12.5%
③ 2.7~10.5% ④ 2.7~12.5%

07 다음은 폭굉의 정의에 관한 설명이다. ( ) 에 알맞은 용어는? (연소-1)

> 폭굉이란 가스의 화염(연소) (㉠)가(이) (㉡)보다 큰 것으로 파면선단의 압력파에 의해 파괴작용을 일으키는 것을 말한다.

① ㉠ 전파속도, ㉡ 화염온도
② ㉠ 폭발파, ㉡ 충격파
③ ㉠ 전파온도, ㉡ 충격파
④ ㉠ 전파속도, ㉡ 음속

08 층류의 연소속도에 대한 설명으로 옳은 것은?

① 미연소 혼합기의 비열이 클수록 층류 연소속도는 크게 된다.
② 미연소 혼합기의 비중이 클수록 층류 연소속도는 크게 된다.
③ 미연소 혼합기의 분자량이 클수록 층류 연소속도는 크게 된다.
④ 미연소 혼합기의 열전도율이 클수록 층류 연소속도는 크게 된다.

해설
층류의 연소속도가 빨라지는 조건
㉠ 비열 분자량이 적을수록
㉡ 열전도율이 클수록
㉢ 압력온도가 높을수록
㉣ 착화온도가 낮을수록

09 폭발과 관련한 가스의 성질에 대한 설명으로 옳지 않은 것은?

① 연소속도가 큰 것일수록 위험하다.
② 인화온도가 낮을수록 위험하다.
③ 안전간격이 큰 것일수록 위험하다.
④ 가스의 비중이 크면 낮은 곳에 체류한다.

안전간격이 큰 것은 안전하다.

10 다음 반응식을 이용하여 메탄(CH_4)의 생성열을 계산하면?

> ㉠ $C + O_2 \rightarrow CO_2$
> $\Delta H = -97.2\text{kcal/mol}$
> ㉡ $H_2 + \frac{1}{2}O_2 \rightarrow H_2O$
> $\Delta H = -57.6\text{kcal/mol}$
> ㉢ $CH_4 + 2O_2 \rightarrow CO_2 + 2H_2O$
> $\Delta H = -194.4\text{kcal/mol}$

① $\Delta H = -17\text{kcal/mol}$
② $\Delta H = -18\text{kcal/mol}$
③ $\Delta H = -19\text{kcal/mol}$
④ $\Delta H = -20\text{kcal/mol}$

해설
CH_4의 생성반응식
$C + 2H_2 \rightarrow CH_4$이므로
㉡×2 = $2H_2 + O_2 \rightarrow 2H_2O$ ········· ㉡′
㉡′ + ㉠ = $C + 2H_2 + 2O_2 \rightarrow CO_2 + 2H_2O$ ······ ㉠′
㉠′ − ㉢ = $C + 2H_2 + 2O_2 \rightarrow CO_2 + 2H_2O$
$-(CH_4 + 2O_2 \rightarrow CO_2 + 2H_2O)$
∴ $Q = -57.6 \times 2 + (-97.2) - (-194.4)$
$= -212.4 + 194.4 = -18\text{kcal/mol}$

11 다음 반응에서 평형을 오른쪽으로 이동시켜 생성물을 더 많이 얻으려면 어떻게 해야 하는가?

> $CO + H_2O \rightleftharpoons H_2 + CO_2 + Q(\text{kcal})$

① 온도를 높인다. ② 압력을 높인다.
③ 온도를 낮춘다. ④ 압력을 낮춘다.

해설
$CO + H_2O \rightarrow H_2 + CO_2 + Q(\text{kcal})$
㉠ 반응의 좌우측 몰수가 같으므로 압력의 영향은 없다.
㉡ $+Q$(발열이므로) : 온도는 낮춘다.
㉢ 압력을 올리면 몰수가 큰 쪽에서 적은 쪽으로 반응이 진행
㉣ 압력을 낮추면 몰수가 적은 쪽에서 큰 쪽으로 반응이 진행
㉤ 온도를 낮추면 $+Q$(발열) 방향으로 반응이 진행
㉥ 온도를 올리면 $-9Q$(흡열) 방향으로 반응이 진행

정답 06.② 07.④ 08.④ 09.③ 10.② 11.③

12 어떤 기체의 확산속도가 SO_2의 2배였다. 이 기체는 어떤 물질로 추정되는가?

① 수소　　② 메탄
③ 산소　　④ 질소

해설

기체의 확산속도는 분자량의 제곱근에 반비례

$$\frac{U_X}{U_{SO_2}}=\sqrt{\frac{64}{M_X}}=\frac{2}{1}$$

$$\frac{64}{M_X}=\frac{4}{1}$$

$4M_X=64\ M_X=16$g이므로 CH_4의 분자량 16g이므로 메탄가스이다.

13 가연성 물질의 위험성에 대한 설명으로 틀린 것은? **(설비-44)**

① 화염일주한계가 작을수록 위험성이 크다.
② 최소점화에너지가 작을수록 위험성이 크다.
③ 위험도는 폭발 상한과 하한의 차를 폭발하한계로 나눈 값이다.
④ 암모니아의 위험도는 2이다.

NH_3의 위험도$=\dfrac{28-15}{15}=0.87$

14 폭굉유도거리(DID)가 짧아지는 요인이 아닌 것은? **(연소-1)**

① 압력이 낮을 때
② 점화원의 에너지가 클 때
③ 관 속에 장애물이 있을 때
④ 관 지름이 작을 때

해설

폭굉유도거리가 짧아지는 원인
②, ③, ④항 이외에 압력이 높을수록 정상연속 속도가 큰 혼합가스일수록

15 가로, 세로, 높이가 각각 3m, 4m, 3m인 가스 저장소에 최소 몇 L의 부탄가스가 누출되면 폭발될 수 있는가? (단, 부탄가스의 폭발범위는 1.8~8.4%이다.)

① 460　　② 560
③ 660　　④ 760

해설

공기량 : $3\times4\times3=36\text{m}^3$
폭발하한에 도달하는 부탄의 누출량 $x(\text{m}^3)$

$\therefore\ \dfrac{x}{36+x}=0.018$이므로

$x=0.018(36+x)$
$x=0.018\times(36+0.018)$
$x(1-0.018)=0.018\times36$

$\therefore\ x=\dfrac{0.018\times36}{1-0.018}=0.6598\text{m}^3=659.8\text{L}≒60\text{L}$

16 일정량의 기체의 체적은 온도가 일정할 때 어떤 관계가 있는가? (단, 기체는 이상기체로 거동한다.)

① 압력에 비례한다.
② 압력에 반비례한다.
③ 비열에 비례한다.
④ 비열에 반비례한다.

해설

보일의 법칙
온도가 일정할 때 기체의 체적은 압력에 반비례

17 1kWh의 열당량은 약 몇 kcal인가? (단, 1kcal는 4.2J이다.)

① 427　　② 576
③ 660　　④ 857

해설

$1\text{kWh}=102\text{kg}\cdot\text{m/s}\times3600\text{s/h}$
$=102\times3600\text{kg}\cdot\text{m/h}\times\dfrac{1}{427}\text{kcal/kg}\cdot\text{m}$
$=859.99≒60\text{kcal/h}$

18 안전간격에 대한 설명으로 옳지 않은 것은?

① 안전간격은 방폭전기기기 등의 설계에 중요하다.
② 한계직경은 가는 관 내부를 화염이 진행할 때 도중에 꺼지는 관의 직경이다.
③ 두 평행판 간의 거리를 화염이 전파하지 않을 때까지 좁혔을 때 그 거리를 소염거리라고 한다.
④ 발화의 제반조건을 갖추었을 때 화염이 최대한으로 전파되는 거리를 화염일주라고 한다.

정답 12.② 13.④ 14.① 15.③ 16.② 17.④ 18.④

화염일주한계 : 폭발성 혼합가스를 금속성의 두 개의 공간에 넣고 그 사이에 미세한 틈을 갖는 벽으로 분리, 한쪽에 점화하여 폭발되는 경우에 그 틈을 통해 다른 쪽의 가스가 인화폭발 되는가를 보는 시험. 틈의 간격만 증감시키면서 시험을 하고 틈의 간격이 어느 이하에서는 한쪽이 폭발하여도 다른 쪽의 가스는 인화하지 않게 되는데 이를 화염일주한계라고 한다.

19 화학반응속도를 지배하는 요인에 대한 설명으로 옳은 것은?

① 압력이 증가하면 반응속도는 항상 증가한다.
② 생성물질의 농도가 커지면 반응속도는 항상 증가한다.
③ 자신은 변하지 않고 다른 물질의 화학변화를 촉진하는 물질을 부촉매라고 한다.
④ 온도가 높을수록 반응속도가 증가한다.

온도 10℃ 상승할 때마다 반응속도는 2배 증가

20 다음 기체가연물 중 위험도(H)가 가장 큰 것은? (설비-44)

① 수소 ② 아세틸렌
③ 부탄 ④ 메탄

위험도(H)$=\dfrac{U-L}{L}$

여기서, U : 폭발상한, L : 폭발하한
① 수소(4~75%)
② 아세틸렌(2.5~81%)
③ 부탄(1.8~8.4%)
④ 메탄(5~15%)

아세틸렌 위험도$=\dfrac{81-2.5}{2.5}=31.4$

제2과목 가스설비

21 다음 중 에어졸 용기의 내용적은 몇 L 이하인가? (안전-70)

① 1 ② 3
③ 5 ④ 10

에어졸 용기
㉠ 내용적 : 1L 이하
㉡ 두께 : 0.125mm
㉢ 재료 : 강 또는 경금속
㉣ 내압시험압력 : 0.8MPa
㉤ 가압시험압력 : 1.3MPa
㉥ 파열시험압력 : 1.5MPa
㉦ 누출시험온도 : 46℃ 이상 50℃ 미만

22 저압 가스 배관에서 관의 내경이 1/2로 되면 압력손실은 몇 배로 되는가? (단, 다른 모든 조건은 동일한 것으로 본다.) (설비-8)

① 4
② 16
③ 32
④ 64

저압배관 유량식

$Q=k\sqrt{\dfrac{D^5H}{SL}}$ 이므로

$\therefore\ H=\dfrac{Q^2\cdot S\cdot L}{K^2\cdot D^5}=\dfrac{1}{\left(\dfrac{1}{2}\right)^5}=32$배

23 성능계수가 3.2인 냉동기가 10ton의 냉동을 하기 위하여 공급하여야 할 동력은 약 몇 kW인가?

① 10
② 12
③ 14
④ 16

$\text{kW}=\dfrac{10\times 3320\text{kcal/kg}}{3.2\times 860\text{kcal/kg/kW}}=12.0\text{kW}$

24 액화천연가스(LNG)의 탱크로서 저온수축을 흡수하는 기구를 가진 금속박판을 사용한 탱크는?

① 프리스트레스트 탱크
② 동결식 탱크
③ 금속제 이중구조 탱크
④ 멤브레인 탱크

정답 19.④ 20.② 21.① 22.③ 23.② 24.④

25 가연성 가스 및 독성 가스 용기의 도색구분이 옳지 않은 것은? **(안전-59)**

① LPG－회색
② 액화암모니아－백색
③ 수소－주황색
④ 액화염소－청색

26 다음 중 비등점이 낮은 것부터 바르게 나열된 것은?

㉠ O_2	㉡ H_2
㉢ N_2	㉣ CO

① ㉡－㉢－㉣－㉠
② ㉡－㉢－㉠－㉣
③ ㉡－㉣－㉢－㉠
④ ㉡－㉣－㉠－㉢

해설
비등점
H_2(−252℃)－N_2(−196℃)－CO(−192℃)－O_2(−183℃)

27 아세틸렌 용기의 다공물질 용적이 30L, 침윤 잔용적이 6L일 때 다공도는 몇 %이며, 관련법상 합격인지 판단하면? **(안전-20)**

① 20%로서 합격이다.
② 20%로서 불합격이다.
③ 80%로서 합격이다.
④ 80%로서 불합격이다.

다공도 $= \dfrac{V-E}{V} \times 100$

여기서, V : 다공물질의 용적(m^3)
E : 침윤 잔용적(m^3)

$\dfrac{30-6}{30} \times 100 = 80\%$

다공도 합격기준 : 75% 이상 92% 미만

28 LPG 저장탱크 2기를 설치하고자 할 경우, 두 저장탱크의 최대지름이 각각 2m, 4m일 때 상호 유지하여야 할 최소이격거리는 몇 m인가? **(안전-3)**

① 0.5m　　② 1m
③ 1.5m　　④ 2m

해설
두 저장탱크 이격거리 : $(2m+4m) \times \dfrac{1}{4} = 1.5m$
1m 이상일 때는 그 길이를, 1m 미만일 때는 1m를 유지

29 원통형 용기에서 원주방향 응력은 축방향 응력의 얼마인가?

① 0.5　　② 1배
③ 2배　　④ 4배

해설
원통형 용기
㉠ 원주방향 응력 : $\sigma_t = \dfrac{PD}{2t}$
㉡ 축방향 응력 : $\sigma_z = \dfrac{PD}{4t}$ 이므로
$\therefore \ \sigma_t = 2\sigma_z$

30 LPG가스의 연소방식 중 분젠식 연소방식에 대한 설명으로 옳은 것은? **(연소-8)**

① 불꽃의 색깔은 적색이다.
② 연소 시 1차 공기, 2차 공기가 필요하다.
③ 불꽃의 길이가 길다.
④ 불꽃의 온도가 900℃ 정도이다.

31 고온 · 고압 하에서 수소를 사용하는 장치 공정의 재질은 어느 재료를 사용하는 것이 가장 적당한가?

① 탄소강　　② 스테인리스강
③ 타프치동　　④ 실리콘강

해설
고온 · 고압 하에서 수소를 사용 시 수소취성(강의탈탄)이 일어나므로 5~6% Cr강에 W, Mo, Ti, V을 첨가하거나 스텐인리스강을 사용

32 금속 재료에 대한 설명으로 틀린 것은?

① 탄소강은 철과 탄소를 주요성분으로 한다.
② 탄소 함유량이 0.8% 이하의 강을 저탄소강이라 한다.
③ 황동은 구리와 아연의 합금이다.
④ 강의 인장강도는 300℃ 이상이 되면 급격히 저하된다.

정답 25.④ 26.① 27.③ 28.③ 29.③ 30.② 31.② 32.②

해설
㉠ 0.2% 이하 : 저탄소강
㉡ 0.45~0.8% : 중탄소강
㉢ 0.8~1.7% : 고탄소강

33 가스 온수기에 반드시 부착하지 않아도 되는 안전장치는?

① 소화안전장치
② 과열방지장치
③ 불완전연소방지장치
④ 전도안전장치

34 자동절체식 조정기 설치에 있어서 사용측과 예비측 용기의 밸브 개폐방법에 대한 설명으로 옳은 것은?

① 사용측 밸브는 열고, 예비측 밸브는 닫는다.
② 사용측 밸브는 닫고, 예비측 밸브는 연다.
③ 사용측, 예비측 밸브 전부를 닫는다.
④ 사용측, 예비측 밸브 전부를 연다.

35 고압가스용 기화장치에 대한 설명으로 옳은 것은?

① 증기 및 온수 가열구조의 것에는 기화장치 내의 물을 쉽게 뺄 수 있는 드레인밸브를 설치한다.
② 기화기에 설치된 안전장치는 최고충전압력에서 작동하는 것으로 한다.
③ 기화장치에는 액화가스의 유출을 방지하기 위한 액 밀봉장치를 설치한다.
④ 임계온도가 −50℃ 이하인 액화가스용 고정식 기화장치의 압력이 허용압력을 초과하는 경우 압력을 허용압력 이하로 되돌릴 수 있는 안전장치를 설치한다.

해설
② 안전밸브 작용압력 $T_P \times \frac{8}{10}$ 이하에서 작동
③ 액화가스 유출을 방지하기 위해 액유출방지장치 설치

36 전열 온수기, 기화기에서 사용되는 열매체는?

① 공기
② 기름
③ 물
④ 액화가스

37 저온 수증기 개질 프로세스의 방식이 아닌 것은?

① C.R.G식
② M.R.G식
③ Lurgi식
④ I.C.I식

38 린데식 액화장치의 구조상 반드시 필요하지 않은 것은?

① 열교환기
② 증발기
③ 팽창밸브
④ 액화기

해설
㉠ 린데식 액화장치(열교환기 팽창밸브 액화기)
㉡ 클로우드식 액화장치(열교환기, 팽창기, 팽창밸브 액화기)

39 축류 펌프의 특징에 대한 설명으로 틀린 것은?

① 비속도가 적다.
② 마감기동이 불가능하다.
③ 펌프의 크기가 작다.
④ 높은 효율을 얻을 수 있다.

해설
펌프의 특징 및 비속도

명칭 \ 항목	특징	비속도 (m^3/min, m, rpm)
원심	비교적 고양정에 적합	100~600
사류	비교적 중양정	500~1300
축류	비교적 저양정	1200~2000

정답 33.④ 34.④ 35.① 36.③ 37.④ 38.② 39.①

40 가스용 PE 배관을 온도 40℃ 이상의 장소에 설치할 수 있는 가장 적절한 방법은?

① 단열성능을 가지는 보호판을 사용한 경우
② 단열성능을 가지는 침상재료를 사용한 경우
③ 로케팅 와이어를 이용하여 단열조치를 한 경우
④ 파이프 슬리브를 이용하여 단열조치를 한 경우

제3과목 가스안전관리

41 액화가스를 차량에 고정된 탱크에 의해 250km의 거리까지 운반하려고 한다. 운반책임자가 동승하여 감독 및 지원을 할 필요가 없는 경우는? (안전-5)

① 에틸렌 : 3000kg
② 아산화질소 : 3000kg
③ 암모니아 : 1000kg
④ 산소 : 6000kg

해설
차량고정탱크 200km 이상 운반 시 운반책임자 동승이 필요한 운반량(액화 : kg, 압축 : m^3)

42 일반도시가스 공급시설의 기화장치에 대한 기준으로 틀린 것은?

① 기화장치에는 액화가스가 넘쳐흐르는 것을 방지하는 장치를 설치한다.
② 기화장치는 직화식 가열구조가 아닌 것으로 한다.
③ 기화장치로서 온수로 가열하는 구조의 것은 급수부에 동결방지를 위하여 부동액을 첨가한다.
④ 기화장치의 조작용 전원이 정지할 때에도 가스공급을 계속 유지할 수 있도록 자가발전기를 설치한다.

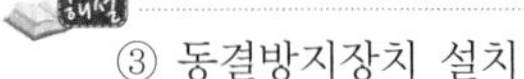
③ 동결방지장치 설치

43 액화석유가스를 충전한 자동차에 고정된 탱크는 지상에 설치된 저장탱크의 외면으로부터 몇 m 이상 떨어져 정차하여야 하는가? (안전-23)

① 1
② 3
③ 5
④ 8

44 가스의 종류와 용기도색의 구분이 잘못된 것은? (안전-59)

① 액화염소 : 황색
② 액화암모니아 : 백색
③ 에틸렌(의료용) : 자색
④ 사이클로프로판(의료용) : 주황색

염소 : 갈색

45 저장탱크의 내용적이 몇 m^3 이상일 때 가스방출장치를 설치하여야 하는가? (안전-41)

① $1m^3$
② $3m^3$
③ $5m^3$
④ $10m^3$

46 안전성 평가는 관련 전문가로 구성된 팀으로 안전평가를 실시해야 한다. 다음 중 안전평가 전문가의 구성에 해당하지 않는 것은?

① 공정운전 전문가
② 안전성평가 전문가
③ 설계전문가
④ 기술용역 진단전문가

해설
안전성평가의 관련전문가 : 고압가스 제조시설의(KGS GC211)
안전성평가는 안정성평가 전문가, 설계전문가, 공정전문가 1인 이상 참여하여 구성된 팀이 실시한다.

정답 40.④ 41.② 42.③ 43.② 44.① 45.③ 46.④

47 도시가스 사업자는 가스공급시설을 효율적으로 안전관리하기 위하여 도시가스 배관망을 전산화하여야 한다. 전산화 내용에 포함되지 않는 사항은?

① 배관의 설치도면
② 정압기의 시방서
③ 배관의 시공자, 시공연월일
④ 배관의 가스흐름 방향

배관망의 전산화(KGS FS551 3.1.4.1 일반도시가스)
가스공급시설을 효율적으로 관리할 수 있도록 배관, 정압기 등의 설치도면, 시방서(호칭지름과 재질 등에 관한 사항을 기재), 시공자, 시공연월일을 전산화한다.

48 가스설비 및 저장설비에서 화재폭발이 발생하였다. 원인이 화기였다면 관련법상 화기를 취급하는 장소까지 몇 m 이내이어야 하는가?

① 2m ② 5m
③ 8m ④ 10m

가스설비, 저장설비와 화기의 직선거리 2m 이상 이격

49 도시가스 제조시설에서 벤트스택의 설치에 대한 설명으로 틀린 것은? (안전-26)

① 벤트스택 높이는 방출된 가스의 착지농도가 폭발상한계값 미만이 되도록 설치한다.
② 벤트스택에는 액화가스가 함께 방출되지 않도록 하는 조치를 한다.
③ 벤트스택 방출구는 작업원이 통행하는 장소로부터 5m 이상 떨어진 곳에 설치한다.
④ 벤트스택에 연결된 배관에는 응축액의 고임을 제거할 수 있는 조치를 한다.

벤트스택의 착지농도
㉠ 가연성 : 폭발하한계값 미만
㉡ 독성 : TLV-TWA 허용농도 미만

50 고압가스 저장탱크 물분무장치의 설치에 대한 설명으로 틀린 것은? (안전-3)

① 물분무장치는 30분 이상 동시에 방사할 수 있는 수원에 접속되어야 한다.
② 물분무장치는 매월 1회 이상 작동상황을 점검하여야 한다.
③ 물분무장치는 저장탱크 외면으로부터 10m 이상 떨어진 위치에서 조작할 수 있어야 한다.
④ 물분무장치는 표면적 $1m^2$당 8L/분을 표준으로 한다.

물분무장치 조작위치
저장탱크 외면에서 15m 이상 떨어진 장소

51 다음 중 가연성 가스를 차량에 고정된 탱크에 의하여 운반할 때 갖추어야 할 소화기의 능력 단위 및 비치 개수가 옳게 짝지어진 것은? (안전-8)

① ABC용, B-12 이상-차량 좌우에 각각 1개 이상
② AB용, B-12 이상-차량 좌우에 각각 1개 이상
③ ABC용, B-12 이상-차량에 1개 이상
④ AB용, B-12 이상-차량에 1개 이상

차량에 고정된 탱크로 운반 시 갖추는 소화기 종류(KGS GC206 3.1.1.3)

52 용기보관장소에 대한 설명 중 옳지 않은 것은? (안전-111)

① 산소충전용기 보관실의 지붕은 콘크리트로 견고히 하여야 한다.
② 독성 가스 용기보관실에는 가스누출 검지경보장치를 설치하여야 한다.
③ 공기보다 무거운 가연성 가스의 용기 보관실에는 가스누출 검지경보장치를 설치하여야 한다.
④ 용기보관장소는 그 경계를 명시하여야 한다.

정답 47.④ 48.① 49.① 50.③ 51.① 52.①

가연성 산소의 용기보관실 지붕은 가벼운 불연성 또는 난연성의 재료를 사용

53 다음 중 소형 저장탱크의 설치방법으로 옳은 것은? (안전-103)

① 동일한 장소에 설치하는 경우 10기 이하로 한다.
② 동일한 장소에 설치하는 경우 충전질량의 합계는 7000kg 미만으로 한다.
③ 탱크 지면에서 3cm 이상 높게 설치된 콘크리트 바닥 등에 설치한다.
④ 탱크가 손상 받을 우려가 있는 곳에는 가드레일 등의 방호조치를 한다.

소형 저장탱크
㉠ 동일 장소에 설치하는 경우 6기 이하
㉡ 동일 장소에 설치하는 경우 충전질량 합계 5000kg 이하
㉢ 탱크 지면에서 5cm 이상 높게 설치된 콘크리트 바닥 위에 설치

54 고압가스 특정설비 제조자의 수리범위에 해당되지 않는 것은? (안전-75)

① 단열재 교체
② 특정설비의 부품 교체
③ 특정설비의 부속품 교체 및 가공
④ 아세틸렌 용기 내의 다공질물 교체

수리자격자별 수리범위

55 어떤 온도에서 압력 6.0MPa, 부피 125L의 산소와 8.0MPa, 부피 200L의 질소가 있다. 두 기체를 부피 500L의 용기에 넣으면 용기 내 혼합기체의 압력은 약 몇 MPa이 되는가?

① 2.5 ② 3.6
③ 4.7 ④ 5.6

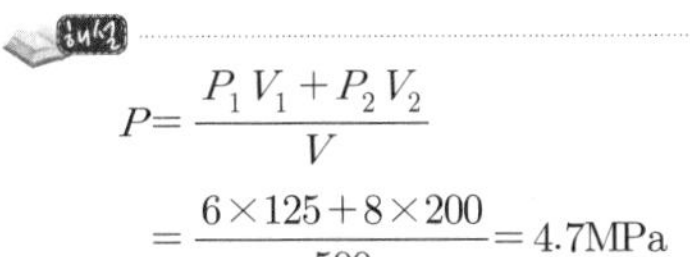

$$P=\frac{P_1V_1+P_2V_2}{V}$$

$$=\frac{6\times125+8\times200}{500}=4.7\text{MPa}$$

56 고압가스 일반제조의 시설기준에 대한 설명으로 옳은 것은?

① 초저온 저장탱크에는 환형유리관 액면계를 설치할 수 없다.
② 고압가스설비에 장치하는 압력계는 상용압력의 1.1배 이상 2배 이하의 최고 눈금이 있어야 한다.
③ 공기보다 가벼운 가연성 가스의 가스 설비실에는 1방향 이상의 개구부 또는 자연환기설비를 설치하여야 한다.
④ 저장능력이 1000톤 이상인 가연성 가스(액화가스)의 지상 저장탱크의 주위에는 방류둑을 설치하여야 한다.

㉠ 환형유리제 액면계 설치 가능가스 : 산소 불활성, 초저온 가스의 저장탱크
㉡ 상용압력 1.5배 이상 2배 이하에 최고눈금범위
㉢ 공기보다 무거운 가연성 가스 설비실에는 2방향 이상의 개구부 및 자연환기설비를 설치

57 고압가스 특정제조 시설에서 작업원에 대한 제독작업에 필요한 보호구의 장착훈련 주기는?

① 매 15일마다 1회 이상
② 매 1개월마다 1회 이상
③ 매 3개월마다 1회 이상
④ 매 6개월마다 1회 이상

58 최고사용압력이 고압이고 내용적인 $5m^3$인 도시가스 배관의 자기압력 기록계를 이용한 기밀시험 시 기밀유지시간은? (안전-68)

① 24분 이상 ② 240분 이상
③ 300분 이상 ④ 480분 이상

압력계 자기압력계 기밀시험 유지시간

59 고압가스 안전관리법에서 정하고 있는 특정고압가스가 아닌 것은? (안전-76)

① 천연가스 ② 액화염소
③ 게르만 ④ 염화수소

정답 53.④ 54.④ 55.③ 56.④ 57.③ 58.④ 59.④

해설
특정고압가스

60 가연성 가스의 폭발등급 및 이에 대응하는 내압방폭구조 폭발등급의 분류기준이 되는 것은? (안전-60)

① 최대안전틈새 범위
② 폭발 범위
③ 최소점화전류비 범위
④ 발화온도

제4과목 가스계측기기

61 스팀을 사용하여 원료가스를 가열하기 위하여 [그림]과 같이 제어계를 구성하였다. 이 중 온도를 제어하는 방식은?

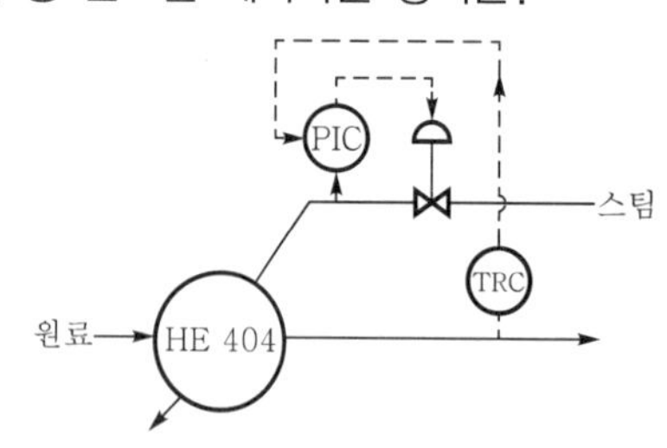

① Feedback
② Forward
③ Cascade
④ 비례식

62 자동제어에서 블록 선도란 무엇인가?

① 제어대상과 변수편차를 표시한다.
② 제어신호의 전달경로를 표시한다.
③ 제어편차의 증감 변화를 나타낸다.
④ 제어회로의 구성요소를 표시한다.

해설
자동제어계의 블록선도
제어신호를 블록과 화살표로 하여 전달경로를 표시한 것

63 열전대와 비교한 백금저항 온도계의 장점에 대한 설명 중 틀린 것은?

① 큰 출력을 얻을 수 있다.
② 기준접점의 온도보상이 필요 없다.
③ 측정온도의 상한이 열전대보다 높다.
④ 경시변화가 적으며, 안정적이다.

64 가스 크로마토그래피의 검출기가 갖추어야 할 구비조건으로 틀린 것은?

① 감도가 낮을 것
② 재현성이 좋을 것
③ 시료에 대하여 선형적으로 감응할 것
④ 시료를 파괴하지 않을 것

감도가 좋을 것

65 증기압식 온도계에 사용되지 않는 것은?

① 아닐린
② 프레온
③ 에틸에테르
④ 알코올

해설
온도계 분류
(1) 접촉식
  ㉠ 유리 온도계(수은, 알코올, 베크만)
  ㉡ 팽창식
    • 압력 팽창식(액, 증기, 가스)
    • 바이메탈식
  ㉢ 전기식
    • 저항 온도계
    • 서미스터 온도계
  ㉣ 열전대 온도계(PR, CA, IC, CC)
(2) 비접촉식
  ㉠ 광고 온도계
  ㉡ 광전광식 온도계
  ㉢ 방사(복사) 온도계
  ㉣ 색 온도계

66 가스 크로마토그래피에서 운반기체(carrier gas)의 불순물을 제거하기 위하여 사용하는 부속품이 아닌 것은?

① 수분제거 트랩(Moisture Trap)
② 산소제거 트랩(Oxygen Trap)
③ 화학필터(Chemical Filter)
④ 오일트랩(Oil Trap)

정답 60.① 61.③ 62.② 63.③ 64.① 65.④ 66.④

67 수평 30°의 각도를 갖는 경사마노미터의 액면의 차가 10cm라면 수직 U자 마노미터의 액면차는?

① 2cm ② 5cm
③ 20cm ④ 50cm

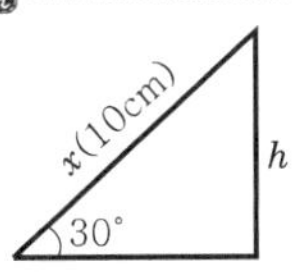

$\therefore h = x\sin\theta$

$= 10 \times \sin 30°$

$= 10 \times \frac{1}{2} = 5\text{cm}$

68 공업용 액면계가 갖추어야 할 구비조건에 해당되지 않는 것은?

① 비연속적 측정이라도 정확해야 할 것
② 구조가 간단하고, 조작이 용이할 것
③ 고온 · 고압에 견딜 것
④ 값이 저렴하고, 보수가 용이할 것

액면계의 구비조건
②, ③, ④ 이외에
㉠ 내구 · 내식성이 있을 것
㉡ 연속측정이 가능할 것
㉢ 원격측정이 가능할 것
㉣ 자동제어장치에 적용이 가능할 것

69 염소가스를 분석하는 방법은?

① 폭발법
② 수산화나트륨에 의한 흡수법
③ 발열황산에 의한 흡수법
④ 열전도법

$2NaOH + Cl_2 \rightarrow NaCl + NaClO + H_2O$

70 편위법에 의한 계측기기가 아닌 것은? [계측-11]

① 스프링저울
② 부르돈관 압력계
③ 전류계
④ 화학천칭

계측의 측정방법
㉠ 편위법 : 측정량과 관계 있는 다른 양으로 변환시켜 측정하는 방법으로 정도는 낮으나 측정방법이 간단(부르돈관 압력계, 스프링저울 전류계)
㉡ 영위법 : 측정하고자 하는 상태량과 독립적 크기를 조정할 수 있는 기준량과 비교하여 측정(블록게이지 천칭)
㉢ 치환법 : 지시량과 미리 알고 있는 다른 양으로부터 측정량을 나타내는 방법(화학천칭)
㉣ 보상법 : 측정량과 거의 같은 미리 알고 있는 양을 준비하여 측정량과 그 미리 알고 있는 양의 차이로 측정량을 알아내는 방법

71 오리피스 유량계의 유량 계산식은 다음과 같다. 유량을 계산하기 위하여 설치한 유량계에서 유체를 흐르게 하면서 측정해야 할 값은? (단, C : 오리피스계수, A_2 : 오리피스 단면적, H : 마노미터액주계 눈금, γ_1 : 유체의 비중량이다.)

$$Q = C \times A_2 \left[2gH \left(\frac{\gamma_1 - 1}{\gamma} \right) \right]^{0.5}$$

① C ② A_2
③ H ④ γ_1

72 접촉식 온도계의 종류와 특징을 연결한 것 중 틀린 것은?

① 유리 온도계-액체의 온도에 따른 팽창을 이용한 온도계
② 바이메탈 온도계-바이메탈이 온도에 따라 굽히는 정도가 다른 점을 이용한 온도계
③ 열전대 온도계-온도 차이에 의한 금속의 열상승 속도의 차이를 이용한 온도계
④ 저항 온도계-온도변화에 따른 금속의 전기저항 변화를 이용한 온도계

열전대 온도계
㉠ 측정원리 : 열기전력
㉡ 효과 : 제어벡효과

정답 67.② 68.① 69.② 70.④ 71.③ 72.③

73 고속회전형 가스미터로서 소형으로 대용량의 계량이 가능하고, 가스압력이 높아도 사용이 가능한 가스미터는? [계측-8]

① 막식 가스미터
② 습식 가스미터
③ 루트(Roots) 가스미터
④ 로터미터

74 도시가스 사용압력이 2.0kPa인 배관에 설치된 막식 가스미터기의 기밀시험 압력은 어느 것인가? [안전-159]

① 2.0kPa 이상
② 4.4kPa 이상
③ 6.4kPa 이상
④ 8.4kPa 이상

75 다음 중 포스겐가스의 검지에 사용되는 시험지는? [계측-15]

① 하리슨 시험지
② 리트머스 시험지
③ 연당지
④ 염화제일구리 착염지

② 리트머스 시험지 : 산성, 염기성 가스
③ 연당지 : 황화수소
④ 염화제1동 착염지 : 아세틸렌

76 기체 크로마토그래피에 대한 설명으로 틀린 것은?

① 액체 크로마토그래피보다 분석속도가 빠르다.
② 칼럼에 사용되는 액체 정지상은 휘발성이 높아야 한다.
③ 운반기체로서 화학적으로 비활성인 헬륨을 주로 사용한다.
④ 다른 분석기기에 비하여 감도가 뛰어나다.

77 온도가 60℉에서 100℉까지 비례제어된다. 측정온도가 71℉에서 75℉로 변할 때 출력압력이 3PSI에서 15PSI로 도달하도록 조정될 때 비례대역(%)은?

① 5% ② 10%
③ 20% ④ 33%

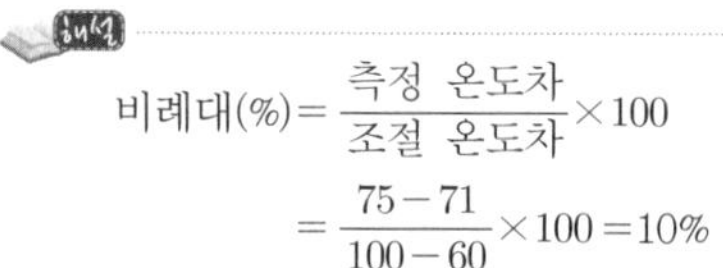

$$\text{비례대}(\%) = \frac{\text{측정 온도차}}{\text{조절 온도차}} \times 100 = \frac{75-71}{100-60} \times 100 = 10\%$$

78 압력계 교정 또는 검정용 표준기로 사용되는 압력계는?

① 표준 부르돈관식 ② 기준 박막식
③ 표준 드럼식 ④ 기준 분동식

79 막식 가스미터 고장의 종류 중 부동(不動)의 의미를 가장 바르게 설명한 것은? [계측-5]

① 가스가 크랭크축이 녹슬거나 밸브와 밸브시트가 타르(tar) 접착 등으로 통과하지 않는다.
② 가스의 누출로 통과하나 정상적으로 미터가 작동하지 않아 부정확한 양만 측정된다.
③ 가스가 미터는 통과하나 계량막의 파손, 밸브의 탈락 등으로 계량기지침이 작동하지 않는 것이다.
④ 날개나 조절기에 고장이 생겨 회전장치에 고장이 생긴 것이다.

80 다음 중 헴펠식 가스분석에 대한 설명으로 틀린 것은? [계측-1]

① 산소는 염화구리 용액에 흡수시킨다.
② 이산화탄소는 30% KOH 용액에 흡수시킨다.
③ 중탄화수소는 무수황산 25%를 포함한 발연황산에 흡수시킨다.
④ 수소는 연소시켜 감량으로 정량한다.

정답 73.③ 74.④ 75.① 76.② 77.② 78.④ 79.③ 80.①

국가기술자격 시험문제

2014년 산업기사 제2회 필기시험(2부) (2014년 5월 25일 시행)

자격종목	시험시간	문제수	문제형별
가스산업기사	2시간	80	A

수험번호		성 명	

제1과목 연소공학

01 산소 32kg과 질소 28kg의 혼합가스가 나타내는 전압이 20atm이다. 이때 산소의 분압은 몇 atm인가? (단, O_2의 분자량은 32, N_2의 분자량은 28이다.)

① 5
② 10
③ 15
④ 20

$$P_0 = 20\text{atm} \times \frac{\frac{32}{32}}{\frac{32}{32}+\frac{28}{28}} = 10\text{atm}$$

02 정전기를 제어하는 방법으로서 전하의 생성을 방지하는 방법이 아닌 것은?

① 접속과 접지(Bonding and Grounding)
② 도전성 재료 사용
③ 침액파이프(Dip pipes) 설치
④ 첨가물에 의한 전도도 억제

03 폭발범위(폭발한계)에 대한 설명으로 옳은 것은?

① 폭발범위 내에서만 폭발한다.
② 폭발상한계에서만 폭발한다.
③ 폭발상한계 이상에서만 폭발한다.
④ 폭발하한계 이하에서만 폭발한다.

04 다음 중 공기비를 옳게 표시한 것은? (연소-15)

① $\frac{\text{실제공기량}}{\text{이론공기량}}$
② $\frac{\text{이론공기량}}{\text{실제공기량}}$
③ $\frac{\text{사용공기량}}{1-\text{이론공기량}}$
④ $\frac{\text{이론공기량}}{1-\text{사용공기량}}$

05 LP가스의 연소 특성에 대한 설명으로 옳은 것은?

① 일반적으로 발열량이 적다.
② 공기 중에서 쉽게 연소폭발하지 않는다.
③ 공기보다 무겁기 때문에 바닥에 체류한다.
④ 금속성 물질이므로 흡수하여 발화한다.

06 가스 용기의 물리적 폭발원인이 아닌 것은?

① 압력조정 및 압력방출장치의 고장
② 부식으로 인한 용기두께 축소
③ 과열로 인한 용기강도의 감소
④ 누출된 가스의 점화

해설

누출된 가스의 점화 : 화학적 폭발

정답 01.② 02.④ 03.① 04.① 05.③ 06.④

07 화재나 폭발의 위험이 있는 장소를 위험장소라 한다. 다음 중 제1종 위험장소에 해당하는 것은? [연소-14]

① 상용의 상태에서 가연성 가스의 농도가 연속해서 폭발하한계 이상으로 되는 장소
② 상용상태에서 가연성 가스가 체류해 위험하게 될 우려가 있는 장소
③ 가연성 가스가 밀폐된 용기 또는 설비의 사고로 인해 파손되거나 오조작의 경우에만 누출할 위험이 있는 장소
④ 환기장치에 이상이나 사고가 발생한 경우에 가연성 가스가 체류하여 위험하게 될 우려가 있는 장소

08 배관 내 혼합가스의 한 점에서 착화되었을 때 연소파가 일정거리를 진행한 후 급격히 화염전파속도가 증가되어 1000~3500m/s에 도달하는 경우가 있다. 이와 같은 현상을 무엇이라 하는가? [연소-1]

① 폭발(Explosion)
② 폭굉(Detonation)
③ 충격(Shock)
④ 연소(Combustion)

09 탄소 2kg이 완전연소할 경우 이론공기량은 약 몇 kg인가?

① 5.3　② 11.6
③ 17.9　④ 23.0

$C+O_2 \rightarrow CO_2$

12kg : 32kg

2kg : x(kg)

$$x=\frac{2\times32}{12}=5.33\text{kg}$$

$$\therefore \text{공기량}=5.33\times\frac{100}{23.2}=22.98 ≒ 23\text{kg}$$

10 물 250L를 30℃에서 60℃로 가열시킬 때 프로판 0.9kg이 소비되었다면 열효율은 약 몇 %인가? (단, 물의 비열은 1kcal/kg · ℃, 프로판의 발열량은 12000kcal/kg이다.)

① 58.4　② 69.4
③ 78.4　④ 83.3

$$\eta=\frac{250\times1\times30}{0.9\text{kg}\times12000\text{kcal/kg}}\times100=69.4\%$$

11 분자의 운동상태(분자의 병진운동 · 회전운동, 분자 내의 원자의 진동)와 분자의 집합상태(고체 · 액체 · 기체의 상태)에 따라서 달라지는 에너지는?

① 내부에너지　② 기계적 에너지
③ 외부에너지　④ 비열에너지

12 미연소 혼합기의 흐름이 화염부근에서 층류에서 난류로 바뀌었을 때의 현상으로 옳지 않은 것은?

① 화염의 성질이 크게 바뀌며, 화염대의 두께가 증대한다.
② 예혼합산소일 경우 화염전파속도가 가속된다.
③ 적화식연소는 난류확산연소로서 연소율이 높다.
④ 확산연소일 경우는 단위면적당 연소율이 높아진다.

13 방폭구조 종류 중 전기기기의 불꽃 또는 아크를 발생하는 부분을 기름 속에 넣어 유면상에 존재하는 폭발성 가스에 인화될 우려가 없도록 한 구조는? [안전-13]

① 내압방폭구조　② 유입방폭구조
③ 안전증방폭구조　④ 압력방폭구조

14 연소한계에 대한 설명으로 옳은 것은?

① 착화온도의 상한과 하한값
② 화염온도의 상한과 하한값
③ 완전연소가 될 수 있는 산소의 농도한계
④ 공기 중 연소가능한 가연성 가스의 최저 및 최고 농도

정답 07.② 08.② 09.④ 10.② 11.① 12.③ 13.② 14.④

15 CO_2 32vol%, O_2 5vol%, N_2 63vol%의 혼합기체의 평균분자량은 얼마인가?

① 29.3　② 31.3
③ 33.3　④ 35.3

$44\times0.32+32\times0.05+28\times0.63=33.3$

16 고체연료의 일반적인 연소방법이 아닌 것은? (연소-2)

① 분무연소
② 화격자연소
③ 유동층연소
④ 미분탄연소

분무연소 : 액체물질의 연소

17 분진폭발에 대한 설명으로 옳지 않은 것은?

① 입자의 크기가 클수록 위험성은 더 크다.
② 분진의 농도가 높을수록 위험성은 더 크다.
③ 수분함량의 증가는 폭발위험을 감소시킨다.
④ 가연성 분진의 난류확산은 일반적으로 분진위험을 증가시킨다.

입자의 크기가 작을수록 위험성은 크다.

18 방폭구조 및 대책에 관한 설명으로 옳지 않은 것은? (연소-14)

① 방폭대책에는 예방, 국한, 소화, 피난대책이 있다.
② 가연성 가스의 용기 및 탱크 내부는 제2종 위험장소이다.
③ 분진폭발은 1차 폭발과 2차 폭발로 구분되어 발생한다.
④ 내압방폭구조는 내부 폭발에 의한 내용물 손상으로 영향을 미치는 기기에는 부적당하다.

가연성 가스 용기 및 탱크 내부 : 0종 장소

19 다음 중 가연물의 조건으로 옳지 않은 것은?

① 열전도율이 작을 것
② 활성화에너지가 클 것
③ 산소와의 친화력이 클 것
④ 발열량이 클 것

활성화에너지가 적을 것

20 차가운 물체에 뜨거운 물체를 접촉시키면 뜨거운 물체에서 차가운 물체로 열이 전달되지만, 반대의 과정은 자발적으로 일어나지 않는다. 이러한 비가역성을 설명하는 법칙은? (설비-40)

① 열역학 제0법칙
② 열역학 제1법칙
③ 열역학 제2법칙
④ 열역학 제4법칙

제2과목 가스설비

21 최고충전압력이 15MPa인 질소 용기에 12MPa로 충전되어 있다. 이 용기의 안전밸브 작동압력은 얼마인가? (안전-52)

① 15MPa　② 18MPa
③ 20MPa　④ 25MPa

$$\text{안전밸브 작동압력} = F_P\times\frac{5}{3}\times\frac{8}{10} = 15\times\frac{5}{3}\times\frac{8}{10} = 20\text{MPa}$$

22 가연성 가스 운반차량의 운행 중 가스가 누출할 경우 취해야 할 긴급조치사항으로 가장 거리가 먼 것은?

① 신속히 소화기를 사용한다.
② 주위가 안전한 곳으로 차량을 이동시킨다.
③ 누출방지 조치를 취한다.
④ 교통 및 화기를 통제한다.

정답 15.③ 16.① 17.① 18.② 19.② 20.③ 21.③ 22.①

23 원심압축기의 특징에 대한 설명으로 틀린 것은? (설비-35)

① 맥동현상이 적다.
② 용량조정 범위가 비교적 좁다.
③ 압축비가 크다.
④ 윤활유가 불필요하다.

24 터보 펌프의 특징에 대한 설명으로 옳은 것은?

① 고양정이다.
② 토출량이 크다.
③ 높은 점도의 액체용이다.
④ 시동 시 물이 필요 없다.

25 어떤 냉동기가 20℃의 물에서 −10℃의 얼음을 만드는 데 톤당 50PSh의 일이 소요되었다. 물의 융해열이 80kcal/kg, 얼음의 비열을 0.5kcal/kg·℃라 할 때 냉동기의 성능계수는 얼마인가? (단, 1PSh=632.3kcal이다.)

① 3.05　② 3.32
③ 4.15　④ 5.17

$$성적계수 = \frac{g(냉동효과)}{A_w(압축\ 일량)}$$

$g = 1000\times20+1000\times80+1000\times0.5\times10$
$= 105000\text{kcal}$

$A_w = 50\times632.3 = 31615$

$\therefore \frac{105000}{31615} = 3.32$

26 LPG 용기에 대한 설명으로 옳은 것은?

① 재질은 탄소강으로서 성분은 C : 0.33% 이하, P : 0.04% 이하, S : 0.05% 이하로 한다.
② 용기는 주물형으로 제작하고, 충분한 강도와 내식성이 있어야 한다.
③ 용기의 바탕색은 회색이며, 가스명칭과 충전기한은 표시하지 아니한다.
④ LPG는 가연성 가스로서 용기에 반드시 "연"자 표시를 한다.

27 정압기의 정상상태에서 유량과 2차 압력의 관계를 의미하는 정압기의 특성은? (설비-22)

① 정특성
② 동특성
③ 유량특성
④ 사용 최대차압 및 작동 최소차압

28 설치위치, 사용목적에 따른 정압기의 분류에서 가스도매 사업자에서 도시가스사 소유 배관과 연결되기 직전에 설치되는 정압기는?

① 저압정압기　② 지구정압기
③ 지역정압기　④ 단독정압기

29 강의 열처리 방법 중 오스테나이트 조직을 마텐자이트 조직으로 바꿀 목적으로 0℃ 이하로 처리하는 방법은? (설비-20)

① 담금질　② 불림
③ 심냉 처리　④ 염욕 처리

30 고압가스 배관에서 발생할 수 있는 진동의 원인으로 가장 거리가 먼 것은? (설비-50)

① 파이프의 내부에 흐르는 유체의 온도 변화에 의한 것
② 펌프 및 압축기의 진동에 의한 것
③ 안전밸브 분출에 의한 영향
④ 바람이나 지진에 의한 영향

① 관 내를 흐르는 유체의 압력변화에 따른 진동

31 원심 펌프로 물을 지하 10m에서 지상 20m 높이의 탱크에 유량 3m³/min로 양수하려고 한다. 이론적으로 필요한 동력은?

① 10PS　② 15PS
③ 20PS　④ 25PS

해설

$$L_{PS} = \frac{\gamma\cdot Q\cdot H}{75\times\eta} = \frac{1000\times(3/60)\times30}{75\times1} = 20\text{PS}$$

정답 23.③ 24.② 25.② 26.① 27.① 28.② 29.③ 30.① 31.③

32 전기방식시설의 유지관리를 위한 도시가스 시설의 전위측정용 터미널(T/B) 설치에 대한 설명으로 옳은 것은? (안전-38)

① 희생양극법에 의한 배관에는 500m 이내 간격으로 설치한다.
② 배류법에 의한 배관에는 500m 이내 간격으로 설치한다.
③ 외부전원법에 의한 배관에는 300m 이내 간격으로 설치한다.
④ 직류전철 횡단부 주위에 설치한다.

해설
전위측정용 터미널(T/B) 간격
㉠ 희생양극법, 배류법 : 300m마다
㉡ 외부전원법 : 500m마다

33 고압가스 관련 설비 중 특정설비가 아닌 것은? (안전-15)

① 기화장치
② 독성 가스 배관용 밸브
③ 특정고압가스용 실린더 캐비닛
④ 초저온 용기

해설
고압가스 안전관리법 시행규칙 2조
고압가스 관련 설비
㉠ 안전밸브 긴급차단장치, 역화방지장치
㉡ 기화장치
㉢ 자동차용 가스 자동주입기
㉣ 독성 가스 배관용 밸브
㉤ 냉동설비를 구성하는 압축기, 응축기, 증발기 또는 압력용기(냉동용 특정설비)
㉥ 압력용기
㉦ 특정고압가스용 실린더 캐비닛
㉧ 자동차용 압축천연가스 완속충전설비(처리능력이 시간당 18.5m^3 미만인 충전설비)
㉨ 액화석유가스용 용기 잔류가스 회수장치

34 도시가스 배관 등의 용접 및 비파괴검사 중 용접부의 외관검사에 대한 설명으로 틀린 것은?

① 보강 덧붙임은 그 높이가 모재 표면보다 낮지 않도록 하고, 3mm 이상으로 할 것
② 외면의 언더컷은 그 단면이 V자형이 되지 않도록 하며, 1개의 언더컷 길이 및 깊이는 각각 30mm 이하 및 0.5mm 이하일 것
③ 용접부 및 그 부근에는 균열, 아크 스트라이크, 위해하다고 인정되는 지그의 흔적, 오버랩 및 피트 등의 결함이 없을 것
④ 비드 형상이 일정하며, 슬러그, 스패터 등이 부착되어 있지 않을 것

해설
가스배관의 용접 및 비파괴검사 기준(KGS GC205)
① 보강 덧붙임은 그 높이가 모재표면보다 낮지 않도록 하고, 3mm 이하를 원칙으로 한다.

35 다음 중 왕복 펌프가 아닌 것은? (설비-33)

① 피스톤(piston) 펌프
② 베인(vane) 펌프
③ 플런저(plunger) 펌프
④ 다이어프램(diaphragm) 펌프

36 다음 중 SNG에 대한 설명으로 옳은 것은?

① 순수 천연가스를 뜻한다.
② 각종 도시가스의 총칭이다.
③ 대체(합성) 천연가스를 뜻한다.
④ 부생가스로 고로가스가 주성분이다.

37 증기압축식 냉동기에서 고온·고압의 액체 냉매를 교축작용에 의해 증발을 일으킬 수 있는 압력까지 감압시켜 주는 역할을 하는 기기는? (설비-16)

① 압축기
② 팽창밸브
③ 증발기
④ 응축기

38 가스를 충전하는 경우에 밸브 및 배관이 얼었을 때 응급조치하는 방법으로 틀린 것은?

① 석유버너 불로 녹인다.
② 40℃ 이하의 물로 녹인다.
③ 미지근한 물로 녹인다.
④ 얼어 있는 부분에 열습포로 녹인다.

정답 32.④ 33.④ 34.① 35.② 36.③ 37.② 38.①

39 용기의 내압시험 시 항구증가율이 몇 % 이하인 용기를 합격한 것으로 하는가? (안전-18)

① 3 ② 5
③ 7 ④ 10

40 고압가스 배관의 기밀시험에 대한 설명으로 옳지 않은 것은?

① 상용압력 이상으로 하되, 1MPa를 초과하는 경우 1MPa 압력 이상으로 한다.
② 원칙적으로 공기 또는 불활성 가스를 사용한다.
③ 취성파괴를 일으킬 우려가 없는 온도에서 실시한다.
④ 기밀시험 압력 및 기밀유지시간에서 누설 등의 이상이 없을 때 합격으로 한다.

해설
배관의 기밀시험 압력은 상용압력 이상으로 하되 배관의 상용압력이 0.7MPa를 초과하는 경우 0.7MPa 압력 이상으로 한다.

제3과목 가스안전관리

41 독성 가스가 누출될 우려가 있는 부분에는 위험표지를 설치하여야 한다. 이에 대한 설명으로 옳은 것은? (안전-95)

① 문자의 크기는 가로 10cm, 세로 10cm 이상으로 한다.
② 문자는 30m 이상 떨어진 위치에서도 알 수 있도록 한다.
③ 위험표지의 바탕색은 백색, 글씨는 흑색으로 한다.
④ 문자는 가로방향으로만 한다.

42 용기보관장소에 고압가스 용기를 보관 시 준수해야 하는 사항 중 틀린 것은? (안전-111)

① 용기는 항상 40℃ 이하를 유지해야 한다.
② 용기보관장소 주위 3m 이내에는 화기 또는 인화성 물질을 두지 아니한다.
③ 가연성 가스 용기보관장소에는 방폭형 휴대용 전등 외의 등화를 휴대하지 아니한다.
④ 용기보관장소에는 충전용기와 잔가스 용기를 각각 구분하여 놓는다.

해설
용기보관장소 2m 이내에는 화기 또는 인화성 물질을 두지 아니한다.

43 가스 관련법에서 정한 고압가스 관련 설비에 해당되지 않는 것은? (안전-15)

① 안전밸브 ② 압력용기
③ 기화장치 ④ 정압기

해설
문제 33번 해설과 동일

44 독성 가스 저장탱크를 지상에 설치하는 경우 몇 톤 이상일 때 방류둑을 설치하여야 하는가? (안전-53)

① 5 ② 10
③ 50 ④ 100

45 차량이 고정된 탱크에 설치된 긴급차단장치는 차량에 고정된 탱크 또는 이에 접속하는 배관 외면의 온도가 몇 ℃일 때 자동적으로 작동할 수 있어야 하는가?

① 40 ② 65
③ 80 ④ 110

46 고압가스 설비에 설치하는 안전장치의 기준으로 옳지 않은 것은? (안전-111)

① 압력계는 상용압력의 1.5배 이상 2배 이하의 최고눈금이 있는 것일 것
② 가연성 가스를 압축하는 압축기와 오토크레이브와의 사이의 배관에는 역화방지장치를 설치할 것
③ 가연성 가스를 압축하는 압축기와 충전용 주관과의 사이에는 역류방지밸브를 설치할 것
④ 독성 가스 및 공기보다 가벼운 가연성 가스의 제조시설에는 가스누출 검지경보장치를 설치할 것

정답 39.④ 40.① 41.③ 42.② 43.④ 44.① 45.④ 46.④

④ 독성 가스 및 공기보다 무거운 가연성 가스 제조시설에는 가스누출 검지경보장치를 설치할 것

47 가스 배관은 움직이지 아니하도록 고정 부착하는 조치를 하여야 한다. 관경이 13mm 이상 33mm 미만의 것에는 얼마의 길이마다 고정장치를 하여야 하는가?

① 1m마다 ② 2m마다
③ 3m마다 ④ 4m마다

해설
배관의 고정장치
(1) 13mm 미만 : 1m마다
13mm 이상 33mm 미만 : 2m마다
33mm 이상 : 3m마다
(2) 관경 100A 이상인 경우

호칭지름(A)	지지간격(m)
100	8
150	10
200	12
300	16
400	19
500	22
600	25

48 C_2H_2 가스 충전 시 희석제로 적당하지 않은 것은? [설비-42]

① N_2 ② CH_4
③ CS_2 ④ CO

해설
C_2H_2 희석제
N_2, CH_4, CO, C_2H_4

49 다음 중 가연성 가스가 아닌 것은?

① 아세트알데히드 ② 일산화탄소
③ 산화에틸렌 ④ 염소

50 시안화수소를 장기간 저장하지 못하는 주된 이유는?

① 중합폭발 때문에
② 산화폭발 때문에
③ 악취발생 때문에
④ 가연성 가스 발생 때문에

51 가스설비실에 설치하는 가스누출경보기에 대한 설명으로 틀린 것은? [안전-67]

① 담배연기 등 잡가스에는 경보가 울리지 않아야 한다.
② 경보기의 경보부와 검지부는 분리하여 설치할 수 있어야 한다.
③ 경보가 울린 후 주위의 가스농도가 변화되어도 계속 경보를 울려야 한다.
④ 경보기의 검지부는 연소기의 폐가스가 접촉하기 쉬운 곳에 설치한다.

해설
가스설비실에 설치하는 가스누출 검지경보장치
(1) 기능
㉠ 누출 검지 시 그 농도를 지시함과 동시에 경보가 울리는 것
㉡ 가연성인 경우 폭발한한 1/4 이하에서 경보, 독성인 경우 TLV-TWA 허용농도 이하에서 경보
㉢ 경보가 울린 후 농도변화 시에도 계속 경보 확인, 대책 강구 후 경보 정지
㉣ 담배연기, 잡가스에 경보가 울리지 않도록
(2) 구조
㉠ 가스 공급시설에는 분리형 공업용 가스누출경보기 설치
㉡ 취급과 정비가 용이한 것으로 한다.
㉢ 경보부와 검지부는 분리하여 설치
㉣ 검지부가 다점식인 경우 경보 시 검지장소를 알 수 있는 구조
㉤ 경보는 램프의 점등 또는 점멸과 동시에 경보가 울리는 것

52 검사에 합격한 고압가스 용기의 각인사항에 해당하지 않는 것은? [안전-31]

① 용기제조업자의 명칭 또는 약호
② 충전하는 가스의 명칭
③ 용기의 번호
④ 기밀시험압력

해설
용기의 각인 순서
㉠ 용기제조업자의 명칭 또는 약호
㉡ 충전하는 가스의 명칭
㉢ 용기의 번호

정답 47.② 48.③ 49.④ 50.① 51.④ 52.④

㉣ 내용적(기호 : V, 단위 : L)
㉤ 밸브 및 부속품을 포함하지 아니하는 용기질량 W(kg)
㉥ C_2H_2의 경우 밸브 용제 다공물질 부속품을 포함한 질량 T_W(kg)
㉦ 최고충전압력 F_P(MPa)(압축가스에 한함)
㉧ 동판두께 t(mm)(내용적 500L 이상에 한함)

53 LP가스용 금속플렉시블 호스에 대한 설명으로 옳은 것은?

① 배관용 호스는 플레어 또는 유니언의 접속기능을 갖추어야 한다.
② 연소기용 호스의 길이는 한쪽 이음쇠의 끝에서 다른 쪽 이음쇠까지로 하며, 길이 허용오차는 +4%, −3% 이내로 한다.
③ 스테인리스강은 튜브의 재료로 사용하여서는 아니 된다.
④ 호스의 내열성 시험은 100±2℃에서 10분간 유지 후 균열 등의 이상이 없어야 한다.

해설

금속플렉시블 호스(KGS AA535 3.4)
㉠ 호스는 튜브의 양단에 관용 테이퍼나사를 가리는 이음쇠나 호스엔드를 접속할 수 있는 이음쇠를 플레어이음 또는 경납땜 등으로 부착한 구조로 한다.
㉡ 튜브는 금속제로서 주름가공으로 제작하여 쉽게 굽혀질 수 있는 구조로 하고 외면에는 보호피막을 입힌 것으로 한다.
㉢ 연소기용 호스는 플레어이음 경납땜 등으로 튜브와 이음쇠를 분리할 수 없는 구조로 하고 배관용 호스는 플레어 또는 유니언의 접속기능을 가지는 것으로 한다.
㉣ 호스의 외관에는 경납땜한 부분에 용제가 남아있지 아니하는 것으로 한다.
㉤ 연소기용 호스의 길이는 한쪽 이음쇠 끝에서 다른 이음쇠 끝까지로 하고 최대길이는 3m 이내로 한다. 튜브의 길이 허용오차는 +3%, −2% 이내로 한다.
㉥ 내열성능은 538±2℃에서 1시간 후 기밀시험 시 파손 누출 이상이 없어야 한다.

54 액화석유가스 사용시설에서 가스배관 이음부(용접이음매 제외)와 전기개폐기와는 몇 cm 이상의 이격거리를 두어야 하는가? (안전-14)

① 15cm
② 30cm
③ 40cm
④ 60cm

55 지상에 설치된 액화석유가스 저장탱크와 가스 충전장소와의 사이에 설치하여야 하는 것은? (안전-16)

① 역화방지기
② 방호벽
③ 드레인 세퍼레이터
④ 정제장치

해설

방호벽 적용시설
(1) 일반제조 중 C_2H_2 가스 또는 압력 9.8MPa 이상 압축가스 충전 시
㉠ 압축기와 당해 충전장소 사이
㉡ 압축기와 당해 충전용기 보관장소 사이
㉢ 당해 충전장소와 당해 가스 충전용기 보관장소 사이 및 당해 충전장소와 당해 충전용 주관밸브 사이
㉣ 고압가스 판매시설 중 용기보관실의 벽
(2) 특정고압가스 중 300kg 이상 60m^3 이상 사용시설의 용기보관실의 벽
(3) 액화석유가스 저장탱크와 가스 충전장소와의 사이

56 고압가스 제조자 또는 고압가스 판매자가 실시하는 용기의 안전점검 및 유지관리사항에 해당되지 않는 것은? (안전-12)

① 용기의 도색상태
② 용기관리 기록대장의 관리상태
③ 재검사기간 도래여부
④ 용기밸브의 이탈방지 조치여부

57 고압가스의 제조설비에서 사용 개시 전에 점검하여야 할 항목이 아닌 것은?

① 불활성 가스 등에 의한 치환 상황
② 자동제어장치의 기능
③ 가스설비의 전반적인 누출 유무
④ 배관계통의 밸브 개폐 상황

정답 53.① 54.④ 55.② 56.② 57.①

58 고압가스 냉동제조의 기술기준에 대한 설명으로 옳지 않은 것은?

① 암모니아를 냉매로 사용하는 냉동제조시설에는 제독제로 물을 다량 보유한다.
② 냉동기의 재료는 냉매가스 또는 윤활유 등으로 인한 화학작용에 의하여 약화되어도 상관 없는 것으로 한다.
③ 독성 가스를 사용하는 내용적이 1만L 이상인 수액기 주위에는 방류둑을 설치한다.
④ 냉동기의 냉매설비는 설계압력 이상의 압력으로 실시하는 기밀시험 및 설계압력의 1.5배 이상의 압력으로 하는 내압시험에 각각 합격한 것이어야 한다.

59 가스누출 자동차단장치의 제품성능에 대한 설명으로 옳은 것은?

① 고압부는 5MPa 이상, 저압부는 0.5MPa 이상의 압력으로 실시하는 내압시험에 이상이 없는 것으로 한다.
② 고압부는 1.8MPa 이상, 저압부는 8.4kPa 이상 10kPa 이하의 압력으로 실시하는 기밀시험에서 누출이 없는 것으로 한다.
③ 전기적으로 개폐하는 자동차단기는 5000회의 개폐조작을 반복한 후 성능에 이상이 없는 것으로 한다.
④ 전기적으로 개폐하는 자동차단기는 전기충전부와 비충전금속부와의 절연저항은 1kΩ 이상으로 한다.

60 −162℃의 LNG(액비중 : 0.46, CH_4 : 90%, C_2H_6 : 10%) $1m^3$을 20℃까지 기화시켰을 때의 부피는 약 몇 m^3인가?

① 592.6 ② 635.6
③ 645.6 ④ 692.6

M(분자량)$=16\times0.9+30\times0.1=17.4g$

$\therefore \frac{0.46\times10^3}{17.4}\times22.4\times\frac{293}{273}=635.56m^3$

제4과목 가스계측기기

61 수정이나 전기석 또는 로셀염 등의 결정체의 특정방향으로 압력을 가할 때 발생하는 표면 전기량으로 압력을 측정하는 압력계는?

① 스트레인 게이지
② 피에조 전기압력계
③ 자가변형 압력계
④ 벨로즈 압력계

62 가스 크로마토그램에서 성분 X의 보유시간이 6분, 피크 폭이 6mm이었다. 이 경우 X에 관하여 HETP는 얼마인가? (단, 분리관 길이는 3m, 기록지의 속도는 분당 15mm이다.)

① 0.83mm ② 8.30mm
③ 0.64mm ④ 6.40mm

$15mm/min\times6min=90mm$

$\therefore N=16\times\left(\frac{90mm}{6mm}\right)^2=3600$

$HETP=\frac{L}{N}=\frac{3000}{3600}=0.83$

63 두 개의 계측실이 가스흐름에 의해 상호보완작용으로 밸브시스템을 작동하여 계측실의 왕복운동을 회전운동으로 변환하여 가스량을 적산하는 가스미터는?

① 오리피스 유량계
② 막식 유량계
③ 유속식 유량계
④ 볼텍스 유량계

64 점도가 높거나 점도변화가 있는 유체에 가장 적합한 유량계는?

① 차압식 유량계
② 면적식 유량계
③ 유속식 유량계
④ 용적식 유량계

정답 58.② 59.② 60.② 61.② 62.① 63.② 64.④

65 니켈, 망간, 코발트, 구리 등의 금속산화물을 압축, 소결시켜 만든 온도계는? (계측-22)

① 바이메탈 온도계
② 서미스터 저항체 온도계
③ 제겔콘 온도계
④ 방사 온도계

66 다음 그림과 같이 시차 액주계의 높이 H가 60mm일 때 유속(V)은 약 몇 m/s인가? (단, 비중 γ와 γ'는 1과 13.6이고, 속도계수는 1, 중력가속도는 9.8m/s^{2}이다.)

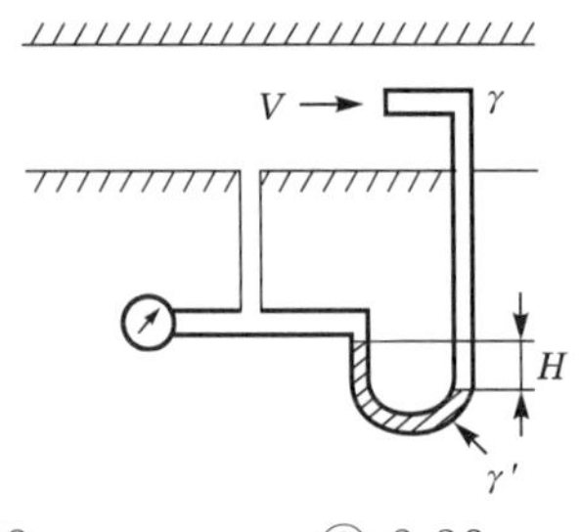

① 1.08 ② 3.36
③ 3.85 ④ 5.00

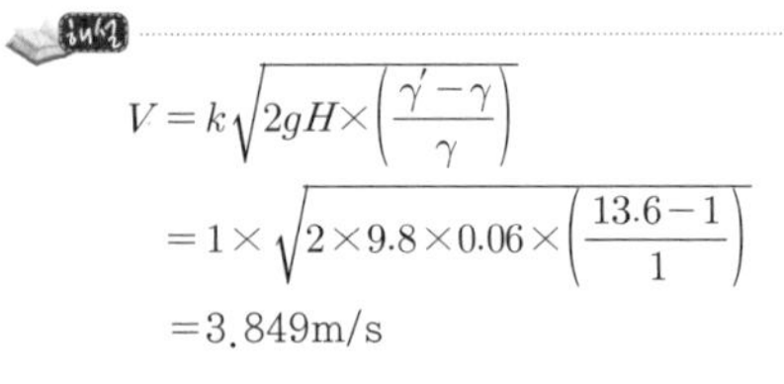

$$V = k\sqrt{2gH\times\left(\frac{\gamma'-\gamma}{\gamma}\right)}$$
$$= 1\times\sqrt{2\times 9.8\times 0.06\times\left(\frac{13.6-1}{1}\right)}$$
$$= 3.849\text{m/s}$$

67 일반적으로 계측기는 크게 3부분으로 구성되어 있다. 이에 해당되지 않는 것은?

① 검출부 ② 전달부
③ 수신부 ④ 제어부

68 가스 크로마토그래피(Gas Chromatography)를 이용하여 가스를 검출할 때 반드시 필요하지 않은 것은? (계측-10)

① Column ② Gas Sampler
③ Carrier gas ④ UV detector

해설
GC의 3대 장치
㉠ 칼럼(분리관), 검출기, 기록계
㉡ 그 외에 캐리어가스, 가스 샘플 등

69 계량에 관한 법률의 목적으로 가장 거리가 먼 것은?

① 계량의 기준을 정함
② 공정한 상거래 질서 유지
③ 산업의 선진화 기여
④ 분쟁의 협의 조정

70 400K는 몇 °R인가?

① 400 ② 620
③ 720 ④ 820

400×1.8=720°R

71 화합물이 가지는 고유의 흡수 정도의 원리를 이용하여 정성 및 정량 분석에 이용할 수 있는 분석방법은?

① 저온분류법
② 적외선분광분석법
③ 질량분석법
④ 가스 크로마토그래피법

72 추량식 가스미터에 해당하지 않는 것은 어느 것인가? (계측-6)

① 오리피스 미터 ② 벤투리 미터
③ 회전자식 미터 ④ 터빈식 미터

73 보상도선, 측온접점 및 기준접점, 보호관 등으로 구성되어 있는 온도계는? (계측-9)

① 복사 온도계 ② 열전대 온도계
③ 광고 온도계 ④ 저항 온도계

74 다음 압력계 중 미세압 측정이 가능하여 통풍계로도 사용되며, 감도(정도)가 좋은 압력계는?

① 경사관식 압력계
② 분동식 압력계
③ 부르돈관 압력계
④ 마노미터(U자관 압력계)

정답 65.② 66.③ 67.④ 68.④ 69.④ 70.③ 71.② 72.③ 73.② 74.①

75 물 100cm 높이에 해당하는 압력은 몇 Pa인가? (단, 물의 비중량은 9803N/m^{3}이다.)

① 4901　② 490150
③ 9803　④ 980300

$\frac{100\text{cm}}{1033.2\text{cm}} \times 101325\text{Pa} = 9806$

76 다음 열전대 온도계 중 가장 고온에서 사용할 수 있는 것은? [계측-9]

① R형　② K형
③ T형　④ J형

77 계량기 형식 승인 번호의 표시방법에서 계량기의 종류별 기호 중 가스미터의 표시 기호는? [계측-30]

① G　② N
③ K　④ H

계량기 종류별 기호
㉠ G : 전력량계
㉡ N : 전량 눈금새김탱크
㉢ K : 연료유미터
㉣ H : 가스미터
㉤ R : 로드셀

78 광학적 방법인 슈리렌법(schlieren method)은 무엇을 측정하는가?

① 기체의 흐름에 대한 속도변화
② 기체의 흐름에 대한 온도변화
③ 기체의 흐름에 대한 압력변화
④ 기체의 흐름에 대한 밀도변화

79 계측기기의 측정과 오차에서 흩어짐의 정도를 나타내는 것은?

① 정밀도　② 정확도
③ 정도　④ 불확실성

80 0℃에서 저항이 120Ω이고, 저항온도계수가 0.0025인 저항 온도계를 노 안에 삽입하였을 때 저항이 210Ω이 되었다면 노 안의 온도는 몇 ℃인가?

① 200℃　② 250℃
③ 300℃　④ 350℃

$R = R_0(1 + at)$

$R = R_0 + R_0 at$

$\therefore\ t = \frac{R - R_0}{R_0 \cdot a} = \frac{210 - 120}{120 \times 0.0025} = 300℃$

정답 75.③ 76.① 77.④ 78.④ 79.① 80.③

국가기술자격 시험문제

2014년 산업기사 제4회 필기시험(2부) (2014년 9월 20일 시행)

자격종목	시험시간	문제수	문제형별
가스산업기사	2시간	80	A

수험번호		성 명	

제1과목 연소공학

01 연소의 난이성에 대한 설명으로 옳지 않은 것은?

① 화학적 친화력이 큰 가연물이 연소가 잘 된다.
② 연소성 가스가 많이 발생하면 연소가 잘 된다.
③ 환원성 분위기가 잘 조성되면 연소가 잘 된다.
④ 열전도율이 낮은 물질은 연소가 잘 된다.

산화성 분위기가 조성되면 연소는 잘 된다.

02 과열증기온도와 포화증기온도의 차를 무엇이라고 하는가?

① 포화도
② 비습도
③ 과열도
④ 건조도

해설
① 포화도(비교습도) : 습공기의 절대습도와 그와 동일 온도인 포화습공기의 절대습도의 비
$= \frac{\text{실제몰습도}}{\text{포화몰습도}}$
③ 과열도 = 과열증기온도 − 포화증기온도
④ 건조도 $= \frac{\text{습증기 중 건조 포화증기무게}}{\text{습증기무게}}$
$= \frac{\text{습증기 엔트로피} - \text{포화수 엔트로피}}{\text{포화증기 엔트로피} - \text{포화수 엔트로피}}$

참고 습도 $= \frac{(\text{포화증기} - \text{습증기})\text{엔트로피}}{(\text{포화증기} - \text{포화수})\text{엔트로피}}$

03 이너트가스(Inert gas)로 사용되지 않는 것은? [연소-19]

① 질소
② 이산화탄소
③ 수증기
④ 수소

04 화학반응 중 폭발의 원인과 관련이 가장 먼 반응은?

① 산화반응 ② 중화반응
③ 분해반응 ④ 중합반응

해설
중화 : 산과 염기가 결합하여 염과 물이 되는 화학적 반응(폭발과 무관)

05 상온 · 상압 하에서 프로판이 공기와 혼합되는 경우 폭발범위는 약 몇 %인가? [안전-106]

① 1.9~8.5
② 2.2~9.5
③ 5.3~14
④ 4.0~75

06 CO_2 40vol%, O_2 10vol%, N_2 50vol%인 혼합기체의 평균분자량은 얼마인가?

① 16.8 ② 17.4
③ 33.5 ④ 34.8

혼합분자량 = 44×0.4+32×0.1+28×0.5
= 34.8g

정답 01.③ 02.③ 03.④ 04.② 05.② 06.④

07 가스를 연료로 사용하는 연소의 장점이 아닌 것은?

① 연소의 조절이 신속, 정확하며 자동제어에 적합하다.
② 온도가 낮은 연소실에서도 안정된 불꽃으로 높은 연소효율이 가능하다.
③ 연소속도가 커서 연료로서 안전성이 높다.
④ 소형 버너를 병용 사용하여 노내 온도분포를 자유로이 조절할 수 있다.

연소속도가 큰 것 : 위험성이 높다.

08 기체상수 R을 계산한 결과 1.987이었다. 이 때 사용되는 단위는?

① L · atm/mol · K
② cal/mol · K
③ erg/kmol · K
④ Joule/mol · K

$R = 0.082\text{atm} \cdot \text{L/mol} \cdot \text{K}$
$= 1.987\text{cal/mol} \cdot \text{K}$
$= 8.314\text{J/mol} \cdot \text{K} = 8.314 \times 107\text{erg/mol} \cdot \text{K}$
$= \dfrac{848}{M}(\text{kgf} \cdot \text{m/kg} \cdot \text{K})$
$= \dfrac{8.314}{M}(\text{kJ/kg} \cdot \text{K}) = \dfrac{8314}{M}(\text{J/kg} \cdot \text{K})$

09 500L의 용기에 40atm · abs, 30℃에서 산소(O_2)가 충전되어 있다. 이때 산소는 몇 kg인가?

① 7.8kg
② 12.9kg
③ 25.7kg
④ 31.2kg

$$W = \frac{PVM}{RT} = \frac{40 \times 0.5 \times 32}{0.082 \times (273 + 30)} = 25.7\text{kg}$$

10 소화의 종류 중 주변의 공기 또는 산소를 차단하여 소화하는 방법은? (연소-17)

① 억제소화 ② 냉각소화
③ 제거소화 ④ 질식소화

11 폭굉(Detonation)에 대한 설명으로 옳지 않은 것은?

① 발열반응이다.
② 연소의 전파속도가 음속보다 느리다.
③ 충격파가 발생한다.
④ 짧은 시간에 에너지가 방출된다.

㉠ 폭발 : 화염전파속도가 음속보다 느림
㉡ 폭굉 : 화염전파속도가 음속보다 빠름

12 위험장소 분류 중 폭발성 가스의 농도가 연속적이거나 장시간 지속적으로 폭발한계 이상이 되는 장소 또는 지속적인 위험상태가 생성되거나 생성될 우려가 있는 장소는? (연소-14)

① 제0종 위험장소
② 제1종 위험장소
③ 제2종 위험장소
④ 제3종 위험장소

13 불활성화 방법 중 용기에 액체를 채운 다음 용기로부터 액체를 배출시키는 동시에 증기층으로 불활성 가스를 주입하여 원하는 산소농도를 만드는 퍼지방법은? (연소-19)

① 사이펀퍼지 ② 스위프퍼지
③ 압력퍼지 ④ 진공퍼지

14 다음 중 BLEVE(Boiling Liquid Expanding Vapour Explosion) 현상에 대한 설명으로 옳은 것은? (연소-23)

① 물이 점성의 뜨거운 기름 표면 아래서 끓을 때 연소를 동반하지 않고 Overflow 되는 현상
② 물이 연소유(oil)의 뜨거운 표면에 들어갈 때 발생되는 Overflow 현상
③ 탱크바닥에 물과 기름의 에멀전이 섞여있을 때 기름의 비등으로 인하여 급격하게 Overflow되는 현상
④ 과열상태의 탱크에서 내부의 액화가스가 분출, 일시에 기화되어 착화, 폭발하는 현상

정답 07.③ 08.② 09.③ 10.④ 11.② 12.① 13.① 14.④

해설
② Slop over(슬롭오버)
③ Boil over(보일오버)
④ BLEVE

15 다음 중 액체연료의 연소형태와 가장 거리가 먼 것은? (연소-2)

① 분무연소 ② 등심연소
③ 분해연소 ④ 증발연소

16 연소한계, 폭발한계, 폭굉한계를 일반적으로 비교한 것 중 옳은 것은?

① 연소한계는 폭발한계보다 넓으며, 폭발한계와 폭굉한계는 같다.
② 연소한계와 폭발한계는 같으며, 폭굉한계보다는 넓다.
③ 연소한계는 폭발한계보다 넓고, 폭발한계는 폭굉한계보다 넓다.
④ 연소한계, 폭발한계, 폭굉한계는 같으며, 단지 연소현상으로 구분된다.

해설
폭굉이란 폭발 중 가장 격렬한 폭발로서 폭발범위의 어느 한 지점이 폭굉범위이므로 폭발범위는 폭굉범위보다 넓다.
(폭발범위=폭발한계=연소한계)

17 다음 중 폭발범위가 넓은 것부터 차례로 된 것은? (안전-106)

① 일산화탄소>메탄>프로판
② 일산화탄소>프로판>메탄
③ 프로판>메탄>일산화탄소
④ 메탄>프로판>일산화탄소

해설
폭발범위
㉠ CO : 12.5~74%
㉡ CH_4 : 5~15%
㉢ C_3H_8 : 2.1~9.5%

18 액체공기 100kg 중에는 산소가 약 몇 kg 들어 있는가? (단, 공기는 79mol% N_2와 21mol% O_2로 되어 있다.)

① 18.3 ② 21.1
③ 23.3 ④ 25.4

100×0.232=23.2kg

19 100℃의 수증기 1kg이 100℃의 물로 응결될 때 수증기 엔트로피 변화량은 몇 kJ/K인가? (단, 물의 증발잠열은 2256.7kJ/kg이다.)

① −4.87 ② −6.05
③ −7.24 ④ −8.67

해설
$\Delta S=\frac{dQ}{T}=\frac{2256.7\text{kJ/kg}\times1\text{kg}}{(273+100)\text{K}}=6.05\text{kJ/K}$
ΔS는 (−)의 부호를 가지므로 −6.05kJ/K

20 연소와 관련된 식으로 옳은 것은? (연소-15)

① 과잉공기비=공기비$(m)-1$
② 과잉공기량=이론공기량$(A_0)+1$
③ 실제공기량=공기비(m)+이론공기량(A_0)
④ 공기비=(이론산소량/실제공기량)−이론공기량

② 과잉공기량$(P)=A$(실제공기량)$-A_0$(이론공기량)
$=(m-1)A_0$ [m : 공기비]
③ 실제공기량$(A)=A_0$(이론공기량)$+P$(과잉공기량)
④ 공기비$(m)=\frac{A}{A_0}$

제2과목 가스설비

21 압축가스를 저장하는 납붙임 용기의 내압시험압력은? (안전-52)

① 상용압력 수치의 5분의 3배
② 상용압력 수치의 3분의 5배
③ 최고충전압력 수치의 5분의 3배
④ 최고충전압력 수치의 3분의 5배

해설
용기의 F_P(최고충전압력) 및 T_P(내압시험압력) A_P(기밀시험압력)

정답 15.③ 16.② 17.① 18.③ 19.② 20.① 21.④

22 고압가스 냉동제조시설의 자동제어장치에 해당하지 않는 것은? (안전-108)

① 저압차단장치
② 과부하보호장치
③ 자동급수 및 살수장치
④ 단수보호장치

참고 냉동설비의 과압차단장치 종류
㉠ 과압차단장치 : 냉매설비안 냉매가스 압력이 상용압력 초과 시 즉시 상용압력 이하로 되돌릴 수 있는 장치
㉡ 종류 : 고압차단장치, 안전밸브, 파열판, 용전, 압력릴리프장치

23 노즐에서 분출되는 가스 분출속도에 의해 연소에 필요한 공기의 일부를 흡입하여 혼합기 내에서 잘 혼합하여 염공으로 보내 연소하고 이때 부족한 연소공기는 불꽃주위로부터 새로운 공기를 혼입하여 가스를 연소시키며 연소온도가 가장 높은 방식의 버너는? (연소-8)

① 분젠식 버너
② 전 1차식 버너
③ 적화식 버너
④ 세미분젠식 버너

24 입구측 압력이 0.5MPa 이상인 정압기의 안전밸브 분출부의 크기는 얼마 이상으로 하여야 하는가? (안전-109)

① 20A ② 25A
③ 32A ④ 50A

25 직동식 정압기와 비교한 파이럿식 정압기의 특성에 대한 설명으로 틀린 것은? (설비-12)

① 대용량이다.
② 오프셋이 커진다.
③ 요구 유량제어 범위가 넓은 경우에 적합하다.
④ 높은 압력제어 정도가 요구되는 경우에 적합하다.

26 도시가스 공급관에서 전위차가 일정하고 비교적 작기 때문에 전위구배가 적은 장소에 적합한 전기방식법은? (안전-38)

① 외부전원법 ② 희생양극법
③ 선택배류법 ④ 강제배류법

27 도시가스용 압력조정기에서 스프링은 어떤 재질을 사용하는가?

① 주물 ② 강재
③ 알루미늄합금 ④ 다이캐스팅

28 대기 중에 10m 배관을 연결할 때 중간에 상온스프링을 이용하여 연결하려 한다면 중간 연결부에서 얼마의 간격으로 하여야 하는가? (단, 대기 중의 온도는 최저 −20℃, 최고 30℃이고, 배관의 열팽창계수는 7.2×10^{-5}/℃이다.)

① 18mm ② 24mm
③ 36mm ④ 48mm

$$\Delta l = (l\alpha\Delta t)\times\frac{1}{2}$$
$$= 10\times10^3\text{mm}\times7.2\times10^{-5}/℃\times(30+20)\times\frac{1}{2}$$
$$=18\text{mm}$$

(상온 스프링 : 신축량의 1/2 길이로 연결)

29 압축기의 종류 중 구동모터와 압축기가 분리된 구조로서 벨트나 커플링에 의하여 구동되는 압축기의 형식은?

① 개방형 ② 반밀폐형
③ 밀폐형 ④ 무급유형

30 물 수송량이 6000L/min, 전양정이 45m, 효율이 75%인 터빈 펌프의 소요마력은 약 몇 kW인가?

① 40 ② 47
③ 59 ④ 68

$$L_{\text{kW}} = \frac{\gamma\cdot Q\cdot H}{102\eta} = \frac{1000\times(6/60)\times45}{102\times0.75}$$
$$= 58.82\text{kW} \fallingdotseq 59\text{kW}$$

정답 22.③ 23.① 24.④ 25.② 26.② 27.② 28.① 29.① 30.③

31 고압장치의 재료로 구리관의 성질과 특징으로 틀린 것은?

① 알칼리에는 내식성이 강하지만 산성에는 약하다.
② 내면이 매끈하여 유체저항이 적다.
③ 굴곡성이 좋아 가공이 용이하다.
④ 전도 및 전기절연성이 우수하다.

32 원심 펌프를 병렬로 연결하는 것은 무엇을 증가시키기 위한 것인가?

① 양정　　② 동력
③ 유량　　④ 효율

원심 펌프
(1) 직렬
　㉠ 양정 증가　　㉡ 유량 불변
(2) 병렬
　㉠ 양정 불변　　㉡ 유량 증가

33 배관에는 온도변화 및 여러 가지 하중을 받기 때문에 이에 견디는 배관을 설계해야 한다. 외경과 내경의 비가 1.2 미만인 경우 배관의 두께는 식 $t(\text{mm}) = \dfrac{PD}{2\dfrac{f}{s} - P} + C$에 의하여 계산된다. 기호 P의 의미로 옳게 표시된 것은?

① 충전압력　　② 상용압력
③ 사용압력　　④ 최고충전압력

배관의 두께 계산식

구 분	외경, 내경의 비가 1.2 미만	외경, 내경의 비가 1.2 이상
공 식	$t = \dfrac{PD}{2 \cdot \dfrac{f}{s} - D} + C$	$t = \dfrac{D}{2}\left[\sqrt{\dfrac{\dfrac{f}{s}+p}{\dfrac{f}{s}-p}} - 1\right] + C$
기 호	t : 배관두께(mm) P : 상용압력(MPa) D : 내경에서 부식여유에 상당하는 부분을 뺀 부분(mm) f : 재료인장강도(N/mm^2) 규격 최소치이거나 항복점 규격 최소치의 1.6배 C : 부식여유치(mm) s : 안전율	

34 액화석유가스 사용시설에서 배관의 이음매와 절연조치를 한 전선과는 최소 얼마 이상의 거리를 두어야 하는가? **[안전-14]**

① 10cm　　② 15cm
③ 30cm　　④ 40cm

35 천연가스 중압공급방식의 특징에 대한 설명으로 옳은 것은?

① 단시간의 정전이 발생하여도 영향을 받지 않고 가스를 공급할 수 있다.
② 고압공급방식보다 가스 수송능력이 우수하다.
③ 중압공급배관(강관)은 전기방식을 할 필요가 없다.
④ 중앙배관에서 발생하는 압력 감소의 주된 원인은 가스의 재응축 때문이다.

36 고압가스설비의 운전을 정지하고 수리할 때 일반적으로 유의하여야 할 사항이 아닌 것은?

① 가스 치환작업
② 안전밸브 작동
③ 장치 내부 가스분석
④ 배관의 차단

운전정지 수리 시 일반적 사항
㉠ 설비 내 가스방출
㉡ 잔가스 방출 및 유입가스 차단
㉢ 가스치환 및 가스분석
　• 가연성 : 폭발하한 1/4 이하
　• 독성 : TLV-TWA 허용농도 이하
㉣ 공기로 재치환 : 공기 중 산소의 농도(18~22)% 점검
㉤ 수리 점검, 보수

37 액화석유가스(LPG) 20kg 용기를 재검사하기 위하여 수압에 의한 내압시험을 하였다. 이때 전증가량이 200mL, 영구증가량이 20mL이었다면 영구증가율과 적합여부를 판단하면?

① 10%, 합격　　② 10%, 불합격
③ 20%, 합격　　④ 20%, 불합격

정답 31.④ 32.③ 33.② 34.① 35.① 36.② 37.①

항구증가율$=\frac{20}{200}\times 100=10\%$

∴ 10% 이하이므로 합격

38 배관설계 시 고려하여야 할 사항으로 가장 거리가 먼 것은?

① 가능한 옥외에 설치할 것
② 굴곡을 적게 할 것
③ 은폐하여 매설할 것
④ 최단거리로 할 것

배관설계 시 고려사항
㉠ 가능한 옥외에 설치할 것
㉡ 구부러지거나 오르내림이 적을 것
㉢ 은폐매설을 피할 것
㉣ 최단거리로 할 것

39 도시가스 배관의 내진설계기준에서 일반도시가스 사업자가 소유하는 배관의 경우 내진 1등급에 해당되는 압력은 최고사용압력이 얼마의 배관을 말하는가? (안전-107)

① 0.1MPa　② 0.3MPa
③ 0.5MPa　④ 1MPa

40 정압기의 이상감압에 대처할 수 있는 방법이 아닌 것은? (설비-6)

① 저압배관의 loop화
② 2차측 압력 감시장치 설치
③ 정압기 2계열 설치
④ 필터 설치

제3과목 가스안전관리

41 다음 중 일반도시가스 사업소에 설치된 정압기 필터 분해점검에 대하여 옳게 설명한 것은? (안전-1)

① 가스공급 개시 후 매년 1회 이상 실시한다.
② 가스공급 개시 후 2년에 1회 이상 실시한다.
③ 설치 후 매년 1회 이상 실시한다.
④ 설치 후 2년에 1회 이상 실시한다.

42 가연성 가스 저장탱크 및 처리설비를 실내에 설치하는 기준에 대한 설명 중 틀린 것은?

① 저장탱크와 처리설비는 구분 없이 동일한 실내에 설치한다.
② 저장탱크 및 처리설비가 설치된 실내는 천장·벽 및 바닥의 두께가 30cm 이상인 철근콘크리트로 한다.
③ 저장탱크의 정상부와 저장탱크실 천장과의 거리는 60cm 이상으로 한다.
④ 저장탱크에 설치한 안전밸브는 지상 5m 이상의 높이에 방출구가 있는 가스 방출관을 설치한다.

저장탱크와 처리설비는 구분하여 설치한다.

43 액화석유가스 충전시설에서 가스산업기사 이상의 자격을 선입하여야 하는 저장능력의 기준은?

① 30톤 초과　② 100톤 초과
③ 300톤 초과　④ 500톤 초과

안전관리자 자격과 선임 인원

시설구분	저장능력	선임구분	
		안전관리자	자 격
액화석유가스 충전시설	500톤 초과	총괄자 1인 부총괄자 1인	
		책임자 : 1인	가스산업기사 이상
		원 : 2인	가스기능사 이상 및 충전시설 양성교육 이수자
	100톤 초과 500톤 이하	총괄자 1인 부총괄자 1인	
		책임자 : 1인	가스기능사 이상
		원 : 2인	가스기능사 이상 충전시설 양성교육 이수자

시설구분	저장능력	선임구분	
		안전관리자	자 격
액화석유가스충전시설	100톤 이하	총괄자 1인 부총괄자 1인	
		책임자	가스기능사 이상 실무경력 5년 이상 충전시설 양성교육 이수자
	30톤 이하 (자동차 충전시설)	총괄자 1인	
		책임자 1인	가스기능사 및 충전시설 양성교육 이수자

44 다음 중 LPG 사용시설에서 용기보관실 및 용기집합설비의 설치에 대한 설명으로 틀린 것은? (안전-111)

① 저장능력이 100kg을 초과하는 경우에는 옥외에 용기보관실을 설치한다.
② 용기보관실의 벽, 문, 지붕은 불연재료로 하고 복층구조로 한다.
③ 건물과 건물사이 등 용기보관실 설치가 곤란한 경우에는 외부인의 출입을 방지하기 위한 출입문을 설치한다.
④ 용기집합설비의 양단 마감조치 시에는 캡 또는 플랜지로 마감한다.

45 고정식 압축도시가스 이동식 충전차량 충전시설에 설치하는 가스누출 검지경보장치의 설치위치가 아닌 것은?

① 개방형 피트 외부에 설치된 배관 접속부 주위
② 압축가스설비 주변
③ 개별 충전설비 본체 내부
④ 펌프 주변

해설

고정식 압축도시가스 이동식 충전차량 충전시설의 가스누출 검지경보장치 설치장소 및 설치개수(KGS FP653 2.6.2.3)

(1) 설치장소
㉠ 압축설비 주변
㉡ 압축가스설비 주변
㉢ 개방 충전설비 본체 내부
㉣ 밀폐형 피트 내부에 설치된 배관접속(용접접속을 제외)부 주위

(2) 설치개수
㉠ 압축설비 주변 충전설비 내부 1개 이상
㉡ 압축가스설비 주변 2개
㉢ 배관 접속부마다 10m 이내 1개
㉣ 펌프 주변 1개 이상

46 다음 소비자 1호당 1일 평균 가스소비량이 1.6kg/day이고, 소비 호수 10호인 경우 자동절체조정기를 사용하는 설비를 설계하면 용기는 몇 개 정도 필요한가? (단, 표준가스 발생능력은 1.6kg/h이고, 평균 가스소비율은 60%, 용기는 2계열 집합으로 사용한다.)

① 8개　② 10개
③ 12개　④ 14개

$$\text{용기수} = \frac{\text{피크 시 사용량}}{\text{용기 1개당 가스발생량}} = \frac{1.6\times10\times0.6}{1.6} = 6\text{개}$$

∴ 자동절체기 사용 시 $=6\times2=12$개

47 저장탱크의 맞대기 용접부 기계시험 방법이 아닌 것은?

① 비파괴시험　② 이음매 인장시험
③ 표면굽힘시험　④ 측면굽힘시험

48 고압가스 안전관리법에 의한 LPG 용접 용기를 제조하고자 하는 자가 반드시 갖추지 않아도 되는 설비는?

① 성형설비　② 원료 혼합설비
③ 열처리설비　④ 세척설비

(1) LPG 용접 용기 제조설비(KGS AC211)
㉠ 성형설비
㉡ 용접설비
㉢ 열처리설비
㉣ 부식도장설비
㉤ 각인기
㉥ 자동밸브 탈착기
㉦ 용기 내부 건조설비 및 진공흡입설비

(2) 그 밖의 용접용기 제조설비
㉠ 성형설비
㉡ 용접설비

정답 44.② 45.① 46.③ 47.① 48.②

㉢ 넥크링 가공설비
㉣ 세척설비
㉤ 열처리로
㉥ 부식방지 도장설비
㉦ 쇼트브라스
㉧ 밸브 탈 · 부착기
㉨ 용기건조 내부설비 및 진공흡입설비

49 가스위험성 평가에서 위험도가 큰 가스부터 작은 순서대로 바르게 나열된 것은? (설비-44)

① C_2H_6, CO, CH_4, NH_3
② C_2H_6, CH_4, CO, NH_3
③ CO, CH_4, C_2H_6, NH_3
④ CO, C_2H_6, CH_4, NH_3

$$위험도 = \frac{상한 - 하한}{폭발하한}$$

㉠ $CO = \frac{74-12.5}{12.5} = 4.92$

㉡ $C_2H_6 = \frac{12.5-3}{3} = 3.16$

㉢ $CH_4 = \frac{15-5}{5} = 2$

㉣ $NH_3 = \frac{28-15}{15} = 0.87$

50 저장능력이 20톤인 암모니아 저장탱크 2기를 지하에 인접하여 매설할 경우 상호간에 최소 몇 m 이상의 이격거리를 유지하여야 하는가? (안전-3)

① 0.6m ② 0.8m
③ 1m ④ 1.2m

저장탱크 이격거리
㉠ 지상설치 : 두 저장탱크 최대직경을 합한 것의 1/4이
- 1m보다 클 때 : 그 길이
- 1m보다 작을 때 : 1m 이상

㉡ 지하설치 : 1m 이상

51 고압가스의 운반기준에서 동일차량에 적재하여 운반할 수 없는 것은? (안전-34)

① 염소와 아세틸렌 ② 질소와 산소
③ 아세틸렌과 산소 ④ 프로판과 부탄

52 독성 가스가 누출되었을 경우 이에 대한 제독조치로서 적당하지 않은 것은?

① 물 또는 흡수제에 의하여 흡수 또는 중화하는 조치
② 벤트스택을 통하여 공기 중에 방출시키는 조치
③ 흡착제에 의하여 흡착제거하는 조치
④ 집액구 등으로 고인 액화가스를 펌프 등의 이송설비로 반송하는 조치

53 폭발방지 대책을 수립하고자 할 경우 먼저 분석하여야 할 사항으로 가장 거리가 먼 것은?

① 요인분석
② 위험성 평가분석
③ 피해예측분석
④ 보험가입여부분석

54 가연성 가스 또는 산소를 운반하는 차량에 휴대하여야 하는 소화기로 옳은 것은? (안전-8)

① 포말소화기
② 분말소화기
③ 화학포소화기
④ 간이소화기

55 용기에 의한 액화석유가스 사용시설의 기준으로 틀린 것은?

① 가스저장실 주위에 보기 쉽게 경계표시를 한다.
② 저장능력이 250kg 이상인 사용시설에는 압력이 상승한 때를 대비하여 과압안전장치를 설치한다.
③ 용기는 용기집합설비의 저장능력이 300kg 이하인 경우 용기, 용기밸브 및 압력조정기가 직사광선, 빗물 등에 노출되지 않도록 한다.
④ 내용적 20L 이상의 충전용기를 옥외에서 이동하여 사용하는 때에는 용기운반 손수레에 단단히 묶어 사용한다.

정답 49.④ 50.③ 51.① 52.② 53.④ 54.② 55.③

③ 100kg 이하인 경우 용기보관실에 보관할 필요가 없으며 이 경우 용기 및 그 부속품이 직사광선, 빗물 등에 노출되지 않도록 한다.

56 발연황산 시약을 사용한 오르자트법 또는 브롬 시약을 사용한 뷰렛법에 의한 시험으로 품질검사를 하는 가스는? (안전-11)

① 산소
② 암모니아
③ 수소
④ 아세틸렌

57 고압가스 저장설비에 설치하는 긴급차단장치에 대한 설명으로 틀린 것은?

① 저장설비의 내부에 설치하여도 된다.
② 동력원(動力源)은 액압, 기압, 전기 또는 스프링으로 한다.
③ 조작 버튼(Button)은 저장설비에서 가장 가까운 곳에 설치한다.
④ 간단하고 확실하며, 신속히 차단되는 구조이어야 한다.

③ 조작위치는 저장설비 5m 이상 떨어진 장소 3곳 이상 설치

58 고압가스 일반제조시설의 배관 설치에 대한 설명으로 틀린 것은?

① 배관은 지면으로부터 최소한 1m 이상의 깊이에 매설한다.
② 배관의 부식방지를 위하여 지면으로부터 30cm 이상의 거리를 유지한다.
③ 배관설비는 상용압력의 2배 이상의 압력에 항복을 일으키지 아니하는 두께 이상으로 한다.
④ 모든 독성 가스는 2중관으로 한다.

독성 가스 중 이중관으로 설치하는 가스의 종류 : 아황산, 암모니아, 염소, 염화메탄, 산화에틸렌, 시안화수소, 포스겐, 황화수소

59 고압가스 운반 중 가스누출 부분에 수리가 불가능한 사고가 발생하였을 경우의 조치로서 가장 거리가 먼 것은?

① 상황에 따라 안전한 장소로 운반한다.
② 부근의 화기를 없앤다.
③ 소화기를 이용하여 소화한다.
④ 비상연락망에 따라 관계업소에 원조를 의뢰한다.

60 공기액화분리기의 운전을 중지하고 액화산소를 방출해야 하는 경우는? (설비-5)

① 액화산소 5L 중 아세틸렌의 질량이 1mg을 넘을 때
② 액화산소 5L 중 아세틸렌의 질량이 5mg을 넘을 때
③ 액화산소 5L 중 탄화수소의 탄소의 질량이 5mg을 넘을 때
④ 액화산소 5L 중 탄화수소의 탄소의 질량이 50mg을 넘을 때

공기액화분리기의 운전을 중지하고 액화산소를 방출하여야 하는 경우
㉠ 액화산소 5L 중 탄화수소 중 탄소의 질량이 500mg을 넘을 때
㉡ 액화산소 5L 중 C_2H_2의 질량이 5mg을 넘을 때

제4과목 가스계측

61 열전도율식 CO_2 분석계 사용 시 주의사항 중 틀린 것은?

① 가스의 유속을 거의 일정하게 한다.
② 수소가스(H_2)의 혼입으로 지시값을 높여준다.
③ 셀의 주위온도와 측정가스의 온도를 거의 일정하게 유지시키고 과도한 상승을 피한다.
④ 브리지의 공급전류의 점검을 확실하게 한다.

열전도율 CO_2계 : 수소가스는 열전도율이 높으므로 수소가스 혼입에 주의하여야 한다.

정답 56.④ 57.③ 58.④ 59.③ 60.② 61.②

62 가스분석에서 흡수분석법에 해당하는 것은 어느 것인가? (계측-1)

① 적정법 ② 중량법
③ 흡광광도법 ④ 헴펠법

해설
흡수분석법
㉠ 오르자트법
㉡ 헴펠법
㉢ 게겔법

63 용적식 유량계의 특징에 대한 설명 중 옳지 않은 것은?

① 유체의 물성치(온도, 압력 등)에 의한 영향을 거의 받지 않는다.
② 점도가 높은 액의 유량 측정에는 적합하지 않다.
③ 유량계 전후의 직관길이에 영향을 받지 않는다.
④ 외부에너지의 공급이 없어도 측정할 수 있다.

64 물체는 고온이 되면, 온도 상승과 더불어 짧은 파장의 에너지를 발산한다. 이러한 원리를 이용하는 색 온도계의 온도와 색과의 관계가 바르게 짝지어진 것은?

① 800℃ – 오렌지색
② 1000℃ – 노란색
③ 1200℃ – 눈부신 황백색
④ 2000℃ – 매우 눈부신 흰색

해설
색 온도계

온도(℃)	색 깔
600	어두운색
800	붉은색
1000	오렌지색
1200	노란색
1500	눈부신 황백색
2000	매우 눈부신 흰색
2500	푸른기가 있는 흰백색

65 전자유량계는 다음 중 어느 법칙을 이용한 것인가?

① 쿨롱의 전자유도 법칙
② 옴의 전자유도 법칙
③ 패러데이의 전자유도 법칙
④ 줄의 전자유도 법칙

66 막식 가스미터의 고장에 대한 설명으로 틀린 것은? (계측-5)

① 부동 : 가스가 미터기를 통과하지만 계량되지 않는 고장
② 떨림 : 가스가 통과할 때에 출구측의 압력변동이 심하게 되어 가스의 연소 형태를 불안정하게 하는 고장형태
③ 기차불량 : 설치오류, 충격, 부품의 마모 등으로 계량정밀도가 저하되는 경우
④ 불통 : 회전자 베어링 마모에 의한 회전저항이 크거나 설치 시 이물질이 기어 내부에 들어갈 경우

67 다음 중 램버트–비어의 법칙을 이용한 분석법은?

① 분광광도법
② 분별연소법
③ 전위차적정법
④ 가스 크로마토그래피법

해설
램버트–비어 법칙[흡광(분광) 광도법]
$E=\varepsilon cl$
여기서, E : 흡광도
ε : 흡광계수
c : 농도
l : 빛이 통하는 액층의 길이

68 내경 50mm의 배관으로 평균유속 1.5m/s의 속도로 흐를 때의 유량(m^3/h)은 얼마인가?

① 10.6 ② 11.2
③ 12.1 ④ 16.2

정답 62.④ 63.② 64.④ 65.③ 66.④ 67.① 68.①

해설

$$Q=\frac{\pi}{4}d^2 \cdot V=\frac{\pi}{4}\times(0.05\text{m})^2\times1.5\text{m/s}$$
$$=0.00294\text{m}^3/\text{s}$$
$$\therefore\ 0.0029\times3600=10.60\text{m}^3/\text{h}$$

69 전압 또는 전력증폭기, 제어밸브 등으로 되어 있으며 조절부에서 나온 신호를 증폭시켜, 제어대상을 작동시키는 장치는?

① 검출부 ② 전송기
③ 조절기 ④ 조작부

70 유리제 온도계 중 알코올 온도계의 특징으로 옳은 것은?

① 저온 측정에 적합하다.
② 표면장력이 커 모세관현상이 적다.
③ 열팽창계수가 작다.
④ 열전도율이 좋다.

해설

알코올 온도계의 특징
㉠ 측정범위 : −100~100℃
㉡ 측정원리 : 알코올의 열팽창을 이용
㉢ 수은보다 정밀도가 낮음

71 가스 크로마토그래피의 운반기체(Carrier Gas)가 구비해야 할 조건으로 옳지 않은 것은?

① 비활성일 것
② 확산속도가 클 것
③ 건조할 것
④ 순도가 높을 것

해설

캐리어가스
㉠ 종류 : H_2, He, Ne, Ar, N_2
㉡ 역할 : 시료가스를 크라마토크래피 내부에서 분석을 위하여 이동시키는 전개제
㉢ 구비조건
• 비활성일 것
• 건조할 것
• 확산속도가 적을 것
• 순도가 높을 것

72 다음 가스계량기 중 간접측정 방법이 아닌 것은?

① 막식계량기 ② 터빈계량기
③ 오리피스계량기 ④ 볼텍스계량기

해설

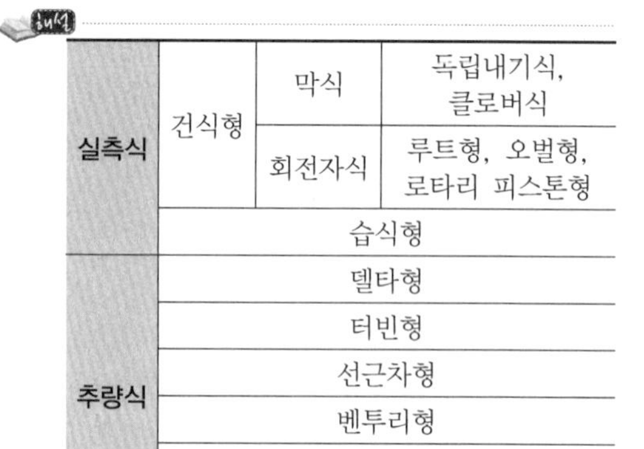

실측식	건식형	막식	독립내기식, 클로버식
		회전자식	루트형, 오벌형, 로타리 피스톤형
	습식형		
추량식	델타형		
	터빈형		
	선근차형		
	벤투리형		
	오리피스형		
	와류형		

73 유량측정에 대한 설명으로 옳지 않은 것은?

① 유체의 밀도가 변할 경우 질량유량을 측정하는 것이 좋다.
② 유체가 액체일 경우 온도와 압력에 의한 영향이 크다.
③ 유체가 기체일 때 온도나 압력에 의한 밀도의 변화를 무시할 수 없다.
④ 유체의 흐름이 층류일 때와 난류일 때의 유량측정 방법은 다르다.

해설

기체일 때 온도, 압력의 영향이 크다.

74 가스누출 검지경보장치의 기능에 대한 설명으로 틀린 것은? **(안전-67)**

① 경보농도는 가연성 가스인 경우 폭발하한계의 1/4 이하 독성 가스인 경우 TLV-TWA 기준농도 이하로 할 것
② 경보를 발신한 후 5분 이내에 자동적으로 경보정지가 되어야 할 것
③ 지시계의 눈금은 독성 가스인 경우 0~TLV-TWA기준 농도 3배 값을 명확하게 지시하는 것일 것
④ 가스검지에서 발신까지의 소요시간은 경보농도의 1.6배 농도에서 보통 30초 이내일 것

정답 69.④ 70.① 71.② 72.① 73.② 74.②

75 접촉식 온도계에 해당하는 것은? 〔계측-24〕

① 바이메탈 온도계 ② 광고 온도계
③ 방사 온도계 ④ 광전관 온도계

(1) 비접촉식 온도계
㉠ 광고
㉡ 광전관식
㉢ 색
㉣ 방사(복사)
(2) 접촉식 온도계
㉠ 열전대
㉡ 바이메탈
㉢ 유리제
㉣ 전기저항

76 가스 크로마토그래피에서 사용하는 검출기가 아닌 것은? 〔계측-13〕

① 원자방출검출기(AED)
② 황화학발광검출기(SCD)
③ 열추적검출기(TTD)
④ 열이온검출기(TID)

77 산소 64kg과 질소 14kg의 혼합기체가 나타내는 전압이 10기압이면 이때 산소의 분압은 얼마인가?

① 2기압 ② 4기압
③ 6기압 ④ 8기압

$$P_o = 10 \times \frac{\left(\frac{64}{32}\right)}{\left(\frac{64}{32}\right)+\left(\frac{14}{28}\right)} = 8\text{atm}$$

78 열전대 온도계의 일반적인 종류로서 옳지 않은 것은? 〔계측-9〕

① 구리－콘스탄탄
② 백금－백금 · 로듐
③ 크로멜－콘스탄탄
④ 크로멜－알루멜

79 전기저항 온도계에서 측온 저항체의 공칭 저항치라고 하는 것은 몇 ℃의 온도일 때 저항소자의 저항을 의미하는가? 〔계측-22〕

① －273℃ ② 0℃
③ 5℃ ④ 21℃

80 다음 중 대용량 수요처에 적합하며, 100～5000m^3/h의 용량 범위를 갖는 가스미터는 어느 것인가? 〔계측-8〕

① 막식 가스미터
② 습식 가스미터
③ 마노미터
④ 루트미터

정답 75.① 76.③ 77.④ 78.③ 79.② 80.④

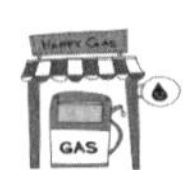

가스산업기사 필기

www.cyber.co.kr

국가기술자격 시험문제

2015년 산업기사 제1회 필기시험(2부) (2015년 3월 8일 시행)

자격종목	시험시간	문제수	문제형별
가스산업기사	2시간	80	A

수험번호		성 명	

제1과목 연소공학

01 공기압축기의 흡입구로 빨려들어간 가연성 증기가 압축되어 그 결과로 큰 재해가 발생하였다. 이 경우 가연성 증기에 작용한 기계적인 발화원으로 볼 수 없는 것은?

① 충격 ② 마찰
③ 단열압축 ④ 정전기

단열압축 : 화학적 발화원

02 다음 중 연소속도에 영향을 미치지 않는 것은?

① 관의 단면적 ② 내염표면적
③ 염의 높이 ④ 관의 염경

03 고체연료에 있어 탄화도가 클수록 발생하는 성질은? (연소-28)

① 휘발분이 증가한다.
② 매연발생이 많아진다.
③ 연소속도가 증가한다.
④ 고정탄소가 많아져 발열량이 커진다.

04 폭발에 대한 설명으로 틀린 것은?

① 폭발한계란 폭발이 일어나는 데 필요한 농도의 한계를 의미한다.
② 온도가 낮을 때는 폭발 시의 방열속도가 느려지므로 연소범위는 넓어진다.
③ 폭발 시의 압력을 상승시키면 반응속도는 증가한다.
④ 불활성 기체를 공기와 혼합하면 폭발범위는 좁아진다.

온도가 낮을 때 연소범위가 좁아짐

05 다음은 가스의 폭발에 관한 설명이다. 옳은 내용으로만 짝지어진 것은?

> ㉠ 안전간격이 큰 것일수록 위험하다.
> ㉡ 폭발범위가 넓은 것은 위험하다.
> ㉢ 가스압력이 커지면 통상 폭발범위는 넓어진다.
> ㉣ 연소속도가 크면 안전하다.
> ㉤ 가스비중이 큰 것은 낮은 곳에 체류할 위험이 있다.

① ㉢, ㉣, ㉤ ② ㉡, ㉢, ㉣, ㉤
③ ㉡, ㉢, ㉤ ④ ㉠, ㉡, ㉢, ㉤

06 메탄 50vol%, 에탄 25vol%, 프로판 25vol%가 섞여 있는 혼합기체의 공기 중에서의 연소하한계(vol%)는 얼마인가? (단, 메탄, 에탄, 프로판의 연소하한계는 각각 5vol%, 3vol%, 2.1vol%이다.)

① 2.3 ② 3.3
③ 4.3 ④ 5.3

$$\frac{100}{L}=\frac{50}{5}+\frac{25}{3}+\frac{25}{2.1}$$

$$\therefore L=\frac{100}{\frac{50}{5}+\frac{25}{3}+\frac{24}{2.1}}=3.3\%$$

정답 01.③ 02.③ 03.④ 04.② 05.③ 06.②

07 활성화에너지가 클수록 연소반응속도는 어떻게 되는가?

① 빨라진다.
② 활성화에너지와 연소반응속도는 관계가 없다.
③ 느려진다.
④ 빨라지다가 점차 느려진다.

해설
활성화에너지 : 반응에 필요한 최소한의 에너지로 클수록 반응속도 느려짐

08 액체연료의 연소에 있어서 1차 공기란?

① 착화에 필요한 공기
② 연료의 무화에 필요한 공기
③ 연소에 필요한 계산상 공기
④ 화격자 아래쪽에서 공급되어 주로 연소에 관여하는 공기

09 열역학 법칙 중 '어떤 계의 온도를 절대온도 0K까지 내릴 수 없다'에 해당하는 것은 어느 것인가? (설비-40)

① 열역학 제0법칙
② 열역학 제1법칙
③ 열역학 제2법칙
④ 열역학 제3법칙

10 이산화탄소 40vol%, 질소 40vol%, 산소 20vol%로 이루어진 혼합기체의 평균분자량은 약 얼마인가?

① 17 ② 25
③ 35 ④ 42

해설
$44 \times 0.4 + 28 \times 0.4 + 32 \times 0.2 = 35.2$

11 정상운전 중에 가연성 가스의 점화원이 될 전기불꽃, 아크 등의 발생을 방지하기 위하여 기계적, 전기적 구조상 또는 온도상승에 대해서 안전도를 증가시킨 방폭구조로 옳은 것은? (안전-13)

① 내압방폭구조
② 압력방폭구조
③ 안전증방폭구조
④ 본질안전방폭구조

12 다음 시안화수소의 위험도(H)는 약 얼마인가? (설비-44)

① 5.8 ② 8.8
③ 11.8 ④ 14.8

위험도 $= \frac{41-6}{6} = 5.8$

13 이상연소 현상인 리프팅(lifting)의 원인이 아닌 것은? (연소-22)

① 버너 내의 압력이 높아져 가스가 과다 유출할 경우
② 가스압이 이상 저하한다든지 노즐과 콕 등이 막혀 가스량이 극히 적게될 경우
③ 공기 및 가스의 양이 많아져 분출량이 증가한 경우
④ 버너가 낡고 염공이 막혀 염공의 유효면적이 작아져 버너 내압이 높게 되어 분출속도가 빠르게 되는 경우

14 내용적 $5m^3$의 탱크에 압력 $6kg/cm^2$, 건성도 0.98의 습윤 포화증기를 몇 kg 충전할 수 있는가? (단, 이 압력에서의 건성 포화증기의 비용적은 $0.278m^3/kg$이다.)

① 3.67 ② 11.01
③ 14.68 ④ 18.35

$$\frac{5m^3}{0.278m^3/kg \times 0.98} = 18.35kg$$

15 상온, 표준대기압 하에서 어떤 혼합기체의 각 성분에 대한 부피가 각각 CO_2 20%, N_2 20%, O_2 40%, Ar 20%이면 이 혼합기체 중 CO_2 분압은 약 몇 mmHg인가?

① 152 ② 252
③ 352 ④ 452

정답 07.③ 08.② 09.④ 10.③ 11.③ 12.① 13.② 14.④ 15.①

해설

$P_{CO_2} = 760\text{mmHg} \times \dfrac{20}{100} = 152\text{mmHg}$

16 연료 1kg을 완전연소시키는 데 소요되는 건공기의 질량은 $0.232\text{kg} = \dfrac{O_0}{A_0}$으로 나타낼 수 있다. 이 때 A_0가 의미하는 것은?

① 이론산소량 ② 이론공기량
③ 실제산소량 ④ 실제공기량

17 기체의 압력이 클수록 액체용매에 잘 용해된다는 것을 설명한 법칙은?

① 아보가드로 ② 게이뤼삭
③ 보일 ④ 헨리

18 이상기체에서 정적비열(C_v)과 정압비열(C_p)과의 관계로 옳은 것은? (연소-3)

① $C_p - C_v = R$
② $C_p + C_v = R$
③ $C_p + C_v = 2R$
④ $C_p - C_v = 2R$

19 액체연료의 연소형태 중 램프등과 같이 연료를 심지로 빨아올려 심지의 표면에서 연소시키는 것은? (연소-2)

① 액면연소 ② 증발연소
③ 분무연소 ④ 등심연소

20 다음 중 강제점화가 아닌 것은?

① 가전(加電)점화
② 열면점화(Hot Surface Ignition)
③ 화염점화
④ 자기점화(Self Ignition, Auto Ignition)

해설

강제점화의 종류
㉠ 가전점화
㉡ 열면점화
㉢ 화염점화

제2과목 가스설비

21 비중이 1.5인 프로판이 입상 30m일 경우의 압력손실은 약 몇 Pa인가? (설비-8)

① 130 ② 190
③ 256 ④ 450

$h = 1.293(S-1)H$
$= 1.293(1.5-1) \times 30$
$= 19.395\text{mmH}_2\text{O}$
$\therefore \dfrac{19.395}{10332} \times 101325 = 190.20\text{Pa}$

22 고압 원통형 저장탱크의 지지방법 중 횡형 탱크의 지지방법으로 널리 이용되는 것은?

① 새들형(Saddle형)
② 지주형(Leg형)
③ 스커트형(Skirt형)
④ 평판형(Flat Plate형)

23 정압기의 기본구조 중 2차 압력을 감지하여 그 2차 압력의 변동을 메인밸브로 전하는 부분은?

① 다이어프램
② 조정밸브
③ 슬리브
④ 웨이트

24 1단 감압식 준저압조정기의 입구압력과 조정압력으로 맞은 것은? (안전-17)

① 입구압력 : 0.07~1.56MPa, 조정압력 : 2.3~3.3kPa
② 입구압력 : 0.07~1.56MPa, 조정압력 : 5~30kPa 이내에서 제조자가 설정한 기준압력의 ±20%
③ 입구압력 : 0.1~1.56MPa, 조정압력 : 2.3~3.3kPa
④ 입구압력 : 0.1~1.56MPa, 조정압력 : 5~30kPa 이내에서 제조자가 설정한 기준압력의 ±20%

정답 16.② 17.④ 18.① 19.④ 20.④ 21.② 22.① 23.① 24.④

25 단면적이 300mm²인 봉을 매달고 600kg의 추를 그 자유단에 달았더니 재료의 허용인장응력에 도달하였다. 이 봉의 인장강도가 400kg/cm²이라면 안전율은 얼마인가? (설비-54)

① 1 ② 2
③ 3 ④ 4

$$\text{안전율} = \frac{\text{허용응력}}{\text{인장강도}} = \frac{400\text{kg/cm}^2}{\left(\frac{600\text{kg}}{3\text{cm}^2}\right)} = 2$$

26 가연성 고압가스 저장탱크 외부에는 은백색 도료를 바르고 주위에서 보기 쉽도록 가스의 명칭을 표시한다. 가스 명칭표시의 색상은?

① 검정색 ② 녹색
③ 적색 ④ 황색

27 고압가스설비에 대한 설명으로 옳은 것은?

① 고압가스 저장탱크에는 환형 유리관 액면계를 설치한다.
② 고압가스 설비에 장치하는 압력계의 최고눈금은 상용압력의 1.1배 이상 2배 이하이어야 한다.
③ 저장능력이 1000톤 이상인 액화산소 저장탱크의 주위에는 유출을 방지하는 조치를 한다.
④ 소형 저장탱크 및 충전용기는 항상 50℃ 이하를 유지한다.

① 저장탱크에 환형 유리제, 액면계 사용 못함(단, 산소 · 불활성 저장탱크에는 사용가능)
② 상용압력 1.5배 이상 2배 이하
④ 40℃ 이하

28 전용 보일러실에 반드시 설치해야 하는 보일러는? (안전-112)

① 밀폐식 보일러
② 반밀폐식 보일러
③ 가스보일러를 옥외에 설치하는 경우
④ 전용 급기구 통을 부착시키는 구조로 검사에 합격한 강제 배기식 보일러

전용 보일러실에 설치할 필요가 없는 보일러
㉠ 밀폐식 보일러
㉡ 가스보일러를 옥외에 설치하는 경우
㉢ 전용 급기구 통을 부착시키는 구조로 검사에 합격된 강제식 보일러

29 탱크로리에서 저장탱크로 LP가스 이송 시 잔가스 회수가 가능한 이송법은? (설비-23)

① 차압에 의한 방법
② 액송 펌프 이용법
③ 압축기 이용법
④ 압축가스 용기 이용법

LP가스 이송 시 압축기 펌프의 장 · 단점

구 분	장 점	단 점
압축기	• 충전시간이 짧다. • 잔가스 회수가 용이하다. • 베이퍼록의 우려가 없다.	• 재액화 우려가 있다. • 드레인 우려가 있다.
펌프	• 재액화 우려가 없다. • 드레인 우려가 없다.	• 충전시간이 길다. • 잔가스 회수가 불가능하다. • 베이퍼록의 우려가 있다.

30 30톤 미만의 LP가스 소형 저장탱크에 대한 설명으로 틀린 것은? (안전-103)

① 동일장소에 설치하는 소형 저장탱크의 수는 6기 이하로 한다.
② 화기와의 우회거리는 3m 이상을 유지한다.
③ 지상 설치식으로 한다.
④ 건축물이나 사람이 통행하는 구조물의 하부에 설치하지 아니한다.

LPG 소형 저장탱크 설치공급 사용기준

구 분	세부내용
시설기준	• 지상식으로 설치 • 사업소 경계는 바다, 호수, 하천, 도로의 경우 토지 경계와 탱크 외면간 0.5m 이상 안전공지 유지

정답 25.② 26.③ 27.③ 28.② 29.③ 30.②

구 분	세부내용
설치기준	• 동일장소 설치 수 6기 이하 충전질량 합계 5000kg 미만 • 바닥에서 5cm 이상 콘크리트 바닥에 설치 • 충전질량 1000kg 이상은 높이 3m 이상 경계책 설치
기화기	• 소형 저장탱크와 기화기는 3m 이상 우회거리 • 자동안전장치 부착
소화설비	• 충전질량 1000kg 이상 ABC용 분말소화기 B-12 이상 2개 이상 보유 • 충전호스길이 10m 이상
화기와 거리	5m 이상 이격

31 원심 펌프의 유량 $1m^3$/min, 전양정 50m, 효율이 80%일 때 회전수를 10% 증가시키려면 동력은 몇 배가 필요한가? (설비-36)

① 1.22 ② 1.33
③ 1.51 ④ 1.73

$$P_2 = P_1 \times \left(\frac{N_2}{N_1}\right) = P_1 \times \left(\frac{N_1 + 0.1N_1}{N_1}\right)^3$$
$$= P_1 \times \left(\frac{1.1N_1}{N_1}\right)^3 = 1.33P_1$$

32 다음 중 정특성, 동특성이 양호하며 중압용으로 주로 사용되는 정압기는? (설비-22)

① Fisher식 ② KRF식
③ Reynolds식 ④ ARF식

33 고압가스 용기 충전구의 나사가 왼나사인 것은? (안전-32)

① 질소 ② 암모니아
③ 브롬화메탄 ④ 수소

충전구나사

나사방향	해당 가스
오른나사	NH_3, CH_3Br 포함 비가연성 가스
왼나사	NH_3, CH_3Br 제외한 모든 가연성 가스

34 고압가스 배관의 최소두께 계산 시 고려하지 않아도 되는 것은? (안전-158)

① 관의 길이 ② 상용압력
③ 안전율 ④ 재료의 인장강도

배관의 두께 계산식

구 분	외경, 내경의 비가 1.2 미만	외경, 내경의 비가 1.2 이상
공 식	$t = \dfrac{PD}{2 \cdot \dfrac{f}{s} - D} + C$	$t = \dfrac{D}{2}\left[\sqrt{\dfrac{\dfrac{f}{s}+p}{\dfrac{f}{s}-p}} - 1\right] + C$
기 호	t : 배관두께(mm) P : 상용압력(MPa) D : 내경에서 부식여유에 상당하는 부분을 뺀 부분(mm) f : 재료인장강도(N/mm^2) 규격 최소치이거나 항복점 규격 최소치의 1.6배 C : 부식여유치(mm) s : 안전율	

35 매설배관의 경우에는 유기물질 재료를 피복재로 사용하면 방식이 된다. 이 중 타르 에폭시 피복재의 특성에 대한 설명 중 틀린 것은?

① 저온에서도 경화가 빠르다.
② 밀착성이 좋다.
③ 내마모성이 크다.
④ 토양응력이 강하다.

저온에서도 경화속도가 느리게 진행된다.

36 재료 내 · 외부의 결함검사방법으로 가장 적당한 방법은? (설비-4)

① 침투탐상법 ② 유침법
③ 초음파탐상법 ④ 육안검사법

37 고압가스 설비 및 배관의 두께 산정 시 용접이음매의 효율이 가장 낮은 것은?

① 맞대기 한면 용접
② 맞대기 양면 용접
③ 플러그 용접을 하는 한면 전두께 필렛 겹치기 용접
④ 양면 전두께 필렛 겹치기 용접

정답 31.② 32.① 33.④ 34.① 35.① 36.③ 37.③

38 도시가스의 원료로서 적당하지 않은 것은?

① LPG
② Naphtha
③ Natural gas
④ Acetylene

39 외경(D)이 216.3mm, 구경두께 5.8mm인 200A의 배관용 탄소강관이 내압 0.99MPa을 받았을 경우에 관에 생기는 원주방향 응력은 약 몇 MPa인가?

① 8.8 ② 17.5
③ 26.3 ④ 35.1

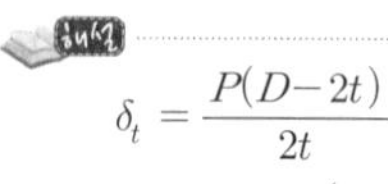

$$\delta_t = \frac{P(D-2t)}{2t} = \frac{0.99\times(216.3-2\times5.8)}{2\times5.8} = 17.64 \fallingdotseq 17.5$$

40 고압가스 관이음으로 통상적으로 사용되지 않는 것은?

① 용접 ② 플랜지
③ 나사 ④ 리베팅

제3과목 가스안전관리

41 액체염소가 누출된 경우 필요한 조치가 아닌 것은? (안전-44)

① 물 살포
② 가성소다 살포
③ 탄산소다 수용액 살포
④ 소석회 살포

42 고압가스 제조 허가의 종류가 아닌 것은?

① 고압가스 특정제조
② 고압가스 일반제조
③ 고압가스 충전
④ 독성가스 제조

43 저장탱크의 설치방법 중 위해방지를 위하여 저장탱크를 지하에 매설할 경우 저장탱크의 주위에 무엇으로 채워야 하는가? (안전-49)

① 흙 ② 콘크리트
③ 마른모래 ④ 자갈

44 다음 중 2중관으로 하여야 하는 독성 가스가 아닌 것은? (안전-113)

① 염화메탄
② 아황산가스
③ 염화수소
④ 산화에틸렌

45 고압가스 용기보관장소에 대한 설명으로 틀린 것은?

① 용기보관장소는 그 경계를 명시하고, 외부에서 보기쉬운장소에 경계표시를 한다.
② 가연성 가스 및 산소 충전용기 보관실은 불연재료를 사용하고 지붕은 가벼운 재료로 한다.
③ 가연성 가스의 용기보관실은 가스가 누출될 때 체류하지 아니하도록 통풍구를 갖춘다.
④ 통풍이 잘 되지 아니하는 곳에서 자연환기시설을 설치한다.

해설 용기보관장소는 통풍이 잘 되는 장소에 설치하고, 통풍이 잘 되지 않는 곳에는 강제통풍장치(기계환기시설)를 설치한다.

46 액화석유가스 저장탱크에는 자동차에 고정된 탱크에서 가스를 이입할 수 있도록 로딩암을 건축물 내부에 설치할 경우 환기구를 설치하여야 한다. 환기구 면적의 합계는 바닥면적의 얼마 이상으로 하여야 하는가? (안전-33)

① 1% ② 3%
③ 6% ④ 10%

정답 38.④ 39.② 40.④ 41.① 42.④ 43.③ 44.③ 45.④ 46.③

47 산소가스 설비를 수리 또는 청소를 할 때는 안전관리상 탱크 내부의 산소를 농도가 몇 % 이하로 될 때까지 계속 치환하여야 하는가?

① 22%
② 28%
③ 31%
④ 35%

산소의 유지농도 : 18% 이상 22% 이하

48 액화가스 저장탱크의 저장능력을 산출하는 식은? (단, Q : 저장능력(m^3), W : 저장능력(kg), P : 35℃에서 최고충전압력(MPa), V : 내용적(L), d : 상용온도 내에서 액화가스 비중(kg/L), C : 가스의 종류에 따르는 정수이다.) (안전-36)

① $W = \frac{V}{C}$
② $W = 0.9dV$
③ $Q = (10P + 1)V$
④ $Q = (P + 2)V$

49 국내에서 발생한 대형 도시가스 사고 중 대구 도시가스 폭발사고의 주원인은 무엇인가?

① 내부 부식
② 배관의 응력 부족
③ 부적절한 매설
④ 공사 중 도시가스 배관 손상

50 다음 가스 중 분해폭발을 일으키는 것을 모두 고른 것은?

㉠ 이산화탄소
㉡ 산화에틸렌
㉢ 아세틸렌

① ㉡
② ㉢
③ ㉠, ㉡
④ ㉡, ㉢

51 압축기는 그 최종단에, 그 밖의 고압가스 설비에는 압력이 상용압력을 초과한 경우에 그 압력을 직접 받는 부분마다 각각 내압시험 압력의 10분의 8 이하의 압력에서 작동되게 설치하여야 하는 것은?

① 역류방지밸브
② 안전밸브
③ 스톱밸브
④ 긴급차단장치

52 차량에 고정된 고압가스 탱크에 설치하는 방파판의 개수는 탱크 내용적 얼마 이하마다 1개씩 설치해야 하는가? (안전-35)

① $3m^3$
② $5m^3$
③ $10m^3$
④ $20m^3$

53 액화석유가스 제조설비에 대한 기밀시험 시 사용되지 않는 가스는?

① 질소
② 산소
③ 이산화탄소
④ 아르곤

54 지상에 설치하는 액화석유가스 저장탱크의 외면에는 어떤 색의 도료를 칠하여야 하는가?

① 은백색
② 노란색
③ 초록색
④ 빨간색

55 고압가스 충전용기의 운반기준으로 틀린 것은? (안전-34)

① 밸브가 돌출한 충전용기는 캡을 부착시켜 운반한다.
② 원칙적으로 이륜차에 적재하여 운반이 가능하다.
③ 충전용기와 위험물안전관리법에서 정하는 위험물과는 동일차량에 적재, 운반하지 않는다.
④ 차량의 적재함을 초과하여 적재하지 않는다.

정답 47.① 48.② 49.④ 50.④ 51.② 52.② 53.② 54.① 55.②

56 이동식 부탄연소기의 올바른 사용방법은?

① 바람의 영향을 줄이기 위해서 텐트 안에서 사용한다.
② 효율을 높이기 위해서 두 대를 나란히 연결하여 사용한다.
③ 사용하는 그릇은 연소기의 삼발이보다 폭이 좁은 것을 사용한다.
④ 연소기 운반 중에는 용기를 연소기 내부에 보관한다.

57 고압가스용 차량에 고정된 초저온 탱크의 재검사항목이 아닌 것은?

① 외관검사 ② 기밀검사
③ 자분탐상검사 ④ 방사선투과검사

58 액화석유가스 저장탱크의 설치기준으로 틀린 것은? (안전-41)

① 저장탱크에 설치한 안전밸브는 지면으로부터 2m 이상의 높이에 방출구가 있는 가스 방출관을 설치한다.
② 지하저장탱크를 2개 이상 인접 설치하는 경우 상호간에 1m 이상의 거리를 유지한다.
③ 저장탱크의 지면으로부터 지하저장탱크의 정상부까지의 깊이는 60cm 이상으로 한다.
④ 저장탱크의 일부를 지하에 설치한 경우 지하에 묻힌 부분이 부식되지 않도록 조치한다.

59 고압가스 일반제조의 시설기준 및 기술기준으로 틀린 것은? (안전-128)

① 가연성 가스 제조시설의 고압가스설비 외면으로부터 다른 가연성 가스 제조시설의 고압가스설비까지의 거리는 5m 이상으로 한다.
② 저장설비 주위 5m 이내에는 화기 또는 인화성 물질을 두지 않는다.
③ $5m^3$ 이상의 가스를 저장하는 곳에는 가스방출장치를 설치한다.
④ 가연성 가스 제조시설의 고압가스설비 외면으로부터 산소제조시설의 고압가스설비까지의 거리는 10m 이상으로 한다.

해설
저장설비 주위 2m 이내에는 화기 또는 인화성 물질을 두지 않는다.

60 다음 중 아세틸렌을 용기에 충전하는 때의 다공도는? (안전-20)

① 65% 이하 ② 65%~75%
③ 75%~92% ④ 92% 이상

제4과목 가스계측

61 가스미터 중 실측식에 속하지 않는 것은 어느 것인가? (계측-6)

① 건식 ② 회전식
③ 흡식 ④ 오리피스식

62 온도측정 범위가 가장 좁은 온도계는? (계측-9)

① 알루멜-크로멜
② 구리-콘스탄탄
③ 수은
④ 백금-백금·로듐

수은측정 온도범위 : -35℃~350℃

63 습도를 측정하는 가장 간편한 방법은?

① 노점을 측정 ② 비점을 측정
③ 밀도를 측정 ④ 점도를 측정

64 가스미터 설치 시 입상배관을 금지하는 가장 큰 이유는?

① 겨울철 수분 응축에 따른 밸브, 밸브시트 동결방지를 위하여
② 균열에 따른 누출방지를 위하여
③ 고장 및 오차 발생 방지를 위하여
④ 계량막 밸브와 밸브시트 사이의 누출 방지를 위하여

정답 56.③ 57.④ 58.① 59.② 60.③ 61.④ 62.③ 63.① 64.①

65 적외선분광분석계로 분석이 불가능한 것은?

① CH_4　　② Cl_2
③ $COCl_2$　　④ NH_3

해설
적외선 분석법 : 대칭이원자 분자(O_2, Cl_2, H_2, N_2) 및 단원자분자(He, Ne, Ar)는 측정 불가능

66 LPG의 성분분석에 이용되는 분석법 중 저온분류법에 의해 적용될 수 있는 것은?

① 관능기의 검출
② cis, trans의 검출
③ 방향족 이성체의 분리정량
④ 지방족 탄화수소의 분리정량

67 벨로즈식 압력계로 압력 측정 시 벨로즈 내부에 압력이 가해질 경우 원래 위치로 돌아가지 않는 현상을 의미하는 것은?

① Limited 현상
② Bellows 현상
③ End all 현상
④ Hysteresis 현상

68 비중이 0.8인 액체의 압력이 $2kg/cm^2$일 때 액면높이(head)는 약 몇 m인가?

① 16　　② 25
③ 32　　④ 40

$$H=\frac{P}{\gamma}=\frac{2\times10^4 kg/m^2}{0.8\times10^3 kg/m^3}=25m$$

69 분별연소법 중 산화구리법에 의하여 주로 정량할 수 있는 가스는? [계측-17]

① O_2　　② N_2
③ CH_4　　④ CO_2

70 다음 검지가스와 누출확인 시험지가 옳은 것은? [계측-15]

① 하리슨씨 시약 : 포스겐
② KI 전분지 : CO
③ 염화파라듐지 : HCN
④ 연당지 : 할로겐

71 깊이 5.0m인 어떤 밀폐탱크 안에 물이 3.0m 채워져 있고, $2kgf/cm^2$의 증기압이 작용하고 있을 때 탱크 밑에 작용하는 압력은 몇 kgf/cm^2인가?

① 1.2　　② 2.3
③ 3.4　　④ 4.5

$$P=P_1+sH$$
$$=2kg/cm^2+10^3kg/m^3\times3m$$
$$=2kg/cm^2+\frac{10^3\times3}{10^4}kg/cm^2$$
$$=2.3kg/cm^2$$

72 편차의 크기에 비례하여 조절요소의 속도가 연속적으로 변하는 동작은? [계측-4]

① 적분동작　　② 비례동작
③ 미분동작　　④ 뱅뱅동작

73 자동제어장치를 제어량의 성질에 따라 분류한 것은? [계측-12]

① 프로세스 제어　　② 프로그램 제어
③ 비율제어　　④ 비례제어

74 다음 중 블록선도의 구성요소로 이루어진 것은? [계측-14]

① 전달요소, 가합점, 분기점
② 전달요소, 가감점, 인출점
③ 전달요소, 가합점, 인출점
④ 전달요소, 가감점, 분기점

75 계측기기의 감도(Sensitivity)에 대한 설명으로 틀린 것은?

① 감도가 좋으면 측정시간이 길어진다.
② 감도가 좋으면 측정범위가 좁아진다.
③ 계측기가 측정량의 변화에 민감한 정도를 말한다.
④ 측정량의 변화를 지시량의 변화로 나누어 준 값이다.

정답 65.② 66.④ 67.④ 68.② 69.③ 70.① 71.② 72.① 73.① 74.③ 75.④

해설

감도 : 지시량의 변화를 측정값의 변화로 나누어 준 값 $= \dfrac{지시량의\ 변화}{측정값의\ 변화}$

76 흡수분석법 중 게겔법에 의한 가스분석의 순서로 옳은 것은? [계측-1]

① CO_2, O_2, C_2H_2, C_2H_4, CO
② CO_2, C_2H_2, C_2H_4, O_2, CO
③ CO, C_2H_2, C_2H_4, O_2, CO_2
④ CO, O_2, C_2H_2, C_2H_4, CO_2

77 서보기구에 해당되는 제어로서 목표치가 임의의 변화를 하는 제어로 옳은 것은? [계측-12]

① 정치제어
② 캐스케이드 제어
③ 추치제어
④ 프로세스 제어

78 크로마토그래피의 피크가 그림과 같이 기록되었을 때 피크의 넓이(A)를 계산하는 식으로 가장 적합한 것은?

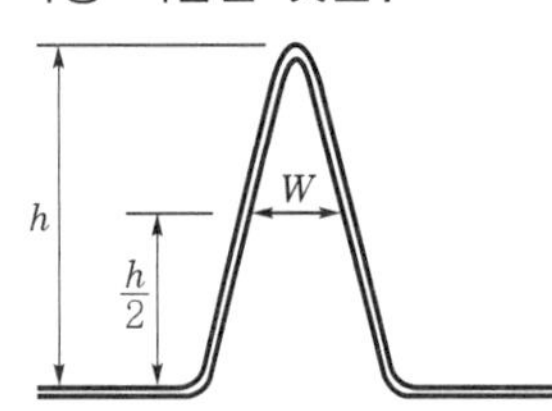

① $\dfrac{1}{4}Wh$　② $\dfrac{1}{2}Wh$
③ Wh　④ $4Wh$

79 액면계로부터 가스가 방출되었을 때 인화 또는 중독의 우려가 없는 장소에 주로 사용하는 액면계는?

① 플로트식 액면계
② 정전용량식 액면계
③ 슬립튜브식 액면계
④ 전기저항식 액면계

해설

인화중독의 우려가 없는 곳에 사용되는 액면계의 종류
슬립튜브식, 회전튜브식, 고정튜브식

80 다이어프램 가스미터의 최대유량이 $4m^3/h$일 경우 최소량의 상한값은?

① 4L/h　② 8L/h
③ 16L/h　④ 25L/h

$4m^3/h = 4000L/h$

∴ 최소유량 상한값 : $4000 \times \dfrac{1}{16} = 25L/h$

정답 76.② 77.③ 78.③ 79.③ 80.④

국가기술자격 시험문제

2015년 산업기사 제2회 필기시험(2부) (2015년 5월 31일 시행)

자격종목	시험시간	문제수	문제형별
가스산업기사	**2시간**	**80**	**A**

수험번호		성 명	

제1과목 연소공학

01 다음에서 설명하는 법칙은?

> 임의의 화학반응에서 발생(또는 흡수)하는 열은 변화 전과 변화 후의 상태에 의해서 정해지며, 그 경로는 무관하다.

① Dalton의 법칙
② Henry의 법칙
③ Avogadro의 법칙
④ Hess의 법칙

Hess의 법칙(총열량 불변의 법칙)
임의의 화학반응에서 발생(또는 흡수)하는 열은 변화 전과 변화 후의 상태에 의해서 정해지며, 그 경로는 무관하다.

02 수소가 완전연소 시 발생되는 발열량은 약 몇 kcal/kg인가? (단, 수증기 생성열은 57.8kcal/mol이다.)

① 12000
② 24000
③ 28900
④ 57800

$H_2 + \frac{1}{2}O_2 \rightarrow H_2O$에서

수소 2g(1mol)의 발열량 57.8kcal이므로

2g : 57.8kcal
1kg(1000g) : x

$\therefore x = \frac{1000 \times 57.8}{2} = 28900\text{kcal/kg}$

03 전 폐쇄구조인 용기 내부에서 폭발성 가스의 폭발이 일어났을 때 용기가 압력에 견디고 외부의 폭발성 가스에 인화할 우려가 없도록 한 방폭구조는? (안전-13)

① 안전증방폭구조 ② 내압방폭구조
③ 특수방폭구조 ④ 유입방폭구조

04 밀폐된 용기 속에 3atm, 25℃에서 프로판과 산소가 2 : 8의 몰비로 혼합되어 있으며 이것이 연소하면 다음 식과 같이 된다. 연소 후 용기 내의 온도가 2500K로 되었다면 용기 내의 압력은 약 몇 atm이 되는가?

> $2C_3H_8 + 8O_2 \rightarrow 6H_2O + 4CO_2 + 2CO + 2H_2$

① 3 ② 15
③ 25 ④ 35

$2C_3H_8 + 8O_2 \rightarrow 6H_2O + 4CO_2 + 2CO + 2H_2$

$P_1V_1 = n_1R_1T_1$, $P_2V_2 = n_2R_2T_2$에서

$(V_1 = V_2)\ \frac{n_1R_1T_1}{P_1} = \frac{n_2R_2T_2}{P_2}$

$\therefore P_2 = \frac{P_1n_2T_2}{n_1T_1} = \frac{3 \times 14 \times 2500}{10 \times 298} = 35.23\text{atm}$

05 메탄 50%, 에탄 40%, 프로판 5%, 부탄 5%인 혼합가스의 공기 중 폭발하한값(%)은? (단, 폭발하한값은 메탄 5%, 에탄 3%, 프로판 2.1%, 부탄 1.8%이다.)

① 3.51 ② 3.61
③ 3.71 ④ 3.81

정답 01.④ 02.③ 03.② 04.④ 05.①

해설

$$\frac{100}{L}=\frac{V_1}{L_1}+\frac{V_2}{L_2}+\frac{V_3}{L_3}+\frac{V_4}{L_4}$$

$$\frac{100}{L}=\frac{50}{5}+\frac{40}{3}+\frac{5}{2.1}+\frac{5}{1.8}$$

$$\therefore\ L=\frac{100}{\frac{50}{5}+\frac{40}{3}+\frac{5}{2.1}+\frac{5}{1.8}}=3.51\%$$

06 분진폭발에 대한 설명 중 틀린 것은?

① 분진은 공기 중에 부유하는 경우 가연성이 된다.
② 분진은 구조물 위에 퇴적하는 경우 불연성이다.
③ 분진이 발화, 폭발하기 위해서는 점화원이 필요하다.
④ 분진폭발은 입자표면에 열에너지가 주어져 표면온도가 상승한다.

07 탄화도가 커질수록 연료에 미치는 영향이 아닌 것은? (연소-28)

① 연료비가 증가한다.
② 연소속도가 늦어진다.
③ 매연발생이 상대적으로 많아진다.
④ 고정탄소가 많아지고, 발열량이 커진다.

해설

탄화도

구분	내용
정 의	천연 고체연료에 포함된 탄소, 수소의 함량이 변해가는 현상
탄화도가 클수록 인체에 미치는 영향	• 연료비가 증가한다. • 매연발생이 적어진다. • 휘발분이 감소하고, 발열량이 커진다. • 고정탄소가 많아지고, 착화온도가 높아진다. • 연소속도가 늦어진다.

08 폭굉유도거리를 짧게 하는 요인에 해당하지 않는 것은? (연소-1)

① 관지름이 클수록
② 압력이 높을수록
③ 연소열량이 클수록
④ 연소속도가 클수록

해설

폭굉유도거리(DID)

구분	내용
정 의	최초의 완만한 연소가 격렬한 폭굉으로 발전하는 거리
짧아지는 조건	• 점화원의 에너지가 클수록 • 압력이 높을수록 • 정상연소 속도가 큰 혼합가스일수록 • 관속에 방해물이 있거나 관경이 가늘수록

09 연소 시 배기가스 중의 질소산화물(NO_x)의 함량을 줄이는 방법으로 가장 거리가 먼 것은?

① 굴뚝을 높게 한다.
② 연소온도를 낮게 한다.
③ 질소함량이 적은 연료를 사용한다.
④ 연소 가스가 고온으로 유지되는 시간을 짧게 한다.

해설

굴뚝을 높게 한다. → 대기오염도와 관계

10 수소의 연소반응은 $H_2+\frac{1}{2}O_2 \rightarrow H_2O$로 알려져 있으나 실제반응은 수많은 소반응이 연쇄적으로 일어난다고 한다. 다음은 무슨 반응에 해당하는가? (연소-7)

$OH+H_2 \rightarrow H_2O+H$
$O+HO_2 \rightarrow O_2+OH$

① 연쇄창시반응
② 연쇄분지반응
③ 기상정지반응
④ 연쇄이동반응

해설

수소-산소의 양론 혼합반응에서 소반응의 종류

반응의 종류	반 응
연쇄이동반응	$OH+H_2 \rightarrow H_2O+H$ $O+HO_2 \rightarrow O_2+OH$
안정분자 (표면정지반응)	H, O, OH → 안정분자
연쇄분지반응	$H+O_2 \rightarrow OH+O$ $O+H_2 \rightarrow OH+H$
기상정지반응	$H+O_2+M \rightarrow H_2O+M$

정답 06.② 07.③ 08.① 09.① 10.④

11 설치장소의 위험도에 대한 방폭구조의 선정에 관한 설명 중 틀린 것은? [연소-14]

① 0종 장소에서는 원칙적으로 내압방폭구조를 사용한다.
② 2종 장소에서는 사용하는 전선관용 부속품은 KS에서 정하는 일반부품으로서 나사접속의 것을 사용할 수 있다.
③ 두 종류 이상의 가스가 같은 위험장소에 존재하는 경우에는 그 중 위험 등급이 높은 것을 기준으로 하여 방폭전기기기의 등급을 선정하여야 한다.
④ 유입방폭구조는 1종 장소에서는 사용을 피하는 것이 좋다.

0종 장소에서는 원칙적으로 본질안전방폭구조를 사용한다.

12 유황 S(kg)의 완전연소 시 발생하는 SO_2의 양을 구하는 식은?

① $4.31 \times S(Nm^3)$
② $3.33 \times S(Nm^3)$
③ $0.7 \times S(Nm^3)$
④ $4.38 \times S(Nm^3)$

$S + O_2 \rightarrow SO_2$
32kg : $22.4SNm^3$
1kg : x

$$\therefore x = \frac{1 \times 22.4}{32} = 0.7SNm^3$$

13 아세틸렌(C_2H_2) 가스의 위험도는 얼마인가? (단, 아세틸렌의 폭발한계는 2.51~81.2%이다.) [설비-44]

① 29.15
② 30.25
③ 31.35
④ 32.45

$$위험도(H) = \frac{폭발상한 - 폭발하한}{폭발하한} = \frac{81.2 - 2.51}{2.51} = 31.35$$

14 LPG가 완전연소될 때 생성되는 물질은?

① CH_4, H_2
② CO_2, H_2O
③ C_3H_8, CO_2
④ C_4H_{10}, H_2O

LPG 완전연소 반응식
$C_3H_8 + 5O_2 \rightarrow 3CO_2 + 4H_2O$
$C_4H_{10} + 6.5O_2 \rightarrow 4CO_2 + 5H_2O$

15 디토네이션(detonation)에 대한 설명으로 옳지 않은 것은? [연소-1]

① 발열반응으로서 연소의 전파속도가 그 물질 내에서 음속보다 느린 것을 말한다.
② 물질 내에서 충격파가 발생하여 반응을 일으키고 또한 반응을 유지하는 현상이다.
③ 충격파에 의해 유지되는 화학반응 현상이다.
④ 데토네이션은 확산이나 열전도의 영향을 거의 받지 않는다.

폭굉(디토네이션)
가스 중의 음속보다 화염전파속도(폭발속도)가 큰 경우로 파면선단에 솟구치는 압력파가 발생하여 격렬한 파괴작용을 일으키는 원인

16 불꽃 중 탄소가 많이 생겨서 황색으로 빛나는 불꽃은?

① 휘염 ② 층류염
③ 환원염 ④ 확산염

17 가스 연료와 공기의 흐름이 난류일 때의 연소상태에 대한 설명으로 옳은 것은? [연소-37]

① 화염의 윤곽이 명확하게 된다.
② 층류일 때보다 연소가 어렵다.
③ 층류일 때보다 열효율이 저하된다.
④ 층류일 때보다 연소가 잘 되며, 화염이 짧아진다.

정답 11.① 12.③ 13.③ 14.② 15.① 16.① 17.④

해설

난류 예혼합화염과 층류 예혼합화염의 비교

난류 예혼합화염	• 층류일 때보다 연소가 잘 되며, 화염은 단염이다. • 연소속도가 수 십배 빠르다. • 연소 시 다량의 미연소분이 존재한다.
층류 예혼합화염	• 난류보다 연소가 느리다. • 연소속도가 느리다. • 화염의 두께가 얇다. • 화염은 청색 난류보다 휘도가 낮다.

18 프로판 1몰 연소 시 필요한 이론공기량은 약 얼마인가? (단, 공기 중 산소량은 21vol%이다.)

① 16mol ② 24mol
③ 32mol ④ 44mol

해설

$C_3H_8 + 5O_2 \rightarrow 3CO_2 + 4H_2O$
1 : 5

∴ 공기량 : $5 \times \frac{100}{21} = 24\text{mol}$

19 다음은 고체연료의 연소과정에 관한 사항이다. 보통 기상에서 일어나는 반응이 아닌 것은?

① $C + CO_2 \rightarrow 2CO$
② $CO + \frac{1}{2}O_2 \rightarrow CO_2$
③ $H_2 + \frac{1}{2}O_2 \rightarrow H_2O$
④ $CO + H_2O \rightarrow CO_2 + H_2$

20 위험성 평가기법 중 공정에 존재하는 위험 요소들과 공정의 효율을 떨어뜨릴 수 있는 운전상의 문제점을 찾아내어 그 원인을 제거하는 정성적인 안전성 평가기법은? (연소-12)

① What-if ② HEA
③ HAZOP ④ FMECA

해설

위험성 평가방법의 분류
㉠ What-if : 사고예방질문분석(정성)
㉡ HEA : 작업자분석기법(정량)
㉢ HAZOP : 위험과 운전분석(정성)
㉣ FMECA : 이상위험도분석(정성)

제2과목 가스설비

21 고온·고압 상태의 암모니아 합성탑에 대한 설명으로 틀린 것은?

① 재질은 탄소강을 사용한다.
② 재질은 18-8 스테인리스강을 사용한다.
③ 촉매로는 보통 산화철에 CaO를 첨가한 것이 사용된다.
④ 촉매로는 보통 산화철에 K_2O 및 Al_2O_3를 첨가한 것이 사용된다.

해설

암모니아 합성탑(신파우스법 반응탑)

구 분		세부내용
재질, 촉매관구조		18-8 STS
촉매		Fe_3O_4(산화철)에 Al_2O_3, K_2O, CaO 등을 보조촉매로 가한 용융촉매가 사용
촉매층	단수 최하단	• 5단으로 나누어짐 • 촉매를 충전한 열교환기
냉각코일과 보일러 순환 물의 증기압력		8atm

22 정압기의 정특성에 대한 설명으로 옳지 않은 것은? (설비-22)

① 정상상태에서의 유량과 2차 압력의 관계를 뜻한다.
② Lock-up이란 폐쇄압력과 기준유량일 때의 2차 압력과의 차를 뜻한다.
③ 오프셋 값은 클수록 바람직하다.
④ 유량이 증가할수록 2차 압력은 점점 낮아진다.

23 가스의 압축방식이 아닌 것은? (설비-27)

① 등온압축
② 단열압축
③ 폴리트로픽압축
④ 감열압축

정답 18.② 19.① 20.③ 21.① 22.③ 23.④

㉠ 등온압축 : 압축 전후의 온도가 같은 압축
㉡ 단열압축 : 압축 후 열손실이 전혀 없는 압축
㉢ 폴리트로픽 압축 : 압축 전후 약간의 열손실이 있는 압축

24 액화석유가스 저장소의 저장탱크는 몇 ℃ 이하의 온도를 유지하여야 하는가?

① 20℃ ② 35℃
③ 40℃ ④ 50℃

25 전기방식방법 중 희생양극법의 특징에 대한 설명으로 틀린 것은? (안전-38)

① 시공이 간단하다.
② 과방식의 우려가 없다.
③ 방식효과 범위가 넓다.
④ 단거리 배관에 경제적이다.

희생양극법

장 점	단 점
• 시공이 간단하고, 시공비용이 저렴하다. • 단거리 배관에 유리하다. • 과방식의 우려가 없다. • 전위경사가 적은 장소에 적합하다.	• 효과범위가 좁다. • 전류조절이 어렵다. • 강한 전식에는 효과가 없다. • 양극의 보충이 필요하다.

26 고압산소 용기로 가장 적합한 것은?

① 주강 용기
② 이중용접 용기
③ 이음매 없는 용기
④ 접합 용기

27 다음 중 기화장치의 성능에 대한 설명으로 틀린 것은?

① 온수가열방식은 그 온수의 온도가 80℃ 이하이어야 한다.
② 증기가열방식은 그 온수의 온도가 120℃ 이하이어야 한다.
③ 가연성 가스용 기화장치의 접지저항치는 100Ω 이상이어야 한다.
④ 압력계는 계량법에 의한 검사 합격품이어야 한다.

③ 가연성 가스용 기화장치의 접지저항치는 100Ω 이하이어야 한다.

28 염화비닐호스에 대한 규격 및 검사방법에 대한 설명으로 맞는 것은? (안전-169)

① 호스의 안지름은 1종, 2종, 3종으로 구분하며, 2종의 안지름은 9.5mm이고 그 허용오차는 ±0.8mm이다.
② −20℃ 이하에서 24시간 방치한 후 지체 없이 10회 이상 굽힘시험을 한 후에 기밀시험에 누출이 없어야 한다.
③ 3MPa 이상의 압력으로 실시하는 내압시험에서 이상이 없고, 4MPa 이상의 압력에서 파열되지 아니하여야 한다.
④ 호스의 구조는 안층 · 보강층 · 바깥층으로 되어 있고 안층의 재료는 염화비닐을 사용하며, 인장강도는 65.6N/5mm 폭 이상이다.

염화비닐호스 규격 및 검사 방법

구 분	세부내용		
호스의 구조 및 치수	호스는 안층, 보강층, 바깥층의 구조 안지름과 두께가 균일한 것으로 굽힘성이 좋고 흠, 기포, 균열 등 결점이 없을 것		
호스의 안지름 치수	종류	안지름(mm)	허용차(mm)
	1종	6.3	±0.7
	2종	9.5	
	3종	12.7	
내압성능	1m 호스를 3MPa에서 5분간 실시하는 내압시험에서 누출이 없으며 파열, 국부적인 팽창이 없을 것		
파열성능	1m 호스를 4MPa 이상의 압력에서 파열되는 것으로 한다.		
기밀성능	1m 호스를 2MPa 압력에서 실시하는 기밀시험에서 3분간 누출이 없고 국부적인 팽창이 없을 것		
내인장성능	호스의 안층 인장강도는 73.6N/5mm 폭 이상		

정답 24.③ 25.③ 26.③ 27.③ 28.③

29 냄새가 나는 물질(부취제)의 구비조건으로 옳지 않은 것은? [안전-19]

① 부식성이 없어야 한다.
② 물에 녹지 않아야 한다.
③ 화학적으로 안정하여야 한다.
④ 토양에 대한 투과성이 낮아야 한다.

부취제 구비조건
㉠ 독성이 없을 것
㉡ 화학적으로 안정할 것
㉢ 보통 냄새와 구별될 것
㉣ 토양에 대한 투과성이 클 것
㉤ 완전연소할 것
㉥ 물에 녹지 않을 것

30 배관의 온도변화에 의한 신축을 흡수하는 조치로 틀린 것은? [설비-10]

① 루프이음
② 나사이음
③ 상온 스프링
④ 벨로즈형 신축 이음매

신축이음 종류
루프, 슬리브, 스위블, 벨로즈, 상온 스프링 등

31 1단 감압식 저압조정기 출구로부터 연소기 입구까지의 허용압력 손실로 옳은 것은?

① 수주 10mm를 초과해서는 아니 된다.
② 수주 15mm를 초과해서는 아니 된다.
③ 수주 30mm를 초과해서는 아니 된다.
④ 수주 50mm를 초과해서는 아니 된다.

32 안지름 10cm의 파이프를 플랜지에 접속하였다. 이 파이프 내에 40kgf/cm^{2}의 압력으로 볼트 1개에 걸리는 힘을 400kgf 이하로 하고자 할 때 볼트는 최소 몇 개가 필요한가?

① 7개
② 8개
③ 9개
④ 10개

전체 하중

$$W = PA = 40\text{kgf/cm}^2 \times \frac{\pi}{4} \times (10\text{cm})^2$$

$$= 3141.59\text{kgf}$$

$\therefore$ 3141.59 ÷ 400 = 7.85 = 8개

33 아세틸렌을 용기에 충전하는 경우 충전 중의 압력은 온도에 불구하고 몇 MPa 이하로 하여야 하는가? [설비-25]

① 2.5　　② 3.0
③ 3.5　　④ 4.0

34 수동교체방식의 조정기와 비교한 자동절체식 조정기의 장점이 아닌 것은?

① 전체 용기 수량이 많아져서 장시간 사용할 수 있다.
② 분리형을 사용하면 1단 감압식 조정기의 경우보다 배관의 압력손실을 크게 해도 된다.
③ 잔액이 거의 없어질 때까지 사용이 가능하다.
④ 용기 교환주기의 폭을 넓힐 수 있다.

① 전체 용기수가 적어도 된다.

35 다음 중 LP가스의 성분이 아닌 것은?

① 프로판
② 부탄
③ 메탄올
④ 프로필렌

36 지름 50mm의 강재로 된 둥근 막대가 8000kgf의 인장하중을 받을 때의 응력은 약 몇 kgf/mm^{2}인가?

① 2　　② 4
③ 6　　④ 8

$$\sigma = \frac{W}{A} = \frac{8000\text{kgf}}{\frac{\pi}{4} \times (50\text{mm})^2} = 4.07\text{kgf/mm}^2$$

정답 29.④ 30.② 31.③ 32.② 33.① 34.① 35.③ 36.②

37 가스설비 공사 시 지반이 점토질 지반일 경우 허용지지력도(MPa)는? (안전-170)

① 0.02 ② 0.05
③ 0.5 ④ 1.0

해설

지반의 종류에 따른 허용응력 지지도(KGS FP112 2.2.1.5)

지반의 종류	허용응력 지지도(MPa)
암반	1
단단히 응결된 모래층	0.5
황토흙	0.3
조밀한 자갈층	0.3
모래질 지반	0.05
조밀한 모래질 지반	0.2
단단한 점토질 지반	0.1
점토질 지반	0.02
단단한 롬(loam)층	0.1
롬(loam)층	0.05

38 압축기 실린더 내부 윤활유에 대한 설명으로 옳지 않은 것은? (설비-32)

① 공기압축기에는 광유(鑛油)를 사용한다.
② 산소압축기에는 기계유를 사용한다.
③ 염소압축기에는 진한 황산을 사용한다.
④ 아세틸렌압축기에는 양질의 광유(鑛油)를 사용한다.

해설

압축기에 사용되는 윤활유의 종류

가스 종류	O_2(산소)	물 또는 10% 이하 글리세린수
	Cl_2(염소)	진한 황산
	LP가스	식물성유
	H_2(수소), C_2H_2(아세틸렌), 공기	양질의 광유

39 용접장치에서 토치에 대한 설명으로 틀린 것은?

① 불변압식 토치는 니들밸브가 없는 것으로 독일식이라 한다.
② 팁의 크기는 용접할 수 있는 판두께에 따라 선정한다.
③ 가변압식 토치를 프랑스식이라 한다.
④ 아세틸렌 토치의 사용압력은 0.1MPa 이상에서 사용한다.

40 가로 15cm, 세로 20cm의 환기구에 철재 갤러리를 설치한 경우 환기구의 유효면적은 몇 cm^2인가? (단, 개구율은 0.3이다.)

① 60 ② 90
③ 150 ④ 300

해설

$A_e = A \times r = (15 \times 20) \times 0.3 = 90\text{cm}^2$

여기서, A_e : 통풍가능 면적
A : 환기구 면적
r : 개구율

제3과목 가스안전관리

41 도시가스 배관을 도로 매설 시 배관의 외면으로부터 도로 경계까지 얼마 이상의 수평거리를 유지하여야 하는가? (안전-147)

① 0.8m ② 1.0m
③ 1.2m ④ 1.5m

42 에어졸의 충전기준에 적합한 용기의 내용적은 몇 L 이하이어야 하는가? (안전-70)

① 1 ② 2
③ 3 ④ 5

43 내용적 20000L의 저장탱크에 비중량이 0.8kg/L인 액화가스를 충전할 수 있는 양은?

① 13.6톤 ② 14.4톤
③ 16.5톤 ④ 17.7톤

해설

$G = 0.9dV$
$= 0.9 \times 0.8\text{kg/L} \times 20000\text{L}$
$= 14400\text{kg} = 14.4$톤

44 기업활동 전반을 시스템으로 보고 시스템 운영 규정을 작성 시행하여 사업장에서의 사고 예방을 위한 모든 형태의 활동 및 노력을 효과적으로 수행하기 위한 체계적으로 종합적인 안전관리 체계를 의미하는 것은?

① MMS ② SMS
③ CRM ④ SSS

정답 37.① 38.② 39.④ 40.② 41.② 42.① 43.② 44.②

45 특수가스의 하나인 실란(SiH_4)의 주요 위험성은?

① 상온에서 쉽게 분해된다.
② 분해 시 독성 물질을 생성한다.
③ 태양광에 의해 쉽게 분해된다.
④ 공기 중에 누출되면 자연발화한다.

46 에어졸 충전시설에는 온수시험 탱크를 갖추어야 한다. 충전용기의 가스누출시험 온도는? (안전-70)

① 26℃ 이상 30℃ 미만
② 30℃ 이상 50℃ 미만
③ 46℃ 이상 50℃ 미만
④ 50℃ 이상 66℃ 미만

가스누출경보기는 용기보관실에 설치하되 분리형으로 설치

47 LPG 판매사업소의 시설기준으로 옳지 않은 것은?

① 가스누출경보기는 용기보관실에 설치하되 일체형으로 한다.
② 용기보관실의 전기설비 스위치는 용기보관실 외부에 설치한다.
③ 용기보관실의 실내온도는 40℃ 이하로 유지한다.
④ 용기보관실 및 사무실은 동일 부지 내에 구분하여 설치한다.

48 최대지름이 6m인 고압가스 저장탱크 2기가 있다. 이 탱크에 물분무장치가 없을 때 상호 유지되어야 할 최소이격거리는? (안전-3)

① 1m ② 2m
③ 3m ④ 4m

$(6m+6m)\times\frac{1}{4}=3m$

49 산화에틸렌(C_2H_4O)에 대한 설명으로 틀린 것은?

① 휘발성이 큰 물질이다.
② 독성이 없고, 화염속도가 빠르다.
③ 사염화탄소, 에테르 등에 잘 녹는다.
④ 물에 녹으면 안정된 수화물을 형성한다.

산화에틸렌 : 독성, 가연성 가스

50 액화석유가스 저장설비 및 가스설비실의 통풍구조 기준에 대한 설명으로 옳은 것은?

① 사방을 방호벽으로 설치하는 경우 한 방향으로 2개소의 환기구를 설치한다.
② 환기구의 1개소 면적은 2400cm^2 이하로 한다.
③ 강제통풍 시설의 방출구는 지면에서 2m 이상의 높이에 설치한다.
④ 강제통풍 시설의 통풍능력은 1m^2마다 0.1m^3/분 이상으로 한다.

LPG 저장설비 및 환기설비(KGS FS231 2.7.4)

자연환기	강제환기
• 환기구는 바닥면에 접하고 외기에 면하게 설치 • 환기구 통풍가능 면적의 합계는 바닥면적 1m^2당 300cm^2의 비율 • 환기구 1개의 면적은 2400cm^2 이하 • 환기구에 철망틀이 부착 시 통풍가능 면적은 철망 환기구의 면적을 뺀 면적 • 알루미늄 강판제 갤러리가 부착 시 통풍가능 면적은 환기구 면적의 50% • 한방향 환기구 통풍가능 면적은 전체 환기구 필요 통풍가능 면적의 70%까지 계산 • 사방을 방호벽으로 설치 시 환기구 방향은 2방향으로 분산 설치	• 통풍능력 바닥면적 1m^2마다 0.5m^3/min 이상 • 흡입구는 바닥면 가까이 • 배기가스 방출구를 지면에서 5m 이상 높이에 설치

51 도시가스를 지하에 매설할 경우 배관은 그 외면으로부터 지하의 다른 시설물과 얼마 이상의 거리를 유지하여야 하는가? (안전-147)

① 0.3m ② 0.5m
③ 1m ④ 1.5m

정답 45.④ 46.③ 47.① 48.③ 49.② 50.② 51.①

52 다음 중 암모니아의 성질에 대한 설명으로 틀린 것은?

① 20℃에서 약 8.5기압의 가압으로 액화시킬 수 있다.
② 암모니아를 물에 계속 녹이면 용액의 비중은 물보다 커진다.
③ 액체암모니아가 피부에 접촉하면 동상에 걸려 심한 상처를 입게 된다.
④ 암모니아가스는 기도, 코, 인후의 점막을 자극한다.

NH_3 액비중 0.597

53 고압가스 특정제조시설에 설치되는 가스누출 검지경보장치의 설치기준에 대한 설명으로 옳은 것은? (안전-67)

① 경보농도는 가연성 가스의 경우 폭발한계의 1/2 이하로 하여야 한다.
② 검지에서 발신까지 걸리는 시간은 경보농도의 1.2배 농도에서 보통 20초 이내로 한다.
③ 경보기의 정밀도는 경보농도 설정치에 대하여 가연성 가스용은 ±25% 이하이어야 한다.
④ 검지경보장치의 경보 정밀도는 전원의 전압 등 변동이 ±20% 정도일 때에도 저하되지 아니하여야 한다.

54 LPG 저장설비 주위에는 경계책을 설치하여 외부인의 출입을 방지할 수 있도록 해야 한다. 경계책의 높이는 몇 m 이상이어야 하는가?

① 0.5m ② 1.5m
③ 2.0m ④ 3.0m

55 독성 가스 충전시설에서 다른 제조시설과 구분하여 외부로부터 독성 가스 충전시설임을 쉽게 식별할 수 있도록 설치하는 조치는?

① 충전표지
② 경계표지
③ 위험표지
④ 안전표지

독성 가스의 표지(위험표지, 식별표지)

56 고압가스 특정제조의 기술기준으로 옳지 않은 것은? (안전-25)

① 가연성 가스 또는 산소의 가스설비 부근에는 작업에 필요한 양 이상의 연소하기 쉬운 물질을 두지 아니할 것
② 산소 중의 가연성 가스의 용량이 전용량의 3% 이상의 것은 압축을 금지할 것
③ 석유류 또는 글리세린은 산소압축기의 내부 윤활제로 사용하지 말 것
④ 산소제조 시 공기액화분리기 내에 설치된 액화산소 통 내의 액화산소는 1일 1회 이상 분석할 것

산소 중의 가연성 가스의 용량이 전용량의 4% 이상의 것은 압축을 금지한다.

57 다음 중 수소 용기의 외면에 칠하는 도색의 색깔은? (안전-59)

① 주황색 ② 적색
③ 황색 ④ 흑색

58 용기 파열사고의 원인으로서 가장 거리가 먼 것은?

① 염소 용기는 용기의 부식에 의하여 파열사고가 발생할 수 있다.
② 수소 용기는 산소와 혼합 충전으로 격심한 가스폭발에 의한 파열사고가 발생할 수 있다.
③ 고압 아세틸렌가스는 분해폭발에 의한 파열사고가 발생될 수 있다.
④ 용기 내 과다한 수증기 발생에 의한 폭발로 용기파열이 발생할 수 있다.

정답 52.② 53.③ 54.② 55.③ 56.② 57.① 58.④

59 LP가스 용기 저장소를 그림과 같이 설치할 때 자연환기시설의 위치로서 가장 적당한 곳은?

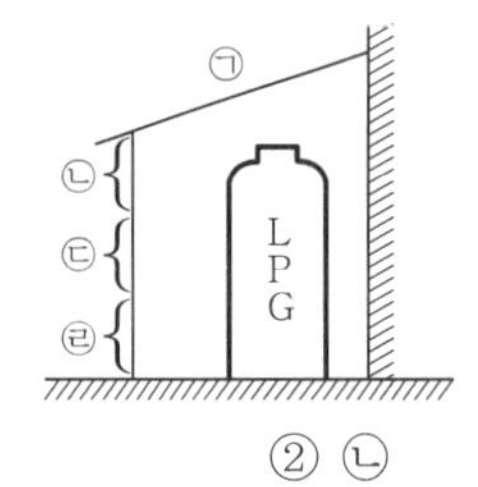

① ㉠ ② ㉡
③ ㉢ ④ ㉣

60 LPG용 가스레인지를 사용하는 도중 불꽃이 치솟는 사고가 발생하였을 때 가장 직접적인 사고원인은?

① 압력조정기 불량
② T관으로 가스 누출
③ 연소기의 연소 불량
④ 가스누출 자동차단기 미작동

제4과목 가스계측

61 액면계의 종류로만 나열된 것은?

① 플로트식, 퍼지식, 차압식, 정전용량식
② 플로트식, 터빈식, 액비중식, 광전관식
③ 퍼지식, 터빈식, Oval식, 차압식
④ 퍼지식, 터빈식, Roots식, 차압식

62 다음 중 가연성 가스 검지방식으로 가장 적합한 것은?

① 격막전극식 ② 정전위전해식
③ 접촉연소식 ④ 원자흡광광도법

63 가스미터 출구측 배관을 수직배관으로 설치하지 않는 가장 큰 이유는?

① 설치 면적을 줄이기 위하여
② 화기 및 습기 등을 피하기 위하여
③ 검침 및 수리 등의 작업이 편리하도록 하기 위하여
④ 수분응축으로 밸브의 동결을 방지하기 위히여

64 도플러 효과를 이용한 것으로, 대유량을 측정하는 데 적합하며 압력손실이 없고, 비전도성 유체를 측정할 수 있는 유량계는?

① 임펠러 유량계
② 초음파 유량계
③ 코리올리 유량계
④ 터빈 유량계

65 도로에 매설된 도시가스가 누출되는 것을 감지하여 분석한 후 가스 누출유무를 알려주는 가스 검출기는? (계측-13)

① FID ② TCD
③ FTD ④ FPD

66 30℃는 몇 °R(rankine)인가?

① 528°R ② 537°R
③ 546°R ④ 555°R

$$°R = (℃ + 273) \times 1.8$$
$$= (30 + 273) \times 1.8 = 546°R$$

67 연소분석법 중 2종 이상의 동족 탄화수소와 수소가 혼합된 시료를 측정할 수 있는 것은? (계측-17)

① 폭발법, 완만연소법
② 산화구리법, 완만연소법
③ 분별연소법, 완만연소법
④ 팔라듐관 연소법, 산화구리법

68 제어기기의 대표적인 것을 들면 검출기, 증폭기, 조작기기, 변환기로 구분되는 데 서보전동기(servo motor)는 어디에 속하는가?

① 검출기 ② 증폭기
③ 변환기 ④ 조작기기

정답 59.④ 60.① 61.① 62.③ 63.④ 64.② 65.① 66.③ 67.④ 68.④

69 다음 중 가스 크로마토그래피의 구성요소가 아닌 것은? (계측-10)

① 분리관(칼럼) ② 검출기
③ 유속조절기 ④ 단색화장치

70 그림과 같은 조작량의 변화는 다음 중 어떤 동작인가?

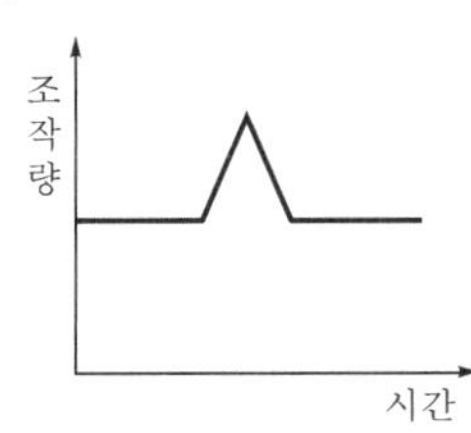

① I 동작 ② PD 동작
③ D 동작 ④ PI 동작

조작량에 따른 동작신호

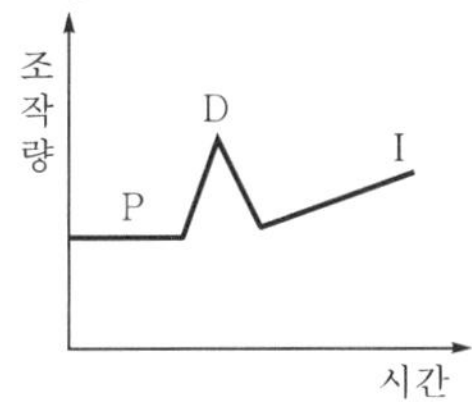

71 가스 크로마토그래피의 불꽃이온화검출기에 대한 설명으로 옳지 않은 것은? (계측-13)

① N_2 기체는 가장 높은 검출한계를 갖는다.
② 이온의 형성은 불꽃 속에 들어온 탄소 원자의 수에 비례한다.
③ 열전도도검출기보다 감도가 높다.
④ H_2, NH_3 등 비탄화수소에 대하여는 감응이 없다.

해설

가스 크로마토그래피 검출기의 특징

명 칭	원 리	특 성
TCD (열전도도형 검출기)	운반가스와 시료 성분 가스의 열전도차를 금속필라멘트의 저항변화로 검출	• 구조가 간단하다. • 선형 감응범위가 넓다. • 검출 후 용질을 파괴하지 않는다. • 가장 널리 사용한다.
FID (수소염 이온화 검출기)	불꽃으로 시료 성분이 이온화됨으로서 불꽃 중에 놓여진 전극간의 전기전도도가 증대하는 것을 이용	탄화수소에서 감응이 최고이고, H_2, O_2, CO, CO_2, SO_2 등에 감응이 없다(유기화합물 분리에 적합).
ECD (전자포획 이온화 검출기)	방사선으로 운반가스가 이온화되고 생긴 자유전자를 시료 성분이 포획하면 이온전류가 감소되는 것을 이용	할로겐 및 산소화합물에서의 감응이 최고, 탄화수소는 감도가 나쁘다(베타입자 이용).
FPD (염광광도 검출기)		인, 유황화합물을 선택적으로 검출
FTD (알칼리성 열이온화 검출기)		유기질소화합물, 유기인화합물을 선택적으로 검출

72 공업용으로 사용될 수 있는 LP가스 미터기의 용량을 가장 정확하게 나타낸 것은?

① $1.5m^3/h$ 이하
② $10m^3/h$ 초과
③ $20m^3/h$ 초과
④ $30m^3/h$ 초과

73 MAX $1.0m^3/h$, 0.5L/rev로 표기된 가스미터가 시간당 50회전하였을 경우 가스 유량은 얼마인가?

① $0.5m^3/h$ ② 25L/h
③ $25m^3/h$ ④ 50L/h

$0.5L/rev \times 50rev/h = 25L/h$

74 염소(Cl_2) 가스 누출 시 검지하는 가장 적당한 시험지는? (계측-15)

① 연당지
② KI-전분지
③ 초산벤젠지
④ 염화제일구리 착염지

정답 69.④ 70.② 71.① 72.④ 73.② 74.②

75 복사에너지의 온도와 파장과의 관계를 이용한 온도계는?

① 열선 온도계
② 색 온도계
③ 광고온계
④ 방사 온도계

76 동특성 응답이 아닌 것은?

① 과도 응답
② 임펄스 응답
③ 스텝 응답
④ 정오차 응답

77 1차 제어장치가 제어량을 측정하여 제어명령을 발하고 2차 제어장치가 이 명령을 바탕으로 제어량 조절하는 측정 제어는? (계측-12)

① 비율제어
② 자력제어
③ 캐스케이드 제어
④ 프로그램 제어

78 기본단위가 아닌 것은?

① 전류(A) ② 온도(K)
③ 속도(V) ④ 질량(kg)

기본단위
전류(A), 온도(K), 질량(kg), 물질량(mol), 길이(m), 광도(cd), 시간(sec)

79 기계식 압력계가 아닌 것은?

① 환상식 압력계
② 경사관식 압력계
③ 피스톤식 압력계
④ 자기변형식 압력계

80 공업계기의 구비조건으로 가장 거리가 먼 것은?

① 구조가 복잡해도 정밀한 측정이 우선이다.
② 주변환경에 대하여 내구성이 있어야 한다.
③ 경제적이며, 수리가 용이하여야 한다.
④ 원격조정 및 연속측정이 가능하여야 한다.

정답 75.② 76.④ 77.③ 78.③ 79.④ 80.①

국가기술자격 시험문제

2015년 산업기사 제4회 필기시험(2부) (2015년 9월 31일 시행)

자격종목	시험시간	문제수	문제형별
가스산업기사	**2시간**	**80**	**A**

수험번호		성 명	

제1과목 연소공학

01 상온 · 상압에서 프로판-공기의 가연성 혼합기체를 완전연소시킬 때 프로판 1kg을 연소시키기 위하여 공기는 약 몇 kg이 필요한가? (단, 공기 중 산소는 23.15wt%이다.)

① 13.6 ② 15.7
③ 17.3 ④ 19.2

$C_3H_8+5O_2 \rightarrow 3CO_2+4H_2O$
44kg : 5×32kg
1kg : x(산소량)kg

$x=\frac{1\times5\times32}{44}=3.6363\text{kg}$

∴ 공기량$=3.6363\times\frac{100}{23.2}=15.67\text{kg}$

02 메탄(CH_4)에 대한 설명으로 옳은 것은?

① 고온에서 수증기와 작용하면 일산화탄소와 수소를 생성한다.
② 공기 중 메탄성분이 60% 정도 함유되어 있는 혼합기체는 점화되면 폭발한다.
③ 부취제와 메탄을 혼합하면 서로 반응한다.
④ 조연성 가스로서 유기화합물을 연소시킬 때 발생한다.

① $CH_4+H_2O \rightarrow CO+3H_2$
② CH_4의 연소범위 5~15%
③ 부취제와 반응하지 않음.
④ CH_4은 가연성

03 발화지연시간(Ignition delay time)에 영향을 주는 요인으로 가장 거리가 먼 것은?

① 온도
② 압력
③ 폭발하한값
④ 가연성 가스의 농도

04 폭발범위가 가장 좁은 것은? (안전-106)

① 이황화탄소 ② 부탄
③ 프로판 ④ 시안화수소

폭발범위

가스명	폭발범위
CS_2(이황화탄소)	1.2~44%
C_4H_{10}(부탄)	1.8~8.4%
C_3H_8(프로판)	2.1~9.5%
HCN(시안화수소)	6~41%

05 프로판(C_3H_8)가스 $1Sm^3$를 완전연소시켰을 때의 건조연소가스량은 약 몇 Sm^3인가? (단, 공기 중 산소의 농도는 21vol%이다.)

① 19.8 ② 21.8
③ 23.8 ④ 25.8

$C_3H_8+5O_2 \rightarrow 3CO_2+4H_2O$
건조연소가스량 : N_2, CO_2이므로
㉠ N_2 : $5\times\left(\frac{0.79}{0.21}\right)$
㉡ CO_2 : 3
∴ $5\times\frac{0.79}{0.21}+3=21.80Sm^3$

정답 01.② 02.① 03.③ 04.② 05.②

06 다음 중 산소 공급원이 아닌 것은?

① 공기
② 산화제
③ 환원제
④ 자기연소성 물질

해설
환원제 : 가연성 물질

07 LPG 저장탱크의 배관이 파손되어 가스로 인한 화재가 발생하였을 때 안전관리자가 긴급차단장치를 조작하여 LPG 저장탱크로부터의 LPG 공급을 차단하여 소화하는 방법은? (연소-17)

① 질식소화 ② 억제소화
③ 냉각소화 ④ 제거소화

해설
소화의 종류

종 류	내 용
제거소화	연소반응이 일어나고 있는 가연물 및 주변의 가연물을 제거하여 연소반응을 중지시켜 소화하는 방법
질식소화	가연물에 공기 및 산소의 공급을 차단하여 산소의 농도를 16% 이하로 하여 소화하는 방법 • 불연성 기체로 가연물을 덮는 방법 • 연소실을 완전 밀폐하는 방법 • 불연성 포로 가연물을 덮는 방법 • 고체로 가연물을 덮는 방법
냉각소화	연소하고 있는 가연물의 열을 빼앗아 온도를 인화점 및 발화점 이하로 낮추어 소화하는 방법 • 소화약제(CO_2)에 의한 방법 • 액체를 사용하는 방법 • 고체를 사용하는 방법
억제소화 (부촉매효과법)	연쇄적 산화반응을 약화시켜 소화하는 방법
희석소화	산소나 가연성 가스의 농도를 연소범위 이하로 하여 소화하는 방법, 즉 가연물의 농도를 작게 하여 연소를 중지시킨다.

08 연소로(燃燒爐) 내의 폭발에 의한 과압을 안전하게 방출시켜 노의 파손에 의한 피해를 최소화하기 위해 폭연벤트(deflagration vent)를 설치한다. 이에 대한 설명으로 옳지 않은 것은?

① 가능한 한 곡절부에 설치한다.
② 과압으로 손쉽게 열리는 구조로 한다.
③ 과압을 안전한 방향으로 방출시킬 수 있는 장소를 선택한다.
④ 크기와 수량은 노의 구조와 규모 등에 의해 결정한다.

해설
① 가능한 한 직선부에 설치한다.

09 가연물의 위험성에 대한 설명으로 틀린 것은?

① 비등점이 낮으면 인화의 위험성이 높아진다.
② 파라핀 등 가연성 고체는 화재 시 가연성 액체가 되어 화재를 확대한다.
③ 물과 혼합되기 쉬운 가연성 액체는 물과 혼합되면 증기압이 높아져 인화점이 낮아진다.
④ 전기전도도가 낮은 인화성 액체는 유동이나 여과 시 정전기를 발생하기 쉽다.

10 공기와 연료의 혼합기체 표시에 대한 설명 중 옳은 것은?

① 공기비(excess air ratio)는 연공비의 역수와 같다.
② 연공비(fuel air ratio)라 함은 가연혼합기 중의 공기와 연료의 질량비로 정의된다.
③ 공연비(air fuel ratio)라 함은 가연혼합기 중의 공기와 연료의 질량비로 정의된다.
④ 당량비(equivalence ratio)는 이론연공비 대비 실제연공비로 정의한다.

정답 06.③ 07.④ 08.① 09.③ 10.④

해설

연공비, 공연비, 당량비

항 목	정 의
연공비$\left(\frac{연료질량}{공기질량}\right)$	가연혼합기 중 연료와 공기의 질량비
공연비$\left(\frac{공기질량}{연료질량}\right)$	가연혼합기 중 공기와 연료의 질량비(연공비의 역수)
당량비$\left(\frac{이론연공비}{실제연공비}\right)$	이론연공비 대비 실제연공비(공기비의 역수)

11 1atm, 27℃의 밀폐된 용기에 프로판과 산소가 1 : 5 부피비로 혼합되어 있다. 프로판이 완전연소하여 화염의 온도가 1000℃가 되었다면 용기 내에 발생하는 압력은?

① 1.95atm　② 2.95atm
③ 3.95atm　④ 4.95atm

해설

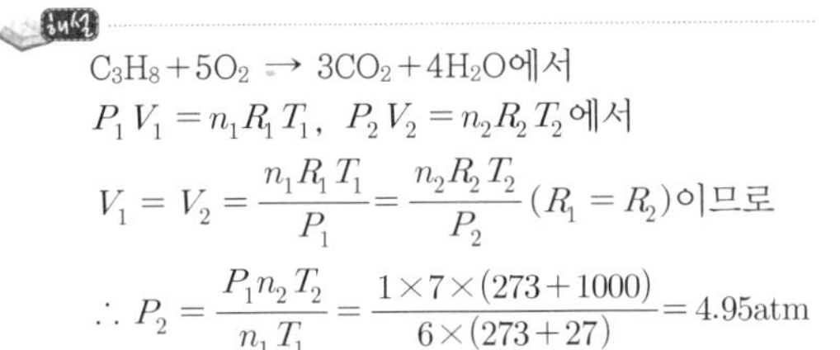

$C_3H_8+5O_2 \rightarrow 3CO_2+4H_2O$에서

$P_1V_1=n_1R_1T_1$, $P_2V_2=n_2R_2T_2$에서

$V_1=V_2=\dfrac{n_1R_1T_1}{P_1}=\dfrac{n_2R_2T_2}{P_2}$ $(R_1=R_2)$이므로

$\therefore P_2=\dfrac{P_1n_2T_2}{n_1T_1}=\dfrac{1\times7\times(273+1000)}{6\times(273+27)}=4.95\text{atm}$

12 연소에 대한 설명으로 옳지 않은 것은?

① 열, 빛을 동반하는 발열반응이다.
② 반응에 의해 발생하는 열에너지가 반자발적으로 반응이 계속되는 현상이다.
③ 활성 물질에 의해 자발적으로 반응이 계속되는 현상이다.
④ 분자 내 반응에 의해 열에너지를 발생하는 발열 분해반응도 연소의 범주에 속한다.

13 어떤 기체가 168kJ의 열을 흡수하면서 동시에 외부로부터 20kJ의 열을 받으면 내부에너지의 변화는 약 얼마인가?

① 20kJ　② 148kJ
③ 168kJ　④ 188kJ

$i=\Delta u+A_pV$

$\therefore \Delta u=i-A_pV=168-(-20)=188\text{kJ}$

14 연소에 대한 설명으로 옳지 않은 것은?

① 착화온도는 인화온도보다 항상 낮다.
② 인화온도가 낮을수록 위험성이 크다.
③ 착화온도는 물질의 종류에 따라 다르다.
④ 기체의 착화온도는 산소의 함유량에 따라 달라진다.

15 자연발화(自然發火)의 원인으로 옳지 않은 것은?

① 건초의 발효열
② 활성탄의 흡수열
③ 셀룰로이드의 분해열
④ 불포화 유지의 산화열

16 고압가스설비의 퍼지(purging)방법 중 한쪽 개구부에 퍼지가스를 가하고 다른 개구부로 혼합가스를 대기 또는 스크러버로 빼내는 공정은? [연소-19]

① 진공퍼지(vacuum purging)
② 압력퍼지(pressure purging)
③ 사이폰퍼지(siphon purging)
④ 스위프퍼지(sweep-through purging)

해설

불활성화 방법

방 법	정 의
스위퍼 퍼지	용기의 한 개구부로 이너팅가스를 주입하여 타 개구부로부터 대기 또는 스크레버로 혼합가스를 용기에서 추출하는 방법으로 이너팅가스를 상압에서 가하고 대기압으로 방출하는 방법이다.
압력 퍼지	일명 가압 퍼지로 용기를 가압하여 이너팅가스를 주입하여 용기 내를 가한 가스가 충분히 확산된 후 그것을 대기로 방출하여 원하는 산소농도(MOC)를 구하는 방법이다.
진공 퍼지	일명 저압 퍼지로 용기에 일반적으로 쓰이는 방법으로 모든 반응기는 완전진공에 가깝도록 하여야 한다.
사이펀 퍼지	용기에 액체를 채운 다음 용기로부터 액체를 배출시키는 동시에 증기층으로부터 불활성 가스를 주입하여 원하는 산소농도를 구하는 퍼지방법이다.

정답 11.④ 12.② 13.④ 14.① 15.② 16.④

17 연소가스량 10Nm³/kg, 비열 0.325kcal/Nm³ · ℃인 어떤 연료의 저위발열량이 6700kcal/kg이었다면 이론연소온도는 약 몇 ℃인가?

① 1962℃ ② 2062℃
③ 2162℃ ④ 2262℃

이론연소온도

$$t = \frac{H_l}{G \times C_p}$$

$$= \frac{6700\text{kcal/kg}}{10\text{Nm}^3/\text{kg} \times 0.325\text{kcal/Nm}^3 \cdot ℃}$$

$$= 2061.53℃$$

18 다음 용기 내부에 공기 또는 불활성 가스 등의 보호가스를 압입하여 용기 내의 압력이 유지됨으로써 외부로부터 폭발성 가스 또는 증기가 침입하지 못하도록 한 방폭구조는? [안전-13]

① 내압방폭구조 ② 압력방폭구조
③ 유입방폭구조 ④ 안전증방폭구조

19 메탄(CH_4)의 기체비중은 약 얼마인가?

① 0.55 ② 0.65
③ 0.75 ④ 0.85

$CH_4 = 16g$

$\therefore$ 비중$= \frac{16}{29} = 0.55$

20 석탄이나 목재가 연소 초기에 화염을 내면서 연소하는 형태는? [연소-2]

① 표면연소 ② 분해연소
③ 증발연소 ④ 확산연소

연소의 종류

구 분	정 의
표면연소	고체표면에서 연소반응을 일으킴(목탄, 코크스)
분해연소	연소물질이 완전분해반응을 일으키면서 연소(종이, 목재)
증발연소	고체물질이 녹아 액으로 변한 다음 증발하면서 연소(양초, 파라핀)
연기연소	다량의 연기를 동반하는 표면연소
확산연소	수소, 아세틸렌이 공기보다 가벼운 기체를 확산시키면서 연소시키는 방법

제2과목 가스설비

21 구형 저장탱크의 특징이 아닌 것은?

① 모양이 아름답다.
② 기초구조를 간단하게 할 수 있다.
③ 동일 용량, 동일 압력의 경우 원통형 탱크보다 두께가 두껍다.
④ 표면적이 다른 탱크보다 적으며, 강도가 높다.

동일 용량, 동일 압력의 경우 원통형 탱크보다 강도가 높다.

22 정류(Rectification)에 대한 설명으로 틀린 것은?

① 비점이 비슷한 혼합물의 분리에 효과적이다.
② 상층의 온도는 하층의 온도보다 높다.
③ 환류비를 크게 하면 제품의 순도는 좋아진다.
④ 포종탑에서는 액량이 거의 일정하므로 접촉효과가 우수하다.

정류 시 온도가 높은 물질이 하부에서 정류

23 용기내장형 LP가스 난방기용 압력조정기에 사용되는 다이어프램의 물성 시험에 대한 설명으로 틀린 것은?

① 인장강도는 12MPa 이상인 것으로 한다.
② 인장응력은 3.0MPa 이상인 것으로 한다.
③ 신장영구 늘음률은 20% 이하인 것으로 한다.
④ 압축영구 늘음률은 30% 이하인 것으로 한다.

정답 17.② 18.② 19.① 20.② 21.③ 22.② 23.②

용기내장형 LP가스 난방기용 압력조정기에 사용되는 다이어프램의 물성 시험

구 분		내 용
인장강도 신장률		12MPa 이상 300% 이상
인장응력		2.0MPa 이상
신장영구 늘음		20% 이하
압축영구 늘음		30% 이하
-25℃ 공기 중 24시간 방치 후	인장강도	변화율 ±15% 이내
	신장률	변화율 ±30% 이내
	경도변화	+15° 이하

24 다음 중 가스 충전구가 왼나사구조인 가스 밸브는? (안전-32)

① 질소 용기
② 엘피지 용기
③ 산소 용기
④ 암모니아 용기

충전구나사 형태

구 분	해당 가스
왼나사	가연성 가스(NH_3, CH_3Br 제외)
오른나사	가연성 이외의 가스 가연성 중 NH_3, CH_3Br

25 도시가스 정압기의 일반적인 설치위치는?

① 입구밸브와 필터사이
② 필터와 출구밸브사이
③ 차단용 바이패스밸브 앞
④ 유량조절용 바이패스밸브 앞

정압기 구조

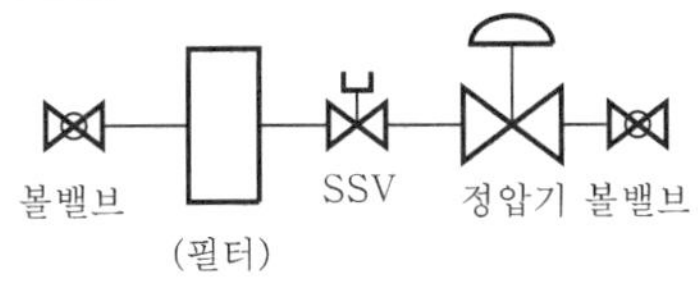

26 도시가스 제조공정 중 가열방식에 의한 분류로 원료에 소량의 공기와 산소를 혼합하여 가스발생의 반응기에 넣어 원료의 일부를 연소시켜 그 열을 열원으로 이용하는 방식은? (설비-60)

① 자열식
② 부분연소식
③ 축열식
④ 외열식

도시가스 제조공정 분류

분류방법		핵심내용
원료 송입법에 의한 분류	연속식	원료는 연속으로 송입되며 가스의 발생도 연속적. 가스량의 조절은 원료의 송입량 조절에 의하고 장치능력의 50~100% 사이에서 발생량이 조절
	배치식	원료를 일정량 취하여 가스화실에 넣어 가스화시키며, 가스발생이 중지될 때 잔류물을 제거하는 등의 조작을 반복하여 원료를 가스화하는 방법
	사이클식	연속식과 배치식의 중간형태이며, 원료의 연속송입으로 가스발생 시 온도가 저하하면 원료송입을 중지 가온하여 다시 원료를 송입하여 가스발생을 한다.
가열 방식에 의한 분류	외열식	원료가 들어있는 용기를 외부에서 가열
	축열식	가스화 반응기에서 연료를 연소시켜 충분히 가열한 후 이 반응 내에 원료를 송입하여 가스화의 열원으로 한다.
	부분 연소식	원료에 소량의 공기와 산소를 혼합하여 가스발생기의 반응기에 넣어 원료의 일부를 연소시켜 그 열을 이용, 원료를 가스화 열원으로 한다.
	자열식	가스화에 필요한 열을 산화반응과 수첨분해반응 등의 발열반응에 의해 가스를 발생시키는 방식이다.

27 왕복식 압축기의 특징에 대한 설명으로 틀린 것은? (설비-35)

① 기체의 비중에 영향이 없다.
② 압축하면 맥동이 생기기 쉽다.
③ 원심형이어서 압축효율이 낮다.
④ 토출압력에 의한 용량변화가 적다.

정답 24.② 25.② 26.② 27.③

압축기 특징

왕 복	원 심
• 용적형이다. • 소음 · 신동이 있다. • 압축이 단속적이다. • 압축효율이 높다. • 오일 윤활식 또는 무급유식이다. • 용량조정 범위가 넓고 쉽다.	• 무급유식이다. • 소음 · 진동이 적다. • 압축이 연속적이다. • 용량조정 범위가 좁고, 어렵다.

28 20kg 용기(내용적 47L)를 3.1MPa 수압으로 내압시험 결과 내용적이 47.8L로 증가하였다. 영구(항구)증가율은? (단, 압력을 제거하였을 때 내용적은 47.1L이었다.) **(설비-44)**

① 8.3%　② 9.7%
③ 11.4%　④ 12.5%

$$영구증가율 = \frac{영구(항구)증가량}{전증가량} \times 100$$
$$= \frac{47.1-47}{47.8-47} \times 100 = 12.5\%$$

29 고온 · 고압 장치의 가스배관 플랜지 부분에서 수소가스가 누출되기 시작하였다. 누출원인으로 가장 거리가 먼 것은?

① 재료 부품이 적당하지 않았다.
② 수소 취성에 의한 균열이 발생하였다.
③ 플랜지 부분의 개스킷이 불량하였다.
④ 온도의 상승으로 이상압력이 되었다.

30 안지름 10cm의 파이프를 플랜지에 접속하였다. 이 파이프 내에 40kgf/cm^{2}의 압력으로 볼트 1개에 걸리는 힘을 300kgf 이하로 하고자 할 때 볼트의 수는 최소 몇 개 필요한가?

① 7개　② 11개
③ 15개　④ 19개

전하중

$$W = PA = 40\text{kg/cm}^2 \times \frac{\pi}{4} \times (10\text{cm})^2 = 3141.59$$
$$\therefore\ 3141.59 \div 300 = 10.47 = 11개$$

31 배관의 부식과 그 방지에 대한 설명으로 옳은 것은?

① 매설되어 있는 배관에 있어서 일반적인 강관이 주철관보다 내식성이 좋다.
② 구상흑연 주철관의 인장강도는 강관과 거의 같지만 내식성은 강관보다 나쁘다.
③ 전식이란 땅속으로 흐르는 전류가 배관으로 흘러들어간 부분에 일어나는 전기적인 부식을 말한다.
④ 전식은 일반적으로 천공성 부식이 많다.

32 금속재료에 대한 충격시험의 주된 목적은?

① 피로도 측정
② 인성 측정
③ 인장강도 측정
④ 압축강도 측정

33 다음 특징을 가진 오토클레이브는? **(설비-19)**

> • 가스누설의 가능성이 적다.
> • 고압력에서 사용할 수 있고, 반응물의 오손이 없다.
> • 뚜껑판에 뚫어진 구멍에 촉매가 기여 들어갈 염려가 없다.

① 교반형　② 진탕형
③ 회전형　④ 가스교반형

해설

항 목		내 용
정의		고온 · 고압 하에서 화학적 합성이나 반응을 하기 위한 고압 반응 가마솥
종류	교반형	전자코일을 이용하거나 모터에 연결된 베일을 이용하는 방법
	회전형	오토클레이브 자체를 회전하는 방식
	진탕형	수평이나 전후 운동을 함으로써 내용물을 교반하는 형식으로 가스누설이 없고, 고압력에 사용하며 반응물의 오손이 없다.
	가스 교반형	가늘고 긴 수평반응기로 유체가 순환되어 교반하는 방식으로 레페반응장치에 이용된다.

정답 28.④ 29.④ 30.② 31.④ 32.② 33.②

34 LiBr-H_2O계 흡수식 냉동기에서 가열원으로서 가스가 사용되는 곳은?

① 증발기 ② 흡수기
③ 재생기 ④ 응축기

35 시안화수소를 용기에 충전하는 경우 품질검사 시 합격 최저순도는?

① 98% ② 98.5%
③ 99% ④ 99.5%

36 다음은 압력조정기의 기본구조이다. 옳은 것으로만 나열된 것은?

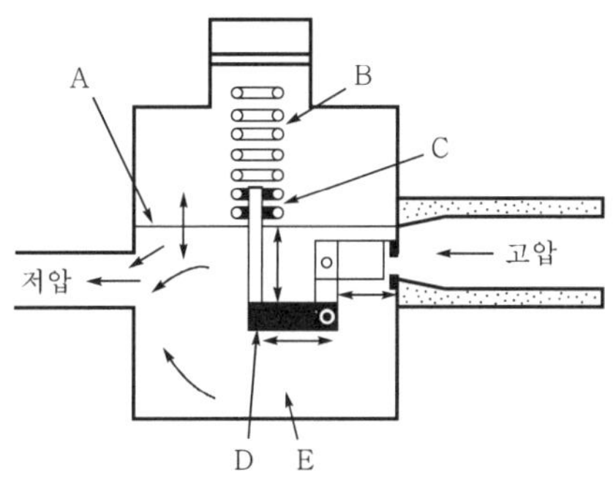

① A : 다이어프램, B : 안전장치용 스프링
② B : 안전장치용 스프링, C : 압력조정용 스프링
③ C : 압력조정용 스프링, D : 레버
④ D : 레버, E : 감압실

해설

A : 다이어프램
B : 압력조절용 스프링
C : 안전장치용 스프링
D : 레버
E : 감압실

37 정압기의 유량 특성에서 메인밸브의 열림(스트로그 리프트)과 유량의 관계를 말하는 유량 특성에 해당되지 않는 것은? (설비-22)

① 직선형
② 2차형
③ 3차형
④ 평방근형

해설

정압기 특성

종 류	특 성
정특성	정상상태에서 유량과 2차 압력과의 관계(시프트, 오프셋, 로크업)
동특성	부하변동에 대한 응답의 신속성과 안정성
유량 특성	메인밸브 열림과 유량과의 관계(종류 : 평방근형, 직선형, 2차형)
사용 최대차압	메인밸브에 1차 압력, 2차 압력이 작용하여 최대로 되었을 때 차압
작동 최소차압	정압기가 작동할 수 있는 최소차압

38 배관설비에 있어서 유속을 5m/s, 유량을 20m^3/s이라고 할 때 관경의 직경은?

① 175cm ② 200cm
③ 225cm ④ 250cm

$Q = \frac{\pi}{4} D^2 V$이므로

$\therefore D = \sqrt{\frac{4Q}{\pi V}} = \sqrt{\frac{4 \times 20}{\pi \times 5}} = 2.25\text{m} = 225\text{cm}$

39 도시가스 공급방식에 의한 분류방법 중 저압공급방식이란 어떤 압력을 뜻하는가?

① 0.1MPa 미만
② 0.5MPa 미만
③ 1MPa 미만
④ 0.1MPa 이상 1MPa 미만

압력에 따른 도시가스 공급방식

구 분	압 력
고압공급	1MPa 이상(액체상태의 액화가스의 경우 이를 고압으로 본다)
중압공급	0.1MPa 이상 1MPa 미만(단, 액화가스가 기화되고 다른 물질 혼합이 없는 경우 0.01MPa 이상 0.2MPa 미만)
저압공급	0.1MPa 미만(단, 액화가스가 기화되고 다른 물질 혼합이 없는 경우 0.01MPa 미만)

정답 34.③ 35.① 36.④ 37.③ 38.③ 39.①

40 도시가스 배관의 굴착으로 인하여 20m 이상 노출된 배관에 대하여 누출된 가스가 체류하기 쉬운 장소에 설치하는 가스누출경보기는 몇 m마다 설치하여야 하는가? (안전-77)

① 10　　② 20
③ 30　　④ 50

해설

굴착으로 인해 노출된 가스배관에 대한 시설 설치기준

구 분		세부내용
노출 배관길이 15m 이상 점검통로 조명시설	가드레일	0.9m 이상 높이
	점검통로 폭	80cm 이상
	발판	통행상 지장이 없는 각목
	점검통로 조명	• 가스배관 수평거리 1m 이내 설치 • 70lux 이상
노출 배관길이 20m 이상 시 가스누출 경보장치 설치기준	설치간격	• 20m 마다 설치 • 근무자가 상주하는 곳에 경보음이 전달되도록
	작업장	경광등 설치(현장상황에 맞추어)

제3과목 가스안전관리

41 가스 안전사고를 방지하기 위하여 내압시험압력이 25MPa인 일반가스 용기에 가스를 충전할 때 최고충전압력을 얼마로 하여야 하는가? (안전-52)

① 42MPa　　② 25MPa
③ 15MPa　　④ 12MPa

$F_P = T_P \times \frac{3}{5} = 25 \times \frac{3}{5} = 15\text{MPa}$

42 공기액화분리에 의한 산소와 질소 제조시설에 아세틸렌가스가 소량 혼입되었다. 이때 발생가능한 현상으로 가장 유의하여야 할 사항은?

① 산소에 아세틸렌이 혼합되어 순도가 감소한다.
② 아세틸렌이 동결되어 파이프를 막고, 밸브를 고장낸다.
③ 질소와 산소분리 시 비점차이의 변화로 분리를 방해한다.
④ 응고되어 이동하다가 구리 등과 접촉하면 산소 중에서 폭발할 가능성이 크다.

43 액화석유가스 저장탱크에 가스를 충전할 때 액체 부피가 내용적의 90%를 넘지 않도록 규제하는 가장 큰 이유는?

① 액체팽창으로 인한 탱크의 파열을 방지하기 위하여
② 온도상승으로 인한 탱크의 취약방지를 위하여
③ 등적팽창으로 인한 온도상승의 방지를 위하여
④ 탱크 내부의 부압(negative pressure) 발생 방지를 위하여

44 냉장고 수리를 위하여 아세틸렌 용접작업 중 산소가 떨어지자 산소에 연결된 호스를 뽑아 얼마 남지 않은 것으로 생각되는 LPG 용기에 연결하여 용접 토치에 불을 붙이자 LPG 용기가 폭발하였다. 그 원인으로 가장 가능성이 높을 것으로 예상되는 경우는?

① 용접열에 의한 폭발
② 호스 속의 산소 또는 아세틸렌이 역류되어 역화에 의한 폭발
③ 아세틸렌과 LPG가 혼합된 후 반응에 의한 폭발
④ 아세틸렌 불법제조에 의한 아세틸렌 누출에 의한 폭발

45 다음 중 고압가스 충전용기 운반 시 운반책임자의 동승이 필요한 경우는? (단, 독성가스는 허용농도가 100만분의 200을 초과한 경우이다.) (안전-34)

① 독성 압축가스 $100m^3$ 이상
② 독성 액화가스 500kg 이상
③ 가연성 압축가스 $100m^3$ 이상
④ 가연성 액화가스 1000kg 이상

정답 40.② 41.③ 42.④ 43.① 44.② 45.①

해설

용기에 의한 운반

가스 종류			허용농도 기준	적재용량
독성	압축가스		200ppm 초과	100m^3 이상
독성	액화가스		200ppm 이하	10m^3 이상
비독성	압축	가연성	300m^3 이상	
		조연성	600m^3 이상	
	액화	가연성	3000kg 이상(납붙임 접합용기는 2000kg 이상)	
		조연성	6000kg 이상	

46 고압가스 사업소에 설치하는 경계표지에 대한 설명으로 틀린 것은?

① 경계표지는 외부에서 보기 쉬운 곳에 게시한다.
② 사업소 내 시설 중 일부만이 같은 법의 적용을 받더라도 사업소 전체에 경계표지를 한다.
③ 충전용기 및 잔가스 용기 보관장소는 각각 구획 또는 경계선에 따라 안전확보에 필요한 용기상태를 식별할 수 있도록 한다.
④ 경계표지는 법의 적용을 받는 시설이란 것을 외부사람이 명확히 식별할 수 있어야 한다.

해설

적용 받는 부분만 경계표시

47 독성 가스 충전용기를 운반하는 차량의 경계표지 크기의 가로 치수는 차체 폭의 몇 % 이상으로 하는가? [안전-116]

① 5% ② 10%
③ 20% ④ 30%

해설

차량의 경계표시

구 분		세부내용
직사각형	가로치수	차폭의 30% 이상
	세로치수	가로의 20% 이상
정사각형		경계면적 600cm^2 이상
적색삼각기	가로	40cm 이상
	세로	30cm 이상

48 용기의 각인 기호에 대해 잘못 나타낸 것은 어느 것인가? [안전-31]

① V : 내용적
② W : 용기의 질량
③ TP : 기밀시험압력
④ FP : 최고충전압력

해설

① V : 내용적(L)
② W : 용기의 질량(kg)
③ TP : 내압시험압력(MPa)
④ FP : 최고충전압력(MPa)

49 다음 중 용기 제조자의 수리범위에 해당하는 것을 모두 옳게 나열한 것은? [안전-75]

㉠ 용기 몸체의 용접
㉡ 용기 부속품의 부품 교체
㉢ 초저온 용기의 단열재 교체
㉣ 아세틸렌 용기 내의 다공질물 교체

① ㉠, ㉡
② ㉢, ㉣
③ ㉠, ㉡, ㉢
④ ㉠, ㉡, ㉢, ㉣

50 고압가스용 용접 용기제조의 기준에 대한 설명으로 틀린 것은?

① 용기 동판의 최대두께와 최소두께의 차이는 평균두께의 20% 이하로 한다.
② 용기의 재료는 탄소, 인 및 황의 함유량이 각각 0.33%, 0.04%, 0.05% 이하인 강으로 한다.
③ 액화석유가스용 강제용기와 스커트 접속부의 안쪽 각도는 30도 이상으로 한다.
④ 용기에는 그 용기의 부속품을 보호하기 위하여 프로텍터 또는 캡을 부착한다.

해설

용접용기 동판의 최대두께와 최소두께의 차이는 평균두께의 10% 이하로 한다.

정답 46.② 47.④ 48.③ 49.④ 50.①

51 가연성 가스에 대한 정의로 옳은 것은 어느 것인가? (안전-50)

① 폭발한계의 하한 20% 이하, 폭발범위 상한과 하한의 차가 20% 이상인 것
② 폭발한계의 하한 20% 이하, 폭발범위 상한과 하한의 차가 10% 이상인 것
③ 폭발한계의 하한 10% 이하, 폭발범위 상한과 하한의 차가 20% 이상인 것
④ 폭발한계의 하한 10% 이하, 폭발범위 상한과 하한의 차가 10% 이상인 것

가연성과 독성

구 분		정 의
가연성		• 폭발한계 하한이 10% 이하 • 폭발한계 상한과 하한의 차이가 20% 이상
독성	LC 50	성숙한 흰쥐의 집단에서 1시간 흡입 실험에 의하여 14일 이내 실험 동물의 50%가 사망할 수 있는 농도로서 허용농도 100만분의 5000 이하가 독성 가스이다.
	TLV-TWA	건강한 성인 남자가 1일 8시간 주 40시간 동안 그 분위기에서 작업하여도 건강에 지장이 없는 농도로서 허용농도 100만분의 200 이하가 독성 가스이다.

52 다음 그림은 LPG 저장탱크의 최저부이다. 이는 어떤 기능을 하는가?

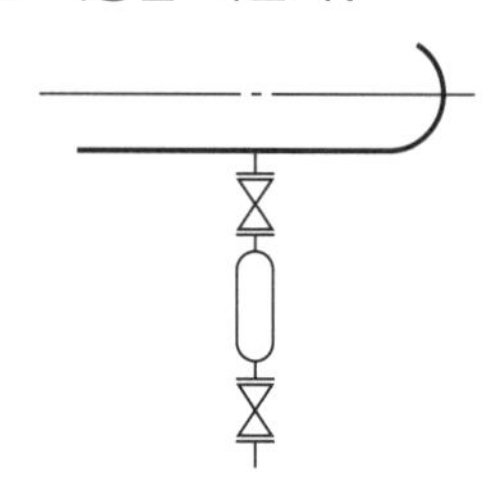

① 대량의 LPG가 유출되는 것을 방지한다.
② 일정압력 이상 시 압력을 낮춘다.
③ LPG 내의 수분 및 불순물을 제거한다.
④ 화재 등에 의해 온도가 상승 시 긴급 차단한다.

53 용기에 의한 액화석유가스 사용시설에서 용기보관실을 설치하여야 할 기준은? (안전-111)

① 용기 저장능력 50kg 초과
② 용기 저장능력 100kg 초과
③ 용기 저장능력 300kg 초과
④ 용기 저장능력 500kg 초과

용기보관실 및 용기집합시설 설치(KGS FU431)

저장능력에 따른 구분		세부내용
100kg 이하		용기가 직사광선 빗물을 받지 않도록 조치
100kg 초과	용기보관실 설치	용기보관실의 벽, 문, 지붕은 불연재료(지붕은 가벼운 불연재료)로 설치하고 단층구조로 한다.
	용기보관실 설치 곤란 시	외부인 출입을 방지하기 위하여 출입문을 설치하고, 경계표시한다.
	기타사항	• 용기집합설비의 양단 마감조치에는 캡 또는 플랜지를 설치 • 용기를 3개 이상 집합 사용 시 용기집합장치 설치 • 용기와 연결된 측도관 트윈호스 조정기 연결부는 조정기 이외 설비는 연결하지 않는다.

54 허가를 받아야 하는 사업에 해당되지 않는 자는?

① 압력조정기 제조사업을 하고자 하는 자
② LPG 자동차 용기 충전사업을 하고자 하는 자
③ 가스난방기용 용기 제조사업을 하고자 하는 자
④ 도시가스용 보일러 제조사업을 하고자 하는 자

허가 대상 사업
㉠ 압력조정기 제조사업
㉡ LPG 자동차 용기 충전사업
㉢ 보일러 제조사업
㉣ 가스누출 자동차단장치 제조시설

정답 51.③ 52.③ 53.② 54.③

ⓜ 그 밖의 가스 용품(정압기용 필터, 매몰형 정압기, 호스, 배관용 밸브, 퓨즈콕, 상자콕, 주물연소기용, 노즐콕, 배관이음관, 강제혼합식 버너)
ⓑ 연소기(가스 소비량 232.6kW 이하인 것)

55 고압가스 특정제조시설에서 안전구역 안의 고압가스설비는 그 외면으로부터 다른 안전구역 안에 있는 고압가스설비의 외면까지 몇 m 이상의 거리를 유지하여야 하는가?

① 10m
② 20m
③ 30m
④ 50m

해설

고압가스 특정제조시설의 위치

구 분	시설물과의 관계	이격거리(m)
안전구역 내 고압설비	당해 안전구역에 인접하는 다른 안전구역 설비	30m 이상
제조설비	당해 제조소 경계	20m 이상
가연성 가스 저장탱크	처리능력 20만m^3 압축기	30m 이상

56 가연성 가스와 공기혼합물의 점화원이 될 수 없는 것은?

① 정전기
② 단열압축
③ 융해열
④ 마찰

점화원의 종류
타격, 마찰, 충격, 단열압축, 정전기, 전기불꽃

57 액화석유가스 집단공급시설의 점검기준에 대한 설명으로 옳은 것은?

① 충전용 주관의 압력계는 매분기 1회 이상 국가표준기본법에 따른 교정을 받은 압력계로 그 기능을 검사한다.
② 안전밸브는 매월 1회 이상 설정되는 압력 이하의 압력에서 작동하도록 조정한다.
③ 물분무장치, 살수장치와 소화전은 매월 1회 이상 작동상황을 점검한다.
④ 집단공급시설 중 충전설비의 경우에는 매월 1회 이상 작동상황을 점검한다.

① 충전용 주관의 압력계는 매월 1회 기능 검사
② 안전밸브
• 압축기 최종단 : 1년에 1회 작동 검사
• 그 밖의 것 : 2년에 1회 작동 검사
④ 집단공급시설 중 충전설비 1일 1회 이상 작동상황 점검

58 자동차 용기 충전시설에서 충전용 호스의 끝에 반드시 설치하여야 하는 것은?

① 긴급차단장치
② 가스누출경보기
③ 정전기 제어장치
④ 인터록장치

59 다음 가스안전성 평가기법 중 정성적 안전성 평가기법은? (연소-12)

① 체크리스트기법
② 결함수분석기법
③ 원인결과분석기법
④ 작업자실수분석기법

60 이동식 부탄연소기와 관련된 사고가 액화석유가스 사고의 약 10% 수준으로 발생하고 있다. 이를 예방하기 위한 방법으로 가장 부적당한 것은?

① 연소기에 접합용기를 정확히 장착한 후 사용한다.
② 과대한 조리기구를 사용하지 않는다.
③ 잔가스 사용을 위해 용기를 가열하지 않는다.
④ 사용한 접합용기는 파손되지 않도록 조치한다.

사용한 1회용 용기는 구멍을 뚫어 잔가스를 제거한 후 버린다.

정답 55.③ 56.③ 57.③ 58.③ 59.① 60.④

제4과목 가스계측

61 가스폭발 등 급속한 압력변화를 측정하는 데 가장 적합한 압력계는?

① 다이어프램 압력계
② 벨로즈 압력계
③ 부르돈관 압력계
④ 피에조 전기압력계

해설

2차 압력계 특징

측정방법에 따른 분류		간추린 핵심내용
전기적 변화에 따른 종류	전기저항식 압력계	금속의 전기저항이 압력에 의해 변하는 것을 이용
	피에조 전기압력계	• 수정, 전기식 로드셀염 등을 이용하여 압력을 측정 • C_2H_2와 같은 가스폭발 등 급격한 압력변화를 측정
탄성식에 따른 종류	부르돈관	가장 많이 쓰이는 2차 압력계의 대표압력과 고압을 측정(3000kg/cm^2), 정확도는 낮다.
	다이어프램	미소압력을 측정하여 부식성 유체에 적합 응답속도가 빠르다.
	벨로즈식	진공압이나 차압의 측정에 사용. 벨로즈의 탄성을 이용하여 압력을 측정

62 가스는 분자량에 따라 다른 비중 값을 갖는다. 이 특성을 이용하는 가스분석기기는?

① 자기식 O_2 분석기기
② 밀도식 CO_2 분석기기
③ 적외선식 분석기기
④ 광화학발광식 NO_x 분석기기

63 다음에서 나타내는 제어동작은? (단, Y : 제어 출력신호, p_s : 전 시간에서의 제어 출력신호, K_c : 비례상수, ε : 오차를 나타낸다.)

$$Y = p_s + K_c\varepsilon$$

① O동작　　② D동작
③ I동작　　④ P동작

$Y = p_s + \underline{K_c}\varepsilon$

비례상수 : 비례동작

64 직접적으로 자동제어가 가장 어려운 액면계는?

① 유리관식
② 부력검출식
③ 부자식
④ 압력검출식

65 루트미터에서 회전자는 회전하고 있으나 미터의 지침이 작동하지 않는 고장의 형태로서 가장 옳은 것은? (계측-5)

① 부동
② 불통
③ 기차 불량
④ 감도 불량

해설

루트(Roots) 미터의 고장

구 분	정 의
부동	• 회전자는 회전하고 있으나 미터의 지침이 작동하지 않는 고장 • 마그넷 커플링의 슬립 감속 또는 지시장치의 기어물림 불량 등이 원인
불통	회전자의 회전이 정지하여 가스가 통과하지 못하는 고장으로 ㉠ 회전자 베어링 마모에 의한 회전자의 접촉, ㉡ 설치공사 불량에 의한 먼지, ㉢ Seal제 등의 이물질의 끼어듦이 원인
기차 불량	사용 중의 가스미터가 기차부품 마모 등에 의하여 계량법에 규정된 사용공차를 넘어서는 경우를 말하며 ㉠ 회전자부분의 마찰저항 증가, ㉡ 회전자 베어링의 마모에 의한 간격의 증대 등이 원인
그 밖의 고장	계량된 유리 파손 또는 떨어짐 외관 손상, 압력보정장치 고장, 이상음 누설 감도 불량 등

정답 61.④ 62.② 63.④ 64.① 65.①

66 차압유량계의 특징에 대한 설명으로 틀린 것은?

① 액체, 기체, 스팀 등 거의 모든 유체의 유량측정이 가능하다.
② 관로의 수축부가 있어야 하므로 압력손실이 비교적 높은 편이다.
③ 정확도가 우수하고, 유량측정 범위가 넓다.
④ 가동부가 없어 수명이 길고 내구성도 좋으나, 마모에 의한 오차가 있다.

해설
차압식(교축기구식) 유량계 특징

구 분	특 징
측정원리	베르누이 정리
측정방법	교축기구 전후의 압력차로 순간유량 측정
측정대상	액체, 기체 증기 등 모든 유체 가능, 저유량을 측정
유량계 구조	가동부가 없어 수명이 길고, 내구성이 우수, 마모에 의한 오차 발생 우려
압력손실	압력손실이 크다.
종류	오리피스, 플로노즐, 벤투리

67 최대유량이 $10m^3/h$인 막식 가스미터기를 설치하고 도시가스를 사용하는 시설이 있다. 가스레인지 $2.5m^3/h$를 1일 8시간 사용하고, 가스보일러 $6m^3/h$를 1일 6시간 사용했을 경우 월 가스사용량은 약 몇 m^3인가? (단, 1개월은 31일이다.)

① 1570　　② 1680
③ 1736　　④ 1950

해설
$(2.5m^3/h \times 8h/d + 6m^3/h \times 6h/d) \times 31d/$월
$= 1736m^3/$월

68 자동조정의 제어량에서 물리량의 종류가 다른 것은?

① 전압　　② 위치
③ 속도　　④ 압력

㉠ 전압 : 전기적 제어량
㉡ 위치, 속도, 압력 : 기계적 제어량

69 습도에 대한 설명으로 틀린 것은? (계측-25)

① 상대습도는 포화증기량과 습가스 수증기와의 중량비이다.
② 절대습도는 습공기 1kg에 대한 수증기 양과의 비율이다.
③ 비교습도는 습공기의 절대습도와 포화증기의 절대습도와의 비이다.
④ 온도가 상승하면 상대습도는 감소한다.

절대습도 : 건조공기 1kg에 대한 수증기량

70 적외선분광분석법으로 분석이 가능한 가스는?

① N_2　　② CO_2
③ O_2　　④ H_2

적외선분광분석법 : 대칭이원자 분자(H_2, O_2, N_2), 단원자 분자(He, Ne, Ar)를 제외한 모든 가스의 분석이 가능

71 어떤 잠수부가 바다에서 15m 아래 지점에서 작업을 하고 있다. 이 잠수부가 바닷물에 의해 받는 압력은 약 몇 kPa인가? (단, 해수의 비중은 1.025이다.)

① 46　　② 102
③ 151　　④ 252

$P = \gamma \times h$
$= 1.025kg/10^3cm^3 \times 1500cm$
$= 1.5375kg/cm^2$
$\frac{1.5375}{1.0332} \times 101.325kPa$
$= 150.78 \fallingdotseq 151kPa$

72 다음 중 오리피스 유량계는 어떤 형식의 유량계인가? (계측-23)

① 용적식
② 오벌식
③ 면적식
④ 차압식

차압식 유량계의 종류 : 오리피스, 벤투리, 플로노즐

정답 66.③ 67.③ 68.① 69.② 70.② 71.③ 72.④

73 전자밸브(solenoid valve)의 작동원리는?

① 토출압력에 의한 작동
② 냉매의 과열도에 의한 작동
③ 냉매 또는 유압에 의한 작동
④ 전류의 자기작용에 의한 작동

74 오르자트 분석기에 의한 배기가스의 성분을 계산하고자 한다. 다음의 식은 어떤 가스의 함량 계산식인가?

$$\frac{\text{암모니아성 염화제일구리 용액흡수량}}{\text{시료채취량}} \times 100$$

① CO_2 ② CO
③ O_2 ④ N_2

해설
흡수분석법의 흡수액 종류

종 류	흡수액
CO_2	KOH 용액
O_2	알칼리성 피로카롤 용액
C_mH_n	발연황산
CO	암모니아성 염화제1동 용액
C_2H_2	요오드수은칼륨 용액
C_3H_6, nC_3H_8	87% H_2SO_4
C_2H_4	취소수

75 압력계의 부품으로 사용되는 다이어프램의 재질로서 가장 부적당한 것은?

① 고무
② 청동
③ 스테인리스
④ 주철

76 가스미터의 원격계측(검침) 시스템에서 원격계측방법으로 가장 거리가 먼 것은?

① 제트식
② 기계식
③ 펄스식
④ 전자식

77 가스미터 선정 시 고려할 사항으로 틀린 것은?

① 가스의 최대사용유량에 적합한 계량능력인 것을 선택한다.
② 가스의 기밀성이 좋고, 내구성이 큰 것을 선택한다.
③ 사용 시 기차가 커서 정확하게 계량할 수 있는 것을 선택한다.
④ 내열성, 내압성이 좋고, 유지관리가 용이한 것을 선택한다.

해설
사용 시 기차가 적을 것

78 가스 크로마토그래피에 사용되는 운반기체의 조건으로 가장 거리가 먼 것은?

① 순도가 높아야 한다.
② 비활성이어야 한다.
③ 독성이 없어야 한다.
④ 기체확산을 최대로 할 수 있어야 한다.

가스 크로마토그래피에 사용되는 운반기체의 조건

항 목	조 건
기체의 확산	최소화할 수 있어야 한다.
순도	순도가 높고, 구입이 용이
가스의 성질	불활성
사용검출기	사용검출기에 적합
종류	He, H_2, Ar, N_2

79 메탄, 에틸알코올, 아세톤 등을 검지하고자 할 때 가장 적합한 검지법은?

① 시험지법
② 검지관법
③ 흡광광도법
④ 가연성 가스검출기법

80 열전도형 진공계 중 필라멘트의 열전대로 측정하는 열전대 진공계의 측정범위는?

① $10^{-5} \sim 10^{-3}$torr ② $10^{-3} \sim 0.1$torr
③ $10^{-3} \sim 1$torr ④ $10 \sim 100$torr

정답 73.④ 74.② 75.④ 76.① 77.③ 78.④ 79.④ 80.③

국가기술자격 시험문제

2016년 산업기사 제1회 필기시험(2부) (2016년 3월 6일 시행)

자격종목	시험시간	문제수	문제형별
가스산업기사	**2시간**	**80**	**A**

수험번호		성 명	

제1과목 연소공학

01 LPG를 연료로 사용할 때의 장점으로 옳지 않은 것은?

① 발열량이 크다.
② 조성이 일정하다.
③ 특별한 가압장치가 필요하다.
④ 용기, 조정기와 같은 공급설비가 필요하다.

해설

③ 특별한 가압장치가 필요하다는 단점이다.

LPG 연료의 장 · 단점

장 점	단 점
• 발열량이 크다. • 조성이 일정하다. • 입지적 제약이 없다.	• 연소 시 다량의 공기가 필요하다. • 특별한 가압장치가 필요하다. • 공기보다 무겁다.

02 2kg의 기체를 0.15MPa, 15℃에서 체적이 $0.1m^3$가 될 때까지 등온압축할 때 압축 후 압력은 약 몇 MPa인가? (단, 비열은 각각 $C_P=0.8$, $C_V=0.6$kJ/kg · K이다.)

① 1.10 ② 1.15
③ 1.20 ④ 1.25

해설

$R=C_P-C_V=0.8-0.6=0.2\text{kJ/kg}\cdot\text{K}$

$=0.2\times10^{-3}\text{MJ/kg}\cdot\text{K}$

$\therefore V_1=\dfrac{GRT}{P_1}=\dfrac{2\times(0.2\times10^{-3})\times(273+15)}{0.15}$

$=0.768\text{m}^3$

$P_1V_1=P_2V_2$에서

$\therefore P_2=\dfrac{P_1V_1}{V_2}=\dfrac{0.15\times0.768}{0.1}=1.15\text{MPa}$

03 $1Sm^3$의 합성가스 중의 CO와 H_2의 몰비가 1 : 1일 때 연소에 필요한 이론공기량은 약 몇 Sm^3/Sm^3인가?

① 0.50
② 1.00
③ 2.38
④ 4.76

$CO+\frac{1}{2}O_2 \rightarrow CO_2$

$H_2+\frac{1}{2}O_2 \rightarrow H_2O$에서

산소의 몰수가 각각 $\frac{1}{2}$이므로 CO : H_2가 1 : 1이면 각각 50%가 반응이 되어 공기량은

$\therefore \left(\frac{1}{2}\times0.5+\frac{1}{2}\times0.5\right)\times\frac{100}{21}=2.38\text{Sm}^3/\text{Sm}^3$

04 공기 중에서 가스가 정상연소할 때 속도는 얼마인가? (연소-1)

① 0.03~10m/s
② 11~20m/s
③ 21~30m/s
④ 31~40m/s

05 고온체의 색깔과 온도를 나타낸 것 중 옳은 것은? (연소-6)

① 적색 : 1500℃
② 휘백색 : 1300℃
③ 황적색 : 1100℃
④ 백적색 : 850℃

정답 01.③ 02.② 03.③ 04.① 05.③

06 이론연소온도(화염온도, t(℃))를 구하는 식은? (단, H_h : 고발열량, H_l : 저발열량, G : 연소가스량, C_p : 비열이다.) (연소-38)

① $t = \dfrac{H_l}{G \cdot C_p}$

② $t = \dfrac{H_h}{G \cdot C_p}$

③ $t = \dfrac{G \cdot C_p}{H_l}$

④ $t = \dfrac{G \cdot C_p}{H_h}$

해설

이론연소온도와 실제연소온도

구 분	공 식	기호설명
이론 연소 온도	$t = \dfrac{H_l}{G \cdot C_p}$	H_l : 저발열량 G : 이론연소가스량 C_p : 정압비열
실제 연소 온도	$t_2 = \dfrac{\begin{pmatrix} H_l + \text{공기현열} \\ -\text{손실열량} \end{pmatrix}}{G_s \cdot C_p} + t_1$	t_1 : 기준온도(℃) t_2 : 실제연소온도(℃) G_s : 실제연소가스량 (Nm^3)

07 다음 중 불연성 물질이 아닌 것은?

① 주기율표의 0족 원소
② 산화반응 시 흡열반응을 하는 물질
③ 완전연소한 산화물
④ 발열량이 크고, 계의 온도상승이 큰 물질

08 메탄 80v%, 프로판 5v%, 에탄 15v%인 혼합가스의 공기 중 폭발하한계는 약 얼마인가?

① 2.1%　② 3.3%
③ 4.3%　④ 5.1%

해설

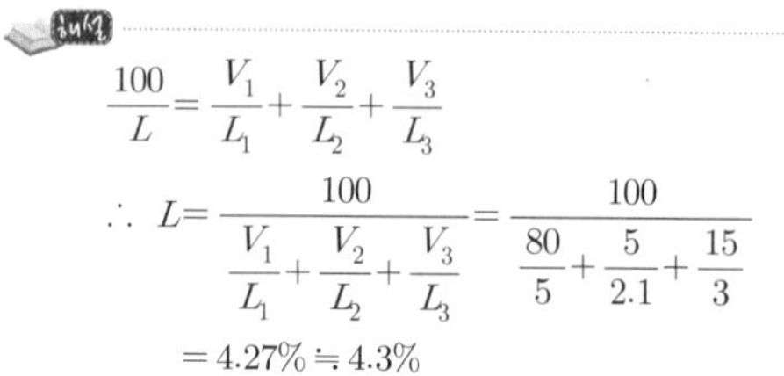

$$\frac{100}{L} = \frac{V_1}{L_1} + \frac{V_2}{L_2} + \frac{V_3}{L_3}$$

$$\therefore L = \frac{100}{\dfrac{V_1}{L_1} + \dfrac{V_2}{L_2} + \dfrac{V_3}{L_3}} = \frac{100}{\dfrac{80}{5} + \dfrac{5}{2.1} + \dfrac{15}{3}}$$

$$= 4.27\% ≒ 4.3\%$$

09 점화원이 될 우려가 있는 부분을 용기 안에 넣고 불활성 가스를 용기 안에 채워넣어 폭발성 가스가 침입하는 것을 방지한 방폭구조는?

① 압력방폭구조　② 안전증방폭구조
③ 유입방폭구조　④ 본질방폭구조

10 다음 중 가연물의 구비조건이 아닌 것은?

① 연소열량이 커야 한다.
② 열전도도가 작아야 된다.
③ 활성화에너지가 커야 한다.
④ 산소와의 친화력이 좋아야 한다.

활성화에너지가 적어야 한다.

11 아세틸렌(C_2H_2)의 완전연소 반응식은?

① $C_2H_2 + O_2 \rightarrow CO_2 + H_2O$
② $2C_2H_2 + O_2 \rightarrow 4CO_2 + H_2O$
③ $C_2H_2 + 5O_2 \rightarrow CO_2 + 2H_2O$
④ $2C_2H_2 + 5O_2 \rightarrow 4CO_2 + 2H_2O$

12 연소속도에 대한 설명 중 옳지 않은 것은?

① 공기의 산소분압을 높이면 연소속도는 빨라진다.
② 단위면적의 화염면이 단위시간에 소비하는 미연소 혼합기의 체적이라 할 수 있다.
③ 미연소 혼합기의 온도를 높이면 연소속도는 증가한다.
④ 일산화탄소 및 수소 기타 탄화수소계 연료는 당량비가 1.1 부근에서 연소속도의 피크가 나타난다.

당량비와 연소속도는 관계 없음

13 화재와 폭발을 구별하기 위한 주된 차이점은?

① 에너지 방출속도　② 점화원
③ 인화점　④ 연소한계

정답 06.① 07.④ 08.③ 09.① 10.③ 11.④ 12.④ 13.①

14 최소점화에너지에 대한 설명으로 옳지 않은 것은? (연소-20)

① 연소속도가 클수록, 열전도도가 작을수록 큰 값을 갖는다.
② 가연성 혼합기체를 점화시키는 데 필요한 최소에너지를 최소점화에너지라 한다.
③ 불꽃방전 시 일어나는 점화에너지의 크기는 전압의 제곱에 비례한다.
④ 일반적으로 산소농도가 높을수록, 압력이 증가할수록 값이 감소한다.

해설
최소점화에너지 : 반응에 필요한 최소한의 에너지로서 연소속도가 클수록, 열전도도가 작을수록 최소점화에너지가 적게 필요하다.

15 "착화온도가 85℃이다."를 가장 잘 설명한 것은? (연소-5)

① 85℃ 이하로 가열하면 인화한다.
② 85℃ 이상 가열하고, 점화원이 있으면 연소한다.
③ 85℃로 가열하면 공기 중에서 스스로 발화한다.
④ 85℃로 가열해서 점화원이 있으면 연소한다.

해설
착화온도(발화점) : 점화원이 없이 스스로 연소하는 최저온도

16 다음 가연성 물질을 공기로 연소시키는 경우 공기 중의 산소농도를 높게 하면 어떻게 되는가? (연소-35)

① 연소속도는 빠르게 되고, 발화온도는 높게 된다.
② 연소속도는 빠르게 되고, 발화온도는 낮게 된다.
③ 연소속도는 느리게 되고, 발화온도는 높게 된다.
④ 연소속도는 느리게 되고, 발화온도는 낮게 된다.

해설
산소농도를 높게 하면
㉠ 연소범위가 넓어진다.
㉡ 연소속도가 빨라진다.
㉢ 점화에너지가 적어진다.
㉣ 발화온도가 낮아진다.

17 기체연료의 주된 연소형태는? (연소-2)

① 확산연소 ② 증발연소
③ 분해연소 ④ 표면연소

18 다음 아세틸렌가스의 위험도(H)는 약 얼마인가? (설비-44)

① 21 ② 23
③ 31 ④ 33

해설
$$\text{위험도} = \frac{\text{폭발상한} - \text{폭발하한}}{\text{폭발하한}} = \frac{81 - 2.5}{2.5} = 31.4$$

19 용기 내의 초기 산소농도를 설정치 이하로 감소시키도록 하는데 이용되는 퍼지방법이 아닌 것은? (연소-19)

① 진공 퍼지
② 온도 퍼지
③ 스위프 퍼지
④ 사이폰 퍼지

20 폭굉을 일으킬 수 있는 기체가 파이프 내에 있을 때 폭굉방지 및 방호에 대한 설명으로 옳지 않은 것은?

① 파이프 라인에 오리피스 같은 장애물이 없도록 한다.
② 공정 라인에서 회전이 가능하면 가급적 완만한 회전을 이루도록 한다.
③ 파이프의 지름 대 길이의 비는 가급적 작게 한다.
④ 파이프 라인에 장애물이 있는 곳은 관경을 축소한다.

관경 축소 시 폭굉이 더욱 더 발생할 확률이 높다.

정답 14.① 15.③ 16.② 17.① 18.③ 19.② 20.④

제2과목 가스설비

21 강을 연하게 하여 기계가공성을 좋게 하거나, 내부응력을 제거하는 목적으로 적당한 온도까지 가열한 다음 그 온도를 유지한 후에 서냉하는 열처리 방법은? (설비-20)

① Marquenching ② Quenching
③ Tempering
④ Annealing

22 원유, 나프타 등의 분자량이 큰 탄화수소를 원료로 고온에서 분해하여 고열량의 가스를 제조하는 공정은? (설비-3)

① 열분해공정
② 접촉분해공정
③ 부분연소공정
④ 수소화분해공정

23 도시가스 원료의 접촉분해공정에서 반응온도가 상승하면 일어나는 현상으로 옳은 것은? (설비-3)

① CH_4, CO가 많고, CO_2, H_2가 적은 가스 생성
② CH_4, CO_2가 적고, CO, H_2가 많은 가스 생성
③ CH_4, H_2가 많고, CO_2, CO가 적은 가스 생성
④ CH_4, H_2가 적고, CO_2, CO가 많은 가스 생성

24 유체에 대한 저항은 크나 개폐가 쉽고, 유량 조절에 주로 사용되는 밸브는? (설비-45)

① 글로브 밸브
② 게이트 밸브
③ 플러그 밸브
④ 버터플라이 밸브

25 기화기에 의해 기화된 LPG에 공기를 혼합하는 목적으로 가장 거리가 먼 것은? (설비-39)

① 발열량 조절 ② 재액화방지
③ 압력조절 ④ 연소효율 증대

가연성 가스에 공기혼합

구 분 \ 내 용	세부내용
목 적	• 재액화방지 • 누설 시 손실 감소 • 연소효율 증대 • 발열량 조절
주의사항	폭발범위 내에 들지 않도록

26 2단 감압식 2차용 저압조정기의 출구쪽 기밀시험 압력은? (안전-17)

① 3.3kPa ② 5.5kPa
③ 8.4kPa ④ 10.0kPa

27 펌프에서 일반적으로 발생하는 현상이 아닌 것은? (설비-17)

① 서징(Surging)현상
② 시일링(Sealing)현상
③ 캐비테이션(공동)현상
④ 수격(Water hammering)작용

28 다음 [보기]는 터보 펌프의 정지 시 조치사항이다. 정지 시의 작업 순서가 올바르게 된 것은?

[보기]
㉠ 토출밸브를 천천히 닫는다.
㉡ 전동기의 스위치를 끊는다.
㉢ 흡입밸브를 천천히 닫는다.
㉣ 드레인밸브를 개방시켜 펌프 속의 액을 빼낸다.

① ㉠ → ㉡ → ㉢ → ㉣
② ㉠ → ㉡ → ㉣ → ㉢
③ ㉡ → ㉠ → ㉢ → ㉣
④ ㉡ → ㉠ → ㉣ → ㉢

정답 21.④ 22.① 23.② 24.① 25.③ 26.② 27.② 28.③

29 다음 중 동 및 동합금을 장치의 재료로 사용할 수 있는 것은?

① 암모니아
② 아세틸렌
③ 황화수소
④ 아르곤

동 · 동합금 사용 불가능 금속
㉠ 암모니아 : 착이온 생성으로 부식
㉡ 아세틸렌 : 폭발
㉢ 황화수소 : 부식

30 직경 100mm, 행정 150mm, 회전수 600rpm, 체적효율이 0.8인 2기통 왕복압축기의 송출량은 약 몇 m^3/min인가?

① 0.57　　② 0.84
③ 1.13　　④ 1.54

$$Q=\frac{\pi}{4}\cdot D^2\cdot L\cdot N\cdot\eta$$
$$=\frac{\pi}{4}\times(0.1\text{m})^2\times(0.15\text{m})\times600\times0.8\times2$$
$$=1.13\text{m}^3/\text{min}$$

31 분젠식 버너의 특징에 대한 설명 중 틀린 것은? (연소-8)

① 고온을 얻기 쉽다.
② 역화의 우려가 없다.
③ 버너가 연소가스량에 비하여 크다.
④ 1차 공기와 2차 공기 모두를 사용한다.

32 고압가스 일반제조시설에서 저장탱크를 지하에 묻는 경우의 기준으로 틀린 것은? (안전-49)

① 저장탱크 정상부와 지면과의 거리는 60cm 이상으로 할 것
② 저장탱크의 주위에 마른 흙을 채울 것
③ 저장탱크를 2개 이상 인접하여 설치하는 경우 상호간에 1m 이상의 거리를 유지할 것
④ 저장탱크를 묻는 곳의 주위에는 지상에 경계를 표지할 것

33 공기액화장치 중 수소, 헬륨을 냉매로 하며 2개의 피스톤이 한 실린더에 설치되어 팽창기와 압축기의 역할을 동시에 하는 형식은 어느 것인가? (설비-61)

① 캐스케이드식　　② 캐피자식
③ 클라우드식　　④ 필립스식

가스액화 분리장치의 특징

종 류	특 징
린데식	상온 · 상압의 공기를 압축기에 의해 등온 · 압축 후 열교환기에서 저온으로 냉각하여 팽창밸브에서 단열팽창시켜 액체공기로 만듦
클로우드식	압축기에서 0.4MPa 압축 제1열 교환기에서 −100℃ 냉각되어 팽창기에 들어가 대기압까지 단열팽창하여 제2, 제3 열교환기에서 다시 냉각팽창밸브에서 단열교축팽창을 하게 된다.
캐피자식	압축압력 7atm 정도이며, 열교환기에서 축냉기를 사용하여 원료 공기를 냉각시킴과 동시에 수분과 탄산가스를 제거 송입공기량은 전체의 90% 정도
필립스식	피스톤과 보조피스톤이 있으며, 상부에 팽창기, 하부에 압축기로 구성 수소 또는 헬륨이 냉매로 장치 내에 봉입되어 있다.
캐스케이드	• 비점이 점차 낮은 냉매로 사용 • 저비점기체를 액화하는 사이클로서 다원 액화사이클이라 한다.

34 고온 · 고압에서 수소를 사용하는 장치는 일반적으로 어떤 재료를 사용하는가?

① 탄소강　　② 크롬강
③ 조강　　④ 실리콘강

35 액화염소가스 68kg를 용기에 충전하려면 용기의 내용적은 약 몇 L가 되어야 하는가? (단, 염소가스의 정수 C는 0.8이다.)

① 54.4　　② 68
③ 71.4　　④ 75

$W=\frac{V}{C}$이므로

$$\therefore\ V=W\cdot C$$
$$=68\times0.8$$
$$=54.4\text{L}$$

정답 29.④ 30.③ 31.② 32.② 33.④ 34.② 35.①

36 다음 중 LPG 집단공급시설에서 입상관이란 어느 것인가? (안전-160)

① 수용가에 가스를 공급하기 위해 건축물에 수식으로 부착되어 있는 배관을 말하며, 가스의 흐름방향이 공급자에서 수용가로 연결된 것을 말한다.
② 수용가에 가스를 공급하기 위해 건축물에 수평으로 부착되어 있는 배관을 말하며, 가스의 흐름방향이 공급자에서 수용가로 연결된 것을 말한다.
③ 수용가에 가스를 공급하기 위해 건축물에 수직으로 부착되어 있는 배관을 말하며, 가스의 흐름방향과 관계 없이 수직배관은 입상관으로 본다.
④ 수용가에 가스를 공급하기 위해 건축물에 수평으로 부착되어 있는 배관을 말하며, 가스의 흐름방향과 관계 없이 수직배관은 입상관으로 본다.

해설

일반도시가스 용어정의

용 어	정 의
이상압력통보설비	정압기 출구압력이 설정압력보다 상승하거나 낮아지는 경우에 이상 유무를 상황실에서 알 수 있도록 경보음(70dB) 이상 등으로 알려주는 설비를 말한다.
긴급차단장치	정압기의 이상 발생 등으로 출구측 압력이 설정압력보다 이상 상승하는 경우 입구측으로 유입되는 가스를 자동차단하는 장치를 말한다.
안전밸브	정압기의 압력이 이상 상승하는 경우 자동으로 압력을 대기 중으로 방출하는 밸브를 말한다.
상용압력	통상의 사용상태에서 사용하는 최고의 압력으로서 정압기 출구압력이 2.5MPa 이하인 경우 2.5MPa를 말하며, 그 외의 것을 일반도시가스 사업자가 설정한 최대출구압력을 말한다.
입상관	수용가에서 가스를 공급하기 위해 건축물에 수직으로 부착되어 있는 배관을 말하며, 가스의 흐름방향에 관계 없이 수직으로 부착되어 있는 배관을 입상관으로 본다.

37 가스홀더의 기능이 아닌 것은? (설비-30)

① 가스 수요의 시간적 변화에 따라 제조가 따르지 못할 때 가스의 공급 및 저장
② 정전, 배관공사 등에 의한 제조 및 공급설비의 일시적 중단 시 공급
③ 조성의 변동이 있는 제조가스를 받아들여 공급가스의 성분, 열량, 연소성 등의 균일화
④ 공기를 주입하여 발열량이 큰 가스로 혼합 공급

38 지하 정압실 통풍구조를 설치할 수 없는 경우 적합한 기계환기 설비기준으로 맞지 않는 것은? (설비-41)

① 통풍능력이 바닥면적 $1m^2$마다 $0.5m^3$/분 이상으로 한다.
② 배기구는 바닥면(공기보다 가벼운 경우는 천상면) 가까이 설치한다.
③ 배기가스 방출구는 지면에서 5m 이상 높게 설치한다.
④ 공기보다 비중이 가벼운 경우에는 배기가스 방출구는 5m 이상 높게 설치한다.

해설

④ 공기보다 비중이 가벼운 경우 배기가스 방출구는 지면에서 3m 이상 높게 설치

39 가스액화 분리장치 구성기기 중 터보 팽창기의 특징에 대한 설명으로 틀린 것은 어느 것인가? (설비-28)

① 팽창비는 약 2 정도이다.
② 처리가스량은 $10000m^3/h$ 정도이다.
③ 회전수는 10000~20000rpm 정도이다.
④ 처리가스에 윤활유가 혼입되지 않는다.

해설

가스액화 분리장치의 팽창기

종 류		특 징
왕복동식	팽창기	40정도
	효율	60~65%
	처리가스량	$1000m^3/h$
터보식	회전수	10000~20000rpm
	팽창비	5
	효율	80~85%

정답 36.③ 37.④ 38.④ 39.①

40 배관재료의 허용응력(S)이 8.4kg/mm²이고 스케줄 번호가 80일 때의 최고사용압력 P(kg/cm²)는? 〔설비-13〕

① 67
② 105
③ 210
④ 650

$\text{SCH} = 10 \times \frac{P}{S}$

$\therefore P = \frac{\text{SCH} \times S}{10} = \frac{80 \times 8.4}{10} = 67.2$

제3과목 가스안전관리

41 다음 중 독성 가스 용기 운반차량 운행 후 조치사항에 대한 설명으로 틀린 것은 어느 것인가? 〔안전-34〕, 〔안전-71〕

① 충전용기를 적재한 차량은 제1종 보호시설에서 15m 이상 떨어진 장소에 주정차한다.
② 충전용기를 적재한 차량은 제2종 보호시설에서 10m 이상 떨어진 장소에 주정차한다.
③ 주정차장소 선정은 지형을 고려하여 교통량이 적은 안전한 장소를 택한다.
④ 차량의 고장 등으로 인하여 정차하는 경우는 적색표지판 등을 설치하여 다른 차량과의 충돌을 피하기 위한 조치를 한다.

② 충전용기를 적재한 차량은 2종 보호시설이 밀집되어 있는 지역으로 육교 및 고가차도 아래는 피할 것

42 고압가스 용기의 재검사를 받아야 할 경우가 아닌 것은?

① 손상의 발생
② 합격표시의 훼손
③ 충전한 고압가스의 소진
④ 산업통상자원부령이 정하는 기간의 경과

43 고압가스 운반 등의 기준에 대한 설명으로 옳은 것은? 〔안전-34〕

① 염소와 아세틸렌, 암모니아 또는 수소는 동일차량에 혼합 적재할 수 있다.
② 가연성 가스와 산소는 충전용기의 밸브가 서로 마주 보게 적재할 수 있다.
③ 충전용기와 경유는 동일차량에 적재하여 운반할 수 있다.
④ 가연성 가스 또는 산소를 운반하는 차량에는 소화설비 및 응급조치에 필요한 자재 및 공구를 휴대한다.

44 액화석유가스 판매사업소 및 영업소 용기저장소의 시설기준 중 틀린 것은? 〔안전-46〕

① 용기보관소와 사무실은 동일 부지 내에 설치하지 않을 것
② 판매업소의 용기보관실 벽은 방호벽으로 할 것
③ 가스누출경보기는 용기보관실에 설치하되 분리형으로 설치할 것
④ 용기보관실은 불연성 재료를 사용한 가벼운 지붕으로 할 것

45 전기기기의 내압방폭구조의 선택은 가연성 가스의 무엇에 의해 주로 좌우되는가? 〔안전-13〕

① 인화점, 폭굉한계
② 폭발한계, 폭발등급
③ 최대안전틈새, 발화온도
④ 발화도, 최소발화에너지

46 산소 중에서 물질의 연소성 및 폭발성에 대한 설명으로 틀린 것은?

① 기름이나 그리스 같은 가연성 물질은 발화 시에 산소 중에서 거의 폭발적으로 반응한다.
② 산소농도나 산소분압이 높아질수록 물질의 발화온도는 높아진다.
③ 폭발한계 및 폭굉한계는 공기 중과 비교할 때 산소 중에서 현저하게 넓어진다.
④ 산소 중에서는 물질의 점화에너지가 낮아진다.

정답 40.① 41.② 42.③ 43.④ 44.① 45.③ 46.②

② 산소농도, 산소분압이 높아질수록 물질의 발화온도는 낮아진다.

47 정전기 제거 또는 발생방지 조치에 대한 설명으로 틀린 것은?

① 상대습도를 높인다.
② 공기를 이온화시킨다.
③ 대상물을 접지시킨다.
④ 전기저항을 증가시킨다.

48 고압가스 제조시설은 안전거리를 유지해야 한다. 안전거리를 결정하는 요인이 아닌 것은?

① 가스사용량
② 가스저장능력
③ 저장하는 가스의 종류
④ 안전거리를 유지해야 할 건축물의 종류

49 용기에 의한 액화석유가스 저장소에서 액화석유가스 저장설비 및 가스설비는 그 외면으로부터 화기를 취급하는 장소까지 최소 몇 m 이상의 우회거리를 두어야 하는가? (안전-102)

① 3
② 5
③ 8
④ 10

50 가스의 분류에 대하여 바르지 않게 나타낸 것은?

① 가연성 가스 : 폭발범위 하한이 10% 이하이거나, 상한과 하한의 차가 20% 이상인 가스
② 독성 가스 : 공기 중에 일정량 이상 존재하는 경우 인체에 유해한 독성을 가진 가스
③ 불연성 가스 : 반응을 하지 않는 가스
④ 조연성 가스 : 연소를 도와주는 가스

불연성 가스 : 불에 타지 않는 가스

51 가연성 가스 및 독성 가스 용기의 도색 및 문자표시의 색상으로 틀린 것은? (안전-59)

① 수소 – 주황색으로 용기도색, 백색으로 문자표기
② 아세틸렌 – 황색으로 용기도색, 흑색으로 문자표기
③ 액화암모니아 – 백색으로 용기도색, 흑색으로 문자표기
④ 액화염소 – 회색으로 용기도색, 백색으로 문자표기

액화염소의 용기색은 갈색이고, 문자색은 백색이다.

52 고압가스장치의 운전을 정지하고 수리할 때 유의할 사항으로 가장 거리가 먼 것은?

① 가스의 치환
② 안전밸브의 작동
③ 배관의 차단확인
④ 장치 내 가스분석

53 액화가스를 충전하는 탱크의 내부에 액면의 요동을 방지하기 위하여 설치하는 장치는? (안전-35)

① 방호벽 ② 방파판
③ 방해판 ④ 방지판

54 합격 용기 각인사항의 기호 중 용기의 내압시험압력을 표시하는 기호는? (안전-31)

① TP ② TW
③ TV ④ FP

55 HCN은 충전한 후 며칠이 경과하기 전에 다른 용기에 충전하여야 하는가?

① 30일
② 60일
③ 90일
④ 120일

정답 47.④ 48.① 49.③ 50.③ 51.④ 52.② 53.② 54.① 55.②

56 LPG 압력조정기 중 1단 감압식 저압조정기의 용량이 얼마 미만에 대하여 조정기의 몸통과 덮개를 일반공구(몽키렌치, 드라이버 등)로 분리할 수 없는 구조로 하여야 하는가?

① 5kg/h ② 10kg/h
③ 100kg/h ④ 300kg/h

57 아세틸렌 용기에 충전하는 다공물질의 다공도 값은? (안전-20)

① 62~75% ② 72~85%
③ 75~92% ④ 82~95%

58 전기방식 전류가 흐르는 상태에서 토양 중에 매설되어 있는 도시가스 배관의 방식전위는 포화황산동 기준전극으로 몇 V 이하이어야 하는가? (안전-65)

① −0.75
② −0.85
③ −1.2
④ −1.5

59 도시가스사업이 허가된 지역에서 도로를 굴착하고자 하는 자는 가스안전영향평가를 하여야 한다. 이때 가스안전영향평가를 하여야 하는 굴착공사가 아닌 것은?

① 지하보도 공사
② 지하차도 공사
③ 광역상수도 공사
④ 도시철도 공사

60 도시가스용 압력조정기란 도시가스 정압기 이외에 설치되는 압력조정기로서 입구쪽 호칭지름과 최대표시유량을 각각 바르게 나타낸 것은?

① 50A 이하, 300Nm^3/h 이하
② 80A 이하, 300Nm^3/h 이하
③ 80A 이하, 500Nm^3/h 이하
④ 100A 이하, 500Nm^3/h 이하

제4과목 가스계측

61 미리 알고 있는 측정량과 측정치를 평형시켜 알고 있는 양의 크기로부터 측정량을 알아내는 방법으로 대표적인 예로서 천칭을 이용하여 질량을 측정하는 방식을 무엇이라 하는가? (계측-11)

① 영위법 ② 평형법
③ 방위법 ④ 편위법

62 현재 산업체와 연구실에서 사용하는 가스크로마토그래피의 각 피크(peak) 면적측정법으로 주로 이용되는 방식은?

① 중량을 이용하는 방법
② 면적계를 이용하는 방법
③ 적분계(integrator)에 의한 방법
④ 각 기체의 길이를 총량한 값에 의한 방법

63 400m 길이의 저압 본관에 시간당 200m^3 가스를 흐르도록 하려면 가스배관의 관경은 약 몇 cm가 되어야 하는가? (단, 기점, 종점간의 압력강하를 1.47mmHg, K값=0.707이고, 가스 비중을 0.64로 한다.)

① 12.45cm ② 15.93cm
③ 17.23cm ④ 21.34cm

$Q = K\sqrt{\frac{D^5 H}{SL}}$ 이므로

$D = \sqrt[5]{\frac{Q^2 \cdot S \cdot L}{K^2 \cdot H}}$ 이다.

$H = \frac{1.47}{760} \times 10332 = 19.98\text{mmH}_2\text{O}$

$\therefore D = \sqrt[5]{\frac{200^2 \times 0.64 \times 400}{0.707^2 \times 19.98}} = 15.928 = 15.93\text{cm}$

64 계측기의 원리에 대한 설명으로 가장 거리가 먼 것은?

① 기전력의 차이로 온도를 측정한다.
② 액주높이로부터 압력을 측정한다.
③ 초음파 속도변화로 유량을 측정한다.
④ 정전용량을 이용하여 유속을 측정한다.

정답 56.② 57.③ 58.② 59.③ 60.① 61.① 62.③ 63.② 64.④

65 같은 무게와 내용적의 빈 실린더에 가스를 충전하였다. 다음 중 가장 무거운 것은?

① 5기압, 300K의 질소
② 10기압, 300K의 질소
③ 10기압, 360K의 질소
④ 10기압, 300K의 헬륨

$PV = \frac{W}{M}RT$에서

$W = \frac{PVM}{RT}$ (무게는 압력 · 분자량에 비례, 온도에는 반비례)

① $\frac{5 \times 28}{300} = 0.47$ ② $\frac{10 \times 28}{300} = 0.93$

③ $\frac{10 \times 28}{360} = 0.78$ ④ $\frac{10 \times 4}{300} = 0.13$

66 수면에서 20m 깊이에 있는 지점에서의 게이지압이 3.16kgf/cm^{2}이었다. 이 액체의 비중량은?

① 1580kgf/m^3 ② 1850kgf/m^3
③ 15800kgf/m^3 ④ 18500kgf/m^3

$P = \gamma H$이므로

$\therefore \ \gamma = \frac{P}{H} = \frac{3.16 \times 10^4 \text{kg/m}^2}{20\text{m}} = 1580\text{kgf/m}^3$

67 수소염화이온화식 가스검지기에 대한 설명으로 옳지 않은 것은?

① 검지성분은 탄화수소에 한한다.
② 탄화수소의 상대감도는 탄소수에 반비례한다.
③ 검지감도가 다른 감지기에 비하여 아주 높다.
④ 수소불꽃 속에 시료가 들어가면 전기전도도가 증대하는 현상을 이용한 것이다.

68 가스검지법 중 아세틸렌에 대한 염화제1구리착염지의 반응색은? (계측-15)

① 청색 ② 적색
③ 흑색 ④ 황색

69 습증기의 열량을 측정하는 기구가 아닌 것은?

① 조리개 열량계
② 분리 열량계
③ 과열 열량계
④ 봄베 열량계

70 2원자 분자를 제외한 대부분의 가스가 고유한 흡수스펙트럼을 가지는 것을 응용한 것으로 대기오염 측정에 사용되는 가스분석기는?

① 적외선 가스분석기
② 가스 크로마토그래피
③ 자동화학식 가스분석기
④ 용액흡수도전율식 가스분석기

71 내경 50mm인 배관으로 비중이 0.98인 액체가 분당 1m^{3}의 유량으로 흐르고 있을 때 레이놀즈 수는 약 얼마인가? (단, 유체의 점도는 0.05kg/m · s이다.)

① 11210 ② 8320
③ 3230 ④ 2210

$Re = \frac{\rho \cdot D \cdot V}{\mu}$

$= \frac{0.98\text{g/cm}^3 \times 5\text{cm} \times 848.8\text{cm/s}}{0.5\text{g/cm} \cdot \text{s}}$

$= 8318.49 \fallingdotseq 8320$

$\left(\because \ V = \frac{Q}{A} = \frac{(1\text{m}^3/60\text{sec})}{\frac{\pi}{4} \times (0.05\text{m})^2} = 8.488\text{m/s} = 848.8\text{cm/s} \right)$

$\mu = 0.05\text{kg/m} \cdot \text{s} = 0.5\text{g/cm} \cdot \text{s}$

72 전기식 제어방식의 장점에 대한 설명으로 틀린 것은? (계측-4)

① 배선작업이 용이하다.
② 신호전달 지연이 없다.
③ 신호의 복잡한 취급이 쉽다.
④ 조작속도가 빠른 비례 조작부를 만들기 쉽다.

정답 65.② 66.① 67.② 68.② 69.④ 70.① 71.② 72.④

73 검사절차를 자동화하려는 계측작업에서 반드시 필요한 장치가 아닌 것은?

① 자동가공장치
② 자동급송장치
③ 자동선별장치
④ 자동검사장치

74 가스미터의 필요조건이 아닌 것은?

① 구조가 간단할 것
② 감도가 좋을 것
③ 대형으로 용량이 클 것
④ 유지관리가 용이할 것

75 오차에 비례한 제어 출력신호를 발생시키며 공기식 제어기의 경우에는 압력 등을 제어 출력신호로 이용하는 제어기는? (계측-4)

① 비례 제어기
② 비례적분 제어기
③ 비례미분 제어기
④ 비례적분-미분 제어기

76 가스분석 중 화학적 방법이 아닌 것은 어느 것인가? (계측-3)

① 연소열을 이용한 방법
② 고체흡수제를 이용한 방법
③ 용액흡수제를 이용한 방법
④ 가스밀도, 점성을 이용한 방법

77 액주식 압력계의 종류가 아닌 것은 어느 것인가?

① U자관 ② 단관식
③ 경사관식 ④ 단종식

▌압력계의 구분▐

구 분	종 류
탄성식	부르돈관, 벨로즈, 다이어프램
전기식	전기저항, 피에조전기
액주식	U자관, 경사관식, 링밸런스식
침종식	단종식, 복종식

78 막식 가스미터에서 크랭크축이 녹슬거나, 날개 등의 납땜이 떨어지는 등 회전장치 부분에 고장이 생겨 가스가 미터기를 통과하지 않는 고장의 형태는? (계측-5)

① 부동 ② 불통
③ 누설 ④ 감도 불량

79 가스성분과 그 분석방법으로 가장 옳은 것은?

① 수분 : 노점법
② 전유황 : 요오드적정법
③ 나프탈렌 : 중화적정법
④ 암모니아 : 가스 크로마토그래피법

80 가스계량기 중 추량식이 아닌 것은? (계측-6)

① 오리피스식 ② 벤투리식
③ 터빈식 ④ 루트식

정답 73.① 74.③ 75.① 76.④ 77.④ 78.② 79.① 80.④

국가기술자격 시험문제

2016년 산업기사 제2회 필기시험(2부) (2016년 5월 8일시행)

자격종목	시험시간	문제수	문제형별
가스산업기사	2시간	80	A

수험번호		성 명	

제1과목 연소공학

01 다음 중 기상폭발에 해당되지 않는 것은?

① 혼합가스 폭발
② 분해폭발
③ 증기폭발
④ 분진폭발

02 비열기관에서 온도 10℃의 엔탈피변화가 단위중량당 100kcal일 때 엔트로피 변화량(kcal/kg · K)은?

① 0.35
② 0.37
③ 0.71
④ 10

해설

$$\Delta S = \frac{dQ}{T} = \frac{100}{(273+10)} = 0.35\text{kcal/kg} \cdot \text{K}$$

03 내압(耐壓)방폭구조로 방폭전기기기를 설계할 때 가장 중요하게 고려해야 할 사항은? (안전-13)

① 가연성 가스의 발화점
② 가연성 가스의 연소열
③ 가연성 가스의 최대안전틈새
④ 가연성 가스의 최소점화에너지

04 가스의 폭발범위(연소범위)에 대한 설명 중 옳지 않은 것은?

① 일반적으로 고압일 경우 폭발범위가 더 넓어진다.
② 수소와 공기 혼합물의 폭발범위는 저온보다 고온일 때 더 넓어진다.
③ 프로판과 공기 혼합물에 질소를 더 가할 때 폭발범위가 더 넓어진다.
④ 메탄과 공기 혼합물의 폭발범위는 저압보다 고압일 때 더 넓어진다.

해설

N_2는 불연성이므로 폭발범위가 좁아진다.

05 층류 확산화염에서 시간이 지남에 따라 유속 및 유량이 증대할 경우 화염의 높이는 어떻게 되는가?

① 높아진다.
② 낮아진다.
③ 거의 변화가 없다.
④ 처음에는 어느 정도 낮아지다가 점점 높아진다.

06 시안화수소를 장기간 저장하지 못하는 주된 이유는? (설비-18)

① 산화폭발 ② 분해폭발
③ 중합폭발 ④ 분진폭발

07 상용의 상태에서 가연성 가스가 체류해 위험하게 될 우려가 있는 장소를 무엇이라 하는가? (안전-13)

① 0종 장소 ② 1종 장소
③ 2종 장소 ④ 3종 장소

정답 01.③ 02.① 03.③ 04.③ 05.① 06.③ 07.②

08 자연발화온도(Autoignition Temperature : AIT)에 영향을 주는 요인에 대한 설명으로 틀린 것은? (연소-21)

① 산소량의 증가에 따라 AIT는 감소한다.
② 압력의 증가에 의하여 AIT는 감소한다.
③ 용기의 크기가 작아짐에 따라 AIT는 감소한다.
④ 유기화합물의 동족열 물질은 분자량이 증가할수록 AIT는 감소한다.

09 프로판가스의 연소과정에서 발생한 열량이 13000kcal/kg, 연소할 때 발생된 수증기의 잠열이 2500kcal/kg이면 프로판가스의 연소효율(%)은 약 얼마인가? (단, 프로판가스의 진발열량은 11000kcal/kg이다.)

① 65.4 ② 80.8
③ 92.5 ④ 95.4

$$\frac{13000-2500}{11000}\times 100 = 95.4\%$$

10 융점이 낮은 고체연료가 액상으로 용융되어 발생한 가연성 증기가 착화하여 화염을 내고, 이 화염의 온도에 의하여 액체표면에서 증기의 발생을 촉진시켜 연소를 계속해 나가는 연소 형태는? (연소-2)

① 증발연소 ② 분무연소
③ 표면연소 ④ 분해연소

11 다음 중 질소산화물의 주된 발생원인은?

① 연소실 온도가 높을 때
② 연료가 불완전연소할 때
③ 연료 중에 질소분의 연소 시
④ 연료 중에 회분이 많을 때

12 탄소 1mol이 불완전연소하여 전량 일산화탄소가 되었을 경우 몇 mol이 되는가?

① $\frac{1}{2}$ ② 1
③ $1\frac{1}{2}$ ④ 2

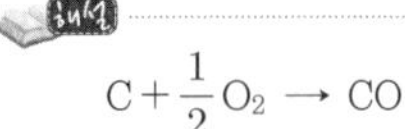

$$C+\frac{1}{2}O_2 \rightarrow CO$$

13 폭굉유도거리(DID)에 대한 설명으로 옳은 것은? (연소-1)

① 관경이 클수록 짧다.
② 압력이 낮을수록 짧다.
③ 점화원의 에너지가 약할수록 짧다.
④ 정상연소속도가 빠른 혼합가스일수록 짧다.

14 염소폭명기의 정의로서 옳은 것은? (설비-34)

① 염소와 산소가 점화원에 의해 폭발적으로 반응하는 현상
② 염소와 수소가 점화원에 의해 폭발적으로 반응하는 현상
③ 염화수소가 점화원에 의해 폭발하는 현상
④ 염소가 물에 용해하여 염산이 되어 폭발하는 현상

15 1기압, 40L의 공기를 4L 용기에 넣었을 때 산소의 분압은 얼마인가? (단, 압축 시 온도변화는 없고, 공기는 이상기체로 가정하며, 공기 중 산소는 20%로 가정한다.)

① 1기압 ② 2기압
③ 3기압 ④ 4기압

해설

공기압력

$P_1V_1 = P_2V_2$에서

$$P_2 = \frac{P_1V_1}{V_2} = \frac{1\times 40}{4} = 10\text{atm}$$

$\therefore$ 산소분압$(P_o) = 10\times 0.2 = 2\text{atm}$

16 가연성 혼합기체가 폭발범위 내에 있을 때 점화원으로 작용할 수 있는 정전기의 방지대책으로 틀린 것은?

① 접지를 실시한다.
② 제전기를 사용하여 대전된 물체를 전기적 중성상태로 한다.
③ 습기를 제거하여 가연성 혼합기가 수분과 접촉하지 않도록 한다.
④ 인체에서 발생하는 정전기를 방지하기 위하여 방전복 등을 착용하여 정전기 발생을 제거한다.

정답 08.③ 09.④ 10.① 11.① 12.② 13.④ 14.② 15.② 16.③

17 가연성 물질의 성질에 대한 설명으로 옳은 것은?

① 끓는점이 낮으면 인화의 위험성이 낮아진다.
② 가연성 액체는 온도가 상승하면 점성이 약해지고, 화재를 확대시킨다.
③ 전기전도도가 낮은 인화성 액체는 유동이나 여과 시 정전기를 발생시키지 않는다.
④ 일반적으로 가연성 액체는 물보다 비중이 작으므로 연소 시 축소된다.

18 연료와 공기를 별개로 공급하여 연료와 공기의 경계에서 연소시키는 것으로서 화염의 안정범위가 넓고 조작이 쉬우며 역화의 위험성이 적은 연소방식은? (연소-10)

① 예혼합연소
② 분젠연소
③ 전1차식 연소
④ 확산연소

19 다음 연료 중 착화온도가 가장 높은 것은?

① 메탄
② 목탄
③ 휘발유
④ 프로판

메탄의 착화온도 : 537℃

20 층류의 연소속도가 작아지는 경우는?

① 압력이 높을수록
② 비중이 작을수록
③ 온도가 높을수록
④ 분자량이 작을수록

층류의 연소속도가 크게 되는 경우
㉠ 온도가 높을수록
㉡ 압력이 높을수록
㉢ 열전도율이 클수록
㉣ 분자량이 적을수록

제2과목 가스설비

21 기지국에서 발생된 정보를 취합하여 통신선로를 통해 원격감시제어소에 실시간으로 전송하고, 원격감시제어소로부터 전송된 정보에 따라 해당 설비의 원격제어가 가능하도록 제어신호를 출력하는 장치를 무엇이라 하는가?

① Master Station
② Communication Unit
③ Remote Terminal Unit
④ 음성경보장치 및 Map Board

22 프로판(C_3H_8)과 부탄(C_4H_{10})의 몰비가 2 : 1인 혼합가스가 3atm(절대압력), 25℃로 유지되는 용기 속에 존재할 때 이 혼합기체의 밀도는? (단, 이상기체로 가정한다.)

① 5.40g/L
② 5.98g/L
③ 6.55g/L
④ 17.7g/L

$PV = \frac{W}{M}RT$ 이므로

$P = \frac{W}{V} \times \frac{1}{M}RT$

$\therefore \frac{W}{V} = \frac{MP}{RT} = \frac{(48.67 \times 3)}{0.082 \times (273+25)}$

$= 5.97 ≒ 5.98$

$\left(\because M = \frac{2}{2+1} \times 44 + \frac{1}{2+1} \times 58 = 48.66666\right)$

23 내용적 $10m^3$의 액화산소저장설비(지상 설치)와 제1종 보호시설과 유지해야 할 안전거리는 몇 m인가? (단, 액화산소의 비중은 1.14이다.) (안전-9)

① 7
② 9
③ 14
④ 21

정답 17.② 18.④ 19.① 20.② 21.③ 22.② 23.③

$W = 0.9dV = 0.9 \times 1.14 \times 10000 = 10260\text{kg}$

▌산소의 안전거리▐

처리 저장능력	1종	2종
1만 이하	12m	8m
1만 초과 2만 이하	14m	9m
2만 초과 3만 이하	16m	11m
3만 초과 4만 이하	18m	13m
4만 초과	20m	14m

24 가스 배관의 구경을 산출하는 데 필요한 것으로만 짝지어진 것은? (설비-7)

㉠ 가스유량　㉡ 배관길이
㉢ 압력손실　㉣ 배관재질
㉤ 가스의 비중

① ㉠, ㉡, ㉢, ㉣　② ㉡, ㉢, ㉣, ㉤
③ ㉠, ㉡, ㉢, ㉤　④ ㉠, ㉡, ㉣, ㉤

$Q = K\sqrt{\dfrac{D^5 H}{SL}}$ 이므로

$\therefore\ D^5 = \dfrac{Q^2 \cdot S \cdot L}{K^2 \cdot H}$

여기서, Q : 가스유량
S : 가스비중
L : 배관길이(m)
K : 유량계수
H : 압력손실

25 배관의 기호와 그 용도 및 사용조건에 대한 설명으로 틀린 것은? (설비-59)

① SPPS는 350℃ 이하의 온도에서, 압력 9.8N/mm^2 이하에 사용한다.
② SPPH는 450℃ 이하의 온도에서, 압력 9.8N/mm^2 이하에 사용한다.
③ SPLT는 빙점 이하의 특히 낮은 온도의 배관에 사용한다.
④ SPPW는 정수두 100m 이하의 급수배관에 사용한다.

SPPH : 고압배관용 탄소강관 9.8N/mm^2 이상에 사용

26 동일한 가스 입상배관에서 프로판가스와 부탄가스를 흐르게 할 경우 가스 자체의 무게로 인하여 입상관에서 발생하는 압력손실을 서로 비교하면? (단, 부탄 비중은 2, 프로판 비중은 1.5이다.)

① 프로판이 부탄보다 약 2배 정도 압력손실이 크다.
② 프로판이 부탄보다 약 4배 정도 압력손실이 크다.
③ 부탄이 프로판보다 약 2배 정도 압력손실이 크다.
④ 부탄이 프로판보다 약 4배 정도 압력손실이 크다.

$h = 1.293(S-1)H$에서
$h_1 = 1.293(1.5-1)H$
$h_2 = 1.293(2-1)H$이므로
$\dfrac{h_1}{h_2} = \dfrac{0.5}{1} = 2$
C_4H_{10}이 C_3H_8보다 압력손실이 2배 크다.

27 작은 구멍을 통해 새어나오는 가스의 양에 대한 설명으로 옳은 것은? (설비-7)

① 비중이 작을수록 많아진다.
② 비중이 클수록 많아진다.
③ 비중과는 관계가 없다.
④ 압력이 높을수록 적어진다.

유량은 비중의 평방근의 역수에 비례하므로 비중이 작을수록 가스의 양이 많아진다.

28 염소가스 압축기에 주로 사용되는 윤활제는 어느 것인가? (설비-32)

① 진한 황산　② 양질의 광유
③ 식물성유　④ 묽은 글리세린

29 프로판 용기에 V : 47, TP : 31로 각인이 되어 있다. 프로판의 충전상수가 2.35일 때 충전량(kg)은?

① 10kg　② 15kg
③ 20kg　④ 50kg

정답 24.③ 25.② 26.③ 27.① 28.① 29.③

해설

$W = \frac{V}{C} = \frac{47}{2.35} = 20\text{kg}$

30 다음 [그림]의 냉동장치와 일치하는 행정 위치를 표시한 $T-S$ 선도는?

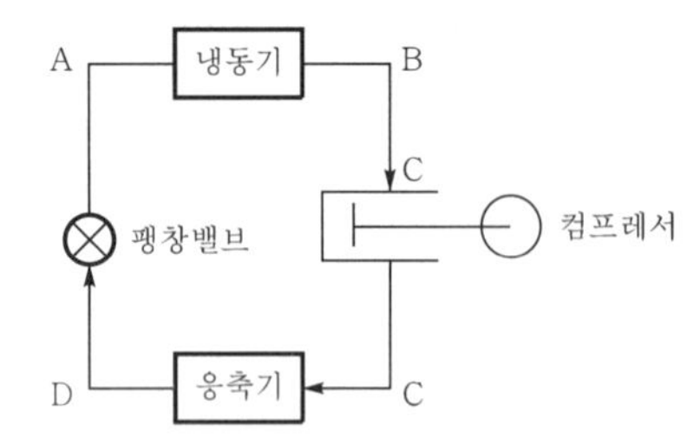

①
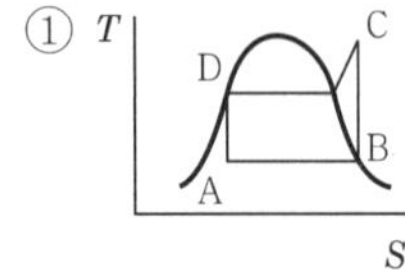

②
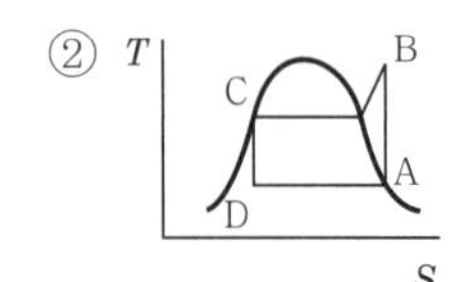

③
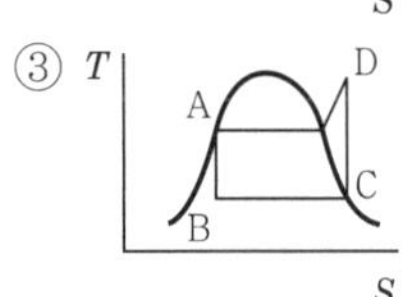

④
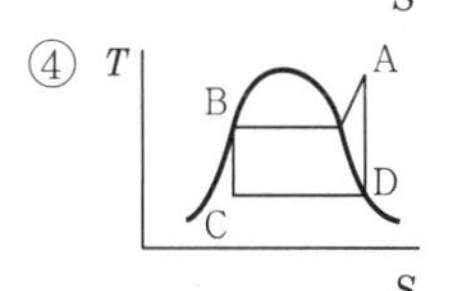

31 부식을 방지하는 효과가 아닌 것은?

① 피복한다.
② 잔류응력을 없앤다.
③ 이종금속을 접촉시킨다.
④ 관이 콘크리트벽을 관통할 때 절연한다.

32 가스액화분리장치의 구성요소에 해당되지 않는 것은?

① 한냉발생장치
② 정류장치
③ 고온발생장치
④ 불순물제거장치

33 LPG 저장설비 중 저온 저장탱크에 대한 설명으로 틀린 것은?

① 외부압력이 내부압력보다 저하됨에 따라 이를 방지하는 설비를 설치한다.
② 주로 탱커(tanker)에 의하여 수입되는 LPG를 저장하기 위한 것이다.
③ 내부압력이 대기압 정도로서 강재두께가 얇아도 된다.
④ 저온액화의 경우에는 가스체적이 적어 다량 저장에 사용된다.

34 다음 중 나프타를 원료로 접촉분해 프로세스에 의하여 도시가스를 제조할 때 반응온도를 상승시키면 일어나는 현상으로 옳은 것은? (설비-3)

① CH_4, CO_2가 많이 포함된 가스가 생성된다.
② C_3H_8, CO_2가 많이 포함된 가스가 생성된다.
③ CO, CH_4가 많이 포함된 가스가 생성된다.
④ CO, H_2가 많이 포함된 가스가 생성된다.

35 고압가스 일반제조시설 중 고압가스설비의 내압시험압력은 상용압력의 몇 배 이상으로 하는가?

① 1　② 1.1
③ 1.5　④ 1.8

36 다음 [그림]은 수소용기의 각인이다. ⓐ V, ⓑ TP, ⓒ FP의 의미에 대하여 바르게 나타낸 것은? (안전-22)

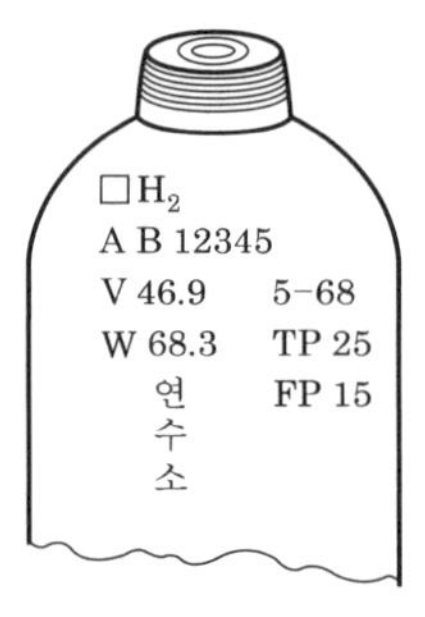

① ⓐ 내용적
ⓑ 최고충전압력
ⓒ 내압시험압력

② ⓐ 총 부피
ⓑ 내압시험압력
ⓒ 기밀시험압력

③ ⓐ 내용적
ⓑ 내압시험압력
ⓒ 최고충전압력

④ ⓐ 내용적
ⓑ 사용압력
ⓒ 기밀시험압력

정답 30.① 31.③ 32.③ 33.① 34.④ 35.③ 36.③

37 냉동장치에서 냉매가 냉동실에서 무슨 열을 흡수함으로써 온도를 강하시키는가?

① 융해잠열 ② 용해열
③ 증발잠열 ④ 승화잠열

38 가스가 공급되는 시설 중 지하에 매설되는 강재배관에는 부식을 방지하기 위하여 전기적 부식방지 조치를 한다. Mg－Anode를 이용하여 양극금속과 매설배관을 전선으로 연결하여 양극금속과 매설배관 사이의 전지작용에 의해 전기적 부식을 방지하는 방법은? (안전-38)

① 직접배류법 ② 외부전원법
③ 선택배류법 ④ 희생양극법

39 지하매몰 배관에 있어서 배관의 부식에 영향을 주는 요인으로 가장 거리가 먼 것은?

① pH
② 가스의 폭발성
③ 토양의 전기전도성
④ 배관주위의 지하전선

40 도시가스 공급시설에 해당되지 않는 것은?

① 본관
② 가스계량기
③ 사용자 공급관
④ 일반도시가스사업자의 정압기

가스계량기 : 사용시설

제3과목 가스안전관리

41 흡수식 냉동설비에서 1일 냉동능력 1톤의 산정기준은? (설비-37)

① 발생기를 가열하는 1시간의 입열량 3320kcal
② 발생기를 가열하는 1시간의 입열량 4420kcal
③ 발생기를 가열하는 1시간의 입열량 5540kcal
④ 발생기를 가열하는 1시간의 입열량 6640kcal

42 다음 중 고압가스 특정제조 시설에서 배관의 도로 밑 매설기준에 대한 설명으로 틀린 것은? (안전-154)

① 배관의 외면으로부터 도로의 경계까지 2m 이상의 수평거리를 유지한다.
② 배관은 그 외면으로부터 도로 밑의 다른 시설물과 0.3m 이상의 거리를 유지한다.
③ 시가지 도로 노면 밑에 매설할 때는 노면으로부터 배관의 외면까지의 깊이를 1.5m 이상으로 한다.
④ 포장되어 있는 차도에 매설하는 경우에는 그 포장부분의 노반 밑에 매설하고 배관의 외면과 노반의 최하부와의 거리는 0.5m 이상으로 한다.

해설
② 특정제조시설과 도로 경계와 이격거리 규정 없음

43 시안화수소를 용기에 충전한 후 정치해 두어야 할 기준은?

① 6시간 ② 12시간
③ 20시간 ④ 24시간

44 LPG 사용시설에서 충전질량이 500kg인 소형저장탱크를 2개 설치하고자 할 때 탱크간 거리는 얼마 이상을 유지하여야 하는가?

① 0.3m ② 0.5m
③ 1m ④ 2m

해설
소형저장탱크 이격거리

충전질량(kg)	충전구로부터 토지경계선 수평거리(m)	탱크간 거리(m)	충전구로부터 건축 개구부에 대한 거리(m)
1000 미만	0.5 이상	0.3 이상	0.5 이상
1000 이상~2000 미만	3.0 이상	0.5 이상	3.0 이상
2000 이상	5.5 이상	0.5 이상	3.5 이상

정답 37.③ 38.④ 39.② 40.② 41.④ 42.① 43.④ 44.①

45 가스공급자가 수요자에게 액화석유가스를 공급할 때에는 체적판매방법으로 공급하여야 한다. 다음 중 중량판매방법으로 공급할 수 있는 경우는? (안전-27)

① 1개월 이내의 기간 동안만 액화석유가스를 사용하는 자
② 3개월 이내의 기간 동안만 액화석유가스를 사용하는 자
③ 6개월 이내의 기간 동안만 액화석유가스를 사용하는 자
④ 12개월 이내의 기간 동안만 액화석유가스를 사용하는 자

46 수소의 품질검사에 사용하는 시약으로 옳은 것은? (안전-11)

① 동 · 암모니아 시약
② 피로카롤 시약
③ 발연황산 시약
④ 브롬 시약

47 고압가스 특정제조시설에서 저장량 15톤인 액화산소 저장탱크의 설치에 대한 설명으로 틀린 것은?

① 저장탱크 외면으로부터 인근 주택과의 안전거리는 9m 이상 유지하여야 한다.
② 저장탱크 또는 배관에는 그 저장탱크 또는 배관을 보호하기 위하여 온도상승 방지 등 필요한 조치를 하여야 한다.
③ 저장탱크는 그 외면으로부터 화기를 취급하는 장소까지 2m 이상의 우회거리를 유지하여야 한다.
④ 저장탱크 주위에는 액상의 가스가 누출한 경우에 그 유출을 방지하기 위한 조치를 반드시 할 필요는 없다.

해설
③ 화기와의 우회거리 : 8m 이상

48 수소의 성질에 대한 설명으로 옳은 것은?

① 비중이 약 0.07 정도로서 공기보다 가볍다.
② 열전도도가 아주 낮아 폭발하한계도 낮다.
③ 열에 대하여 불안정하여 해리가 잘 된다.
④ 산화제로 사용되며, 용기의 색은 적색이다.

49 액화석유가스 사용시설의 기준에 대한 설명으로 틀린 것은?

① 용기저장능력이 100kg 초과 시에는 용기보관실을 설치한다.
② 저장설비를 용기로 하는 경우 저장능력은 500kg 이하로 한다.
③ 가스온수기를 목욕탕에 설치할 경우에는 배기가 용이하도록 배기통을 설치한다.
④ 사이폰 용기는 기화장치가 설치되어 있는 시설에서만 사용한다.

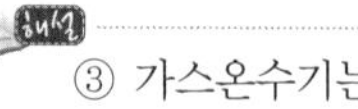
③ 가스온수기는 환기가 불량한 목욕탕 내에 설치하지 않는다.

50 용접결함에 해당되지 않는 것은? (설비-61)

① 언더컷(undercut) ② 피트(pit)
③ 오버랩(overlap) ④ 비드(bead)

51 공기 중에 누출되었을 때 바닥에 고이는 가스로만 나열된 것은?

① 프로판, 에틸렌, 아세틸렌
② 에틸렌, 천연가스, 염소
③ 염소, 암모니아, 포스겐
④ 부탄, 염소, 포스겐

분자량 : 부탄(58g), 염소(71g), 포스겐(99g)

52 고압가스저장탱크 및 처리설비를 실내에 설치하는 경우의 기준에 대한 설명으로 틀린 것은?

① 천장, 벽 및 바닥의 두께가 각각 30cm 이상인 철근콘크리트로 만든 실로서 방수처리가 된 것으로 한다.
② 저장탱크실과 처리설비실은 각각 구분하여 설치하되 출입문은 공용으로 한다.
③ 저장탱크의 정상부와 저장탱크실 천장과의 거리는 60cm 이상으로 한다.
④ 저장탱크에 설치한 안전밸브는 지상 5m 이상의 높이에 방출구가 있는 가스방출관을 설치한다.

정답 45.③ 46.② 47.③ 48.① 49.③ 50.④ 51.④ 52.②

해설

저장탱크 및 처리설비의 실내 설치(KGS FP112 2.3.3.1.3)

구 분	내 용
저장탱크 · 처리설비실	• 구분하여 설치하고, 강제환기시설을 갖춘다. • 주위에 경계표시 • 저장탱크 및 부속시설에 부식 방지도장을 한다.
천장 · 벽 · 바닥의 두께	30cm 이상 철근콘크리트로 만든 실 방수처리가 된 것
독 · 가연성 저장탱크 처리설비실	가스누출 검지경보장치 설치
저장탱크 정상부와 천장과의 거리	60cm 이상
저장탱크 2개 이상 설치 시	저장탱크실을 구분하여 설치
저장탱크 처리설비실의 출입문	• 각각 따로 설치 • 외부인이 출입할 수 없도록 자물쇠 채움

53 밸브가 돌출한 용기를 용기보관소에 보관하는 경우 넘어짐 등으로 인한 충격 및 밸브의 손상을 방지하기 위한 조치를 하지 않아도 되는 용기 내용적의 기준은? (안전-11)

① 1L 미만 ② 3L 미만
③ 5L 미만 ④ 10L 미만

54 내용적 50L의 용기에 프로판을 충전할 때 최대 충전량은? (단, 프로판 충전정수는 2.35이다.)

① 21.3kg ② 47kg
③ 117.5kg ④ 11.8kg

$W = \frac{V}{C} = \frac{50}{2.35} = 21.3\text{kg}$

55 고압가스 배관을 보호하기 위하여 배관과의 수평거리 얼마 이내에서는 파일박기 작업을 하지 아니하여야 하는가? (안전-121)

① 0.1m ② 0.3m
③ 0.5m ④ 1m

56 고압가스 충전 등에 대한 기준으로 틀린 것은?

① 산소충전작업 시 밀폐형의 수전해조에는 액면계와 자동급수장치를 설치한다.
② 습식 아세틸렌발생기의 표면은 70℃ 이하의 온도로 유지한다.
③ 산화에틸렌의 저장탱크에는 45℃에서 그 내부가스의 압력이 0.4MPa 이상이 되도록 탄산가스를 충전한다.
④ 시안화수소를 충전한 용기는 충전한 후 90일이 경과되기 전에 다른 용기에 옮겨 충전한다.

④ 60일 경과되기 전 다른 용기에 충전

57 액화가스의 저장탱크 설계 시 저장능력에 따른 내용적 계산식으로 적합한 것은? (단, V : 용적(m^3), W : 저장능력(톤), d : 상용 온도에서 액화가스의 비중) (안전-36)

① $V = \frac{W}{0.9d}$

② $V = \frac{W}{0.85d}$

③ $V = \frac{W}{0.8d}$

④ $V = \frac{W}{0.6d}$

58 고압가스 운반기준에 대한 설명으로 틀린 것은? (안전-34)

① 충전용기와 휘발유는 동일차량에 적재하여 운반하지 못한다.
② 산소탱크의 내용적은 1만 6천L를 초과하지 않아야 한다.
③ 액화염소탱크의 내용적은 1만 2천L를 초과하지 않아야 한다.
④ 가연성 가스와 산소를 동일차량에 적재하여 운반하는 때에는 그 충전용기의 밸브가 서로 마주보지 않도록 적재하여야 한다.

정답 53.③ 54.① 55.② 56.④ 57.① 58.②

해설

탱크로리 운반 시 내용적 한계

가스명	내용적
가연성(LPG 제외) 산소	18000L 이상 운반금지
독성(암모니아 제외)	12000L 이상 운반금지

59 염소 누출에 대비하여 보유하여야 하는 제독제가 아닌 것은? (안전-44)

① 가성소다 수용액 ② 탄산소다 수용액
③ 암모니아수 ④ 소석회

60 고압가스 안전관리법에서 주택은 제 몇 종 보호시설로 분류되는가? (안전-9)

① 제0종 ② 제1종
③ 제2종 ④ 제3종

제4과목 가스계측

61 접촉연소식 가스검지기의 특징에 대한 설명으로 틀린 것은?

① 가연성 가스는 검지대상이 되므로 특정한 성분만을 검지할 수 없다.
② 측정가스의 반응열을 이용하므로 가스는 일정농도 이상이 필요하다.
③ 완전연소가 일어나도록 순수한 산소를 공급해 준다.
④ 연소반응에 따른 필라멘트의 전기저항 증가를 검출한다.

62 "계기로 같은 시료를 여러 번 측정하여도 측정값이 일정하지 않다." 여기에서 이 일치하지 않는 것이 작은 정도를 무엇이라고 하는가?

① 정밀도(精密度) ② 정도(程道)
③ 정확도(正確度) ④ 감도(感度)

63 날개에 부딪히는 유체의 운동량으로 회전체를 회전시켜 운동량과 회전량의 변화로 가스 흐름을 측정하는 것으로 측정 범위가 넓고 압력손실이 적은 가스유량계는? (계측-28)

① 막식 유량계 ② 터빈 유량계
③ Roots 유량계 ④ Vortex 유량계

64 기체 크로마토그래피에서 시료성분의 통과속도를 느리게 하여 성분을 분리시키는 부분은?

① 고정상 ② 이동상
③ 검출기 ④ 분리관

65 가스유량 측정기구가 아닌 것은?

① 막식미터 ② 토크미터
③ 델타식미터 ④ 회전자식미터

66 피토관을 사용하여 유량을 구할 때의 식으로 옳은 것은? (단, Q : 유량, A : 관의 단면적, C : 유량계수, P_t : 전압, P_s : 정압, r : 유체의 비중량)

① $Q = AC(P_t - P_s)\sqrt{2g/r}$
② $Q = AC\sqrt{2g(P_t - P_s)/r}$
③ $Q = \sqrt{2gAC(P_t - P_s)/r}$
④ $Q = (P_t - P_s)\sqrt{2g/ACr}$

67 도시가스로 사용하는 NG의 누출을 검지하기 위하여 검지기는 어느 위치에 설치하여야 하는가?

① 검지기 하단은 천장면의 아래쪽 0.3m 이내
② 검지기 하단은 천장면의 아래쪽 3m 이내
③ 검지기 상단은 바닥면에서 위쪽으로 0.3m 이내
④ 검지기 상단은 바닥면에서 위쪽으로 3m 이내

해설

검지기 설치위치
㉠ 공기보다 가벼운 경우 : 천장에서 검지기 하단부까지 30cm 이내
㉡ 공기보다 무거운 경우 : 지면에서 검지기 상단부까지 30cm 이내

정답 59.③ 60.③ 61.③ 62.① 63.② 64.① 65.② 66.② 67.①

68 막식 가스미터에서 이물질로 인한 불량이 생기는 원인으로 틀린 것은? (계측-5)

① 연동기구가 변형된 경우
② 계량기의 유리가 파손된 경우
③ 크랭크축에 이물질이 들어가 회전부에 윤활유가 없어진 경우
④ 밸브와 시트 사이에 점성물질이 부착된 경우

69 어떤 분리관에서 얻은 벤젠의 가스 크로마토그램을 분석하였더니 시료도입점으로부터 피크 최고점까지의 길이가 85.4mm, 봉우리의 폭이 9.6mm이었다. 이론단수는?

① 835 ② 935
③ 1046 ④ 1266

이론단수

$$N = 16\times\left(\frac{t}{w}\right)^2 = 16\times\left(\frac{85.4}{9.6}\right)^2$$

$$= 1266$$

70 방사고온계에 적용되는 이론은?

① 필터효과
② 제백효과
③ 윈-프랑크 법칙
④ 스테판-볼츠만 법칙

71 정확한 계량이 가능하여 기준기로 주로 이용되는 것은? (계측-8)

① 막식 가스미터
② 습식 가스미터
③ 회전자식 가스미터
④ 벤투리식 가스미터

72 계통적오차(systematic error)에 해당되지 않는 것은? (계측-2)

① 계기오차 ② 환경오차
③ 이론오차 ④ 우연오차

73 부르돈관 압력계의 특징으로 옳지 않은 것은?

① 정도가 매우 높다.
② 넓은 범위의 압력을 측정할 수 있다.
③ 구조가 간단하고, 제작비가 저렴하다.
④ 측정 시 외부로부터 에너지를 필요로 하지 않는다.

74 계측시간이 짧은 에너지의 흐름을 무엇이라 하는가?

① 외란 ② 시정수
③ 펄스 ④ 응답

75 가스 사용시설의 가스누출 시 검지법으로 틀린 것은? (계측-15)

① 아세틸렌가스 누출검지에 염화제1구리 착염지를 사용한다.
② 황화수소가스 누출검지에 초산연지를 사용한다.
③ 일산화탄소가스 누출검지에 염화파라듐지를 사용한다.
④ 염소가스 누출검지에 묽은 황산을 사용한다.

76 MKS 단위에서 다음 중 중력환산 인자의 차원은?

① $kg \cdot m/sec^2 \cdot kgf$
② $kgf \cdot m/sec^2 \cdot kg$
③ $kgf \cdot m^2/sec \cdot kgf$
④ $kg \cdot m^2/sec \cdot kgf$

해설

$kgf = kg \cdot m/s^2$이므로

$\therefore\ kg \cdot m/s^2 \cdot kgf$

77 길이 2.19mm인 물체를 마이크로미터로 측정하였더니 2.10mm이었다. 오차율은 몇 % 인가?

① +4.1% ② −4.1%
③ +4.3% ④ −4.3%

정답 68.② 69.④ 70.④ 71.② 72.④ 73.① 74.③ 75.④ 76.① 77.②

해설

$$\text{오차율}(\%) = \frac{\text{측정값} - \text{참값}}{\text{참값}} \times 100$$
$$= \frac{2.10 - 2.19}{2.19} \times 100$$
$$= -4.10\%$$

78 다음 중 루트(roots) 가스미터의 특징이 아닌 것은? [계측-8]

① 설치공간이 적다.
② 여과기 설치를 필요로 한다.
③ 설치 후 유지관리가 필요하다.
④ 소유량에서도 작동이 원활하다.

79 속도계수가 C이고, 수면의 높이가 h인 오리피스에서 유출하는 물의 속도수두는 얼마인가?

① $h \cdot C$　② h/C
③ $h \cdot C^2$　④ h/C^2

$V = C\sqrt{2gh}$ 에서

속도수두 : $\frac{v^2}{2g} = C^2 \cdot h$

80 다음 중 분리분석법에 해당하는 것은?

① 광흡수분석법
② 전기분석법
③ Polarography
④ Chromatography

정답 78.④ 79.③ 80.④

국가기술자격 시험문제

2016년 산업기사 제4회 필기시험(2부) (2016년 10월 1일 시행)

자격종목	시험시간	문제수	문제형별
가스산업기사	**2시간**	**80**	**A**

수험번호		성 명	

제1과목 연소공학

01 가연물과 일반적인 연소 형태를 짝지어 놓은 것 중 틀린 것은?

① 등유－증발연소
② 목재－분해연소
③ 코크스－표면연소
④ 니트로글리세린－확산연소

해설
니트로글리세린[(자기연소)=내부연소]
자기연소 : 공기 중 산소가 필요 없는 자신이 가지고 있는 산소에 의하여 연소

02 다음 중 내압방폭구조에 대한 설명이 올바른 것은? (안전-13)

① 용기 내부에 보호가스를 압입하여 내부압력을 유지하여 가연성 가스가 침입하는 것을 방지한 구조
② 정상 및 사고 시에 발생하는 전기불꽃 및 고온부로부터 폭발성 가스에 점화되지 않는다는 것을 공적기관에서 시험 및 기타 방법에 의해 확인한 구조
③ 정상운전 중에 전기불꽃 및 고온이 생겨서는 안 되는 부분에 이들이 생기는 것을 방지하도록 구조상 및 온도상승에 대비하여 특별히 안전도를 증가시킨 구조
④ 용기 내부에서 가연성 가스의 폭발이 일어났을 때 용기가 압력에 견디고 또한 외부의 가연성 가스에 인화되지 않도록 한 구조

해설
① 압력방폭구조(p)
② 본질안전방폭구조(ia, ib)
③ 안전증방폭구조(e)

03 증기폭발(Vapor explosion)에 대한 설명으로 옳은 것은?

① 수증기가 갑자기 응축하여 그 결과로 압력강하가 일어나 폭발하는 현상
② 가연성 기체가 상온에서 혼합기체가 되어 발화원에 의하여 폭발하는 현상
③ 가연성 액체가 비점 이상의 온도에서 발생한 증기가 혼합기체가 되어 폭발하는 현상
④ 고열의 고체와 저온의 물 등 액체가 접촉할 때 찬 액체가 큰 열을 받아 갑자기 증기가 발생하여 증기의 압력에 의하여 폭발하는 현상

04 폭발원인에 따른 종류 중 물리적 폭발은?

① 압력폭발 ② 산화폭발
③ 분해폭발 ④ 촉매폭발

05 화학반응속도를 지배하는 요인에 대한 설명으로 옳은 것은?

① 압력이 증가하면 반응속도는 항상 증가한다.
② 생성물질의 농도가 커지면 반응속도는 항상 증가한다.
③ 자신은 변하지 않고 다른 물질의 화학변화를 촉진하는 물질을 부촉매라고 한다.
④ 온도가 높을수록 반응속도가 증가한다.

온도 10℃ 상승함에 따라 반응속도는 2^1배씩 증가

정답 01.④ 02.④ 03.④ 04.① 05.④

06 수소의 위험도(H)는 얼마인가? (단, 수소의 폭발하한 4%, 폭발상한 75%이다.) (설비-44)

① 5.25 ② 17.75
③ 27.25 ④ 33.75

$$위험도=\frac{폭발상한-폭발하한}{폭발하한}=\frac{75-4}{4}=17.75$$

07 CO_2 32vol%, O_2 5vol%, N_2 63vol%의 혼합기체의 평균분자량은 얼마인가?

① 29.3 ② 31.3
③ 33.3 ④ 35.3

해설

$(44\times0.32)+(32\times0.05)+(28\times0.63)=33.32g$

08 최소점화에너지(MIE)에 대한 설명으로 틀린 것은? (연소-20)

① MIE는 압력의 증가에 따라 감소한다.
② MIE는 온도의 증가에 따라 증가한다.
③ 질소농도의 증가는 MIE를 증가시킨다.
④ 일반적으로 분진의 MIE는 가연성 가스보다 큰 에너지준위를 가진다.

09 착화열에 대한 가장 바른 표현은?

① 연료가 착화해서 발생하는 전 열량
② 외부로부터 열을 받지 않아도 스스로 연소하여 발생하는 열량
③ 연료를 초기온도로부터 착화온도까지 가열하는 데 필요한 열량
④ 연료 1kg이 착화해서 연소하여 나오는 총 발열량

10 인화성 물질이나 가연성 가스가 폭발성 분위기를 생성할 우려가 있는 장소 중 가장 위험한 장소 등급은? (연소-14)

① 1종 장소 ② 2종 장소
③ 3종 장소 ④ 0종 장소

11 다음 중 가열만으로도 폭발의 우려가 가장 높은 물질은?

① 산화에틸렌 ② 에틸렌글리콜
③ 산화철 ④ 수산화나트륨

12 자연발화의 형태와 가장 거리가 먼 것은?

① 산화열에 의한 발열
② 분해열에 의한 발열
③ 미생물의 작용에 의한 발열
④ 반응생성물의 중합에 의한 발열

13 이상기체에 대한 달톤(Dalton)의 법칙을 옳게 설명한 것은?

① 혼합기체의 전 압력은 각 성분의 분압의 합과 같다.
② 혼합기체의 부피는 각 성분의 부피의 합과 같다.
③ 혼합기체의 상수는 각 성분의 상수의 합과 같다.
④ 혼합기체의 온도는 항상 일정하다.

14 0.5atm, 10L의 기체 A와 1.0atm 5.0L의 기체 B를 전체 부피 15L의 용기에 넣을 경우 전체 압력은 얼마인가? (단, 온도는 일정하다.)

① 1/3atm ② 2/3atm
③ 1atm ④ 2atm

$$P=\frac{P_1V_1+P_2V_2}{V}=\frac{0.5\times10+1.0\times5}{15}=\frac{2}{3}\text{atm}$$

15 점화지연(Ignition delay)에 대한 설명으로 틀린 것은?

① 혼합기체가 어떤 온도 및 압력 상태 하에서 자기점화가 일어날 때까지 약간의 시간이 걸린다는 것이다.
② 온도에도 의존하지만 특히 압력에 의존하는 편이다.
③ 자기점화가 일어날 수 있는 최저온도를 점화온도(Ignition Temperature)라 한다.
④ 물리적 점화지연과 화학적 점화지연으로 나눌 수 있다.

정답 06.② 07.③ 08.② 09.③ 10.④ 11.① 12.④ 13.① 14.② 15.②

온도, 압력에 모두 관계가 있다.

16 탄소 2kg이 완전연소할 경우 이론공기량은 약 몇 kg인가?

① 5.3　② 11.6
③ 17.9　④ 23.0

$C + O_2 \rightarrow CO_2$
12kg : 32kg
2kg : x(kg)

$\therefore x = \frac{2 \times 32}{12} = 5.3\text{kg}$

$\therefore$ 공기량$= 5.3 \times \frac{100}{23.2} = 22.98 \doteqdot 23\text{kg}$

17 프로판 30vol% 및 부탄 70vol%의 혼합가스 1L가 완전연소하는 데 필요한 이론공기량은 약 몇 L인가? (단, 공기 중 산소농도는 20%로 한다.)

① 26　② 28
③ 30　④ 32

연소반응식
㉠ $C_3H_8 + 5O_2 \rightarrow 3CO_2 + 4H_2O$
㉡ $C_4H_{10} + 6.5O_2 \rightarrow 4CO_2 + 5H_2O$
산소의 배수가 5, 6.5이므로

$\therefore$ 공기량$= (5 \times 0.3 + 6.5 \times 0.7) \times \frac{100}{20} = 30\text{L}$

18 폭발과 관련한 가스의 성질에 대한 설명으로 옳지 않은 것은?

① 인화온도가 낮을수록 위험하다.
② 연소속도가 큰 것일수록 위험하다.
③ 안전간격이 큰 것일수록 위험하다.
④ 가스의 비중이 크면 낮은 곳에 체류한다.

안전간격이 큰 것은 안전하다.

19 폭발범위가 넓은 것부터 옳게 나열된 것은 어느 것인가? [안전-106]

① $H_2 > CO > CH_4 > C_3H_8$
② $CO > H_2 > CH_4 > C_3H_8$
③ $C_3H_8 > CH_4 > CO > H_2$
④ $H_2 > CH_4 > CO > C_3H_8$

폭발범위
㉠ H_2 : 4~75%
㉡ CO : 12.5~74%
㉢ CH_4 : 5~15%
㉣ C_3H_8 : 2.1~9.5%

20 폭발방지를 위한 안전장치가 아닌 것은?

① 안전밸브
② 가스누출경보장치
③ 방호벽
④ 긴급차단장치

제2과목 가스설비

21 펌프를 운전하였을 때에 주기적으로 한숨을 쉬는 듯한 상태가 되어 입·출구 압력계의 지침이 흔들리고 동시에 송출유량이 변화하는 현상과 이에 대한 대책을 옳게 설명한 것은? [설비-17]

① 서징 현상 : 회전차, 안내깃의 모양 등을 바꾼다.
② 캐비테이션 : 펌프의 설치위치를 낮추어 흡입양정을 짧게 한다.
③ 수격작용 : 플라이휠을 설치하여 펌프의 속도가 급격히 변하는 것을 막는다.
④ 베이퍼록 현상 : 흡입관의 지름을 크게 하고, 펌프의 설치위치를 최대한 낮춘다.

22 촉매를 사용하여 반응온도 400~800℃에서 탄화수소와 수증기를 반응시켜 메탄, 수소, 일산화탄소 등으로 변환시키는 공정은? [설비-3]

① 열분해 공정
② 접촉분해 공정
③ 부분연소 공정
④ 대체천연가스 공정

정답 16.④ 17.③ 18.③ 19.① 20.③ 21.① 22.②

23 내용적 50L의 고압가스 용기에 대하여 내압시험을 하였다. 이 경우 $30kg/cm^2$의 수압을 걸었을 대 용기의 용적이 50.4L로 늘어났고 압력을 제거하여 대기압으로 하였더니 용기용적은 50.04L로 되었다. 영구증가율은 얼마인가? (안전-18)

① 0.5% ② 5%
③ 8% ④ 10%

$$영구증가율 = \frac{영구증가량}{전증가량} \times 100 = \frac{50.04 - 50}{50.4 - 50} \times 100 = 10\%$$

24 양정(H)이 10m, 송출량(Q)이 $0.30m^3/min$, 효율(η) 0.65인 2단 터빈 펌프의 축출력(L)은 약 몇 kW인가? (단, 수송유체인 물의 밀도는 $1000kg/m^3$이다.)

① 0.75 ② 0.92
③ 1.05 ④ 1.32

$$L_{kW} = \frac{\gamma \cdot Q \cdot H}{102\eta} = \frac{1000 \times (0.30/60) \times 10}{102 \times 0.65} = 0.75kW$$

25 이음매 없는 고압배관을 제작하는 방법이 아닌 것은?

① 연속주조법
② 만네스만법
③ 인발하는 방법
④ 전기저항용접법(ERW)

26 Loading형으로 정특성, 동특성이 양호하며, 비교적 콤팩트한 형식의 정압기는? (설비-6)

① KRF식 정압기
② Fisher식 정압기
③ Reynolds식 정압기
④ Axial-flow식 정압기

27 플랜지 이음에 대한 설명 중 틀린 것은?

① 반영구적인 이음이다.
② 플랜지 접촉면에는 기밀을 유지하기 위하여 패킹을 사용한다.
③ 유니온 이음보다 관경이 크고, 압력이 많이 걸리는 경우에 사용한다.
④ 패킹 양면에 그리스 같은 기름을 발라두면 분해 시 편리하다.

28 LNG의 주성분은?

① 에탄 ② 프로판
③ 메탄 ④ 부탄

29 도시가스 배관에 사용되는 밸브 중 전개 시 유동저항이 적고 서서히 개폐가 가능하므로 충격을 일으키는 것이 적으나, 유체 중 불순물이 있는 경우 밸브에 고이기 쉬우므로 차단능력이 저하될 수 있는 밸브는 어느 것인가? (설비-45)

① 볼밸브 ② 플러그밸브
③ 게이트밸브 ④ 버터플라이밸브

30 배관을 통한 도시가스의 공급에 있어서 압력을 변경하여야 할 지점마다 설치되는 설비는?

① 압송기(壓送器)
② 정압기(Governor)
③ 가스전(栓)
④ 홀더(Holder)

31 탄소강 그대로는 강의 조직이 약하므로 가공이 필요하다. 다음 설명 중 틀린 것은?

① 열간가공은 고온도로 가공하는 것이다.
② 냉간가공은 상온에서 가공하는 것이다.
③ 냉간가공하면 인장강도, 신장, 교축, 충격치가 증가한다.
④ 금속을 가공하는 도중 결정 내 변형이 생겨 경도가 증가하는 것을 가공경화라 한다.

정답 23.④ 24.① 25.④ 26.② 27.① 28.③ 29.③ 30.② 31.③

냉간 가공 시 신장, 교축, 충격치 감소

32 저압배관의 내경만 10cm에서 5cm로 변화시킬 때 압력손실은 몇 배 증가하는가? (단, 다른 조건은 모두 동일하다고 본다.) (설비-7)

① 4　　② 8
③ 16　　④ 32

저압배관 유량식의 압력손실

$h=\dfrac{Q^2 \cdot S \cdot L}{K^2 \cdot D^5}$ 이므로

$\therefore\ h=\dfrac{1}{D^5}=\dfrac{1}{\left(\dfrac{10}{5}\right)^5}=32$배

33 전기방식법 중 가스배관보다 저전위의 금속(마그네슘 등)을 전기적으로 접촉시킴으로써 목적하는 방식 대상 금속 자체를 음극화하여 방식하는 방법은? (안전-38)

① 외부전원법　　② 희생양극법
③ 배류법　　④ 선택법

34 프로판 충전용 용기로 주로 사용되는 것은?

① 용접 용기
② 리벳 용기
③ 주철 용기
④ 이음매 없는 용기

35 전기방식 시설 시공 시 도시가스 시설의 전위측정용 터미널(T/B) 설치방법으로 옳은 것은? (안전-38)

① 희생양극법의 경우에는 배관길이 300m 이내의 간격으로 설치한다.
② 배류법의 경우에는 배관길이 500m 이내의 간격으로 설치한다.
③ 외부전원법의 경우에는 배관길이 300m 이내의 간격으로 설치한다.
④ 희생양극법, 배류법, 외부전원법 모두 배관길이 500m 이내의 간격으로 설치한다.

전위측정용 터미널 설치간격
㉠ 희생양극법, 배류법 : 300m마다
㉡ 외부전선법, 500m마다

36 저온장치에 사용되는 진공단열법이 아닌 것은?

① 고진공단열법
② 분말진공단열법
③ 다층진공단열법
④ 저위도 단층진공단열법

37 왕복 펌프의 특징에 대한 설명으로 옳지 않은 것은?

① 진동과 설치면적이 적다.
② 고압, 고점도의 소유량에 적당하다.
③ 단속적이므로 맥동이 일어나기 쉽다.
④ 토출량이 일정하여 정량 토출할 수 있다.

① 진동 · 소음이 있고, 설치면적이 크다.

38 암모니아를 냉매로 하는 냉동설비의 기밀시험에 사용하기에 가장 부적당한 가스는?

① 공기
② 산소
③ 질소
④ 아르곤

39 고압가스 시설에서 사용하는 다음 용어에 대한 설명으로 틀린 것은? (안전-50)

① 압축가스라 함은 일정한 압력에 의하여 압축되어 있는 가스를 말한다.
② 충전 용기라 함은 고압가스의 충전질량 또는 충전압력의 2분의 1 이상이 충전되어 있는 상태의 용기를 말한다.
③ 잔가스 용기라 함은 고압가스의 충전질량 또는 충전압력의 10분의 1 미만이 충전되어 있는 상태의 용기를 말한다.
④ 처리능력이라 함은 처리설비 또는 감압설비로 압축 · 액화 그 밖의 방법으로 1일에 처리할 수 있는 가스의 양을 말한다.

정답 32.④ 33.② 34.① 35.① 36.④ 37.① 38.② 39.③

③ 잔가스 용기 : 충전질량, 충전압력의 1/2 미만 충전되어 있는 상태의 용기

40 도시가스 사용시설에서 액화가스란 상용의 온도 또는 섭씨 35도의 온도에서 압력이 얼마 이상이 되는 것을 말하는가?

① 0.1MPa　② 0.2MPa
③ 0.5MPa　④ 1MPa

제3과목 가스안전관리

41 다음 중 고압가스를 압축하는 경우 가스를 압축하여서는 아니 되는 기준으로 옳은 것은? (안전-25)

① 가연성 가스 중 산소의 용량이 전체 용량의 10% 이상의 것
② 산소 중의 가연성 가스 용량이 전체 용량의 10% 이상의 것
③ 아세틸렌, 에틸렌 또는 수소 중의 산소 용량이 전체 용량의 2% 이상의 것
④ 산소 중의 아세틸렌, 에틸렌 또는 수소의 용량 합계가 전체 용량의 4% 이상의 것

42 용접부에서 발생하는 결함이 아닌 것은?

① 오버랩(over-lap)
② 기공(blow hole)
③ 언더컷(under-cut)
④ 클래드(clad)

용접결함의 종류

종 류	개 요
오버랩	용융금속이 모재와 융합, 모재 상부에서 겹쳐지는 상태
기공	용착금속이 남아있는 가스로 인한 구멍이 생김
언더컷	용접선 끝부분의 작은 홈

43 저장탱크에 의한 액화석유가스 저장소에 설치하는 방류둑의 구조기준으로 옳지 않은 것은? (안전-53)

① 방류둑은 액밀한 것이어야 한다.
② 성토는 수평에 대하여 30° 이하의 기울기로 한다.
③ 방류둑은 그 높이에 상당하는 액화가스의 액두압에 견딜 수 있어야 한다.
④ 성토 윗부분의 폭은 30cm 이상으로 한다.

② 성토는 수평에 대하여 45° 이하 기울기로 한다.

44 배관 설계경로를 결정할 대 고려하여야 할 사항으로 가장 거리가 먼 것은? (설비-53)

① 최단거리로 할 것
② 가능한 한 옥외에 설치할 것
③ 건축물 기초 하부 매설을 피할 것
④ 굴곡을 많게 하여 신축을 흡수할 것

45 고압가스 특정제조시설에서 안전구역의 면적의 기준은? (안전-125)

① 1만 m^2 이하　② 2만 m^2 이하
③ 3만 m^2 이하　④ 5만 m^2 이하

46 아세틸렌용 용접용기 제조 시 다공질물의 다공도는 다공질물을 용기에 충전한 상태로 몇 ℃에서 아세톤 또는 물의 흡수량으로 측정하는가? (안전-20)

① 0℃　② 15℃
③ 20℃　④ 25℃

47 다음 중 아세틸렌가스에 대한 설명으로 옳은 것은? (안전-42), (안전-58)

① 습식 아세틸렌발생기의 표면은 62℃ 이하의 온도를 유지한다.
② 충전 중의 압력은 일정하게 1.5MPa 이하로 한다.
③ 아세틸렌이 아세톤에 용해되어 있을 때에는 비교적 안정해진다.
④ 아세틸렌은 압축하는 때에는 희석제로 PH_3, H_2S, O_2를 사용한다.

정답 40.② 41.③ 42.④ 43.② 44.④ 45.② 46.③ 47.③

48 액화석유가스 압력조정기 중 1단 감압식 저압조정기의 조정압력은? (안전-17)

① 2.3~3.3MPa
② 5~30MPa
③ 2.3~3.3kPa
④ 5~30kPa

49 전가스 소비량이 232.6kW 이하인 가스온수기의 성능기준에서 전가스 소비량은 표시치의 얼마 이내이어야 하는가?

① ±1%　② ±3%
③ ±5%　④ ±10%

50 일반도시가스사업 정압기실의 시설기준으로 틀린 것은?

① 정압기실 주위에는 높이 1.2m 이상의 경계책을 설치한다.
② 지하에 설치하는 지역정압기실의 조명도는 150룩스를 확보한다.
③ 침수위험이 있는 지하에 설치하는 정압기에는 침수방지 조치를 한다.
④ 정압기실에는 가스공급시설 외의 시설물을 설치하지 아니 한다.

정압기실 경계책 : 1.5m 이상

51 용기에 의한 고압가스 판매소에서 용기보관실은 그 보관할 수 있는 압축가스 및 액화가스가 얼마 이상인 경우 보관실 외면으로부터 보호시설까지의 안전거리를 유지하여야 하는가?

① 압축가스 100m^3 이상, 액화가스 1톤 이상
② 압축가스 300m^3 이상, 액화가스 3톤 이상
③ 압축가스 500m^3 이상, 액화가스 5톤 이상
④ 압축가스 500m^3 이상, 액화가스 10톤 이상

52 다음 가스용품 중 합격표시를 각인으로 하여야 하는 것은?

① 배관용 밸브
② 전기절연 이음관
③ 금속플렉시블 호스
④ 강제혼합식 가스버너

53 일반도시가스사업 제조소의 가스공급시설에 설치하는 벤트스택의 기준에 대한 설명으로 틀린 것은? (안전-26)

① 벤트스택의 높이는 방출된 가스의 착지농도가 폭발상한계값 미만이 되도록 설치한다.
② 액화가스가 함께 방출될 우려가 있는 경우에는 기액분리기를 설치한다.
③ 벤트스택 방출구는 작업원이 통행하는 장소로부터 10m 이상 떨어진 곳에 설치한다.
④ 벤트스택에 연결된 배관에는 응축액의 고임을 제거할 수 있는 조치를 한다.

54 밀폐된 목욕탕에서 도시가스 순간온수기로 목욕하던 중 의식을 잃은 사고가 발생하였다. 사고원인을 추정할 때 가장 옳은 것은?

① 일산화탄소 중독
② 가스누출에 의한 질식
③ 온도 급상승에 의한 쇼크
④ 부취제(mercaptan)에 의한 질식

55 처리능력 및 저장능력이 20톤인 암모니아(NH_3)의 처리설비 및 저장설비와 제2종 보호시설과의 안전거리의 기준은? (단, 제2종 보호시설은 사업소 및 전용 공업지역 안에 있는 보호시설이 아님.) (안전-9)

① 12m　② 14m
③ 16m　④ 18m

해설
NH_3 20톤=20000kg이므로
1종 : 21m, 2종 : 14m

정답 48.③ 49.④ 50.① 51.② 52.① 53.① 54.① 55.②

56 LPG 용기에 있는 잔가스의 처리법으로 가장 부적당한 것은?

① 폐기 시에는 용기를 분리한 후 처리한다.
② 잔가스 폐기는 통풍이 양호한 장소에서 소량씩 실시한다.
③ 되도록이면 사용 후 용기에 잔가스가 남지 않도록 한다.
④ 용기를 가열할 때는 온도 60℃ 이상의 뜨거운 물을 사용한다.

④ 40℃ 이하

57 질소 충전용기에서 질소가스의 누출여부를 확인하는 방법으로 가장 쉽고 안전한 방법은?

① 기름 사용 ② 소리 감지
③ 비눗물 사용 ④ 전기스파크 이용

58 고압가스 특정제조시설 중 배관의 누출확산방지를 위한 시설 및 기술기준으로 옳지 않은 것은? (안전-83)

① 시가지, 하천, 터널 및 수로 중에 배관을 설치하는 경우에는 누출된 가스의 확산방지 조치를 한다.
② 사질토 등의 특수성 지반(해저 제외)중에 배관을 설치하는 경우에는 누출가스의 확산방지 조치를 한다.
③ 고압가스의 온도와 압력에 따라 배관의 유지관리에 필요한 거리를 확보한다.
④ 독성 가스의 용기보관실은 누출되는 가스의 확산을 적절하게 방지할 수 있는 구조로 한다.

59 고압가스 안전관리법 시행규칙에서 정의하는 '처리능력'이라 함은? (안전-50)

① 1시간에 처리할 수 있는 가스의 양이다.
② 8시간에 처리할 수 있는 가스의 양이다.
③ 1일에 처리할 수 있는 가스의 양이다.
④ 1년에 처리할 수 있는 가스의 양이다.

60 액화가스를 충전한 차량에 고정된 탱크는 그 내부에 액면요동을 방지하기 위하여 무엇을 설치하는가? (안전-35)

① 슬립튜브
② 방파판
③ 긴급차단밸브
④ 역류방지밸브

제4과목 가스계측

61 소형으로 설치공간이 적고, 가스압력이 높아도 사용 가능하지만 $0.5m^3/h$ 이하의 소용량에서는 작동하지 않을 우려가 있는 가스 계측기는? (계측-8)

① 막식 가스미터
② 습식 가스미터
③ 델타형 가스미터
④ 루트(Roots)식 가스미터

62 작은 압력변화에도 크게 편향하는 성질이 있어 저기압의 압력측정에 사용되고 점도가 큰 액체나 고체 부유물이 있는 유체의 압력을 측정하기에 적합한 압력계는?

① 다이어프램 압력계
② 부르돈관 압력계
③ 벨로즈 압력계
④ 맥클레오드 압력계

63 표준대기압 1atm과 같지 않은 것은?

① 1.013bar
② $10.332mH_2O$
③ $1.013N/m^2$
④ 29.92inHg

1atm = 1.013bar
= $10.332mH_2O$
= $101325(N/m^2, Pa)$
= 29.92inHg

정답 56.④ 57.③ 58.③ 59.③ 60.② 61.④ 62.① 63.③

64 FID 검출기를 사용하는 가스 크로마토그래피는 검출기의 온도가 100℃ 이상에서 작동되어야 한다. 주된 이유로 옳은 것은?

① 가스 소비량을 적게 하기 위하여
② 가스의 폭발을 방지하기 위하여
③ 100℃ 이하에서는 점화가 불가능하기 때문에
④ 연소 시 발생하는 수분의 응축을 방지하기 위하여

65 가스 크로마토그래피의 칼럼(분리관)에 사용되는 충전물로 부적당한 것은?

① 실리카겔 ② 석회석
③ 규조토 ④ 활성탄

G/C 칼럼(분리관)에 사용되는 충전물

흡착형	분배형
활성탄 활성알루미나 실리카겔 뮬러클러시브 포라팩(Porapak)	DMF DMS TCP 실리콘 SE

66 유황분 정량 시 표준용액으로 적절한 것은?

① 수산화나트륨 ② 과산화수소
③ 초산 ④ 요오드칼륨

67 다음 중 계량기 종류별 기호에서 LPG 미터의 기호는? (계측-30)

① H ② P
③ L ④ G

해설
㉠ H : 가스계량기
㉡ I : 수도계량기
㉢ L : LPG 계량기
㉣ G : 전기계량기

68 다음 온도계 중 연결이 바르지 않은 것은?

① 상태변화를 이용한 것－서모 컬러
② 열팽창을 이용한 것－유리 온도계
③ 열기전력을 이용한 것－열전대 온도계
④ 전기저항 변화를 이용한 것－바이메탈 온도계

69 오르자트 가스분석기에서 가스의 흡수 순서로 옳은 것은? (계측-1)

① $CO \rightarrow CO_2 \rightarrow O_2$
② $CO_2 \rightarrow CO \rightarrow O_2$
③ $O_2 \rightarrow CO_2 \rightarrow CO$
④ $CO_2 \rightarrow O_2 \rightarrow CO$

70 탄성 압력계의 종류가 아닌 것은?

① 시스턴(Cistern) 압력계
② 부르돈(Bourdon)관 압력계
③ 벨로즈(Bellows) 압력계
④ 다이어프램(Diaphragm) 압력계

해설
압력계 구분

구 분	종 류
탄성식	부르돈관, 벨로즈, 다이어프램
전기식	전기저항, 피에조전기
액주식	U자관, 경사관식, 링밸런스식

71 가스의 발열량 측정에 주로 사용되는 계측기는?

① 봄베 열량계
② 단열 열량계
③ 융커스식 열량계
④ 냉온수 적산열량계

72 가스미터에서 감도유량의 의미를 가장 바르게 설명한 것은?

① 가스미터 유량이 최대유량의 50%에 도달했을 때의 유량
② 가스미터가 작동하기 시작하는 최소유량
③ 가스미터가 정상상태를 유지하는 데 필요한 최소유량
④ 가스미터 유량이 오차한도를 벗어났을 때의 유량

정답 64.④ 65.② 66.① 67.③ 68.④ 69.④ 70.① 71.③ 72.②

73 평균 유속이 5m/s인 원관에서 20kg/s의 물이 흐르도록 하려면 관의 지름은 약 몇 mm로 해야 하는가?

① 31　② 51
③ 71　④ 91

$$G=\gamma AV=\gamma\times\frac{\pi}{4}D^2\cdot V$$

$$\therefore D=\sqrt{\frac{4G}{\gamma\cdot\pi\cdot V}}=\sqrt{\frac{4\times20}{1000\times\pi\times5}}=0.07136\text{m}=71\text{mm}$$

74 다음 중 차압식 유량계에 해당하지 않는 것은? [계측-23]

① 벤투리미터 유량계
② 로타미터 유량계
③ 오리피스 유량계
④ 플로노즐

② 로타미터 : 면적식 유량계

75 수정이나 전기석 또는 로셀염 등의 결정체의 특정방향으로 압력을 가할 때 발생하는 표면 전기량으로 압력을 측정하는 압력계는?

① 스트레인 게이지
② 자기변형 압력계
③ 벨로즈 압력계
④ 피에조 전기압력계

76 다음 유량계측기 중 압력손실 크기 순서를 바르게 나타낸 것은? [계측-23]

① 전자유량계 > 벤투리 > 오리피스 > 플로노즐
② 벤투리 > 오리피스 > 전자유량계 > 플로노즐
③ 오리피스 > 플로노즐 > 벤투리 > 전자유량계
④ 벤투리 > 플로노즐 > 오리피스 > 전자유량계

77 기체가 흐르는 관 안에 설치된 피토관의 수주높이가 0.46m일 때 기체의 유속은 약 몇 m/s인가?

① 3　② 4
③ 5　④ 6

$$V=\sqrt{2gh}=\sqrt{2\times9.8\times0.46}=3.0\text{m/s}$$

78 제어계가 불안정하여 주기적으로 변화하는 좋지 못한 상태를 무엇이라 하는가?

① step 응답　② 헌팅(난조)
③ 외란　④ 오버슈트

79 오르자트 가스분석계로 가스분석 시 가장 적당한 온도는?

① 0~15℃　② 10~15℃
③ 16~20℃　④ 20~28℃

80 가스 크로마토그래피에서 운반기체(carrier gas)의 불순물을 제거하기 위하여 사용하는 부속품이 아닌 것은?

① 오일트랩(Oil Trap)
② 화학필터(Chemical Filter)
③ 산소제거 트랩(Oxygen Trap)
④ 수분제거 트랩(Moisture Trap)

정답 73.③ 74.② 75.④ 76.③ 77.① 78.② 79.③ 80.①

국가기술자격 시험문제

2017년 산업기사 제1회 필기시험(2부) (2017년 3월 5일 시행)

자격종목	시험시간	문제수	문제형별
가스산업기사	**2시간**	**80**	**B**

수험번호		성 명	

제1과목 연소공학

01 연소속도를 결정하는 가장 중요한 인자는 무엇인가?

① 환원반응을 일으키는 속도
② 산화반응을 일으키는 속도
③ 불완전 환원반응을 일으키는 속도
④ 불완전 산화환원을 일으키는 속도

연소=산화반응

02 수소의 연소반응식이 다음과 같을 경우 1mol의 수소를 일정한 압력에서 이론산소량으로 완전연소 시켰을 때의 온도는 약 몇 K인가? (단, 정압비열은 10cal/mol · K, 수소와 산소의 공급온도는 25℃, 외부로의 열손실은 없다.)

$$H_2 + \frac{1}{2}O_2 \rightarrow H_2O(g) + 57.8\text{kcal/mol}$$

① 5780
② 5805
③ 6053
④ 6078

$H_2 + \frac{1}{2}O_2 \rightarrow H_2O(g) + 57.8\text{kcal/mol}$

$\frac{57.8 \times 10^3 \text{cal/mol}}{10\text{cal/m} \cdot \text{K}} = 5780\text{K}$

반응식의 온도는 표준상태(0℃)의 값이므로 25℃로 환산하면

∴ 5780+(25+273)=6078K

03 상온 · 상압 하에서 에탄(C_2H_6)이 공기와 혼합되는 경우 폭발범위는 약 몇 %인가? (안전-106)

① 3.0~10.5
② 3.0~12.5
③ 2.7~10.5
④ 2.7~12.5

04 다음 중 방폭구조의 종류에 대한 설명으로 틀린 것은? (안전-13)

① 내압방폭구조는 용기 외부의 폭발에 견디도록 용기를 설계한 구조이다.
② 유입방폭구조는 기름면 위에 존재하는 가연성 가스에 인화될 우려가 없도록 한 구조이다.
③ 본질안전 방폭구조는 공적기관에서 점화시험 등의 방법으로 확인한 구조이다.
④ 안전증 방폭구조는 구조상 및 온도의 상승에 대하여 특별히 안전도를 증가시킨 구조이다.

05 기체연료의 예혼합연소에 대한 설명 중 옳은 것은? (연소-10)

① 화염의 길이가 길다.
② 화염이 전파하는 성질이 있다.
③ 연료와 공기의 경계에서 주로 연소가 일어난다.
④ 연료와 공기의 혼합비가 순간적으로 변한다.

정답 01.② 02.④ 03.② 04.① 05.②

06 공기와 혼합하였을 때 폭발성 혼합가스를 형성할 수 있는 것은?

① NH_3　　② N_2
③ CO_2　　④ SO_2

가연성 : NH_3

07 다음 기체 가연물 중 위험도(H)가 가장 큰 것은?

① 수소　　② 아세틸렌
③ 부탄　　④ 메탄

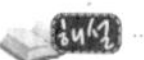

① 수소 : $\frac{75-4}{4}=17.75$

② 아세틸렌 : $\frac{81-2.5}{2.5}=31.4$

③ 부탄 : $\frac{8.4-1.8}{1.8}=3.67$

④ 메탄 : $\frac{15-5}{5}=2$

08 열전도율 단위는 어느 것인가?

① kcal/m · h · ℃　　② kcal/m^2 · h · ℃
③ kcal/m^2 · ℃　　④ kcal/h

㉠ 열전도율 : kcal/m · h · ℃
㉡ 열전달율 : kcal/m^2 · h · ℃
㉢ 열관류(열통과)율 : kcal/m^2 · h · ℃

09 연소 및 폭발에 대한 설명 중 틀린 것은?

① 폭발이란 주로 밀폐된 상태에서 일어나며 급격한 압력상승을 수반한다.
② 인화점이란 가연물이 공기 중에서 가열될 때 그 산화열로 인해 스스로 발화하게 되는 온도를 말한다.
③ 폭굉은 연소파의 화염 전파속도가 음속을 돌파할 때 그 선단에 충격파가 발달하게 되는 현상을 말한다.
④ 연소란 적당한 온도의 열과 일정 비율의 산소와 연료와의 결합반응으로 발열 및 발광현상을 수반하는 것이다.

㉠ 인화점 : 공기 중에서 연소 시 점화원을 가지고 연소하는 최저온도
㉡ 발화점(착화점) : 공기 중에서 연소 시 점화원이 없이 스스로 연소하는 최저온도

10 가연성 가스의 폭발범위에 대한 설명으로 옳은 것은?

① 폭굉에 의한 폭풍이 전달되는 범위를 말한다.
② 폭굉에 의하여 피해를 받는 범위를 말한다.
③ 공기 중에서 가연성 가스가 연소할 수 있는 가연성 가스의 농도범위를 말한다.
④ 가연성 가스와 공기의 혼합기체가 연소하는데 있어서 혼합기체의 필요한 압력범위를 말한다.

폭발범위 : 공기 중 가연성 가스가 연소할 수 있는 가연성 가스의 부피%로서 최저를 폭발하한, 최고를 폭발상한이라 한다.

11 프로판(C_3H_8)과 부탄(C_4H_{10})의 혼합가스가 표준상태에서 밀도가 2.25kg/m^3이다. 프로판의 조성은 약 몇 %인가?

① 35.16　　② 42.72
③ 54.28　　④ 68.53

C_3H_8은 x, C_4H_{10}을 $1-x$라 할 때

$\frac{44}{22.4}\times x+\frac{58}{22.4}(1-x)=2.25$

$1.964x+2.59(1-x)=2.25$

$1.964x+2.59-2.59x=2.25$

$(2.59-1.96)x=259-2.25$

$x=\frac{2.59-2.25}{2.59-1.96}=0.5396=53.96\%\fallingdotseq 54.28\%$

소수점 이하 자리로 인한 약간의 오차값 발생

12 연소의 3요소 중 가연물에 대한 설명으로 옳은 것은?

① 0족 원소들은 모두 가연물이다.
② 가연물은 산화반응 시 발열반응을 일으키며 열을 축적하는 물질이다.
③ 질소와 산소가 반응하여 질소산화물을 만들므로 질소는 가연물이다.
④ 가연물은 반응 시 흡열반응을 일으킨다.

정답 06.① 07.② 08.① 09.② 10.③ 11.③ 12.②

13 액체 시안화수소를 장기간 저장하지 않는 이유는? (설비-18)

① 산화폭발하기 때문에
② 중합폭발하기 때문에
③ 분해폭발하기 때문에
④ 고결되어 장치를 막기 때문에

14 다음 [보기]에서 설명하는 소화제의 종류는?

[보기]
㉠ 유류 및 전기화재에 적합하다.
㉡ 소화 후 잔여물을 남기지 않는다.
㉢ 연소반응을 억제하는 효과와 냉각소화 효과를 동시에 가지고 있다.
㉣ 소화기의 무게가 무겁고, 사용 시 동상의 우려가 있다.

① 물
② 하론
③ 이산화탄소
④ 드라이케미컬 분말

15 연료의 구비조건이 아닌 것은?

① 발열량이 클 것
② 유해성이 없을 것
③ 저장 및 운반 효율이 낮을 것
④ 안전성이 있고 취급이 쉬울 것

16 대기 중에 대량의 가연성 가스나 인화성 액체가 유출되어 발생 증기가 대기 중의 공기와 혼합하여 폭발성인 증기운을 형성하고 착화 폭발하는 현상은? (연소-9)

① BLEVE
② UVCE
③ Jet fire
④ Flash over

17 표준상태에서 질소가스의 밀도는 몇 g/L인가?

① 0.97 ② 1.00
③ 1.07 ④ 1.25

$$\frac{28\text{g}}{22.4\text{L}} = 1.25\text{g/L}$$

18 "기체분자의 크기가 0이고 서로 영향을 미치지 않는 이상기체의 경우, 온도가 일정할 때 가스의 압력과 부피는 서로 반비례한다."와 관련이 있는 법칙은? (설비-2)

① 보일의 법칙
② 샤를의 법칙
③ 보일-샤를의 법칙
④ 돌턴의 법칙

19 부피로 Hexane 0.8v%, Methane 2.0v%, Ethylene 0.5v%로 구성된 혼합가스의 LFL을 계산하면 약 얼마인가? (단, Hexane, Methane, Ethylene의 폭발하한계는 각각 1.1v%, 5.0v%, 2.7v%라고 한다.)

① 2.5% ② 3.0%
③ 3.3% ④ 3.9%

$\dfrac{100}{L} = \dfrac{V_1}{L_1} + \dfrac{V_2}{L_2} + \dfrac{V_3}{L_3}$ 이나

전체 V가 $0.8+2.0+0.5=3.3$이므로

$$\frac{3.3}{L} = \frac{0.8}{1.1} + \frac{2.0}{5.0} + \frac{0.5}{2.7}$$

$$\therefore L = \frac{3.3}{\dfrac{0.8}{1.1} + \dfrac{2.0}{5.0} + \dfrac{0.5}{2.7}} = 2.5\%$$

20 다음 중 불활성화에 대한 설명으로 틀린 것은? (연소-19)

① 가연성 혼합가스에 불활성 가스를 주입하여 산소의 농도를 최소산소농도 이하로 낮게 하는 공정이다.
② 인너트 가스로는 질소, 이산화탄소 또는 수증기가 사용된다.
③ 인너팅은 산소농도를 안전한 농도로 낮추기 위하여 인너트 가스를 용기에 처음 주입하면서 시작한다.
④ 일반적으로 실시되는 산소농도의 제어점은 최소산소농도보다 10% 낮은 농도이다.

정답 13.② 14.③ 15.③ 16.② 17.④ 18.① 19.① 20.④

제2과목 가스설비

21 수격작용(water hammering)의 방지법으로 적합하지 않는 것은? (설비-17)

① 관내의 유속을 느리게 한다.
② 밸브를 펌프 송출구 가까이 설치한다.
③ 서지 탱크(Surge tank)를 설치하지 않는다.
④ 펌프의 속도가 급격히 변화하는 것을 막는다.

22 다음은 수소의 성질에 대한 설명이다. 옳은 것으로만 나열된 것은?

㉠ 공기와 혼합된 상태에서의 폭발범위는 4.0~65%이다.
㉡ 무색, 무취, 무미이므로 누출되었을 경우 색깔이나 냄새로 알 수 없다.
㉢ 고온 · 고압 하에서 강(鋼)중의 탄소와 반응하여 수소취성을 일으킨다.
㉣ 열전달율이 아주 낮고, 열에 대하여 불안정하다.

① ㉠, ㉡ ② ㉠, ㉢
③ ㉡, ㉢ ④ ㉡, ㉣

해설
㉠ 수소폭발범위 : 4~75%
㉣ 열전달율이 빠르다.

23 제1종 보호시설은 사람을 수용하는 건축물로서 사실상 독립된 부분의 연면적이 얼마 이상인 것에 해당하는가? (안전-9)

① $100m^2$ ② $500m^2$
③ $1000m^2$ ④ $2000m^2$

24 공기냉동기의 표준사이클은?

① 브레이튼 사이클 ② 역브레이튼 사이클
③ 카르노 사이클 ④ 역카르노 사이클

25 기화장치의 구성이 아닌 것은?

① 검출부 ② 기화부
③ 제어부 ④ 조압부

26 배관 내 가스 중의 수분 응축 또는 배관의 부식 등으로 인하여 지하수가 침입하는 등의 장애발생으로 가스의 공급이 중단되는 것을 방지하기 위해 설치하는 것은?

① 슬리브
② 리시버 탱크
③ 솔레노이드
④ 후프링

27 피스톤 펌프의 특징으로 옳지 않은 것은?

① 고압, 고점도의 소유량에 적당하다.
② 회전수에 따른 토출 압력 변화가 많다.
③ 토출량이 일정하므로 정량토출이 가능하다.
④ 고압에 의하여 물성이 변화하는 수가 있다.

28 포스겐의 제조 시 사용되는 촉매는?

① 활성탄 ② 보크사이트
③ 산화철 ④ 니켈

해설
$CO+Cl_2 \xrightarrow{\text{(활성탄)}} COCl_2$

29 일정 압력 이하로 내려가면 가스분출이 정지되는 안전밸브는?

① 가용전식 ② 파열식
③ 스프링식 ④ 박판식

30 대용량의 액화가스 저장탱크 주위에는 방류둑을 설치하여야 한다. 방류둑의 주된 설치목적은? (안전-53)

① 테러범 등 불순분자가 저장탱크에 접근하는 것을 방지하기 위하여
② 액상의 가스가 누출될 경우 그 가스를 쉽게 방류시키기 위하여
③ 빗물이 저장탱크 주위로 들어오는 것을 방지하기 위하여
④ 액상의 가스가 누출된 경우 그 가스의 유출을 방지하기 위하여

정답 21.③ 22.③ 23.③ 24.② 25.① 26.② 27.② 28.① 29.③ 30.④

31 3단 압축기로 압축비가 다같이 3일 때 각 단의 이론 토출압력은 각각 몇 MPa · g인가? (단, 흡입압력은 0.1MPa이다.) [설비-41]

① 0.2, 0.8, 2.6 ② 0.2, 1.2, 6.4
③ 0.3, 0.9, 2.7 ④ 0.3, 1.2, 6.4

해설

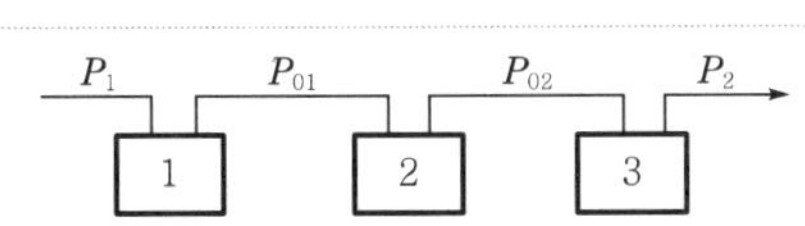

㉠ 1단 토출
$(P_{01}) = a \times P_1 = 3 \times 0.1 = 0.3\text{MPa}$
∴ $0.3 - 0.1 = 0.2\text{MPa(g)}$

㉡ 2단 토출
$(P_{02}) = a \times a \times P_1 = 3 \times 3 \times 0.1 = 0.9\text{MPa}$
∴ $0.9 - 0.1 = 0.8\text{MPa(g)}$

㉢ 3단 토출
$(P_2) = a \times a \times a \times P_1 = 3 \times 3 \times 3 \times 0.1 = 2.7\text{MPa}$
∴ $2.7 - 0.1 = 2.6\text{MPa(g)}$

32 최고 사용온도가 100℃, 길이(L)가 10m인 배관을 상온(15℃)에서 설치하였다면 최고 온도로 사용 시 팽창으로 늘어나는 길이는 약 몇 mm인가? (단, 선팽창계수 α는 12×10^{-6}m/m℃이다.) [설비-10]

① 5.1
② 10.2
③ 102
④ 204

$\lambda = l \propto \Delta t$
$= 10 \times 10^3(\text{mm}) \times 12 \times 10^{-6}/℃ \times (100 - 15)$
$= 10.2\text{mm}$

33 공기액화분리장치의 폭발원인으로 가장 거리가 먼 것은? [설비-5]

① 공기 취입구로부터의 사염화탄소의 침입
② 압축기용 윤활유의 분해에 따른 탄화수소의 생성
③ 공기 중에 있는 질소 화합물(산화질소 및 과산화질소 등)의 흡입
④ 액체 공기 중의 오존의 혼입

34 원통형 용기에서 원주방향 응력은 축방향 응력의 얼마인가?

① 0.5배 ② 1배
③ 2배 ④ 4배

㉠ 원주방향 응력 $\sigma_t = \dfrac{PD}{2t}$

㉡ 축방향 응력 $\sigma_z = \dfrac{PD}{4t}$

∴ $\sigma_t = 2\sigma_z$
여기서, P : 내압
D : 내경
t : 관의 두께

35 압축기에서 압축비가 커짐에 따라 나타나는 영향이 아닌 것은? [설비-47]

① 소요 동력 감소
② 토출가스 온도 상승
③ 체적 효율 감소
④ 압축 일량 증가

36 피셔(fisher)식 정압기에 대한 설명으로 틀린 것은? [설비-6]

① 로딩형 정압기이다.
② 동특성이 양호하다.
③ 정특성이 양호하다.
④ 다른 것에 비하여 크기가 크다.

37 발열량이 10000kcal/Sm^3, 비중이 1.2인 도시가스의 웨베지수는? [안전-57]

① 8333 ② 9129
③ 10954 ④ 12000

$WI = \dfrac{H}{\sqrt{d}} = \dfrac{10000}{\sqrt{1.2}} = 9128.7 = 9129$

38 아세틸렌 제조설비에서 정제장치는 주로 어떤 가스를 제거하기 위해 설치하는가?

① PH_3, H_2S, NH_3
② CO_2, SO_2, CO
③ H_2O(수증기), NO, NO_2, NH_3
④ $SiHCl_3$, SiH_2Cl_2, SiH_4

정답 31.① 32.② 33.① 34.③ 35.① 36.④ 37.② 38.①

해설
C_2H_2 제조장치의 불순물의 종류
PH_3, NH_3, SiH_4, H_2S

39 스테인리스강의 조성이 아닌 것은?

① Cr ② Pb
③ Fe ④ Ni

40 산소제조 장치설비에 사용되는 건조제가 아닌 것은? [설비-5]

① NaOH ② SiO_2
③ $NaClO_3$ ④ Al_2O_3

제3과목 가스안전관리

41 고온 · 고압 시 가스용기의 탈탄작용을 일으키는 가스는? [설비-29]

① C_3H_8 ② SO_3
③ H_2 ④ CO

42 정전기로 인한 화재 · 폭발 사고를 예방하기 위해 취해야 할 조치가 아닌 것은?

① 유체의 분출 방지
② 절연체의 도전성 감소
③ 공기의 이온화 장치 설치
④ 유체 이 · 충전 시 유속의 제한

43 다음 중 고압가스 안전관리법상 가스저장탱크 설치 시 내진설계를 하여야 하는 저장탱크는? (단, 비가연성 및 비독성인 경우는 제외한다.) [안전-54]

① 저장능력이 5톤 이상 또는 500m^3 이상인 저장탱크
② 저장능력이 3톤 이상 또는 300m^3 이상인 저장탱크
③ 저장능력이 2톤 이상 또는 200m^3 이상인 저장탱크
④ 저장능력이 1톤 이상 또는 100m^3 이상인 저장탱크

44 고압가스 안전관리법에서 정하고 있는 특정고압가스가 아닌 것은? [안전-76]

① 천연가스
② 액화염소
③ 게르만
④ 염화수소

45 용기보관실을 설치한 후 액화석유가스를 사용하여야 하는 시설기준은? [안전-111]

① 저장능력 1000kg 초과
② 저장능력 500kg 초과
③ 저장능력 300kg 초과
④ 저장능력 100kg 초과

46 독성의 액화가스 저장탱크 주위에 설치하는 방류둑의 저장능력은 몇 톤 이상의 것에 한하는가? [안전-53]

① 3톤
② 5톤
③ 10톤
④ 50톤

47 가스사용시설에 퓨즈콕 설치 시 예방 가능한 사고 유형은?

① 가스렌지 연결호스 고의절단사고
② 소화안전장치고장 가스누출사고
③ 보일러 팽창탱크과열 파열사고
④ 연소기 전도 화재사고

48 다음 중 아세틸렌가스 충전 시 희석제로 적합한 것은? [설비-25]

① N_2 ② C_3H_8
③ SO_2 ④ H_2

49 압력방폭구조의 표시방법은? [안전-13]

① p ② d
③ ia ④ s

정답 39.② 40.③ 41.③ 42.② 43.① 44.④ 45.④ 46.② 47.① 48.① 49.①

50 액화석유가스의 특성에 대한 설명으로 옳지 않은 것은? (설비-56)

① 액체는 물보다 가볍고, 기체는 공기보다 무겁다.
② 액체의 온도에 의한 부피변화가 작다.
③ 일반적으로, LNG보다 발열량이 크다.
④ 연소 시 다량의 공기가 필요하다.

LPG 액 1L → 기체 250L로 변함

51 액화석유가스 사업자 등과 시공자 및 액화석유가스 특정사용자의 안전관리 등에 관계되는 업무를 하는 자는 시·도지사가 실시하는 교육을 받아야 한다. 교육대상자의 교육내용에 대한 설명으로 틀린 것은? (안전-72)

① 액화석유가스 배달원으로 신규종사하게 될 경우 특별교육을 1회 받아야 한다.
② 액화석유가스 특정사용시설의 안전관리책임자로 신규종사하게 될 경우 신규종사 후 6개월 이내 및 그 이후에는 3년이 되는 해마다 전문교육을 1회 받아야 한다.
③ 액화석유가스를 연료로 사용하는 자동차의 정비작업에 종사하는 자가 한국가스안전공사에서 실시하는 액화석유가스 자동차 정비 등에 관한 전문교육을 받은 경우에는 별도로 특별교육을 받을 필요가 없다.
④ 액화석유가스 충전시설의 충전원으로 신규종사하게 될 경우 6개월 이내 전문교육을 1회 받아야 한다.

④ 액화석유가스 충전시설의 충전원으로 신규종사시 1회 특별교육을 받아야 한다.

52 저장량 15톤의 액화산소 저장탱크를 지하에 설치할 경우 인근에 위치한 연면적 $300m^2$인 교회와 몇 m 이상의 거리를 유지하여야 하는가? (안전-9)

① 6m ② 7m
③ 12m ④ 14m

해설
저장능력 15t=15000kg
연면적 $300m^2$ 교회 : 1종 보호시설
산소가스의 보호시설과 안전거리

저장능력(kg, m^3)	1종	2종
1만 이하	12m	8m
1만 초과 2만 이하	14m	9m

14m이므로 지하에 설치 시 $\frac{1}{2}$ 거리이므로

$\therefore 14\times\frac{1}{2}=7m$

53 아세틸렌용 용접용기 제조 시 내압시험압력이란 최고압력 수치의 몇 배의 압력을 말하는가? (안전-52)

① 1.2배 ② 1.5배
③ 2배 ④ 3배

54 액화암모니아 70kg을 충전하여 사용하고자 한다. 충전정수가 1.86일 때 안전관리상 용기의 내용적은? (안전-36)

① 27L ② 37.6L
③ 75L ④ 131L

$W=\frac{V}{C}$
$V=W\times C$
$=70\times1.86=130.2\fallingdotseq131L$

55 차량에 혼합 적재할 수 없는 가스끼리 짝지어져 있는 것은? (안전-34)

① 프로판, 부탄
② 염소, 아세틸렌
③ 프로필렌, 프로판
④ 시안화수소, 에탄

56 다음 중 공업용 액화염소를 저장하는 용기의 도색은? (안전-59)

① 주황색
② 회색
③ 갈색
④ 백색

정답 50.② 51.④ 52.② 53.④ 54.④ 55.② 56.③

57 냉동기의 냉매설비에 속하는 압력용기의 재료는 압력용기의 설계압력 및 설계온도 등에 따른 적절한 것이어야 한다. 다음 중 초음파탐상 검사를 실시하지 않아도 되는 재료는? (안전-163)

① 두께가 40mm 이상인 탄소강
② 두께가 38mm 이상인 저합금강
③ 두께가 6mm 이상인 9% 니켈강
④ 두께가 19mm 이상이고 최소인장강도가 568.4N/mm^2 이상인 강

① 50mm 이상 탄소강

58 고압가스 제조설비에서 기밀시험용으로 사용할 수 없는 것은?

① 질소 ② 공기
③ 탄산가스 ④ 산소

59 가스설비가 오조작되거나 정상적인 제조를 할 수 없는 경우 자동적으로 원재료를 차단하는 장치는?

① 인터록 기구
② 원료제어밸브
③ 가스누출기구
④ 내부반응 감시기구

60 저장능력이 20톤인 암모니아 저장탱크 2기를 지하에 인접하여 매설할 경우 상호간에 최소 몇 m 이상의 이격거리를 유지하여야 하는가? (안전-3)

① 0.6m ② 0.8m
③ 1m ④ 1.2m

제4과목 가스계측

61 다음 가스분석법 중 흡수분석법에 해당되지 않는 것은? (계측-1)

① 헴펠법 ② 게겔법
③ 오르자트법 ④ 우인클러법

62 다음 중 전기저항식 온도계에 대한 설명으로 틀린 것은? (계측-22)

① 열전대 온도계에 비하여 높은 온도를 측정하는데 적합하다.
② 저항선의 재료는 온도에 의한 전기저항의 변화(저항 온도계수)가 커야 한다.
③ 저항 금속재료는 주로 백금, 니켈, 구리가 사용된다.
④ 일반적으로 금속은 온도가 상승하면 전기저항값이 올라가는 원리를 이용한 것이다.

63 토마스식 유량계는 어떤 유체의 유량을 측정하는데 가장 적당한가?

① 용액의 유량
② 가스의 유량
③ 석유의 유량
④ 물의 유량

64 측정 범위가 넓어 탄성체 압력계의 교정용으로 주로 사용되는 압력계는? (계측-32)

① 벨로즈식 압력계
② 다이어프램식 압력계
③ 부르동관식 압력계
④ 표준 분동식 압력계

65 일반적으로 기체 크로마토그래피 분석 방법으로 분석하지 않는 가스는?

① 염소(Cl_2)
② 수소(H_2)
③ 이산화탄소(CO_2)
④ 부탄($n-C_4H_{10}$)

66 계량에 관한 법률의 목적으로 가장 거리가 먼 것은?

① 계량의 기준을 정함
② 공정한 상거래 질서 유지
③ 산업의 선진화 기여
④ 분쟁의 협의 조정

정답 57.① 58.④ 59.① 60.③ 61.④ 62.① 63.② 64.④ 65.① 66.④

67 가스 크로마토그래피에서 사용하는 검출기가 아닌 것은? [계측-13]

① 원자방출검출기(AED)
② 황화학발광검출기(SCD)
③ 열추적검출기(TTD)
④ 열이온검출기(TID)

68 자동제어에 대한 설명으로 틀린 것은? [계측-12]

① 편차의 정(+), 부(−)에 의하여 조작신호가 최대, 최소가 되는 제어를 on-off 동작이라고 한다.
② 1차 제어장치가 제어량을 측정하여 제어명령을 하고 2차 제어장치가 이 명령을 바탕으로 제어량을 조절하는 것을 캐스케이드 제어라고 한다.
③ 목표값이 미리 정해진 시간적 변화를 할 경우의 수치제어를 정치제어라고 한다.
④ 제어량 편차의 과소에 의하여 조작단을 일정한 속도로 정작동, 역작동 방향으로 움직이게 하는 동작을 부동제어라고 한다.

69 습공기의 절대습도와 그 온도와 동일한 포화공기의 절대습도와의 비를 의미하는 것은 무엇인가? [계측-25]

① 비교습도
② 포화습도
③ 상대습도
④ 절대습도

70 관이나 수로의 유량을 측정하는 차압식 유량계는 어떠한 원리를 응용한 것인가? [계측-23]

① 토리첼리(Torricelli's) 정리
② 패러데이(Faraday's) 법칙
③ 베르누이(Bernoulli's) 정리
④ 파스칼(Pascal's) 원리

71 실측식 가스미터가 아닌 것은? [계측-6]

① 터빈식 가스미터 ② 건식 가스미터
③ 습식 가스미터 ④ 막식 가스미터

72 일반적으로 장치에 사용되고 있는 부르동관 압력계 등으로 측정되는 압력은?

① 절대압력 ② 게이지압력
③ 진공압력 ④ 대기압

73 가스미터에 공기가 통과 시 유량이 300m³/h라면 프로판 가스를 통과하면 유량은 약 몇 kg/h로 환산되겠는가? (단, 프로판의 비중은 1.52, 밀도는 1.86kg/m³이다.)

① 235.9 ② 373.5
③ 452.6 ④ 579.2

$Q=K\sqrt{\dfrac{D^5H}{SL}}$ 에서 $Q=\sqrt{\dfrac{1}{S}}$ 에 비례하므로

㉠ $300\text{m}^3/\text{hr} : \sqrt{\dfrac{1}{1}}$

㉡ $x(\text{m}^3/\text{hr}) : \sqrt{\dfrac{1}{1.52}}$

$\therefore x = 300\times\sqrt{\dfrac{1}{1.52}}(\text{m}^3/\text{hr}) = 243.33\text{m}^3/\text{hr}$

$\therefore 243.33\text{m}^3/\text{hr}\times 1.86\text{kg/m}^3 = 452.6\text{kg/hr}$

74 가스미터에 다음과 같이 표시되어 있었다. 다음 중 그 의미에 대한 설명으로 가장 옳은 것은?

> 0.6[L/rev], MAX 1.8[m³/hr]

① 기준실 10주기 체적이 0.6L, 사용 최대 유량은 시간당 1.8m³이다.
② 기준실 1주기 체적이 0.6L, 사용 감도 유량은 시간당 1.8m³이다.
③ 기준실 10주기 체적이 0.6L, 사용 감도 유량은 시간당 1.8m³이다.
④ 기준실 1주기 체적이 0.6L, 사용 최대 유량은 시간당 1.8m³이다.

정답 67.③ 68.③ 69.① 70.③ 71.① 72.② 73.③ 74.④

75 가스누출경보차단장치에 대한 설명 중 틀린 것은?

① 원격개폐가 가능하고 누출된 가스를 검지하여 경보를 울리면서 자동으로 가스통로를 차단하는 구조이어야 한다.
② 제어부에서 차단부의 개폐상태를 확인할 수 있는 구조이어야 한다.
③ 차단부가 검지부의 가스검지 등에 의하여 닫힌 후에는 복원조작을 하지 않는 한 열리지 않는 구조이어야 한다.
④ 차단부가 전자밸브인 경우에는 통전의 경우에는 닫히고, 정전의 경우에는 열리는 구조이어야 한다.

④ 통전의 경우 열리고, 정전의 경우 닫히는 구조이어야 한다.

76 탐사침을 액중에 넣어 검출되는 물질의 유전율을 이용하는 액면계는?

① 정전용량형 액면계
② 초음파식 액면계
③ 방사선식 액면계
④ 전극식 액면계

77 다음 중 제어량의 종류에 따른 분류가 아닌 것은? [계측-12]

① 서보기구 ② 비례제어
③ 자동조정 ④ 프로세스 제어

78 유량의 계측 단위가 아닌 것은?

① kg/h ② kg/s
③ Nm^3/s ④ kg/m^3

79 크로마토그램에서 머무름 시간이 45초인 어떤 용질을 길이 2.5m의 컬럼에서 바닥에서의 나비를 측정하였더니 6초이었다. 이론단수는 얼마인가?

① 800 ② 900
③ 1000 ④ 1200

$$N = 16 \times \left(\frac{\text{체류부피}}{\text{띠나비}}\right)^2$$
$$= 16 \times \left(\frac{\text{머무른 부피}}{\text{봉우리 폭}}\right)^2 = 16 \times \left(\frac{45}{6}\right)^2$$
$$= 900$$

80 시료 가스를 각각 특정한 흡수액에 흡수시켜 흡수 전후의 가스체적을 측정하여 가스의 성분을 분석하는 방법이 아닌 것은? [계측-1]

① 오르자트(Orsat)법
② 헴펠(Hempel)법
③ 적정(滴定)법
④ 게겔(Gockel)법

정답 75.④ 76.① 77.② 78.④ 79.② 80.③

국가기술자격 시험문제

2017년 산업기사 제2회 필기시험(2부) (2017년 5월 7일 시행)

자격종목	시험시간	문제수	문제형별
가스산업기사	2시간	80	A

수험번호		성 명	

제1과목 연소공학

01 압력이 0.1MPa, 체적이 3m^{3}인 273.15K의 공기가 이상적으로 단열압축되어 그 체적이 1/3으로 되었다. 엔탈피의 변화량은 약 몇 kJ인가? (단, 공기의 기체상수는 0.287kJ/kg·K, 비열비는 1.4이다.)

① 480 ② 580
③ 680 ④ 780

해설
단열압축일량

$$W = \frac{K}{K-1} \cdot P_1 V_1 \left[1 - \left(\frac{V_1}{V_2}\right)^{K-1}\right]$$

$$= \frac{1.4}{1.4-1} \times 0.1 \times 10^3 \times 3 \left[1 - \left(\frac{3}{1}\right)^{1.4-1}\right]$$

$$= -579.43\text{kJ}$$

엔탈피는 부호가 반대이므로
∴ 579.43kJ

02 다음 연소와 관련된 식으로 옳은 것은? (연소-15)

① 과잉공기비 = 공기비(m) − 1
② 과잉공기량 = 이론공기량(A_o) + 1
③ 실제공기량 = 공기비(m) + 이론공기량(A_o)
④ 공기비 = (이론산소량/실제공기량) − 이론공기량

03 폭굉(detonation)의 화염전파속도는? (연소-1)

① 0.1~10m/s ② 10~100m/s
③ 1000~3500m/s ④ 5000~10000m/s

04 다음 중 착화온도가 낮아지는 이유가 되지 않는 것은?

① 반응활성도가 클수록
② 발열량이 클수록
③ 산소농도가 높을수록
④ 분자구조가 단순할수록

해설
착화온도가 낮아지는 이유
㉠ 온도의 압력이 높을수록
㉡ 반응활성도가 클수록
㉢ 산소농도가 높을수록
㉣ 분자구조가 복잡할수록
㉤ 발열량이 클수록

05 단원자분자의 정적비열(C_V)에 대한 정압비열(C_p)의 비인 비열비(K) 값은? (연소-3)

① 1.67 ② 1.44
③ 1.33 ④ 1.02

해설
비열비(K)의 값

단원자분자	1.66
이원자분자	1.4
삼원자분자	1.33

06 증기운 폭발에 영향을 주는 인자로서 가장 거리가 먼 것은? (연소-9)

① 방출된 물질의 양
② 증발된 물질의 분율
③ 점화원의 위치
④ 혼합비

정답 01.② 02.① 03.③ 04.④ 05.① 06.④

07 시안화수소는 장기간 저장하지 못하도록 규정되어 있다. 가장 큰 이유는?

① 분해폭발하기 때문에
② 산화폭발하기 때문에
③ 분진폭발하기 때문에
④ 중합폭발하기 때문에

HCN : 수분 2% 함유 시 중합폭발, 충전 후 60일이 경과하기 전 다른 용기에 충전

08 다음 중 물리적 폭발에 속하는 것은?

① 가스폭발 ② 폭발적 증발
③ 디토네이션 ④ 중합폭발

물리와 화학의 구분

구 분	정 의	보 기
물리	특성이 변하지 않고 모양 형태가 변함	액화, 기화, 증발
화학	물질의 특성이 완전히 변하여 다른 물질이 됨	연소, 산화, 분해, 폭굉 가스의 폭발

09 유동층 연소의 장점에 대한 설명으로 가장 거리가 먼 것은? (연소-2)

① 부하변동에 따른 적응력이 좋다.
② 광범위하게 연료에 적용할 수 있다.
③ 질소산화물의 발생량이 감소된다.
④ 전열면적이 적게 소요된다.

10 0.5atm, 10L의 기체 A와 1.0atm, 5L의 기체 B를 전체부피 15L의 용기에 넣을 경우, 전압은 얼마인가? (단, 온도는 항상 일정하다.)

① $\frac{1}{3}$atm ② $\frac{2}{3}$atm
③ 1.5atm ④ 1atm

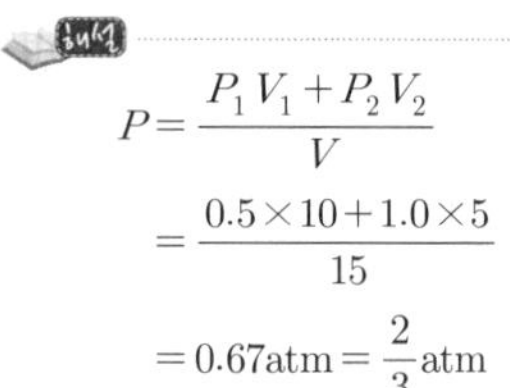

$$P=\frac{P_1V_1+P_2V_2}{V}$$
$$=\frac{0.5\times10+1.0\times5}{15}$$
$$=0.67\text{atm}=\frac{2}{3}\text{atm}$$

11 다음 가연성 가스 중 폭발하한 값이 가장 낮은 것은? (안전-106)

① 메탄
② 부탄
③ 수소
④ 아세틸렌

12 피크노미터는 무엇을 측정하는데 사용되는가?

① 비중 ② 비열
③ 발화점 ④ 열량

피크노미터=비중계

13 피스톤과 실린더로 구성된 어떤 용기 내에 들어있는 기체의 처음 체적은 0.1m^3이다. 200kPa의 일정한 압력으로 체적이 0.3m^3으로 변했을 때의 일은 약 몇 kJ인가?

① 0.4 ② 4
③ 40 ④ 400

$W=P\Delta V$
$=200(\text{kN/m}^2)\times(0.3-0.1)(\text{m}^3)$
$=40\text{kN}\cdot\text{m}$
$=40\text{kJ}$

14 미연소혼합기의 흐름이 화염부근에서 층류에서 난류로 바뀌었을 때의 현상으로 옳지 않은 것은?

① 확산연소일 경우는 단위면적당 연소율이 높아진다.
② 적화식 연소는 난류확산연소로서 연소율이 높다.
③ 화염의 성질이 크게 바뀌며 화염대의 두께가 증대한다.
④ 예혼합연소일 경우 화염전파속도가 가속된다.

② 적화식 연소는 층류확산연소로서 연소율이 낮다.

정답 07.④ 08.② 09.① 10.② 11.② 12.① 13.③ 14.②

15 어떤 반응물질이 반응을 시작하기 전에 반드시 흡수하여야 하는 에너지의 양을 무엇이라 하는가?

① 점화에너지
② 활성화에너지
③ 형성엔탈피
④ 연소에너지

16 압력 2atm, 온도 27℃에서 공기 2kg의 부피는 약 몇 m^3인가? (단, 공기의 평균분자량은 29이다.)

① 0.45 ② 0.65
③ 0.75 ④ 0.85

$$PV = \frac{W}{M}RT$$

$$V = \frac{WRT}{PM}$$

$$= \frac{2 \times 0.082 \times (273+27)}{2 \times 29} = 0.848$$

$$= 0.85\text{m}^3$$

17 다음 중 정상동작 상태에서 주변의 폭발성 가스 또는 증기에 점화시키지 않고 점화시킬 수 있는 고장이 유발되지 않도록 한 방폭구조는?

① 특수방폭구조
② 비점화방폭구조
③ 본질안전 방폭구조
④ 몰드방폭구조

18 고부하 연소 중 내연기관의 동작과 같은 흡입, 연소, 팽창, 배기를 반복하면서 연소를 일으키는 것은?

① 펄스연소
② 에멀전연소
③ 촉매연소
④ 고농도 산소연소

고부하 연소

항 목		세부 핵심사항
촉매연소 (Catalytic Combustion)	정의	촉매 하에서 연소시켜 화염을 발하지 않고, 착화온도 이하에서 연소시키는 방법
	촉매의 구비 조건	① 경제적일 것 ② 기계적 강도가 있을 것 ③ 촉매독에 저항력이 클 것 ④ 활성이 크고, 압력손실이 적을 것
펄스연소 (Pulse Combustion)	정의	내연기관의 동작과 같은 흡입, 연소, 팽창, 배기를 반복하면서 연소를 일으키는 과정
	특성	① 공기비가 적어도 된다. ② 연소조절범위가 좁다. ③ 설비비가 절감된다. ④ 소음발생의 우려가 있다. ⑤ 연소효율이 높다.
에멀전연소 (Emulson Combustion)	정의	액체 중 액체의 소립자 형태로 분산되어 있는 것을 연소에 이용한 방법으로 오일-알코올, 오일-석탄-물 등에 사용하는 연소방식
고농도 산소 연소	정의	공기 중의 산소농도를 높여 연소에 이용하는 방법
	특징	① 질소산화물 발생이 적으므로 연소생성물이 적어진다. ② 연소에 필요한 공기량이 적어도 된다. ③ 화염온도가 높아진다. ④ 열전달계수가 크다.

19 연소에서 사용되는 용어와 그 내용에 대하여 가장 바르게 연결된 것은? 【설비-44】

① 폭발 – 정상연소
② 착화점 – 점화 시 최대에너지
③ 연소범위 – 위험도의 계산기준
④ 자연발화 – 불씨에 의한 최고 연소시작 온도

20 버너 출구에서 가연성 기체의 유출 속도가 연소속도보다 큰 경우 불꽃이 노즐에 정착되지 않고 꺼져버리는 현상을 무엇이라 하는가? 【연소-22】

① Boil over ② Flash back
③ Blow off ④ Back fire

정답 15.② 16.④ 17.② 18.① 19.③ 20.③

제2과목 가스설비

21 용기 충전구에 "V" 홈의 의미는?

① 왼나사를 나타낸다.
② 독성 가스를 나타낸다.
③ 가연성 가스를 나타낸다.
④ 위험한 가스를 나타낸다.

22 LP가스를 이용한 도시가스 공급방식이 아닌 것은?

① 직접 혼입방식
② 공기 혼합방식
③ 변성 혼입방식
④ 생가스 혼합방식

LP가스 공급방식, 기화방식 구분

구 분	종 류
LP가스의 도시가스 공급방식	① 직접공급방식 ② 공기혼입방식 ③ 변성가스 공급방식
기화방식	① 생가스 공급방식 ② 공기혼입 공급방식 ③ 변성가스 공급방식

23 고압가스 설비 설치 시 지반이 단단한 점토질 지반일 때의 허용지지력도는? (안전-160)

① 0.05MPa　② 0.1MPa
③ 0.2MPa　④ 0.3MPa

지반의 종류에 따른 허용응력 지지도(KGS FP112 2.2.1.5)

지반의 종류	허용응력 지지도(MPa)
암반	1
단단히 응결된 모래층	0.5
황토흙	0.3
조밀한 자갈층	0.3
모래질 지반	0.05
조밀한 모래질 지반	0.2
단단한 점토질 지반	0.1
점토질 지반	0.02
단단한 롬(loam)층	0.1
롬(loam)층	0.05

24 가스온수기에 반드시 부착하지 않아도 되는 안전장치는? (안전-168)

① 정전안전장치　② 역풍방지장치
③ 전도안전장치　④ 소화안전장치

가스보일러, 난방기 안전장치 종류
㉠ 정전안전장치
㉡ 역풍방지장치
㉢ 소화안전장치
㉣ 그 밖의 장치－거버너(세라믹 버너를 사용하는 온수기만을 말한다), 과열방지장치, 물온도조절장치, 점화장치, 물빼기장치, 수압자동가스밸브, 동결방지장치

25 폴리에틸렌관(polyethylene pipe)의 일반적인 성질에 대한 설명으로 틀린 것은?

① 인장강도가 적다.
② 내열성과 보온성이 나쁘다.
③ 염화비닐관에 비해 가볍다.
④ 상온에도 유연성이 풍부하다.

26 실린더의 단면적 $50cm^2$, 피스톤 행정 10cm 회전수 200rpm, 체적효율 80%인 왕복압축기의 토출량은 약 몇 L/min인가? (설비-15)

① 60　② 80
③ 100　④ 120

$$Q=\frac{\pi}{4}D^2\times L\times N\times\eta_v$$
$$=50\times10\times200\times0.8$$
$$=80000\text{cm}^3/\text{min}$$
$$=80\text{L/min}$$

27 철을 담금질하면 경도는 커지지만 탄성이 약해지기 쉬우므로 이를 적당한 온도로 재가열 했다가 공기 중에서 서냉시키는 열처리 방법은? (설비-20)

① 담금질(Quenching)
② 뜨임(Tempering)
③ 불림(Normalizing)
④ 풀림(Annealing)

정답 21.① 22.④ 23.② 24.③ 25.② 26.② 27.②

28 금속의 시험편 또는 제품의 표면에 일정한 하중으로 일정모양의 경질 압자를 압입하든가 또는 일정한 높이에서 해머를 낙하시키는 등의 방법으로 금속재료를 시험하는 방법은?

① 인장시험 ② 굽힘시험
③ 경도시험 ④ 크리프시험

29 전기방식 방법의 특징에 대한 설명으로 옳은 것은? (안전-38)

① 전위차가 일정하고 방식 전류가 작아 도복장의 저항이 작은 대상에 알맞은 방식은 희생양극법이다.
② 매설배관과 변전소의 부극 또는 레일을 직접 도선으로 연결해야 하는 경우에 사용하는 방식은 선택배류법이다.
③ 외부전원법과 선택배류법을 조합하여 레일의 전위가 높아도 방식전류를 흐르게 할 수 있는 방식은 강제배류법이다.
④ 전압을 임의적으로 선정할 수 있고 전류의 방출을 많이 할 수 있어 전류구배가 작은 장소에 사용하는 방식은 외부전원법이다.

30 고압가스 용기 및 장치 가공 후 열처리를 실시하는 가장 큰 이유는?

① 재료 표면의 경도를 높이기 위하여
② 재료의 표면을 연화시켜 가공하기 쉽도록 하기 위하여
③ 가공 중 나타난 잔류응력을 제거하기 위하여
④ 부동태 피막을 형성시켜 내산성을 증가시키기 위하여

31 원유, 중유, 나프타 등의 분자량이 큰 탄화수소 원료를 고온(800~900℃)으로 분해하여 고열량의 가스를 제조하는 방법은? (설비-3)

① 열분해 프로세스
② 접촉분해 프로세스
③ 수소화분해 프로세스
④ 대체 천연가스 프로세스

32 고압가스용 기화장치의 기화통의 용접하는 부분에 사용할 수 없는 재료의 기준은?

① 탄소함유량이 0.05% 이상인 강재 또는 저합금 강재
② 탄소함유량이 0.10% 이상인 강재 또는 저합금 강재
③ 탄소함유량이 0.15% 이상인 강재 또는 저합금 강재
④ 탄소함유량이 0.35% 이상인 강재 또는 저합금 강재

33 내용적 70L의 LPG 용기에 프로판 가스를 충전할 수 있는 최대량은 몇 kg인가? (안전-36)

① 50
② 45
③ 40
④ 30

$$W=\frac{V}{C}=\frac{70}{2.35}=29.78 \fallingdotseq 30$$

34 물을 전양정 20m, 송출량 500L/min로 이송할 경우 원심펌프의 필요동력은 약 몇 kW인가? (단, 펌프의 효율은 60%이다.)

① 1.7
② 2.7
③ 3.7
④ 4.7

해설

$$L_{(\mathrm{kW})}=\frac{\gamma \cdot Q \cdot H}{102\eta}$$
$$=\frac{1000\times(0.5\mathrm{m}^3/60\mathrm{sec})\times 20\mathrm{m}}{102\times 0.6}$$
$$=2.72\mathrm{kW}$$

35 펌프에서 발생하는 캐비테이션의 방지법 중 옳은 것은? (설비-17)

① 펌프의 위치를 낮게 한다.
② 유효흡입수두를 작게 한다.
③ 펌프의 회전수를 크게 한다.
④ 흡입관의 지름을 작게 한다.

정답 28.③ 29.③ 30.③ 31.① 32.④ 33.④ 34.② 35.①

36 저온장치용 금속재료에서 온도가 낮을수록 감소하는 기계적 성질은?

① 인장강도　② 연신율
③ 항복점　④ 경도

37 LP가스용 조정기 중 2단 감압식 조정기의 특징에 대한 설명으로 틀린 것은? (안전-17, 설비-55)

① 1차용 조정기의 조정압력은 25kPa이다.
② 배관이 길어도 전공급지역의 압력을 균일하게 유지할 수 있다.
③ 입상배관에 의한 압력손실을 적게 할 수 있다.
④ 배관구경이 작은 것으로 설계할 수 있다.

38 펌프에서 발생하는 수격현상의 방지법으로 틀린 것은? (설비-17)

① 서지(surge)탱크를 관내에 설치한다.
② 관 내의 유속 흐름 속도를 가능한 적게 한다.
③ 플라이 휠을 설치하여 펌프이 속도가 급변하는 것을 막는다.
④ 밸브는 펌프 주입구에 설치하고 밸브를 적당히 제어한다.

39 내압시험압력 및 기밀시험압력의 기준이 되는 압력으로서 사용상태에서 해당설비 등의 각부에 작용하는 최고사용압력을 의미하는 것은?

① 설계압력　② 표준압력
③ 상용압력　④ 설정압력

40 다음 중 레이놀즈(Reynolds)식 정압기의 특징인 것은? (설비-6)

① 로딩형이다.
② 콤팩트하다.
③ 정특성, 동특성이 양호하다.
④ 정특성은 극히 좋으나 안정성이 부족하다.

제3과목 가스안전관리

41 냉동용 특정설비 제조시설에서 냉동기 냉매설비에 대하여 실시하는 기밀시험 압력의 기준으로 적합한 것은? (안전-52)

① 설계압력 이상의 압력
② 사용압력 이상의 압력
③ 설계압력의 1.5배 이상의 압력
④ 사용압력의 1.5배 이상의 압력

42 아세틸렌에 대한 설명이 옳은 것으로만 나열된 것은?

> ㉠ 아세틸렌이 누출하면 낮은 곳으로 체류한다.
> ㉡ 아세틸렌은 폭발범위가 비교적 광범위하고, 아세틸렌 100%에서도 폭발하는 경우가 있다.
> ㉢ 발열화합물이므로 압축하면 분해폭발할 수 있다.

① ㉠　② ㉡
③ ㉡, ㉢　④ ㉠, ㉡, ㉢

43 밀폐식 보일러에서 사고원인이 되는 사항에 대한 설명으로 가장 거리가 먼 것은? (안전-112)

① 전용보일러실에 보일러를 설치하지 아니한 경우
② 설치 후 이음부에 대한 가스누출 여부를 확인하지 아니한 경우
③ 배기통이 수평보다 위쪽을 향하도록 설치한 경우
④ 배기통과 건물의 외벽 사이에 기밀이 완전히 유지되지 않는 경우

44 산소, 아세틸렌 및 수소를 제조하는 자가 실시하여야 하는 품질검사의 주기는? (안전-11)

① 1일 1회 이상　② 1주 1회 이상
③ 월 1회 이상　④ 년 2회 이상

정답 36.② 37.① 38.④ 39.③ 40.④ 41.① 42.② 43.① 44.①

45 용기보관 장소에 대한 설명 중 옳지 않은 것은?

① 산소 충전용기 보관실의 지붕은 콘크리트로 견고히 한다.
② 독성가스 용기보관실에는 가스누출검지 경보장치를 설치한다.
③ 공기보다 무거운 가연성 가스의 용기보관실에는 가스누출검지 경보장치를 설치한다.
④ 용기보관장소의 경계표지는 출입구 등 외부로부터 보기 쉬운 곳에 게시한다.

46 다음 가스의 치환방법으로 가장 적당한 것은?

① 아황산가스는 공기로 치환할 필요없이 작업한다.
② 염소는 제해시키고 허용농도 이하가 될 때까지 불활성 가스로 치환한 후 작업한다.
③ 수소는 불활성 가스로 치환한 즉시 작업한다.
④ 산소는 치환할 필요도 없이 작업한다.

해설

가스의 치환 후 유지농도
㉠ 독성 : TLV-TWA 허용농도 이하
㉡ 가연성 : 폭발하한의 1/4 이하
㉢ 산소 : 18% 이상 22% 이하

47 내용적이 50L인 용기에 프로판 가스를 충전하는 때에는 얼마의 충전량(kg)을 초과할 수 없는가? (단, 충전상수 C는 프로판의 경우 2.35이다.) (안전-36)

① 20 ② 20.4
③ 21.3 ④ 24.4

$$W = \frac{V}{C} = \frac{50}{2.35} = 21.27 = 21.3\text{kg}$$

48 액화석유가스 제조시설 저장탱크의 폭발방지 장치로 사용되는 금속은?

① 아연 ② 알루미늄
③ 철 ④ 구리

해설

폭발방지장치란 액화석유가스 저장탱크 외벽이 화염으로 국부적으로 가열될 경우, 그 저장탱크 벽면의 열을 신속히 흡수·분산시킴으로서 탱크 벽면의 국부적인 온도상승에 따른 저장탱크의 파열을 방지하기 위하여 저장탱크 내벽에 설치하는 다공성 벌집형 알루미늄합금박판을 말한다.

49 염소의 성질에 대한 설명으로 틀린 것은?

① 화학적으로 활성이 강한 산화제이다.
② 녹황색의 자극적인 냄새가 나는 기체이다.
③ 습기가 있으면 철 등을 부식시키므로 수분과 격리시켜야 한다.
④ 염소와 수소를 혼합하면 냉암소에서도 폭발하여 염화수소가 된다.

$$H_2 + Cl_2 \xrightarrow{\text{햇빛(일광)}} 2HCl$$

햇빛(일광)에 의해 폭발 발생

50 다음 각 고압가스를 용기에 충전할 때의 기준으로 틀린 것은?

① 아세틸렌은 수산화나트륨 또는 디메틸포름아미드를 침윤시킨 후 충전한다.
② 아세틸렌을 용기에 충전한 후에는 15℃에서 1.5MPa 이하로 될 때까지 정치하여 둔다.
③ 시안화수소는 아황산가스 등의 안정제를 첨가하여 충전한다.
④ 시안화수소는 충전 후 24시간 정치한다.

51 이동식 부탄연소기용 용접용기의 검사방법에 해당하지 않는 것은?

① 고압가압검사 ② 반복사용검사
③ 진동검사 ④ 충수검사

이동식 부탄 연소기용 용접용기 검사방법

구 분	검사방법
제품 확인검사	구조, 외관, 기밀, 고압가압, 치수, 재료, 내가스성, 반복사용, 진동
생산 공정검사	재료, 내가스성, 반복사용, 진동

정답 45.① 46.② 47.③ 48.② 49.④ 50.① 51.④

52 LP가스용 염화비닐 호스에 대한 설명으로 틀린 것은? (안전-169)

① 호스의 안지름 치수의 허용차는 ±0.7mm로 한다.
② 강선보강층은 직경 0.18mm 이상의 강선을 상하로 겹치도록 편조하여 제조한다.
③ 바깥층의 재료는 염화비닐을 사용한다.
④ 호스는 안층과 바깥층이 잘 접착되어 있는 것으로 한다.

해설

염화비닐호스 규격 및 검사 방법

구 분	세부내용		
호스의 구조 및 치수	호스는 안층, 보강층, 바깥층의 구조 안지름과 두께가 균일한 것으로 굽힘성이 좋고 흠, 기포, 균열 등 결점이 없을 것		
호스의 안지름 치수	종류	안지름(mm)	허용차(mm)
	1종	6.3	±0.7
	2종	9.5	
	3종	12.7	
내압성능	1m 호스를 3MPa에서 5분간 실시하는 내압시험에서 누출이 없으며 파열, 국부적인 팽창이 없을 것		
파열성능	1m 호스를 4MPa 이상의 압력에서 파열되는 것으로 한다.		
기밀성능	1m 호스를 2MPa 압력에서 실시하는 기밀시험에서 3분간 누출이 없고 국부적인 팽창이 없을 것		
내인장성능	호스의 안층 인장강도는 73.6N/5mm 폭 이상		

53 도시가스 사용시설에 설치하는 가스누출경보기의 기능에 대한 설명으로 틀린 것은? (안전-67)

① 가스의 누출을 검지하여 그 농도를 지시함과 동시에 경보를 울리는 것으로 한다.
② 미리 설정된 가스농도에서 60초 이내에 경보를 울리는 것으로 한다.
③ 담배연기 등 잡가스에 경보가 울리지 아니하는 것으로 한다.
④ 경보가 울린 후 주위의 가스농도가 기준 이하가 되면 멈추는 구조로 한다.

54 운반책임자를 동승시켜 운반해야 되는 경우에 해당되지 않는 것은? (안전-5)

① 압축산소 : $100m^3$ 이상
② 독성압축가스 : $100m^3$ 이상
③ 액화산소 : 6000kg 이상
④ 독성액화가스 : 1000kg 이상

55 다음 중 이동식 부탄연소기의 올바른 사용방법은?

① 바람의 영향을 줄이기 위해서 텐트 안에서 사용한다.
② 효율을 높이기 위해서 두 대를 나란히 연결하여 사용한다.
③ 사용하는 그릇은 연소기의 삼발이보다 폭이 좁은 것을 사용한다.
④ 연소기 운반 중에는 용기를 연소기 내부에 보관한다.

해설

폭이 넓은 것 사용 시 용기가 가열되어 폭발 우려가 있다.

56 다음 중 고압가스 용기의 파열사고의 큰 원인 중 하나는 용기의 내압(耐壓)의 이상상승이다. 이상상승의 원인으로 가장 거리가 먼 것은?

① 가열
② 일광의 직사
③ 내용물의 중합반응
④ 적정 충전

57 액화석유가스 자동차용 충전시설의 충전호스의 설치기준으로 옳은 것은?

① 충전호스의 길이는 5m 이내로 한다.
② 충전호스에 과도한 인장력을 가하여도 호스와 충전기는 안전하여야 한다.
③ 충전호스에 부착하는 가스주입기는 더블터치형으로 한다.
④ 충전기와 가스주입기는 일체형으로 하여 분리되지 않도록 하여야 한다.

정답 52.③ 53.④ 54.① 55.③ 56.④ 57.①

액화석유가스 자동차 충전시설 기준

항 목	내 용
충전호스 설치	5m 이내
주입기	원터치형
세이프티 카플러 기구 설치	충전호스 내 과도한 인장력이 걸렸을 때 충전호스와 주입기가 분리되는 장치

58 고압가스 특정제조시설의 특수반응설비로 볼 수 없는 것은?

① 암모니아 2차 개질로
② 고밀도 폴리에틸렌 분해 중합기
③ 에틸렌 제조시설의 아세틸렌 수첨탑
④ 사이크로헥산 제조시설의 벤젠수첨 반응기

고압가스 특정제조의 특수반응설비
㉠ 암모니아 2차 개질로
㉡ 에틸렌 제조시설의 아세틸렌 수첨탑
㉢ 산화에틸렌 제조시설의 에틸렌과 산소 또는 공기와의 반응기
㉣ 사이크로헥산 제조시설의 벤젠수첨 반응기

59 독성가스 용기 운반 등의 기준으로 옳지 않은 것은? 【안전-34】

① 충전용기를 운반하는 가스운반 전용차량의 적재함에는 리프트를 설치한다.
② 용기의 충격을 완화하기 위하여 완충판 등을 비치한다.
③ 충전용기를 용기보관장소로 운반할 때에는 가능한 손수레를 사용하거나 용기의 밑부분을 이용하여 운반한다.
④ 충전용기를 차량에 적재할 대에는 운행 중의 동요로 인하여 용기가 충돌하지 않도록 눕혀서 적재한다.

60 액화석유가스 설비의 가스안전사고 방지를 위한 기밀시험 시 사용이 부적합한 가스는?

① 공기 ② 탄산가스
③ 질소 ④ 산소

제4과목 가스계측

61 가스계량기의 검정 유효 기간은 몇 년인가? (단, 최대유량 $10m^3/h$ 이하이다.) 【계측-7】

① 1년 ② 2년
③ 3년 ④ 5년

62 헴펠식 분석장치를 이용하여 가스 성분을 정량하고자 할 때 흡수법에 의하지 않고 연소법에 의해 측정하여야 하는 가스는?

① 수소 ② 이산화탄소
③ 산소 ④ 일산화탄소

63 공업용 액면계(액위계)로서 갖추어야 할 조건으로 틀린 것은?

① 연속측정이 가능하고, 고온·고압에 잘 견디어야 한다.
② 지시기록 또는 원격측정이 가능하고 부식에 약해야 한다.
③ 액면의 상·하한계를 간단히 계측할 수 있어야 하며, 적용이 용이해야 한다.
④ 자동제어장치에 적용이 가능하고, 보수가 용이해야 한다.

64 수은은 이용한 U자관식 액면계에서 그림과 같이 높이가 70cm일 때 P_2는 절대압으로 약 얼마인가?

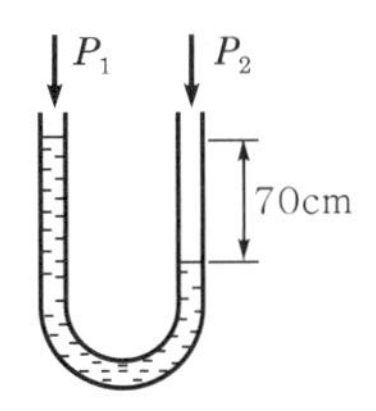

① $1.92kg/cm^2$ ② 1.92atm
③ 1.87bar ④ $20.24mH_2O$

$P_2 = P_1 + Sh$
$= 76cm + 70cm = 146cmHg$
$= \frac{146}{76} \times 1 = 1.92atm$
$\therefore$ 1atm = 76cmHg

정답 58.② 59.④ 60.④ 61.④ 62.① 63.② 64.②

65 산소(O_2) 중에 포함되어 있는 질소(N_2)성분을 가스 크로마토그래피로 정량하는 방법으로 옳지 않은 것은?

① 열전도도 검출기(TCD)를 사용한다.
② 캐리어 가스로는 헬륨을 쓰는 것이 바람직하다.
③ 산소(O_2)의 피크가 질소(N_2)의 피크보다 먼저 나오도록 컬럼을 선택한다.
④ 산소제거트랩(Oxygen trap)을 사용하는 것이 좋다.

66 오리피스 플레이트 설계 시 일반적으로 반영되지 않아도 되는 것은?

① 표면 거칠기
② 엣지 각도
③ 베벨 각
④ 스월

67 기체의 열전도율을 이용한 진공계가 아닌 것은?

① 피라니 진공계
② 열전쌍 진공계
③ 서미스터 진공계
④ 맥클라우드 진공계

68 게이지 압력(gauge pressure)의 의미를 가장 잘 나타낸 것은? (설비-1)

① 절대압력 0을 기준으로 하는 압력
② 표준대기압을 기준으로 하는 압력
③ 임의의 압력을 기준으로 하는 압력
④ 측정위치에서의 대기압을 기준으로 하는 압력

69 아르키메데스의 원리를 이용한 것은?

① 부르동관식 압력계
② 침종식 압력계
③ 벨로즈식 압력계
④ U자관식 압력계

70 H_2와 O_2 등에는 감응이 없고 탄화수소에 대한 감응이 아주 우수한 검출기는? (계측-13)

① 열이온(TID) 검출기
② 전자포획(ECD) 검출기
③ 열전도도(TCD) 검출기
④ 불꽃이온화(FID) 검출기

71 다음 가스분석법 중 물리적 가스분석법에 해당하지 않는 것은? (계측-3)

① 열전도율법
② 오르자트법
③ 적외선흡수법
④ 가스 크로마토그래피법

72 가스누출경보기의 검지방법으로 가장 거리가 먼 것은?

① 반도체식
② 접촉연소식
③ 확산분해식
④ 기체 열전도도식

73 다음 중 측정지연 및 조절지연이 작을 경우 좋은 결과를 얻을 수 있으며 제어량의 편차가 없어질 때까지 동작을 계속하는 제어동작은? (계측-4)

① 적분동작
② 비례동작
③ 평균2위치 동작
④ 미분동작

74 기체 크로마토그래피(Gas Chromatography)의 일반적인 특성에 해당하지 않는 것은?

① 연속분석이 가능하다.
② 분리능력과 선택성이 우수하다.
③ 적외선 가스분석계에 비해 응답속도가 느리다.
④ 여러 가지 가스 성분이 섞여 있는 시료가스 분석에 적당하다.

정답 65.③ 66.④ 67.④ 68.④ 69.② 70.④ 71.② 72.③ 73.① 74.①

75 오리피스, 플로노즐, 벤투리 유량계의 공통점은? (계측-23)

① 직접식
② 열전대를 사용
③ 압력강하 측정
④ 초음속 유체만의 유량 측정

76 시료 가스 채취 장치를 구성하는데 있어 다음 설명 중 틀린 것은?

① 일반 성분의 분석 및 발열량·비중을 측정할 때, 시료 가스 중의 수분이 응축될 염려가 있을 때는 도관 가운데에 적당한 응축액 트랩을 설치한다.
② 특수 성분을 분석할 때, 시료 가스 중의 수분 또는 기름성분이 응축되어 분석 결과에 영향을 미치는 경우는 흡수장치를 보온하든가 또는 적당한 방법으로 가온한다.
③ 시료 가스에 타르류, 먼지류를 포함하는 경우는 채취관 또는 도관 가운데에 적당한 여과기를 설치한다.
④ 고온의 장소로부터 시료 가스를 채취하는 경우는 도관 가운데에 적당한 냉각기를 설치한다.

77 가스미터의 구비조건으로 틀린 것은?

① 내구성이 클 것
② 소형으로 계량용량이 적을 것
③ 감도가 좋고 압력손실이 적을 것
④ 구조가 간단하고 수리가 용이할 것

해설
② 소형으로 용량이 클 것

78 계통적 오차에 대한 설명으로 옳지 않은 것은?

① 계기오차, 개인오차, 이론오차 등으로 분류된다.
② 참값에 대하여 치우침이 생길 수 있다.
③ 측정 조건변화에 따라 규칙적으로 생긴다.
④ 오차의 원인을 알 수 없어 제거할 수 없다.

79 산소 농도를 측정할 때 기전력을 이용하여 분석하는 계측기기는?

① 세라믹 O_2계 ② 연소식 O_2계
③ 자기식 O_2계 ④ 밀도식 O_2계

80 루트미터(Roots Meter)에 대한 설명 중 틀린 것은? (계측-8)

① 유량이 일정하거나 변화가 심한 곳, 깨끗하거나 건조하거나 관계없이 많은 가스 타입을 계량하기에 적합하다.
② 액체 및 아세틸렌, 바이오가스, 침전가스를 계량하는 데에는 다소 부적합하다.
③ 공업용에 사용되고 있는 이 가스미터는 칼만(Karman)식과 스월(Swirl)식의 두 종류가 있다.
④ 측정의 정확도와 예상수명은 가스 흐름 내에 먼지의 과다 퇴적이나 다른 종류의 이물질에 따라 다르다.

정답 75.③ 76.② 77.② 78.④ 79.① 80.③

국가기술자격 시험문제

2017년 산업기사 제4회 필기시험(2부) (2017년 9월 23일 시행)

자격종목	시험시간	문제수	문제형별
가스산업기사	2시간	80	B

수험번호		성 명	

제1과목 연소공학

01 1kg의 공기를 20℃, 1kgf/cm^{2}인 상태에서 일정 압력으로 가열팽창시켜 부피를 처음의 5배로 하려고 한다. 이 때 온도는 초기 온도와 비교하여 몇 ℃ 차이가 나는가?

① 1172 ② 1292
③ 1465 ④ 1561

$\frac{V_1}{T_1} = \frac{V_2}{T_2}$

$\therefore T_2 = \frac{T_1 V_2}{V_1}$

$= \frac{293 \times 5V}{V}$

$= 293 \times 5 = 1465\text{K}$

$= 1192℃$

$\therefore 1192 - 20 = 1172℃$

02 95℃의 온수를 100kg/h 발생시키는 온수 보일러가 있다. 이 보일러에서 저위발열량이 45MJ/Nm^{3}인 LNG를 1m^3/h 소비할 때 열효율은 얼마인가? (단, 급수의 온도는 25℃이고, 물의 비열은 4.184kJ/kg · K이다.)

① 60.07%
② 65.08%
③ 70.09%
④ 75.10%

$100 \times 4.184 \times (95-25) \times 10^{-3} = 29.288\text{MJ}$

$\therefore \eta = \frac{29.288}{45 \times 1} \times 100 = 65.08\%$

03 완전기체에서 정적비열(C_V), 정압비열(C_P)의 관계식을 옳게 나타낸 것은? (단, R은 기체상수이다.) (연소-3)

① $C_P / C_V = R$ ② $C_P - C_V = R$
③ $C_V / C_P = R$ ④ $C_P + C_V = R$

04 다음 중 열역학 제2법칙에 대한 설명이 아닌 것은? (설비-40)

① 열은 스스로 저온체에서 고온체로 이동할 수 없다.
② 효율이 100%인 열기관을 제작하는 것은 불가능하다.
③ 자연계에 아무런 변화도 남기지 않고 어느 열원의 열을 계속해서 일로 바꿀 수 없다.
④ 에너지의 한 형태인 열과 일은 본질적으로 서로 같고, 열은 일로, 일은 열로 서로 전환이 가능하며, 이 때 열과 일 사이의 변환에는 일정한 비례관계가 성립한다.

05 프로판 5L를 완전연소시키기 위한 이론공기량은 약 몇 L인가?

① 25 ② 87
③ 91 ④ 119

$C_3H_2O + 5O_2 \rightarrow 3CO_2 + 4H_2O$

5L : 5×5L

$\therefore 25 \times \frac{100}{21} = 119\text{L}$

정답 01.① 02.② 03.② 04.④ 05.④

06 이상기체를 일정한 부피에서 냉각하면 온도와 압력의 변화는 어떻게 되는가?

① 온도저하, 압력강하
② 온도상승, 압력강하
③ 온도상승, 압력일정
④ 온도저하, 압력상승

07 가연성 물질을 공기로 연소시키는 경우에 공기 중의 산소 농도를 높게 하면 연소속도와 발화온도는 어떻게 되는가? (연소-35)

① 연소속도는 느리게 되고, 발화온도는 높아진다.
② 연소속도는 빠르게 되고, 발화온도는 높아진다.
③ 연소속도는 빠르게 되고, 발화온도는 낮아진다.
④ 연소속도는 느리게 되고, 발화온도는 낮아진다.

08 프로판과 부탄이 각각 50% 부피로 혼합되어 있을 때 최소산소농도(MOC)의 부피%는? (단, 프로판과 부탄의 연소하한계는 각각 2.2v%, 1.8v%이다)

① 1.9%
② 5.5%
③ 11.4%
④ 15.1%

해설
MOC(최소산소농도)=산소몰수×폭발하한계
$C_3H_8+5O_2 \rightarrow 3CO_2+4H_2O$
$C_4H_{10}+6.5O_2 \rightarrow 4CO_2+5H_2O$
$5\times0.5\times2.2+6.5\times0.5\times1.8=11.35 \fallingdotseq 11.4$

09 "압력이 일정할 때 기체의 부피는 온도에 비례하여 변화한다."라는 법칙은? (설비-2)

① 보일(Boyle)의 법칙
② 샤를(Charles)의 법칙
③ 보일-샤를의 법칙
④ 아보가드로의 법칙

10 방폭 구조 및 대책에 관한 설명으로 옳지 않은 것은? (연소-14)

① 방폭대책에는 예방, 국한, 소화, 피난 대책이 있다.
② 가연성 가스의 용기 및 탱크 내부는 제2종 위험 장소이다.
③ 분진폭발은 1차 폭발과 2차 폭발로 구분되어 발생한다.
④ 내압방폭구조는 내부 폭발에 의한 내용물 손상으로 영향을 미치는 기기에는 부적당하다.

② 가연성 가스의 용기 및 탱크 내부는 0종 위험 장소이다.

11 다음 가스 중 공기와 혼합될 때 폭발성 혼합가스를 형성하지 않는 것은? (연소-9)

① 아르곤 ② 도시가스
③ 암모니아 ④ 일산화탄소

12 액체 연료를 수 μm에서 수백 μm으로 만들어 증발 표면적을 크게 하여 연소시키는 것으로서 공업적으로 주로 사용되는 연소 방법은? (연소-9)

① 액면연소 ② 등심연소
③ 확산연소 ④ 분무연소

13 폭굉이 발생하는 경우 파면의 압력은 정상연소에서 발생하는 것보다 일반적으로 얼마나 큰가? (연소-1)

① 2배 ② 5배
③ 8배 ④ 10배

14 메탄 80vol%와 아세틸렌 20vol%로 혼합된 혼합가스의 공기 중 폭발 하한계는 약 얼마인가? (단, 메탄과 아세틸렌의 폭발하한계는 5.0%와 2.5%이다.)

① 6.2% ② 5.6%
③ 4.2% ④ 3.4%

정답 06.① 07.③ 08.③ 09.② 10.② 11.① 12.④ 13.① 14.③

해설

$$\frac{100}{L} = \frac{80}{5} + \frac{20}{2.5}$$

$$L = \frac{100}{\frac{80}{5} + \frac{20}{2.5}} = 4.2\%$$

15 연소부하율에 대하여 가장 바르게 설명한 것은?

① 연소실의 염공면적당 입열량
② 연소실의 단위체적당 열발생율
③ 연소실의 염공면적과 입열량의 비율
④ 연소혼합기의 분출속도와 연소속도와의 비율

해설

㉠ 연소부하율($kcal/m^3$)
㉡ 화격자 연소율($kcal/m^2h$)
㉢ 화격자 열발생율($kcal/m^3h$)

16 열분해를 일으키기 쉬운 불안전한 물질에서 발생하기 쉬운 연소로 열분해로 발생한 휘발분이 자기점화온도보다 낮은 온도에서 표면연소가 계속되기 때문에 일어나는 연소는? (연소-2)

① 분해연소
② 그을음연소
③ 분무연소
④ 증발연소

17 다음은 가연성 가스의 연소에 대한 설명이다. 이 중 옳은 것으로만 나열된 것은?

㉠ 가연성 가스가 연소하는 데에는 산소가 필요하다.
㉡ 가연성 가스가 이산화탄소와 혼합할 때 잘 연소된다.
㉢ 가연성 가스는 혼합하는 공기의 양이 적을 때 완전연소한다.

① ㉠, ㉡
② ㉡, ㉢
③ ㉠
④ ㉢

18 자연발화온도(Autoignition temperature)에 영향을 주는 요인 중에서 증기의 농도에 관한 사항이다. 가장 바르게 설명한 것은? (연소-30)

① 가연성 혼합기체의 AIT는 가연성 가스와 공기의 혼합비가 1 : 1일 때 가장 낮다.
② 가연성 증기에 비하여 산소의 농도가 클수록 AIT는 낮아진다.
③ AIT는 가연성 증기의 농도가 양론 농도보다 약간 높을 때가 가장 낮다.
④ 가연성 가스와 산소의 혼합비가 1 : 1일 때 AIT는 가장 낮다.

19 가스를 연료로 사용하는 연소의 장점이 아닌 것은?

① 연소의 조절이 신속, 정확하며 자동제어에 적합하다.
② 온도가 낮은 연소실에서도 안정된 불꽃으로 높은 연소 효율이 가능하다.
③ 연소속도가 커서 연료로서 안전성이 높다.
④ 소형 버너를 병용 사용하여 로내 온도분포를 자유로이 조절할 수 있다.

③ 연소속도가 커서 위험하므로 주의를 요한다.

20 액체 프로판(C_3H_8) 10kg이 들어 있는 용기에 가스미터가 설치되어 있다. 프로판 가스가 전부 소비되었다고 하면 가스미터에서의 계량값은 약 몇 m^3로 나타나 있겠는가? (단, 가스미터에서의 온도와 압력은 각각 T=15℃와 P_g =200mmHg이고 대기압은 0.101MPa이다.)

① 5.3 ② 5.7
③ 6.1 ④ 6.5

해설

C_3H_8 10kg 대기압(0.101MPa) 15℃

$$V = \frac{GRT}{P}$$

$$= \frac{10 \times \frac{8.314}{44} \text{kN} \cdot \text{m/kg} \cdot \text{k} \times (273+15)\text{K}}{0.101 \times 10^3 \text{kN/m}^2}$$

$$= 5.3\text{m}^3$$

정답 15.② 16.② 17.③ 18.③ 19.③ 20.①

제2과목 가스설비

21 연소기의 이상연소 현상 중 불꽃이 염공 속으로 들어가 혼합관 내에서 연소하는 현상을 의미하는 것은? [연소-22]

① 황염
② 역화
③ 리프팅
④ 블로우 오프

22 양정(H) 20m, 송수량(Q) 0.25m^3/min, 펌프효율(η) 0.65인 2단 터빈 펌프의 축동력은 약 몇 kW인가?

① 1.26　② 1.37
③ 1.57　④ 1.72

해설

$$L_{kW} = \frac{\gamma \cdot Q \cdot H}{102\eta} = \frac{1000 \times 0.25 \times 20}{102 \times 0.65 \times 60} = 1.256 = 1.26\text{kW}$$

23 고압가스 충전 용기의 가스 종류에 따른 색깔이 잘못 짝지어진 것은? [안전-59]

① 아세틸렌 : 황색
② 액화암모니아 : 백색
③ 액화탄산가스 : 갈색
④ 액화석유가스 : 회색

24 용기의 내압시험 시 항구증가율이 몇 % 이하인 용기를 합격한 것으로 하는가? [안전-18]

① 3　② 5
③ 7　④ 10

25 금속 재료에서 어느 온도 이상에서 일정 하중이 작용할 때 시간의 경과와 더불어 그 변형이 증가하는 현상을 무엇이라고 하는가?

① 크리프　② 시효경과
③ 응력부식　④ 저온취성

해설

① 크리프 : 재료에 일정한 하중을 가하면 시간과 더불어 변형이 증대되는 현상
② 시효경화 : 재료가 시간이 경과됨에 따라 경화되는 현상으로 듀랄루민 동 등에서 현저하다.
③ 응력부식 : 인장응력 하에서 부식환경이 되면 금속의 연성재료에 나타나지 않는 취성파괴가 일어나는 현상
④ 저온취성 : 일반적으로 강재가 온도가 낮아지면 인장강도 경도 등은 온도저하와 함께 증가. 연성 충격치는 저하하며 어느 온도 이하 시 급격히 저하, 거의 0으로 되어 소성 변형을 일으키는 성질이 없게 된다. 이러한 성질을 저온취성이라 한다.

26 도시가스 배관공사 시 주의사항으로 틀린 것은?

① 현장마다 그 날의 작업공정을 정하여 기록한다.
② 작업현장에는 소화기를 준비하여 화재에 주의한다.
③ 현장 감독자 및 작업원은 지정된 안전모 및 완장을 착용한다.
④ 가스의 공급을 일시 차단할 경우에는 사용자에게 사전통보하지 않아도 된다.

27 지름이 150mm, 행정 100mm, 회전수 800rpm, 체적효율 85%인 4기통 압축기의 피스톤 압출량은 몇 m^3/h인가? [설비-15]

① 10.2　② 28.8
③ 102　④ 288

$$Q = \frac{\pi}{4}D^2 \times L \times N \times n \times \eta$$
$$= \frac{\pi}{4} \times (0.15\text{m})^2 \times 0.1\text{m} \times 800 \times 4 \times 0.85 \times 60$$
$$= 288\text{m}^3/\text{h}$$

28 가정용 LP가스 용기로 일반적으로 사용되는 용기는?

① 납땜용기　② 용접용기
③ 구리용기　④ 이음새 없는 용기

정답 21.② 22.① 23.③ 24.④ 25.① 26.④ 27.④ 28.②

29 다음 중 도시가스 제조설비에서 수소화분해(수첨분해)법의 특징에 대한 설명으로 옳은 것은? (설비-3)

① 탄화수소의 원료를 수소기류 중에서 열분해 혹은 접촉분해로 메탄올 주성분으로 하는 고열량의 가스를 제조하는 방법이다.
② 탄화수소의 원료를 산소 또는 공기 중에서 열분해 혹은 접촉분해로 수소 및 일산화탄소를 주성분으로 하는 가스를 제조하는 방법이다.
③ 코크스를 원료로 하여 산소 또는 공기 중에서 열분해 혹은 접촉분해로 메탄올 주성분으로 하는 고열량의 가스를 제조하는 방법이다.
④ 메탄을 원료로 하여 산소 또는 공기 중에서 부분연소로 수소 및 일산화탄소를 주성분으로 하는 저열량의 가스를 제조하는 방법이다.

30 냉동장치에서 냉매의 일반적인 구비조건으로 옳지 않은 것은? (설비-37)

① 증발열이 커야 한다.
② 증기의 비체적이 작아야 한다.
③ 임계온도가 낮고, 응고점이 높아야 한다.
④ 증기의 비열은 크고, 액체의 비열은 작아야 한다.

31 대기 중에 10m 배관을 연결할 때 중간에 상온스프링을 이용하여 연결하려 한다면 중간 연결부에서 얼마의 간격으로 하여야 하는가? (단, 대기 중의 온도는 최저 -20℃, 최고 30℃이고, 배관의 열팽창계수는 7.2×10^{-5}/℃이다.) (설비-10)

① 18mm ② 24mm
③ 36mm ④ 48mm

해설

$\lambda = L\alpha\Delta t$

$= 10\times10^3(\text{mm})\times7.2\times10^{-5}/℃\times(30+20)℃$

$= 36\text{mm}$

$\therefore 36\times\frac{1}{2} = 18\text{mm}$

32 펌프의 운전 중 공동현상(Cavitation)을 방지하는 방법으로 적합하지 않은 것은? (설비-9)

① 흡입양정을 크게 한다.
② 손실수두를 적게 한다.
③ 펌프의 회전수를 줄인다.
④ 양흡입 펌프 또는 두 대 이상의 펌프를 사용한다.

33 표면은 견고하게 하여 내마멸성을 높이고, 내부는 강인하게 하여 내충격성을 향상시킨 이중조직을 가지게 하는 열처리는? (설비-20)

① 불림
② 담금질
③ 표면경화
④ 풀림

34 신축조인트 방법이 아닌 것은? (설비-10)

① 루프(Loop)형
② 슬라이드(Slide)형
③ 슬립-온(Slip-On)형
④ 벨로즈(Bellows)형

35 왕복 압축기의 특징이 아닌 것은? (설비-35)

① 용적형이다.
② 효율이 낮다.
③ 고압에 적합하다.
④ 맥동 현상을 갖는다.

36 다음 지상형 탱크 중 내진설계 적용대상 시설이 아닌 것은? (안전-54)

① 고법의 적용을 받는 3톤 이상의 암모니아 탱크
② 도법의 적용을 받는 3톤 이상의 저장탱크
③ 고법의 적용을 받는 10톤 이상의 아르곤 탱크
④ 액법의 적용을 받는 3톤 이상의 액화석유가스 저장탱크

정답 29.① 30.③ 31.① 32.① 33.③ 34.③ 35.② 36.①

37 액화석유가스 지상 저장탱크 주위에는 저장능력이 얼마 이상일 때 방류둑을 설치하여야 하는가? (안전-53)

① 6톤
② 20톤
③ 100톤
④ 1000톤

38 다음과 같이 작동되는 냉동장치의 성적계수(ε_R)는?

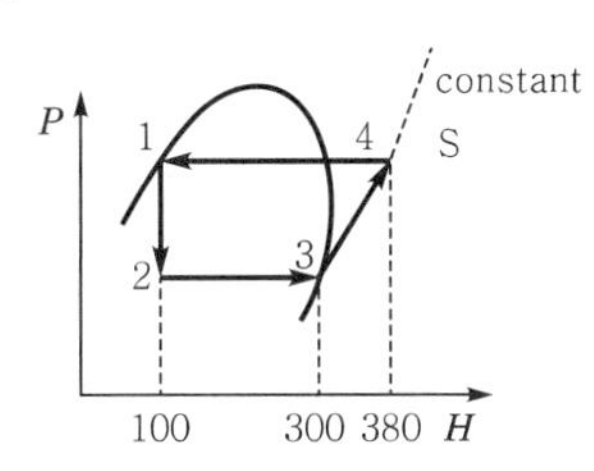

① 0.4　　② 1.4
③ 2.5　　④ 3.0

$$\text{성적계수} = \frac{\text{냉동효과}}{\text{압축일량}} = \frac{380-100}{380-300} = 2.5$$

39 기계적인 일을 사용하지 않고 고온도의 열을 직접 적용시켜 냉동하는 방법은?

① 증기압축식 냉동기
② 흡수식 냉동기
③ 증기분사식 냉동기
④ 역브레이톤 냉동기

㉠ 증기압축식 : 기계적인 일을 사용하는 냉동기
㉡ 흡수식 : 고온도의 열을 직접 적용시키는 냉동기

40 특정고압가스이면서 그 성분이 독성가스인 것으로 나열된 것은? (안전-76)

① 산소, 수소
② 액화염소, 액화질소
③ 액화암모니아, 액화염소
④ 액화암모니아, 액화석유가스

제3과목 가스안전관리

41 다음 중 독성가스의 제독조치로서 가장 부적당한 것은?

① 흡수제에 의한 흡수
② 중화제에 의한 중화
③ 국소배기장치에 의한 포집
④ 제독제 살포에 의한 제독

42 20kg의 LPG가 누출하여 폭발할 경우 TNT 폭발 위력으로 환산하면 TNT 약 몇 kg에 해당하는가? (단, LPG의 폭발효율은 3%이고 발열량은 12000kcal/kg, TNT의 연소열은 1100kcal/kg이다.)

① 0.6　　② 6.5
③ 16.2　　④ 26.6

$$\frac{12000\text{kcal/kg} \times 20\text{kg} \times 0.03}{1100\text{kcal/kg}} = 6.54\text{kg}$$

43 고압가스 안전관리법에서 정한 특정설비가 아닌 것은? (안전-15)

① 기화장치　　② 안전밸브
③ 용기　　④ 압력용기

44 소비 중에는 물론 이동, 저장 중에도 아세틸렌 용기를 세워두는 이유는?

① 정전기를 방지하기 위해서
② 아세톤의 누출을 막기 위해서
③ 아세틸렌이 공기보다 가볍기 때문에
④ 아세틸렌이 쉽게 나오게 하기 위해서

45 사람이 사망한 도시가스 사고 발생 시 사업자가 한국가스안전공사에 상보(서면으로 제출하는 상세한 통보)를 할 때 그 기한은 며칠 이내인가?

① 사고발생 후 5일
② 사고발생 후 7일
③ 사고발생 후 14일
④ 사고발생 후 20일

정답 37.④ 38.③ 39.② 40.③ 41.③ 42.② 43.③ 44.② 45.④

해설

고압가스안전관리법 시행규칙-사고의 통보방법 등
(1) 사고의 종류별 통보 방법 및 기한

사고의 종류	통보 방법	통보 기한	
		속보	상보
가. 사람이 사망한 사고	전화 또는 팩스를 이용한 통보(이하 "속보"라 한다) 및 서면으로 제출하는 상세한 통보(이하 "상보"라 한다)	즉시	사고 발생 후 20일 이내
나. 사람이 부상당하거나 중독된 사고	속보 및 상보	즉시	사고 발생 후 10일 이내
다. 가스누출에 의한 폭발 또는 화재사고(가목 및 나목의 경우는 제외한다)	속보	즉시	
라. 가스시설이 파손되거나 가스누출로 인하여 인명대피나 공급중단이 발생한 사고(가목 및 나목의 경우는 제외한다)	속보	즉시	
마. 사업자 등의 저장탱크에서 가스가 누출된 사고(가목부터 라목까지의 경우는 제외한다)	속보	즉시	

※ 한국가스안전공사가 법 제26조 제2항에 따라 사고조사 한 경우에는 자세하게 보고하지 않을 수 있다.

(2) 사고의 통보 내용에 포함되어야 하는 사항
㉠ 통보자의 소속, 지위, 성명 및 연락처
㉡ 사고발생 일시
㉢ 사고발생 장소
㉣ 사고내용(가스 종류, 양 및 확산거리 등을 포함한다)
㉤ 시설현황(시설 종류, 위치 등을 포함한다)
㉥ 인명 및 재산의 피해현황

46 도시가스 압력조정기의 제품성능에 대한 설명 중 틀린 것은?

① 입구쪽은 압력조정기에 표시된 최대입구압력의 1.5배 이상의 압력으로 내압시험을 하였을 때 이상이 없어야 한다.
② 출구쪽은 압력조정기에 표시된 최대출구압력 및 최대 폐쇄압력의 1.5배 이상의 압력으로 내압시험을 하였을 때 이상이 없어야 한다.
③ 입구쪽은 압력조정기에 표시된 최대입구압력 이상의 압력으로 기밀시험하였을 때 누출이 없어야 한다.
④ 출구쪽은 압력조정기에 표시된 최대출구압력 및 최대폐쇄압력의 1.5배 이상의 압력으로 기밀시험하였을 때 누출이 없어야 한다.

47 고압가스의 운반기준에서 동일 차량에 적재하여 운반할 수 없는 것은? (안전-34)

① 염소와 아세틸렌
② 질소와 산소
③ 아세틸렌과 산소
④ 프로판과 부탄

48 물분무장치 등은 저장탱크의 외면에서 몇 m 이상 떨어진 위치에서 조작이 가능하여야 하는가? (안전-3)

① 5m
② 10m
③ 15m
④ 20m

49 고압가스 특정제조시설에서 고압가스 배관을 시가지 외의 도로 노면 밑에 매설하고자 할 때 노면으로부터 배관 외면까지의 매설 깊이는? (안전-154)

① 1.0m 이상 ② 1.2m 이상
③ 1.5m 이상 ④ 2.0m 이상

정답 46.④ 47.① 48.③ 49.②

50 국내에서 발생한 대형 도시가스 사고 중 대구 도시가스 폭발사고의 주 원인은?

① 내부 부식
② 배관의 응력부족
③ 부적절한 매설
④ 공사 중 도시가스 배관 손상

51 초저온 용기 제조 시 적합여부에 대하여 실시하는 설계단계 검사 항목이 아닌 것은?

① 외관검사　② 재료검사
③ 마멸검사　④ 내압검사

52 우리나라는 1970년부터 시범적으로 동부 이촌동의 3,000가구를 대상으로 LPG/AIR 혼합방식의 도시가스를 공급하기 시작하여 사용한 적이 있다. LPG에 AIR를 혼합하는 주된 이유는?

① 가스의 간격을 올리기 위해서
② 공기로 LPG 가스를 밀어내기 위해서
③ 재액화를 방지하고 발열량을 조정하기 위해서
④ 압축기로 압축하려면 공기를 혼합해야 하므로

해설

공기혼합의 목적
㉠ 재액화 방지
㉡ 발열량 조절
㉢ 누설 시 손실감소
㉣ 연소효율 증대

53 도시가스 사용시설의 압력조정기 점검 시 확인하여야 할 사항이 아닌 것은?

① 압력조정기의 A/S 기간
② 압력조정기의 정상 작동 유무
③ 필터 또는 스트레이너의 청소 및 손상 유무
④ 건축물 내부에 설치된 압력조정기의 경우는 가스 방출구의 실외 안전장소 설치여부

54 가연성 가스 및 독성 가스의 충전용기 보관실의 주위 몇 m 이내에서는 화기를 사용하거나 인화성 물질 또는 발화성 물질을 두지 않아야 하는가?

① 1　② 2
③ 3　④ 5

55 가연성 가스를 운반하는 경우 반드시 휴대하여야 하는 장비가 아닌 것은? (안전-34)

① 소화설비　② 방독마스크
③ 가스누출검지기　④ 누출방지 공구

56 다음 중 독성가스 저장탱크를 지상에 설치하는 경우 몇 톤 이상일 때 방류둑을 설치하여야 하는가? (안전-53)

① 5　② 10
③ 50　④ 100

57 다음 중 다량의 고압가스를 차량에 적재하여 운반할 경우 운전상의 주의사항으로 옳지 않은 것은? (안전-34)

① 부득이한 경우를 제외하고는 장시간 정차해서는 아니 된다.
② 차량의 운반책임자와 운전자가 동시에 차량에서 이탈하지 아니하여야 한다.
③ 300km 이상의 거리를 운행하는 경우에는 중간에 충분한 휴식을 취한 후 운행하여야 한다.
④ 가스의 명칭 · 성질 및 이동 중의 재해방지를 위하여 필요한 주의사항을 기재한 서면을 운반책임자 또는 운전자에게 교부하고 운반 중에 휴대를 시켜야 한다.

58 시안화수소를 충전 · 저장하는 시설에서 가스누출에 따른 사고예방을 위하여 누출검사 시 사용하는 시험지(액)는? (계측-15)

① 묽은 염산용액　② 질산구리벤젠지
③ 수산화나트륨용액　④ 묽은 질산용액

정답 50.④ 51.③ 52.③ 53.① 54.② 55.② 56.① 57.③ 58.②

59 특정설비의 부품을 교체할 수 없는 수리자격자는? (안전-75)

① 용기제조자
② 특정설비 제조자
③ 고압가스 제조자
④ 검사기관

60 다음 중 불연성 가스가 아닌 것은?

① 아르곤 ② 탄산가스
③ 질소 ④ 일산화탄소

제4과목 가스계측

61 물의 화학반응을 통해 시료의 수분 함량을 측정하며 휘발성 물질 중의 수분을 정량하는 방법은?

① 램프법 ② 칼피셔법
③ 메틸렌블루법 ④ 다트와이라법

62 25℃, 1atm에서 0.21mol%의 O_2와 0.79mol%의 N_2로 된 공기혼합물의 밀도는 약 몇 kg/m^3인가?

① 0.118 ② 1.18
③ 0.134 ④ 1.34

$$\frac{32kg}{22.4m^3}\times 0.21+\frac{28kg}{22.4m^3}\times 0.75=1.2875$$

$$\therefore\ 1.2875\times\frac{273}{298}=1.179=1.18kg/m^3$$

63 다음 중 압력에 대한 다음 값 중 서로 다른 것은? (설비-1)

① $101325N/m^2$ ② 1013.25hPa
③ 76cmHg ④ 10000mmAq

① $101325N/m^2=1atm$
② $101325hPa=1013.25\times10^2Pa=101325Pa=1atm$
③ 76cmHg=1atm
④ $10000mmAq=\frac{10000}{10332}=0.960$

64 이동상으로 캐리어 가스를 이용, 고정상으로 액체 또는 고체를 이용해서 혼합성분의 시료를 캐리어 가스로 공급하여, 고정상을 통과할 때 시료 중의 각 성분을 분리하는 분석법은? (계측-10)

① 자동 오르자트법
② 화학발광식 분석법
③ 가스 크로마토그래피법
④ 비분산형 적외선 분석법

65 감도(感度)에 대한 설명으로 틀린 것은?

① 감도는 측정량의 변화에 대한 지시량의 변화의 비로 나타낸다.
② 감도가 좋으면 측정 시간이 길어진다.
③ 감도가 좋으면 측정 범위는 좁아진다.
④ 감도는 측정 결과에 대한 신뢰도의 척도이다.

66 400K는 약 몇 °R인가?

① 400 ② 620
③ 720 ④ 920

400×1.8=720°R

67 되먹임 제어계에서 설정한 목표값을 되먹임 신호와 같은 종류의 신호로 바꾸는 역할을 하는 것은?

① 조절부 ② 조작부
③ 검출부 ④ 설정부

68 어느 수용가에 설치한 가스미터의 기차를 측정하기 위하여 지시량을 보니 $100m^3$를 나타내었다. 사용공차를 ±4%로 한다면 이 가스미터에는 최소 얼마의 가스가 통과되었는가?

① $40m^3$ ② $80m^3$
③ $96m^3$ ④ $104m^3$

$100\times(100-4)=96m^3$

정답 59.① 60.④ 61.② 62.② 63.④ 64.③ 65.④ 66.③ 67.④ 68.③

69 가스계량기의 구비조건이 아닌 것은?

① 감도가 낮아야 한다.
② 수리가 용이해야 한다.
③ 계량이 정확하여야 한다.
④ 내구성이 우수해야 한다.

70 가스크로마토그래피 분석계에서 가장 널리 사용되는 고체 지지체 물질은?

① 규조토 ② 활성탄
③ 활성알루미나 ④ 실리카겔

71 자동제어계의 일반적인 동작순서로 맞는 것은? (계측-14)

① 비교 → 판단 → 조작 → 검출
② 조작 → 비교 → 검출 → 판단
③ 검출 → 비교 → 판단 → 조작
④ 판단 → 비교 → 검출 → 조작

72 가스누출검지기의 검지(sensor) 부분에서 일반적으로 사용하지 않는 재질은?

① 백금 ② 리튬
③ 동 ④ 바나듐

73 제어계의 상태를 교란시키는 외란의 원인으로 가장 거리가 먼 것은?

① 가스 유출량 ② 탱크 주위의 온도
③ 탱크의 외관 ④ 가스 공급압력

74 수소의 품질검사에 사용되는 시약은? (안전-11)

① 네슬러시약 ② 동·암모니아
③ 요오드화칼륨 ④ 하이드로설파이드

75 나프탈렌의 분석에 가장 적당한 분석방법은?

① 중화적정법
② 흡수평량법
③ 요오드적정법
④ 가스 크로마토그래피법

76 다음 ( ) 안에 알맞은 것은? (계측-7)

"가스미터(최대유량 $10m^3/h$ 이하)의 재검정 유효기간은 ( )년이다. 재검정의 유효기간은 재검정을 완료한 날의 다음 달 1일부터 기산한다."

① 1년 ② 2년
③ 3년 ④ 5년

77 유속이 6m/s인 물 속에 피토(Pitot)관을 세울 때 수주의 높이는 약 몇 m인가?

① 0.54 ② 0.92
③ 1.63 ④ 1.83

$$h=\frac{V^2}{2g}=\frac{6^2}{2\times 9.8}=1.83$$

78 회로의 두 접점 사이의 온도차로 열기전력을 일으키고 그 전위차를 측정하여 온도를 알아내는 온도계는? (계측-9)

① 열전대온도계 ② 저항온도계
③ 광고온도계 ④ 방사온도계

79 증기압식 온도계에 사용되지 않는 것은?

① 아닐린 ② 알코올
③ 프레온 ④ 에틸에테르

80 가스분석용 검지관법에서 검지관의 검지한도가 가장 낮은 가스는? (계측-21)

① 염소 ② 수소
③ 프로판 ④ 암모니아

정답 69.① 70.① 71.③ 72.③ 73.③ 74.④ 75.④ 76.④ 77.④ 78.① 79.② 80.①

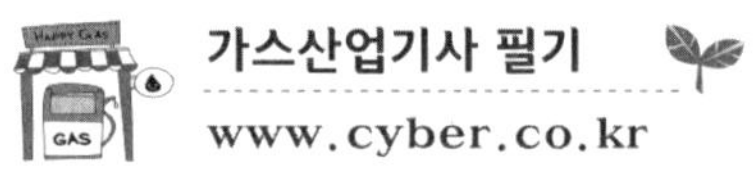
가스산업기사 필기
www.cyber.co.kr
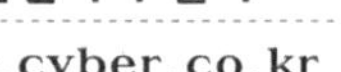

국가기술자격 시험문제

2018년 산업기사 제1회 필기시험(2부) (2018년 3월 4일 시행)

자격종목	시험시간	문제수	문제형별
가스산업기사	**2시간**	**80**	**B**

수험번호		성 명	

제1과목 연소공학

01 메탄의 완전연소반응식을 옳게 나타낸 것은?

① $CH_4+2O_2 \rightarrow CO_2+2H_2O$
② $CH_4+3O_2 \rightarrow 2CO_2+2H_2O$
③ $CH_4+3O_2 \rightarrow 2CO_2+3H_2O$
④ $CH_4+5O_2 \rightarrow 3CO_2+4H_2O$

02 최소발화에너지(MIE)에 영향을 주는 요인 중 MIE의 변화를 가장 작게 하는 것은 어느 것인가? (연소-20)

① 가연성 혼합기체의 압력
② 가연성 물질 중 산소의 농도
③ 공기 중에서 가연성 물질의 농도
④ 양론 농도하에서 가연성 기체의 분자량

최소점화에너지(연소 핵심 20) 참조

03 에탄의 공기 중 폭발범위가 3.0~12.4%라고 할 때 에탄의 위험도는? (설비-44)

① 0.76 ② 1.95
③ 3.13 ④ 4.25

위험도$(H)=\dfrac{U-L}{L}=\dfrac{12.4-3}{3}=3.13$

04 액체연료의 연소형태 중 램프등과 같이 연료를 심지로 빨아올려 심지의 표면에서 연소시키는 것은? (연소-2)

① 액면연소 ② 증발연소
③ 분무연소 ④ 등심연소

연소의 종류(연소 핵심 2) 참조

05 가스특성에 대한 설명 중 가장 옳은 내용은?

① 염소는 공기보다 무거우며 무색이다.
② 질소는 스스로 연소하지 않는 조연성이다.
③ 산화에틸렌은 분해폭발을 일으킬 위험이 있다.
④ 일산화탄소는 공기 중에서 연소하지 않는다.

① 염소 : 황록색
② 질소 : 불연성
④ 일산화탄소 : 가연성

06 메탄 50vol.%, 에탄 25vol.%, 프로판 25vol.%가 섞여 있는 혼합기체의 공기 중에서의 연소하한계(vol.%)는 얼마인가? (단, 메탄, 에탄, 프로판의 연소하한계는 각각 5vol.%, 3vol.%, 2.1vol.%이다.)

① 2.3 ② 3.3
③ 4.3 ④ 5.3

$\dfrac{100}{L}=\dfrac{V_1}{L_1}+\dfrac{V_2}{L_2}+\dfrac{V_3}{L_3}=\dfrac{50}{5}+\dfrac{25}{3}+\dfrac{25}{2.1}$

$\therefore L=3.3$vol.%

07 연료가 구비하여야 할 조건으로 틀린 것은?

① 발열량이 클 것
② 구입하기 쉽고, 가격이 저렴할 것
③ 연소 시 유해가스 발생이 적을 것
④ 공기 중에서 쉽게 연소되지 않을 것

정답 01.① 02.④ 03.③ 04.④ 05.③ 06.② 07.④

해설
④ 가연성으로 쉽게 연소될 것

08 다음 연료 중 표면연소를 하는 것은 어느 것인가? (연소-2)

① 양초 ② 휘발유
③ LPG ④ 목탄

연소의 종류(연소 핵심 2) 참조

09 다음 중 자연발화를 방지하는 방법으로 옳지 않은 것은?

① 통풍을 잘 시킬 것
② 저장실의 온도를 높일 것
③ 습도가 높은 것을 피할 것
④ 열이 축적되지 않게 연료의 보관방법에 주의할 것

② 저장실의 온도를 낮출 것

10 연소의 3요소가 바르게 나열된 것은?

① 가연물, 점화원, 산소
② 수소, 점화원, 가연물
③ 가연물, 산소, 이산화탄소
④ 가연물, 이산화탄소, 점화원

11 연료발열량(H_L) 10000kcal/kg, 이론공기량 11m^3/kg, 과잉공기율 30%, 이론습가스량 11.5m^3/kg, 외기온도 20℃일 때의 이론연소온도는 약 몇 ℃인가? (단, 연소가스의 평균비열은 0.31kcal/m^3 · ℃이다.)

① 1510 ② 2180
③ 2200 ④ 2530

해설

$$t=\frac{Q(Hl)}{GC_p}+t_1=\frac{10000}{(11.5+11\times0.3)\times0.31}+20$$
$$=2199.59$$
$$≒2200℃$$

연소가스량(G)=이론습가스량+과잉공기량
=이론습가스량+$(m-1)A_o$

과잉공기율 30%이므로 $m=1.3$

12 다음 [보기] 중 산소 농도가 높을 때 연소의 변화에 대하여 올바르게 설명한 것으로만 나열한 것은? (연소-35)

[보기]
㉠ 연소속도가 느려진다.
㉡ 화염온도가 높아진다.
㉢ 연료 kg당의 발열량이 높아진다.

① ㉠ ② ㉡
③ ㉠, ㉡ ④ ㉡, ㉢

해설
연소 시 공기 중 산소 농도가 높을 때(연소 핵심 35) 참조

13 가스화재 소화대책에 대한 설명으로 가장 거리가 먼 것은?

① LPG에 착화할 때에는 노출된 탱크, 용기 및 장비를 냉각시키면서 누출원을 막아야 한다.
② 소규모 화재 시 고성능 포말소화액을 사용하여 소화할 수 있다.
③ 큰 화재나 폭발로 확대된 위험이 있을 경우에는 누출원을 막지 않고 소화부터 해야 한다.
④ 진화원을 막는 것이 바람직하다고 판단되면 분말소화약제, 탄산가스, 할론소화기를 사용할 수 있다.

14 폭발의 정의를 가장 잘 나타낸 것은? (연소-9)

① 화염의 전파속도가 음속보다 큰 강한 파괴작용을 하는 흡열반응
② 화염이 음속 이하의 속도로 미반응물질 속으로 전파되어 가는 발열반응
③ 물질이 산소와 반응하여 열과 빛을 발생하는 현상
④ 물질을 가열하기 시작하여 발화할 때까지의 시간이 극히 짧은 반응

해설
폭발과 화재(연소 핵심 9) 참조
• 폭굉 : 음속 이상
• 폭발 : 음속 이하

정답 08.④ 09.② 10.① 11.③ 12.② 13.③ 14.②

15 다음 중 프로판(C_3H_8)의 표준 총발열량이 −530600cal/gmol일 때 표준 진발열량은 약 몇 cal/gmol인가? (단, $H_2O(L) \rightarrow H_2O(g)$, ΔH = 10519cal/gmol이다.)

① −530600　② −488524
③ −520081　④ −430432

$C_3H_8 + 5O_2 \rightarrow 3CO_2 + 4H_2O$에서
$Hl = Hh - 4H_2O = 530600 - (4 \times 10519) = 488524$
ΔH는 부호가 반대이므로 −488524이다.

16 이상기체를 정적하에서 가열하면 압력과 온도의 변화는 어떻게 되는가?

① 압력 증가, 온도 상승
② 압력 일정, 온도 일정
③ 압력 일정, 온도 상승
④ 압력 증가, 온도 일정

17 가연물질이 연소하는 과정 중 가장 고온일 경우 불꽃색은? (연소-6)

① 황적색　② 적색
③ 암적색　④ 회백색

연소에 의한 빛의 색 및 온도(연소 핵심 6) 참조

18 연소에 대한 설명 중 옳은 것은?

① 착화온도와 연소온도는 항상 같다.
② 이론연소온도는 실제연소온도보다 높다.
③ 일반적으로 연소온도는 인화점보다 상당히 낮다.
④ 연소온도가 그 인화점보다 낮게 되어도 연소는 계속 된다.

이론연소온도는 손실열량을 계산하지 않으므로 실제연소온도보다 높다.

19 다음 중 폭굉유도거리에 대한 올바른 설명으로 알맞은 것은? (연소-1)

① 최초의 느린 연소가 폭굉으로 발전할 때까지의 거리
② 어느 온도에서 가열, 발화, 폭굉에 이르기까지의 거리
③ 폭굉 등급을 표시할 때의 안전간격을 나타내는 거리
④ 폭굉이 단위시간당 전파되는 거리

폭굉, 폭굉유도거리(연소 핵심 1) 참조

20 어떤 혼합가스가 산소 10mol, 질소 10mol, 메탄 5mol을 포함하고 있다. 이 혼합가스의 비중은 약 얼마인가? (단, 공기의 평균 분자량은 29이다.)

① 0.88　② 0.94
③ 1.00　④ 1.07

혼합가스 분자량 $= \frac{10}{25} \times 32 + \frac{10}{25} \times 28 + \frac{5}{25} \times 16$
$= 27.2g$

∴ 비중 $= \frac{27.2}{29} = 0.937 = 0.94$

제2과목 가스설비

21 다단압축기에서 실린더 냉각의 목적으로 옳지 않은 것은? (설비-47)

① 흡입효율을 좋게 하기 위하여
② 밸브 및 밸브스프링에서 열을 제거하여 오손을 줄이기 위하여
③ 흡입 시 가스에 주어진 열을 가급적 높이기 위하여
④ 피스톤링에 탄소산화물이 발생하는 것을 막기 위하여

압축비와 실린더 냉각의 목적(설비 핵심 47) 참조
③ 열을 낮추기 위함이다.

22 도시가스용 압력조정기에서 스프링은 어떤 재질을 사용하는가?

① 주물　② 강재
③ 알루미늄합금　④ 다이캐스팅

정답 15.② 16.① 17.④ 18.② 19.① 20.② 21.③ 22.②

23 강의 열처리 중 일반적으로 연화를 목적으로 적당한 온도까지 가열한 다음 그 온도에서 서서히 냉각하는 방법은? (설비-20)

① 담금질 ② 뜨임
③ 표면경화 ④ 풀림

열처리 종류 및 특성(설비 핵심 20) 참조

24 외부의 전원을 이용하여 그 양극을 땅에 접속시키고 땅 속에 있는 금속체에 음극을 접속함으로써 매설된 금속체로 전류를 흘러보내 전기부식을 일으키는 전류를 상쇄하는 방법이다. 전식 방지방법으로 매우 유효한 수단이며 압출에 의한 전식을 방지할 수 있는 이 방법은? (안전-38)

① 희생양극법
② 외부전원법
③ 선택배류법
④ 강제배류법

전기방식법(안전 핵심 38) 참조

25 고압장치의 재료로 구리관의 성질과 특징으로 틀린 것은?

① 알칼리에는 내식성이 강하지만 산성에는 약하다.
② 내면이 매끈하여 유체저항이 적다.
③ 굴곡성이 좋아 가공이 용이하다.
④ 전도 및 전기절연성이 우수하다.

④ 전기전도성이 우수하다.

26 소비자 1호당 1일 평균가스소비량 1.6kg/day, 소비호수 10호 자동절체조정기를 사용하는 설비를 설계하려면 용기는 몇 개가 필요한가? (단, 액화석유가스 50kg 용기 표준가스발생능력은 1.6kg/hr이고, 평균가스소비율은 60%, 용기는 2계열 집합으로 사용한다.)

① 3개 ② 6개
③ 9개 ④ 12개

$$\text{용기수} = \frac{\text{피크 시의 양}}{\text{용기 1개당 가스발생량}} = \frac{1.6 \times 10 \times 0.6}{1.6} = 6$$

∴ 2계열 사용 시 $6 \times 2 = 12$

27 도시가스에 첨가하는 부취제로서 필요한 조건으로 틀린 것은? (안전-19)

① 물에 녹지 않을 것
② 토양에 대한 투과성이 좋을 것
③ 인체에 해가 없고 독성이 없을 것
④ 공기혼합비율이 1/200의 농도에서 가스냄새가 감지될 수 있을 것

부취제(안전 핵심 19) 참조
④ 1/1000 농도에서 감지될 수 있을 것

28 액화석유가스 압력조정기 중 1단 감압식 준저압조정기의 입구압력은? (안전-17)

① 0.07~1.56MPa
② 0.1~1.56MPa
③ 0.3~1.56MPa
④ 조정압력 이상~1.56MPa

압력조정기(안전 핵심 17) 참조

29 고압가스설비를 운전하는 중 플랜지부에서 가연성 가스가 누출하기 시작할 때 취해야 할 대책으로 가장 거리가 먼 것은?

① 화기 사용 금지
② 가스 공급 즉시 중지
③ 누출 전·후단 밸브 차단
④ 일상적인 점검 및 정기점검

30 배관의 자유팽창을 미리 계산하여 관의 길이를 약간 짧게 절단하여 강제배관을 함으로써 열팽창을 흡수하는 방법은? (설비-10)

① 콜드 스프링 ② 신축이음
③ U형 밴드 ④ 파열이음

정답 23.④ 24.④ 25.④ 26.④ 27.④ 28.② 29.④ 30.①

해설

온도차에 따른 신축이음의 종류와 특징(설비 핵심 10) 참조

31 성능계수가 3.2인 냉동기가 10ton을 냉동하기 위해 공급하여야 할 동력은 약 몇 kW인가?

① 10　　② 12
③ 14　　④ 16

해설

$$\text{COP(성적계수)} = \frac{\text{냉동효과}}{\text{압축일량}}$$

$$\text{압축일량} = \frac{\text{냉동효과}}{\text{성적계수}}$$

$$= \frac{10\text{t} \times 3320\text{kcal/h(t)} \times \dfrac{1}{860(\text{kcal/hr})(\text{kW})}}{3.2}$$

$$= 12.06$$

참고 한국 1냉동톤(1RT) = 3320kcal/h
1kW = 860kcal/h

32 다음 중 터보압축기에 대한 설명이 아닌 것은 어느 것인가? (설비-26)

① 유급유식이다.
② 고속회전으로 용량이 크다.
③ 용량조정이 어렵고 범위가 좁다.
④ 연속적인 토출로 맥동현상이 적다.

해설

압축기 용량 조정 방법(설비 핵심 26) 참조
① 무급유식이다.

33 산소압축기의 내부 윤활제로 주로 사용되는 것은? (설비-32)

① 물　　② 유지류
③ 석유류　　④ 진한 황산

해설

압축기에 사용되는 윤활유(설비 핵심 32) 참조

34 −5℃에서 열을 흡수하여 35℃에 방열하는 역카르노 사이클에 의해 작동하는 냉동기의 성능계수는? (연소-16)

① 0.125　　② 0.15
③ 6.7　　④ 9

해설

냉동기, 열펌프의 성적계수 및 열효율(연소 핵심 16) 참조

$$\text{냉동기 성적계수} = \frac{T_2}{T_1 - T_2}$$

$$= \frac{(273-5)}{(273+35)-(273-5)} = 6.7$$

35 가연성 가스 및 독성 가스 용기의 도색 구분이 옳지 않은 것은? (안전-59)

① LPG − 회색
② 액화암모니아 − 백색
③ 수소 − 주황색
④ 액화염소 − 청색

용기의 도색 표시(안전 핵심 59) 참조

36 고압가스 제조장치의 재료에 대한 설명으로 틀린 것은?

① 상온, 건조상태의 염소가스에서는 탄소강을 사용할 수 있다.
② 암모니아, 아세틸렌의 배관 재료에는 구리재를 사용한다.
③ 탄소강에 나타나는 조직의 특성은 탄소(C)의 양에 따라 달라진다.
④ 암모니아 합성탑 내통의 재료에는 18−8 스테인리스강을 사용한다.

해설

구리 사용금지 가스
㉠ C_2H_2 : 폭발 발생
㉡ NH_3 : 부식 발생
㉢ H_2S : 부식 발생

37 저온 및 초저온 용기의 취급 시 주의사항으로 틀린 것은?

① 용기는 항상 누운 상태를 유지한다.
② 용기를 운반할 때는 별도 제작된 운반용구를 이용한다.
③ 용기를 물이나 기름이 있는 곳에 두지 않는다.
④ 용기 주변에서 인화성 물질이나 화기를 취급하지 않는다.

정답 31.② 32.① 33.① 34.③ 35.④ 36.② 37.①

해설

① 용기는 세워서 보관한다.

38 웨비지수에 대한 설명으로 옳은 것은 어느 것인가? (안전-57)

① 정압기의 동특성을 판단하는 중요한 수치이다.
② 배관 관경을 결정할 때 사용되는 수치이다.
③ 가스의 연소성을 판단하는 중요한 수치이다.
④ LPG 용기 설치본수 산정 시 사용되는 수치로 지역별 기화량을 고려한 값이다.

해설

도시가스의 연소성을 판단하는 지수(안전 핵심 57) 참조

39 두 개의 다른 금속이 접촉되어 전해질 용액 내에 존재할 때 다른 재질의 금속간 전위차에 의해 용액 내에서 전류가 흐르는데, 이에 의해 양극부가 부식이 되는 현상을 무엇이라 하는가?

① 공식 ② 침식부식
③ 갈바닉부식 ④ 농담부식

40 고압장치 배관에 발생된 열응력을 제거하기 위한 이음이 아닌 것은? (설비-10)

① 루프형 ② 슬라이드형
③ 벨로스형 ④ 플랜지형

해설

온도차에 따른 신축이음의 종류와 특징(설비 핵심 10) 참조

제3과목 가스안전관리

41 염소가스 취급에 대한 설명 중 옳지 않은 것은?

① 재해제로 소석회 등이 사용된다.
② 염소압축기의 윤활유는 진한 황산이 사용된다.
③ 산소와 염소폭명기를 일으키므로 동일 차량에 적재를 금한다.
④ 독성이 강하여 흡입하면 호흡기가 상한다.

염소폭명기 $H_2+Cl_2 \rightarrow 2HCl$

42 가연성 가스의 폭발등급 및 이에 대응하는 내압방폭구조 폭발등급의 분류기준이 되는 것은? (안전-13)

① 폭발범위
② 발화온도
③ 최대안전틈새 범위
④ 최소점화전류비 범위

위험장소 분류, 가스시설 전기방폭기준(안전 핵심 13) 참조

43 다음 액화석유가스의 안전관리 및 사업법에서 규정한 용어의 정의 중 틀린 것은 어느 것인가? (안전-50, 171)

① "방호벽"이란 높이 1.5미터, 두께 10센티미터의 철근콘크리트 벽을 말한다.
② "충전용기"란 액화석유가스 충전 질량의 2분의 1 이상이 충전되어 있는 상태의 용기를 말한다.
③ "소형저장탱크"란 액화석유가스를 저장하기 위하여 지상 또는 지하에 고정 설치된 탱크로서 그 저장능력이 3톤 미만인 탱크를 말한다.
④ "가스설비"란 저장설비 외의 설비로서 액화석유가스가 통하는 설비(배관은 제외한다)와 그 부속설비를 말한다.

해설

고압가스법 시행규칙 제2조 정의(안전 핵심 50), 고압가스안전관리법 시행규칙(안전 핵심 171) 참조
① 높이 2m 이상, 두께 12cm 이상으로 된 철근콘크리트 벽을 말한다.

정답 38.③ 39.③ 40.④ 41.③ 42.③ 43.①

44 동절기의 습도 50% 이하인 경우에는 수소 용기밸브의 개폐를 서서히 하여야 한다. 주된 이유는?

① 밸브 파열 ② 분해 폭발
③ 정전기 방지 ④ 용기압력 유지

45 LPG 압력조정기를 제조하고자 하는 자가 반드시 갖추어야 할 검사설비가 아닌 것은?

① 유량측정설비
② 내압시험설비
③ 기밀시험설비
④ 과류차단성능시험설비

해설
압력조정기 제조 시 갖추어야 하는 검사설비
㉠ 버니어캘리퍼스 · 마이크로미터 · 나사게이지 등 치수측정설비
㉡ 액화석유가스액 또는 도시가스 침적설비
㉢ 염수분무시험설비
㉣ 내압시험설비
㉤ 기밀시험설비
㉥ 안전장치작동시험설비
㉦ 출구압력측정시험설비
㉧ 내구시험설비
㉨ 저온시험설비
㉩ 유량측정설비
㉪ 그 밖에 필요한 검사 설비 및 기구

46 동일 차량에 적재하여 운반할 수 없는 가스는? [안전-34]

① C_2H_4와 HCN
② C_2H_4와 NH_3
③ CH_4와 C_2H_2
④ Cl_2와 C_2H_2

해설
고압가스 용기에 의한 운반기준(안전 핵심 34) 참조

47 액화석유가스 자동차 충전소에 설치할 수 있는 건축물 또는 시설은? [안전-29]

① 액화석유가스 충전사업자가 운영하고 있는 용기를 재검사하기 위한 시설
② 충전소의 종사자가 이용하기 위한 연면적 200m^2 이하의 식당
③ 충전소를 출입하는 사람을 위한 연면적 200m^2 이하의 매점
④ 공구 등을 보관하기 위한 연면적 200m^2 이하의 창고

해설
LPG 자동차에 고정된 용기충전소에 설치 가능 건축물의 종류(안전 핵심 29) 참조
② 면적 100m^2 이하 식당
③ 매점은 면적 기준 없음
④ 100m^2 이하 공구보관 창고

48 가스보일러 설치 후 설치 · 시공확인서를 작성하여 사용자에게 교부하여야 한다. 이때 가스보일러 설치 · 시공 확인사항이 아닌 것은?

① 사용교육의 실시 여부
② 최근의 안전점검 결과
③ 배기가스 적정배기 여부
④ 연통의 접속부 이탈 여부 및 막힘 여부

해설
가스보일러 설치 · 시공 확인사항
㉠ 급기구, 상부 환기구의 적합 여부
㉡ 연통의 접속부 이탈 여부 및 막힘 여부
㉢ 가스누출 여부
㉣ 보일러의 정상작동 여부
㉤ 배기가스의 적정배기 여부
㉥ 사용교육의 실시 여부
㉦ 연돌기밀확인 여부
㉧ 기타 특기사항

49 냉동기에 반드시 표기하지 않아도 되는 기호는?

① RT ② DP
③ TP ④ DT

해설
냉동기의 표시사항
㉠ 냉동기 제조자의 명칭 또는 약호
㉡ 냉매가스의 종류
㉢ 냉동능력(단위 : RT). 다만, 압력용기의 경우에는 내용적(단위 : L)을 표시한다.
㉣ 원동기 소요 전력 및 전류(단위 : kW, A). 다만, 압축기의 경우에 한정한다.
㉤ 제조번호
㉥ 검사에 합격한 연월(年月)
㉦ 내압시험압력(기호 : TP, 단위 : MPa)
㉧ 최고사용압력(기호 : DP, 단위 : MPa)

정답 44.③ 45.④ 46.④ 47.① 48.② 49.④

50 다음 중 액화염소가스를 운반할 때 운반책임자가 반드시 동승하여야 할 경우로 옳은 것은 어느 것인가? (안전-5)

① 100kg 이상 운반할 때
② 1000kg 이상 운반할 때
③ 1500kg 이상 운반할 때
④ 2000kg 이상 운반할 때

해설
운반책임자 동승기준(안전 핵심 5) 참조

51 충전설비 중 액화석유가스의 안전을 확보하기 위하여 필요한 시설 또는 설비에 대하여는 작동상황을 주기적으로 점검, 확인하여야 한다. 충전설비의 경우 점검주기는?

① 1일 1회 이상 ② 2일 1회 이상
③ 1주일 1회 이상 ④ 1월 1회 이상

52 시안화수소는 충전 후 며칠이 경과되기 전에 다른 용기에 옮겨 충전하여야 하는가?

① 30일 ② 45일
③ 60일 ④ 90일

53 액체염소가 누출된 경우 필요한 조치가 아닌 것은? (안전-44)

① 물 살포
② 소석회 살포
③ 가성소다 살포
④ 탄산소다 수용액 살포

해설
독성 가스 제독제와 보유량(안전 핵심 44) 참조

54 고압가스용기의 취급 및 보관에 대한 설명으로 틀린 것은? (안전-111)

① 충전용기와 잔가스용기는 넘어지지 않도록 조치한 후 용기 보관장소에 놓는다.
② 용기는 항상 40℃ 이하의 온도를 유지한다.
③ 가연성 가스용기 보관장소에는 방폭형 손전등 외의 등화를 휴대하고 들어가지 아니한다.
④ 용기 보관장소 주위 2m 이내에는 화기 등을 두지 아니한다.

용기 보관실 및 용기 집합설비 설치(안전 핵심 111) 참조
충전용기와 잔가스용기는 따로 보관한다.

55 액화석유가스의 일반적인 특징으로 틀린 것은? (설비-56)

① 증발잠열이 적다.
② 기화하면 체적이 커진다.
③ LP가스는 공기보다 무겁다.
④ 액상의 LP가스는 물보다 가볍다.

LP가스의 특성(설비 핵심 56) 참조

56 다음 중 용기 내장형 가스난방기용으로 사용하는 부탄 충전용기에 대한 설명으로 옳지 않은 것은?

① 용기 몸통부의 재료는 고압가스용기용 강판 및 강대이다.
② 프로텍터의 재료는 일반구조용 압연강재이다.
③ 스커트의 재료는 고압가스용기용 강판 및 강대이다.
④ 넥클링의 재료는 탄소함유량이 0.48% 이하인 것으로 한다.

④ 넥클링 재료는 탄소함유량이 0.28% 이하인 것으로 한다.

57 내용적이 50L인 가스용기에 내압시험압력 3.0MPa의 수압을 걸었더니 용기의 내용적이 50.5L로 증가하였고 다시 압력을 제거하여 대기압으로 하였더니 용적이 50.002L가 되었다. 이 용기의 영구증가율을 구하고 합격인가, 불합격인가 판정한 것으로 옳은 것은? (안전-18)

① 0.2%, 합격
② 0.2%, 불합격
③ 0.4%, 합격
④ 0.4%, 불합격

정답 50.② 51.① 52.③ 53.① 54.① 55.① 56.④ 57.③

해설

항구증가율(안전 핵심 18) 참조

항구증가율$=\dfrac{50.002-50}{50.5-50}\times100=0.4\%$

∴ 10% 이하이므로 합격이다.

58 호칭지름 25A 이하이고 상용압력 2.94MPa 이하인 나사식 배관용 볼밸브는 10회/min 이하인 속도로 몇 회 개폐동작 후 기밀시험에서 이상이 없어야 하는가?

① 3000회 ② 6000회
③ 30000회 ④ 60000회

해설

배관용 볼밸브의 기밀시험

㉠ 고압시트 누출성능
밸브의 내부에 물을 채운 후 밸브를 닫고, 상용압력의 1.1배의 압력이나 1.76MPa 중 높은 압력 이상으로 수압을 가하였을 때 이상이 없는 것으로 한다.

㉡ 저압시트 누출성능
밸브의 입구쪽에서 0.4~0.7MPa 이하의 공기나 질소로 1분 이상 가압하였을 때 누출이 없는 것으로 한다.

㉢ 몸통 기밀성능
밸브를 1/2 정도 열린 상태에서 상용압력의 1.1배의 공기나 질소로 1분 이상 가압하였을 때 누출이 없는 것으로 한다.

㉣ 내구성능
호칭지름 25A 이하이고 상용압력 2.94MPa 이하의 나사식 밸브는 10회/min 이하의 속도로 6000회 개폐조작 후 기밀성능에서 누출이 없는 것으로 한다.

59 암모니아 저장탱크에는 가스 용량이 저장탱크 내용적의 몇 %를 초과하는 것을 방지하기 위하여 과충전 방지조치를 하여야 하는가?

① 65% ② 80%
③ 90% ④ 95%

60 다음 물질 중 아세틸렌을 용기에 충전할 때 침윤제로 사용되는 것은?

① 벤젠 ② 아세톤
③ 케톤 ④ 알데히드

아세틸렌의 용제 : 아세톤, DMF

제4과목 가스계측

61 전기저항 온도계에서 측온 저항체의 공칭 저항치는 몇 ℃의 온도일 때 저항소자의 저항을 의미하는가? [계측-22]

① −273℃ ② 0℃
③ 5℃ ④ 21℃

전기저항 온도계(계측 핵심 22) 참조

62 적외선 흡수식 가스분석계로 분석하기에 가장 어려운 가스는?

① CO_2 ② CO
③ CH_4 ④ N_2

해설

적외선 가스분석계

단원자 분자(He, Ne, Ar) 및 대칭인 원자 분자(N_2, O_2, H_2) 등은 분석이 불가능

63 기준입력과 주피드백량의 차로 제어동작을 일으키는 신호는? [계측-14]

① 기준입력 신호 ② 조작 신호
③ 동작 신호 ④ 주피드백 신호

자동제어계의 기본 블록선도(계측 핵심 14) 참조

64 가스미터의 구비조건으로 옳지 않은 것은?

① 감도가 예민할 것
② 기계오차 조정이 쉬울 것
③ 대형이며, 계량용량이 클 것
④ 사용가스량을 정확하게 지시할 수 있을 것

③ 소형이며, 용량이 클 것

65 물체에서 방사된 빛의 강도와 비교된 필라멘트의 밝기가 일치되는 점을 비교 측정하여 약 3000℃ 정도의 고온도까지 측정이 가능한 온도계는?

① 광고온도계 ② 수은온도계
③ 베크만온도계 ④ 백금저항온도계

정답 58.② 59.③ 60.② 61.② 62.④ 63.③ 64.③ 65.①

66 가스누출검지 경보장치의 기능에 대한 설명으로 틀린 것은? (안전-67)

① 경보농도는 가연성 가스인 경우 폭발하한계의 1/4 이하 독성 가스인 경우 TLV-TWA 기준농도 이하로 할 것
② 경보를 발신한 후 5분 이내에 자동적으로 경보정지가 되어야 할 것
③ 지시계의 눈금은 독성 가스인 경우 0~TLV-TWA 기준 농도 3배 값을 명확하게 지시하는 것일 것
④ 가스검지에서 발신까지의 소요시간은 경보농도의 1.6배 농도에서 보통 30초 이내일 것

가스누출경보기 및 자동차단장치 설치(안전 핵심 67) 참조
② 가스농도가 변하여도 계속 정보를 확인 대책 강구 후에 정지되어야 한다.

67 상대습도가 '0'이라 함은 어떤 뜻인가?

① 공기 중에 수증기가 존재하지 않는다.
② 공기 중에 수증기가 760mmHg 만큼 존재한다.
③ 공기 중에 포화상태의 습증기가 존재한다.
④ 공기 중에 수증기압이 포화증기압보다 높음을 의미한다.

68 가스 크로마토그래피(gas chromatography)에서 전개제로 주로 사용되는 가스는 다음 중 어느 것인가? (계측-10)

① He ② CO
③ Rn ④ Kr

G/C 측정원리와 특성(계측 핵심 10) 참조

69 다음 중 전자유량계의 원리는?

① 옴(Ohm)의 법칙
② 베르누이(Bernoulli)의 법칙
③ 아르키메데스(Archimedes)의 원리
④ 패러데이(Faraday)의 전자유도법칙

70 초음파 유량계에 대한 설명으로 옳지 않은 것은?

① 정확도가 아주 높은 편이다.
② 개방수로에는 적용되지 않는다.
③ 측정체가 유체와 접촉하지 않는다.
④ 고온, 고압, 부식성 유체에도 사용이 가능하다.

71 계측계통의 특성을 정특성과 동특성으로 구분할 경우 동특성을 나타내는 표현과 가장 관계가 있는 것은?

① 직선성(linerity)
② 감도(sensitivity)
③ 히스테리시스(hysteresis) 오차
④ 과도응답(transient response)

72 가스미터 설치 시 입상배관을 금지하는 가장 큰 이유는?

① 균열에 따른 누출방지를 위하여
② 고장 및 오차 발생방지를 위하여
③ 겨울철 수분응축에 따른 밸브, 밸브시트의 동결방지를 위하여
④ 계량막 밸브와 밸브시트 사이의 누출방지를 위하여

73 가스 크로마토그래피 캐리어가스의 유량이 70mL/min에서 어떤 성분시료를 주입하였더니 주입점에서 피크까지의 길이가 18cm 이었다. 지속용량이 450mL라면 기록지의 속도는 약 몇 cm/min인가?

① 0.28
② 1.28
③ 2.8
④ 3.8

$$\frac{70\text{mL/min} \times 18\text{cm}}{450\text{mL}} = 2.8\text{cm/min}$$

정답 66.② 67.① 68.① 69.④ 70.② 71.④ 72.③ 73.③

74 방사성 동위원소의 자연붕괴 과정에서 발생하는 베타입자를 이용하여 시료의 양을 측정하는 검출기는? (계측-13)

① ECD ② FID
③ TCD ④ TID

G/C 검출기 종류 및 특징(계측 핵심 13) 참조

75 막식 가스미터에서 계량막의 파손, 밸브의 탈락, 밸브와 밸브시트 간격에서의 누설이 발생하여 가스는 미터를 통과하나 지침이 작동하지 않는 고장형태는? (계측-5)

① 부동
② 누출
③ 불통
④ 기차불량

가스미터의 고장(계측 핵심 5) 참조

76 다음 중 계량기의 감도가 좋으면 어떠한 변화가 오는가?

① 측정시간이 짧아진다.
② 측정범위가 좁아진다.
③ 측정범위가 넓어지고, 정도가 좋다.
④ 폭 넓게 사용할 수가 있고, 편리하다.

77 온도 25℃, 노점 19℃인 공기의 상대습도를 구하면? (단, 25℃ 및 19℃에서의 포화수증기압은 각각 23.76mmHg 및 16.47mmHg이다.)

① 56%
② 69%
③ 78%
④ 84%

상대습도$=\frac{16.47}{23.76}\times 100=69\%$

78 50mL의 시료가스를 CO_2, O_2, CO 순으로 흡수시켰을 때, 이때 남은 부피가 각각 32.5mL, 24.2mL, 17.8mL이었다면 이들 가스의 조성 중 N_2의 조성은 몇 %인가? (단, 시료가스는 CO_2, O_2, CO, N_2로 혼합되어 있다.)

① 24.2% ② 27.2%
③ 34.2% ④ 35.6%

㉠ $CO_2\%=\frac{50-32.5}{50}\times 100=35\%$

㉡ $O_2\%=\frac{32.5-24.2}{50}\times 100=16.6\%$

㉢ $CO\%=\frac{24.2-17.8}{50}\times 100=12.8\%$

$\therefore N_2\%=100-(35+16.6+12.8)=35.6\%$

79 오리피스 유량계의 유량계산식은 다음과 같다. 유량을 계산하기 위하여 설치한 유량계에서 유체를 흐르게 하면서 측정해야 할 값은? (단, C : 오리피스 계수, A_2 : 오리피스 단면적, H : 마노미터액주계 눈금, γ_1 : 유체의 비중량이다.)

$$Q=C\times A_2\left(2gH\left[\frac{\gamma_1-1}{\gamma}\right]\right)^{0.5}$$

① C ② A_2
③ H ④ γ_1

80 목표치가 미리 정해진 시간적 순서에 따라 변할 경우의 추치제어 방법의 하나로서 가스 크로마토그래피의 오븐 온도제어 등에 사용되는 제어방법은? (계측-12)

① 정격치제어 ② 비율제어
③ 추종제어 ④ 프로그램제어

자동제어계의 분류(계측 핵심 12) 참조

정답 74.① 75.① 76.② 77.② 78.④ 79.③ 80.④

국가기술자격 시험문제

2018년 산업기사 제2회 필기시험(2부) (2018년 4월 28일 시행)

자격종목	시험시간	문제수	문제형별
가스산업기사	**2시간**	**80**	**B**

수험번호		성 명	

제1과목 연소공학

01 다음 중 조연성 가스에 해당하지 않는 것은?

① 공기
② 염소
③ 탄산가스
④ 산소

탄산가스 : 불연성 액화가스

02 다음 중 연소의 3요소에 해당하는 것은?

① 가연물, 산소, 점화원
② 가연물, 공기, 질소
③ 불연재, 산소, 열
④ 불연재, 빛, 이산화탄소

03 연소범위에 대한 설명 중 틀린 것은?

① 수소가스의 연소범위는 약 4~75vol.%이다.
② 가스의 온도가 높아지면 연소범위는 좁아진다.
③ 아세틸렌은 자체분해폭발이 가능하므로 연소상한계를 100%로도 볼 수 있다.
④ 연소범위는 가연성 기체의 공기와의 혼합에 있어 점화원에 의해 연소가 일어날 수 있는 범위를 말한다.

가스의 온도가 높아지면 연소범위는 넓어진다.

04 아세톤, 톨루엔, 벤젠이 제4류 위험물로 분류되는 주된 이유는?

① 공기보다 밀도가 큰 가연성 증기를 발생시키기 때문에
② 물과 접촉하여 많은 열을 방출하여 연소를 촉진시키기 때문에
③ 니트로기를 함유한 폭발성 물질이기 때문에
④ 분해 시 산소를 발생하여 연소를 돕기 때문에

05 비중(60/60°F)이 0.95인 액체연료의 API도는?

① 15.45 ② 16.45
③ 17.45 ④ 18.45

해설

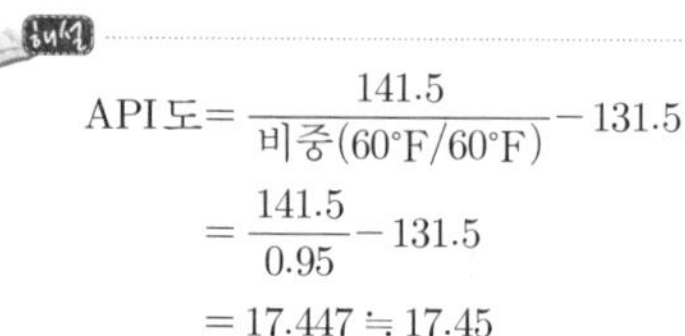

$$\text{API도} = \frac{141.5}{\text{비중}(60°F/60°F)} - 131.5 = \frac{141.5}{0.95} - 131.5 = 17.447 ≒ 17.45$$

참고 $B_e(\text{보메도}) = 144.3 - \dfrac{144.3}{\text{비중}(60°F/60°F)}$

06 기체연료가 공기 중에서 정상연소할 때 정상연소속도의 값으로 가장 옳은 것은 어느 것인가? [연소-1]

① 0.1~10m/s ② 11~20m/s
③ 21~30m/s ④ 31~40m/s

폭굉, 폭굉유도거리(연소 핵심 1) 참조

정답 01.③ 02.① 03.② 04.① 05.③ 06.①

07 방폭구조 중 점화원이 될 우려가 있는 부분을 용기 내에 넣고 신선한 공기 또는 불연성 가스 등의 보호기체를 용기의 내부에 넣음으로써 용기 내부에는 압력이 형성되어 외부로부터 폭발성 가스 또는 증기가 침입하지 못하도록 한 구조는? (안전-13)

① 내압방폭구조
② 안전증방폭구조
③ 본질안전방폭구조
④ 압력방폭구조

위험장소 분류, 가스시설 전기방폭기준(안전 핵심 13) 참조

08 다음 반응식을 이용하여 메탄(CH_4)의 생성열을 계산하면?

㉠ $C+O_2 \rightarrow CO_2$
$\Delta H=-97.2\text{kcal/mol}$
㉡ $H_2+\frac{1}{2}O_2 \rightarrow H_2O$
$\Delta H=-57.6\text{kcal/mol}$
㉢ $CH_4+2O_2 \rightarrow CO_2+2H_2O$
$\Delta H=-194.4\text{kcal/mol}$

① $\Delta H=-17\text{kcal/mol}$
② $\Delta H=-18\text{kcal/mol}$
③ $\Delta H=-19\text{kcal/mol}$
④ $\Delta H=-20\text{kcal/mol}$

해설

CH_4의 생성반응식은
$C+2H_2 \rightarrow CH_4+Q$이므로
$C+O_2 \rightarrow CO_2+97.2$ ········· ㉠
$H_2+\frac{1}{2}O_2 \rightarrow H_2O+57.6$ ········· ㉡
$CH_4+2O_2 \rightarrow CO_2+2H_2O+194.4$ ········· ㉢
에서 생성반응식을 유도하기 위하여
㉠+㉡×2−㉢ 식을 하면

$$\begin{array}{l|l} & C+O_2 \rightarrow CO_2+97.2 \\ + & 2H_2+O_2 \rightarrow 2H_2O+57.6\times 2 \\ \hline - & CH_4+2O_2 \rightarrow CO_2+2H_2O+194.4 \\ \hline & C+2H_2 \rightarrow CH_4+97.2+57.6\times 2-194.4 \end{array}$$

$\therefore$ $C+2H_2 \rightarrow CH_4+18$
$\therefore$ $\Delta H=-18\text{kcal/mol}$

09 다음 중 공기비(m)에 대한 가장 옳은 설명은 어느 것인가? (연소-15)

① 연료 1kg당 실제로 혼합된 공기량과 완전연소에 필요한 공기량의 비를 말한다.
② 연료 1kg당 실제로 혼합된 공기량과 불완전연소에 필요한 공기량의 비를 말한다.
③ 기체 $1m^3$당 실제로 혼합된 공기량과 완전연소에 필요한 공기량의 차를 말한다.
④ 기체 $1m^3$당 실제로 혼합된 공기량과 불완전연소에 필요한 공기량의 차를 말한다.

해설

공기비(연소 핵심 15) 참조

$$\text{공기비}(m)=\frac{A(\text{실제공기})}{A_o(\text{이론공기})}$$

연료 1kg당 이론공기에 대한 실제공기의 비 또는 연료 1kg당 실제혼합된 공기량과 완전연소에 필요한 공기(이론공기)량의 비를 말한다.

10 메탄을 공기비 1.1로 완전연소 시키고자 할 때 메탄 $1Nm^3$당 공급해야 할 공기량은 약 몇 Nm^3인가?

① 2.2　　② 6.3
③ 8.4　　④ 10.5

해설

$\underline{CH_4}+\underline{2O_2} \rightarrow CO_2+2H_2O$
$1 \quad 2\times\frac{1}{0.21}$

$A_o : 2\times\frac{1}{0.21}$이므로 $m=\frac{A}{A_o}$

$\therefore A=mA_o=1.1\times 2\times\frac{1}{0.21}=10.47 \fallingdotseq 10.5Nm^3$

11 화염전파속도에 영향을 미치는 인자와 가장 거리가 먼 것은?

① 혼합기체의 농도
② 혼합기체의 압력
③ 혼합기체의 발열량
④ 가연 혼합기체의 성분조성

정답 07.④ 08.② 09.① 10.④ 11.③

12 공기 중 폭발한계의 상한값이 가장 높은 가스는? (안전-106)

① 프로판
② 아세틸렌
③ 암모니아
④ 수소

중요가스 폭발범위(안전 핵심 106) 참조

13 기체연료의 연소에서 일반적으로 나타나는 연소의 형태는? (연소-2)

① 확산연소
② 증발연소
③ 분무연소
④ 액면연소

연소의 종류(연소 핵심 2) 참조

14 다음 중 가스 연소 시 기상 정지반응을 나타내는 기본반응식은? (연소-7)

① $H+O_2 \rightarrow OH+O$
② $O+H_2 \rightarrow OH+H$
③ $OH+H_2 \rightarrow H_2O+H$
④ $H+O_2+M \rightarrow HO_2+M$

연소반응에서 수소-산소의 양론 혼합 반응식의 종류(연소 핵심 7) 참조

15 폭발에 관한 가스의 일반적인 성질에 대한 설명 중 틀린 것은?

① 안전간격이 클수록 위험하다.
② 연소속도가 클수록 위험하다.
③ 폭발범위가 넓은 것이 위험하다.
④ 압력이 높아지면 일반적으로 폭발범위가 넓어진다.

① 안전간격이 큰 것은 안전하다.

16 아세틸렌(C_2H_2, 연소범위 : 2.5~81%)의 연소범위에 따른 위험도는? (설비-44)

① 30.4 ② 31.4
③ 32.4 ④ 33.4

위험도(설비 핵심 44) 참조

$$H=\frac{U-L}{L}=\frac{81-2.5}{2.5}=31.4$$

17 표준상태에서 고발열량(총발열량)과 저발열량(진발열량)의 차이는 얼마인가? (단, 표준상태에서 물의 증발잠열은 540kcal/kg이다.)

① 540kcal/kg-mol
② 1970kcal/kg-mol
③ 9720kcal/kg-mol
④ 15400kcal/kg-mol

$$540\text{kcal/kg}=540\text{kcal}\Big/\frac{1\text{kg}}{18\text{kg}}\text{mol}$$
$$=540\times18\text{kcal/kg}-\text{mol}$$
$$=9720\text{kcal/kg}-\text{mol}$$

18 기체혼합물의 각 성분을 표현하는 방법에는 여러 가지가 있다. 혼합가스의 성분비를 표현하는 방법 중 다른 값을 갖는 것은?

① 몰분율 ② 질량분율
③ 압력분율 ④ 부피분율

$PV=nRT$에서 압력은 몰수에 비례하며 1mol=22.4L이므로, 몰분율=압력분율=부피분율

19 다음 중 발화지연에 대한 설명으로 가장 옳은 것은?

① 저온, 저압일수록 발화지연은 짧아진다.
② 화염의 색이 적색에서 청색으로 변하는 데 걸리는 시간을 말한다.
③ 특정온도에서 가열하기 시작하여 발화시까지 소요되는 시간을 말한다.
④ 가연성 가스와 산소의 혼합비가 완전산화에 근접할수록 발화지연은 길어진다.

- 고온, 고압일수록 발화지연은 짧아진다.
- 완전산화에 가까울수록 발화지연은 짧아진다.

정답 12.② 13.① 14.④ 15.① 16.② 17.③ 18.② 19.③

20 BLEVE(Boiling Liquid Expanding Vapour Explosion)현상에 대한 설명으로 옳은 것은? [연소-9]

① 물이 점성이 있는 뜨거운 기름 표면 아래서 끓을 때 연소를 동반하지 않고 overflow되는 현상
② 물이 연소유(oil)의 뜨거운 표면에 들어갈 때 발생되는 overflow 현상
③ 탱크바닥에 물과 기름의 에멀션이 섞여 있을 때 기름의 비등으로 인하여 급격하게 overflow되는 현상
④ 과열상태의 탱크에서 내부의 액화가스가 분출, 일시에 기화되어 착화, 폭발하는 현상

폭발과 화재(연소 핵심 9) 참조

제2과목 가스설비

21 황화수소(H_2S)에 대한 설명으로 틀린 것은?

① 각종 산화물을 환원시킨다.
② 알칼리와 반응하여 염을 생성한다.
③ 습기를 함유한 공기 중에는 대부분 금속과 작용한다.
④ 발화온도가 약 450℃ 정도로서 높은 편이다.

H_2S의 발화온도는 260℃이다.

22 탱크에 저장된 액화프로판(C_3H_8)을 시간당 50kg씩 기체로 공급하려고 증발기에 전열기를 설치했을 때 필요한 전열기의 용량은 약 몇 kW인가? (단, 프로판의 증발열은 3740cal/gmol, 온도변화는 무시하고, 1cal는 1.163×10^{-6}kW이다.)

① 0.2
② 0.5
③ 2.2
④ 4.9

$$3740\text{cal/gmol}\times1.163\times10^{-6}\text{kW/cal}\times\frac{50\times10^3\text{gmol}}{44}$$
$$=4.94\text{kW}$$

23 배관의 관경을 50cm에서 25cm로 변화시키면 일반적으로 압력손실은 몇 배가 되는가?

① 2배 ② 4배
③ 16배 ④ 32배

$h=\dfrac{Q^2\cdot S\cdot L}{K^2\cdot D^5}$이므로 $h=\dfrac{1}{\left(\dfrac{25}{50}\right)^5}=32$

24 LPG 배관의 압력손실 요인으로 가장 거리가 먼 것은? [설비-8]

① 마찰저항에 의한 압력손실
② 배관의 이음류에 의한 압력손실
③ 배관의 수직 하향에 의한 압력손실
④ 배관의 수직 상향에 의한 압력손실

배관의 압력손실 요인(설비 핵심 8) 참조

25 저온, 고압 재료로 사용되는 특수강의 구비조건이 아닌 것은?

① 크리프 강도가 작을 것
② 접촉 유체에 대한 내식성이 클 것
③ 고압에 대하여 기계적 강도를 가질 것
④ 저온에서 재질의 노화를 일으키지 않을 것

크리프 강도가 클 것

26 매설관의 전기방식법 중 유전양극법에 대한 설명으로 옳은 것은? [안전-38]

① 타 매설물에의 간섭이 거의 없다.
② 강한 전식에 대해서도 효과가 좋다.
③ 양극만 소모되므로 보충할 필요가 없다.
④ 방식전류의 세기(강도) 조절이 자유롭다.

전기방식법(안전 핵심 38) 참조

정답 20.④ 21.④ 22.④ 23.④ 24.③ 25.① 26.①

27 케이싱 내에 모인 임펠러가 회전하면서 기체가 원심력 작용에 의해 임펠러의 중심부에서 흡입되어 외부로 토출하는 구조의 압축기는?

① 회전식 압축기
② 축류식 압축기
③ 왕복식 압축기
④ 원심식 압축기

28 정압기의 부속설비가 아닌 것은?

① 수취기
② 긴급차단장치
③ 불순물제거설비
④ 가스누출검지통보설비

정압기

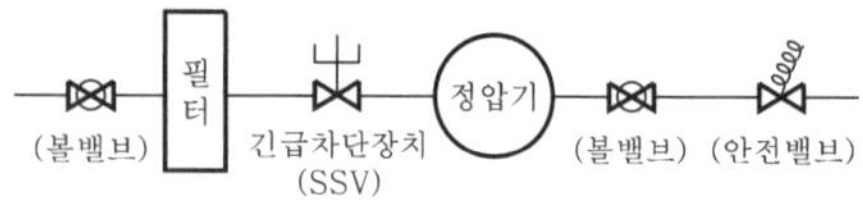

29 부탄의 C/H 중량비는 얼마인가?

① 3　　② 4
③ 4.5　　④ 4.8

C_4H_{10}

$$\frac{C_4}{H_{10}} = \frac{48}{10} = 4.8$$

30 용기 종류별 부속품의 기호가 틀린 것은 어느 것인가? [안전-64]

① 초저온용기 및 저온용기의 부속품 – LT
② 액화석유가스를 충전하는 용기의 부속품 – LPG
③ 아세틸렌을 충전하는 용기의 부속품 – AG
④ 압축가스를 충전하는 용기의 부속품 – LG

용기 종류별 부속품의 기호(안전 핵심 64) 참조

31 도시가스 제조에서 사이클링식 접촉분해(수증기개질)법에 사용하는 원료에 대한 설명으로 옳은 것은? [설비-3]

① 메탄만 사용할 수 있다.
② 프로판만 사용할 수 있다.
③ 석탄 또는 코크스만 사용할 수 있다.
④ 천연가스에서 원유에 이르는 넓은 범위의 원료를 사용할 수 있다.

도시가스 프로세스(설비 핵심 3) 참조

32 LPG 이송설비 중 압축기를 이용한 방식의 장점이 아닌 것은? [설비-23]

① 펌프에 비해 충전시간이 짧다.
② 재액화현상이 일어나지 않는다.
③ 사방밸브를 이용하면 가스의 이송방향을 변경할 수 있다.
④ 압축기를 사용하기 때문에 베이퍼록 현상이 생기지 않는다.

LP가스 이송방법(설비 핵심 23) 참조

33 저압배관의 관경 결정 공식이 다음과 같을 때 (　)에 알맞은 것은? (단, H : 압력손실, Q : 유량, L : 배관길이, D : 배관관경, S : 가스비중, K : 상수) [설비-7]

H=(㉠)×S×(㉡)/K^2×(㉢)

① ㉠ : Q^2, ㉡ : L, ㉢ : D^5
② ㉠ : L, ㉡ : D^5, ㉢ : Q^2
③ ㉠ : D^5, ㉡ : L, ㉢ : Q^2
④ ㉠ : L, ㉡ : Q^5, ㉢ : D^2

배관의 유량식(설비 핵심 7) 참조

$$H = \frac{Q^2 \cdot S \cdot L}{K^2 \cdot D^5}$$

정답 27.④ 28.① 29.④ 30.④ 31.④ 32.② 33.①

34 펌프에서 공동현상(cavitation)의 발생에 따라 일어나는 현상이 아닌 것은? (설비-17)

① 양정효율이 증가한다.
② 진동과 소음이 생긴다.
③ 임펠러의 침식이 생긴다.
④ 토출량이 점차 감소한다.

원심 펌프에서 발생되는 이상현상(설비 핵심 17) 참조

35 다음 중 암모니아의 공업적 제조방식은?

① 수은법 ② 고압합성법
③ 수성가스법 ④ 앤드류소오법

암모니아 제법
㉠ 하버-보시법
$N_2 + 3H_2 \rightarrow 2NH_3$
㉡ 석회질소법
$CaCN_2 + 3H_2O \rightarrow 2NH_3 + CaCO_3$

참고 합성법
- 고압합성(600~1000kg/cm^2)(클라우드법, 카자레법)
- 중압합성(300kg/cm^2 전후) (1G, 동공시법, 케미그법)
- 저압합성(150kg/cm^2 이하)(켈로그법, 구우데법)

36 고압가스용 안전밸브에서 밸브몸체를 밸브시트에 들어 올리는 장치를 부착하는 경우에는 안전밸브 설정압력의 얼마 이상일 때 수동으로 조작되고 압력해지 시 자동으로 폐지되는가?

① 60% ② 75%
③ 80% ④ 85%

37 LPG 공급, 소비 설비에서 용기의 크기와 개수를 결정할 때 고려할 사항으로 가장 거리가 먼 것은?

① 소비자 가구수
② 피크 시의 기온
③ 감압방식의 결정
④ 1가구당 1일의 평균가스소비량

$$용기수 = \frac{피크\ 시\ 사용량(Q)}{용기\ 1개당\ 가스발생량}$$
Q(피크 시 사용량)$= q \times N \times n$
여기서, q : 1일 1호당 평균가스소비량
N : 세대수
n : 소비율

38 아세틸렌 용기의 다공물질의 용적이 30L, 침윤 잔용적이 6L일 때 다공도는 몇 %이며 관련법상 합격여부의 판단으로 옳은 것은 어느 것인가? (안전-20)

① 20%로서 합격이다.
② 20%로서 불합격이다.
③ 80%로서 합격이다.
④ 80%로서 불합격이다.

다공도(안전 핵심 20) 참조
$$다공도 = \frac{30-6}{30} \times 100\% = 80\%$$
∴ 75% 이상 92% 미만으로 합격

39 구형(spherical type) 저장탱크에 대한 설명으로 틀린 것은?

① 강도가 우수하다.
② 부지면적과 기초공사가 경제적이다.
③ 드레인이 쉽고, 유지관리가 용이하다.
④ 동일 용량에 대하여 표면적이 가장 크다.

구형 저장탱크의 특징
①, ②, ③ 이외에 표면적이 적고, 모양이 아름답다.

40 오토클레이브(auto clave)의 종류 중 교반효율이 떨어지기 때문에 용기벽에 장애판을 설치하거나 용기 내에 다수의 볼을 넣어 내용물의 혼합을 촉진시켜 교반효과를 올리는 형식은? (설비-19)

① 교반형
② 정치형
③ 진탕형
④ 회전형

오토클레이브(설비 핵심 19) 참조

정답 34.① 35.② 36.② 37.③ 38.③ 39.④ 40.④

제3과목 가스안전관리

41 다음 중 산화에틸렌의 제독제로 적당한 것은? (안전-44)

① 물
② 가성소다수 용액
③ 탄산소다수 용액
④ 소석회

독성 가스 제독제와 보유량(안전 핵심 44) 참조

42 고압가스의 처리시설 및 저장시설 기준으로 독성 가스와 1종 보호시설의 이격거리를 바르게 연결한 것은? (안전-9)

① 1만 이하 – 13m 이상
② 1만 초과 2만 이하 – 17m 이상
③ 2만 초과 3만 이하 – 20m 이상
④ 3만 초과 4만 이하 – 27m 이상

보호시설과 유지하여야 할 안전거리(안전 핵심 9) 참조

43 에어졸의 충전기준에 적합한 용기의 내용적은 몇 L 이하여야 하는가? (안전-70)

① 1
② 2
③ 3
④ 5

에어졸 제조시설(안전 핵심 70) 참조

44 액화석유가스에 주입하는 부취제(냄새나는 물질)의 측정방법으로 볼 수 없는 것은 어느 것인가? (안전-19)

① 무취실법
② 주사기법
③ 시험가스주입법
④ 오더(odor)미터법

부취제(안전 핵심 19) 참조

45 가연성 및 독성 가스의 용기 도색 후 그 표기방법으로 틀린 것은?

① 가연성 가스는 빨간색 테두리에 검정색 불꽃모양이다.
② 독성 가스는 빨간색 테두리에 검정색 해골모양이다.
③ 내용적 2L 미만의 용기는 그 제조자가 정한 바에 의한다.
④ 액화석유가스 용기 중 프로판가스를 충전하는 용기는 프로판가스임을 표시하여야 한다.

④ 액화석유가스 용기 중 부탄가스를 충전하는 용기는 부탄가스임을 표시하여야 한다.

46 고압가스를 운반하는 차량의 안전경계표지 중 삼각기의 바탕과 글자색은? (안전-48)

① 백색바탕 – 적색글씨
② 적색바탕 – 황색글씨
③ 황색바탕 – 적색글씨
④ 백색바탕 – 청색글씨

운반차량의 삼각기(안전 핵심 48) 참조

47 차량에 고정된 탱크로 고압가스를 운반할 때의 기준으로 틀린 것은? (안전-33)

① 차량의 앞뒤 보기 쉬운 곳에 붉은 글씨로 "위험고압가스"라는 경계표지를 한다.
② 액화가스를 충전하는 탱크는 그 내부에 방파판을 설치한다.
③ 산소탱크의 내용적은 1만8천L를 초과하지 아니하여야 한다.
④ 염소탱크의 내용적은 1만5천L를 초과하지 아니하여야 한다.

차량 고정탱크(탱크로리) 운반기준(안전 핵심 33) 참조
④ 염소(독성 12000L 이상 운반금지)

정답 41.① 42.④ 43.① 44.③ 45.④ 46.② 47.④

48 고압가스안전관리법에 적용받는 고압가스 중 가연성 가스가 아닌 것은?

① 황화수소
② 염화메탄
③ 공기 중에서 연소하는 가스로서 폭발한계의 하한이 10% 이하인 가스
④ 공기 중에서 연소하는 가스로서 폭발한계의 상한과 하한의 차가 20% 미만인 가스

④ 공기 중에 연소하는 가스로서 폭발한계의 상한과 하한의 차가 20% 이상인 가스

49 고압가스용 이음매 없는 용기의 재검사는 그 용기를 계속 사용할 수 있는지 확인하기 위하여 실시한다. 재검사 항목이 아닌 것은?

① 외관검사　② 침입검사
③ 음향검사　④ 내압검사

고압가스 이음매 없는 용기 재검사 항목(KGS AC218)
외관검사, 내압검사, 음향검사

50 다음 중 가장 무거운 기체는?

① 산소　② 수소
③ 암모니아　④ 메탄

각 가스의 분자량
산소(O_2) : 32g, 수소(H_2) : 2g, 암모니아(NH_3) : 17g, 메탄(CH_4) : 16g

51 내용적이 50리터인 이음매 없는 용기 재검사 시 용기에 깊이가 0.5mm를 초과하는 점부식이 있을 경우 용기의 합격여부는?

① 등급 분류결과 3급으로서 합격이다.
② 등급 분류결과 3급으로서 불합격이다.
③ 등급 분류결과 4급으로서 불합격이다.
④ 용접부 비파괴시험을 실시하여 합격여부를 결정한다.

해설
이음매 없는 재검사 용기 합격/불합격 판정기준
1, 2, 3급은 합격/4급은 불합격

등 급	용기의 상태
1급	사용상 지장이 없는 것으로서 2급, 3급 및 4급에 속하지 아니하는 것
2급	깊이가 1mm 이하의 우그러짐이 있는 것 중 사용상 지장 여부를 판단하기 곤란한 것
3급	다음 중 어느 하나에 해당하는 결함이 있는 것 ① 깊이가 0.3mm 미만이라고 판단되는 흠이 있는 것 ② 깊이가 0.5mm 미만이라고 판단되는 부식이 있는 것
4급	다음 중 어느 하나에 해당하는 결함이 있는 것 (1) 부식 ① 원래의 금속표면을 알 수 없을 정도로 부식되어 부식 깊이 측정이 곤란한 것 ② 부식점의 깊이가 0.5mm를 초과하는 점부식이 있는 것 ③ 길이가 100mm 이하이고 부식 깊이가 0.3m를 초과하는 선부식이 있는 것 ④ 길이가 100mm를 초과하는 부식 깊이가 0.25mm를 초과하는 선부식이 있는 것 ⑤ 부식 깊이가 0.25mm를 초과하는 일반부식이 있는 것 (2) 우그러짐 및 손상 ① 용기 동체 내·외면에 균열, 주름 등의 결함이 있는 것 ② 용기 바닥부 내·외면에 사용상 지장이 있다고 판단되는 균열, 주름 등의 결함이 있는 것. 다만, 만네스만방식으로 제조된 용기의 경우에는 용기 바닥면 중심부로부터 원주방향으로 반지름의 1/2 이내의 영역에 있는 것을 제외한다. ③ 우그러진 최대깊이가 2mm를 초과하는 것 ④ 우그러진 부분의 짧은 지름이 최대깊이의 20배 미만인 것 ⑤ 찍힌 흠 또는 긁힌 흠의 깊이가 0.3mm를 초과하는 것 ⑥ 찍힌 흠 또는 긁힌 흠의 깊이가 0.25mm를 초과하고 그 길이가 50mm를 초과하는 것 (3) 열영향을 받은 부분이 있는 것 (4) 넥클링부분의 유효나사수가 제조 시에 비하여 테이퍼 나사인 경우 60% 이하, 평행나사인 경우 80% 이하인 것 (5) 평행나사의 경우 오링이 접촉되는 면에 유해한 상처가 있는 것

정답 48.④ 49.② 50.① 51.③

52 유해물질의 사고예방대책으로 가장 거리가 먼 것은?

① 작업의 일원화
② 안전보호구 착용
③ 작업시설의 정돈과 청소
④ 유해물질과 발화원 제거

53 고압가스 특정제조시설의 저장탱크 설치방법 중 위해방지를 위하여 고압가스 저장탱크를 지하에 매설할 경우 저장탱크 주위는 무엇으로 채워야 하는가? (안전-49)

① 흙　② 콘크리트
③ 모래　④ 자갈

해설
LPG 저장탱크 지하설치 기준(안전 핵심 49) 참조

54 초저온용기의 정의로 옳은 것은?

① −30℃ 이하의 액화가스를 충전하기 위한 용기
② −50℃ 이하의 액화가스를 충전하기 위한 용기
③ −70℃ 이하의 액화가스를 충전하기 위한 용기
④ −90℃ 이하의 액화가스를 충전하기 위한 용기

55 다음 중 의료용 산소가스용기를 표시하는 색깔은? (안전-59)

① 갈색　② 백색
③ 청색　④ 자색

해설
용기의 도색 표시(안전 핵심 59) 참조

56 용기의 파열사고의 원인으로서 가장 거리가 먼 것은?

① 염소용기는 용기의 부식에 의하여 파열사고가 발생할 수 있다.
② 수소용기는 산소와 혼합충전으로 격심한 가스폭발에 의하여 파열사고가 발생할 수 있다.
③ 고압 아세틸렌가스는 분해폭발에 의하여 파열사고가 발생할 수 있다.
④ 용기 내 수증기 발생에 의해 파열사고가 발생할 수 있다.

57 차량에 고정된 탱크에 의하여 가연성 가스를 운반할 때 비치하여야 할 소화기의 종류와 최소수량은? (단, 소화기의 능력단위는 고려하지 않는다.) (안전-8)

① 분말소화기 1개
② 분말소화기 2개
③ 포말소화기 1개
④ 포말소화기 2개

해설
소화설비의 비치(안전 핵심 8) 참조

58 최고사용압력이 고압이고 내용적이 5m^{3}인 일반 도시가스 배관의 자기압력기록계를 이용한 기밀시험 시 기밀유지시간으로 옳은 것은? (안전-68)

① 24분 이상
② 240분 이상
③ 48분 이상
④ 480분 이상

해설
가스배관 기구별 기밀유지시간(안전 핵심 68) 참조

59 시안화수소(HCN)에 첨가되는 안정제로 사용되는 중합방지제가 아닌 것은?

① NaOH　② SO_2
③ H_2SO_4　④ $CaCl_2$

해설
HCN 안정제
황산, 아황산, 동, 동망, 염화칼슘, 오산화인

60 수소의 특성에 대한 설명으로 옳은 것은?

① 가스 중 비중이 큰 편이다.
② 냄새는 있으나 색깔은 없다.
③ 기체 중에서 확산속도가 가장 빠르다.
④ 산소, 염소와 폭발반응을 하지 않는다.

정답 52.① 53.③ 54.② 55.② 56.④ 57.② 58.④ 59.① 60.③

해설
① 모든 가스 중 가장 가볍다.
② 색, 냄새가 없다.
④ 산소, 염소와 폭발적으로 반응하며 폭명기를 생성한다.

제4과목 가스계측

61 HCN가스의 검지반응에 사용하는 시험지와 반응색이 옳게 짝지어진 것은? [계측-15]

① KI전분지 – 청색
② 질산구리벤젠지 – 청색
③ 염화파라듐지 – 적색
④ 염화제일구리착염지 – 적색

해설
독성 가스 누설검지 시험지와 변색상태(계측 핵심 15) 참조

62 아르키메데스 부력의 원리를 이용한 액면계는?

① 기포식 액면계
② 차압식 액면계
③ 정전용량식 액면계
④ 편위식 액면계

63 다음 중 가스 크로마토그래피와 관련이 없는 것은? [계측-10]

① 칼럼 ② 고정상
③ 운반기체 ④ 슬릿

해설
G/C 측정원리와 특성(계측 핵심 10) 참조

64 시정수(time constant)가 10초인 1차 지연형 계측기의 스텝응답에서 전체 변화의 95%까지 변화시키는 데 걸리는 시간은?

① 13초 ② 20초
③ 26초 ④ 30초

해설
$y = 1 - e^{-\frac{t}{T}}$
$-t = T\ln(1-y) = 10\times\ln(1-0.95)$
$\therefore\ t = -10\times\ln0.05 = 29.95\text{sec}$

65 압력계 교정 또는 검정용 표준기로 사용되는 압력계는?

① 기준 분동식 ② 표준 침종식
③ 기준 박막식 ④ 표준 부르동관식

66 다음 중 건습구습도계에 대한 설명으로 틀린 것은?

① 통풍형 건습구습도계는 연료탱크 속에 부착하여 사용한다.
② 2개의 수은유리온도계를 사용한 것이다.
③ 자연통풍에 의한 간이건습구습도계도 있다.
④ 정확한 습도를 구하려면 3~5m/s 정도의 통풍이 필요하다.

67 시험대상인 가스미터의 유량이 350m³/h이고 기준 가스미터의 지시량이 330m³/h일 때 기준 가스미터의 기차는 약 몇 %인가? [계측-18]

① 4.4% ② 5.7%
③ 6.1% ④ 7.5%

해설
가스미터의 기차(계측 핵심 18) 참조

$$기차 = \frac{시험미터\ 지시량 - 기준미터\ 지시량}{시험미터\ 지시량}$$
$$= \frac{350-330}{350}\times100 = 5.71\%$$

68 차압식 유량계 중 벤투리식(venturi type)에서 교축기구 전후의 관계에 대한 설명으로 옳지 않은 것은?

① 유량은 유량계수에 비례한다.
② 유량은 차압의 평방근에 비례한다.
③ 유량은 관 지름의 제곱에 비례한다.
④ 유량은 조리개 비의 제곱에 비례한다.

해설
차압식 유량계의 유량식

$$Q = K\cdot\frac{\pi}{4}d^2\sqrt{\frac{2gH}{1-m^4}\left(\frac{S_m}{S}-1\right)}$$

정답 61.② 62.④ 63.④ 64.④ 65.① 66.① 67.② 68.④

여기서, Q : 유량
K : 유량계수
d : 관 지름
m : 조리개의 비
g : 중력가속도
H : 압력차
S : 주관의 비중
S_m : 마노미터 비중

69 다음 중 유량의 단위가 아닌 것은?

① m^3/s ② ft^3/h
③ m^2/min ④ L/s

70 압력의 종류와 관계를 표시한 것으로 옳은 것은?

① 전압=동압−전압
② 전압=게이지압+동압
③ 절대압=대기압+진공압
④ 절대압=대기압+게이지압

• 전압=동압+정압
• 절대압=대기압−진공압
=대기압+게이지압

71 연속동작 중 비례동작(P동작)의 특징에 대한 설명으로 옳은 것은? (계측-4)

① 잔류편차가 생긴다.
② 사이클링을 제거할 수 없다.
③ 외란이 큰 제어계에 적당하다.
④ 부하변화가 적은 프로세스에는 부적당하다.

동작신호와 신호의 전송법(계측 핵심 4) 참조

72 신호의 전송방법 중 유압전송방법의 특징에 대한 설명으로 틀린 것은? (계측-4)

① 전송거리가 최고 300m이다.
② 조작력이 크고, 전송지연이 적다.
③ 파일럿밸브식과 분사관식이 있다.
④ 내식성, 방폭이 필요한 설비에 적당하다.

동작신호와 신호의 전송법(계측 핵심 4) 참조

73 습식 가스미터의 계량원리를 가장 바르게 나타낸 것은? (계측-8)

① 가스의 압력 차이를 측정
② 원통의 회전수를 측정
③ 가스의 농도를 측정
④ 가스의 냉각에 따른 효과를 이용

막식, 습식, 루트식 가스미터의 장·단점(계측 핵심 8) 참조
드럼타입(원통의 회전수)

74 가스설비에 사용되는 계측기기의 구비조건으로 틀린 것은?

① 견고하고, 신뢰성이 높을 것
② 주위 온도, 습도에 민감하게 반응할 것
③ 원거리 지시 및 기록이 가능하고, 연속측정이 용이할 것
④ 설치방법이 간단하고, 조작이 용이하며, 보수가 쉬울 것

75 가스분석에서 흡수분석법에 해당하는 것은 어느 것인가? (계측-1)

① 적정법 ② 중량법
③ 흡광광도법 ④ 헴펠법

흡수분석법(계측 핵심 1) 참조

76 화학공장 내에서 누출된 유독가스를 현장에서 신속히 검지할 수 있는 방식으로 가장 거리가 먼 것은? (계측-20)

① 열선형
② 간섭계형
③ 분광광도법
④ 검지관법

가연성 가스 검출기 종류(계측 핵심 20) 참조

정답 69.③ 70.④ 71.① 72.④ 73.② 74.② 75.④ 76.③

77 도시가스 제조소에 설치된 가스누출검지경보장치는 미리 설정된 가스 농도에서 자동적으로 경보를 울리는 것으로 하여야 한다. 이때 미리 설정된 가스 농도란? 〔안전-67〕

① 폭발하한계의 값
② 폭발상한계의 값
③ 폭발하한계의 1/4 이하 값
④ 폭발하한계의 1/2 이하 값

가스누출경보기 및 자동차단장치 설치(안전 핵심 67) 참조

78 파이프나 조절밸브로 구성된 계는 어떤 공정에 속하는가?

① 유동 공정
② 1차계 액위 공정
③ 데드타임 공정
④ 적분계 액위 공정

79 2가지 다른 도체의 양끝을 접합하고 두 접점을 다른 온도로 유지할 경우 회로에 생기는 기전력에 의해 열전류가 흐르는 현상을 무엇이라고 하는가? 〔계측-9〕

① 제백 효과
② 존슨 효과
③ 슈테판-볼츠만 법칙
④ 스케링 삼승근 법칙

열전대 온도계(계측 핵심 9) 참조

80 고속회전이 가능하므로 소형으로 대유량의 계량이 가능하나 유지관리로서 스트레이너가 필요한 가스미터는? 〔계측-8〕

① 막식 가스미터 ② 베인미터
③ 루트미터 ④ 습식 미터

막식, 습식, 루트식 가스미터의 장·단점(계측 핵심 8) 참조

정답 77.③ 78.① 79.① 80.③

국가기술자격 시험문제

2018년 산업기사 제4회 필기시험(2부) (2018년 9월 15일 시행)

자격종목	시험시간	문제수	문제형별
가스산업기사	2시간	80	B

수험번호		성 명	

제1과목 연소공학

01 탄소(C) 1g을 완전연소 시켰을 때 발생되는 연소가스인 CO_2는 약 몇 g 발생하는가?

① 2.7g
② 3.7g
③ 4.7g
④ 8.9g

$C+O_2 \rightarrow CO_2$

12g : 44g

1g : xg

$\therefore x=\frac{1\times44}{12}=3.66=3.7g$

02 목재, 종이와 같은 고체 가연성 물질의 주된 연소형태는? (연소-2)

① 표면연소 ② 자기연소
③ 분해연소 ④ 확산연소

연소의 종류(연소 핵심 2) 참조

03 다음 반응식을 이용하여 메탄(CH_4)의 생성열을 구하면?

㉠ $C+O_2 \rightarrow CO_2$, $\Delta H=-97.2kcal/mol$
㉡ $H_2+\frac{1}{2}O_2 \rightarrow H_2O$, $\Delta H=-57.6kcal/mol$
㉢ $CH_4+2O_2 \rightarrow CO_2+2H_2O$, $\Delta H=-194.4kcal/mol$

① $\Delta H=-20kcal/mol$
② $\Delta H=-18kcal/mol$
③ $\Delta H=18kcal/mol$
④ $\Delta H=20kcal/mol$

CH_4의 생성 반응식

$C+2H_2 \rightarrow CH_4+Q$이므로 ㉠, ㉡, ㉢의 식을 이용해 CH_4의 생성식으로 유도

㉠+㉡×2−㉢ 이면

$C+O_2 \rightarrow CO_2+97.2$

$+\ 2H_2+O_2 \rightarrow 2H_2O+57.6\times2$

$-\ CH_4+2O_2 \rightarrow CO_2+2H_2O+194.4$

$\therefore C+2H_2 \rightarrow CH_4+97.2+57.6\times2-194.4$

$C+2H_2 \rightarrow CH_4+18kcal$

$\therefore \Delta H=-18kcal/mol$

04 화재나 폭발의 위험이 있는 장소를 위험장소라 한다. 다음 중 제1종 위험장소에 해당하는 것은? (연소-14)

① 상용의 상태에서 가연성 가스의 농도가 연속해서 폭발하한계 이상으로 되는 장소
② 상용의 상태에서 가연성 가스가 체류해 위험해질 우려가 있는 장소
③ 가연성 가스가 밀폐된 용기 또는 설비의 사고로 인해 파손되거나 오조작의 경우에만 누출될 위험이 있는 장소
④ 환기장치에 이상이나 사고가 발생한 경우에 가연성 가스가 체류하여 위험하게 될 우려가 있는 장소

위험장소(연소 핵심 14) 참조

정답 01.② 02.③ 03.② 04.②

05 폭발하한계가 가장 낮은 가스는? (안전-106)

① 부탄 ② 프로판
③ 에탄 ④ 메탄

중요 가스 폭발범위(안전 핵심 106) 참조

06 1kg의 공기가 100℃ 하에서 열량 25kcal를 얻어 등온팽창할 때 엔트로피의 변화량은 약 몇 kcal/K인가?

① 0.038 ② 0.043
③ 0.058 ④ 0.067

$$\Delta S = \frac{dQ}{T} = \frac{25}{(273+100)} = 0.067\text{kcal/K}$$

07 실제 기체가 완전 기체의 특성 식을 만족하는 경우는? (연소-3)

① 고온, 저압
② 고온, 고압
③ 저온, 고압
④ 저온, 저압

이상기체(연소 핵심 3) 참조

08 파열의 원인이 될 수 있는 용기 두께 축소의 원인으로 가장 거리가 먼 것은?

① 과열
② 부식
③ 침식
④ 화학적 침해

09 어떤 연료의 저위발열량은 9000kcal/kg이다. 이 연료 1kg을 연소시킨 결과 발생한 연소열은 6500kcal/kg이었다. 이 경우의 연소효율은 약 몇 %인가?

① 38% ② 62%
③ 72% ④ 138%

해설

$$\eta = \frac{Q}{Hl} = \frac{6500}{9000} \times 100 = 72.2\%$$

10 연소에 대하여 가장 적절하게 설명한 것은?

① 연소는 산화반응으로 속도가 느리고, 산화열이 발생한다.
② 물질의 열전도율이 클수록 가연성이 되기 쉽다.
③ 활성화 에너지가 큰 것은 일반적으로 발열량이 크므로 가연성이 되기 쉽다.
④ 가연성 물질이 공기 중의 산소 및 그 외의 산소원의 산소와 작용하여 열과 빛을 수반하는 산화작용이다.

① 연소는 산화반응속도가 빠름
② 열전도율이 클수록 비가연성
③ 활성화 에너지가 작을수록 가연성

11 LPG에 대한 설명 중 틀린 것은?

① 포화탄화수소화합물이다.
② 휘발유 등 유기용매에 용해된다.
③ 액체 비중은 물보다 무겁고, 기체상태에서는 공기보다 가볍다.
④ 상온에서는 기체이나 가압하면 액화된다.

LPG
액비중 : 0.5, 기체비중 : 1.5~2

12 연소가스의 폭발 및 안전에 대한 다음 내용은 무엇에 관한 설명인가?

> 두 면의 평행판 거리를 좁혀가며 화염이 전파하지 않게 될 때의 면간거리

① 안전간격 ② 한계직경
③ 소염거리 ④ 화염일주

13 다음 중 중합폭발을 일으키는 물질은?

① 히드라진 ② 과산화물
③ 부타디엔 ④ 아세틸렌

해설

① 히드라진(N_2H_4), ② 과산화물, ④ 아세틸렌 : 분해폭발

참고 중합폭발 : 시안화수소, 산화에틸렌, 부타디엔, 염화비닐

정답 05.① 06.④ 07.① 08.① 09.③ 10.④ 11.③ 12.③ 13.③

14 어떤 기체가 열량 80kJ을 흡수하여 외부에 대하여 20kJ의 일을 하였다면 내부에너지 변화는 몇 kJ인가?

① 20 ② 60
③ 80 ④ 100

$i = u + APV$
$u = i - APV = 80 - 20 = 60\text{kJ}$

15 상온, 상압 하에서 메탄-공기의 가연성 혼합 기체를 완전연소 시킬 때 메탄 1kg을 완전연소 시키기 위해서는 공기 약 몇 kg이 필요한가?

① 4 ② 17
③ 19 ④ 64

$CH_4 + 2O_2 \rightarrow CO_2 + 2H_2O$
16kg : 2×32kg
1kg : $x$kg

$$x = \frac{1 \times 2 \times 32}{16} = 4\text{kg}$$

$$\therefore 4 \times \frac{1}{0.232} = 17.24\text{kg}$$

16 일반기체상수의 단위를 바르게 나타낸 것은?

① kg · m/kg · K ② kcal/kmol
③ kg · m/kmol · K ④ kcal/kg · ℃

$$R = \frac{848}{M}\ \text{kg} \cdot \text{m/kmol} \cdot \text{K}$$

17 다음은 폭굉의 정의에 관한 설명이다. ( )에 알맞은 용어는? [연소-1]

> 폭굉이란 가스의 화염(연소) ( )가(이) ( )보다 큰 것으로 파면선단의 입력파에 의해 파괴작용을 일으키는 것을 말한다.

① 전파속도 – 음속
② 폭발파 – 충격파
③ 전파온도 – 충격파
④ 전파속도 – 화염온도

폭굉, 폭굉유도거리(연소 핵심 1) 참조

18 다음 중 가스화재 시 밸브 및 콕을 잠그는 소화방법은? [연소-17]

① 질식소화 ② 냉각소화
③ 억제소화 ④ 제거소화

소화의 종류(연소 핵심 17) 참조

19 이상기체에 대한 설명이 틀린 것은? [연소-3]

① 실제로는 존재하지 않는다.
② 체적이 커서 무시할 수 없다.
③ 보일의 법칙에 따르는 가스를 말한다.
④ 분자 상호간에 인력이 작용하지 않는다.

이상기체(연소 핵심 3) 참조

20 다음 중 가연성 가스만으로 나열된 것은?

> Ⓐ 수소 Ⓑ 이산화탄소
> Ⓒ 질소 Ⓓ 일산화탄소
> Ⓔ LNG Ⓕ 수증기
> Ⓖ 산소 Ⓗ 메탄

① Ⓐ, Ⓑ, Ⓔ, Ⓗ ② Ⓐ, Ⓓ, Ⓔ, Ⓗ
③ Ⓐ, Ⓓ, Ⓕ, Ⓗ ④ Ⓑ, Ⓓ, Ⓔ, Ⓗ

해설

- CO_2, N_2, 수증기 : 불연성
- O_2 : 조연성

제2과목 가스설비

21 부식에 대한 설명으로 옳지 않은 것은?

① 혐기성 세균이 번식하는 토양 중의 부식속도는 매우 빠르다.
② 전식부식은 주로 전철에 기인하는 미주전류에 의한 부식이다.
③ 콘크리트와 흙이 접촉된 배관은 토양 중에서 부식을 일으킨다.
④ 배관이 점토나 모래에 매설된 경우 점토보다 모래 중의 관이 더 부식되는 경향이 있다.

정답 14.② 15.② 16.③ 17.① 18.④ 19.② 20.② 21.④

22 그림은 가정용 LP가스 소비시설이다. R_1에 사용되는 조정기의 종류는?

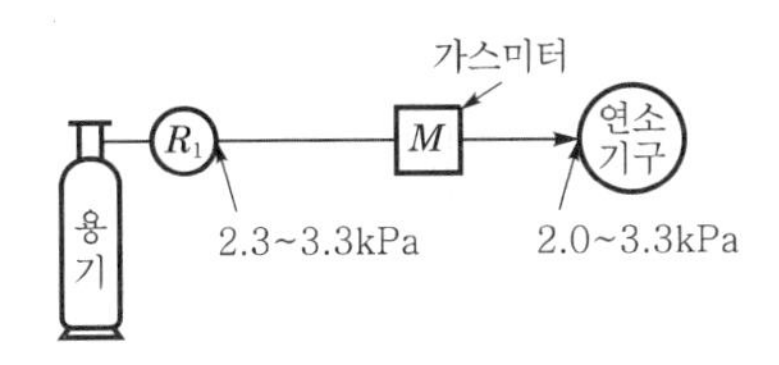

① 1단 감압식 저압조정기
② 1단 감압식 준저압조정기
③ 2단 감압식 1차용 조정기
④ 2단 감압식 2차용 조정기

23 냉간가공의 영역 중 약 210~360℃에서 기계적 성질인 인장강도는 높아지나 연신이 갑자기 감소하여 취성을 일으키는 현상을 의미하는 것은?

① 저온메짐
② 뜨임메짐
③ 청열메짐
④ 적열메짐

메짐(=취성)
㉠ 청열메짐 : 200~360℃에서 취성을 일으킴
㉡ 적열메짐 : 황(S)이 많은 강은 고온(800~900℃)에서 취성을 일으킴
㉢ 상온메짐 : 인(P)이 있을 때 취성을 일으킴

24 액화 암모니아 용기의 도색 색깔로 옳은 것은 어느 것인가? (안전-59)

① 밝은 회색 ② 황색
③ 주황색 ④ 백색

용기의 도색 표시(안전 핵심 59) 참조

25 강을 열처리하는 주된 목적은?

① 표면에 광택을 내기 위하여
② 사용시간을 연장하기 위하여
③ 기계적 성질을 향상시키기 위하여
④ 표면에 녹이 생기지 않게 하기 위하여

26 공기액화장치에 들어가는 공기 중 아세틸렌 가스가 혼입되면 안 되는 가장 큰 이유는 무엇인가? (설비-5)

① 산소의 순도가 저하된다.
② 액체 산소 속에서 폭발을 일으킨다.
③ 질소와 산소의 분리작용에 방해가 된다.
④ 파이프 내에서 동결되어 막히기 때문이다.

공기액화분리장치(설비 핵심 5) 참조

27 가스시설의 전기방식에 대한 설명으로 틀린 것은? (안전-38, 65)

① 전기방식이란 강재배관 외면에 전류를 유입시켜 양극반응을 저지함으로써 배관의 전기적 부식을 방지하는 것을 말한다.
② 방식전류가 흐르는 상태에서 토양 중에 있는 방식전위는 포화황산동 기준전극으로 −0.85V 이하로 한다.
③ "희생양극법"이란 매설배관의 전위가 주위의 타 금속구조물의 전위보다 높은 장소에서 매설배관과 주위의 타 금속구조물을 전기적으로 접속시켜 매설배관에 유입된 누출전류를 전기회로적으로 복귀시키는 방법을 말한다.
④ "외부전원법"이란 외부 직류전원장치의 양극은 매설배관이 설치되어 있는 토양에 접속하고, 음극은 매설배관에 접속시켜 부식을 방지하는 방법을 말한다.

전기방식법(안전 핵심 38), 전기방식(안전 핵심 65) 참조
③ 배류법

28 고압가스용기의 안전밸브 중 밸브 부근의 온도가 일정온도를 넘으면 퓨즈메탈이 녹아 가스를 전부 방출시키는 방식은? (안전-99)

① 가용전식 ② 스프링식
③ 파열판식 ④ 수동식

안전밸브 형식 및 종류(안전 핵심 99) 참조

정답 22.① 23.③ 24.④ 25.③ 26.② 27.③ 28.①

29 다음은 용접용기의 동판 두께를 계산하는 식이다. 이 식에서 S는 무엇을 나타내는가?

$$t=\frac{PD}{2S\eta-1.2P}+C$$

① 여유 두께
② 동판의 내경
③ 최고충전압력
④ 재료의 허용응력

해설

t : 동판 두께(mm)
P : F_p(최고충전압력)(MPa)
S : 허용응력(N/mm^2)
η : 용접효율
C : 부식여유치

30 카르노 사이클 기관이 27℃와 −33℃ 사이에서 작동될 때 이 냉동기의 열효율은 얼마인가? [연소-16]

① 0.2 ② 0.25
③ 4 ④ 5

냉동기, 열펌프의 성적계수 및 열효율(연소 핵심 16) 참조

$$\text{효율 } \eta=\frac{T_1-T_2}{T_1}$$
$$=\frac{(273+27)-(273-33)}{(273+27)}$$
$$=0.2$$

31 특수강에 내식성, 내열성 및 자경성을 부여하기 위하여 주로 첨가하는 원소는?

① 니켈
② 크롬
③ 몰리브덴
④ 망간

32 고압가스 냉동기의 발생기는 흡수식 냉동설비에 사용하는 발생기에 관계되는 설계온도가 몇 ℃를 넘는 열교환기를 말하는가?

① 80℃ ② 100℃
③ 150℃ ④ 200℃

33 도시가스의 저압공급방식에 대한 설명으로 틀린 것은?

① 수요량의 변동과 거리에 무관하게 공급압력이 일정하다.
② 압송비용이 저렴하거나 불필요하다.
③ 일반수용가를 대상으로 하는 방식이다.
④ 공급계통이 간단하므로 유지관리가 쉽다.

34 원심펌프는 송출구경을 흡입구경보다 작게 설계한다. 이에 대한 설명으로 틀린 것은 어느 것인가?

① 흡입구경보다 와류실을 크게 설계한다.
② 회전차에서 빠른 속도로 송출된 액체를 갑자기 넓은 와류실에 넣게 되면 속도가 떨어지기 때문이다.
③ 에너지 손실이 커져서 펌프효율이 저하되기 때문이다.
④ 대형펌프 또는 고양정의 펌프에 적용된다.

해설

㉠ 원심펌프 크기=100×90
여기서, 100 : 흡입구경
90 : 송출구경
㉡ 와류실 : 회전차나 안내깃 또는 와류실로부터 에너지를 부여받고 최종적으로 유출되는 물을 모아서 송출관으로 보내는 스파이럴형 동체로 단면이 출구쪽으로 가는 확대관이므로 흡입구경보다 크게 설계하면 안됨

35 공기액화분리장치의 폭발원인과 대책에 대한 설명으로 옳지 않은 것은? [설비-5]

① 장치 내에 여과기를 설치하여 폭발을 방지한다.
② 압축기의 윤활유에는 안전한 물을 사용한다.
③ 공기 취입구에서 아세틸렌의 침입으로 폭발이 발생한다.
④ 질화화합물의 혼입으로 폭발이 발생한다.

공기액화분리장치(설비 핵심 5) 참조

정답 29.④ 30.① 31.② 32.④ 33.① 34.① 35.②

36 용접장치에서 토치에 대한 설명으로 틀린 것은?

① 아세틸렌 토치의 사용압력은 0.1MPa 이상에서 사용한다.
② 가변압식 토치를 프랑스식이라 한다.
③ 불변압식 토치는 니들밸브가 없는 것으로 독일식이라 한다.
④ 팁의 크기는 용접할 수 있는 판 두께에 따라 선정한다.

사용압력은 0.1MPa 미만

37 직경 5m 및 7m인 두 개의 구형 가연성 고압가스 저장탱크가 유지해야 할 간격은? (단, 저장탱크에 물분무장치는 설치되어 있지 않음.) (안전-3)

① 1m 이상 ② 2m 이상
③ 3m 이상 ④ 4m 이상

물분무장치(안전 핵심 3) 참조

$(5m+7m) \times \frac{1}{4} = 3m$

3m는 1m보다 크므로 3m 이상 유지

38 정압기의 이상감압에 대처할 수 있는 방법이 아닌 것은?

① 필터 설치
② 정압기 2계열 설치
③ 저압배관의 loop화
④ 2차측 압력감시장치 설치

정압기 이상감압에 대처할 수 있는 방법
㉠ 저압배관의 loop화
㉡ 2차측 압력감시장치 설치
㉢ 정압기 2계열 설치

39 다음 중 신축이음이 아닌 것은? (설비-10)

① 벨로스형 이음 ② 슬리브형 이음
③ 루프형 이음 ④ 턱걸이형 이음

온도차에 따른 신축이음의 종류와 특징(설비 핵심 10) 참조

40 물을 양정 20m, 유량 $2m^3$/min으로 수송하고자 한다. 축동력 12.7PS를 필요로 하는 원심펌프의 효율은 약 몇 %인가?

① 65%
② 70%
③ 75%
④ 80%

$$L_{PS} = \frac{\gamma \cdot Q \cdot H}{75\eta}$$

$$\therefore \eta = \frac{\gamma \cdot Q \cdot H}{L_{PS} \times 75} = \frac{1000 \times (2/60) \times 20}{12.7 \times 75}$$

$$= 0.699 = 69.9 = 70\%$$

제3과목 가스안전관리

41 액화석유가스 판매사업소 용기보관실의 안전사항으로 틀린 것은?

① 용기는 3단 이상 쌓지 말 것
② 용기보관실 주위의 2m 이내에는 인화성 및 가연성 물질을 두지 말 것
③ 용기보관실 내에서 사용하는 손전등은 방폭형일 것
④ 용기보관실에는 계량기 등 작업에 필요한 물건 이외에 두지 말 것

용기는 2단 이상 쌓지 말 것

42 공기의 조성 중 질소, 산소, 아르곤, 탄산가스 이외의 비활성 기체에서 함유량이 가장 많은 것은?

① 헬륨 ② 크립톤
③ 제논 ④ 네온

비활성 기체의 공기 중의 용적(%)
㉠ Ar : 0.93%
㉡ Ne : 0.0018%
㉢ He : 0.0005%
㉣ Kr : 0.0001%
㉤ Xe : 0.000009%

정답 36.① 37.③ 38.① 39.④ 40.② 41.① 42.④

43 저장탱크에 의한 액화석유가스 사용시설에서 배관이음부와 절연조치를 한 전선과의 이격거리는? (안전-14)

① 10cm 이상
② 20cm 이상
③ 30cm 이상
④ 60cm 이상

가스계량기, 호스이음부, 배관의 이음부 유지거리(안전 핵심 14) 참조

44 아세틸렌의 품질검사에 사용하는 시약으로 맞는 것은? (안전-11)

① 발연황산 시약
② 구리, 암모니아 시약
③ 피로카롤 시약
④ 하이드로 설파이드 시약

산소, 수소, 아세틸렌 품질검사(안전 핵심 11) 참조

45 고압가스 충전용기의 운반기준 중 운반책임자가 동승하지 않아도 되는 경우는? (안전-5)

① 가연성 압축가스 $400m^3$를 차량에 적재하여 운반하는 경우
② 독성 압축가스 $90m^3$를 차량에 적재하여 운반하는 경우
③ 조연성 액화가스 6500kg을 차량에 적재하여 운반하는 경우
④ 독성 액화가스 1200kg을 차량에 적재하여 운반하는 경우

운반책임자 동승기준(안전 핵심 5) 참조

46 독성 가스의 처리설비로서 1일 처리능력이 $15000m^3$인 저장시설과 21m 이상 이격하지 않아도 되는 보호시설은? (안전-9)

① 학교
② 도서관
③ 수용능력이 15인 이상인 아동복지시설
④ 수용능력이 300인 이상인 교회

보호시설과 유지하여야 할 안전거리(안전 핵심 9) 참조
③ 수용능력 20인 이상인 아동복지시설이 1종 보호시설임

47 차량에 고정된 탱크로 고압가스를 운반하는 차량의 운반기준으로 적합하지 않는 것은 어느 것인가? (안전-33)

① 액화가스를 충전하는 탱크에는 그 내부에 방파판을 설치한다.
② 액화가스 중 가연성 가스, 독성 가스 또는 산소가 충전된 탱크에는 손상되지 아니하는 재료로 된 액면계를 사용한다.
③ 후부취출식 외의 저장탱크는 저장탱크 후면과 차량 뒷범퍼와의 수평거리가 20cm 이상 유지하여야 한다.
④ 2개 이상의 탱크를 동일한 차량에 고정하여 운반하는 경우에는 탱크마다 탱크의 주밸브를 설치한다.

차량 고정탱크 운반기준(안전 핵심 33) 참조
③ 후부취출식 이외의 탱크 뒷범퍼 수평거리 : 30cm 이상

48 고압호스 제조시설 설비가 아닌 것은?

① 공작기계
② 절단설비
③ 동력용 조립설비
④ 용접설비

고압고무호스 제조설비(KGS AA531 2.1)
㉠ 나사가공 · 구멍가공 및 외경절삭이 가능한 공작기계
㉡ 금속 및 고압고무호스의 절단이 가능한 절단설비
㉢ 연결기구와 고압고무호스를 조립할 수 있는 동력용 조립설비 · 작업공구 및 작업

49 소형 저장탱크의 가스방출구의 위치를 지면에서 5m 이상 또는 소형 저장탱크 정상부로부터 2m 이상 중 높은 위치에 설치하지 않아도 되는 경우는?

정답 43.① 44.① 45.② 46.③ 47.③ 48.④ 49.③

① 가스방출구의 위치를 건축물 개구부로부터 수평거리 0.5m 이상 유지하는 경우
② 가스방출구의 위치를 연소기의 개구부 및 환기용 공기흡입구로부터 각각 1m 이상 유지하는 경우
③ 가스방출구의 위치를 건축물 개구부로부터 수평거리 1m 이상 유지하는 경우
④ 가스방출구의 위치를 건축물 연소기의 개구부 및 환기용 공기흡입구로부터 각각 1.2m 이상 유지하는 경우

해설

가스방출관 설치위치(KGS FU432 1.5.4.1)
소형 저장탱크의 안전밸브에는 가스방출관을 설치한다. 이 경우 가스방출구의 위치를 건축물 개구부로부터 수평거리 1m 이상, 연소기의 개구부 및 환기용 공기흡입구로부터 각각 1.5m 이상 떨어지게 한 경우에는 지면에서 5m 이상 또는 소형 저장탱크 정상부로부터 2m 이상 중 높은 위치에 설치하지 아니할 수 있다.

정리 소형 저장탱크 안전밸브의 가스방출관 설치위치
지면에서 2.5m 이상 탱크 정상부에서 1m 이상 중 높은 위치. 단, 가스방출구 위치가 건축물 개구부로부터 수평거리 1m 미만이거나 연소기의 개구부 및 환기용 공기흡입구로부터 각각 1.5m 이상 떨어지지 않은 경우는 지면에서 5m 이상 탱크 정상부에서 2m 중 높은 위치에 가스방출구를 설치한다.

50 가스렌지를 점화시키기 위하여 점화동작을 하였으나 점화가 이루어지지 않았다. 다음 중 조치방법으로 가장 거리가 먼 내용은 어느 것인가?

① 가스용기 밸브 및 중간 밸브가 완전히 열렸는지 확인한다.
② 버너캡 및 버너바디를 바르게 조립한다.
③ 창문을 열어 환기시킨 다음 다시 점화동작을 한다.
④ 점화플러그 주위를 깨끗이 닦아준다.

51 이동식 부탄연소기 및 접합용기(부탄캔) 폭발사고의 예방대책이 아닌 것은?

① 이동식 부탄연소기보다 큰 과대불판을 사용하지 않는다.
② 접합용기(부탄캔) 내 가스를 다 사용한 후에는 용기에 구멍을 내어 내부의 가스를 완전히 제거한 후 버린다.
③ 이동식 부탄연소기를 사용하여 음식물을 조리한 경우에는 조리 완료 후 이동식 부탄연소기의 용기 체결 홀더 밖으로 접합용기(부탄캔)를 분리한다.
④ 접합용기(부탄캔)는 스틸이므로 가스를 다 사용한 후에는 그대로 재활용 쓰레기통에 버린다.

해설

접합용기(부탄캔)는 가스를 다 사용한 다음 구멍을 내어 재활용이 불가능하게 잔가스를 완전 제거한 후 쓰레기통에 버린다.

52 고압가스 사용상 주의할 점으로 옳지 않은 것은? (안전-85)

① 저장탱크의 내부압력이 외부압력보다 낮아짐에 따라 그 저장탱크가 파괴되는 것을 방지하기 위하여 긴급차단장치를 설치한다.
② 가연성 가스를 압축하는 압축기와 오토클레이브 사이의 배관에 역화방지장치를 설치해 두어야 한다.
③ 밸브, 배관, 압력게이지 등의 부착부로부터 누출(leakage)여부를 비눗물, 검지기 및 검지액 등으로 점검한 후 작업을 시작해야 한다.
④ 각각의 독성에 적합한 방독마스크, 가급적이면 송기식 마스크, 공기호흡기 및 보안경 등을 준비해 두어야 한다.

해설

저장탱크 부압 파괴방지조치, 과충전 방지(안전핵심 85) 참조
방지조치를 하기 위한 설비
㉠ 압력계
㉡ 압력경보설비
㉢ 기타설비
중 1 이상의 설비를 설치
(진공안전밸브, 균압관 압력과 연동하는 긴급차단장치를 설치한 냉동제어설비 및 송액설비 등을 설치)

정답 50.③ 51.④ 52.①

53 다음 중 공기액화분리장치의 폭발 원인이 아닌 것은? (설비-5)

① 이산화탄소와 수분 제거
② 액체공기 중 오존의 혼입
③ 공기취입구에서 아세틸렌 혼입
④ 윤활유 분해에 따른 탄화수소 생성

해설
공기액화분리장치(설비 핵심 5) 참조

54 특정고압가스 사용시설 기준 및 기술상 기준으로 옳은 것은? (안전-129)

① 산소의 저장설비 주위 20m 이내에는 화기취급을 하지 말 것
② 사용시설은 당해설비의 작동상황을 년 1회 이상 점검할 것
③ 액화가스의 저장능력이 300kg 이상인 고압가스설비에는 안전밸브를 설치할 것
④ 액화가스저장량이 10kg 이상인 용기 보관실의 벽은 방호벽으로 할 것

해설
특정고압가스 사용시설 · 기술 기준(안전 핵심 129) 참조

55 다음은 고압가스를 제조하는 경우 품질검사에 대한 내용이다. ( ) 안에 들어갈 사항을 알맞게 나열한 것은? (안전-11)

> 산소, 아세틸렌 및 수소를 제조하는 자는 일정한 순도 이상의 품질유지를 위하여 (Ⓐ) 이상 적절한 방법으로 품질검사를 하여 그 순도가 산소의 경우에는 (Ⓑ)%, 아세틸렌의 경우에는 (Ⓒ)%, 수소의 경우에는 (Ⓓ)% 이상이어야 하고 그 검사 결과를 기록할 것

① Ⓐ 1일 1회, Ⓑ 99.5, Ⓒ 98, Ⓓ 98.5
② Ⓐ 1일 1회, Ⓑ 99, Ⓒ 98.5, Ⓓ 98
③ Ⓐ 1주 1회, Ⓑ 99.5, Ⓒ 98, Ⓓ 98.5
④ Ⓐ 1주 1회, Ⓑ 99, Ⓒ 98.5, Ⓓ 98

해설
산소, 수소 아세틸렌 품질검사(안전 핵심 11) 참조

56 특정고압가스 사용시설의 기준에 대한 설명 중 옳은 것은? (안전-129)

① 산소 저장설비의 주위 8m 이내에는 화기를 취급하지 않는다.
② 고압가스설비는 상용압력 2.5배 이상의 내압시험에 합격한 것을 사용한다.
③ 독성가스 감압설비와 당해 가스반응설비 간의 배관에는 역류방지장치를 설치한다.
④ 액화가스 저장량이 100kg 이상인 용기 보관실에는 방호벽을 설치한다.

해설
특정고압가스 사용시설 · 기술 기준(안전 핵심 129) 참조
① 산소 화기와 5m 이내 화기를 취급하지 않는다.
② T_p =상용압력×1.5
④ 300kg 이상 방호벽

57 다음 액화가스 저장탱크 중 방류둑을 설치하여야 하는 것은? (안전-53)

① 저장능력이 5톤인 염소 저장탱크
② 저장능력이 8백톤인 산소 저장탱크
③ 저장능력이 5백톤인 수소 저장탱크
④ 저장능력이 9백톤인 프로판 저장탱크

해설
방류둑 설치기준(안전 핵심 53) 참조
① 독성 5t 이상 방류둑 설치

58 독성가스 누출을 대비하기 위하여 충전설비에 재해설비를 한다. 재해설비를 하지 않아도 되는 독성가스는?

① 아황산가스
② 암모니아
③ 염소
④ 사염화탄소

해설
충전설비에 재해설비를 하여야 하는 독성가스 종류 : 아황산, 암모니아, 염소, 염화메탄, 산화에틸렌, 시안화수소, 포스겐, 황화수소

정답 53.① 54.③ 55.① 56.③ 57.① 58.④

59 1일 처리능력이 60000m^3인 가연성 가스 저온저장탱크와 제2종 보호시설과의 안전거리의 기준은? (안전-9)

① 20.0m ② 21.2m
③ 22.0m ④ 30.0m

보호시설과 유지하여야 할 안전거리(안전 핵심 9) 참조

$$\frac{2}{25}\sqrt{x+10000} = \frac{2}{25}\sqrt{60000+10000}$$
$$= 21.16 = 21.2\text{m}$$

60 고압가스 저장설비에 설치하는 긴급차단장치에 대한 설명으로 틀린 것은? (안전-110)

① 저장설비의 내부에 설치하여도 된다.
② 조작버튼(Button)은 저장설비에서 가장 가까운 곳에 설치한다.
③ 동력원(動力源)은 액압, 기압, 전기 또는 스프링으로 한다.
④ 간단하고 확실하며 신속히 차단되는 구조로 한다.

긴급차단장치(안전 핵심 110) 참조

② 조작버튼은 탱크 외면 5m 이상 떨어진 곳 세 곳 이상 설치

제4과목 가스계측

61 건습구 습도계에서 습도를 정확히 하려면 얼마 정도의 통풍속도가 가장 적당한가?

① 3~5m/sec ② 5~10m/sec
③ 10~15m/sec ④ 30~50m/sec

62 일산화탄소 검지 시 흑색반응을 나타내는 시험지는? (계측-15)

① KI 전분지 ② 연당지
③ 하리슨시약 ④ 염화파라듐지

독성 가스 누설검지 시험지와 변색상태(계측 핵심 15) 참조

63 공정제어에서 비례미분(PD) 제어동작을 사용하는 주된 목적은?

① 안정도 ② 이득
③ 속응성 ④ 정상특성

64 다음 중 막식 가스미터는? (계측-6)

① 그로바식 ② 루트식
③ 오리피스식 ④ 터빈식

실측식 · 추량식 계량기 분류(계측 핵심 6) 참조

65 Roots 가스미터에 대한 설명으로 옳지 않은 것은? (계측-8)

① 설치공간이 적다.
② 대유량 가스 측정에 적합하다.
③ 중압가스의 계량이 가능하다.
④ 스트레이너의 설치가 필요 없다.

막식, 습식, 루트식 가스미터 장 · 단점(계측 핵심 8) 참조

66 국제단위계(SI단위) 중 압력단위에 해당되는 것은?

① Pa ② bar
③ atm ④ kgf/cm^2

67 Dial gauge는 다음 중 어느 측정방법에 속하는가?

① 비교측정 ② 절대측정
③ 간접측정 ④ 직접측정

68 가스분석법 중 흡수분석법에 해당하지 않는 것은? (계측-1)

① 헴펠법
② 산화구리법
③ 오르자트법
④ 게겔법

흡수분석법(계측 핵심 1) 참조

정답 59.② 60.② 61.① 62.④ 63.③ 64.① 65.④ 66.① 67.① 68.②

69 다음 [그림]과 같이 시차액주계의 높이 H가 60mm일 때 유속(V)은 약 몇 m/s인가? (단, 비중 γ와 γ'는 1과 13.6이고, 속도계수는 1, 중력가속도는 9.8m/s^{2}이다.)

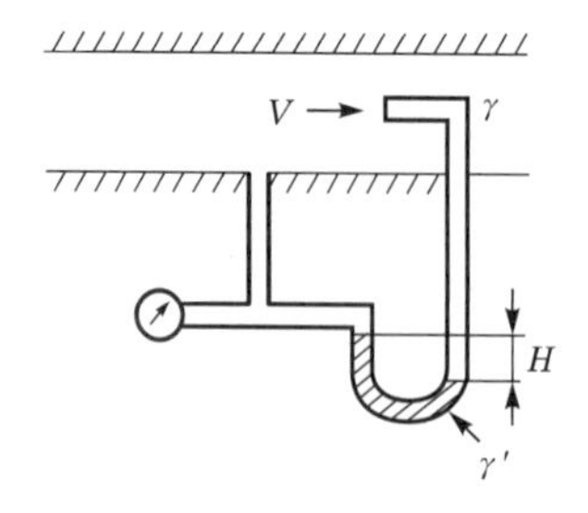

① 1.1　　② 2.4
③ 3.8　　④ 5.0

$$V = C\sqrt{2gH \times \left(\frac{\gamma' - \gamma}{\gamma}\right)}$$

$$= 1 \times \sqrt{2 \times 9.8 \times 0.06 \times \left(\frac{13.6 - 1}{1}\right)} = 3.849\text{m/s}$$

70 정밀도(precision degree)에 대한 설명 중 옳은 것은?

① 산포가 큰 측정은 정밀도가 높다.
② 산포가 적은 측정은 정밀도가 높다.
③ 오차가 큰 측정은 정밀도가 높다.
④ 오차가 적은 측정은 정밀도가 높다.

71 액면계 구비조건으로 틀린 것은? 〔계측-26〕

① 내식성이 있을 것
② 고온, 고압에 견딜 것
③ 구조가 복잡하더라도 조작은 용이할 것
④ 지시, 기록 또는 원격 측정이 가능할 것

해설
액면계의 사용용도(계측 핵심 26) 참조
③ 구조가 간단하고, 조작은 용이

72 일반적인 계측기의 구조에 해당하지 않는 것은?

① 검출부　　② 보상부
③ 전달부　　④ 수신부

73 다음 중 표준전구의 필라멘트 휘도와 복사에너지의 휘도를 비교하여 온도를 측정하는 온도계는?

① 광고온노계
② 복사온도계
③ 색온도계
④ 서미스터(thermistor)

74 차압식 유량계의 교축기구로 사용되지 않는 것은? 〔계측-19〕

① 오리피스　　② 피스톤
③ 플로 노즐　　④ 벤투리

해설
오리피스 유량계에 사용되는 교축기구의 종류(계측 핵심 19) 참조

75 다음 중 가연성 가스 검출기의 종류가 아닌 것은? 〔계측-20〕

① 안전등형　　② 간섭계형
③ 광조사형　　④ 열선형

해설
가연성 가스 검출기 종류(계측 핵심 20) 참조

76 오리피스 유량계의 측정원리로 옳은 것은 어느 것인가? 〔계측-23〕

① 패닝의 법칙
② 베르누이의 원리
③ 아르키메데스의 원리
④ 하겐-푸아죄유의 원리

해설
차압식 유량계(계측 핵심 23) 참조

77 가스분석계 중 화학반응을 이용한 측정방법은 어느 것인가? 〔계측-3〕

① 연소열법
② 열전도율법
③ 적외선흡수법
④ 가시광선 분광광도법

가스분석계의 분류(계측 핵심 3) 참조

정답 69.③ 70.② 71.③ 72.② 73.① 74.② 75.③ 76.② 77.①

78 어느 가정에 설치된 가스미터의 기차를 검사하기 위해 계량기의 지시량을 보니 $100m^3$이었다. 다시 기준기로 측정하였더니 $95m^3$이었다면 기차는 약 몇 %인가? [계측-18]

① 0.05 ② 0.95
③ 5 ④ 95

가스미터의 기차(계측 핵심 18) 참조

가스미터의 기차

$$= \frac{\text{시험미터 지시량} - \text{기준미터 지시량}}{\text{시험미터의 지시량}} \times 100$$

$$= \frac{100 - 95}{100} \times 100 = 5\%$$

79 다음 [보기]에서 설명하는 액주식 압력계의 종류는?

[보기]
- 통풍계로도 사용한다.
- 정도가 0.01~0.05mmH_2O로서 아주 좋다.
- 미세압 측정이 가능하다.
- 측정범위는 약 10~50mmH_2O 정도이다.

① U자관 압력계 ② 단관식 압력계
③ 경사관식 압력계 ④ 링밸런스 압력계

80 다음 [그림]은 불꽃이온화 검출기(FID)의 구조를 나타낸 것이다. ㉠~㉣의 명칭으로 부적당한 것은?

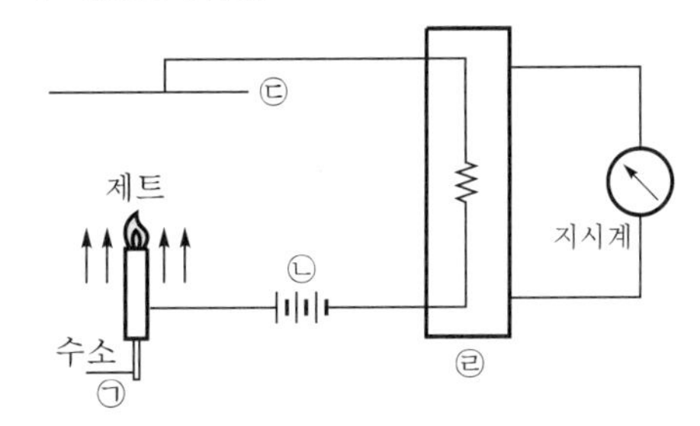

① ㉠ 시료가스 ② ㉡ 직류전압
③ ㉢ 전극 ④ ㉣ 가열부

㉣ 증폭부

정답 78.③ 79.③ 80.④

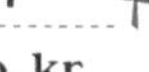

국가기술자격 시험문제

2019년 산업기사 제1회 필기시험(2부) (2019년 3월 3일 시행)

자격종목	시험시간	문제수	문제형별
가스산업기사	**2시간**	**80**	**A**

수험번호		성 명	

제1과목 연소공학

01 다음 중 $(CO_2)max$는 어느 때의 값인가? [연소-24]

① 실제공기량으로 연소시켰을 때
② 이론공기량으로 연소시켰을 때
③ 과잉공기량으로 연소시켰을 때
④ 부족공기량으로 연소시켰을 때

해설
최대탄산가스량(연소 핵심 24) 참조

02 배관 내 혼합가스의 한 점에서 착화되었을 때 연소파가 일정거리를 진행한 후 급격히 화염전파속도가 증가되어 1000~3500m/s에 도달하는 경우가 있다. 이와 같은 현상을 무엇이라 하는가? [연소-9]

① 폭발(Explosion)
② 폭굉(Detonation)
③ 충격(Shock)
④ 연소(Combustion)

폭발과 화재(연소 핵심 9) 참조

03 폭굉을 일으킬 수 있는 기체가 파이프 내에 있을 때 폭굉 방지 및 방호에 대한 설명으로 틀린 것은?

① 파이프 라인에 오리피스 같은 장애물이 없도록 한다.
② 공정 라인에서 회전이 가능하면 가급적 완만한 회전을 이루도록 한다.
③ 파이프의 지름 대 길이의 비는 가급적 작게 한다.
④ 파이프 라인에 장애물이 있는 곳은 관경을 축소한다.

④ 폭굉방지를 위해서는 장애물이 있는 곳은 관경을 넓힌다.

04 동일 체적의 에탄, 에틸렌, 아세틸렌을 완전연소시킬 때 필요한 공기량의 비는?

① 3.5 : 3.0 : 2.5 ② 7.0 : 6.0 : 6.0
③ 4.0 : 3.0 : 5.0 ④ 6.0 : 6.5 : 5.0

연소반응식
㉠ 에탄 : $C_2H_6+3.5O_2 \rightarrow 2CO_2+3H_2O$
㉡ 에틸렌 : $C_2H_4+3O_2 \rightarrow 2CO_2+2H_2O$
㉢ 아세틸렌 : $C_2H_2+2.5O_2 \rightarrow 2CO_2+H_2O$
산소의 비가 3.5 : 3 : 2.5이므로 공기비도 동일하다.

05 다음 이상기체에 대한 설명 중 틀린 것은 어느 것인가? [연소-3]

① 이상기체는 분자 상호간의 인력을 무시한다.
② 이상기체에 가까운 실제기체로는 H_2, He 등이 있다.
③ 이상기체는 분자 자신이 차지하는 부피를 무시한다.
④ 저온, 고압일수록 이상기체에 가까워진다.

이상기체(연소 핵심 3) 참조

정답 01.② 02.② 03.④ 04.① 05.④

06 가연물의 연소형태를 나타낸 것 중 틀린 것은 어느 것인가?

① 금속분-표면연소
② 파라핀-증발연소
③ 목재-분해연소
④ 유황-확산연소

황, 나프탈렌 : 고체물질의 증발연소

07 층류연소속도에 대한 설명으로 옳은 것은 어느 것인가? (연소-25)

① 미연소 혼합기의 비열이 클수록 층류연소속도는 크게 된다.
② 미연소 혼합기의 비중이 클수록 층류연소속도는 크게 된다.
③ 미연소 혼합기의 분자량이 클수록 층류연소속도는 크게 된다.
④ 미연소 혼합기의 열전도율이 클수록 층류연소속도는 크게 된다.

층류의 연소속도 측정법(연소 핵심 25) 참조

08 수소가스의 공기 중 폭발범위로 가장 가까운 것은? (안전-106)

① 2.5~81%
② 3~80%
③ 4.0~75%
④ 12.5~74%

중요 가스 폭발범위(안전 핵심 106) 참조

09 기체연료 중 수소가 산소와 화합하여 물이 생성되는 경우에 있어 $H_2 : O_2 : H_2O$의 비례관계는?

① 2 : 1 : 2
② 1 : 1 : 2
③ 1 : 2 : 1
④ 2 : 2 : 3

$2H_2 + O_2 \rightarrow 2H_2O$
2 : 1 : 2

10 액체연료가 공기 중에서 연소하는 현상은 다음 중 어느 것에 해당하는가?

① 증발연소
② 확산연소
③ 분해연소
④ 표면연소

11 기상폭발에 대한 설명으로 틀린 것은?

① 반응이 기상으로 일어난다.
② 폭발상태는 압력에너지의 축적상태에 따라 달라진다.
③ 반응에 의해 발생하는 열에너지는 반응기 내 압력상승의 요인이 된다.
④ 가연성 혼합기를 형성하면 혼합기의 양과 관계없이 압력파가 생겨 압력상승을 기인한다.

④ 혼합기의 양과 밀접한 관계가 있다.

12 다음 중 임계상태를 가장 올바르게 표현한 것은?

① 고체, 액체, 기체가 평형으로 존재하는 상태
② 순수한 물질이 평형에서 기체-액체로 존재할 수 있는 최고온도 및 압력상태
③ 액체상과 기체상이 공존할 수 있는 최소한의 한계상태
④ 기체를 일정한 온도에서 압축하면 밀도가 아주 작아져 액화가 되기 시작하는 상태

13 에틸렌(Ethylene) $1m^3$를 완전연소시키는 데 필요한 산소의 양은 약 몇 m^3인가?

① 2.5
② 3
③ 3.5
④ 4

$C_2H_4 + 3O_2 \rightarrow 2CO_2 + 2H_2O$
$\therefore$ $1m^3$당 $3m^3$

정답 06.④ 07.④ 08.③ 09.① 10.① 11.④ 12.② 13.②

14 폭발과 관련된 가스의 성질에 대한 설명으로 틀린 것은?

① 폭발범위가 넓은 것은 위험하다.
② 압력이 높게 되면 일반적으로 폭발범위가 좁아진다.
③ 가스의 비중이 큰 것은 낮은 곳에 체류할 염려가 있다.
④ 연소속도가 빠를수록 위험하다.

압력이 높아지면 일반적으로 폭발범위가 넓어진다. 단, CO는 좁아지며 H_2는 압력이 높아지면 좁아지다가 어느 한계를 넘으면 다시 넓어진다.

15 연소속도에 영향을 미치지 않는 것은?

① 관의 단면적
② 내염표면적
③ 염의 높이
④ 관의 염경

③ 염의 높이는 연소의 결과로 나타나는 사항이다.

16 가스의 성질을 바르게 설명한 것은?

① 산소는 가연성이다.
② 일산화탄소는 불연성이다.
③ 수소는 불연성이다.
④ 산화에틸렌은 가연성이다.

① 산소 : 조연성
② 일산화탄소 : 독성, 가연성
③ 수소 : 가연성

17 휘발유의 한 성분인 옥탄의 완전연소반응식으로 옳은 것은?

① $C_8H_{18}+O_2 \rightarrow CO_2+H_2O$
② $C_8H_{18}+25O_2 \rightarrow CO_2+18H_2O$
③ $2C_8H_{18}+25O_2 \rightarrow 16CO_2+18H_2O$
④ $2C_8H_{18}+O_2 \rightarrow 16CO_2+H_2O$

옥탄은 C_8H_{18}이므로,

$$C_8H_{18}+\frac{25}{2}O_2 \rightarrow 8CO_2+9H_2O$$

$\therefore\ 2C_8H_{18}+25O_2 \rightarrow 16CO_2+18H_2O$

18 다음 탄화수소 연료 중 착화온도가 가장 높은 것은?

① 메탄 ② 가솔린
③ 프로판 ④ 석탄

착화온도
① 메탄 : 537℃
② 가솔린 : 320℃
③ 프로판 : 466℃
④ 석탄 : 400~500℃

19 메탄 80v%, 프로판 5v%, 에탄 15v%인 혼합가스의 공기 중 폭발하한계는 약 얼마인가?

① 2.1% ② 3.3%
③ 4.3% ④ 5.1%

$$\frac{100}{L}=\frac{V_1}{L_1}+\frac{V_2}{L_2}+\frac{V_3}{L_3}=\frac{80}{5}+\frac{5}{2.1}+\frac{15}{3}$$

$\therefore\ L=4.276\%=4.3\%$

20 다음 중 착화온도가 낮아지는 조건이 아닌 것은?

① 발열량이 높을수록
② 압력이 낮을수록
③ 반응활성도가 클수록
④ 분자구조가 복잡할수록

② 압력이 높을수록

제2과목 가스설비

21 전기방식을 실시하고 있는 도시가스 매몰배관에 대하여 전위측정을 위한 기준전극으로 사용되고 있으며, 방식전위 기준으로 상한값 −0.85V 이하를 사용하는 것은 어느 것인가? (안전-65)

① 수소 기준전극
② 포화황산동 기준전극
③ 염화은 기준전극
④ 칼로멜 기준전극

정답 14.② 15.③ 16.④ 17.③ 18.① 19.③ 20.② 21.②

해설

전기방식(안전 핵심 65) 참조
㉠ −0.85V 이하 방식전위 기준 : 포화황산동 기준 전극
㉡ −0.95V 이하 방식전위 기준 : 황산염 환원박테리아가 번식하는 토양

22 냉간가공과 열간가공을 구분하는 기준이 되는 온도는?

① 끓는 온도
② 상용 온도
③ 재결정 온도
④ 섭씨 0도

해설

㉠ 냉간가공 : 상온에서 가공
㉡ 열간가공 : 고온에서 가공

23 냉동기의 성적(성능)계수를 ε_R로 하고 열펌프의 성적계수를 ε_H로 할 때 ε_R과 ε_H 사이에는 어떠한 관계가 있는가? (연소-16)

① $\varepsilon_R < \varepsilon_H$
② $\varepsilon_R = \varepsilon_H$
③ $\varepsilon_R > \varepsilon_H$
④ $\varepsilon_R > \varepsilon_H$ 또는 $\varepsilon_R < \varepsilon_H$

해설

냉동기, 열펌프의 성적계수 및 열효율(연소 핵심 16) 참조

$\varepsilon_R = \dfrac{T_2}{T_1 - T_2}$

$\varepsilon_H = \dfrac{T_1}{T_1 - T_2}$ 이므로 ε_H가 ε_R보다 크다.

24 다음 중 다층진공단열법에 대한 설명으로 틀린 것은?

① 고진공단열법과 같은 두께의 단열재를 사용해도 단열효과가 더 우수하다.
② 최고의 단열성능을 얻기 위해서는 높은 진공도가 필요하다.
③ 단열층이 어느 정도의 압력에 잘 견딘다.
④ 저온부일수록 온도분포가 완만하여 불리하다.

해설

다층진공은 초저온단열법이므로 저온부일수록 유리하다.

25 1단 감압식 저압조정기의 최대폐쇄압력 성능은 어느 것인가? (안전-17)

① 3.5kPa 이하
② 5.5kPa 이하
③ 95kPa 이하
④ 조정압력의 1.25배 이하

해설

압력조정기 (4)(안전 핵심 17) 참조
최대폐쇄압력

26 다음 중 LPG 용기의 내압시험압력은 얼마 이상이어야 하는가? (단, 최고충전압력은 1.56MPa이다.) (안전-52)

① 1.56MPa
② 2.08MPa
③ 2.34MPa
④ 2.60MPa

해설

T_P, F_P, A_P, 상용압력, 안전밸브 작동압력(안전 핵심 52) 참조

$T_P = F_P \times \dfrac{5}{3}$

$= 1.56 \times \dfrac{5}{3}$

$= 2.6\text{MPa}$

27 LPG 충전소 내의 가스사용시설 수리에 대한 설명으로 옳은 것은?

① 화기를 사용하는 경우에는 설비 내부의 가연성 가스가 폭발하한계의 1/4 이하인 것을 확인하고 수리한다.
② 충격에 의한 불꽃에 가스가 인화할 염려는 없다고 본다.
③ 내압이 완전히 빠져 있으면 화기를 사용해도 좋다.
④ 볼트를 조일 때는 한쪽만 잘 조이면 된다.

정답 22.③ 23.① 24.④ 25.① 26.④ 27.①

28 다음 중 소형 저장탱크에 대한 설명으로 틀린 것은? (안전-103)

① 옥외에 지상설치식으로 설치한다.
② 소형 저장탱크를 기초에 고정하는 방식은 화재 등의 경우에도 쉽게 분리되지 않는 것으로 한다.
③ 건축물이나 사람이 통행하는 구조물의 하부에 설치하지 아니한다.
④ 동일 장소에 설치하는 소형 저장탱크의 수는 6기 이하로 한다.

소형 저장탱크 설치방법(안전 핵심 103) 참조

29 냉동설비에 사용되는 냉매가스의 구비조건으로 틀린 것은? (설비-37)

① 안전성이 있어야 한다.
② 증기의 비체적이 커야 한다.
③ 증발열이 커야 한다.
④ 응고점이 낮아야 한다.

냉동톤 · 냉매가스 구비조건 (2)(설비 핵심 37) 참조

30 용기 내압시험 시 뷰렛의 용적은 300mL이고 전증가량은 200mL, 항구증가량은 15mL일 때 이 용기의 항구증가율은? (안전-18)

① 5%
② 6%
③ 7.5%
④ 8.5%

항구증가율(안전 핵심 18) 참조

$$항구증가율 = \frac{15}{200} \times 100(\%) = 7.5\%$$

31 내진설계 시 지반의 분류는 몇 종류로 하고 있는가?

① 6 ② 5
③ 4 ④ 3

해설

지반의 분류 : $S_1\,S_2\,S_3\,S_4\,S_5\,S_6$의 6종

32 LPG 저장탱크에 가스를 충전하려면 가스의 용량이 상용온도에서 저장탱크 내용적의 얼마를 초과하지 아니하여야 하는가? (안전-36)

① 95% ② 90%
③ 85% ④ 80%

저장능력 계산(안전 핵심 36) 참조

33 고압산소 용기로 가장 적합한 것은?

① 주강 용기
② 이중용접 용기
③ 이음매 없는 용기
④ 접합 용기

34 산소 또는 불활성 가스, 초저온 저장탱크의 경우에 한정하여 사용이 가능한 액면계는?

① 평형반사식 액면계
② 슬립튜브식 액면계
③ 환형유리제 액면계
④ 플로트식 액면계

고압가스탱크의 액면계로는 유리제 액면계를 사용하지 않는다(단, 산소, 불활성, 초저온 탱크의 경우 환형유리제 액면계 사용이 가능하다).

35 고압가스 일반제조시설에서 고압가스설비의 내압시험압력은 상용압력의 몇 배 이상으로 하는가? (안전-52)

① 1 ② 1.1
③ 1.5 ④ 1.8

해설

T_P, F_P, A_P, 상용압력, 안전밸브 작동압력(안전 핵심 52) 참조

설비내압시험압력(T_P)=상용압력×1.5배 이상

36 유체가 흐르는 관의 지름이 입구가 0.5m, 출구가 0.2m이고, 입구유속이 5m/s라면 출구유속은 약 몇 m/s인가?

① 21 ② 31
③ 41 ④ 51

정답 28.② 29.② 30.③ 31.① 32.② 33.③ 34.③ 35.③ 36.②

해설

$$Q = A_1 V_1 = A_2 V_2$$

$$V_2 = \frac{A_1 V_1}{A_2} = \frac{\frac{\pi}{4} \times (0.5\text{m})^2 \times 5(\text{m/s})}{\frac{\pi}{4} \times (0.2\text{m})^2} = 31.25(\text{m/s})$$

37 압축기의 실린더 내부 윤활유에 대한 설명으로 틀린 것은? (설비-32)

① 공기압축기에는 광유(鑛油)를 사용한다.
② 산소압축기에는 기계유를 사용한다.
③ 염소압축기에는 진한 황산을 사용한다.
④ 아세틸렌압축기에는 양질의 광유(鑛油)를 사용한다.

해설

압축기에 사용되는 윤활유(설비 핵심 32) 참조
② 산소압축기는 오일 성분 사용 시 폭발

38 저온장치에서 CO_2와 수분이 존재할 때 그 영향에 대한 설명으로 옳은 것은? (설비-5)

① CO_2는 저온에서 탄소와 산소로 분리된다.
② CO_2는 저장장치에서 촉매역할을 한다.
③ CO_2는 가스로서 별로 영향을 주지 않는다.
④ CO_2는 드라이아이스가 되고 수분은 얼음이 되어 배관밸브를 막아 흐름을 저해한다.

공기액화분리장치(설비 핵심 5) 참조
불순물의 영향 참고

39 다음 중 알루미늄(Al)의 방식법이 아닌 것은?

① 수산법
② 황산법
③ 크롬산법
④ 메타인산법

40 탄소강에 대한 설명으로 틀린 것은?

① 용도가 다양하다.
② 가공변형이 쉽다.
③ 기계적 성질이 우수하다.
④ C의 양이 적은 것은 스프링, 공구강 등의 재료로 사용된다.

해설

④ C의 함유량이 많을수록 강도가 단단해져 스프링, 공구강의 재료로 사용된다.

제3과목 가스안전관리

41 액화프로판을 내용적이 4700L인 차량의 고정된 탱크를 이용하여 운반 시 그 기준으로 적합한 것은? (단, 폭발방지장치가 설치되지 않았다.)

① 최대저장량이 2000kg이므로 운반책임자 동승이 필요없다.
② 최대저장량이 2000kg이므로 운반책임자 동승이 필요하다.
③ 최대저장량이 5000kg이므로 200km 이상 운행 시 운반책임자 동승이 필요하다.
④ 최대저장량이 5000kg이므로 운행거리에 관계없이 운반책임자 동승이 필요없다.

탱크로리 충전량

$$W = \frac{V}{C} = \frac{4700}{2.35} = 2000\text{kg}$$

프로판은 가연성이므로 3000kg 이상 운반 시 운반책임자가 동승하여야 한다.

42 가연성 액화가스 저장탱크에서 가스누출에 의해 화재가 발생했다. 다음 중 그 대책으로 가장 거리가 먼 것은?

① 즉각 송입펌프를 정지시킨다.
② 소정의 방법으로 경보를 울린다.
③ 즉각 저조 내부의 액을 모두 플로-다운(flow-down)시킨다.
④ 살수장치를 작동시켜 저장탱크를 냉각한다.

정답 37.② 38.④ 39.④ 40.④ 41.① 42.③

해설

③ 화재가 발생하였으므로 긴급차단밸브를 작동하여 가스의 유동을 정지시켜야 한다.

43 고압가스 저장시설에서 가스누출 사고가 발생하여 공기와 혼합하여 가연성, 독성가스로 되었다면 누출된 가스는?

① 질소　② 수소
③ 암모니아　④ 아황산가스

해설

독성과 가연성 모두의 성질을 가진 가스
아크릴로니트릴, 벤젠, 시안화수소, 일산화탄소, 산화에틸렌, 염화메탄, 황화수소, 암모니아, 브롬화메탄

44 가스사용시설에 상자콕 설치 시 예방 가능한 사고유형으로 가장 옳은 것은?

① 연소기 과열 화재사고
② 연소기 폐가스 중독 질식사고
③ 연소기 호스 이탈 가스누출사고
④ 연소기 소화안전장치 고장 가스폭발사고

콕의 역할
가스누출 시 생가스누출을 방지한다.

45 LP가스 용기를 제조하여 분체도료(폴리에스테르계) 도장을 하려 한다. 최소 도장 두께와 도장 횟수는?

① 25μm, 1회 이상
② 25μm, 2회 이상
③ 60μm, 1회 이상
④ 60μm, 2회 이상

46 도시가스사업법상 배관 구분 시 사용되지 않는 것은? (안전-66)

① 본관
② 사용자 공급관
③ 가정관
④ 공급관

해설

도시가스 배관의 종류(안전 핵심 66) 참조

47 포스핀(PH_3)의 저장과 취급 시 주의사항에 대한 설명으로 가장 거리가 먼 것은?

① 환기가 양호한 곳에서 취급하고 용기는 40℃ 이하를 유지한다.
② 수분과의 접촉을 금지하고 정전기 발생 방지시설을 갖춘다.
③ 가연성이 매우 강하여 모든 발화원으로부터 격리한다.
④ 방독면을 비치하여 누출 시 착용한다.

포스핀(인화수소)
TLV-TWA허용농도는 0.3ppm이고, 독성이면서 강력한 가연성으로 쉽게 점화한다. 폭발력이 강하며 흡입 시 치명적인 사고 발생으로 주로 보호구로는 공기호흡기가 사용된다.

48 고압가스 특정설비 제조자의 수리범위에 해당되지 않는 것은? (안전-75)

① 단열재 교체
② 특정설비의 부품 교체
③ 특정설비의 부속품 교체 및 가공
④ 아세틸렌 용기 내의 다공물질 교체

수리자격자별 수리범위(안전 핵심 75) 참조
④ 용기 제조자의 수리범위이다.

49 저장능력 18000m^3인 산소 저장시설은 전시장, 그 밖에 이와 유사한 시설로서 수용능력이 300인 이상인 건축물에 대하여 몇 m의 안전거리를 두어야 하는가? (안전-9)

① 12m　② 14m
③ 16m　④ 18m

해설

보호시설과 유지하여야 할 안전거리(안전 핵심 9) 참조
산소 수용능력 300인은 1종이므로, 1만 초과 2만 이하 산소 1종 : 14m

50 고압가스 용기의 파열사고 주 원인은 용기의 내압력(耐壓力) 부족에 기인한다. 내압력 부족의 원인으로 가장 거리가 먼 것은?

① 용기내벽의 부식　② 강재의 피로
③ 적정충전　④ 용접불량

정답 43.③ 44.③ 45.③ 46.③ 47.④ 48.④ 49.② 50.③

51 고압가스 용기(공업용)의 외면에 도색하는 가스 종류별 색상이 바르게 짝지어진 것은 어느 것인가? [안전-59]

① 수소-갈색
② 액화염소-황색
③ 아세틸렌-밝은 회색
④ 액화암모니아-백색

용기의 도색 표시(안전 핵심 59) 참조
① 수소-주황색
② 염소-갈색
③ 아세틸렌-황색

52 산소, 수소 및 아세틸렌의 품질검사에서 순도는 각각 얼마 이상이어야 하는가? [안전-11]

① 산소 : 99.5%, 수소 : 98.0%, 아세틸렌 : 98.5%
② 산소 : 99.5%, 수소 : 98.5%, 아세틸렌 : 98.0%
③ 산소 : 98.0%, 수소 : 99.5%, 아세틸렌 : 98.5%
④ 산소 : 98.5%, 수소 : 99.5%, 아세틸렌 : 98.0%

산소, 수소, 아세틸렌 품질검사(안전 핵심 11) 참조

53 액화석유가스의 안전관리 및 사업법에 의한 액화석유가스의 주성분에 해당되지 않는 것은?

① 액화된 프로판
② 액화된 부탄
③ 기화된 프로판
④ 기화된 메탄

해설

액화석유가스의 주성분
C_3H_8, C_3H_6, C_4H_{10}, C_4H_8, C_4H_6

54 액화석유가스 집단공급사업 허가 대상인 것은 어느 것인가?

① 70개소 미만의 수요자에게 공급하는 경우
② 전체 수용가구수가 100세대 미만인 공동주택의 단지 내인 경우
③ 시장 또는 군수가 집단공급사업에 의한 공급이 곤란하다고 인정하는 공공주택단지에 공급하는 경우
④ 고용주가 종업원의 후생을 위하여 사원주택 · 기숙사 등에게 직접 공급하는 경우

액화석유가스 집단공급사업 허가 대상(시행령 제3조)
(1) 70개소 이상의 수요자(공동주택단지의 경우 70가구 이상)
(2) 70개소 미만의 수요자로서 산업통상자원부령으로 정하는 수요자
(3) 산업통상자원부령으로 정하는 수요자
  ㉠ 저장능력이 1톤을 초과하는 액화석유가스 공동저장시설을 설치할 것
  ㉡ ㉠의 공동저장시설에서 도로(공동주택단지 도로 제외) 또는 타인의 토지에 매설된 배관을 통하여 액화석유가스를 공급받을 것

55 다음 [보기]에서 고압가스 제조설비의 사용개시 전 점검사항을 모두 나열한 것은 어느 것인가?

> ㉠ 가스설비에 있는 내용물의 상황
> ㉡ 전기, 물 등 유틸리티 시설의 준비상황
> ㉢ 비상전력 등의 준비상황
> ㉣ 회전기계의 윤활유 보급상황

① ㉠, ㉢
② ㉡, ㉢
③ ㉠, ㉡, ㉢
④ ㉠, ㉡, ㉢, ㉣

56 시안화수소를 저장하는 때에는 1일 1회 이상 다음 중 무엇으로 가스의 누출검사를 실시하는가? [계측-15]

① 질산구리벤젠지
② 묽은 질산은 용액
③ 묽은 황산 용액
④ 염화파라듐지

독성 가스 누설검지 시험지와 변색상태(계측 핵심 15) 참조

정답 51.④ 52.② 53.④ 54.② 55.④ 56.①

57 고압가스 특정제조시설에서 고압가스설비의 수리 등을 할 때의 가스치환에 대한 설명으로 옳은 것은?

① 가연성 가스의 경우 가스의 농도가 폭발하한계의 1/2에 도달할 때까지 치환한다.
② 가스 치환 시 농도의 확인은 관능법에 따른다.
③ 불활성 가스의 경우 산소의 농도가 16% 이하에 도달할 때까지 공기로 치환한다.
④ 독성가스의 경우 독성가스의 농도가 TLV-TWA 기준농도 이하로 될 때까지 치환을 계속한다.

① 폭발하한계의 1/4 이하까지 치환한다.
② 가스 치환의 농도확인은 가스검지기, 그 밖에 해당가스 농도 식별에 적합한 분석방법으로 한다.
③ 산소측정기 등으로 치환의 결과를 수시로 측정하여 산소의 농도가 22% 이하가 될 때까지 치환을 계속하여야 한다.

58 일반도시가스사업 제조소의 가스홀더 및 가스발생기는 그 외면으로부터 사업장의 경계까지 최고사용압력이 중압인 경우 몇 m 이상의 안전거리를 유지하여야 하는가?

① 5m ② 10m
③ 20m ④ 30m

최고사용압력
㉠ 고압 : 20m 이상
㉡ 중압 : 10m 이상
㉢ 저압 : 5m 이상

59 저장탱크에 부착된 배관에 유체가 흐르고 있을 때 유체의 온도 또는 주위의 온도가 비정상적으로 높아진 경우 또는 호스커플링 등의 접속이 빠져 유체가 누출될 때 신속하게 작동하는 밸브는?

① 온도조절밸브 ② 긴급차단밸브
③ 감압밸브 ④ 전자밸브

60 냉매설비에는 안전을 확보하기 위하여 액면계를 설치하여야 한다. 가연성 또는 독성가스를 냉매로 사용하는 수액기에 사용할 수 없는 액면계는?

① 환형유리관 액면계
② 정전용량식 액면계
③ 편위식 액면계
④ 회전튜브식 액면계

산소, 불활성, 초저온에만 환형유리제 액면계의 사용이 가능하다.

제4과목 가스계측

61 액위(Level)측정 계측기기의 종류 중 액체용 탱크에 사용되는 사이트글라스(Sight Glass)의 단점에 해당하지 않는 것은?

① 측정범위가 넓은 곳에서 사용이 곤란하다.
② 동결방지를 위한 보호가 필요하다.
③ 파손되기 쉬우므로 보호대책이 필요하다.
④ 내부 설치 시 요동(Turbulence)방지를 위해 Stilling Chamber 설치가 필요하다.

사이트글라스 : 저장탱크 등의 액면 확인을 위한 감시창 내부 설치 시 여과챔버 설치가 필요없다.

62 열전도형 진공계 중 필라멘트의 열전대로 측정하는 열전대 진공계의 측정범위는?

① 10^{-5}~10^{-3}torr
② 10^{-3}~0.1torr
③ 10^{-3}~1torr
④ 10~100torr

진공계 측정범위

종 류	측정범위(torr)
열전대	10^{-3}~1
더미스터	10^{-2}~10
냉음극전리	10^{-6}~10^{-3}

정답 57.④ 58.② 59.② 60.① 61.④ 62.③

63 제어동작에 따른 분류 중 연속되는 동작은 어느 것인가? (계측-4)

① On-Off동작 ② 다위치 동작
③ 단속도 동작 ④ 비례 동작

동작신호와 전송방법(계측 핵심 4) 참조

64 다음 [보기]에서 설명하는 열전대 온도계는 어느 것인가? (계측-9)

- 열전대 중 내열성이 가장 우수하다.
- 측정온도 범위가 0~1600℃ 정도이다.
- 환원성 분위기에 약하고 금속 증기 등에 침식하기 쉽다.

① 백금-백금 · 로듐 열전대
② 크로멜-알루멜 열전대
③ 철-콘스탄탄 열전대
④ 동-콘스탄탄 열전대

열전대 온도계(계측 핵심 9) 참조

65 가스 사용시설의 가스 누출 시 검지법으로 틀린 것은? (계측-15)

① 아세틸렌 가스 누출검지에 염화제1구리착염지를 사용한다.
② 황화수소 가스 누출검지에 초산납시험지를 사용한다.
③ 일산화탄소 가스 누출검지에 염화파라듐지를 사용한다.
④ 염소 가스 누출검지에 묽은 황산을 사용한다.

독성 가스 누설검지 시험지와 변색상태(계측 핵심 15) 참조
④ 염소 : KI전분지

66 차압식 유량계로 유량을 측정하였더니 교축기구 전후의 차압이 20.25Pa일 때 유량이 25m³/h이었다. 차압이 10.50Pa일 때의 유량은 약 몇 m³/h인가?

① 13 ② 18
③ 23 ④ 28

차압식 유량은 교축기구 전후의 압력차에 비례
$25 : \sqrt{20.25} = x : \sqrt{10.50}$
$\therefore x = \frac{\sqrt{10.50}}{\sqrt{20.25}} \times 25 = 18\text{m}^3/\text{h}$

67 오르자트 분석법은 어떤 시약이 CO를 흡수하는 방법을 이용하는 것이다. 이때 사용하는 흡수액은? (계측-1)

① 수산화나트륨 25% 용액
② 암모니아성 염화 제1구리용액
③ 30% KOH 용액
④ 알칼리성 피로갈롤용액

흡수분석법(계측 핵심 1) 참조

68 계량이 정확하고 사용 기차의 변동이 크지 않아 발열량 측정 및 실험실의 기준 가스미터로 사용되는 것은? (계측-8)

① 막식 가스미터
② 건식 가스미터
③ Roots 미터
④ 습식 가스미터

막식, 습식, 루트식 가스미터의 장 · 단점(계측 핵심 8) 참조

69 가스는 분자량에 따라 다른 비중값을 갖는다. 이 특성을 이용하는 가스분석기기는 어느 것인가?

① 자기식 O_2 분석기기
② 밀도식 CO_2 분석기기
③ 적외선식 가스분석기기
④ 광화학발광식 NO_x 분석기기

밀도는 분자량/22.4이므로 밀도식 분석기는 분자량과 밀접한 관계가 있다.

70 화학공장에서 누출된 유독가스를 신속하게 현장에서 검지 · 정량하는 방법은?

① 전위적정법 ② 흡광광도법
③ 검지관법 ④ 적정법

정답 63.④ 64.① 65.④ 66.② 67.② 68.④ 69.② 70.③

해설

화학공장에서 누출된 유독가스를 신속하게 현장에서 검지·정량하는 방법
㉠ 시험지법
㉡ 검지관법
㉢ 열선식
㉣ 광간섭식

71 다음 중 기본단위가 아닌 것은?

① 킬로그램(kg)
② 센티미터(cm)
③ 캘빈(K)
④ 암페어(A)

해설

기본단위(7종)
질량(kg), 길이(m), 시간(sec), 온도(K), 물질량(mol), 전류(A), 광도(Cd)

72 정도가 가장 높은 가스미터는? [계측-8]

① 습식 가스미터
② 벤투리미터
③ 오리피스미터
④ 루트미터

해설

막식, 습식, 루트식 가스미터의 장·단점(계측 핵심 8) 참조
습식 가스미터 : 정도가 높아 실험실용, 기준기용으로 사용

73 도시가스로 사용하는 NG의 누출을 검지하기 위하여 검지기는 어느 위치에 설치하여야 하는가?

① 검지기 하단은 천장면의 아래쪽 0.3m 이내
② 검지기 하단은 천장면의 아래쪽 3m 이내
③ 검지기 상단은 바닥면에서 위쪽으로 0.3m 이내
④ 검지기 상단은 바닥면에서 위쪽으로 3m 이내

해설

NG : 공기보다 가벼워 천장에서 30cm 이내로 검지기를 설치해야 한다.

74 제어기기의 대표적인 것을 들면 검출기, 증폭기, 조작기기, 변환기로 구분되는데 서보전동기(Servo Motor)는 어디에 속하는가?

① 검출기
② 증폭기
③ 변환기
④ 조작기기

75 다음 온도계 중 가장 고온을 측정할 수 있는 것은?

① 저항온도계
② 서미스터 온도계
③ 바이메탈 온도계
④ 광고온계

해설

광고온계(비접촉식 온도계)

76 온도 49℃, 압력 1atm의 습한 공기 205kg이 10kg의 수증기를 함유하고 있을 때 이 공기의 절대습도는? (단, 49℃에서 물의 증기압은 88mmHg이다.) [계측-25]

① 0.025kg H_2O/kg dryair
② 0.048kg H_2O/kg dryair
③ 0.051kg H_2O/kg dryair
④ 0.25kg H_2O/kg dryair

해설

습도(계측 핵심 25) 참조

$$\text{절대습도} = \frac{10}{205-10} = 0.05128\text{kg } H_2O/\text{kg dryair}$$

77 시안화수소(HCN)가스 누출 시 검지지와 변색상태로 옳은 것은? [계측-15]

① 염화파라듐지－흑색
② 염화제1구리 착염지－적색
③ 연당지－흑색
④ 초산(질산)구리 벤젠지－청색

해설

독성 가스 누설검지 시험지와 변색상태(계측 핵심 15) 참조

정답 71.② 72.① 73.① 74.④ 75.④ 76.③ 77.④

78 피드백(Feedback) 제어에 대한 설명으로 틀린 것은?

① 다른 제어계보다 판단 · 기억의 논리기능이 뛰어나다.
② 입력과 출력을 비교하는 장치는 반드시 필요하다.
③ 다른 제어계보다 정확도가 증가한다.
④ 제어대상 특성이 다소 변하더라도 이것에 의한 영향을 제어할 수 있다.

79 최대유량이 $10m^3/h$인 막식 가스미터기를 설치하여 도시가스를 사용하는 시설이 있다. 가스레인지 $2.5m^3/h$를 1일 8시간 사용하고, 가스보일러 $6m^3/h$를 1일 6시간 사용했을 경우 월 가스사용량은 약 몇 m^3인가? (단, 1개월은 31일이다.)

① 1570 ② 1680
③ 1736 ④ 1950

$\{(2.5m^3/h \times 8h/d) + 6m^3/h \times 6h/d)\} \times 31d/$월
$= 1736m^3/d$

80 면적유량계의 특징에 대한 설명으로 틀린 것은?

① 압력손실이 아주 크다.
② 정밀 측정용으로는 부적당하다.
③ 슬러지 유체의 측정이 가능하다.
④ 균등 유량 눈금으로 측정치를 얻을 수 있다.

면적식 유량계 : 압력손실이 적다.

정답 78.① 79.③ 80.①

국가기술자격 시험문제

2019년 산업기사 제2회 필기시험(2부) (2019년 4월 27일 시행)

자격종목	시험시간	문제수	문제형별
가스산업기사	**2시간**	**80**	**A**

수험번호		성 명	

제1과목 연소공학

01 가연성 물질의 인화 특성에 대한 설명으로 틀린 것은?

① 비점이 낮을수록 인화위험이 커진다.
② 최소점화에너지가 높을수록 인화위험이 커진다.
③ 증기압을 높게 하면 인화위험이 커진다.
④ 연소범위가 넓을수록 인화위험이 커진다.

해설
최소점화에너지 : 반응에 필요한 최소한의 에너지로서 적을수록 인화위험이 커진다.

02 프로판 1kg을 완전연소시키면 약 몇 kg의 CO_2가 생성되는가?

① 2kg ② 3kg
③ 4kg ④ 5kg

해설
$C_3H_8 + 5O_2 \rightarrow 3CO_2 + 4H_2O$
44kg : 3×44kg
1kg : x(kg)
$\therefore x = \frac{1\times3\times44}{44} = 3\text{kg}$

03 분진폭발은 가연성 분진이 공기 중에 분산되어 있다가 점화원이 존재할 때 발생한다. 분진폭발이 전파되는 조건과 다른 것은 어느 것인가?

① 분진은 가연성이어야 한다.
② 분진은 적당한 공기를 수송할 수 있어야 한다.
③ 분진의 농도는 폭발범위를 벗어나 있어야 한다.
④ 분진은 화염을 전파할 수 있는 크기로 분포해야 한다.

04 오토사이클에서 압축비(ε)가 10일 때 열효율은 약 몇 %인가? [단, 비열비(K)는 1.4이다.]

① 58.2 ② 59.2
③ 60.2 ④ 61.2

해설
$\eta_0 = 1 - \left(\frac{1}{\varepsilon}\right)^{K-1} = 1 - \left(\frac{1}{10}\right)^{1.4-1}$
$= 0.6018 = 60.18\% \fallingdotseq 60.2\%$

05 가연성 고체의 연소에서 나타나는 연소현상으로, 고체가 열분해되면서 가연성 가스를 내며 연소열로 연소가 촉진되는 연소는? (연소-2)

① 분해연소 ② 자기연소
③ 표면연소 ④ 증발연소

해설
연소의 종류(연소 핵심 2) 참조

06 완전가스의 성질에 대한 설명으로 틀린 것은 어느 것인가? (연소-3)

① 비열비는 온도에 의존한다.
② 아보가드로의 법칙에 따른다.
③ 보일-샤를의 법칙을 만족한다.
④ 기체의 분자력과 크기는 무시된다.

해설
이상기체(연소 핵심 3) 참조
① 비열비는 온도에 관계없이 일정하다.

정답 01.② 02.② 03.③ 04.③ 05.① 06.①

07 용기의 내부에서 가스폭발이 발생하였을 때 용기가 폭발압력을 견디고 외부의 가연성 가스에 인화되지 않도록 한 구조는 어느 것인가? (안전-13)

① 특수(特殊)방폭구조
② 유입(油入)방폭구조
③ 내압(耐壓)방폭구조
④ 안전증(安全增)방폭구조

해설
가스시설의 전기방폭기준(안전 핵심 13) 참조

08 혼합기체의 온도를 고온으로 상승시켜 자연착화를 일으키고, 혼합기체의 전 부분이 극히 단시간 내에 연소하는 것으로서 압력 상승이 급격한 현상을 무엇이라 하는가?

① 전파연소
② 폭발
③ 확산연소
④ 예혼합연소

해설
㉠ 폭발 : 단시간 내 연소
㉡ 폭굉 : 폭발 중 가장 격렬한 폭발

09 가스용기의 물리적 폭발원인으로 가장 거리가 먼 것은?

① 누출된 가스의 점화
② 부식으로 인한 용기의 두께 감소
③ 과열로 인한 용기의 강도 감소
④ 압력조정 및 압력방출 장치의 고장

해설
① 누출가스 점화 : 화학적 반응

10 CO_{2max}(%)는 어느 때의 값인가?

① 실제공기량으로 연소시켰을 때
② 이론공기량으로 연소시켰을 때
③ 과잉공기량으로 연소시켰을 때
④ 부족공기량으로 연소시켰을 때

11 다음 혼합가스 중 폭굉이 발생하기 가장 쉬운 것은?

① 수소－공기
② 수소－산소
③ 아세틸렌－공기
④ 아세틸렌－산소

해설
공기보다 산소 중에 연소, 폭발, 폭굉이 더 잘 발생하며 수소(4~75%)보다 아세틸렌(2.5~81%)이 폭발범위가 더 넓다.

12 프로판가스 1kg을 완전연소시킬 때 필요한 이론공기량은 약 몇 Nm^3/kg인가? (단, 공기 중 산소는 21v%이다.)

① 10.1
② 11.2
③ 12.1
④ 13.2

해설
$C_3H_8 + 5O_2 \rightarrow 3CO_2 + 4H_2O$
44kg : $5\times22.4Nm^3$
1kg : $x(Nm^3)$

$$x = \frac{1\times5\times22.4}{44} = 2.545$$

$$\therefore \text{공기량} = 2.545\times\frac{100}{21} = 12.1Nm^3/kg$$

13 자연발화를 방지하기 위해 필요한 사항이 아닌 것은?

① 습도를 높여 준다.
② 통풍을 잘 시킨다.
③ 저장실 온도를 낮춘다.
④ 열이 쌓이지 않도록 주의한다.

14 불완전연소의 원인으로 가장 거리가 먼 것은 어느 것인가?

① 불꽃의 온도가 높을 때
② 필요량의 공기가 부족할 때
③ 배기가스의 배출이 불량할 때
④ 공기와의 접촉 · 혼합이 불충분할 때

해설
불꽃의 온도가 높은 것은 완전연소의 결과이다.

정답 07.③ 08.② 09.① 10.② 11.④ 12.③ 13.① 14.①

15 연소 및 폭발 등에 대한 설명 중 틀린 것은?

① 점화원의 에너지가 약할수록 폭굉유도 거리는 길어진다.
② 가스의 폭발범위는 측정조건을 바꾸면 변한다.
③ 혼합가스의 폭발한계는 르샤틀리에 식으로 계산한다.
④ 가스연료의 최소점화에너지는 가스농도에 관계없이 결정되는 값이다.

16 고체연료의 성질로 틀린 것은?

① 수분이 많으면 통풍불량의 원인이 된다.
② 휘발분이 많으면 점화가 쉽고, 발열량이 높아진다.
③ 착화온도는 산소량이 증가할수록 낮아진다.
④ 회분이 많으면 연소를 나쁘게 하여 열효율이 저하된다.

② 휘발분이 많으면 점화는 쉬우나 발열량과는 무관하다.

17 물질의 화재 위험성으로 틀린 것은?

① 인화점이 낮을수록 위험하다.
② 발화점이 높을수록 위험하다.
③ 연소범위가 넓을수록 위험하다.
④ 착화에너지가 낮을수록 위험하다.

② 발화점이 낮을수록 위험하다.

18 열역학 제1법칙으로 옳은 것은? (설비-40)

① 열평형에 관한 법칙이다.
② 제2종 영구기관의 존재가능성을 부인하는 법칙이다.
③ 열은 다른 물체에 아무런 변화도 주지 않고, 저온 물체에서 고온 물체로 이동하지 않는다.
④ 에너지보존법칙 중 열과 일의 관계를 설명한 것이다.

열역학의 법칙(설비 핵심 40) 참조

19 다음 반응에서 평형을 오른쪽으로 이동시켜 생성물을 더 많이 얻으려면 어떻게 해야 하는가?

$$CO + H_2O \rightleftarrows H_2 + CO_2 + Q\text{kcal}$$

① 온도를 높인다.
② 압력을 높인다.
③ 온도를 낮춘다.
④ 압력을 낮춘다.

$CO + H_2O \rightleftarrows H_2 + CO_2 + Q$

㉠ 압력을 올리면 몰수가 많은 쪽에서 적은 쪽으로 이동(좌우 몰수가 같으므로 압력의 영향이 없음)
㉡ 온도를 올리면 $-Q$쪽으로 이동되므로 오른쪽이 $+Q$이므로 온도를 낮추어야 $+Q$쪽으로 이동함

20 탄소 2kg을 완전연소시켰을 때 발생하는 연소가스(CO_2)의 양은 얼마인가?

① 3.66kg
② 7.33kg
③ 8.89kg
④ 12.34kg

$C + O_2 \rightarrow CO_2$
12kg : 44kg
2kg : x(kg)

$\therefore x = \dfrac{2 \times 44}{12} = 7.33\text{kg}$

제2과목 가스설비

21 도시가스 제조공정 중 촉매 존재하에 약 400~800℃의 온도에서 수증기와 탄화수소를 반응시켜 CH_4, H_2, CO, CO_2 등으로 변화시키는 프로세스는? (설비-3)

① 열분해프로세스
② 부분연소프로세스
③ 접촉분해프로세스
④ 수소화분해프로세스

도시가스 프로세스(설비 핵심 3) 참조

정답 15.④ 16.② 17.② 18.④ 19.③ 20.② 21.③

22 직류전철 등에 의해 누출전류의 영향을 받는 배관에 적합한 전기방식법은? (안전-38)

① 희생양극법
② 교호법
③ 배류법
④ 외부전원법

전기방식법(안전 핵심 38) 참조

23 전양정이 54m, 유량이 1.2m^3/min인 펌프로 물을 이송하는 경우, 이 펌프의 축동력은 약 몇 PS인가? (단, 펌프의 효율은 80%, 물의 밀도는 1g/cm^{3}이다.)

① 13 ② 18
③ 23 ④ 28

$$L_{PS}=\frac{\gamma \cdot Q \cdot H}{75\eta}$$
$$=\frac{1000(\text{kg/m}^3)\times(1.2\text{m}^3/60\text{sec})\times 54\text{m}}{75\times 0.8}$$
$$=18\text{PS}$$

24 LNG 수입기지에서 LNG를 NG로 전환하기 위하여 가열원을 해수로 기화시키는 방법은 어느 것인가? (설비-14)

① 냉열기화
② 중앙매체식 기화기
③ Open Rack Vaporizer
④ Submerged Conversion Vaporizer

LNG 기화장치의 종류와 특징(설비 핵심 14) 참조

25 Vapor-Rock 현상의 원인과 방지방법에 대한 설명으로 틀린 것은? (설비-17)

① 흡입관 지름을 작게 하거나 펌프의 설치위치를 높게 하여 방지할 수 있다.
② 흡입관로를 청소하여 방지할 수 있다.
③ 흡입관로의 막힘, 스케일 부착 등에 의해 저항이 증대했을 때 원인이 된다.
④ 액 자체 또는 흡입배관 외부의 온도가 상승할 때 원인이 될 수 있다.

원심펌프에서 발생되는 이상현상(설비 핵심 17) 참조
① 흡입관의 관경을 크게 하여야 한다.

26 저압가스배관에서 관의 내경이 1/2로 되면 압력손실은 몇 배가 되는가? (단, 다른 모든 조건은 동일한 것으로 본다.) (설비-8)

① 4 ② 16
③ 32 ④ 64

배관의 압력손실 요인(설비 핵심 8) 참조

$H=\dfrac{Q^2\times S\times L}{K^2\times D^5}$에서 $H=\dfrac{1}{\left(\dfrac{1}{2}\right)^5}=32$배

27 다음 중 사용압력이 60kg/cm^2, 관의 허용응력이 20kg/mm^{2}일 때 스케줄번호는 어느 것인가? (설비-13)

① 15 ② 20
③ 30 ④ 60

배관의 SCH(설비 핵심 13) 참조

$\text{SCH}=10\times\dfrac{P}{S}=10\times\dfrac{60}{20}=30$

28 도시가스 배관 등의 용접 및 비파괴검사 중 용접부의 육안검사에 대한 설명으로 틀린 것은?

① 보강 덧붙임은 그 높이가 모재 표면보다 낮지 않도록 하고, 3mm 이상으로 할 것
② 외면의 언더컷은 그 단면이 V자형으로 되지 않도록 하며, 1개의 언더컷 길이 및 깊이는 각각 30mm 이하 및 0.5mm 이하일 것
③ 용접부 및 그 부근에는 균열, 아크스트라이크, 위해하다고 인정되는 지그의 흔적, 오버랩 및 피트 등의 결함이 없을 것
④ 비드 형상이 일정하며, 슬러그, 스패터 등이 부착되어 있지 않을 것

정답 22.③ 23.② 24.③ 25.① 26.③ 27.③ 28.①

용접 및 비파괴 검사 중 육안검사기준(KGS GC205)
㉠ 보강 덧붙임은 그 높이가 모재 표면보다 낮지 않도록 하고 3mm 이하를 원칙으로 한다.
㉡ 외면의 언더컷은 그 단면이 V자형으로 되지 않도록 하며 1개의 언더컷 길이와 깊이는 각각 30mm 이하와 0.5mm 이하이고, 1개의 용접부에서 언더컷 길이의 합이 용접부 길이의 15% 이하가 되도록 한다.
㉢ 용접부 및 그 부근에는 균열, 아크스트라이크, 위해하다고 인정되는 지그의 흔적, 오버랩 및 피트 등의 결함이 없고, 또한 비드 형상이 일정하며 슬러그, 스패터 등이 부착되어 있지 아니하도록 한다.

29 기화장치의 성능에 대한 설명으로 틀린 것은 어느 것인가? (설비-24)

① 온수가열방식은 그 온수의 온도가 80℃ 이하이어야 한다.
② 증기가열방식은 그 온수의 온도가 120℃ 이하이어야 한다.
③ 기화통 내부는 밀폐구조로 하며 분해할 수 없는 구조로 한다.
④ 액유출방지장치로서의 전자식 밸브는 액화가스 인입부의 필터 또는 스트레이너 후단에 설치한다.

기화장치(설비 핵심 24) 참조
기화통 내부는 개방형 구조로서 분해 · 조립이 가능하여야 한다.

30 동일한 펌프로 회전수를 변경시킬 경우 양정을 변화시켜 상사조건이 되려면 회전수와 유량은 어떤 관계가 있는가? (설비-36)

① 유량에 비례한다.
② 유량에 반비례한다.
③ 유량의 2승에 비례한다.
④ 유량의 2승에 반비례한다.

펌프 회전수 변경 시 및 상사로 운전 시 변경(설비 핵심 36) 참조

$$H_2 = H_1 \times \left(\frac{N_2}{N_1}\right)^2$$

31 도시가스 정압기의 출구 측 압력이 설정압력보다 비정상적으로 상승하거나 낮아지는 경우에 이상유무를 상황실에서 알 수 있도록 알려주는 설비는?

① 압력기록장치
② 이상압력통보설비
③ 가스누출경보장치
④ 출입문개폐통보장치

32 가연성 가스를 충전하는 차량에 고정된 탱크 및 용기에 부착되어 있는 안전밸브의 작동압력으로 옳은 것은?

① 상용압력의 1.5배 이하
② 상용압력의 10분의 8 이하
③ 내압시험압력의 1.5배 이하
④ 내압시험압력의 10분의 8 이하

33 자연기화와 비교한 강제기화기를 사용할 때 특징으로 틀린 것은? (설비-39)

① 기화량을 가감할 수 있다.
② 공급가스의 조성이 일정하다.
③ 설비장소가 커지고 설비비는 많이 든다.
④ LPG 종류에 관계없이 한랭 시에도 충분히 기화된다.

강제기화방식, 자연기화방식(설비 핵심 39) 참조
③ 설비비, 인건비가 절감된다.

34 재료의 성질 및 특성에 대한 설명으로 옳은 것은?

① 비례 한도 내에서 응력과 변형은 반비례한다.
② 안전율은 파괴강도와 허용응력에 각각 비례한다.
③ 인장시험에서 하중을 제거시킬 때 변형이 원상태로 되돌아가는 최대응력값을 탄성한도라 한다.
④ 탄성한도 내에서 가로와 세로의 변형률비는 재료에 관계없이 일정한 값이 된다.

정답 29.③ 30.③ 31.② 32.④ 33.③ 34.④

① 비례 한도 내에서 응력과 변형은 비례
② 안전율= $\frac{파괴강도}{허용응력}$
③ 최소응력값이 탄성한도

35 펌프에서 일어나는 현상 중, 송출압력과 송출유량 사이에 주기적인 변동이 일어나는 현상은? [설비-17]

① 서징현상 ② 공동현상
③ 수격현상 ④ 진동현상

원심펌프에서 발생되는 이상현상(설비 핵심 17) 참조

36 냉동기에 대한 옳은 설명으로만 나열된 것은?

> ㉠ CFC 냉매는 염소, 불소, 탄소만으로 화합된 냉매이다.
> ㉡ 물은 비체적이 커서 증기압축식 냉동기에 적당하다.
> ㉢ 흡수식 냉동기는 서로 잘 용해하는 두 가지 물질을 사용한다.
> ㉣ 냉동기의 냉동효과는 냉매가 흡수한 열량을 뜻한다.

① ㉠, ㉡ ② ㉡, ㉢
③ ㉠, ㉣ ④ ㉠, ㉢, ㉣

물의 비체적은 22.4L/18g=1.24L/g로, 비체적이 작다.

37 다음 중 정류(Rectification)에 대한 설명으로 틀린 것은?

① 비점이 비슷한 혼합물의 분리에 효과적이다.
② 상층의 온도는 하층의 온도보다 높다.
③ 환류비를 크게 하면 제품의 순도는 좋아진다.
④ 포종탑에서는 액량이 거의 일정하므로 접촉효과가 우수하다.

② 상층의 온도는 하층의 온도보다 낮다.

38 다음 중 고압가스설비에 설치하는 압력계의 최고눈금은?

① 상용압력의 2배 이상, 3배 이하
② 상용압력의 1.5배 이상, 2배 이하
③ 내압시험압력의 1배 이상, 2배 이하
④ 내압시험압력의 1.5배 이상, 2배 이하

39 다음 중 천연가스의 비점 온도로 알맞은 것은 어느 것인가?

① −84℃
② −162℃
③ −183℃
④ −192℃

40 다음 중 가스용기 재료의 구비조건으로 가장 거리가 먼 것은?

① 내식성을 가질 것
② 무게가 무거울 것
③ 충분한 강도를 가질 것
④ 가공 중 결함이 생기지 않을 것

② 무게가 가벼울 것

제3과목 가스안전관리

41 고압가스 용기의 보관에 대한 설명으로 틀린 것은?

① 독성 가스, 가연성 가스 및 산소용기는 구분한다.
② 충전용기 보관은 직사광선 및 온도와 관계없다.
③ 잔가스 용기와 충전용기는 구분한다.
④ 가연성 가스 용기보관장소에는 방폭형 휴대용 손전등 외의 등화를 휴대하지 않는다.

② 충전용기는 직사광선, 빗물을 피하여 보관

정답 35.① 36.④ 37.② 38.② 39.② 40.② 41.②

42 고압가스 분출 시 정전기가 발생하기 가장 쉬운 경우는?

① 가스의 온도가 높을 경우
② 가스의 분자량이 적을 경우
③ 가스 속에 액체 미립자가 섞여 있을 경우
④ 가스가 충분히 건조되어 있을 경우

43 냉동기를 제조하고자 하는 자가 갖추어야 할 제조설비가 아닌 것은?

① 프레스설비
② 조립설비
③ 용접설비
④ 도막측정기

냉동기 제조 시 제조설비의 종류
㉠ 프레스설비
㉡ 제관설비
㉢ 압력용기의 제조에 필요한(성형, 세척, 열처리로) 설비
㉣ 구멍가공기, 외경절삭기, 내경절삭기, 나사전용 가공기 등
㉤ 전처리설비 및 부식방지도장설비
㉥ 건조설비
㉦ 용접설비
㉧ 조립설비

44 일반도시가스사업 제조소의 도로 밑 도시가스배관 직상단에는 배관의 위치, 흐름방향을 표시한 라인마크(Line Mark)를 설치(표시)하여야 한다. 직선배관인 경우 라인마크의 최소설치간격은?

① 25m　　② 50m
③ 100m　　④ 150m

45 액화석유가스 저장탱크에는 자동차에 고정된 탱크에서 가스를 이입할 수 있도록 로딩암을 건축물 내부에 설치할 경우 환기구를 설치하여야 한다. 환기구 면적의 합계는 바닥면적의 얼마 이상을 기준으로 하는가? (안전-114)

① 1%　　② 3%
③ 6%　　④ 10%

액화석유가스 자동차에 고정된 충전시설 가스설비의 설치기준(안전 핵심 114) 참조

46 가연성 가스를 충전하는 차량에 고정된 탱크에 설치하는 것으로, 내압시험압력의 10분의 8 이하의 압력에서 작동하는 것은?

① 역류방지밸브　　② 안전밸브
③ 스톱밸브　　④ 긴급차단장치

47 차량에 고정된 탱크의 운반기준에서 가연성 가스 및 산소탱크의 내용적은 얼마를 초과할 수 없는가? (안전-6)

① 18000L　　② 12000L
③ 10000L　　④ 8000L

차량 고정탱크의 내용적 한계(안전 핵심 6) 참조

48 공기액화분리장치의 액화산소 5L 중에 메탄 360mg, 에틸렌 196mg이 섞여 있다면 탄화수소 중 탄소의 질량(mg)은 얼마인가?

① 438　　② 458
③ 469　　④ 500

해설

CH_4(메탄), C_2H_4(에틸렌) 중 C의 양을 계산하면,

$\frac{12}{16} \times 360 + \frac{24}{28} \times 196 = 438\text{mg}$

49 산소 용기를 이동하기 전에 취해야 할 사항으로 가장 거리가 먼 것은?

① 안전밸브를 떼어 낸다.
② 밸브를 잠근다.
③ 조정기를 떼어 낸다.
④ 캡을 확실히 부착한다.

50 고압가스 용기의 파열사고의 주요원인으로 가장 거리가 먼 것은?

① 용기의 내압력(耐壓力) 부족
② 용기밸브의 용기에서의 이탈
③ 용기내압(內壓)의 이상상승
④ 용기 내에서 폭발성 혼합가스의 발화

정답 42.③ 43.④ 44.② 45.③ 46.② 47.① 48.① 49.① 50.②

51 내용적이 25000L인 액화산소 저장탱크의 저장능력은 얼마인가? (단, 비중은 1.04이다.)

① 26000kg ② 23400kg
③ 22780kg ④ 21930kg

$G=0.9dV=0.9\times1.04\times25000=23400$kg

52 다음 중 독성 가스와 그 제독제가 틀리게 짝지어진 것은? (안전-44)

① 아황산가스 : 물
② 포스겐 : 소석회
③ 황화수소 : 물
④ 염소 : 가성소다수용액

해설
독성 가스 제독제와 보유량(안전 핵심 44) 참조
③ 황화수소(가성소다수용액, 탄산소다수용액)

53 용기에 의한 액화석유가스 사용시설에서 과압안전장치 설치대상은 자동절체기가 설치된 가스설비의 경우 저장능력의 몇 kg 이상인가?

① 100kg ② 200kg
③ 400kg ④ 500kg

해설
LPG 사용시설
(1) 과압안전장치 설치
저장능력이 250kg 이상(자동절체기를 사용하여 용기를 집합한 경우에는 저장능력 500kg 이상)인 저장설비, 가스설비 및 배관(이하 "가스설비 등"이라 한다.)에는 그 가스설비 등 안의 압력이 허용압력을 초과하는 경우 즉시 그 압력을 허용압력 이하로 되돌릴 수 있게 하기 위하여 다음 기준에 따라 과압안전장치를 설치한다.
㉠ 과압안전장치 설치위치 : 과압안전장치는 가스설비 등의 압력이 허용압력을 초과할 우려가 있는 고압(1.0MPa 이상)의 구역마다 설치한다.

54 용접부의 용착상태 양부를 검사할 때 가장 적당한 시험은?

① 인장시험 ② 경도시험
③ 충격시험 ④ 피로시험

55 수소의 성질에 관한 설명으로 틀린 것은?

① 모든 가스 중에 가장 가볍다.
② 열전달률이 아주 작다.
③ 폭발범위가 아주 넓다.
④ 고온, 고압에서 강제 중의 탄소와 반응한다.

해설
② 열전달률이 가장 빠르다.

56 일정기준 이상의 고압가스를 적재운반 시에는 운반책임자가 동승한다. 다음 중 운반책임자의 동승기준으로 틀린 것은? (안전-5)

① 가연성 압축가스 : 300m^3 이상
② 조연성 압축가스 : 600m^3 이상
③ 가연성 액화가스 : 4000kg 이상
④ 조연성 액화가스 : 6000kg 이상

해설
운반책임자 동승기준(안전 핵심 5) 참조
③ 가연성 액화가스 : 3000kg 이상

57 다음 중 특정고압가스에 해당하는 것만으로 나열된 것은? (안전-76)

① 수소, 아세틸렌, 염화수소, 천연가스, 포스겐
② 수소, 산소, 액화석유가스, 포스핀, 압축디보레인
③ 수소, 염화수소, 천연가스, 포스겐, 포스핀
④ 수소, 산소, 아세틸렌, 천연가스, 포스핀

해설
특정고압가스 · 특수고압가스(안전 핵심 76) 참조

58 아세틸렌가스를 2.5MPa의 압력으로 압축할 때 첨가하는 희석제가 아닌 것은?

① 질소
② 메탄
③ 일산화탄소
④ 산소

해설
희석제 : N_2, CH_4, CO, C_2H_4

정답 51.② 52.③ 53.④ 54.① 55.② 56.③ 57.④ 58.④

59 LP가스 사용시설의 배관 내용적이 10L인 저압배관에 압력계로 기밀시험을 할 때 기밀시험 압력유지시간은 얼마인가?

① 5분 이상 ② 10분 이상
③ 24분 이상 ④ 48분 이상

내용적에 따른 기밀시험 압력유지시간

내용적	유지시간
10L 이하	5분
10L 초과 50L 이하	10분
50L 초과	24분

60 액화염소 2000kg을 차량에 적재하여 운반할 때 휴대하여야 할 소석회는 몇 kg 이상을 기준으로 하는가? (안전-69)

① 10 ② 20
③ 30 ④ 40

해설

운반 독성 가스 양에 따른 소석회 보유량(안전 핵심 69) 참조

제4과목 가스계측

61 바이메탈 온도계에 사용되는 변환방식은?

① 기계적 변환 ② 광학적 변환
③ 유도적 변환 ④ 전기적 변환

바이메탈 온도계의 측정원리 : 선팽창계수가 다른 두 금속을 결합온도에 따라 휘어지는 정도를 이용(기계적 변환)

62 계량·계측기의 교정이라 함은 무엇을 뜻하는가?

① 계량·계측기의 지시값과 표준기의 지시값과의 차이를 구하여 주는 것
② 계량·계측기의 지시값을 평균하여 참값과의 차이가 없도록 가산하여 주는 것
③ 계량·계측기의 지시값과 참값과의 차를 구하여 주는 것
④ 계량·계측기의 지시값을 참값과 일치하도록 수정하는 것

63 주로 기체연료의 발열량을 측정하는 열량계는?

① Richter 열량계
② Scheel 열량계
③ Junker 열량계
④ Thomson 열량계

64 염소(Cl_2)가스 누출 시 검지하는 가장 적당한 시험지는? (계측-15)

① 연당지
② KI-전분지
③ 초산벤젠지
④ 염화제일구리착염지

독성 가스 누설검지 시험지와 변색상태(계측 핵심 15) 참조

65 전기식 제어방식의 장점으로 틀린 것은?

① 배선작업이 용이하다.
② 신호전달 지연이 없다.
③ 신호의 복잡한 취급이 쉽다.
④ 조작속도가 빠른 비례조작부를 만들기 쉽다.

66 오리피스로 유량을 측정하는 경우 압력차가 4배로 증가하면 유량은 몇 배로 변하는가?

① 2배 증가 ② 4배 증가
③ 8배 증가 ④ 16배 증가

해설

$Q_1 = A \times \sqrt{2gH}$ 이므로,

$Q_2 = A \times \sqrt{2g \times 4H} = 2A\sqrt{2gH}$

67 내경 50mm의 배관에서 평균유속 1.5m/s의 속도로 흐를 때의 유량(m^3/h)은 얼마인가?

① 10.6 ② 11.2
③ 12.1 ④ 16.2

해설

$$Q = A \times V = \frac{\pi}{4} D^2 \times V$$

$$= \frac{\pi}{4} \times (0.05\text{m})^2 \times 1.5\text{m/s} \times 3600\text{s/h} = 10.6\text{m}^3/\text{h}$$

정답 59.① 60.④ 61.① 62.④ 63.③ 64.② 65.④ 66.① 67.①

68 습증기의 열량을 측정하는 기구가 아닌 것은?

① 조리개열량계
② 분리열량계
③ 과열열량계
④ 봄베열량계

69 가스크로마토그래피에 사용되는 운반기체의 조건으로 가장 거리가 먼 것은? (계측-10)

① 순도가 높아야 한다.
② 비활성이어야 한다.
③ 독성이 없어야 한다.
④ 기체확산을 최대로 할 수 있어야 한다.

G/C의 측정원리와 특성(계측 핵심 10) 참조

70 막식 가스미터의 고장 종류 중 부동(不動)의 의미를 가장 바르게 설명한 것은? (계측-5)

① 가스가 크랭크축이 녹슬거나 밸브와 밸브시트가 타르(tar)접착 등으로 통과하지 않는다.
② 가스의 누출로 통과하나 정상적으로 미터가 작동하지 않아 부정확한 양만 측정된다.
③ 가스가 미터는 통과하나 계량막의 파손, 밸브의 탈락 등으로 계량기지침이 작동하지 않는 것이다.
④ 날개나 조절기에 고장이 생겨 회전장치가 고장난 것이다.

가스미터의 고장(계측 핵심 5) 참조

71 오르자트 가스분석기에서 CO 가스의 흡수액은? (계측-1)

① 30% KOH 용액
② 염화제1구리 용액
③ 피로카롤 용액
④ 수산화나트륨 25% 용액

흡수분석법(계측 핵심 1) 참조

72 1kΩ 저항에 100V의 전압이 사용되었을 때 소모된 전력은 몇 W인가?

① 5　② 10
③ 20　④ 50

$P=\frac{E}{V}=\frac{1000}{100}=10\text{W}$

73 공업용 계측기의 일반적인 주요 구성으로 가장 거리가 먼 것은?

① 전달부　② 검출부
③ 구동부　④ 지시부

74 다음 [그림]과 같은 자동제어방식은?

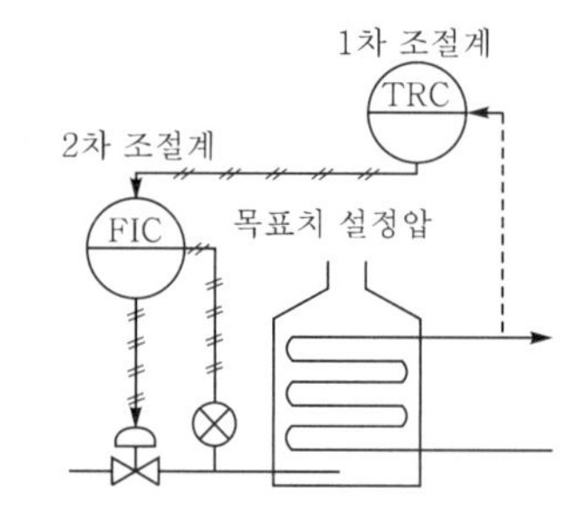

① 피드백제어　② 시퀀스제어
③ 캐스케이드제어　④ 프로그램제어

75 가스의 자기성(磁氣性)을 이용하여 검출하는 분석기기는?

① 가스크로마토그래피
② SO_2계
③ O_2계
④ CO_2계

76 가스미터의 종류 중 정도(정확도)가 우수하여 실험실용 등 기준기로 사용되는 것은 어느 것인가? (계측-8)

① 막식 가스미터
② 습식 가스미터
③ Roots 가스미터
④ Orifice 가스미터

정답 68.④ 69.④ 70.③ 71.② 72.② 73.③ 74.③ 75.③ 76.②

막식, 습식, 루트식 가스미터의 장단점(계측 핵심 8) 참조

77 후크의 법칙에 의해 작용하는 힘과 변형이 비례한다는 원리를 적용한 압력계는?

① 액주식 압력계
② 점성 압력계
③ 부르동관식 압력계
④ 링밸런스 압력계

78 루트가스미터에서 일반적으로 일어나는 고장의 형태가 아닌 것은? 〔계측-5〕

① 부동
② 불통
③ 감도
④ 기차불량

가스미터의 고장(계측 핵심 5) 참조

79 수분흡수제로 사용하기에 가장 부적당한 것은 어느 것인가?

① 염화칼륨
② 오산화인
③ 황산
④ 실리카겔

80 다음 중 계통오차가 아닌 것은? 〔계측-2〕

① 계기오차
② 환경오차
③ 과오오차
④ 이론오차

계통오차(계측 핵심 2) 참조

정답 77.③ 78.③ 79.① 80.③

국가기술자격 시험문제

2019년 산업기사 제4회 필기시험(2부) (2019년 9월 21일 시행)

자격종목	시험시간	문제수	문제형별
가스산업기사	**2시간**	**80**	**B**

수험번호		성 명	

제1과목 연소공학

01 수소 25v%, 메탄 50v%, 에탄 25v%인 혼합가스가 공기와 혼합된 경우 폭발하한계(v%)는 약 얼마인가? (단, 폭발하한계는 수소 4v%, 메탄 5v%, 에탄 3v%이다.)

① 3.1 ② 3.6
③ 4.1 ④ 4.6

해설

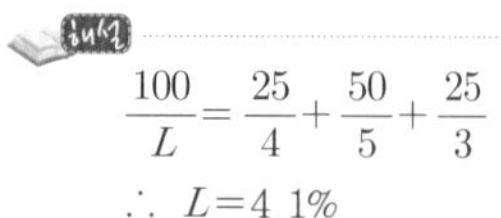

$$\frac{100}{L} = \frac{25}{4} + \frac{50}{5} + \frac{25}{3}$$

$\therefore L = 4.1\%$

02 C_mH_n $1Sm^3$를 완전연소시켰을 때 생기는 H_2O의 양은?

① $\frac{n}{2}Sm^3$ ② nSm^3
③ $2nSm^3$ ④ $4nSm^3$

해설

$$C_mH_n + \left(m + \frac{n}{4}\right)O_2 \rightarrow mCO_2 + \frac{n}{2}H_2O$$

03 실제가스가 이상기체 상태방정식을 만족하기 위한 조건으로 옳은 것은? [연소-3]

① 압력이 낮고, 온도가 높을 때
② 압력이 높고, 온도가 낮을 때
③ 압력과 온도가 낮을 때
④ 압력과 온도가 높을 때

해설

이상기체(연소 핵심 3) 참조

04 0℃, 1atm에서 2L의 산소와 0℃, 2atm에서 3L의 질소를 혼합하여 1L로 하면 압력은 약 몇 atm이 되겠는가?

① 1 ② 2
③ 6 ④ 8

해설

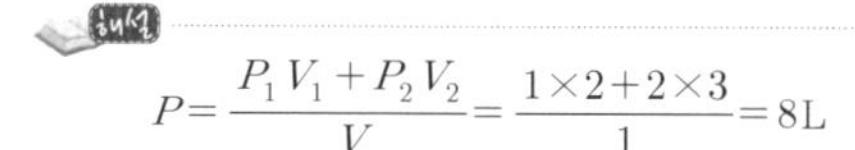

$$P = \frac{P_1V_1 + P_2V_2}{V} = \frac{1 \times 2 + 2 \times 3}{1} = 8L$$

05 가연성 가스의 위험성에 대한 설명으로 틀린 것은?

① 폭발범위가 넓을수록 위험하다.
② 폭발범위 밖에서는 위험성이 감소한다.
③ 일반적으로 온도나 압력이 증가할수록 위험성이 증가한다.
④ 폭발범위가 좁고 하한계가 낮은 것은 위험성이 매우 적다.

해설

④ 폭발하한계가 낮은 것은 위험성이 크다.

06 메탄을 이론공기로 연소시켰을 때 생성물 중 질소의 분압은 약 몇 kPa인가? (단, 메탄과 공기는 100kPa, 25℃에서 공급되고 생성물의 압력은 100kPa이다.)

① 36
② 71
③ 81
④ 92

정답 01.③ 02.① 03.① 04.④ 05.④ 06.②

$CH_4 + 2O_2 \rightarrow CO_2 + 2H_2O$

생성물 : CO_2(1mol)

H_2O(2mol)

$N_2\left(2 \times \dfrac{0.79}{0.21} = 7.52\text{mol}\right)$

$\therefore P_{N_2} = 100\text{kPa} \times \dfrac{7.52}{1+2+7.52}$

$= 71.48 = 71\text{kPa}$

07 아세틸렌가스의 위험도(H)는 약 얼마인가?

① 21 ② 23
③ 31 ④ 33

$H = \dfrac{U-L}{L} = \dfrac{81-2.5}{2.5} = 31.4$

08 물질의 상변화는 일으키지 않고 온도만 상승시키는 데 필요한 열을 무엇이라고 하는가?

① 잠열 ② 현열
③ 증발열 ④ 융해열

해설

㉠ 잠열 : 온도 변화없이 상태만 변화하는 열
㉡ 현열 : 상태 변화없이 온도만 변화하는 열

09 불꽃 중 탄소가 많이 생겨서 황색으로 빛나는 불꽃을 무엇이라 하는가?

① 휘염
② 층류염
③ 환원염
④ 확산염

10 전 폐쇄구조인 용기 내부에서 폭발성 가스의 폭발이 일어났을 때, 용기가 압력을 견디고 외부의 폭발성 가스에 인화할 우려가 없도록 한 방폭구조는? [안전-13]

① 안전증방폭구조
② 내압방폭구조
③ 특수방폭구조
④ 유입방폭구조

가스시설의 전기방폭기준(안전 핵심 13) 참조

11 공기 중에서 압력을 증가시켰더니 폭발범위가 좁아지다가 고압 이후부터 폭발범위가 넓어지기 시작했다. 이는 어떤 가스인가?

① 수소 ② 일산화탄소
③ 메탄 ④ 에틸렌

㉠ 일반적으로 가연성 가스는 압력이 높아지면 폭발범위가 넓어진다.
㉡ CO는 압력이 높아지면 폭발범위가 좁아진다.
㉢ H_2는 압력이 높아지면 폭발범위가 좁아지다가 고압력 이후에는 다시 폭발범위가 넓어진다.

12 일정온도에서 발화할 때까지의 시간을 발화지연이라 한다. 발화지연이 짧아지는 요인으로 가장 거리가 먼 것은?

① 가열온도가 높을수록
② 압력이 높을수록
③ 혼합비가 완전산화에 가까울수록
④ 용기의 크기가 작을수록

용기의 크기, 공간의 형태가 클수록 발화지연이 짧아진다.

13 다음 중 공기비를 옳게 표시한 것은 어느 것인가? [연소-15]

① $\dfrac{\text{실제공기량}}{\text{이론공기량}}$

② $\dfrac{\text{이론공기량}}{\text{실제공기량}}$

③ $\dfrac{\text{사용공기량}}{1-\text{이론공기량}}$

④ $\dfrac{\text{이론공기량}}{1-\text{사용공기량}}$

해설

공기비(연소 핵심 15) 참조

14 B, C급 분말소화기의 용도가 아닌 것은 어느 것인가? [연소-27]

① 유류화재 ② 가스화재
③ 전기화재 ④ 일반화재

해설

화재의 종류(연소 핵심 27) 참조

정답 07.③ 08.② 09.① 10.② 11.① 12.④ 13.① 14.④

15 기체동력 사이클 중 가장 이상적인 이론 사이클로, 열역학 제2법칙과 엔트로피의 기초가 되는 사이클은?

① 카르노사이클(Carnot Cycle)
② 사바테사이클(Sabathe Cycle)
③ 오토사이클(Otto Cycle)
④ 브레이튼사이클(Brayton Cycle)

해설
카르노사이클 : 2개의 등온변화, 2개의 단열변화로 이루어진 가역 이상 사이클로, 열역학 제2법칙과 엔트로피의 기초가 되는 사이클이다.

16 가스의 연소속도에 영향을 미치는 인자에 대한 설명으로 틀린 것은?

① 연소속도는 주변온도가 상승함에 따라 증가한다.
② 연소속도는 이론혼합기 근처에서 최대이다.
③ 압력이 증가하면 연소속도는 급격히 증가한다.
④ 산소농도가 높아지면 연소범위가 넓어진다.

해설
③ 압력은 연소속도에 큰 영향이 없다.

17 난류확산화염에서 유속 또는 유량이 증대할 경우 시간이 지남에 따라 화염의 높이는 어떻게 되는가?

① 높아진다.
② 낮아진다.
③ 거의 변화가 없다.
④ 어느 정도 낮아지다가 높아진다.

해설
난류확산화염의 높이는 유속, 유량에 큰 영향이 없다.

18 층류연소속도 측정법 중 단위화염면적당 단위시간에 소비되는 미연소 혼합기체의 체적을 연소속도로 정의하여 결정하며, 오차가 크지만 연소속도가 큰 혼합기체에 편리하게 이용되는 측정방법은? (연소-25)

① Slot 버너법
② Bunsen 버너법
③ 평면화염버너법
④ Soap Bubble법

해설
층류의 연소속도 측정법(연소 핵심 25) 참조

19 최소점화에너지에 대한 설명으로 옳은 것은 어느 것인가? (연소-20)

① 유속이 증가할수록 작아진다.
② 혼합기 온도가 상승함에 따라 작아진다.
③ 유속 20m/s까지는 점화에너지가 증가하지 않는다.
④ 점화에너지의 상승은 혼합기 온도 및 유속과는 무관하다.

해설
최소점화에너지(연소 핵심 20) 참조

20 분젠버너에서 공기의 흡입구를 닫았을 때의 연소나 가스라이터의 연소 등 주변에서 볼 수 있는 전형적인 기체연료의 연소형태로서 화염이 전파하는 특징을 갖는 연소는 어느 것인가? (연소-2)

① 분무연소
② 확산연소
③ 분해연소
④ 예비혼합연소

연소의 종류 (3)(연소 핵심 2) 참조

제2과목 가스설비

21 펌프의 토출량이 $6m^3/min$이고, 송출구의 안지름이 20cm일 때 유속은 약 몇 m/s인가?

① 1.5 ② 2.7
③ 3.2 ④ 4.5

해설

$$V = \frac{Q}{\frac{\pi}{4}D^2} = \frac{(6m^3/60s)}{\frac{\pi}{4}\times(0.2m)^2} = 3.18 \fallingdotseq 3.2m/s$$

정답 15.① 16.③ 17.③ 18.② 19.② 20.② 21.③

22 탄소강에서 탄소함유량의 증가와 더불어 증가하는 성질은?

① 비열 ② 열팽창률
③ 탄성계수 ④ 열전도율

탄소량 증가 시 인장강도, 비열, 경도, 항복점은 증가하고 연신율, 단면수축률은 감소한다.

23 탱크로리로부터 저장탱크로 LPG 이송 시 잔가스 회수가 가능한 이송방법은? (설비-23)

① 압축기 이용법
② 액송펌프 이용법
③ 차압에 의한 방법
④ 압축가스 용기 이용법

해설
LP가스 이송방법(설비 핵심 23) 참조

24 메탄가스에 대한 설명으로 옳은 것은?

① 담청색의 기체로서 무색의 화염을 낸다.
② 고온에서 수증기와 작용하면 일산화탄소와 수소를 생성한다.
③ 공기 중에 30%의 메탄가스가 혼합된 경우 점화하면 폭발한다.
④ 올레핀계 탄화수소로서 가장 간단한 형의 화합물이다.

② $CH_4+H_2O \rightarrow CO+3H_2$
③ 메탄의 연소범위 : 5~15%
④ 파라핀계 탄화수소

25 조정압력이 3.3kPa 이하이고 노즐 지름이 3.2mm 이하인 일반용 LP가스 압력조정기의 안전장치 분출용량은 몇 L/h 이상이어야 하는가? (안전-94)

① 100 ② 140
③ 200 ④ 240

해설
안전장치의 분출용량 및 조정성능(안전 핵심 94) 참조
조정압력이 3.3kPa 이하인 안전장치분출용량
㉠ 노즐직경이 3.2mm 이하일 때는 140L/h 이상
㉡ 노즐직경이 3.2mm 초과 시 $Q=4.4D$의 식에 따른다.

여기서, Q : 안전장치 분출용량(L/h)
D : 조정기노즐직경(mm)

26 시간당 50000kcal를 흡수하는 냉동기의 용량은 약 몇 냉동톤인가?

① 3.8 ② 7.5
③ 15 ④ 30

1RT(1냉동톤)=3320kcal/h이므로,

$$\frac{50000(\text{kcal/hr})}{3320(\text{kcal/hr})/\text{RT}}=15\text{RT}$$

27 메탄염소화에 의해 염화메틸(CH_3Cl)을 제조할 때 반응온도는 얼마 정도로 하는가?

① 100℃ ② 200℃
③ 300℃ ④ 400℃

28 동관용 공구 중 동관 끝을 나팔형으로 만들어 압축이음 시 사용하는 공구는?

① 익스펜더 ② 플레어링 툴
③ 사이징 툴 ④ 리머

29 원심펌프의 회전수가 1200rpm일 때 양정은 15m, 송출유량은 2.4m³/min, 축동력은 10PS이다. 이 펌프를 2000rpm으로 운전할 때 양정(H)은 약 몇 m가 되겠는가? (단, 펌프의 효율은 변하지 않는다.)

① 41.67 ② 33.75
③ 27.78 ④ 22.72

해설

$$H_2=H_1\times\left(\frac{N_2}{N_1}\right)^2=15\times\left(\frac{2000}{1200}\right)^2=41.67\text{m}$$

30 금속의 열처리에서 풀림(Annealing)의 주된 목적은? (설비-20)

① 강도 증가
② 인성 증가
③ 조직의 미세화
④ 강을 연하게 하여 기계 가공성을 향상

열처리 종류 및 특성(설비 핵심 20) 참조

정답 22.① 23.① 24.② 25.② 26.③ 27.④ 28.② 29.① 30.④

31 기밀성 유지가 양호하고 유량조절이 용이하지만 압력손실이 비교적 크고 고압의 대구경 밸브로는 적합하지 않은 특징을 가지고 있는 밸브는? (설비-45)

① 플러그밸브
② 글로브밸브
③ 볼밸브
④ 게이트밸브

밸브의 종류에 따른 특징(설비 핵심 45) 참조

32 가스배관의 구경을 산출하는 데 필요한 것으로만 짝지어진 것은? (설비-7)

㉠ 가스유량　㉡ 배관길이
㉢ 압력손실　㉣ 배관재질
㉤ 가스의 비중

① ㉠, ㉡, ㉢, ㉣
② ㉡, ㉢, ㉣, ㉤
③ ㉠, ㉡, ㉢, ㉤
④ ㉠, ㉡, ㉣, ㉤

배관의 유량식

$Q=K\sqrt{\frac{D^5H}{SL}}$ 에서 $D=\sqrt[5]{\frac{Q^2SL}{K^2\cdot H}}$

33 LPG 소비설비에서 용기의 개수를 결정할 때 고려할 사항으로 가장 거리가 먼 것은 어느 것인가?

① 감압방식
② 1가구당 1일 평균가스소비량
③ 소비자 가구수
④ 사용가스의 종류

용기 수 $=\frac{\text{피크 시 사용량}}{\text{용기 1개당 가스발생량}}$

여기서, 피크 시 사용량(Q) $=q\times N\times\eta$
q : 1일 1호당 평균가스소비량
N : 세대수
η : 소비율

그 밖에 용기질량 및 사용가스의 종류 등이 있다.

34 밀폐식 가스연소기의 일종으로 시공성은 물론 미관도 좋고, 배기가스 중독사고의 우려도 적은 연소기 유형은? (안전-93)

① 자연배기(CF)식
② 강제배기(FE)식
③ 자연급배기(BF)식
④ 강제급배기(FF)식

가스보일러의 급 · 배기 방식(안전 핵심 93) 참조

35 가스 충전구의 나사방향이 왼나사이어야 하는 것은? (안전-32)

① 암모니아　② 브롬화메틸
③ 산소　④ 아세틸렌

용기밸브 나사의 종류, 용기밸브 충전구 나사(안전 핵심 32) 참조

36 펌프의 공동현상(Cavitation) 방지방법으로 틀린 것은? (설비-17)

① 흡입양정을 짧게 한다.
② 양흡입 펌프를 사용한다.
③ 흡입 비교회전도를 크게 한다.
④ 회전차를 물속에 완전히 잠기게 한다.

원심펌프에서 발생되는 이상현상(설비 핵심 17) 참조

37 공기액화장치 중 수소, 헬륨을 냉매로 하며 2개의 피스톤이 한 실린더에 설치되어 팽창기와 압축기의 역할을 동시에 하는 형식은 어느 것인가? (설비-57)

① 캐스케이드식　② 캐피자식
③ 클라우드식　④ 필립스식

가스 액화사이클(설비 핵심 57) 참조

38 가스액화 분리장치의 구성이 아닌 것은?

① 한랭발생장치
② 불순물제거장치
③ 정류(분축, 흡수)장치
④ 내부연소식 반응장치

정답 31.② 32.③ 33.① 34.④ 35.④ 36.③ 37.④ 38.④

39 강제급배기식 가스온수보일러에서 보일러의 최대가스소비량과 각 버너의 가스소비량은 다음 중 표시치의 얼마 이내인 것으로 하여야 하는가?

① ±5% ② ±8%
③ ±10% ④ ±15%

40 공기액화 분리장치의 폭발원인이 될 수 없는 것은 어느 것인가? 〔설비-5〕

① 공기 취입구에서 아르곤 혼입
② 공기 취입구에서 아세틸렌 혼입
③ 공기 중 질소화합물(NO, NO_2) 혼입
④ 압축기용 윤활유의 분해에 의한 탄화수소의 생성

공기액화 분리장치(설비 핵심 5) 참조

제3과목 가스안전관리

41 다음의 액화가스를 이음매 없는 용기에 충전할 경우 그 용기에 대하여 음향검사를 실시하고 음향이 불량한 용기는 내부조명검사를 하지 않아도 되는 것은?

① 액화프로판
② 액화암모니아
③ 액화탄산가스
④ 액화염소

음향불량 시 내부조명검사를 하여야 하는 용기
액화암모니아, 액화탄산가스, 액화염소

42 고압가스 냉동제조시설에서 해당 냉동설비의 냉동능력에 대응하는 환기구의 면적을 확보하지 못하는 때에는 그 부족한 환기구 면적에 대하여 냉동능력 1ton당 얼마 이상의 강제환기장치를 설치해야 하는가?

① $0.05m^3$/분 ② $1m^3$/분
③ $2m^3$/분 ④ $3m^3$/분

43 산소와 혼합가스를 형성할 경우 화염온도가 가장 높은 가연성 가스는?

① 메탄
② 수소
③ 아세틸렌
④ 프로판

연소범위가 넓을수록 화염온도가 높다.

44 신규검사 후 경과연수가 20년 이상된 액화석유가스용 100L 용접용기의 재검사 주기는 어느 것인가? 〔안전-21〕

① 1년마다 ② 2년마다
③ 3년마다 ④ 5년마다

용기 및 특정설비의 재검사기간(안전 핵심 21) 참조

45 용기에 의한 액화석유가스 사용시설에서 호칭지름이 20mm인 가스배관을 노출하여 설치할 경우 배관이 움직이지 않도록 고정장치를 몇 m마다 설치하여야 하는가?

① 1m ② 2m
③ 3m ④ 4m

배관의 고정장치

관 경	고정장치 간격
13mm 미만	1m마다
13mm 이상 33mm 미만	2m마다
33mm 이상	3m마다
100mm 이상은 3m 이상으로 할 수 있다.	

46 기업활동 전반을 시스템으로 보고 시스템 운영규정을 작성·시행하여 사업장에서의 사고예방을 위하여 모든 형태의 활동 및 노력을 효과적으로 수행하기 위한 체계적이고 종합적인 안전관리체계를 의미하는 것은?

① MMS
② SMS
③ CRM
④ SSS

정답 39.③ 40.① 41.① 42.③ 43.③ 44.② 45.② 46.②

47 도시가스용 압력조정기란 도시가스 정압기 이외에 설치되는 압력조정기로서 입구 쪽 호칭지름과 최대표시유량을 각각 바르게 나타낸 것은? (안전-167)

① 50A 이하, 300Nm^3/h 이하
② 80A 이하, 300Nm^3/h 이하
③ 80A 이하, 500Nm^3/h 이하
④ 100A 이하, 500Nm^3/h 이하

해설
도시가스용 압력조정기, 정압기용 압력조정기(안전 핵심 167) 참조

48 다음 중 일반도시가스시설에서 배관매설 시 사용하는 보호포의 기준으로 틀린 것은 어느 것인가? (안전-156)

① 일반형 보호포와 내압력형 보호포로 구분한다.
② 잘 끊어지지 않는 재질로 직조한 것으로 두께는 0.2mm 이상으로 한다.
③ 최고사용압력이 중압 이상인 배관의 경우에는 보호판의 상부로부터 30cm 이상 떨어진 곳에 보호포를 설치한다.
④ 보호포는 호칭지름에 10cm를 더한 폭으로 설치한다.

해설
도시가스 배관의 보호판 및 보호포 설치기준(안전 핵심 156) 참조
① 일반형 및 탐지형 보호포로 구분

49 용기의 각인기호에 대해 잘못 나타낸 것은 어느 것인가? (안전-22)

① V : 내용적
② W : 용기의 질량
③ TP : 기밀시험압력
④ FP : 최고충전압력

해설
용기의 각인사항(안전 핵심 22) 참조
③ TP : 내압시험압력

50 공업용 용기의 도색 및 문자표시의 색상으로 틀린 것은? (안전-59)

① 수소－주황색으로 용기도색, 백색으로 문자표기
② 아세틸렌－황색으로 용기도색, 흑색으로 문자표기
③ 액화암모니아－백색으로 용기도색, 흑색으로 문자표기
④ 액화염소－회색으로 용기도색, 백색으로 문자표기

해설
용기의 도색 표시(안전 핵심 59) 참조
④ 액화염소－갈색으로 용기도색, 백색으로 문자표기

51 차량에 고정된 탱크의 내용적에 대한 설명으로 틀린 것은? (안전-33)

① 액화천연가스 탱크의 내용적은 1만8천L를 초과할 수 없다.
② 산소 탱크의 내용적은 1만8천L를 초과할 수 없다.
③ 염소 탱크의 내용적은 1만2천L를 초과할 수 없다.
④ 암모니아 탱크의 내용적은 1만2천L를 초과할 수 없다.

해설
차량 고정탱크(탱크로리)의 운반기준(안전 핵심 33) 참조
④ 독성가스 12000L 이상 운반 금지(단, 암모니아는 제외)

52 액화석유가스의 안전관리 및 사업법상 허가 대상이 아닌 콕은?

① 퓨즈콕 ② 상자콕
③ 주물연소기용 노즐콕 ④ 호스콕

53 가스안전성 평가기법 중 정성적 안전성 평가기법은 어느 것인가? (연소-12)

① 체크리스트기법
② 결함수분석기법
③ 원인결과분석기법
④ 작업자실수분석기법

해설
안전성 평가기법(연소 핵심 12) 참조

정답 47.① 48.① 49.③ 50.④ 51.④ 52.④ 53.①

54 다음 중 가연성 가스가 아닌 것은?

① 아세트알데히드 ② 일산화탄소
③ 산화에틸렌 ④ 염소

해설
염소 : 독성

55 용기에 의한 액화석유가스 사용시설에서 저장능력이 100kg을 초과하는 경우에 설치하는 용기보관실의 설치기준에 대한 설명으로 틀린 것은? [안전-111]

① 용기는 용기보관실 안에 설치한다.
② 단층구조로 설치한다.
③ 용기보관실의 지붕은 무거운 방염재료로 설치한다.
④ 보기 쉬운 곳에 경계표지를 설치한다.

해설
용기보관실 및 용기집합설비의 설치(안전 핵심 111) 참조

56 안전관리규정의 실시기록은 몇 년간 보존하여야 하는가?

① 1년 ② 2년
③ 3년 ④ 5년

57 다음 중 특정고압가스가 아닌 것은 어느 것인가? [안전-76]

① 수소 ② 질소
③ 산소 ④ 아세틸렌

해설
특정고압가스 · 특수고압가스(안전 핵심 76) 참조

58 사람이 사망하거나 부상, 중독가스사고가 발생하였을 때 사고의 통보내용에 포함되는 사항이 아닌 것은? [안전-171]

① 통보자의 인적사항
② 사고발생 일시 및 장소
③ 피해자 보상 방안
④ 사고내용 및 피해현황

해설
고압가스안전관리법 시행규칙 – 사고의 통보방법 등(안전 핵심 171) 참조

59 고압가스 일반제조시설의 설치기준에 대한 설명으로 틀린 것은? [안전-70]

① 아세틸렌의 충전용 교체밸브는 충전하는 장소에서 격리하여 설치한다.
② 공기액화분리기로 처리하는 원료공기의 흡입구는 공기가 맑은 곳에 설치한다.
③ 공기액화분리기의 액화공기탱크와 액화산소증발기 사이에는 석유류, 유지류, 그 밖의 탄화수소를 여과, 분리하기 위한 여과기를 설치한다.
④ 에어졸 제조시설에는 정압충전을 위한 레벨장치를 설치하고 공업용 제조시설에는 불꽃길이 시험장치를 설치한다.

해설
에어졸 제조시설(안전 핵심 70) 참조
④ 정량을 충전할 수 있는 자동충전기를 설치

60 저장탱크에 의한 액화석유가스 저장소에서 지상에 설치하는 저장탱크, 그 받침대, 저장탱크에 부속된 펌프 등이 설치된 가스설비실에는 그 외면으로부터 몇 m 이상 떨어진 위치에서 조작할 수 있는 냉각장치를 설치하여야 하는가?

① 2m
② 5m
③ 8m
④ 10m

해설
냉각살수장치의 조작위치 : 설비로부터 5m 이상 떨어진 위치

제4과목 가스계측

61 가스누출검지기 중 가스와 공기의 열전도도가 다른 것을 측정원리로 하는 검지기는?

① 반도체식 검지기
② 접촉연소식 검지기
③ 서머스탯식 검지기
④ 불꽃이온화식 검지기

정답 54.④ 55.③ 56.④ 57.② 58.③ 59.④ 60.② 61.③

62 렌즈 또는 반사경을 이용하여 방사열을 수열판으로 모아 고온물체의 온도를 측정할 때 주로 사용하는 온도계는?

① 열전온도계
② 저항온도계
③ 열팽창온도계
④ 복사온도계

63 계량기 형식 승인 번호의 표시방법에서 계량기의 종류별 기호 중 가스미터의 표시기호는 어느 것인가? (계측-30)

① G ② M
③ L ④ H

계량기 종류별 기호(계측 핵심 30) 참조

64 화씨(℉)와 섭씨(℃)의 온도눈금 수치가 일치하는 경우의 절대온도(K)는?

① 201 ② 233
③ 313 ④ 345

−40℃=−40℉이므로, K=273−40=233K

65 가스계량기의 1주기 체적단위는?

① L/min ② L/hr
③ L/rev ④ cm^3/g

L/rev : 가스계량기의 1주기 체적

66 오리피스로 유량을 측정하는 경우 압력 차가 2배로 변했다면 유량은 몇 배로 변하겠는가?

① 1배
② $\sqrt{2}$ 배
③ 2배
④ 4배

해설
$Q_1 = A\sqrt{2gH}$
$\therefore\ Q_2 = A\sqrt{2g2H}$ 이면, $\sqrt{2}A\sqrt{2gH}$ 이다.

67 다음 중 기체크로마토그래피의 측정원리로서 가장 옳은 설명은?

① 흡착제를 충전한 관 속에 혼합시료를 넣고, 용제를 유동시키면 흡수력 차이에 따라 성분의 분리가 일어난다.
② 관 속을 지나가는 혼합기체 시료가 운반기체에 따라 분리가 일어난다.
③ 혼합기체의 성분이 운반기체에 녹는 용해도 차이에 따라 성분의 분리가 일어난다.
④ 혼합기체의 성분은 관 내에 자기장의 세기에 따라 분리가 일어난다.

68 압력계와 진공계의 두 가지 기능을 갖춘 압력 게이지를 무엇이라고 하는가?

① 전자압력계
② 초음파압력계
③ 부르동관(Bourdon Tube)압력계
④ 콤파운드 게이지(Compound Gauge)

69 전기세탁기, 자동판매기, 승강기, 교통신호기 등에 기본적으로 응용되는 제어는 어느 것인가? (계측-12)

① 피드백제어
② 시퀀스제어
③ 정치제어
④ 프로세스제어

자동제어계의 분류(계측 핵심 12) 참조

70 다음 중 기기분석법이 아닌 것은? (계측-3)

① Chromatography
② Iodometry
③ Colorimetry
④ Polarography

가스분석계의 분류(계측 핵심 3) 참조

정답 62.④ 63.④ 64.② 65.③ 66.② 67.① 68.④ 69.② 70.②

71 루트미터에 대한 설명으로 가장 옳은 것은 어느 것인가? (계측-8)

① 설치면적이 작다.
② 실험실용으로 적합하다.
③ 사용 중에 수위조정 등의 유지관리가 필요하다.
④ 습식가스미터에 비해 유량이 정확하다.

막식, 습식, 루트식 가스미터의 장·단점(계측 핵심 8) 참조

72 가스누출 시 사용하는 시험지의 변색 현상이 옳게 연결된 것은? (계측-15)

① H_2S : 전분지 → 청색
② CO : 염화파라듐지 → 적색
③ HCN : 하리슨씨 시약 → 황색
④ C_2H_2 : 염화제일동착염지 → 적색

독성 가스 누설검지 시험지와 변색상태(계측 핵심 15) 참조

73 목표치에 따른 자동제어의 종류 중 목푯값이 미리 정해진 시간적 변화를 행할 경우 목푯값에 따라서 변동하도록 한 제어는 어느 것인가? (계측-12)

① 프로그램제어
② 캐스케이드제어
③ 추종제어
④ 프로세스제어

자동제어계의 분류(계측 핵심 12) 참조

74 도로에 매설된 도시가스가 누출되는 것을 감지하여 분석한 후 가스누출 유무를 알려주는 가스검출기는?

① FID ② TCD
③ FTD ④ FPD

도로의 도시가스 누출검지용 가스검출기 종류
㉠ FID(수소포획 이온화검출기)
㉡ OMD(광학식 메탄가스검출기)

75 다음 중 유체에너지를 이용하는 유량계는?

① 터빈유량계
② 전자기유량계
③ 초음파유량계
④ 열유량계

터빈유량계 : 추량식의 종류로 유체의 에너지를 이용

76 오르자트 가스분석계에서 알칼리성 피로카롤을 흡수액으로 하는 가스는? (계측-1)

① CO
② H_2S
③ CO_2
④ O_2

흡수분석법(계측 핵심 1) 참조

77 고압으로 밀폐된 탱크에 가장 적합한 액면계는?

① 기포식
② 차압식
③ 부자식
④ 편위식

78 출력이 일정한 값에 도달한 이후의 제어계의 특성을 무엇이라고 하는가?

① 스텝응답
② 과도특성
③ 정상특성
④ 주파수응답

① 스텝응답 : 정상상태에 있는 요소의 입력이 스텝형태로 변화할 때 출력이 새로운 값에 도달하면 스텝입력에 의한 출력의 변화상태
② 과도특성 : 정상상태에 있는 계에 급격한 변화의 압력을 가했을 때 생기는 출력의 변화
③ 정상특성 : 출력이 일정한 값에 도달한 후의 제어계 특성
④ 주파수응답 : 출력은 입력과 같은 주파수로 진동하며 정현파상의 입력신호로 출력의 진폭과 위상각으로 특성을 규명

정답 71.① 72.④ 73.① 74.① 75.① 76.④ 77.② 78.③

79 공업용 액면계가 갖추어야 할 조건으로 옳지 않은 것은?

① 자동제어장치에 적용 가능하고, 보수가 용이해야 한다.
② 지시, 기록 또는 원격측정이 가능해야 한다.
③ 연속측정이 가능하고 고온, 고압에 견뎌야 한다.
④ 액위의 변화속도가 느리고, 액면의 상·하한계의 적용이 어려워야 한다.

80 감도에 대한 설명으로 옳지 않은 것은?

① 지시량 변화/측정량 변화로 나타낸다.
② 측정량의 변화에 민감한 정도를 나타낸다.
③ 감도가 좋으면 측정시간은 짧아지고 측정범위는 좁아진다.
④ 감도의 표시는 지시계의 감도와 눈금나비로 표시한다.

해설

감도 : 측정량의 변화에 대한 지시량의 변화의 비 $\left(\frac{\text{지시량의 변화}}{\text{측정량의 변화}}\right)$

㉠ 감도가 좋으면 측정시간이 길어지고 측정범위가 좁아진다.
㉡ 계측기의 한 눈금에 대한 측정량의 변화를 감도로 표시한다.

정답 79.④ 80.③

국가기술자격 시험문제

2020년 산업기사 제1,2회 통합 필기시험(2부) (2020년 6월 14일 시행)

자격종목	시험시간	문제수	문제형별
가스산업기사	2시간	80	A

수험번호		성 명	

제1과목 연소공학

01 증기운 폭발에 영향을 주는 인자로서 가장 거리가 먼 것은? (연소-9)

① 혼합비
② 점화원의 위치
③ 방출된 물질의 양
④ 증발된 물질의 분율

폭발과 화재(증기운 폭발)(연소 핵심 9) 참조

02 일반적인 연소에 대한 설명으로 옳은 것은?

① 온도의 상승에 따라 폭발범위는 넓어진다.
② 압력 상승에 따라 폭발범위는 좁아진다.
③ 가연성 가스에서 공기 또는 산소의 농도 증가에 따라 폭발범위는 좁아진다.
④ 공기 중에서보다 산소 중에서 폭발범위는 좁아진다.

03 최소점화에너지(MIE)에 대한 설명으로 틀린 것은? (연소-20)

① MIE는 압력의 증가에 따라 감소한다.
② MIE는 온도의 증가에 따라 증가한다.
③ 질소농도의 증가는 MIE를 증가시킨다.
④ 일반적으로 분진의 MIE는 가연성 가스보다 큰 에너지 준위를 가진다.

최소점화에너지(MIE)(연소 핵심 20) 참조

04 표면연소란 어느 것을 말하는가? (연소-2)

① 오일 표면에서 연소하는 상태
② 고체연료가 화염을 길게 내면서 연소하는 상태
③ 화염의 외부표면에 산소가 접촉하여 연소하는 현상
④ 적열된 코크스 또는 숯의 표면 또는 내부에 산소가 접촉하여 연소하는 상태

05 등심연소 시 화염의 길이에 대하여 옳게 설명한 것은? (연소-2)

① 공기 온도가 높을수록 길어진다.
② 공기 온도가 낮을수록 길어진다.
③ 공기 유속이 높을수록 길어진다.
④ 공기 유속 및 공기 온도가 낮을수록 길어진다.

(2) 액체물질의 연소(등심연소)(연소 핵심 2) 참조
공기 온도가 높을수록 화염의 길이가 길어진다.

06 이산화탄소로 가연물을 덮는 방법은 소화의 3대 효과 중 다음 어느 것에 해당하는가? (연소-17)

① 제거효과
② 질식효과
③ 냉각효과
④ 촉매효과

소화의 종류(연소 핵심 17) 참조

정답 01.① 02.① 03.② 04.④ 05.① 06.②

07 화재와 폭발을 구별하기 위한 주된 차이는?

① 에너지 방출속도
② 점화원
③ 인화점
④ 연소한계

08 완전연소의 구비조건으로 틀린 것은?

① 연소에 충분한 시간을 부여한다.
② 연료를 인화점 이하로 냉각하여 공급한다.
③ 적정량의 공기를 공급하여 연료와 잘 혼합한다.
④ 연소실 내의 온도를 연소 조건에 맞게 유지한다.

연료를 인화점 이상으로 가열하여 공급한다.

09 위험성평가기법 중 공정에 존재하는 위험요소들과 공정의 효율을 떨어뜨릴 수 있는 운전상의 문제점을 찾아내어 그 원인을 제거하는 정성적인 안전성평가기법은 어느 것인가? (연소-12)

① What-if
② HEA
③ HAZOP
④ FMECA

안전성평가기법(연소 핵심 12) 참조

10 폭굉유도거리(DID)에 대한 설명으로 옳은 것은? (연소-1)

① 관경이 클수록 짧다.
② 압력이 낮을수록 짧다.
③ 점화원의 에너지가 약할수록 짧다.
④ 정상연소속도가 빠른 혼합가스일수록 짧다.

폭굉유도거리가 짧아지는 조건(연소 핵심 1) 참조

11 메탄올 96g과 아세톤 116g을 함께 진공상태의 용기에 넣고 기화시켜 25℃의 혼합기체를 만들었다. 이때 전압력은 약 몇 mmHg인가? (단, 25℃에서 순수한 메탄올과 아세톤의 증기압 및 분자량은 각각 96.5mmHg, 56mmHg 및 32, 58이다.)

① 76.3 ② 80.3
③ 152.5 ④ 170.5

$P=(P_A \cdot X_A)+(P_B \cdot X_B)$

η_A : $\frac{96}{32}=3$몰, η_B : $\frac{116}{58}=2$몰

$\therefore\ P=96.5\times\frac{3}{3+2}+56\times\frac{2}{3+2}=80.3\text{mmHg}$

12 프로판 1Sm^{3}를 완전연소시키는 데 필요한 이론공기량은 몇 Sm^{3}인가?

① 5.0 ② 10.5
③ 21.0 ④ 23.8

$C_3H_8+5O_2 \rightarrow 3CO_2+4H_2O$
1Sm^3 5Sm^3

$\therefore$ 이론공기량 $5\text{Sm}^3\times\frac{1}{0.21}=23.8\text{Sm}^3$

13 중유의 저위발열량이 10000kcal/kg의 연료 1kg을 연소시킨 결과 연소열은 5500kcal/kg이었다. 연소효율은 얼마인가?

① 45% ② 55%
③ 65% ④ 75%

$\eta=\frac{Q}{H_L}\times100=\frac{5500}{10000}\times100=55\%$

14 이상기체에 대한 설명으로 틀린 것은? (연소-3)

① 이상기체 상태방정식을 따르는 기체이다.
② 보일-샤를의 법칙을 따르는 기체이다.
③ 아보가드로 법칙을 따르는 기체이다.
④ 반 데르 발스 법칙을 따르는 기체이다.

이상기체(완전가스)(연소 핵심 3) 참조
반 데르 발스 법칙을 따르는 기체 : 실제기체

정답 07.① 08.② 09.③ 10.④ 11.② 12.④ 13.② 14.④

15 시안화수소의 위험도(H)는 약 얼마인가?

① 5.8 ② 8.8
③ 11.8 ④ 14.8

위험도(H)$=\frac{U-L}{L}=\frac{41-6}{6}=5.83$

HCN의 연소범위(6~41%)

16 LPG를 연료로 사용할 때의 장점으로 옳지 않은 것은?

① 발열량이 크다.
② 조성이 일정하다.
③ 특별한 가압장치가 필요하다.
④ 용기, 조정기와 같은 공급설비가 필요하다.

LPG의 경우 특별한 가압장치가 필요없으며, 도시가스의 경우 압송기, 승압기 등의 가압장치가 필요하다.

17 연소반응이 일어나기 위한 필요충분 조건으로 볼 수 없는 것은?

① 점화원 ② 시간
③ 공기 ④ 가연물

연소의 3요소 : 가연물, 산소공급원(조연성), 점화원(불씨)

18 다음 기체연료 중 CH_4 및 H_2를 주성분으로 하는 가스는?

① 고로가스
② 발생로가스
③ 수성가스
④ 석탄가스

① 고로가스 : 제철의 용광로에서 부생물로 발생되는 가스(CO_2, CO, N_2)
② 발생로가스 : 목재, 코크스, 석탄을 화로에 넣고 공기, 수증기 혼합기체를 공급 불완전연소로 CO를 함유한 가스
③ 수성가스 : 무연탄이나 코크스를 수증기와 작용시켜 생성(H_2, CO)
④ 석탄가스 : 석탄을 건류할 때 발생되는 가스(CH_4, H_2, CO)

19 기체연료-공기혼합기체의 최대연소속도(대기압, 25℃)가 가장 빠른 가스는?

① 수소 ② 메탄
③ 일산화탄소 ④ 아세틸렌

수소가스의 연소속도가 가장 빠르다.

참고 폭굉속도
- 일반적인 가스 : 1000~3500m/s
- 수소 : 1400~3500m/s

20 메탄 85v%, 에탄 10v%, 프로판 4v%, 부탄 1v%의 조성을 갖는 혼합가스의 공기 중 폭발하한계는 약 얼마인가?

① 4.4% ② 5.4%
③ 6.2% ④ 7.2%

$\frac{100}{L}=\frac{85}{5}+\frac{10}{3}+\frac{4}{2.1}+\frac{1}{1.8}=22.793$

$\therefore\ L=100\div22.793=4.38\%=4.4\%$

제2과목 가스설비

21 조정압력이 3.3kPa 이하인 액화석유가스 조정기의 안전장치 작동정지압력은 다음 중 어느 것인가? [안전-17]

① 7kPa ② 5.04~8.4kPa
③ 5.6~8.4kPa ④ 8.4~10kPa

해설

압력조정기 (3) 조정압력이 3.3kPa 이하인 안전장치 작동압력(안전 핵심 17) 참조

22 어떤 냉동기에서 0℃의 물로 0℃의 얼음 2톤을 만드는 데 50kW · h의 일이 소요되었다. 이 냉동기의 성능계수는? (단, 물의 응고열은 80kcal/kg이다.)

① 3.7 ② 4.7
③ 5.7 ④ 6.7

해설

- 냉동효과
  $2000\text{kg}\times80\text{kcal/kg}\times\frac{1}{860}=186.04\text{kW}\cdot\text{h}$
- $\text{COP}=\frac{\text{냉동효과}}{\text{압축일량}}=\frac{186.04\text{kWh}}{50\text{kWh}}=3.72$

※ 1kWh=860kcal/hr

정답 15.① 16.③ 17.② 18.④ 19.① 20.① 21.② 22.①

23 가스용 폴리에틸렌관의 장점이 아닌 것은?

① 부식에 강하다.
② 일광, 열에 강하다.
③ 내한성이 우수하다.
④ 균일한 단위제품을 얻기 쉽다.

24 정압기(governor)의 기본구성 중 2차 압력을 감지하고 변동사항을 알려주는 역할을 하는 것은?

① 스프링　　② 메인밸브
③ 다이어프램　　④ 웨이트

정압기

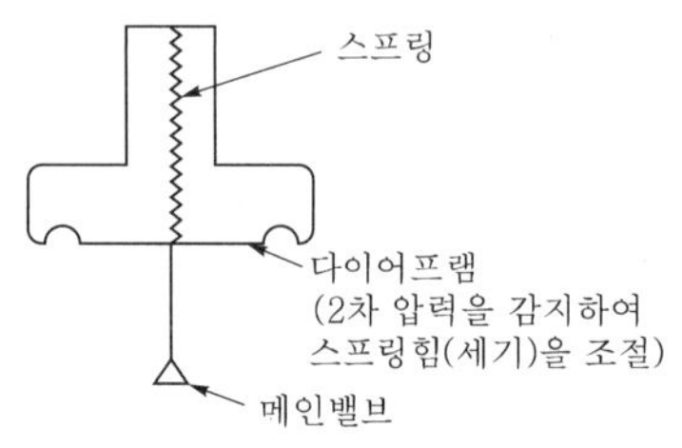

25 도시가스 저압배관의 설계 시 반드시 고려하지 않아도 되는 사항은? [설비-7]

① 허용 압력손실　　② 가스 소비량
③ 연소기의 종류　　④ 관의 길이

배관의 유량식(설비 핵심 7) 참조

$Q=K\sqrt{\frac{D^5H}{SL}}$ 공식 참조

26 일반도시가스사업자의 정압기에서 시공감리 기준 중 기능검사에 대한 설명으로 틀린 것은?

① 2차 압력을 측정하여 작동압력을 확인한다.
② 주정압기의 압력변화에 따라 예비정압기가 정상작동되는지 확인한다.
③ 가스차단장치의 개폐상태를 확인한다.
④ 지하에 설치된 정압기실 내부에 100lux 이상의 조명도가 확보되는지 확인한다.

④ 조명도 150lux 이상

27 발열량이 10500kcal/m³인 가스를 출력이 12000kcal/h인 연소기에서 연소효율 80%로 연소시켰다. 이 연소기의 용량은?

① 0.70m³/h　　② 0.91m³/h
③ 1.14m³/h　　④ 1.43m³/h

$$G(\mathrm{m^3/hr})=\frac{12000\mathrm{kcal/h}}{10500\mathrm{kcal/m^3}\times0.8}=1.428=1.43\mathrm{m^3/h}$$

28 전기방식에 대한 설명으로 틀린 것은?

① 전해질 중 물, 토양, 콘크리트 등에 노출된 금속에 대하여 전류를 이용하여 부식을 제어하는 방식이다.
② 전기방식은 부식 자체를 제거할 수 있는 것이 아니고 음극에서 일어나는 부식을 양극에서 일어나도록 하는 것이다.
③ 방식전류는 양극에서 양극반응에 의하여 전해질로 이온이 누출되어 금속 표면으로 이동하게 되고 음극 표면에서는 음극반응에 의하여 전류가 유입되게 된다.
④ 금속에서 부식을 방지하기 위해서는 방식전류가 부식전류 이하가 되어야 한다.

④ 방식전류가 부식전류 이상이 되어야 한다.

29 LPG를 탱크로리에서 저장탱크로 이송 시 작업을 중단해야 하는 경우로 가장 거리가 먼 것은?

① 누출이 생긴 경우
② 과충전이 된 경우
③ 작업 중 주위에 화재 발생 시
④ 압축기 이용 시 베이퍼록 발생 시

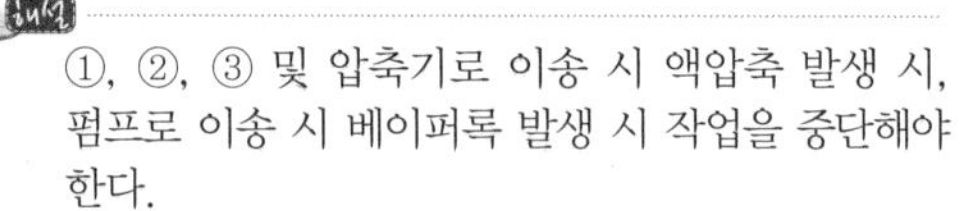

①, ②, ③ 및 압축기로 이송 시 액압축 발생 시, 펌프로 이송 시 베이퍼록 발생 시 작업을 중단해야 한다.

30 터보형 펌프에 속하지 않는 것은? [설비-33]

① 사류 펌프　　② 축류 펌프
③ 플런저 펌프　　④ 센트리퓨걸 펌프

펌프의 분류(설비 핵심 33) 참조

정답 23.② 24.③ 25.③ 26.④ 27.④ 28.④ 29.④ 30.③

31 Loading형으로 정특성, 동특성이 양호하며 비교적 콤팩트한 형식의 정압기는? (설비-6)

① KRF식 정압기
② Fisher식 정압기
③ Reynolds식 정압기
④ Axial-flow식 정압기

(2) 정압기의 종류별 특성과 이상(설비 핵심 6) 참조

32 2개의 단열과정과 2개의 등압과정으로 이루어진 가스터빈의 이상 사이클은?

① 에릭슨사이클　② 브레이턴사이클
③ 스털링사이클　④ 아트킨슨사이클

① 에릭슨사이클 : 2개의 등온, 2개의 정압
② 브레이턴사이클 : 2개의 단열, 2개의 정압
③ 스털링사이클 : 2개의 등온, 2개의 정적
④ 아트킨슨사이클 : 2개의 단열, 1개의 정적, 1개의 정압

33 캐비테이션 현상의 발생 방지책에 대한 설명으로 가장 거리가 먼 것은? (설비-9)

① 펌프의 회전수를 높인다.
② 흡입 관경을 크게 한다.
③ 펌프의 위치를 낮춘다.
④ 양흡입 펌프를 사용한다.

캐비테이션(설비 핵심 9) 참조

34 LP가스를 이용한 도시가스 공급방식이 아닌 것은?

① 직접 혼입방식
② 공기 혼입방식
③ 변성 혼입방식
④ 생가스 혼입방식

㉠ 도시가스 공급방식 : (직접, 공기, 변성) 혼입방식
㉡ 기화를 이용한 가스의 공급방식(강제기화방식) : (생가스, 공기혼합가스, 변성가스) 공급방식

35 다음 중 암모니아 압축기 실린더에 일반적으로 워터재킷을 사용하는 이유가 아닌 것은? (설비-47)

① 윤활유의 탄화를 방지한다.
② 압축소요일량을 크게 한다.
③ 압축효율의 향상을 도모한다.
④ 밸브 스프링의 수명을 연장시킨다.

압축비와 실린더 냉각의 목적, 워터재킷 사용(냉각의 목적)(설비 핵심 47) 참조

36 금속재료에 대한 풀림의 목적으로 옳지 않은 것은? (설비-20)

① 인성을 향상시킨다.
② 내부응력을 제거한다.
③ 조직을 조대화하여 높은 경도를 얻는다.
④ 일반적으로 강의 경도가 낮아져 연화된다.

열처리 종류 및 특징(설비 핵심 20) 참조

37 유수식 가스홀더의 특징에 대한 설명으로 틀린 것은? (설비-30)

① 제조설비가 저압인 경우에 사용한다.
② 구형 홀더에 비해 유효 가동량이 많다.
③ 가스가 건조하면 물탱크의 수분을 흡수한다.
④ 부지면적과 기초공사비가 적게 소요된다.

가스홀더 분류 및 특징(설비 핵심 30) 참조

38 다음 중 염소가스 압축기에 주로 사용되는 윤활제는? (설비-32)

① 진한 황산
② 양질의 광유
③ 식물성유
④ 묽은 글리세린

압축기에 사용되는 윤활유(설비 핵심 32) 참조

정답 31.② 32.② 33.① 34.④ 35.② 36.③ 37.④ 38.①

39 아세틸렌가스를 2.5MPa의 압력으로 압축할 때 주로 사용되는 희석제는? (설비-42)

① 질소 ② 산소
③ 이산화탄소 ④ 암모니아

C_2H_2의 폭발성(설비 핵심 42) 참조

40 액화프로판 400kg을 내용적 50L의 용기에 충전 시 필요한 용기의 개수는?

① 13개 ② 15개
③ 17개 ④ 19개

용기 1개당 충전량 $G=\frac{V}{C}$에서

$G=\frac{50}{2.35}=21.2765\text{kg}$

$\therefore$ 400÷21.2765=18.8=19개

제3과목 가스안전관리

41 암모니아 저장탱크에는 가스의 용량이 저장탱크 내용적의 몇 %를 초과하는 것을 방지하기 위한 과충전 방지조치를 강구하여야 하는가? (안전-37)

① 85% ② 90%
③ 95% ④ 98%

저장탱크 및 용기에 충전(안전 핵심 37) 참조

42 고압가스 일반제조의 시설기준에 대한 설명으로 옳은 것은?

① 산소 초저온저장탱크에는 환형유리관 액면계를 설치할 수 없다.
② 고압가스설비에 장치하는 압력계는 상용압력의 1.1배 이상 2배 이하의 최고 눈금이 있어야 한다.
③ 공기보다 가벼운 가연성 가스의 가스설비실에는 1방향 이상의 개구부 또는 자연환기설비를 설치하여야 한다.
④ 저장능력이 1000톤 이상인 가연성 액화가스의 지상 저장탱크의 주위에는 방류둑을 설치하여야 한다.

① 액면계는 환형유리관 액면계를 설치할 수 없다. 단, 산소 불활성 초저온저장탱크에는 환형유리관 액면계를 설치할 수 있다.
② 압력계의 눈금범위 : 상용압력의 1.5배 이상 2배 이하
③ 2방향 이상의 개구부 또는 자연환기설비를 설치

43 가스를 충전하는 경우에 밸브 및 배관이 얼었을 때 응급조치하는 방법으로 부적절한 것은?

① 열습포를 사용한다.
② 미지근한 물로 녹인다.
③ 석유버너 불로 녹인다.
④ 40℃ 이하의 물로 녹인다.

44 폭발 및 인화성 위험물 취급 시 주의하여야 할 사항으로 틀린 것은?

① 습기가 없고 양지바른 곳에 둔다.
② 취급자 외에는 취급하지 않는다.
③ 부근에서 화기를 사용하지 않는다.
④ 용기는 난폭하게 취급하거나 충격을 주어서는 아니 된다.

① 직사광선 일광을 피하여야 한다.

45 일반적인 독성가스의 제독제로 사용되지 않는 것은? (안전-44)

① 소석회 ② 탄산소다 수용액
③ 물 ④ 암모니아 수용액

독성가스 제독제와 보유량(안전 핵심 44) 참조

46 고압가스 안전성평가기준에서 정한 위험성 평가기법 중 정성적 평가기법에 해당되는 것은? (연소-12)

① Check List 기법 ② HEA 기법
③ FTA 기법 ④ CCA 기법

안전성평가기법(연소 핵심 12) 참조

정답 39.① 40.④ 41.② 42.④ 43.③ 44.① 45.④ 46.①

47 아세틸렌용 용접용기 제조 시 내압시험압력이란 최고충전압력 수치의 몇 배의 압력을 말하는가? (안전-52)

① 1.2 ② 1.8
③ 2 ④ 3

T_p, F_p, A_p 상용, 안전밸브 작동압력

48 지름이 각각 8m인 LPG 지상 저장탱크 사이에 물분무장치를 하지 않은 경우 탱크 사이에 유지해야 되는 간격은?

① 1m ② 2m
③ 4m ④ 8m

8+8=16m

$\therefore 16\times\frac{1}{4}=4\text{m}$

49 고압가스 특정제조시설에서 안전구역 안의 고압가스설비는 그 외면으로부터 다른 안전구역 안에 있는 고압가스설비의 외면까지 몇 m 이상의 거리를 유지하여야 하는가?

① 10m ② 20m
③ 30m ④ 50m

50 액화석유가스 자동차에 고정된 용기충전의 시설에 설치되는 안전밸브 중 압축기의 최종단에 설치된 안전밸브의 작동조정의 최소주기는? (안전-81)

① 6월에 1회 이상
② 1년에 1회 이상
③ 2년에 1회 이상
④ 3년에 1회 이상

해설

설치장소에 따른 안전밸브 작동검사주기(안전 핵심 81) 참조

51 다음 중 액화가스 저장탱크의 저장능력을 산출하는 식은? (단, Q : 저장능력(m^3), W : 저장능력(kg), V : 내용적(L), P : 35℃에서 최고충전압력(MPa), d : 상용온도 내에서 액화가스 비중(kg/L), C : 가스의 종류에 따른 정수) (안전-36)

① $W=\frac{V}{C}$ ② $W=0.9dV$
③ $Q=(10P+1)V$ ④ $Q=(P+2)V$

해설

저장능력 계산(안전 핵심 36) 참조

52 고압가스 일반제조시설에서 저장탱크 및 처리설비를 실내에 설치하는 경우의 기준으로 틀린 것은? (안전-49)

① 저장탱크실과 처리설비실은 각각 구분하여 설치하고 강제환기시설을 갖춘다.
② 저장탱크실의 천장, 벽 및 바닥의 두께는 20cm 이상으로 한다.
③ 저장탱크를 2개 이상 설치하는 경우에는 저장탱크실을 각각 구분하여 설치한다.
④ 저장탱크에 설치한 안전밸브는 지상 5m 이상의 높이에 방출구가 있는 가스방출관을 설치한다.

저장탱크 지하 설치기준(안전 핵심 49) 참조
② 20cm → 30cm

53 고압가스 운반차량의 운행 중 조치사항으로 틀린 것은? (안전-71)

① 400km 이상 거리를 운행할 경우 중간에 휴식을 취한다.
② 독성가스를 운반 중 도난당하거나 분실한 때에는 즉시 그 내용을 경찰서에 신고한다.
③ 독성가스를 운반하는 때는 그 고압가스의 명칭, 성질 및 이동 중의 재해방지를 위하여 필요한 주의사항을 기재한 서류를 운전자 또는 운반책임자에게 교부한다.
④ 고압가스를 적재하여 운반하는 차량은 차량의 고장, 교통사정, 운전자 또는 운반책임자가 휴식할 경우 운반책임자와 운전자가 동시에 이탈하지 아니 한다.

정답 47.④ 48.③ 49.③ 50.② 51.② 52.② 53.①

해설
차량고정탱크 및 용기에 의한 운반 주차 시 기준 (안전 핵심 71) 참조
① 400km → 200km

54 초저온용기의 재료로 적합한 것은?

① 오스테나이트계 스테인리스강 또는 알루미늄 합금
② 고탄소강 또는 Cr강
③ 마텐자이트계 스테인리스강 또는 고탄소강
④ 알루미늄합금 또는 Ni-Cr강

해설
초저온용 재료 : 18-8 STS(오스테나이트계 스테인리스강), 9% Ni, Cu, Al 및 그 합금

55 질소 충전용기에서 질소가스의 누출여부를 확인하는 방법으로 가장 쉽고 안전한 방법은?

① 기름 사용
② 소리 감지
③ 비눗물 사용
④ 전기스파크 이용

56 고압가스용 이음매 없는 용기를 제조할 때 탄소함유량은 몇 % 이하를 사용하여야 하는가? (안전-63)

① 0.04 ② 0.05
③ 0.33 ④ 0.55

해설
용기의 CPS 함유량(%)(안전 핵심 63) 참조

57 포스겐가스($COCl_2$)를 취급할 때의 주의사항으로 옳지 않은 것은?

① 취급 시 방독마스크를 착용할 것
② 공기보다 가벼우므로 환기시설은 보관장소의 위쪽에 설치할 것
③ 사용 후 폐가스를 방출할 때에는 중화시킨 후 옥외로 방출시킬 것
④ 취급장소는 환기가 잘 되는 곳일 것

해설
$COCl_2$(포스겐) : 분자량 99g으로 공기보다 무겁다.

58 2단 감압식 1차용 액화석유가스조정기를 제조할 때 최대폐쇄압력은 얼마 이하로 해야 하는가? (단, 입구압력은 0.1~1.56MPa이다.) (안전-17)

① 3.5kPa
② 83kPa
③ 95kPa
④ 조정압력의 2.5배 이하

해설
압력조정기(안전 핵심 17) (4) 최대폐쇄압력 참조
2단 감압식 1차용 : 95kPa

59 폭발 예방대책을 수립하기 위하여 우선적으로 검토하여야 할 사항으로 가장 거리가 먼 것은?

① 요인 분석
② 위험성 평가
③ 피해 예측
④ 피해 보상

60 특정설비에 대한 표시 중 기화장치에 각인 또는 표시해야 할 사항이 아닌 것은 어느 것인가?

① 내압시험압력
② 가열방식 및 형식
③ 설비별 기호 및 번호
④ 사용하는 가스의 명칭

해설
기화장치 각인사항(KGS AA911 3.9.1)
㉠ 제조자 명칭 또는 약호
㉡ 사용하는 가스의 명칭
㉢ 제조번호, 제조연월일
㉣ 내압시험에 합격한 연월일
㉤ 내압시험압력(T_p) 단위(MPa)
㉥ 가열 방식 및 형식
㉦ 최고사용압력(D_p) 단위(MPa)
㉧ 기화능력(kg/h, m^3/h)

정답 54.① 55.③ 56.④ 57.② 58.③ 59.④ 60.③

제4과목 가스계측

61 가스미터의 원격계측(검침) 시스템에서 원격계측 방법으로 가장 거리가 먼 것은?

① 제트식
② 기계식
③ 펄스식
④ 전자식

62 외란의 영향으로 인하여 제어량이 목표치 50L/min에서 53L/min으로 변하였다면 이때 제어편차는 얼마인가?

① +3L/min
② −3L/min
③ +6.0%
④ −6.0%

제어편차=목표값−제어량
=50−53
=−3L/min

63 He가스 중 불순물로서 N_2 : 2%, CO : 5%, CH_4 : 1%, H_2 : 5%가 들어있는 가스를 가스크로마토그래피로 분석하고자 한다. 다음 중 가장 적당한 검출기는?

① 열전도검출기(TCD)
② 불꽃이온화검출기(FID)
③ 불꽃광도검출기(FPD)
④ 환원성가스검출기(RGD)

64 다음 중 초음파 유량계에 대한 설명으로 틀린 것은?

① 압력손실이 거의 없다.
② 압력은 유량에 비례한다.
③ 대구경 관로의 측정이 가능하다.
④ 액체 중 고형물이나 기포가 많이 포함되어 있어도 정도가 좋다.

④ 액체 중 고형물, 기포가 포함 시 정도는 낮다.

65 접촉식 온도계의 종류와 특징을 연결한 것 중 틀린 것은? (계측-9)

① 유리 온도계−액체의 온도에 따른 팽창을 이용한 온도계
② 바이메탈 온도계−바이메탈이 온도에 따라 굽히는 정도가 다른 점을 이용한 온도계
③ 열전대 온도계−온도 차이에 의한 금속의 열상승 속도의 차이를 이용한 온도계
④ 저항 온도계−온도 변화에 따른 금속의 전기저항 변화를 이용한 온도계

열전대 온도계 (2) 열전대의 열기전력 법칙(계측 핵심 9) 참조
열전대 온도계 측정원리 : 열기전력

66 습식 가스미터의 특징에 대한 설명으로 옳지 않은 것은? (계측-8)

① 계량이 정확하다.
② 설치공간이 작다.
③ 사용 중에 기차의 변동이 거의 없다.
④ 사용 중에 수위 조정 등의 관리가 필요하다.

막식, 습식, 루트식 가스미터 장 · 단점(계측 핵심 8) 참조
② 설치면적이 크다.

67 다음 가스 분석법 중 흡수분석법에 해당되지 않는 것은? (계측-1)

① 헴펠법 ② 게겔법
③ 오르자트법 ④ 우인클러법

흡수분석법(계측 핵심 1) 참조

68 아르키메데스의 원리를 이용하는 압력계는?

① 부르동관 압력계
② 링밸런스식 압력계
③ 침종식 압력계
④ 벨로스식 압력계

정답 61.① 62.② 63.① 64.④ 65.③ 66.② 67.④ 68.③

69 되먹임제어에 대한 설명으로 옳은 것은?

① 열린 회로제어이다.
② 비교부가 필요 없다.
③ 되먹임이란 출력신호를 입력신호로 다시 되돌려 보내는 것을 말한다.
④ 되먹임제어 시스템은 선형 제어 시스템에 속한다.

되먹임제어(피드백제어)
㉠ 폐회로 또는 귀환경로가 있어 피드백제어이다.
㉡ 입력, 출력을 비교하는 장치가 필요하다.
㉢ 비선형과 외형에 대한 효과의 감소가 있다.
㉣ 정확성이 증가한다.

70 계측에 사용되는 열전대 중 다음 [보기]의 특징을 가지는 온도계는?

[보기]
㉠ 열기전력이 크고, 저항 및 온도계수가 작다.
㉡ 수분에 의한 부식에 강하므로 저온측정에 적합하다.
㉢ 비교적 저온의 실험용으로 주로 사용한다.

① R형　② T형
③ J형　④ K형

71 평균유속이 3m/s인 파이프를 25L/s의 유량이 흐르도록 하려면 이 파이프의 지름을 약 몇 mm로 해야 하는가?

① 88mm　② 93mm
③ 98mm　④ 103mm

$Q=\frac{\pi}{4}d^2 \cdot V$

$\therefore d=\sqrt{\frac{4Q}{\pi \cdot V}}$

$=\sqrt{\frac{4\times 0.025}{\pi\times 3}}$

$=0.103\text{m}$

$=103\text{mm}$

72 전기저항식 습도계의 특징에 대한 설명 중 틀린 것은?

① 저온도의 측정이 가능하고, 응답이 빠르다.
② 고습도에 장기간 방치하면 감습막이 유동한다.
③ 연속기록, 원격측정, 자동제어에 주로 이용된다.
④ 온도계수가 비교적 작다.

저항식 습도계 : 염화리튬을 절연판 위에 바르고 전극을 놓아 저항치를 측정하면 그 저항치가 상대습도에 따라 변화하는 원리를 이용하여 습도를 측정

특징 ㉠ 저온도의 측정이 가능하고, 연속기록, 원격전송, 자동제어에 이용된다.
㉡ 상대습도 측정에 적합하다.
㉢ 전기저항의 변화로 습도를 측정한다.
㉣ 온도계수가 크다.

73 여과기(strainer)의 설치가 필요한 가스미터는? (계측-8)

① 터빈 가스미터
② 루트 가스미터
③ 막식 가스미터
④ 습식 가스미터

막식, 습식, 루트식 가스미터의 장 · 단점(계측 핵심 8) 참조

74 가스보일러에서 가스를 연소시킬 때 불완전연소로 발생하는 가스에 중독될 경우 생명을 잃을 수도 있다. 이때 이 가스를 검지하기 위하여 사용하는 시험지는?

① 연당지
② 염화파라듐지
③ 하리슨씨 시약
④ 질산구리벤젠지

• 불완전연소 시 발생되는 가스 : CO
• CO의 누출검지 시험지 : 염화파라듐지

정답 69.③ 70.② 71.④ 72.④ 73.② 74.②

75 Block선도의 등가변환에 해당하는 것만으로 짝지어진 것은? (계측-14)

① 전달요소 결합, 가합점 치환, 직렬 결합, 피드백 치환
② 전달요소 치환, 인출점 치환, 병렬 결합, 피드백 결합
③ 인출점 치환, 가합점 결합, 직렬 결합, 병렬 결합
④ 전달요소 이동, 가합점 결합, 직렬 결합, 피드백 결합

자동제어계의 기본블록선도(계측 핵심 14) 참조

76 가스센서에 이용되는 물리적 현상으로 가장 옳은 것은?

① 압전효과
② 조셉슨효과
③ 흡착효과
④ 광전효과

77 실측식 가스미터가 아닌 것은? (계측-6)

① 터빈식
② 건식
③ 습식
④ 막식

실측식 · 측량식 계량기 분류(계측 핵심 6) 참조

78 전극식 액면계의 특징에 대한 설명으로 틀린 것은?

① 프로브 형성 및 부착위치와 길이에 따라 정전용량이 변화한다.
② 고유저항이 큰 액체에는 사용이 불가능하다.
③ 액체의 고유저항 차이에 따라 동작점의 차이가 발생하기 쉽다.
④ 내식성이 강한 전극봉이 필요하다.

전극식 액면계의 특징
㉠ 도전성일 경우에 사용
㉡ 액면지시보다는 경보용 · 제어용
㉢ 저항이 큰 액체에 사용 불가능
㉣ 내식성이 강한 전극봉이 필요
㉤ 저항 차이에 따라 동작점의 차이가 발생

79 반도체 스트레인 게이지의 특징이 아닌 것은?

① 높은 저항 ② 높은 안정성
③ 큰 게이지상수 ④ 낮은 피로수명

80 헴펠(Hempel)법에 의한 분석순서가 바른 것은? (계측-1)

① $CO_2 \rightarrow C_mH_n \rightarrow O_2 \rightarrow CO$
② $CO \rightarrow C_mH_n \rightarrow O_2 \rightarrow CO_2$
③ $CO_2 \rightarrow O_2 \rightarrow C_mH_n \rightarrow CO$
④ $CO \rightarrow O_2 \rightarrow C_mH_n \rightarrow CO_2$

흡수식 분석법(계측 핵심 1) 참조

정답 75.② 76.③ 77.① 78.① 79.④ 80.①

국가기술자격 시험문제

2020년 산업기사 제3회 필기시험(2부) (2020년 8월 23일 시행)

자격종목	시험시간	문제수	문제형별
가스산업기사	**2시간**	**80**	**A**

수험번호		성 명	

제1과목 연소공학

01 연소열에 대한 설명으로 틀린 것은?

① 어떤 물질이 완전연소할 때 발생하는 열량이다.
② 연료의 화학적 성분은 연소열에 영향을 미친다.
③ 이 값이 클수록 연료로서 효과적이다.
④ 발열반응과 함께 흡열반응도 포함한다.

해설
연소열 : 물질 1mol이 완전연소 시 발생하는 열량으로 발열반응이다.

02 연소가스량 $10m^3/kg$, 비열 $0.325kcal/m^3 \cdot ℃$인 어떤 연료의 저위발열량이 6700kcal/kg이었다면 이론연소온도는 약 몇 ℃인가?

① 1962℃ ② 2062℃
③ 2162℃ ④ 2262℃

해설
$$t = \frac{H_L}{G \cdot C_P}$$
$$= \frac{6700\text{kcal/kg}}{10\text{m}^3/\text{kg} \times 0.325\text{kcal/m}^3 \cdot ℃} = 2061.53 = 2062℃$$

03 황(S) 1kg이 이산화황(SO_2)으로 완전연소할 경우 이론산소량(kg/kg)과 이론공기량(kg/kg)은 각각 얼마인가?

① 1, 4.31 ② 1, 8.62
③ 2, 4.31 ④ 2, 8.62

해설
$S + O_2 \rightarrow SO_2$
32kg 32kg
1kg : x(산소량)(kg)

$$\therefore\ x = \frac{1 \times 32}{32} = 1\text{kg}$$
$$\therefore\ y(\text{공기량}) = 1 \times \frac{1}{0.232} = 4.31\text{kg}$$

04 메탄 60v%, 에탄 20v%, 프로판 15v%, 부탄 5v%인 혼합가스의 공기 중 폭발하한계(v%)는 약 얼마인가? (단, 각 성분의 폭발하한계는 메탄 5.0v%, 에탄 3.0v%, 프로판 2.1v%, 부탄 1.8v%로 한다.)

① 2.5 ② 3.0
③ 3.5 ④ 4.0

$$\frac{100}{L} = \frac{V_1}{L_1} + \frac{V_2}{L_2} + \frac{V_3}{L_3} + \frac{V_4}{L_4}$$
$$= \frac{60}{5.0} + \frac{20}{3.0} + \frac{15}{2.1} + \frac{5}{1.8}$$
$$= 28.58$$
$$\therefore\ L = \frac{100}{28.58} = 3.498 = 3.50$$

05 기체연료의 확산연소에 대한 설명으로 틀린 것은?

① 확산연소는 폭발의 경우에 주로 발생하는 형태이며 예혼합연소에 비해 반응대가 좁다.
② 연료가스와 공기를 별개로 공급하여 연소하는 방법이다.
③ 연소형태는 연소기기의 위치에 따라 달라지는 비균일연소이다.
④ 일반적으로 확산과정은 화학반응이나 화염의 전파과정보다 늦기 때문에 확산에 의한 혼합속도가 연소속도를 지배한다.

정답 01.④ 02.② 03.① 04.③ 05.①

해설

확산연소

㉠ 정의 : 연료가스와 공기가 혼합하면서 연소하는 현상

㉡ 연소방법 : 기체연료를 노 내에서 연소시킬 때 공기와 기체연료를 서로 다른 입구에서 공급하여 연소

㉢ 예혼합연소와의 비교 : 예혼합에 비해 반응대가 비교적 넓고 탄화수소의 연료에서는 수트를 생성하기 쉽다.

06 프로판가스의 분자량은 얼마인가?

① 17 ② 44

③ 58 ④ 64

C_3H_8의 분자량은 $12\times3+1\times8=44$g이다.

07 0℃, 1기압에서 C_3H_8 5kg의 체적은 약 몇 m^3인가? (단, 이상기체로 가정하고, C의 원자량은 12, H의 원자량은 1이다.)

① 0.6 ② 1.5

③ 2.5 ④ 3.6

5kg : $x(m^3)$ = 44kg : 22.4m^3

$\therefore x=\frac{5\times22.4}{44}=2.545m^3$

08 다음 [보기]의 성질을 가지고 있는 가스는 어느 것인가?

[보기]
- 무색, 무취, 가연성 기체
- 폭발범위 : 공기 중 4~75vol%

① 메탄 ② 암모니아

③ 에틸렌 ④ 수소

09 공기비가 적을 경우 나타나는 현상과 가장 거리가 먼 것은? (연소-15)

① 매연 발생이 심해진다.

② 폭발사고 위험성이 커진다.

③ 연소실 내의 연소온도가 저하된다.

④ 미연소로 인한 열손실이 증가한다.

해설

공기비(연소 핵심 15) 참조

공기비가 클 경우 연소실 온도 저하

10 1atm, 27℃의 밀폐된 용기에 프로판과 산소가 1 : 5 부피비로 혼합되어 있다. 프로판이 완전연소하여 화염의 온도가 1000℃가 되었다면 용기 내에 발생하는 압력은 약 몇 atm인가?

① 1.95atm ② 2.95atm

③ 3.95atm ④ 4.95atm

해설

$C_3H_8+5O_2 \rightarrow 3CO_2+4H_2O$에서

P_1 : 1atm n_1 : (1+5)=6mol

T_1 : (273+27)

P_2 : ? n_2 : (3+4)=7mol

T_2 : (1000+273)이므로

$$(V_1=V_2)=\frac{n_1R_1T_1}{P_1}=\frac{n_2R_2T_2}{P_2}\,(R_1=R_2)$$

$$\therefore P_2=\frac{P_1n_2T_2}{n_1T_1}=\frac{1\times7\times1273}{6\times300}=4.95\text{atm}$$

11 기체상수 R을 계산한 결과 1.987이었다. 이때 사용되는 단위는? (연소-4)

① cal/mol · K ② erg/kmol · K

③ Joulel/mol · K ④ L · atm/mol · K

해설

이상기체상태방정식(연소 핵심 4) 참조

12 다음 중 분진폭발과 가장 관련이 있는 물질은?

① 소백분 ② 에테르

③ 탄산가스 ④ 암모니아

해설

분진폭발

㉠ 정의 : 가연성 고체의 미분이 공기 중에 부유하고 있을 때 어떤 착화원에 의해 에너지가 주어지면 일어나는 폭발

㉡ 예시 : 탄광의 미분탄, 플라스틱 미분, 소백분, 밀가루 등의 부유 시

㉢ 분진폭발이 일어나는 조건
- 가연성이며 폭발범위 내에 있어야 한다.
- 점화원이 있어야 한다.
- 분진이 화염을 전파할 수 있는 크기여야 한다.

정답 06.② 07.③ 08.④ 09.③ 10.④ 11.① 12.①

13 폭굉이란 가스 중의 음속보다 화염 전파속도가 큰 경우를 말하는데 마하수 약 얼마를 말하는가?

① 1~2 ② 3~12
③ 12~21 ④ 21~30

14 다음 중 자기연소를 하는 물질로만 나열된 것은?

① 경유, 프로판
② 질화면, 셀룰로이드
③ 황산, 나프탈렌
④ 석탄, 플라스틱(FRP)

자기연소
㉠ 정의 : 고체가연물이 분자 내 산소를 가지고 있어 가열 시 열분해에 의해 가스 생성물과 함께 산소를 발생하고, 산소 부족 시에도 연소가 진행되며 외부에 산소 존재 시 폭발이 일어날 수도 있다.
㉡ 예시 : 니트로셀룰로오스, 니트로글리세린, 질산에스테르류, 질화성 물질

15 가연물의 위험성에 대한 설명으로 틀린 것은?

① 비등점이 낮으면 인화의 위험성이 높아진다.
② 파라핀 등 가연성 고체는 화재 시 가연성 액체가 되어 화재를 확대한다.
③ 물과 혼합되기 쉬운 가연성 액체는 물과 혼합되면 증기압이 높아져 인화점이 낮아진다.
④ 전기전도도가 낮은 인화성 액체는 유동이나 여과 시 정전기를 발생하기 쉽다.

물과 혼합 시 인화점은 높아진다.

16 정전기를 제어하는 방법으로서 전하의 생성을 방지하는 방법이 아닌 것은?

① 접속과 접지(Bonding and Grounding)
② 도전성 재료 사용
③ 침액파이프(Dip pipes) 설치
④ 첨가물에 의한 전도도 억제

17 어떤 반응물질이 반응을 시작하기 전에 반드시 흡수하여야 하는 에너지의 양을 무엇이라 하는가?

① 점화에너지
② 활성화에너지
③ 형성엔탈피
④ 연소에너지

활성화에너지 : 반응에 필요한 최소한의 에너지로서 반응물질이 반응을 시작하기 전 반드시 흡수하여야 하는 에너지의 양

18 연료의 발열량 계산에서 유효수소를 옳게 나타낸 것은?

① $\left(H+\frac{O}{8}\right)$ ② $\left(H-\frac{O}{8}\right)$
③ $\left(H+\frac{O}{16}\right)$ ④ $\left(H-\frac{O}{16}\right)$

• 유효수소 : $\left(H-\frac{O}{8}\right)$
• 무효수소 : $\frac{O}{8}$

19 표준상태에서 기체 $1m^3$는 약 몇 몰인가?

① 1
② 2
③ 22.4
④ 44.6

$1m^3 = 1000L$

$\therefore \frac{1000}{22.4} = 44.64\text{mol}$

20 다음 중 열전달계수의 단위는?

① kcal/h
② $kcal/m^2 \cdot h \cdot ℃$
③ $kcal/m \cdot h \cdot ℃$
④ kcal/℃

• 열전달($kcal/m^2 \cdot h \cdot ℃$)
• 열전도($kcal/m \cdot h \cdot ℃$)
• 열관류($kcal/m^2 \cdot h \cdot ℃$)

정답 13.② 14.② 15.③ 16.④ 17.② 18.② 19.④ 20.②

제2과목 가스설비

21 조정기 감압방식 중 2단 감압방식의 장점이 아닌 것은? (설비-55)

① 공급압력이 안정하다.
② 장치와 조작이 간단하다.
③ 배관의 지름이 가늘어도 된다.
④ 각 연소기구에 알맞은 압력으로 공급이 가능하다.

조정기(설비 핵심 55) 참조

22 지하 도시가스 매설배관에 Mg과 같은 금속을 배관과 전기적으로 연결하여 방식하는 방법은? (안전-38)

① 희생양극법 ② 외부전원법
③ 선택배류법 ④ 강제배류법

전기방식법(안전 핵심 38) 참조

23 다음 중 고압가스설비 내에서 이상사태가 발생한 경우 긴급이송설비에 의하여 이송되는 가스를 안전하게 연소시킬 수 있는 안전장치는? (안전-26)

① 벤트스택 ② 플레어스택
③ 인터록기구 ④ 긴급차단장치

긴급이송설비(안전 핵심 26) 참조

24 도시가스시설에서 전기방식 효과를 유지하기 위하여 빗물이나 이물질의 접촉으로 인한 절연의 효과가 상쇄되지 아니하도록 절연이음매 등을 사용하여 절연한다. 다음 중 절연조치를 하는 장소에 해당되지 않는 것은? (안전-65)

① 교량횡단배관의 양단
② 배관과 철근콘크리트 구조물 사이
③ 배관과 배관 지지물 사이
④ 타 시설물과 30cm 이상 이격되어 있는 배관

전기방식(안전 핵심 65) 참조
전기방식 효과를 유지하기 위하여 절연조치를 하는 장소

25 원심펌프를 병렬로 연결하는 것은 무엇을 증가시키기 위한 것인가? (설비-61)

① 양정 ② 동력
③ 유량 ④ 효율

원심펌프의 운전(설비 핵심 61) 참조

26 저온장치에서 저온을 얻을 수 있는 방법이 아닌 것은?

① 단열교축팽창
② 등엔트로피팽창
③ 단열압축
④ 기체의 액화

단열압축 : 고온을 얻을 수 있는 방법

27 다음 중 두께 3mm, 내경 20mm, 강관의 내압이 2kgf/cm^{2}일 때, 원주방향으로 강관에 작용하는 응력은 약 몇 kgf/cm^{2}인가?

① 3.33 ② 6.67
③ 9.33 ④ 12.67

원주방향 응력

$$\sigma_t = \frac{PD}{2t}$$

$$= \frac{2\times 20}{2\times 3} = 6.67\text{kgf/cm}^2$$

참고 축방향 응력

$$\sigma_Z = \frac{PD}{4t}$$

28 용적형 압축기에 속하지 않는 것은?

① 왕복압축기
② 회전압축기
③ 나사압축기
④ 원심압축기

용적형 압축기 : 왕복 · 회전 · 나사 압축기

정답 21.② 22.① 23.② 24.④ 25.③ 26.③ 27.② 28.④

29 비교회전도 175, 회전수 3000rpm, 양정 210m인 3단 원심펌프의 유량은 약 몇 m^3/min인가?

① 1 ② 2
③ 3 ④ 4

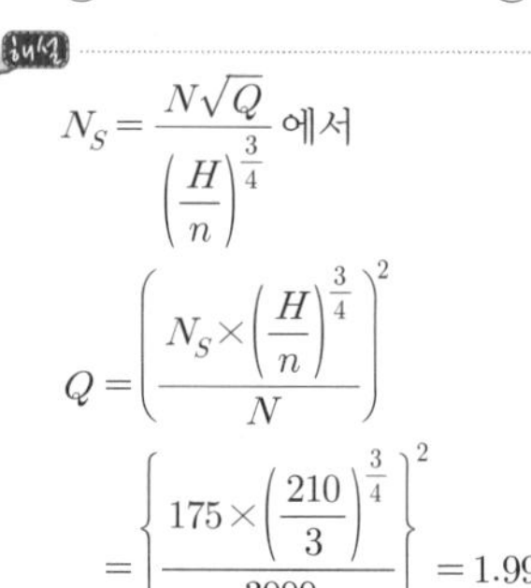

$$N_S = \frac{N\sqrt{Q}}{\left(\frac{H}{n}\right)^{\frac{3}{4}}} \text{ 에서}$$

$$Q = \left(\frac{N_S \times \left(\frac{H}{n}\right)^{\frac{3}{4}}}{N}\right)^2$$

$$= \left\{\frac{175 \times \left(\frac{210}{3}\right)^{\frac{3}{4}}}{3000}\right\}^2 = 1.99\text{m}^3/\text{min}$$

30 고압고무호스의 제품성능 항목이 아닌 것은?

① 내열성능 ② 내압성능
③ 호스부성능 ④ 내이탈성능

해설
일반용 고압고무호스의 제품성능(KGS AA531)
내압성능, 기밀성능, 내한성능, 내구성능, 내이탈성능, 호스부성능

31 이중각식 구형 저장탱크에 대한 설명으로 틀린 것은?

① 상온 또는 −30℃ 전후까지의 저온의 범위에 적합하다.
② 내구에는 저온 강재, 외구에는 보통 강판을 사용한다.
③ 액체산소, 액체질소, 액화메탄 등의 저장에 사용된다.
④ 단열성이 아주 우수하다.

해설
이중각식 구형 저장탱크는 $L-O_2$(−183℃), $L-Ar$(−186℃), $L-N_2$(−196℃) 등의 초저온에 견딜 수 있는 범위에 적합하다.

32 저온(T_2)으로부터 고온(T_1)으로 열을 보내는 냉동기의 성능계수 산정식은? 〔연소-16〕

① $\frac{T_2}{T_1}$ ② $\frac{T_2}{T_1 - T_2}$
③ $\frac{T_1}{T_1 - T_2}$ ④ $\frac{T_1 - T_2}{T_1}$

냉동기, 열펌프의 성적계수 및 열효율(연소 핵심 16) 참조

33 액화석유기스를 소규모 소비하는 시설에서 용기수량을 결정하는 조건으로 가장 거리가 먼 것은?

① 용기의 가스발생능력
② 조정기의 용량
③ 용기의 종류
④ 최대가스소비량

용기 수 = $\left(\frac{\text{피크 시 가스량(최대가스소비량)}}{\text{용기 1개당 가스발생량}}\right)$ 및 용기의 크기(질량)

34 LPG 용기 충전시설의 저장설비실에 설치하는 자연환기설비에서 외기에 면하여 설치된 환기구의 통풍가능 면적의 합계는 어떻게 하여야 하는가? 〔안전-123〕

① 바닥면적 $1m^2$마다 $100cm^2$의 비율로 계산한 면적 이상
② 바닥면적 $1m^2$마다 $300cm^2$의 비율로 계산한 면적 이상
③ 바닥면적 $1m^2$마다 $500cm^2$의 비율로 계산한 면적 이상
④ 바닥면적 $1m^2$마다 $600cm^2$의 비율로 계산한 면적 이상

LP가스 환기설비(안전 핵심 123) 참조

35 정압기를 사용 압력별로 분류한 것이 아닌 것은? 〔안전-104〕

① 단독사용자용 정압기
② 중압 정압기
③ 지역 정압기
④ 지구 정압기

정압기(안전 핵심 104) 참조
정압기 사용 압력별 분류 : 단독사용자용, 지구 · 지역 정압기 등

정답 29.② 30.① 31.① 32.② 33.② 34.② 35.②

36 액화사이클 중 비점이 점차 낮은 냉매를 사용하여 저비점의 기체를 액화하는 사이클은 어느 것인가? (설비-57)

① 린데 공기 액화사이클
② 가역가스 액화사이클
③ 캐스케이드 액화사이클
④ 필립스 공기 액화사이클

가스 액화사이클(설비 핵심 57) 참조

37 추의 무게가 5kg이며, 실린더의 지름이 4cm일 때 작용하는 게이지 압력은 약 몇 kg/cm^2인가?

① 0.3 ② 0.4
③ 0.5 ④ 0.6

$$P=\frac{W}{A}$$

$$=\frac{5\text{kg}}{\frac{\pi}{4}\times(4\text{cm})^2}=0.397=0.4\text{kg/cm}^2$$

38 시안화수소를 용기에 충전하는 경우 품질검사 시 합격 최저순도는?

① 98% ② 98.5%
③ 99% ④ 99.5%

39 용적형(왕복식) 펌프에 해당하지 않는 것은 어느 것인가? (설비-33)

① 플런저 펌프
② 다이어프램 펌프
③ 피스톤 펌프
④ 제트 펌프

펌프의 분류(설비 핵심 33) 참조

40 조정기의 주된 설치목적은? (설비-55)

① 가스의 유속 조절
② 가스의 발열량 조절
③ 가스의 유량 조절
④ 가스의 압력 조절

조정기(설비 핵심 55) 참조

제3과목 가스안전관리

41 고압가스 저장탱크를 지하에 묻는 경우 지면으로부터 저장탱크의 정상부까지의 깊이는 최소 얼마 이상으로 하여야 하는가? (안전-49)

① 20cm
② 40cm
③ 60cm
④ 1m

LPG 저장탱크 지하설치 기준(안전 핵심 49) 참조

42 동일 차량에 적재하여 운반이 가능한 것은 어느 것인가? (안전-34)

① 염소와 수소
② 염소와 아세틸렌
③ 염소와 암모니아
④ 암모니아와 LPG

고압가스 용기에 의한 운반기준(안전 핵심 34) 참조
'적재'부분

43 다음 중 고압가스 제조 시 압축하면 안 되는 경우는? (안전-25)

① 가연성 가스(아세틸렌, 에틸렌 및 수소를 제외) 중 산소 용량이 전 용량의 2% 일 때
② 산소 중의 가연성 가스(아세틸렌, 에틸렌 및 수소를 제외)의 용량이 전 용량의 2% 일 때
③ 아세틸렌, 에틸렌 또는 수소 중의 산소 용량이 전 용량의 3%일 때
④ 산소 중 아세틸렌, 에틸렌 및 수소의 용량 합계가 전 용량의 1%일 때

가스 혼합 시 압축하여서는 안 되는 경우(안전 핵심 25) 참조

정답 36.③ 37.② 38.① 39.④ 40.④ 41.③ 42.④ 43.③

44 액화석유가스의 특성에 대한 설명으로 옳지 않은 것은? (설비-56)

① 액체는 물보다 가볍고, 기체는 공기보다 무겁다.
② 액체의 온도에 의한 부피 변화가 작다.
③ LNG보다 발열량이 크다.
④ 연소 시 다량의 공기가 필요하다.

LP가스의 특성(설비 핵심 56) 참조

45 자기압력기록계로 최고사용압력이 중압인 도시가스배관에 기밀시험을 하고자 한다. 배관의 용적이 15m^{3}일 때 기밀유지시간은 몇 분 이상이어야 하는가? (안전-68)

① 24분
② 36분
③ 240분
④ 360분

가스배관 압력측정 기구별 기밀유지시간(안전 핵심 68) 참조
자기압력기록계의 저압 · 중압의 내용적 10m^3 이상 300m^3 미만
$24 \times V = 24 \times 15 = 360$분

46 차량에 고정된 탱크 운행 시 반드시 휴대하지 않아도 되는 서류는? (안전-47)

① 고압가스 이동계획서
② 탱크 내압시험 성적서
③ 차량등록증
④ 탱크용량 환산표

차량고정 탱크 내 휴대하여야 하는 안전운행 서류(안전 핵심 47) 참조

47 이동식 부탄연소기와 관련된 사고가 액화석유가스 사고의 약 10% 수준으로 발생하고 있다. 이를 예방하기 위한 방법으로 가장 부적당한 것은? (안전-70)

① 연소기에 접합용기를 정확히 장착한 후 사용한다.
② 과대한 조리기구를 사용하지 않는다.
③ 잔가스 사용을 위해 용기를 가열하지 않는다.
④ 사용한 접합용기는 파손되지 않도록 조치한 후 버린다.

에어졸 제조시설(안전 핵심 70) 참조
사용한 용기는 잔가스를 제거 후 버릴 것

48 액화석유가스 사용시설의 시설기준에 대한 안전사항으로 다음 ( ) 안에 들어갈 수치가 모두 바르게 나열된 것은? (안전-73)

> • 가스계량기와 전기계량기와의 거리는 (㉠) 이상, 전기점멸기와의 거리는 (㉡) 이상, 절연조치를 하지 아니한 전선과의 거리는 (㉢) 이상의 거리를 유지할 것
> • 주택에 설치된 저장설비는 그 설비 안의 것을 제외한 화기 취급장소와 (㉣) 이상의 거리를 유지하거나 누출된 가스가 유동되는 것을 방지하기 위한 시설을 설치할 것

① ㉠ 60cm, ㉡ 30cm, ㉢ 15cm, ㉣ 8m
② ㉠ 30cm, ㉡ 20cm, ㉢ 15cm, ㉣ 8m
③ ㉠ 60cm, ㉡ 30cm, ㉢ 15cm, ㉣ 2m
④ ㉠ 30cm, ㉡ 20cm, ㉢ 15cm, ㉣ 2m

가스계량기, 호스이음부, 배관이음부 유지거리(안전 핵심 73) 참조

49 독성가스 용기 운반 등의 기준으로 옳은 것은 어느 것인가? (안전-34)

① 밸브가 돌출한 운반용기는 이동식 프로텍터 또는 보호구를 설치한다.
② 충전용기를 차에 실을 때에는 넘어짐 등으로 인한 충격을 고려할 필요가 없다.
③ 기준 이상의 고압가스를 차량에 적재하여 운반할 경우 운반책임자가 동승하여야 한다.
④ 시 · 도지사가 지정한 장소에서 이륜차에 적재할 수 있는 충전용기는 충전량이 50kg 이하이고 적재 수는 2개 이하이다.

정답 44.② 45.④ 46.② 47.④ 48.③ 49.③

고압가스 용기에 의한 운반기준(안전 핵심 34) 참조
㉠ 밸브가 돌출한 용기는 밸브 손상방지 조치
㉡ 20kg 이하 2개를 초과하지 않을 경우 운반 가능

50 독성가스이면서 조연성 가스인 것은?

① 암모니아 ② 시안화수소
③ 황화수소 ④ 염소

① 암모니아(독성, 가연성)
② 시안화수소(독성, 가연성)
③ 황화수소(독성, 가연성)
④ 염소(독성, 조연성)

51 다음 각 용기의 기밀시험 압력으로 옳은 것은 어느 것인가? (안전-52)

① 초저온가스용 용기는 최고 충전압력의 1.1배의 압력
② 초저온가스용 용기는 최고 충전압력의 1.5배의 압력
③ 아세틸렌용 용접용기는 최고 충전압력의 1.1배의 압력
④ 아세틸렌용 용접용기는 최고 충전압력의 1.6배의 압력

T_P, F_P, A_P 상용압력, 안전밸브 작동압력(안전 핵심 52) 참조

52 LPG용 가스레인지를 사용하는 도중 불꽃이 치솟는 사고가 발생하였을 때 가장 직접적인 사고 원인은?

① 압력조정기 불량
② T관으로 가스 누출
③ 연소기의 연소 불량
④ 가스누출자동차단기 미작동

53 고압가스용 이음매 없는 용기에서 내용적 50L인 용기에 4MPa의 수압을 걸었더니 내용적이 50.8L가 되었고 압력을 제거하여 대기압으로 하였더니 내용적이 50.02L가 되었다면 이 용기의 영구증가율은 몇 %이며, 이 용기는 사용이 가능한지를 판단하면? (안전-18)

① 1.6%, 가능 ② 1.6%, 불가능
③ 2.5%, 가능 ④ 2.5%, 불가능

항구증가율(안전 핵심 18) 참조

$$\text{항구증가율} = \frac{\text{항구증가량}}{\text{전 증가량}} \times 100\%$$
$$= \frac{50.02 - 50}{50.8 - 50} \times 100$$
$$= 2.5\%$$

∴ 10% 이하이므로 합격(사용 가능)

54 산소와 함께 사용하는 액화석유가스 사용시설에서 압력조정기와 토치 사이에 설치하는 안전장치는? (안전-91)

① 역화방지기
② 안전밸브
③ 파열판
④ 조정기

역류방지밸브, 역화방지장치 설치기준(안전 91) 참조

55 아세틸렌을 2.5MPa의 압력으로 압축할 때 첨가하는 희석제가 아닌 것은? (설비-25)

① 질소 ② 에틸렌
③ 메탄 ④ 황화수소

C_2H_2의 폭발성(설비 핵심 25) 참조

56 LPG 충전기의 충전호스의 길이는 몇 m 이내로 하여야 하는가?

① 2m ② 3m
③ 5m ④ 8m

57 염소 누출에 대비하여 보유하여야 하는 제독제가 아닌 것은? (안전-44)

① 가성소다 수용액
② 탄산소다 수용액
③ 암모니아 수용액
④ 소석회

독성가스 제독제와 보유량(안전 핵심 44) 참조

정답 50.④ 51.① 52.① 53.③ 54.① 55.④ 56.③ 57.③

58 가스설비가 오조작되거나 정상적인 제조를 할 수 없는 경우 자동적으로 원재료를 차단하는 장치는?

① 인터록기구
② 원료제어밸브
③ 가스누출기구
④ 내부반응 감시기구

59 도시가스사업법에서 정한 가스 사용시설에 해당되지 않는 것은?

① 내관
② 본관
③ 연소기
④ 공동주택 외벽에 설치된 가스계량기

본관 : 공급자의 시설

60 도시가스 사용시설에서 입상관은 환기가 양호한 장소에 설치하며 입상관의 밸브는 바닥으로부터 몇 m 이내에 설치하는가?

① 1m 이상~1.3m 이내
② 1.3m 이상~1.5m 이내
③ 1.5m 이상~1.8m 이내
④ 1.6m 이상~2m 이내

제4과목 가스계측

61 다음 중 기본단위가 아닌 것은? [계측-37]

① 길이　② 광도
③ 물질량　④ 압력

기본단위(계측 핵심 37) 참조

62 기체 크로마토그래피를 이용하여 가스를 검출할 때 반드시 필요하지 않는 것은?

① Column
② Gas sampler
③ Carrier gas
④ UV detector

G/C(가스 크로마토그래피)의 3대 요소는 분리관(칼럼), 검출기, 기록계이며, 이외에 가스샘플러, 캐리어가스 등이다.

63 적분동작이 좋은 결과를 얻기 위한 조건이 아닌 것은?

① 불감시간이 적을 때
② 전달지연이 적을 때
③ 측정지연이 적을 때
④ 제어대상의 속응도(速應度)가 적을 때

64 보상도선의 색깔이 갈색이며 매우 낮은 온도를 측정하기에 적당한 열전대 온도계는 어느 것인가? [계측-9]

① PR 열전대　② IC 열전대
③ CC 열전대　④ CA 열전대

열전대 온도계(계측 핵심 9) 참조

65 측정기의 감도에 대한 일반적인 설명으로 옳은 것은?

① 감도가 좋으면 측정시간이 짧아진다.
② 감도가 좋으면 측정범위가 넓어진다.
③ 감도가 좋으면 아주 작은 양의 변화를 측정할 수 있다.
④ 측정량의 변화를 지시량의 변화로 나누어 준 값이다.

감도
㉠ 감도가 좋으면 측정시간이 길어지고 측정범위가 좁아진다.
㉡ $\frac{\text{지시량의 변화}}{\text{측정량의 변화}}$

66 가스누출 확인 시험지와 검지가스가 옳게 연결된 것은? [계측-15]

① KI 전분지 – CO
② 연당지 – 할로겐가스
③ 염화파라듐지 – HCN
④ 리트머스시험지 – 알칼리성 가스

정답 58.① 59.② 60.④ 61.④ 62.④ 63.④ 64.③ 65.③ 66.④

해설

독성가스 누설검지 시험지와 변색상태(계측 15) 참조
NH_3(알칼리성 가스) : 적색 리트머스시험지(청변)

67 시료가스를 각각 특정한 흡수액에 흡수시켜 흡수 전후의 가스 체적을 측정하여 가스의 성분을 분석하는 방법이 아닌 것은? (계측-1)

① 적정(滴定)법
② 게겔(Gockel)법
③ 헴펠(Hempel)법
④ 오르자트(Orsat)법

해설

흡수분석법(계측 핵심 1) 참조

68 가연성 가스 누출검지기에는 반도체 재료가 널리 사용되고 있다. 이 반도체 재료로 가장 적당한 것은?

① 산화니켈(NiO)
② 산화주석(SnO_2)
③ 이산화망간(MnO_2)
④ 산화알루미늄(Al_2O_3)

69 접촉식 온도계 중 알코올 온도계의 특징에 대한 설명으로 옳은 것은?

① 열전도율이 좋다.
② 열팽창계수가 적다.
③ 저온 측정에 적합하다.
④ 액주의 복원시간이 짧다.

해설

알코올 온도계
㉠ −100~100℃까지 측정
㉡ 저온 측정에 적합

70 계량이 정확하고 사용 중 기차의 변동이 거의 없는 특징의 가스미터는? (계측-8)

① 벤투리미터
② 오리피스미터
③ 습식 가스미터
④ 로터리피스톤식 미터

해설

막식, 습식, 루트식 가스미터의 장·단점(계측 핵심 8) 참조

71 전기저항식 습도계의 특징에 대한 설명으로 틀린 것은?

① 자동제어에 이용된다.
② 연속기록 및 원격측정이 용이하다.
③ 습도에 의한 전기저항의 변화가 적다.
④ 저온도의 측정이 가능하고, 응답이 빠르다.

해설

전기저항식 습도계 : 습도에 의한 전기저항의 변화가 크다.

72 FID 검출기를 사용하는 기체 크로마토그래피는 검출기의 온도가 100℃ 이상에서 작동되어야 한다. 주된 이유로 옳은 것은?

① 가스 소비량을 적게 하기 위하여
② 가스의 폭발을 방지하기 위하여
③ 100℃ 이하에서는 점화가 불가능하기 때문에
④ 연소 시 발생하는 수분의 응축을 방지하기 위하여

73 가스 시험지법 중 염화제일구리 착염지로 검지하는 가스 및 반응색으로 옳은 것은 어느 것인가?

① 아세틸렌 – 적색
② 아세틸렌 – 흑색
③ 할로겐화물 – 적색
④ 할로겐화물 – 청색

해설

독성가스 누설검지 시험지와 변색상태(계측 핵심 15) 참조

74 탄성식 압력계에 속하지 않는 것은 어느 것인가? (계측-33)

① 박막식 압력계
② U자관형 압력계
③ 부르동관식 압력계
④ 벨로즈식 압력계

압력계의 구분(계측 핵심 33) 참조

정답 67.① 68.② 69.③ 70.③ 71.③ 72.④ 73.① 74.②

75 도시가스 사용압력이 2.0kPa인 배관에 설치된 막식 가스미터의 기밀시험 압력은?

① 2.0kPa 이상　② 4.4kPa 이상
③ 6.4kPa 이상　④ 8.4kPa 이상

76 가스계량기의 검정 유효기간은 몇 년인가? (단, 최대유량 $10m^3/h$ 이하이다.) [계측-7]

① 1년　② 2년
③ 3년　④ 5년

가스계량기 검정 유효기간(계측 핵심 7) 참조

77 습한 공기 200kg 중에 수증기가 25kg 포함되어 있을 때의 절대습도는?

① 0.106　② 0.125
③ 0.143　④ 0.171

절대습도 : 건조공기 1kg 중에 포함된 수증기량

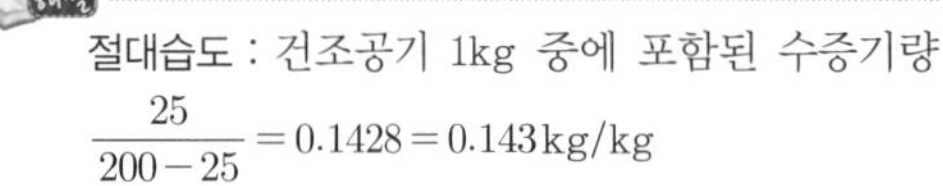

$\frac{25}{200-25} = 0.1428 = 0.143\text{kg/kg}$

78 계측기의 원리에 대한 설명으로 가장 거리가 먼 것은?

① 기전력의 차이로 온도를 측정한다.
② 액주높이로부터 압력을 측정한다.
③ 초음파속도 변화로 유량을 측정한다.
④ 정전용량을 이용하여 유속을 측정한다.

정전용량 : 액면계

79 전기저항식 온도계에 대한 설명으로 틀린 것은? [계측-22]

① 열전대 온도계에 비하여 높은 온도를 측정하는 데 적합하다.
② 저항선의 재료는 온도에 의한 전기저항의 변화(저항온도계수)가 커야 한다.
③ 저항 금속재료는 주로 백금, 니켈, 구리가 사용된다.
④ 일반적으로 금속은 온도가 상승하면 전기저항값이 올라가는 원리를 이용한 것이다.

전기저항 온도계(계측 핵심 22) 참조
열전대 온도계에 비하여 낮은 온도 측정

80 평균유속이 5m/s인 배관 내에 물의 질량유속이 15kg/s가 되기 위해서는 관의 지름을 약 몇 mm로 해야 하는가?

① 42　② 52
③ 62　④ 72

$G = \gamma \cdot A \cdot V = \gamma \cdot \frac{\pi}{4} d^2 \cdot V$

$\therefore d = \sqrt{\frac{4G}{\gamma \cdot \pi \cdot V}} = \sqrt{\frac{4 \times 15}{1000 \times \pi \times 5}}$

$= 0.0618\text{m}$

$= 61.8\text{mm} \fallingdotseq 62\text{mm}$

정답　75.④　76.④　77.③　78.④　79.①　80.③

CBT 기출복원문제

2020년 산업기사 제4회 필기시험 (2020년 9월 19일 시행)

01 가스산업기사	수험번호 : 수험자명 :	※ 제한시간 : 120분 ※ 남은시간 :
글자 크기 100% 150% 200% 화면 배치	전체 문제 수 : 안 푼 문제 수 :	답안 표기란 ① ② ③ ④

제1과목 연소공학

01 가스의 폭발범위에 영향을 주는 요인이 아닌 것은? (연소-34)

① 온도 ② 조성
③ 압력 ④ 비중

02 공기 중에서 연소하한값이 가장 낮은 가스는? (안전-106)

① 수소
② 부탄
③ 아세틸렌
④ 에틸렌

연소범위 : 수소(4~75%), 부탄(1.8~8.4%), 아세틸렌(2.5~81%), 에틸렌(2.7~36%)

03 액체 프로판(C_3H_8) 10kg이 들어있는 용기에 가스미터가 설치되어 있다. 프로판가스가 전부 소비되었다고 하면 가스미터에서의 계량값은 약 몇 m^3로 나타나 있겠는가? (단, 가스미터에서의 온도와 압력은 각각 $T=15℃$와 $P_1=200mmH_2O$이고, 대기압은 0.101MPa이다.)

① 5.3
② 5.7
③ 6.1
④ 6.5

C_3H_8 10kg 대기압(0.10MPa) 15℃

$V=\frac{GRT}{P}$에서

$=\frac{10kg\times\frac{8.314}{44}kN\cdot m/kg\cdot K\times(273+15)K}{0.101\times10^3 kN/m^3}$

$=5.3m^3$

04 다음 중 불활성화에 대한 설명으로 틀린 것은? (연소-19)

① 가연성 혼합가스에 불활성 가스를 주입하여 산소의 농도를 최소산소농도 이하로 낮게 하는 공정이다.
② 인너트가스로는 질소, 이산화탄소 또는 수증기가 사용된다.
③ 인너팅은 산소농도를 안전한 농도로 낮추기 위하여 인너트가스를 용기에 처음 주입하면서 시작한다.
④ 일반적으로 실시되는 산소농도의 제어점은 최소산소농도보다 10% 낮은 농도이다.

05 다음 중 열역학 제1법칙을 바르게 설명한 것은? (설비-40)

① 제2종 영구기관의 존재가능성을 부인하는 법칙이다.
② 열은 다른 물체에 아무런 변화도 주지 않고 저온물체에서 고온물체로 이동하지 않는다.
③ 열평형에 관한 법칙이다.
④ 에너지 보존 법칙 중 열과 일의 관계를 설명한 것이다.

정답 01.④ 02.② 03.① 04.④ 05.④

06 층류 예혼합화염의 연소 특성을 결정하는 요소로서 가장 거리가 먼 것은?

① 연료와 산화제의 혼합비
② 압력 및 온도
③ 연소실 용적
④ 혼합기의 물리·화학적 특성

해설
층류 예혼합화염의 연소 특성의 결점요소
㉠ 연료와 산화제의 혼합비
㉡ 압력-온도
㉢ 혼합기의 물리적·화학적 성질

07 중유의 저위발열량이 1000kcal/kg의 연료 1kg를 연소시킨 결과 연소열은 5500kcal/kg이었다. 연소효율은 얼마인가?

① 45%　② 55%
③ 65%　④ 75%

해설
$\eta = \frac{5500}{10000} \times 100 = 55\%$

$\therefore$ 연소효율$(\eta) = \frac{\text{저위발열량}}{\text{연소열}} \times 100$

08 다음은 가스의 화재 중 어떤 화재에 해당하는가?

- 고압의 LPG가 누출 시 주위의 점화원에 의하여 점화되어 불기둥을 이루는 것을 말한다.
- 누출압력으로 인하여 화염이 굉장한 운동량을 가지고 있으며, 화재의 직경이 작다.

① 제트 화재(jet fire)
② 풀 화재(pool fire)
③ 플래시 화재(flash fire)
④ 인퓨전 화재(infusion fire)

해설
㉠ 풀 화재 : 석유저장소 등의 원통형 탱크에서 탱크 내부 위험물 액면 전체의 화재
㉡ 플래시 화재 : 누출된 LPG가 순식간에 기화 시 기화된 증기가 점화원에 의해 발생된 화재
㉢ 제트 화재 : 고압의 LPG가 누출 시 점화원에 의해 불기둥을 이루는 화재이며, 주로 복사열에 의해 일어난다.

09 BLEVE 현상이 일어나는 경우는? (연소-9)

① 비점 이상에서 저장되어 있는 휘발성이 강한 액체가 누출되었을 때
② 비점 이상에서 저장되어 있는 휘발성이 약한 액체가 누출되었을 때
③ 비점 이하에서 저장되어 있는 휘발성이 강한 액체가 누출되었을 때
④ 비점 이하에서 저장되어 있는 휘발성이 약한 액체가 누출되었을 때

10 메탄올 96g과 아세톤 116g을 함께 진공상태의 용기에 넣고 기화시켜 25℃의 혼합기체를 만들었다. 이때 전압력을 약 몇 mmHg인가? (단, 25℃에서 순수한 메탄올과 아세톤의 증기압 및 분자량은 각각 96.5mmHg, 56mmHg 및 32, 58이다.)

① 76.3　② 80.3
③ 52.5　④ 70.5

해설
$P = P_A X_A + P_B X_B$ [$P_A \cdot P_B$: $A \cdot B$의 증기압, $X_A \cdot X_B$: $A \cdot B$의 몰분율]

$\therefore P = 96.5 \times \frac{\frac{96}{32}}{\frac{96}{32} + \frac{116}{58}} + 56 \times \frac{\frac{116}{58}}{\frac{96}{32} + \frac{116}{58}}$

$= 80.3\text{mmHg}$

11 다음 중 조연성 가스에 해당하지 않는 것은?

① 공기
② 염소
③ 탄산가스
④ 산소

해설
CO2 : 불연성, 액화가스

12 폭굉이 발생하는 경우 파면의 압력은 정상연소에서 발생하는 것보다 일반적으로 얼마나 큰가?

① 2배　② 6배
③ 8배　④ 10배

정답 06.③ 07.② 08.① 09.① 10.② 11.③ 12.①

13 과열증기의 온도가 350℃일 때 과열도는? (단, 이 증기의 포화온도는 573K이다.)

① 23K ② 30K
③ 40K ④ 50K

과열도＝과열증기온도－포화온도
＝(273＋350)－573＝50K

14 온도 30℃, 압력 740mmHg인 어떤 기체 342mL를 표준상태(0℃, 1기압)로 하면 약 몇 mL가 되겠는가?

① 300
② 315
③ 350
④ 390

$$V_2 = \frac{P_1 V_1 T_2}{T_1 P_2} = \frac{740 \times 342 \times 273}{303 \times 760} = 300\text{mL}$$

15 화재는 연소반응이 계속하여 진행하는 것으로 이 경우에 반응열이 주위의 가연물에 전해지는데, 이 때 흡열량이 큰 물질을 가함으로서 화염 중의 반응열을 제거시켜 연소반응을 완만하게 하면서 정지시키는 소화방법은? (연소-17)

① 냉각소화
② 희석소화
③ 화염의 불안정화에 의한 소화
④ 연소억제에 의한 소화

16 실제가스가 이상기체 상태방정식을 만족하기 위한 조건으로 옳은 것은? (연소-3)

① 압력이 낮고, 온도가 높을 때
② 압력이 높고, 온도가 낮을 때
③ 압력과 온도가 낮을 때
④ 압력과 온도가 높을 때

17 용기의 한 개구부로부터 퍼지가스를 가하고 다른 개구부로부터 대기 또는 스크러버로 혼합가스를 용기에서 축출시키는 공정은? (연소-19)

① 압력퍼지 ② 스위프퍼지
③ 사이폰퍼지 ④ 진공퍼지

18 다음 중 자기연소를 하는 물질로만 나열된 것은?

① 경유, 프로판
② 질화면, 셀룰로이드
③ 황산, 나프탈렌
④ 석탄, 플라스틱(FRP)

제5류 위험물에 속하는 자기반응성 물질(자기연소성 물질, 내부연소성 물질)은 자신이 산소를 함유하고 있어 공기를 차단하여도 연소가 가능한 물질이다. 대표적인 것으로 질화면, 셀룰로이드, 니트로글리세린, 니트로셀룰로오스, TNT 등이 있다.

19 다음 중 소화의 원리에 대한 설명으로 틀린 것은? (연소-17)

① 가연성 가스나 가연성 증기의 공급을 차단시킨다.
② 연소 중에 있는 물질에 물이나 냉각제를 뿌려 온도를 낮춘다.
③ 연소 중에 있는 물질에 공기를 많이 공급하여 혼합기체의 농도를 높게 한다.
④ 연소 중에 있는 물질의 표면에 불활성 가스를 덮어 씌워 가연성 물질과 공기의 접촉을 차단시킨다.

20 가연성 물질을 공기로 연소시키는 경우에 공기 중의 산소농도를 높게 하면 연소속도와 발화온도는 어떻게 되는가? (연소-35)

① 연소속도는 느리게 되고, 발화온도는 높아진다.
② 연소속도는 빠르게 되고, 발화온도도 높아진다.
③ 연소속도는 빠르게 되고, 발화온도는 낮아진다.
④ 연소속도는 느리게 되고, 발화온도는 낮아진다.

정답 13.④ 14.① 15.① 16.① 17.② 18.② 19.③ 20.③

제2과목 가스설비

21 펌프용 윤활유의 구비조건으로 틀린 것은 어느 것인가? (설비-32)

① 인화점이 낮을 것
② 분해 및 탄화가 안 될 것
③ 온도에 따른 점성의 변화가 없을 것
④ 사용하는 유체와 화학반응을 일으키지 않을 것

펌프용 윤활유는 ②, ③, ④항 외에도 점도가 적당하고, 항유화성이 커야 한다.

22 펌프에서 일어나는 현상으로 유수 중에 그 수온의 증기압보다 낮은 부분이 생기면 물이 증발을 일으키고 기포를 발생하는 현상을 무엇이라고 하는가? (설비-17)

① 베이퍼록 현상　② 수격 현상
③ 서징 현상　④ 공동 현상

23 용량이 50kg/h인 LPG용 2단 감압식 1차용 조정기의 입구압력(MPa)의 범위는 얼마인가? (안전-17)

① 0.07~1.56
② 0.1~1.56
③ 0.3~1.56
④ 조정압력 이상~1.56

해설

종 류	입구압력(MPa)	조정압력(kPa)
2단 감압식 1차용 조정기 (100kg/h 이하)	0.1~1.56	57.0~83.0
2단 감압식 1차용 조정기 (100kg/h 초과)	0.3~1.56	57.0~83.0

24 LP가스 집합공급설비의 배관설계 시 기본사항에 해당되지 않는 것은?

① 사용목적에 적합한 기능을 가질 것
② 사용상 안전할 것
③ 고장이 적고, 내구성이 있을 것
④ 가스 사용자의 선택에 따를 것

25 가스의 비중에 대한 설명으로 가장 옳은 것은?

① 비중의 크기는 kg/cm^2로 표시한다.
② 비중을 정하는 기준 물질로 공기가 이용된다.
③ 가스의 부력은 비중에 의해 정해지지 않는다.
④ 비중은 기구의 염구(炎口)의 형에 의해 변화한다.

26 액화석유가스 공급시설에 사용되는 기화기(Vaporizer) 설치의 장점으로 가장 거리가 먼 것은? (설비-24)

① 가스 조성이 일정하다.
② 공급압력이 일정하다.
③ 연속공급이 가능하다.
④ 한냉 시에도 공급이 가능하다.

기화기 설치 시 기화량을 가감할 수 있으며, 설치면적이 적어진다.

27 왕복형 압축기의 장점에 관한 설명으로 옳지 않은 것은? (설비-35)

① 쉽게 고압을 얻을 수 있다.
② 압축효율이 높다.
③ 용량조절의 범위가 넓다.
④ 고속회전하므로 형태가 작고, 설치면적이 적다.

28 금속 재료에서 어느 온도 이상에서 일정 하중이 작용할 때 시간의 경과와 더불어 그 변형이 증가하는 현상을 무엇이라고 하는가?

① 크리프　② 시효경화
③ 응력부식　④ 저온취성

㉠ 시효경화 : 재료가 시간이 경과됨에 따라 경화되는 현상으로 두랄루민 등에서 현저하다.
㉡ 응력부식 : 인장응력 하에서 부식 환경이 되면 금속의 연성재료에 나타나지 않는 취성파괴가 일어나는 현상이며, 특히 연강으로 제조한 가성소다 저장탱크에서 발생하기 쉬운 현상이다.
㉢ 저온취성 : 강재의 온도가 낮아짐에 따라 저항이 눈에 띄게 증가하여 소성변형을 일으키는 성질이 없어지게 되는 현상을 말한다.

정답 21.① 22.④ 23.② 24.④ 25.② 26.② 27.④ 28.①

29 도시가스용 가스 냉 · 난방기에는 운전상태를 감시하기 위하여 재생기에 무엇을 설치하여야 하는가?

① 과압방지장치
② 인터록
③ 온도계
④ 냉각수흐름 스위치

30 최종 토출압력이 60kg/cm² · g인 4단 공기 압축기의 압축비는 얼마인가? (단, 흡입압력은 1kg/cm² · g이다.) (설비-41)

① 2　② 3
③ 4　④ 5

$$a=\sqrt[4]{\frac{P_2}{P_1}}=\sqrt[4]{\frac{81}{1}}=3$$

31 전기방식 중 희생양극법의 특징으로 틀린 것은? (안전-38)

① 간편하다.
② 양극의 소모가 거의 없다.
③ 과방식의 염려가 없다.
④ 다른 매설금속에 대한 간섭이 거의 없다.

32 내경 100mm, 길이 400m인 주철관의 유속 2m/s로 물이 흐를 때의 마찰손실수두는 약 몇 m인가? (단, 마찰계수(λ)는 0.04이다.)

① 32.7　② 34.5
③ 40.2　④ 45.3

$$h_l=\lambda\frac{l}{d}\cdot\frac{V^2}{2g}=0.04\times\frac{400}{0.1}\times\frac{2^2}{2\times9.8}$$
$$=32.65=32.7\text{m}$$

33 압축기의 압축비에 대한 설명으로 옳은 것은? (설비-41)

① 압축비는 고압측 압력계의 압력을 저압측 압력계의 압력으로 나눈 값이다.
② 압축비가 적을수록 체적효율은 낮아진다.
③ 흡입압력, 흡입온도가 같으면 압축비가 크게 될 때 토출가스의 온도가 높게 된다.
④ 압축비는 토출가스의 온도에는 영향을 주지 않는다.

34 카르노사이클 기관이 27℃와 −33℃ 사이에서 작동될 때 이 냉동기의 열효율은? (연소-16)

① 0.2　② 0.25
③ 4　④ 5

$$\eta=\frac{T_1-T_2}{T_1}=\frac{(273+27)-(273-33)}{273+27}=0.2$$

35 일반소비기기용, 지구정압기로 널리 사용되며 구조와 기능이 우수하고 정특성이 좋지만 안전성이 부족하고 크기가 다른 것에 비하여 대형인 정압기는? (설비-6)

① 피셔식
② AFV식
③ 레이놀드식
④ 서비스식

36 고압배관에서 진동이 발생하는 원인으로 가장 거리가 먼 것은? (설비-50)

① 펌프 및 압축기의 진동
② 안전밸브의 작동
③ 부품의 무게에 의한 진동
④ 유체의 압력변화

①, ②, ④항 외에도 바람과 지진에 의해 진동이 발생한다.

37 LPG 저장탱크를 지하에 묻을 경우 저장탱크실 상부 윗면으로부터 저장탱크 상부까지의 깊이는 몇 cm 이상으로 하여야 하는가? (안전-49)

① 10cm
② 30cm
③ 50cm
④ 60cm

정답 29.③ 30.② 31.② 32.① 33.③ 34.① 35.③ 36.③ 37.④

38 고압가스 설비에 설치하는 압력계의 최고 눈금은?

① 상용압력의 2배 이상 3배 이하
② 상용압력의 1.5배 이상 2배 이하
③ 내압시험 압력의 1배 이상 2배 이하
④ 내압시험 압력의 1.5배 이상 2배 이하

39 조정압력이 3.3kPa 이하이고 노즐지름이 3.2mm 이하인 일반용 LP가스 압력조정기의 안전장치 분출용량은 몇 L/h 이상이어야 하는가? (안전-94)

① 100 ② 140
③ 200 ④ 240

40 가스 분출 시 정전기가 가장 발생하기 쉬운 경우는?

① 다성분의 혼합가스인 경우
② 가스 중에 액체나 고체의 미립자가 섞여 있는 경우
③ 가스의 분자량이 적은 경우
④ 가스가 건조해 있을 경우

제3과목 가스안전관리

41 고압가스 저장설비의 내부수리를 위하여 미리 취하여야 할 조치의 순서로 올바른 것은?

> ㉠ 작업계획을 수립한다.
> ㉡ 산소농도를 측정한다.
> ㉢ 공기로 치환한다.
> ㉣ 불연성 가스로 치환한다.

① ㉠ → ㉡ → ㉢ → ㉣
② ㉠ → ㉢ → ㉡ → ㉣
③ ㉠ → ㉣ → ㉡ → ㉢
④ ㉠ → ㉣ → ㉢ → ㉡

42 고압가스 안전관리법상 가스저장탱크 설치 시 내진설계를 하여야 하는 저장탱크로 옳은 것은? (단, 비가연성 및 비독성인 경우는 제외한다.) (안전-107)

① 저장능력이 5톤 이상 또는 500m^3 이상인 저장탱크
② 저장능력이 3톤 이상 또는 300m^3 이상인 저장탱크
③ 저장능력이 2톤 이상 또는 200m^3 이상인 저장탱크
④ 저장능력이 1톤 이상 또는 100m^3 이상인 저장탱크

43 다음 액화가스 저장탱크 중 방류둑을 설치하여야 하는 것은? (안전-53)

① 저장능력이 5톤인 염소저장탱크
② 저장능력이 8백톤인 산소저장탱크
③ 저장능력이 5백톤인 수소저장탱크
④ 저장능력이 9백톤인 프로판저장탱크

44 고압가스 저장시설에서 가스누출사고가 발생하여 공기와 혼합하여 가연성, 독성 가스로 되었다면 누출된 가스는?

① 질소 ② 수소
③ 암모니아 ④ 이산화황

45 액화석유가스용 용기 잔류가스 회수장치의 성능 중 기밀성능의 기준은?

① 1.56MPa 이상의 공기 등 불활성 기체로 5분간 유지하였을 때 누출 등 이상이 없어야 한다.
② 1.56MPa 이상의 공기 등 불활성 기체로 10분간 유지하였을 때 누출 등 이상이 없어야 한다.
③ 1.86MPa 이상의 공기 등 불활성 기체로 5분간 유지하였을 때 누출 등 이상이 없어야 한다.
④ 1.86MPa 이상의 공기 등 불활성 기체로 10분간 유지하였을 때 누출 등 이상이 없어야 한다.

해설

잔류가스 회수장치 : 내압성능 3.1MPa, 5분간, 기밀성능, 1.86MPa 이상 10분간 유지

정답 38.② 39.② 40.② 41.④ 42.① 43.① 44.③ 45.④

46 독성 가스의 식별조치에 대한 설명 중 틀린 것은? (단, 예 : 독성 가스 (OO)제조시설, 독성 가스 (OO)저장소) [안전-95]

① (○○)에는 가스 명칭을 노란색으로 기재한다.
② 문자의 크기는 가로, 세로 10cm 이상으로 하고 30m 이상의 거리에서 식별 가능하도록 한다.
③ 경계표지와는 별도로 게시한다.
④ 식별표지에는 다른 법령에 따른 지시사항 등을 병기할 수 있다.

47 일반 용기의 도색 표시가 잘못 연결된 것은 어느 것인가? [안전-59]

① 액화염소 : 갈색
② 아세틸렌 : 황색
③ 수소 : 자색
④ 액화암모니아 : 백색

48 고압가스 안전성 평가기준에서 정한 위험성 평가기법 중 정성적 평가에 해당되는 것은? [연소-12]

① Check List 기법
② HEA 기법
③ FTA 기법
④ CCA 기법

49 다음 폭발범위에 대한 설명 중 옳은 것만으로 나열된 것은?

> ㉠ 일반적으로 온도가 높으면 폭발범위는 넓어진다.
> ㉡ 가연성 가스의 공기혼합가스에 질소를 혼합하면 폭발범위는 넓어진다.
> ㉢ 일산화탄소와 공기혼합가스의 폭발범위는 압력이 증가하면 넓어진다.

① ㉠
② ㉢
③ ㉡, ㉢
④ ㉠, ㉡, ㉢

50 냉동기를 제조하고자 하는 자가 갖추어야 할 제조설비가 아닌 것은?

① 프레스설비 ② 조립설비
③ 용접설비 ④ 도막측정기

냉동기 제조자가 갖추어야 할 제조설비(KGS AA III)
㉠ 프레스 설비
㉡ 제관설비
㉢ 압력용기의 성형설비 · 세척설비 · 열처리로
㉣ 구멍가공기, 외경절삭기, 내경절삭기, 나사전용 가공기, 공작기계설비
㉤ 전처리설비, 부식도장설비
㉥ 건조설비, 용접설비, 조립설비

51 액화석유가스의 안전관리 및 사업법에 의한 액화석유가스의 주성분에 해당되지 않는 것은?

① 액화된 프로판
② 액화된 부탄
③ 기화된 프로판
④ 기화된 메탄

52 가연성 가스의 저장능력이 15000m^{3}일 때 제1종 보호시설과의 안전거리 기준은 몇 m인가? [안전-9]

① 17m ② 21m
③ 24m ④ 27m

53 특정설비에는 설계온도를 표기하여야 한다. 이 때 사용되는 설계온도의 기호는?

① HT ② DT
③ DP ④ TP

54 고압가스 제조자가 가스용기 수리를 할 수 있는 범위가 아닌 것은? [안전-75]

① 용기 부속품의 부품 교체 및 가공
② 특정설비의 부품 교체
③ 냉동기의 부품 교체
④ 용기밸브의 적합한 규격 부품으로 교체

정답 46.① 47.③ 48.① 49.① 50.④ 51.④ 52.② 53.② 54.①

55 가연성 가스용 충전용기 보관실에 등화용으로 휴대할 수 있는 것은?

① 가스라이터
② 방폭형 휴대용손전등
③ 촛불
④ 카바이드등

56 고압가스 특정제조시설 내의 특정가스 사용시설에 대한 내압시험 실시기준으로 옳은 것은?

① 상용압력의 1.25배 이상의 압력으로 유지시간은 5~20분으로 한다.
② 상용압력의 1.25배 이상의 압력으로 유지시간은 60분으로 한다.
③ 상용압력의 1.5배 이상의 압력으로 유지시간은 5~20분으로 한다.
④ 상용압력의 1.5배 이상의 압력으로 유지시간은 60분으로 한다.

57 도시가스 품질검사의 방법 및 절차에 대한 설명으로 틀린 것은?

① 검사방법은 한국산업표준에서 정한 시험방법에 따른다.
② 품질검사기관으로부터 불합격 판정을 통보받은 자는 보관 중인 도시가스에 대하여 폐기조치를 한다.
③ 일반도시가스 사업자가 도시가스 제조사업소에서 제조한 도시가스에 대해서 월 1회 이상 품질검사를 실시한다.
④ 도시가스 충전사업자가 도시가스 충전사업소의 도시가스에 대해서 분기별 1회 이상 품질검사를 실시한다.

해설
품질검사기관으로부터 불합격 판정을 통보받은 자는 보관 중인 도시가스에 대하여 품질보정 등의 조치를 강구하여야 한다.

58 도시가스 사용시설에 설치하는 중간밸브에 대한 설명으로 틀린 것은?

① 가스사용시설에는 연소기 각각에 대하여 퓨즈콕 등을 설치한다.
② 2개 이상의 실로 분기되는 경우에는 각 실의 주배관마다 배관용 밸브를 설치한다.
③ 중간밸브 및 퓨즈콕 등은 당해 가스 사용시설의 사용압력 및 유량이 적합한 것으로 한다.
④ 배관이 분기되는 경우에는 각각의 배관에 대하여 배관용 밸브를 설치한다.

① 가스사용시설에는 연소 각각에 대해 퓨즈콕 등을 설치한다. 단, 연소기가 배관(가스용 금속 플렉시블 호스 포함)에 연결된 경우 또는 가스소비량이 19400kcal/h를 초과하거나 사용 압력이 3.3kPa를 초과하는 연소기가 연결된 배관(가스용 금속플렉시블 호스 포함)에는 배관용 밸브를 설치할 수 있다.(KGS Fu 551)
② 배관이 분기되는 경우에는 주배관에 배관용 밸브를 설치한다.
③ 2개 이상의 실로 분기되는 경우에는 각 실의 주배관마다 배관용마다 배관용 밸브를 설치한다.

59 고압가스의 분출 또는 누출의 원인이 아닌 것은?

① 과잉 충전
② 안전밸브의 작동
③ 용기에서 용기밸브의 이탈
④ 용기에 부속된 압력계의 파열

60 가스 냉·난방기에 설치하는 안전장치가 아닌 것은?

① 가스압력 스위치
② 공기압력 스위치
③ 고온재생기 과열방지장치
④ 급수조절장치

가스 냉·난방기에 설치하는 장치(KGS AB 134)
㉠ 정전안전장치
㉡ 역풍안전장치
㉢ 소화안전장치
㉣ 운전감시장치
㉤ 경보장치(가스압력 스위치, 공기압력 스위치, 고온재생기 과열방지장치, 고온재생기 과압방지장치, 동결방지장치, 냉각수흐름 스위치 또는 인터록)

정답 55.② 56.③ 57.② 58.④ 59.① 60.④

참고 가스난방기에서 설치하는 안전장치(KGS AB 1231)
정전안전장치, 역풍방지장치, 소화안전장치, 기타(전도안전장치, 과대풍압 안전장치, 과열방지 안전장치, 저온차단장치)

제4과목 가스계측기기

61 차압식 유량계로 차압을 취출하는 방법 중 다음 그림과 같은 구조인 것은? 〔계측-19〕

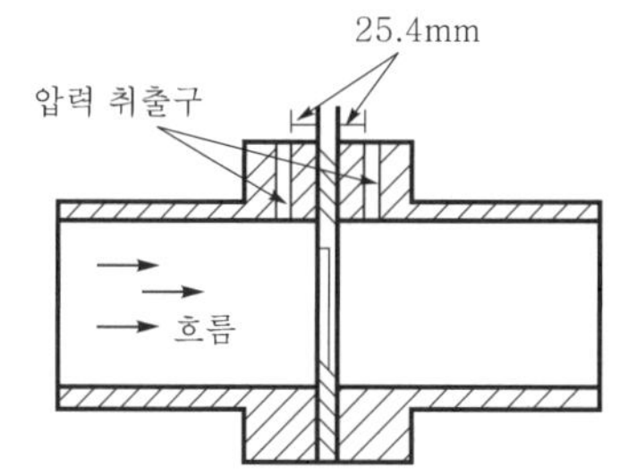

① 코너탭
② 축류탭
③ $D \cdot \frac{D}{2}$탭
④ 플랜지탭

62 목표차가 미리 정해진 시간적 순서에 따라 변할 경우의 추치제어방법의 하나로서 가스 크로마토그래피의 온도제어 등에 사용되는 제어방법은? 〔계측-12〕

① 정격치제어
② 비율제어
③ 추종제어
④ 프로그램제어

63 액면 상에 부자(浮子)의 변위를 여러 가지 기구에 의해 지침이 변동되는 것을 이용하여 액면을 측정하는 방식은?

① 플로트식 액면계
② 차압식 액면계
③ 정전용량식 액면계
④ 퍼지식 액면계

64 가스 누출 시 사용하는 시험지의 변색 현상이 옳게 연결된 것은? 〔계측-15〕

① C_2H_2 : 염화제일동 착염지 → 적색
② H_2S : 전분지 → 청색
③ CO : 염화파라듐지 → 적색
④ HCN : 하리슨씨 시약 → 황색

65 분별연소법 중 파라듐관 연소분석법에서 촉매로 사용되지 않는 것은? 〔계측-17〕

① 구리
② 파라듐흑연
④ 백금
④ 실리카겔

66 다음 가스분석법 중 흡수분석법에 속하는 것은? 〔계측-1〕

① 폭발법
② 적정법
③ 흡광광도법
④ 게겔법

67 감도에 대한 설명으로 옳지 않은 것은?

① 측정량의 변화에 민감한 정도를 나타낸다.
② 지시량 변화/측정량 변화로 나타낸다.
③ 감도의 표시는 지시계의 감도와 눈금나비로 표시한다.
④ 감도가 좋으면 측정시간은 짧아지고, 측정범위는 좁아진다.

해설
감도가 좋으면 측정시간은 길어지고, 측정범위는 좁아진다.

68 가스미터의 종류 중 실측식에 해당되지 않는 것은? 〔계측-6〕

① 터빈식
② 건식
③ 습식
④ 회전자식

정답 61.④ 62.④ 63.① 64.① 65.① 66.④ 67.④ 68.①

69 액주식 압력계에 사용되는 액주의 구비조건으로 옳지 않은 것은? (계측-16)

① 점도가 낮을 것
② 혼합 성분일 것
③ 밀도변화가 적을 것
④ 모세관 현상이 적을 것

70 건습구 습도계의 특징에 대한 설명으로 틀린 것은?

① 구조가 간단하다.
② 통풍상태에 따라 오차가 발생한다.
③ 원격측정, 자동기록이 가능하다.
④ 물이 필요 없다.

해설

습도계의 장 · 단점

종 류	장 점	단 점
건습구 습도계	• 구조 취급이 간단하다. • 원격 측정 자동제어용이다.	• 물이 필요하다. • 측정을 위하여 3~5m/s 통풍이 필요하다. • 냉각이 필요하며, 상대습도로 즉시 나타나지 않는다. • 통풍상태에 따라 오차가 발생한다.
저항식 습도계	• 저온도 측정이 가능하다. • 상대습도 측정에 적합하다. • 연속기록 원격전송 자동제어에 이용한다.	• 경년변화가 있다. • 장시간 방치 시 습도 측정에 오차가 발생한다.
노점 습도계	• 구조가 간단하다. • 휴대가 편리하다. • 저습도 측정이 가능하다.	• 오차 발생이 쉽다. • 종류(냉각식, 가열식, 듀셀식, 광전관식 노점계)
모발 습도계	• 재현이 좋다. • 구조가 간단하고, 취급이 용이하다. • 한냉지역에 사용하기 편리하다.	• 히스테리가 있다.

71 황화합물과 인화합물에 대하여 선택성이 높은 검출기는? (계측-13)

① 불꽃이온검출기(FID)
② 열전도도검출기(TCD)
③ 전자포획검출기(ECD)
④ 염광광도검출기(FPD)

72 와류유량계(Vortex Flow meter)에 대한 설명으로 옳지 않은 것은?

① 액체, 가스, 증기 모두 측정 가능한 범용형 유량계이지만, 증기 유량계측에 주로 사용되고 있다.
② 계장 Cost까지 포함해서 Total Cost가 타 유량계와 비교해서 높다.
③ Orifice 유량계 등과 비교해서 높은 정도를 가지고 있다.
④ 압력손실이 적다.

73 막식 가스미터에서 미터의 지침의 시도(示度)에 변화가 나타나지 않는 고장으로서 계량막 밸브와 밸브 시트의 틈 사이 패킹부 등의 누출로 인하여 발생하는 고장은? (계측-5)

① 불통
② 부동
③ 기차 불량
④ 감도 불량

74 니켈 저항 측온체의 측정온도 범위는 어느 것인가? (계측-22)

① −200~500℃
② −100~300℃
③ 0~120℃
④ −50~150℃

75 헴펠(Hempel)법에 의한 가스분석 시 성분분석의 순서는? (계측-1)

① 일산화탄소 → 이산화탄소 → 탄화수소 → 산소
② 일산화탄소 → 산소 → 이산화탄소 → 탄화수소
③ 이산화탄소 → 탄화수소 → 산소 → 일산화탄소
④ 이산화탄소 → 산소 → 일산화탄소 → 탄화수소

정답 69.② 70.④ 71.④ 72.② 73.④ 74.④ 75.③

76 기체 크로마토그래피(Gas Chromatography)의 특징에 해당하지 않는 것은?

① 연속분석이 가능하다.
② 여러 가지 가스 성분이 섞여 있는 시료가스 분석에 적당하다.
③ 분리능력과 선택성이 우수하다.
④ 적외선 가스분석계에 비해 응답속도가 느리다.

기체(혼합형) 가스 크로마토그래피의 특징
㉠ 운반가스는 시료와 반응하지 않는 불활성이어야 한다.
㉡ 기체의 확산을 최소화 할 수 있어야 한다.
㉢ 운반가스는 순도가 높고, 구입이 용이해야 한다.
㉣ 사용 검출기에 적합하여야 한다.
㉤ 운반가스의 종류는 He, H_2, Ar, N_2이며, 주로 He, H_2가 많이 사용된다.

77 다음 단위 중 유량의 단위가 아닌 것은?

① m^3/s　② ft^3/h
③ L/s　④ m^2/min

78 용적식(容積式) 유량계에 해당하는 것은?

① 오리피스식　② 루트식
③ 벤투리식　④ 피토관식

상기 항목 이외에 로터리 피스톤식, 로터리 베인식, 습식, 막식 가스미터, 오벌 기어식 등이 용적식 유량계이다.

79 계측기기의 측정방법이 아닌 것은? (계측-11)

① 편위법
② 영위법
③ 대칭법
④ 보상법

80 기준 가스미터의 지시량이 $360m^3/h$이고 시험 대상인 가스미터의 유량이 $400m^3/h$이라면 이 가스미터의 오차율은 얼마인가?

① 4.0%　② 4.2%
③ 5.0%　④ 5.2%

오차율

$$= \frac{\text{시험미터 지시량} - \text{기준미터 지시량}}{\text{시험미터 지시량}} \times 100$$

$$= \frac{400-380}{400} \times 100 = 5\%$$

가스산업기사 필기

www.cyber.co.kr

CBT 기출복원문제

2021년 산업기사 제1회 필기시험 (2021년 3월 2일 시행)

01 가스산업기사	수험번호 : 수험자명 :	※ 제한시간 : 120분 ※ 남은시간 :
글자 크기 100% 150% 200% 화면 배치	전체 문제 수 : 안 푼 문제 수 :	답안 표기란 ① ② ③ ④

제1과목 연소공학

01 다음 중 연료가 구비하여야 할 조건으로 틀린 것은?

① 발열량이 클 것
② 연소 시 유해가스 발생이 적을 것
③ 공기 중에서 쉽게 연소되지 않을 것
④ 구입하기 쉽고, 가격이 저렴할 것

02 가스와 폭발범위가 잘못 연결된 것은 어느 것인가? [안전-106]

① 메탄 : 5.3~14vol%
② 에탄 : 3~12.5vol%
③ 프로판 : 2.1~9.5vol%
④ 부탄 : 2.7~36vol%

부탄(1.8~8.4%)

03 C_2H_4의 위험도는 얼마인가? (단, C_2H_4 폭발범위는 3~32%이다.) [설비-44]

① 3
② 9.7
③ 19.3
④ 32

위험도$=\frac{32-3}{3}=9.7$

04 $1Sm^3$의 합성가스 중의 CO와 H_2의 몰비가 1 : 1일 때 연소에 필요한 이론공기량은 몇 Sm^3/Sm^3인가?

① 0.50 ② 1.00
③ 2.38 ④ 4.76

해설

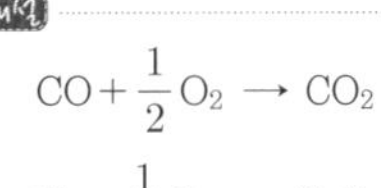

$CO+\frac{1}{2}O_2 \rightarrow CO_2$

$H_2+\frac{1}{2}O_2 \rightarrow H_2O$

$\therefore \left(\frac{1}{2}\times 0.5+\frac{1}{2}\times 0.5\right)\times\frac{1}{0.21}=2.38Sm^3/Sm^3$

05 다음은 가연성 가스의 연소에 대한 설명이다. 이 중 옳은 것으로만 나열된 것은?

> ㉠ 가연성 가스가 연소하는 데에는 산소가 필요하다.
> ㉡ 가연성 가스가 이산화탄소와 혼합할 때 잘 연소가 된다.
> ㉢ 가연성 가스는 혼합하는 공기의 양이 적을 때 완전연소한다.

① ㉠, ㉡
② ㉡, ㉢
③ ㉠
④ ㉢

06 자연발화를 방지하는 방법으로 옳지 않은 것은?

① 통풍을 잘 시킬 것
② 저장실의 온도를 높일 것
③ 습도가 높은 것을 피할 것
④ 열이 축적되지 않게 연료의 보관방법에 주의할 것

정답 01.③ 02.④ 03.② 04.③ 05.③ 06.②

07 산소 32kg과 질소 7kg의 혼합기체가 나타내는 전압이 10atm(a)일 때 산소의 분압은 약 몇 atm(a)인가? (단, 산소와 질소는 이상기체로 가정한다.)

① 5.5　　② 6.2
③ 7.1　　④ 8.0

$$P_0 = 10\text{atm} \times \frac{\frac{32}{32}}{\frac{32}{32}+\frac{7}{28}} = 8\text{atm}$$

08 기체연료가 공기 중 정상연소할 때 정상연소 속도의 값으로 가장 옳은 것은? (연소-1)

① 0.1~10m/s　　② 11~20m/s
③ 21~30m/s　　④ 31~40m/s

09 "착화온도가 80℃이다."를 가장 잘 설명한 것은?

① 80℃ 이하로 가열하면 인화한다.
② 80℃로 가열해서 점화원이 있으면 연소한다.
③ 80℃ 이상 가열하고, 점화원이 있으면 연소한다.
④ 80℃로 가열하면 공기 중에서 스스로 연소한다.

10 다음 중 화염 사출률에 대한 설명으로 옳은 것은?

① 화염의 사출률은 연료 중의 탄소, 수소 질량비가 클수록 높다.
② 화염의 사출률은 연료 중의 탄소, 수소 질량비가 클수록 낮다.
③ 화염의 사출률은 연료 중의 탄소, 수소 질량비가 같을수록 높다.
④ 화염의 사출률은 연료 중의 탄소, 수소 질량비가 같을수록 낮다.

해설
사출률 : 불완전연소의 정도이므로 질량비가 클수록 연소에 필요한 공기량이 많음

11 1mol의 탄소가 불완전연소할 때 몇 mol의 일산화탄소가 생성되는가?

① $\frac{1}{2}$　　② 1
③ $1\frac{1}{2}$　　④ 2

해설

$$C + \frac{1}{2}O_2 \rightarrow CO$$

12 연소에서 불꽃의 전파속도가 음속보다 빠를 때를 무엇이라 하는가? (연소-1)

① 폭발
② 발화
③ 전화
④ 폭굉

13 $(CO_2)_{max}$는 어느 때의 값인가? (연소-24)

① 실제공기량으로 연소시켰을 때
② 이론공기량으로 연소시켰을 때
③ 과잉공기량으로 연소시켰을 때
④ 부족공기량으로 연소시켰을 때

14 CO_2는 고온에서 다음과 같이 분해한다. 3000K, 1atm에서 CO_2의 60%가 분해한다면 표준상태에서 11.2L의 CO_2를 일정압력에서 3000K로 가열했다면 전체 혼합기체의 부피는 약 몇 L인가?

$$2CO_2 \rightarrow 2CO_2 + O_2$$

① 160　　② 170
③ 180　　④ 190

해설

$2CO_2 \rightarrow 2CO + O_2$

$2 \times 22.4\text{L} : 3 \times 22.4\text{L}$

$11.2\text{L} \times 0.6 : x(\text{L})$

$$x = \frac{11.2 \times 0.6 \times 3 \times 22.4}{2 \times 22.2} = 10.08\text{L}$$

$$\therefore (10.08 + 11.2 \times 0.4) \times \frac{3000}{273} \fallingdotseq 160\text{L}$$

정답 07.④ 08.① 09.④ 10.① 11.② 12.④ 13.② 14.①

15 이상기체를 정적 하에서 가열하면 압력과 온도의 변화는 어떻게 되는가?

① 압력증가, 온도상승
② 압력일정, 온도일정
③ 압력일정, 온도상승
④ 압력증가, 온도일정

16 나무는 주로 다음 중 어떤 연소형태로 연소하는가? (연소-2)

① 흡착연소
② 증발연소
③ 분해연소
④ 표면연소

17 프로판 1몰을 완전연소시키기 위하여 공기 870g을 불어넣어 주었을 때 과잉공기는 약 몇 %인가? (단, 공기의 평균분자량은 29이며, 공기 중 산소는 21vol%이다.)

① 9.8 ② 17.6
③ 26.0 ④ 58.6

$C_3H_8 + 5O_2 \rightarrow 3CO_2 + 4H_2O$

1mol : 5×32g

$\therefore$ 이론공기량 $= 5 \times 32 \times \frac{1}{0.232} = 689.655g$

$\therefore$ 과잉공기(%) $= \frac{870 - 689.655}{689.655} \times 100 = 26.0\%$

18 전 폐쇄구조인 용기 내부에서 폭발성 가스의 폭발이 일어났을 때 용기가 압력에 견디고 외부의 폭발성 가스에 인화할 우려가 없도록 한 방폭구조는? (안전-13)

① 내압방폭구조
② 안전증방폭구조
③ 특수방폭구조
④ 유입방폭구조

19 다음 중 착화온도가 낮아지는 이유가 되지 않는 것은?

① 반응활성도가 클수록
② 발열량이 클수록
③ 산소농도가 높을수록
④ 분자구조가 단순할수록

착화온도가 낮아지는 이유
㉠ 반응활성도가 클수록
㉡ 발열량이 클수록
㉢ 산소농도가 높을수록
㉣ 압력이 높을수록
㉤ 열전도율이 적을수록
㉥ 분자구조가 복잡할수록

20 가스화재 시 밸브 및 코크를 잠그는 소화방법은? (연소-17)

① 질식소화 ② 냉각소화
③ 억제소화 ④ 제거소화

제2과목 가스설비

21 배관의 부식방지를 위한 전기방식 전류가 흐르는 상태에서 자연전위와의 전위변화가 몇 mV 이하이어야 하는가? (안전-78)

① −100mV ② −300mV
③ −550mV ④ −850mV

22 용접용기의 제품확인(상시제품) 검사 시행하는 시험항목이 아닌 것은?

① 외관검사
② 내압검사
③ 방사선투과검사
④ 고압가압시험

고압가스의 용접용기 제조시설, 기술기준(KGS AC 211)
용접용기 제품확인(상시제품) 검사항목
㉠ 제조기술기준 준수여부 확인
㉡ 외관검사
㉢ 재료검사
㉣ 용접부검사
㉤ 방사선투과검사
㉥ 내압시험
㉦ 기밀시험

정답 15.① 16.③ 17.③ 18.① 19.④ 20.④ 21.② 22.④

23 1000rpm으로 회전하는 펌프를 3000rpm으로 하였다. 이 경우 양정 및 소요동력은 각각 얼마가 되는가? (설비-36)

① 2배, 6배
② 3배, 9배
③ 4배, 16배
④ 9배, 27배

해설

㉠ $H_2 = H_1 \times \left(\frac{3000}{1000}\right)^2 = 9H_1$

㉡ $P_2 = P_1 \times \left(\frac{3000}{1000}\right)^3 = 27P_1$

24 전기방식법 중 가스배관보다 저전위의 금속(마그네슘 등을 전기적으로 접촉시킴으로써 목적하는 방식 대상 금속자체를 음극화하여 방식하는 방법은? (안전-38)

① 외부전원법 ② 희생양극법
③ 배류법 ④ 선택법

25 유수식 가스홀더의 특징에 대한 설명으로 틀린 것은? (설비-30)

① 제조설비가 저압인 경우에 사용한다.
② 구형 홀더에 비해 유효 가동량이 많다.
③ 가스가 건조하면 물탱크의 수분을 흡수한다.
④ 부지면적과 기초공사비가 적게 소요된다.

26 도시가스 배관 등의 용접 및 비파괴검사 중 용접부의 외관검사에 대한 설명으로 틀린 것은?

① 보강 덧붙임은 그 높이가 모재표면보다 낮지 않도록 하고, 3mm 이상으로 할 것
② 외면의 언더컷은 그 단면이 V자형으로 되지 않도록 하며, 1개의 언더컷 길이 및 깊이는 각각 30mm 이하 및 0.5mm 이하일 것
③ 용접부 및 그 부근에는 균열, 아크스트라이크, 위해하다고 인정되는 지그의 흔적, 오버랩 및 피트 등의 결함이 없을 것
④ 비드 형상이 일정하며, 슬러그, 스패터 등이 부착되어 있지 않을 것

해설

보강 덧붙임은 그 높이가 모재표면보다 낮지 않도록 하고, 3mm 이하를 원칙으로 할 것

27 외경과 내경의 비가 1.2 미만인 경우 배관의 두께 산출식은? (단, t : 배관의 두께[mm], P : 상용압력[MPa], D : 내경에서 부식여유를 뺀 수치[mm], f : 재료의 인장강도[N/mm^2] 규격 최소치이거나 항복점[N/mm^2] 규격 최소치의 1.6배, C : 관내면의 부식여유[mm], s : 안전율이다.)

① $t = \dfrac{P \cdot D}{2\dfrac{f}{s} - P} + C$

② $t = \dfrac{P \cdot D}{100\dfrac{f}{s} - P} + C$

③ $t = \dfrac{D}{2}\left(\dfrac{\dfrac{f}{s} + P}{\dfrac{f}{s} - P} - 1\right) + C$

④ $t = \dfrac{D}{2}\left(\dfrac{2\dfrac{f}{s} + P}{2\dfrac{f}{s} - P} - 1\right) + C$

외경과 내경의 비가 1.2 이상인 경우는

$t = \dfrac{D}{2}\left\{\sqrt{\dfrac{\dfrac{f}{s} + P}{\dfrac{f}{s} - P}} - 1\right\} + C$이다.

28 LP가스의 자연기화방식에 의한 가스발생능력과 가장 밀접한 관계가 있는 것은?

① 외기온도 – 가스 조정비
② 외기압력 – 가스 조정비
③ 외기온도 – 피크시간
④ 외기압력 – 피크시간

정답 23.④ 24.② 25.④ 26.① 27.① 28.①

29 도시가스 제조방법 중 수증기가 가스화제로 사용되지 않는 프로세스는? (설비-3)

① 부분연소 프로세스
② 수소화분해 프로세스
③ 접촉분해 프로세스
④ 열분해 프로세스

30 프로판 용기에 V : 47, T_P : 31로 각인이 되어 있다. 프로판의 충전상수가 2.35일 때 충전량(kg)은?

① 10kg ② 15kg
③ 20kg ④ 50kg

$$G=\frac{V}{C}=\frac{47}{2.35}=20\text{kg}$$

31 직동식 정압기와 비교한 파일럿식 정압기의 특성에 대한 설명 중 틀린 것은? (설비-12)

① 대용량이다.
② 오프셋이 커진다.
③ 요구 유량제어 범위가 넓은 경우에 적합하다.
④ 높은 압력제어 정도가 요구되는 경우에 적합하다.

32 고압밸브 중 글로브밸브(glove valve)의 특징에 대한 설명으로 옳은 것은? (설비-45)

① 기밀도가 작다.
② 유량의 조절이 어렵다.
③ 유체의 저항이 크다.
④ 가스배관에 부적당하다.

33 재료 내 · 외부의 결함검사방법으로 가장 적당한 방법은? (설비-4)

① 침투탐상법
② 유침법
③ 초음파탐상법
④ 육안검사법

34 원심 펌프의 특징에 대한 설명으로 틀린 것은?

① 고양정에 적합하다.
② 원심력에 의하여 액체를 이송한다.
③ 가이드 베인이 있는 것을 터빈 펌프라 한다.
④ 캐비테이션이나 서징현상이 발생하지 않는다.

해설

원심 펌프의 이상현상(캐비테이션, 서징현상, 수격작용)

35 파이브 내부의 정압이 액체의 증기압 이하로 되면 증기가 발생하여 진동이 발생하는 현상을 무엇이라 하는가? (설비-17)

① 공동(Cavitation) 현상
② 서징(Surging) 현상
③ 수격(Water hammering) 작용
④ 베이퍼록(Vapor lock) 현상

36 아세틸렌 용기의 다공물질 용적이 150m^3, 침윤 잔용적이 30m^{3}일 때 다공도는 몇 %이며, 관련법상 합격인지 판단하면? (안전-20)

① 20%로서 합격이다.
② 20%로서 불합격이다.
③ 80%로서 합격이다.
④ 80%로서 불합격이다.

$$\text{다공도}=\frac{150-30}{150}\times 100=80\%$$

∴ 다공도 합격기준 : 75% 이상 92% 미만

37 산소압축기의 내부 윤활제로 주로 사용되는 것은? (설비-32)

① 물
② 유지류
③ 석유류
④ 진한 황산

정답 29.② 30.③ 31.② 32.③ 33.③ 34.④ 35.① 36.③ 37.①

38 전기방식 효과를 유지하기 위하여 빗물이 나 이물질의 접촉으로 인한 절연의 효과가 상쇄되지 아니하도록 절연 이음매 등을 사용하여 절연한다. 절연조치를 하는 장소에 해당 되지 않는 것은? (안전-78)

① 교량 횡단배관의 양단
② 배관과 철근콘크리트 구조물 사이
③ 배관과 배관지지물 사이
④ 타 시설물과 30cm 이상 이격되어 있는 배관

39 저온장치에서 CO_2와 수분이 존재할 때 그 영향에 대한 설명으로 옳은 것은? (설비-5)

① CO_2는 저온에서 탄소와 산소로 분리된다.
② CO_2는 저장장치에서 촉매 역할을 한다.
③ CO_2는 가스로서 별로 영향을 주지 않는다.
④ CO_2는 드라이아이스가 되고 수분은 얼음이 되어 배관밸브를 막아 흐름을 저해한다.

40 도시가스 공급설비에서 배관의 구경을 산정하는 식으로서 옳은 것은? (단, Q : 가스의 유량[m³/hr], D : 배관의 구경[cm], L : 배관의 길이[m], H : 기점압력과 말단압력의 차이[mmH_2O], S : 가스의 비중, K : 유량계수이다.) (설비-7)

① $Q=K\sqrt{\dfrac{H\cdot D^5}{S\cdot L}}$

② $Q=\dfrac{1}{K}\sqrt{\dfrac{H\cdot D^5}{S\cdot L}}$

③ $Q=K\sqrt{\dfrac{H^5\cdot D}{S\cdot L}}$

④ $Q=\dfrac{1}{K}\sqrt{\dfrac{H\cdot D^3}{S\cdot L}}$

제3과목 가스안전관리

41 탱크차의 내용적이 2000L인 것에 최고충전압력 2.1MPa로 충전하고자 할 때 탱크차의 최대적재량은 몇 kg이 되는가? (단, 충전정수는 2.1MPa에서 2.35이다.) (안전-36)

① 420　② 851
③ 1800　④ 4700

$G=\dfrac{V}{C}=\dfrac{2000}{2.35}=851.06\text{kg}$

42 아세틸렌을 2.5MPa 이상으로 충전 시 사용되는 희석제로 적당하지 않은 것은? (설비-25)

① 메탄　② 부탄
③ 질소　④ 일산화탄소

C_2H_2 희석제(N_2, CH_4, CO, C_2H_4)

43 특정고압가스 사용시설에서 고압안전장치를 설치하여야 하는 액화가스 저장능력의 기준은? (단, 용기집합장치가 설치되어 있다.) (안전-79)

① 70kg 이상　② 100kg 이상
③ 250kg 이상　④ 300kg 이상

44 다음 중 가스누출경보기의 설치기준으로 옳은 것은? (안전-80)

① 건축물 내에 설치된 경우는 그 설비군의 바닥면 둘레 10m에 대하여 1개 이상의 비율로 설치
② 건축물 내에 설치된 경우는 그 설비군의 바닥면 둘레 20m에 대하여 1개 이상의 비율로 설치
③ 건축물 밖에 설치된 경우는 그 설비군의 바닥면 둘레 30m에 대하여 1개 이상의 비율로 설치
④ 건축물 밖에 설치된 경우는 그 설비군의 바닥면 둘레 50m에 대하여 1개 이상의 비율로 설치

정답 38.④ 39.④ 40.① 41.② 42.② 43.④ 44.①

45 용기 내장형 가스 난방기용으로 사용하는 부탄 충전용기에 대한 설명으로 옳지 않은 것은?

① 용기 몸통부의 재료는 고압가스 용기용 강판 및 강제이다.
② 프로텍터의 재료는 KS D 3503 SS400의 규격에 적합하여야 한다.
③ 스커트의 재료는 KS D 3533 SG295 이상의 강도 및 성질을 가져야 한다.
④ 넥크링의 재료는 탄소함유량이 0.48% 이하인 것으로 한다.

④ 넥크링 재료는 탄소함유량 0.28% 이하

46 도시가스의 총 발열량이 10500kcal/m³이고, 도시가스의 비중이 0.66인 경우 도시가스의 웨버지수(WI)는? (안전-57)

① 6300 ② 10500
③ 12925 ④ 17500

$$WI = \frac{H}{\sqrt{d}} = \frac{10500}{\sqrt{0.66}} = 12924.6$$

47 후부취출식 탱크에 있어서 탱크 주밸브 및 긴급차단장치에 속하는 밸브와 뒷범퍼와의 수평거리를 몇 cm 이상 이격하여야 하는가? (안전-24)

① 30 ② 40
③ 50 ④ 60

48 LPG 충전시설에 설치되는 안전밸브의 성능을 확인하기 위한 작동시험의 주기로 옳은 것은? (안전-81)

① 6월에 1회 이상
② 1년에 1회 이상
③ 2년에 1회 이상
④ 3년에 1회 이상

안전밸브 작동시험 주기
㉠ 압축기 최종단의 안전밸브 : 1년 1회 이상
㉡ 그 밖의 안전밸브 : 2년 1회 이상

49 다음 중 용기의 각인 표시 기호로 틀린 것은 어느 것인가? (안전-31)

① 내용적 : V
② 내압시험압력 : T_P
③ 최고충전압력 : H_P
④ 동판두께 : t

최고충전압력 : F_P

50 다음 중 대기에 방출되었을 때 가장 빨리 공기 중으로 확산되는 가스는?

① 부탄 ② 프로판
③ 질소 ④ 산소

C_4H_{10}(58g), C_3H_8(44g), N_2(28g), O_2(32g) 분자량이 적을수록 확산속도가 빠르다.

51 액화석유가스 충전소 내에 설치할 수 없는 시설은? (안전-29)

① 충전소의 관계자가 근무하는 대기실
② 자동차의 세정을 위한 주차시설
③ 충전소에 출입하는 사람을 대상으로 한 자동판매기 및 현금자동지급기
④ 충전소의 관계자 및 충전소에 출입하는 사람을 대상으로 한 놀이방

52 수소의 품질검사에 사용하는 시약으로 옳은 것은? (안전-11)

① 동·암모니아 시약
② 피로카롤 시약
③ 발연황산 시약
④ 브롬 시약

53 밀폐된 목욕탕에서 도시가스 순간 온수기로 목욕하던 중 의식을 잃은 사고가 발생하였다. 사고원인을 추정할 때 가장 옳은 것은?

① 가스누출에 의한 중독
② 부취제(mercaptan)에 의한 질식
③ 산소결핍에 의한 질식
④ 이산화탄소에 의한 질식

정답 45.④ 46.③ 47.② 48.③ 49.③ 50.③ 51.④ 52.② 53.③

54 산소, 수소 및 아세틸렌의 품질검사에서 순도는 각각 얼마 이상이어야 하는가? (안전-11)

① 산소 : 99.5%, 수소 : 98.0%, 아세틸렌 : 98.5%
② 산소 : 99.5%, 수소 : 98.5%, 아세틸렌 : 98.0%
③ 산소 : 98.0%, 수소 : 99.5%, 아세틸렌 : 98.5%
④ 산소 : 98.5%, 수소 : 99.5%, 아세틸렌 : 98.0%

55 고압가스 저장시설에서 가스누출사고가 발생하여 공기와 혼합하여 가연성, 독성 가스로 되었다면 누출된 가스는?

① 질소
② 수소
③ 암모니아
④ 이산화황

암모니아
㉠ 연소범위(15~28%)
㉡ TLV-TWA 농도(25ppm)

56 다음 가스의 성질에 관한 설명으로 가장 옳은 것은?

① 질소나 이산화탄소는 불활성 가스이므로 실내에 대량 누출하여도 위험성이 거의 없다.
② 염소와 산소와는 반응성이 좋으므로 동일장소에 혼합적재하면 위험하다.
③ 산화에틸렌은 중합폭발하기 쉬우므로 취급에 주의를 해야 한다.
④ 산소와 이산화탄소와는 반응하기 쉬우므로 충전용기의 저장은 동일장소를 피한다.

㉠ 실내 누출 시 산소 부족에 의한 질식 우려
㉡ 염소, 산소의 혼합적재는 같은 조연성이므로 위험성 없음
㉢ 산화에틸렌 폭발성(산화, 중합, 분해 폭발)
㉣ CO_2는 불연성이므로 혼합 보관 가능

57 다음 특정설비별 기호로서 잘못 짝지어진 것은? (안전-64)

① 압축가스용 : PG
② 저온 및 초저온 가스용 : LT
③ 액화가스용 : LG
④ 아세틸렌가스용 : CG

아세틸렌 : AG

58 액화석유가스 제조시설 저장탱크의 폭발방지장치로 사용되는 금속은? (안전-82)

① 아연
② 알루미늄
③ 철
④ 구리

59 도시가스 공급 시 판넬(Panel)에 의한 가스 냄새농도 측정에서 냄새판정을 위한 시료의 희석배수가 아닌 것은? (안전-19)

① 100배
② 500배
③ 1000배
④ 4000배

희석배수의 종류 : 500, 1000, 2000, 4000

60 −162℃의 LNG(액비중 : 0.46, CH_4 : 90%, C_2H_6 : 10%) $1m^3$을 20℃까지 기화시켰을 때의 부피는 약 몇 m^3인가?

① 625.6
② 635.6
③ 645.6
④ 655.6

$$\frac{460}{16\times0.9+30\times1}\times22.4\times\frac{293}{273}=635.6$$
(액비중 0.46kg/L이므로 1L : 0.46kg, $1m^3$: 460kg)

정답 54.② 55.③ 56.③ 57.④ 58.② 59.① 60.②

제4과목 가스계측기기

61 가스보일러의 화염온도를 측정하여 가스 및 공기의 유량을 조절하고자 한다. 이때 가장 적당한 온도계는?

① 액체봉입유리 온도계
② 저항 온도계
③ 열전대 온도계
④ 압력 온도계

62 측정치의 쏠림(bias)에 의하여 발생하는 오차는? (계측-2)

① 과오오차　② 계통오차
③ 우연오차　④ 상대오차

63 2가지 다른 도체의 양끝을 접합하고 두 접점을 다른 온도로 유지할 경우 회로에 생기는 기전력에 의해 열전류가 흐르는 현상을 무엇이라고 하는가? (계측-9)

① 제백효과
② 스테판-볼츠만 법칙
③ 존슨효과
④ 스케링 삼승근 법칙

열전대 온도계 측정원리(제백효과)

64 가스는 분자량에 따라 다른 비중 값을 갖는다. 이 특성을 이용하는 가스분석기기는?

① 밀도식 CO_2 분석기기
② 자기식 O_2 분석기기
③ 광화학 발광식 NO, 분석기기
④ 적외선식 가스분석기기

65 막식 가스미터에서 계량막의 파손, 밸브의 탈락, 밸브와 밸브 시트 간격에서의 누설이 발생하여 가스는 미터를 통과하나 지침이 작동하지 않는 고장형태는? (계측-5)

① 부동　② 누출
③ 불통　④ 기차 불량

66 일반적으로 공장자동화에 가장 많이 응용되는 제어방법은 무엇인가? (계측-12)

① 캐스케이드 제어
② 프로그램 제어
③ 시퀀스 제어
④ 피드백 제어

67 습식 가스미터와 비교한 루트미터의 특징에 해당되지 않는 것은? (계측-8)

① 설치면적이 적다.
② 스트레이너의 설치 및 유지관리가 필요하다.
③ 사용 중에 수위조정 등의 관리가 필요하다
④ 대유량의 가스 측정에 적합하다.

68 부르돈관 압력계에 대한 설명으로 틀린 것은?

① 탄성을 이용한 1차 압력계로서 가장 많이 사용된다.
② 재질은 고압용에 니켈(Ni)강, 저압용에 황동, 인청동, 특수청동을 사용한다.
③ 높은 압력은 측정 가능하지만 정확도는 낮다.
④ 곡관에 압력을 가하면 곡률반경이 변화되는 것을 이용한 것이다.

부르돈관 압력계(2차 압력계)

69 다음 유량계측기 중 압력손실 크기 순서를 바르게 나타낸 것은?

① 전자유량계 > 벤투리 > 오리피스 > 플로노즐
② 벤투리 > 오리피스 > 전자유량계 > 플로노즐
③ 오리피스 > 플로노즐 > 벤투리 > 전자유량계
④ 벤투리 > 플로노즐 > 오리피스 > 전자유량계

정답 61.③ 62.② 63.① 64.① 65.① 66.③ 67.③ 68.① 69.③

70 정확한 계량이 가능하여 기준기로 많이 사용되는 가스미터는? (계측-8)

① 건식 가스미터
② 습식 가스미터
③ 회전자식 가스미터
④ 벤투리식 가스미터

71 2차 지연형 계측기의 제동비가 0.8일 때 대수 감쇠율은 얼마인가?

① 8.37 ② 15.28
③ 34.19 ④ 41.38

$$\zeta = \frac{\delta}{\sqrt{4\pi^2 + \delta^2}}$$

$$\delta = \frac{2\pi\zeta}{\sqrt{1-\zeta^2}} = \frac{2\pi \times 0.8}{\sqrt{1-0.8^2}} = 8.3734$$

여기서, ζ : 감쇠비(제동비)
δ : 대수 감쇠율

72 흡수법에 사용되는 각 성분가스와 그 흡수액으로 짝지어진 것 중 틀린 것은? (계측-1)

① 이산화탄소－수산화칼륨 수용액
② 산소－(수산화칼륨＋피로카롤) 수용액
③ 일산화탄소－염화칼륨 수용액
④ 중탄화수소－발연황산

73 가스계량기의 설치에 대한 설명으로 틀린 것은?

① 화기와 2m 이상인 우회거리를 유지한다.
② 수시로 환기가 가능한 곳에 설치한다.
③ 절연조치 하지 않은 전선과는 15cm 이상의 거리를 유지한다.
④ 바닥으로부터 1.6~2.0m 이상의 높이에 수직 · 수평으로 설치한다.

1.6m 이상 2m 이내 높이에 수직 · 수평으로 설치

74 비례제어기는 60℃에서 100℃ 사이의 온도를 조절하는 데 사용된다. 이 제어기로 측정된 온도가 81℃에서 89℃로 될 때의 비례대(proportional band)는?

① 10% ② 20%
③ 30% ④ 40%

$$\text{비례대} = \frac{\text{측정 온도차}}{\text{조절 온도차}} = \frac{89-81}{100-60} \times 100 = 20\%$$

75 막식 가스미터에 대한 설명으로 옳지 않은 것은? (계측-8)

① 가스를 일정 부피의 통 속에 넣어 충만 후 배출하여 그 횟수를 부피단위로 환산하여 표시하는 원리이다.
② 회전수가 비교적 빨라 대용량 1000m^3/h 이상의 계량에 적합하다.
③ 막의 재질로는 합성고무 등이 사용된다.
④ 가스의 계량실로의 도입 및 배출은 막의 차압에 의해 생기는 밸브와 막의 연동작용에 의해 일어난다.

막식 가스미터(일반수용가 15~200m^3/h)

76 초음파의 송수파기(送受波器)에서 액면까지의 거리가 15m인 초음파 액면계에서 초음파가 수신될 때까지 0.3초가 걸렸다면 매질 중에서의 초음파의 전파속도는 약 몇 m/s인가?

① 12.5 ② 25
③ 50 ④ 100

액면까지 거리가 15m이므로 음파 발산 후 돌아오는 거리는
15×2＝30m
∴ 30m/0.3sec＝100m/s

77 가연성 가스 검지방식으로 가장 적합한 것은?

① 격막전극식 ② 정전위전해식
③ 접촉연소식 ④ 원자흡광광도법

가스 검지방식
㉠ 가연성(접촉연소식)
㉡ 독성 · 가연성(반도체식)
㉢ 산소(격막갈바니 전지방식)

정답 70.② 71.① 72.③ 73.④ 74.② 75.② 76.④ 77.③

78 기체 크로마토그래피에서 Carrier gas로 사용될 수 없는 것은? [계측-10]

① O_2 ② H_2
③ N_2 ④ He

캐리어가스(H_2, N_2, He, Ne, Ar)

79 부르돈관 압력계의 종류가 아닌 것은?

① C형 ② 수정형
③ 스파이럴형 ④ 헬리컬형

부르돈관 압력계(C형, 스파이럴형, 헬리컬형, 버튼형)

80 계측기의 일반적인 주요 구성으로 가장 거리가 먼 것은?

① 전달기구 ② 검출기구
③ 구동기구 ④ 수신기구

정답 78.① 79.② 80.③

CBT 기출복원문제

2021년 산업기사 제2회 필기시험 (2021년 5월 9일 시행)

01 가스산업기사	수험번호 : 수험자명 :	※ 제한시간 : 120분 ※ 남은시간 :
글자 크기 100% 150% 200% 화면 배치	전체 문제 수 : 안 푼 문제 수 :	답안 표기란 ① ② ③ ④

제1과목 연소공학

01 가연성 가스의 연소에 대한 설명으로 옳은 것은?

① 폭굉속도는 보통 연소속도의 10배 정도이다.
② 폭발범위는 온도가 높아지면 일반적으로 넓어진다.
③ 혼합가스의 폭굉속도는 1000m/s 이하이다.
④ 가연성 가스와 공기의 혼합가스에 질소를 첨가하면 폭발범위의 상한치는 크게 된다.

02 가스연료의 연소에 있어서 확산염을 사용할 경우 예혼합염을 사용하는 것에 비해 얻을 수 있는 장점이 아닌 것은? (연소-10)

① 역화의 위험이 없다.
② 가스량의 조절범위가 크다.
③ 가스의 고온예열이 가능하다.
④ 개방 대기 중에서도 완전연소가 가능하다.

03 다음 중 메탄의 완전연소 반응식을 옳게 나타낸 것은?

① $CH_4+2O_2 \rightarrow CO_2+2H_2O$
② $CH_4+3O_2 \rightarrow 2CO_2+2H_2O$
③ $CH_4+3O_2 \rightarrow 2CO_2+3H_2O$
④ $CH_4+5O_2 \rightarrow 3CO_2+4H_2O$

04 아세톤, 톨루엔, 벤젠이 제4류 위험물로 분류되는 주된 이유는?

① 분해 시 산소를 발생하여 연소를 돕기 때문에
② 니트로기를 함유한 폭발성 물질이기 때문에
③ 공기보다 밀도가 큰 가연성 증기를 발생시키기 때문에
④ 물과 접촉하여 많은 열을 방출하여 연소를 촉진시키기 때문에

05 일산화탄소와 수소의 부피비가 3 : 7인 혼합가스의 온도 100℃, 50atm에서의 밀도는 약 몇 g/L인가? (단, 이상기체로 가정한다.)

① 16 ② 18
③ 21 ④ 23

$PV=\frac{W}{M}RT$ 이므로

$\therefore P=\frac{W}{V}\cdot\frac{RT}{M}$

밀도$=\frac{W}{V}=\frac{PM}{RT}=\frac{50\times9.8}{0.082\times376}=16\text{g/L}$

참고 $M=28\times0.3+2\times0.7=9.8$

06 폭발과 관련한 가스의 성질에 대한 설명으로 틀린 것은?

① 연소속도가 큰 것일수록 위험하다.
② 인화온도가 낮을수록 위험성은 커진다.
③ 안전간격이 큰 것일수록 위험성이 있다.
④ 가스의 비중이 크면 낮은 곳으로 모여 있게 된다.

정답 01.② 02.④ 03.① 04.③ 05.① 06.③

안전간격이 큰 것은 안전하다.

07 다음 아세틸렌가스의 위험도(H)는 약 얼마인가? (설비-44)

① 21　② 23
③ 31　④ 33

아세틸렌 위험도 $=\frac{81-2.5}{2.5}=31.4$

08 다음 중 이상기체에 대한 설명으로 틀린 것은 어느 것인가? (연소-3)

① 아보가드로의 법칙에 따른다.
② 압력과 부피의 곱은 온도에 비례한다.
③ 온도에 대비하여 일정한 비열을 가진다.
④ 기체분자 간의 인력은 일정하게 존재하는 것으로 간주한다.

09 $(CO_2)_{max}$%는 공기비(m)가 어떤 때를 말하는가?

① 0　② 1
③ 2　④ ∞

CO_{2max}(%)
$m=1$(이론공기량만으로 연소)

10 오토사이클에서 압축비(ε)가 10일 때 열효율은 약 몇 %인가?

① 58.2　② 60.2
③ 62.2　④ 64.2

오토사이클의 열효율

$\eta=1-\left(\frac{1}{s}\right)^{k-1}=1-\left(\frac{1}{10}\right)^{1.4-1}$
$=0.60189=60.18=60.2\%$

11 다음 연소에 대한 설명 중 옳은 것은?

① 착화온도와 연소온도는 항상 같다.
② 이론연소온도는 실제연소온도보다 높다.
③ 일반적으로 연소온도는 인화점보다 상당히 낮다.
④ 연소온도가 그 인화점 보다 낮게 되어도 연소는 계속된다.

실제로 연소를 시키기 위하여 이론공기량보다 더 많은 공기. 즉, 과잉공기가 들어가야 연소가 되므로 공기량이 많아지면 연소실 내 온도가 낮아지므로 이론연소온도가 실제연소온도보다 더 높다.

12 0℃, 1atm에서 2L의 산소와 0℃, 2atm에서 3L의 질소를 혼합하여 1L로 하면 압력은 몇 atm이 되는가?

① 1　② 2
③ 6　④ 8

$P=\frac{P_1V-1+P_2V_2}{V}$
$=\frac{1\times2+2\times3}{1}=8\text{atm}$

13 메탄 70%, 에탄 20%, 프로판 8%, 부탄 1%로 구성되는 혼합가스의 공기 중 폭발하한계는 약 몇 vol%인가? (단, 메탄, 에탄, 프로판, 부탄의 폭발하한계치는 각각 5.0, 3.0, 2.1, 1.9이다.)

① 3.5　② 4
③ 4.5　④ 5

$\frac{100}{L}=\frac{70}{5}+\frac{20}{3}+\frac{8}{2.1}+\frac{1}{1.9}$
$\therefore L=4\%$

14 완전연소의 필요조건에 관한 설명으로 틀린 것은?

① 연소실의 온도는 높게 유지하는 것이 좋다.
② 연소실 용적은 장소에 따라서 작게 하는 것이 좋다.
③ 연료의 공급량에 따라서 적당한 공기를 사용하는 것이 좋다.
④ 연료는 되도록 인화점 이상 예열하여 공급하는 것이 좋다.

정답 07.③ 08.④ 09.② 10.② 11.② 12.④ 13.② 14.②

15 시안화수소를 장기간 저장하지 못하는 주된 이유는?

① 산화폭발　② 분해폭발
③ 중합폭발　④ 분진폭발

16 0℃, 1기압에서 C_3H_8 5kg의 체적은 약 몇 m^3인가? (단, 이상기체로 가정하고, C의 원자량은 12, H의 원자량은 1이다.)

① 0.63　② 1.54
③ 2.55　④ 3.67

$\frac{5}{44} \times 22.4 = 2.55\text{m}^3$

17 폭발에 대한 용어 중 DID에 대하여 가장 잘 나타낸 것은? 〔연소-1〕

① 어느 온도에서 가열하기 시작하여 발화에 이를 때까지의 시간을 말한다.
② 폭발등급 표시 시 안전간격을 나타낼 때의 거리를 말한다.
③ 최초의 완만한 연소가 격렬한 폭굉으로 발전할 때까지의 거리를 말한다.
④ 폭굉이 전파되는 속도를 의미한다.

18 기체연료의 연소에서 일반적으로 나타나는 연소의 형태는? 〔연소-2〕

① 확산연소
② 증발연소
③ 분무연소
④ 액면연소

기체의 연소(확산연소, 예혼합연소)

19 폭발범위(폭발한계)에 대한 설명으로 옳은 것은?

① 폭발범위 내에서만 폭발한다.
② 폭발상한계에서만 폭발한다.
③ 폭발상한계 이상에서만 폭발한다.
④ 폭발하한계 이하에서만 폭발한다.

20 고위발열량과 저위발열량의 차이는 연료의 어떤 성분 때문에 발생하는가? 〔연소-11〕

① 유황과 질소　② 질소와 산소
③ 탄소와 수분　④ 수소와 수분

$H_h = H_l + 600(9\text{H} + W)$

여기서, H_h : 고위발열량
H_l : 저위발열량
H : 수소
W : 수분

제2과목 가스설비

21 터보 압축기에 주로 사용되는 밀봉장치 형식이 아닌 것은?

① 테프론 시일
② 메커니컬 시일
③ 레비린스 시일
④ 카본 시일

상기 항목 이외에 오일필름 시일 등이 있음

22 다음 중 회전 펌프가 아닌 것은? 〔설비-33〕

① 기어 펌프　② 나사 펌프
③ 베인 펌프　④ 제트 펌프

펌프의 분류
㉠ 터보식 : 원심, 축류, 사류
㉡ 용적식 : 왕복(피스톤, 플런저), 회전(기어, 베인, 나사)

23 금속플렉시블 호스의 제조기준에의 적합여부에 대하여 실시하는 생산 단계검사의 검사종류별 검사항목이 아닌 것은?

① 구조검사　② 치수검사
③ 내압시험　④ 기밀시험

금속플렉시블 호스의 생산 단계검사의 검사종류별 검사항목
㉠ 구조 및 치수의 적합여부
㉡ 기밀 성능

정답 15.③ 16.③ 17.③ 18.① 19.① 20.④ 21.① 22.④ 23.③

㉢ 내인장 성능
㉣ 내굽힘 성능
㉤ 내비틀림 성능
㉥ 반복부착 성능
㉦ 내충격시험
㉧ 표시의 적합여부

24 다음 중 LPG 저장탱크에 관한 설명으로 틀린 것은?

① 구형 탱크는 지진에 의한 피해방지를 위해 2중으로 한다.
② 지상 탱크는 단열재를 사용한 2중 구조로 하여 진공시키면 LNG도 저장할 수 있다.
③ 탱크재료는 고장력강으로 제작된다.
④ 지하암반을 이용한 저장시설에서는 외부에서 압력이 작용되고 있다.

지진에 의한 피해를 방지하기 위해 내진설계로 시공

25 펌프에서 발생하는 수격현상의 방지법으로 틀린 것은? [설비-17]

① 관내의 유속흐름 속도를 가능한 적게 한다.
② 서지(surge) 탱크를 관내에 설치한다.
③ 플라이휠을 설치하여 펌프의 속도가 급변하는 것을 막는다.
④ 밸브는 펌프 주입구에 설치하고, 밸브를 적당히 제어한다.

밸브는 송출구 가까이 설치하고, 적당히 제어한다.

26 메탄가스에 대한 설명으로 옳은 것은?

① 공기 중에 30%의 메탄가스가 혼합된 경우 점화하면 폭발한다.
② 담청색의 기체로서 무색의 화염을 낸다.
③ 고온에서 수증기와 작용하면 일산화탄소와 수소를 생성한다.
④ 올레핀계 탄화수소로서 가장 간단한 형의 화합물이다.

㉠ CH_4의 연소범위(5~15%)
㉡ 무색의 기체
㉢ 파라핀계 탄화수소
㉣ $CH_4+H_2O \rightarrow CO+3H_2$

27 공기액화 분리장치에서 산소를 압축하는 왕복동 압축기의 1시간당 분출가스량이 6000kg이고, 27℃에서의 안전밸브 작동압력이 8MPa라면 안전밸브의 유효분출 면적은 약 몇 cm^2인가?

① 0.52　　② 0.75
③ 0.99　　④ 1.26

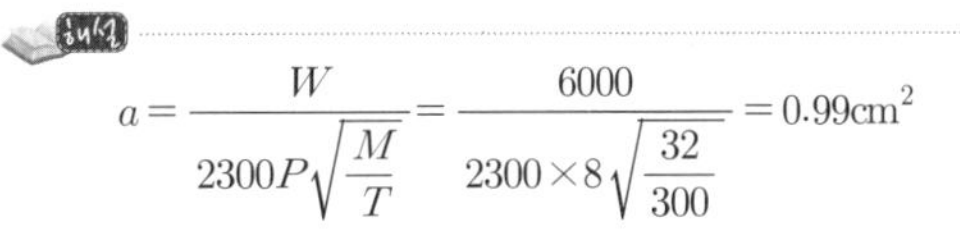

$$a = \frac{W}{2300P\sqrt{\frac{M}{T}}} = \frac{6000}{2300\times 8\sqrt{\frac{32}{300}}} = 0.99\text{cm}^2$$

28 접촉분해 프로세스로 도시가스 제조 시 일정 온도 · 압력 하에서 수증기와 원료 탄화수소와의 중량비(수증기비)를 증가시키면 일어나는 현상은? [설비-3]

① CH_4가 많고 H_2가 적은 가스가 발생한다.
② CO의 변성반응이 촉진된다.
③ CH_4가 많고, CO가 적은 가스가 발생한다.
④ CH_4의 수증기 개질을 억제한다.

29 천연가스의 비점은 약 몇 ℃인가?

① −84　　② −162
③ −183　　④ −192

천연가스 주성분 : CH_4

30 고압장치 배관에 발생된 열응력을 제거하기 위한 이음이 아닌 것은? [설비-10]

① 루프형
② 슬라이드형
③ 벨로즈형
④ 플랜지형

정답 24.① 25.④ 26.③ 27.③ 28.② 29.② 30.④

31 황산염 환원박테리아가 번식하는 토양에서 부식방지를 위한 방식전위는 얼마 이하가 적당한가? (안전-65)

① −0.8V
② −0.85V
③ −0.9V
④ −0.95V

32 고압가스장치 금속재료의 기계적 성질 중 어느 온도 이상에서 재료에 일정한 하중을 가한 순간에 변형을 일으킬뿐만 아니라 시간의 경과와 더불어 변형이 증대하고 때로 파괴되는 경우가 있다. 이러한 현상을 무엇이라고 하는가?

① 피로한도
② 크리프(Creep)
③ 탄성계수
④ 충격치

해설
① 피로한도 : 정적시험에 의한 파괴강도보다 상당히 낮은 응력에서도 그것이 반복작용하는 경우에는 재료가 파괴되는 경우가 있다. 이와 같은 파괴를 피로파괴라고 하며, 이와 같이 반복하중에 의해 재료의 저항력이 저하하는 현상을 피로라고 한다. 이렇게 하여 무한이 반복하중을 가하여도 파괴되지 않는 응력을 그 재료의 피로한도라 한다.
② 크리프(Creep) : 일반적으로 어느 온도 이상에서는 재료에 어느 일정한 하중을 가하면 시간과 더불어 변형이 증대하는 현상

33 일반가스의 공급선에 사용되는 밸브 중 유체의 유량조절은 용이하나 밸브에서 압력손실이 커 고압의 대구경 밸브로서는 부적합한 밸브는? (설비-45)

① 게이트(Gate) 밸브
② 글로브(Glove) 밸브
③ 체크(Check) 밸브
④ 볼(Ball) 밸브

34 LPG 충전소 내의 가스사용시설 수리에 대한 설명으로 옳은 것은?

① 화기를 사용하는 경우에는 설비 내부의 가연성 가스가 폭발하한계의 1/4 이하인 것을 확인하고 수리한다.
② 충격에 의한 불꽃에 가스가 인화할 염려는 없다고 본다.
③ 내압이 완전히 빠져 있으면 화기를 사용해도 좋다.
④ 볼트를 조일 때는 한 쪽만 잘 조이면 된다.

35 정압기의 작동원리에 대한 설명으로 틀린 것은?

① 직동식에서 2차 압력이 설정압력보다 높은 경우는 다이어프램을 들어올리는 힘이 증가한다.
② 파일럿식에서 2차 압력이 설성압력보다 높은 경우는 파일럿 다이어프램을 밀어올리는 힘이 스프링과 작용하여 가스량이 감소한다.
③ 직동식에서 2차 압력이 설정압력보다 낮은 경우는 메인밸브를 열리게 하여 가스량을 증가시킨다.
④ 파일럿식에서 2차 압력이 설정압력보다 낮은 경우는 다이어프램에 작용하는 힘과 스프링 힘에 의해 가스량이 감소한다.

36 공기액화 분리장치에 들어가는 공기 중 아세틸렌가스가 혼입되면 안 되는 주된 이유는 무엇인가? (설비-5)

① 산소와 반응하여 산소의 증발을 방해한다.
② 응고되어 돌아다니다가 산소 중에서 폭발할 수 있다.
③ 파이프 내에서 동결되어 파이프가 막히기 때문이다.
④ 질소와 산소의 분리작용을 방해하기 때문이다.

정답 31.④ 32.② 33.② 34.① 35.④ 36.②

37 다음 중 도시가스 제조원료의 저장설비에서 액화석유가스(LPG) 저장법으로 옳은 것은?

① 가압식 저장법, 저온식(냉동식) 저장법
② 고온저압식 저장법, 저온식(냉동식) 저장법
③ 가압식 저장법, 고온증발식 저장법
④ 고온저압식 저장법, 예열증발식 저장법

38 강관 이음재 중 구경이 서로 다른 배관을 연결시킬 때 주로 사용되는 것은?

① 엘보 ② 리듀서
③ 티 ④ 소켓

39 다음 중 조정압력이 57~83kPa일 때 사용되는 압력조정기는? (안전-17)

① 2단 감압식 1차용 조정기
② 2단 감압식 2차용 조정기
③ 자동절제식 일체형 준저압조정기
④ 1단 감압식 준저압조정기

40 황동(Brass)과 청동(Bronze)은 구리와 다른 금속과의 합금이다. 각각 무슨 금속인가?

① 주석, 인
② 알루미늄, 아연
③ 아연, 주석
④ 알루미늄, 납

해설
㉠ 황동 : Cu+Zn
㉡ 청동 : Cu+Sn

제3과목 가스안전관리

41 압력이 몇 MPa 이상인 압축가스를 용기에 충전하는 경우 압축기와 가스충전용기 보관장소 사이의 벽을 방호벽구조로 하여야 하는가? (안전-16)

① 8.7 ② 9.8
③ 10.8 ④ 1.7

42 도시가스 사업자는 가스공급시설을 효율적으로 안전관리하기 위하여 도시가스 배관망을 전산화하여야 한다. 전산화 내용에 포함되지 않는 사항은?

① 배관의 설치도면
② 정압기의 시방서
③ 배관의 시공자, 시공연월일
④ 배관의 가스흐름방향

해설
도시가스사업법 시행규칙 별표 6 기술기준 : 도시가스 사업자는 가스공급시설을 효율적으로 관리하기 위하여 ㉠ 배관 정압기 등의 설치도면 ㉡ 시방서 ㉢ 시공자, 시공연월일 등을 전산화 할 것

43 사고를 일으키는 장치의 고장이나 운전자 실수의 상관관계를 연역적으로 분석하는 위험성 평가기법은? (연소-12)

① 체크리스트(Check list)법
② 위험과 운전분석기법(HAZOP)
③ 결함수분석기법(FTA)
④ 사건수분석기법(ETA)

44 액화석유가스 사용시설에 관경 20mm인 가스 배관을 노출하여 설치할 경우 배관이 움직이지 않도록 고정장치를 몇 m마다 설치하여야 하는가?

① 1m ② 2m
③ 3m ④ 4m

해설
배관의 고정장치
㉠ 13mm 미만 : 1m마다
㉡ 13~33mm 미만 : 2m마다
㉢ 33mm 이상 : 3m마다

45 부탄가스의 완전연소 방정식을 다음과 같이 나타낼 때 화학양론 농도(C_{st})는 몇 %인가? (단, 공기 중 산소는 21%이다.)

$$C_4H_{10}+6.5O_2 \rightarrow 4CO_2+5H_2O$$

① 1.8% ② 3.1%
③ 5.5% ④ 8.9%

정답 37.① 38.② 39.① 40.③ 41.② 42.④ 43.③ 44.② 45.②

$C_4H_{10}+6.5O_2 \rightarrow 4CO_2+5H_2O$

부탄의 공기 중 농도 $= \dfrac{1}{1+6.5\times\dfrac{100}{21}}\times 100$

$= 3.1\%$

46 차량에 고정된 탱크의 내용적에 대한 설명으로 틀린 것은? **[안전-24]**

① 액화천연가스 탱크의 내용적은 1만8천L를 초과할 수 없다.
② 산소 탱크의 내용적은 1만8천L를 초과할 수 없다.
③ 염소 탱크의 내용적은 1만2천L를 초과할 수 없다.
④ 암모니아 탱크의 내용적은 1만2천L를 초과할 수 없다.

47 시안화수소 충전작업의 기준으로 틀린 것은?

① 용기에 충전하는 시안화수소는 순도가 98% 이상이어야 한다.
② 용기에 충전하는 시안화수소는 아황산가스 또는 황산 등의 안정제를 첨가한 것이어야 한다.
③ 시안화수소를 충전한 용기는 충전 후 24시간 정치하고, 그 후 1일 1회 이상 질산구리벤젠 등의 시험지로 가스의 누출검사를 하여야 한다.
④ 순도가 99% 이상으로서 착색된 것은 충전한 후 60일이 경과되기 전에 다른 용기에 옮겨 충전하지 않아도 된다.

60일 경과된 기전 다른 용기에 충전하여야 한다.

48 포스핀(PH_3)의 저장과 취급 시 주의사항에 대한 설명으로 가장 거리가 먼 것은?

① 환기가 양호한 곳에서 취급하고, 용기는 40℃ 이하를 유지한다.
② 수분과의 접촉을 금지하고, 정전기발생 방지시설을 갖춘다.
③ 가연성이 매우 강하여 모든 발화원으로부터 격리한다.
④ 방독면을 비치하여 누출 시 착용한다.

포스핀(PH_3) = 인화수소

TLV-TWA 허용농도 : 0.3ppm(LC 50 : 20ppm)

맹독성 기체 흡입 시에는 치명적 사고발생의 우려가 있으므로 누출 시 공기호흡기를 착용하여야 안전을 도모할 수 있다.

49 프로판(C_3H_8)과 부탄(C_4H_{10})이 동일한 몰(mol)비로 구성된 LP가스의 폭발하한이 공기 중에서 1.8vol%라면 높이 2m, 넓이 $9m^2$, 압력 1atm, 온도 20℃인 주방에 최소 몇 g의 가스가 유출되면 폭발할 가능성이 있는가? (단, 이상기체로 가정한다.)

① 405
② 593
③ 688
④ 782

㉠ 폭발하한에 도달하는 가스의 양
$(2\times 9)\times 0.018\times 10^3 = 324L$

㉡ 혼합가스의 분자량
$44\times\dfrac{1}{2}+58\times\dfrac{1}{2}=51g$

㉢ 1atm, 20℃의 질량
$W=\dfrac{PVM}{RT}$
$=\dfrac{1\times 324\times 51}{0.082\times(273+20)}$
$=687.754g \fallingdotseq 688g$

50 다음 중 주택은 제 몇 종 보호시설로 분류되는가? **[안전-9]**

① 제0종
② 제1종
③ 제2종
④ 제3종

2종 보호시설
㉠ 주택
㉡ 사람을 수용하는 건축물
독립된 부분의 연면적($100m^2$ 이상 $1000m^2$ 미만)

정답 46.④ 47.④ 48.④ 49.③ 50.③

51 고압가스 특정제조시설 중 배관의 누출확산방지를 위한 시설 및 기술기준으로 옳지 않은 것은? (안전-83)

① 시가지, 하천, 터널 및 수로 중에 배관을 설치하는 경우에는 누출가스의 확산방지 조치를 한다.
② 사질토 등의 특수성 지반(해저 제외) 중에 배관을 설치하는 경우에는 누출가스의 확산방지 조치를 한다.
③ 고압가스의 온도와 압력에 따라 배관의 유지관리에 필요한 거리를 확보한다.
④ 독성 가스의 용기보관실은 누출되는 가스의 확산을 적절하게 방지할 수 있는 구조로 한다.

52 다음 합격용기 등의 각인사항의 기호 중 용기의 내압시험 압력을 표시하는 기호는 어느 것인가? (안전-31)

① TW ② TP
③ TV ④ FP

53 고압가스 제조자 또는 고압가스 판매자가 실시하는 용기의 안전점검 및 유지관리 사항에 해당되지 않는 것은? (안전-12)

① 용기의 도색상태
② 용기관리 기록대장의 관리상태
③ 재검사기간 도래여부
④ 용기밸브의 이탈방지 조치여부

54 다음 독성 가스 중 공기보다 가벼운 가스는?

① 황화수소 ② 암모니아
③ 염소 ④ 산화에틸렌

해설
H_2S(34g), NH_3(17g), CO_2(71g), C_2H_4O(34g)

55 고압가스 제조시설로서 정밀안전검진을 받아야 하는 노후 시설은 최초의 완성검사를 받은 날부터 얼마를 경과한 시설을 말하는가?

① 7년 ② 10년
③ 15년 ④ 20년

56 고압가스의 운반기준에서 동일차량에 적재하여 운반할 수 없는 것은? (안전-34)

① 염소와 아세틸렌
② 질소와 산소
③ 아세틸렌과 산소
④ 프로판과 부탄

57 물분무장치 등은 저장탱크의 외면에서 몇 m 이상 떨어진 위치에서 조작이 가능하여야 하는가? (안전-3)

① 5m ② 10m
③ 15m ④ 20m

58 독성 가스와 중화제(흡수제)가 잘못 연결된 것은? (안전-44)

① 암모니아－다량의 물
② 염소－소석회
③ 시안화수소－탄산소다 수용액
④ 황화수소－가성소다 수용액

59 아세틸렌가스를 용기에 충전하는 장소 및 충전용기 보관장소에는 화재 등에 의한 파열을 방지하기 위하여 무엇을 설치해야 하는가?

① 방화설비 ② 살수장치
③ 냉각수 펌프 ④ 경보장치

60 아세틸렌 용기의 다공성 물질 검사방법에 해당하지 않는 것은?

① 진동시험
② 부분가열시험
③ 역화시험
④ 파괴시험

해설
아세틸렌 용기의 다공성 물질 검사방법
㉠ 진동시험
㉡ 주위가열시험
㉢ 부분가열시험
㉣ 역화시험
㉤ 충격시험

정답 51.③ 52.② 53.② 54.② 55.③ 56.① 57.③ 58.③ 59.② 60.④

제4과목 가스계측기기

61 다음 가스 중 검지관에 의한 측정농도의 범위 및 검지한도로서 틀린 것은? (계측-21)

① C_2H_2 : 0~0.3%, 10ppm
② H_2 : 0~1.5%, 250ppm
③ CO : 0~0.1%, 1ppm
④ C_3H_8 : 0~0.1%, 10ppm

62 다음 중 바이메탈 온도계에 사용되는 변환 방식은?

① 기계적 변환 ② 광학적 변환
③ 유도적 변환 ④ 전기적 변환

63 다음 중 계통오차가 아닌 것은? (계측-2)

① 계기오차 ② 환경오차
③ 과오오차 ④ 이론오차

64 다음 중 오리피스, 플로노즐, 벤투리미터 유량계의 공통적인 특징에 해당하는 것은 어느 것인가? (계측-23)

① 압력강하 측정
② 직접 계량
③ 초음속 유체만 유량 계측
④ 직관부 필요 없음

65 오리피스관이나 노즐과 같은 조임기구에 의한 가스의 유량 측정에 대한 설명으로 틀린 것은?

① 측정하는 압력은 동압의 차이다.
② 유체의 점도 및 밀도를 알고 있어야 한다.
③ 하류측과 상류측의 절대압력의 비가 0.75 이상이어야 한다.
④ 조임기구의 재료의 열팽창계수를 알아야 한다.

해설
오리피스 노즐 등의 조임기구에 의한 유량계는 압력차에 의해 유량을 측정하는 차압식 유량계
• 측정압력이 동압 : 피토관

66 진공에 대한 폐관식 압력계로서 표준진공계로 사용되는 것은?

① 맥라우드 진공계 ② 피라니 진공계
③ 서미스터 진공계 ④ 전리 진공계

67 분별연소법을 사용하여 가스를 분석할 경우 분별적으로 완전연소시키는 가스는? (계측-17)

① 수소, 탄화수소
② 이산화탄소, 탄화수소
③ 일산화탄소, 탄화수소
④ 수소, 일산화탄소

68 다음은 가연성 가스검지법 중 접촉연소법 검지회로이다. 보상소자는 어느 부분인가?

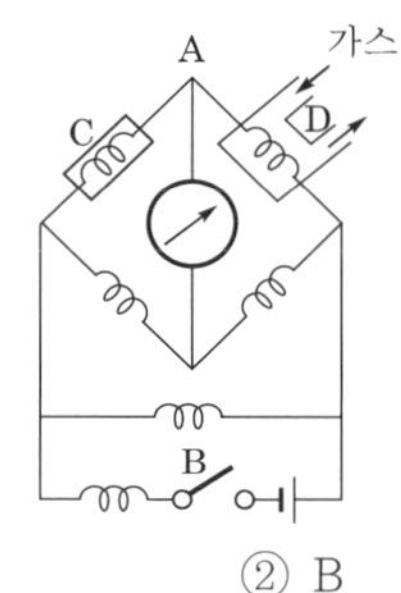

① A ② B
③ C ④ D

해설
접촉연소방식 가스의 검지
가연성 가스의 검지에 이용 백금 필라멘트 주위에 백금 파라듐 등의 촉매를 고정한 검출소자에 가연성 가스를 함유한 공기접촉 시 농도가 LEL(폭발하한값)에 도달 시 접촉산화반응으로 온도의 상승으로 저항값이 올라가 누설가스를 검지하는 방법(D는 검출소자, C는 보상소자)

69 초음파 레벨 측정기의 특징으로 옳지 않은 것은?

① 측정대상에 직접 접촉하지 않고, 레벨을 측정할 수 있다.
② 부식성 액체나 유속이 큰 수로의 레벨도 측정할 수 있다.
③ 측정범위가 넓다.
④ 고온 · 고압의 환경에서도 사용이 편리하다.

정답 61.④ 62.① 63.③ 64.① 65.① 66.① 67.④ 68.③ 69.④

70 막식 가스미터 고장의 종류 중 부동의 의미를 가장 바르게 설명한 것은? (계측-5)

① 가스가 크랭크축이 녹슬거나 밸브와 밸브 시트가 타르(tar) 점착 등으로 통과하지 않는다.
② 가스의 누출로 통과하거나 정상적으로 미터가 작동하지 않아 부정확한 양만 측정된다.
③ 가스가 미터는 통과하나 계량막의 파손, 밸브의 탈락 등으로 미터지침이 작동하지 않는 것이다.
④ 날개나 조절기에 고장이 생겨 회전장치에 고장이 생긴 것이다.

부동의 원인
㉠ 계량막의 파손
㉡ 밸브의 탈락
㉢ 밸브와 밸브시트 사이 누설
㉣ 지시장치 기어의 불량

71 유기화합물의 분리에 가장 적합한 기체 크로마토그래피의 검출기는? (계측-13)

① FID ② FPD
③ ECD ④ TCD

72 아르키메데스 부력의 원리를 이용한 액면계는?

① 기포식 액면계
② 차압식 액면계
③ 정전용량식 액면계
④ 편위식 액면계

73 10호의 가스미터로 1일 4시간씩 20일간 가스미터가 작동하였다면, 이때 총 최대 가스 사용량은 얼마인가? (단, 압력차 수주는 30mmH_2O이다.)

① 400L ② 800L
③ $400m^3$ ④ $800m^3$

$4\times20\times10=800m^3$

74 추량식 가스미터로 분류되는 것은? (계측-6)

① 습식형 ② 루트형
③ 막식형 ④ 터빈형

75 차압식 유량계에서 압력차가 처음보다 2배 커지고 관의 지름이 1/2로 되었다면, 나중 유량(Q_2)과 처음 유량(Q_1)과의 관계로 옳은 것은? (단, 나머지 조건은 모두 동일하다.)

① $Q_2=0.25$ ② $Q_2=0.35$
③ $Q_2=0.71$ ④ $Q_2=1.41$

$$Q_1=\frac{\pi}{4}D^2\sqrt{2gH}$$

$$Q_2=\frac{\pi}{4}\left(\frac{D}{2}\right)^2\sqrt{2g\cdot 2H}$$

$$\frac{Q_2}{Q_1}=\frac{\frac{\pi}{4}\cdot\frac{D^2}{4}\cdot\sqrt{2}\cdot\sqrt{2gH}}{\frac{\pi}{4}D^2\sqrt{2gH}}=\frac{Q_2}{Q_1}=\frac{1}{4}\times\sqrt{2}$$

$$\therefore\ Q_2=\frac{\sqrt{2}}{4}Q_1=0.35Q_1$$

76 MAX $2.0m^3$/h, 0.6L/rev라 표시되어 있는 가스미터가 1시간당 40회전하였다면 가스 유량은?

① 12L/hr ② 24L/hr
③ 48L/hr ④ 80L/hr

$Q=0.6\text{L/rev}\times40\text{rev/hr}=24\text{L/hr}$

77 기체 크로마토그래피에 대한 설명으로 틀린 것은?

① 액체 크로마토그래피보다 분석속도가 빠르다.
② 칼럼에 사용되는 액체 정지상은 휘발성이 높아야 한다.
③ 운반기체로서 화학적으로 비활성인 헬륨을 주로 사용한다.
④ 다른 분석기기에 비하여 감도가 뛰어나다.

정답 70.③ 71.① 72.④ 73.④ 74.④ 75.② 76.② 77.②

78 전기저항 온도계의 온도 검출용 측온저항체의 재료로 비례성이 좋으나, 고온에서 산화되며, 사용온도 범위가 0~120℃ 정도인 것은? (계측-22)

① 백금
② 니켈
③ 구리
④ 서미스터(thermistor)

79 2차 압력계이며, 탄성을 이용하는 대표적인 압력계는?

① 부르돈관 압력계
② 자유피스톤형 압력계
③ 마크레오드식 압력계
④ 피스톤식 압력계

80 진동이 일어나는 장치의 진동을 억제시키는 데 가장 효과적인 제어동작은?

① 뱅뱅 동작 ② 미분 동작
③ 비례 동작 ④ 적분 동작

정답 78.③ 79.① 80.②

CBT 기출복원문제

2021년 산업기사 제4회 필기시험 (2021년 9월 5일 시행)

01 가스산업기사	수험번호 : 수험자명 :	※ 제한시간 : 120분 ※ 남은시간 :
글자 크기 100% 150% 200% 화면 배치	전체 문제 수 : 안 푼 문제 수 :	답안 표기란 ① ② ③ ④

제1과목 연소공학

01 등심연소 시 화염의 길이에 대하여 옳게 설명한 것은?

① 공기온도가 높을수록 길어진다.
② 공기온도가 낮을수록 길어진다.
③ 공기유속이 높을수록 길어진다.
④ 공기유속 및 공기온도가 낮을수록 길어진다.

등심연소(Wick Combustion) : 일명 심지연소라고 하며 램프 등과 같이 연료를 심지로 빨아올려 심지의 표면에서 연소시키는 것으로 공기온도가 높을수록 화염의 길이가 길어진다.

02 연료와 공기를 인접한 2개의 분출구에서 각각 분출시켜 양자의 계면에서 연소를 일으키는 형태는?

① 분무연소 ② 확산연소
③ 액면연소 ④ 예혼합연소

03 연소 지배인자로만 바르게 나열한 것은?

① 산소와의 혼합비, 산소농도, 반응계 온도
② 웨버지수, 기체상수, 밀도계수
③ 착화에너지, 기체상수, 밀도계수
④ 발열반응, 웨버지수, 기체상수

해설

연소속도를 지배하는 인자(연료와 산화제의 혼합비, 압력, 온도, 촉매, 산소의 농도)

04 폭굉을 일으킬 수 있는 기체가 파이프 내에 있을 때 폭굉 방지 및 방호에 대한 설명으로 옳지 않은 것은?

① 파이프의 지름 대 길이의 비는 가급적 작도록 한다.
② 파이프라인에 오리피스 같은 장애물이 없도록 한다.
③ 파이프라인에 장애물이 있는 곳은 가급적이면 축소한다.
④ 공정라인에서 회전이 가능하면 가급적 완만한 회전을 이루도록 한다.

해설

파이프라인을 축소 시 폭굉거리가 짧아져서 폭굉이 빨리 일어난다.

05 폭발한계(폭발범위)에 영향을 주는 요인으로 가장거리가 먼 것은?

① 온도 ② 압력
③ 산소량 ④ 발화지연시간

06 산소가 20℃, $5m^3$의 탱크 속에 들어있다. 이 탱크의 압력이 $10kgf/cm^2$이라면 산소의 질량은 약 몇 kg인가? (단, 기체상수 R은 848kg · m/kmol · K이다.)

① 0.65 ② 1.6
③ 55 ④ 65

$$G=\frac{PV}{RT}=\frac{10\times10^4\text{kg/m}^2}{\frac{848}{32}\times(273+20)}=64.39=65\text{kg}$$

정답 01.① 02.② 03.① 04.③ 05.④ 06.④

07 고체연료의 탄화도가 높은 경우 발생하는 현상이 아닌 것은? (연소-28)

① 휘발분이 감소한다.
② 수분이 감소한다.
③ 연소속도가 빨라진다.
④ 착화온도가 높아진다.

08 1kg의 공기를 20℃, 1kgf/cm^{2}인 상태에서 일정압력으로 가열팽창시켜 부피를 처음의 5배로 하려고 한다. 이 때 필요한 온도 상승은 약 몇 ℃인가?

① 1172 ② 1292
③ 1465 ④ 1561

$\frac{V_1}{T_1}=\frac{V_2}{T_2}$ 에서

$T_2=\frac{(273+20)\times 5V_1}{V_1}=1465\text{K}=1192$

∴ 상승온도 1192－20＝1172℃

09 다음 중 화염의 색에 따른 불꽃의 온도가 낮은 것에서 높은 것의 순서로 바르게 나타낸 것은? (연소-6)

① 암적색 → 황적색 → 적색 → 백적색 → 휘백색
② 암적색 → 적색 → 백적색 → 황적색 → 휘백색
③ 암적색 → 백적색 → 적색 → 황적색 → 휘백색
④ 암적색 → 적색 → 황적색 → 백적색 → 휘백색

10 용기 내부에서 폭발성 혼합가스의 폭발이 일어날 경우에 용기가 폭발압력에 견디고 외부의 폭발성 분위기에 불꽃이 전파되는 것을 방지하도록 한 방폭구조는? (안전-13)

① 압력방폭구조
② 내압방폭구조
③ 유입방폭구조
④ 안전증방폭구조

11 가연성 가스의 폭발범위에 대한 설명으로 옳은 것은?

① 폭굉에 의한 폭풍이 전달되는 범위를 말한다.
② 폭굉에 의하여 피해를 받는 범위를 말한다.
③ 공기 중에서 가연성 가스가 연소할 수 있는 가연성 가스의 농도범위를 말한다.
④ 가연성 가스와 공기의 혼합기체가 연소하는데 있어서 혼합기체의 필요한 압력범위를 말한다.

12 다음 가스 중 비중이 가장 큰 것은?

① 메탄 ② 프로판
③ 염소 ④ 이산화탄소

분자량 메탄(16g), 프로판(44g), 염소(71g), 이산화탄소(44g)

13 다음 가스가 같은 조건에서 같은 질량이 연소할 때 발열량(kcal/kg)이 가장 높은 것은?

① 수소
② 메탄
③ 프로판
④ 아세틸렌

발열량(kcal/kg)

가스명	발열량	
	kcal/kg	kcal/Nm^3
수소(H_2)	34000	3050
메탄(CH_4)	13340	9530
프로판(C_3H_8)	12000	24000
아세틸렌(C_2H_2)	6065	7040

14 다음 중 시강 특성에 해당하지 않는 것은?

① 부피 ② 온도
③ 압력 ④ 몰분율

시강 특성
㉠ 정의 : 양의 많고 적어짐에도 변하지 않는 물리량
㉡ 종류 : 농도, 온도, 압력, 몰분율 밀도

정답 07.③ 08.① 09.④ 10.② 11.③ 12.③ 13.① 14.①

15 가연성 물질의 인화 특성에 대한 설명으로 틀린 것은?

① 증기압을 높게 하면 인화위험이 커진다.
② 연소범위가 넓을수록 인화위험이 커진다.
③ 비점이 낮을수록 인화위험이 커진다.
④ 최소점화에너지가 높을수록 인화위험이 커진다.

최소점화에너지 : 반응에 필요한 최소한의 에너지로서 적을수록 인화발열의 위험이 크다.

16 공업적으로 액체연료 연소에 가장 효율적인 연소방법은? (연소-2)

① 액적연소 ② 표면연소
③ 분해연소 ④ 분무연소

17 다음 반응 중 화학폭발의 원인과 관련이 가장 먼 것은?

① 압력폭발 ② 중합폭발
③ 분해폭발 ④ 산화폭발

㉠ 물리적 폭발 : 압력폭발, 증기폭발
㉡ 화학적 폭발 : 분해폭발, 산화폭발, 화합폭발, 중합폭발, 촉매폭발

18 76mmHg, 23℃에서 수증기 $100m^3$의 질량은 얼마인가? (단, 수증기는 이상기체 거동을 한다고 가정한다.)

① 0.74kg ② 7.4kg
③ 74kg ④ 740kg

$$W=\frac{PVM}{RT}=\frac{\frac{76}{760}\times 100\times 18}{0.082\times(273+23)}=7.41\text{kg}$$

19 상용의 상태에서 가연성 가스가 체류해 위험하게 될 우려가 있는 장소를 무엇이라 하는가? (연소-14)

① 0종 장소 ② 1종 장소
③ 2종 장소 ④ 3종 장소

20 다음 중 폭굉유도거리(DID)가 짧아지는 요인은? (연소-1)

① 압력이 낮을수록
② 관의 직경이 작을수록
③ 점화원의 에너지가 작을수록
④ 정상연소속도가 느린 혼합가스일수록

폭굉유도거리가 짧아지는 조건(폭굉이 빨리 일어나는 조건)
㉠ 정상연소속도가 큰 혼합가스일수록
㉡ 관속에 방해물이 있거나 관경이 가늘수록
㉢ 압력이 높을수록
㉣ 점화원의 에너지가 클수록

제2과목 가스설비

21 LNG 인수기지에서 사용되고 있는 기화기 중 간헐적으로 평균수요를 넘을 경우 그 수요를 충족(Peak Saving용)시키는 목적으로 주로 사용하는 것은? (설비-14)

① Open rack vaporizer
② Intermediate fluid vaporizer
③ 전기가압식 기화기
④ Submerged vaporizer

22 다음 중 금속피복방법이 아닌 것은?

① 용융도금법
② 클래딩법
③ 전기도금법
④ 희생양극법

희생양극법 : 전기방식법의 종류

23 원심압축기의 특징에 대한 설명으로 옳은 것은? (설비-35)

① 효율이 높다.
② 무 급유식이다.
③ 기체의 비중에 큰 영향을 받지 않는다.
④ 감속장치가 필요하다.

정답 15.④ 16.④ 17.① 18.② 19.② 20.② 21.④ 22.④ 23.②

24 관내부의 마찰계수가 0.002, 길이 100m, 관의 내경 40mm, 평균유속 1m/s, 중력가속도 9.8m/s^{2}일 때 마찰에 의한 수두손실은 약 몇 m인가?

① 0.0102 ② 0.102
③ 1.02 ④ 10.2

㉠ 달시바이스 바하의 마찰손실수두

$$h_f = \lambda \frac{L}{D} \cdot \frac{V^2}{2g}$$

$$= 0.002 \times \frac{100}{0.04} \times \frac{1^2}{2 \times 9.8} = 0.255\text{m}$$

㉡ 패닝의 마찰손실수두

$$h_f = 4\lambda \frac{L}{D} \cdot \frac{V^2}{2g}$$

$$= 4 \times 0.002 \times \frac{100}{0.04} \times \frac{1^2}{2 \times 9.8} = 1.02\text{m}$$

※ 문제의 조건에서 패닝에 의한 마찰손실수두의 식을 사용한다는 전제조건이 붙어야 함. 그러한 조건이 없을 때에는 달시바이스 바하의 식을 이용하는 것이 표준식임.

25 탄소강을 냉간가공하였을 경우 나타나는 성질로 틀린 것은?

① 인장강도 증가
② 단면수축률 감소
③ 피로한도 증가
④ 경도 감소

냉간가공 : 재료의 가공에서 재결정온도보다 더 저온에서 금속을 가공하는 것
㉠ 냉간가공의 증가의 영향으로 가공경화가 일어날 우려가 있음
㉡ 냉간가공 시의 영향(인장강도 증가, 피로한도 증가, 경도 증가, 충격치 · 연신율 · 단면수축률 감소)

26 증기압축기 냉동사이클에서 교축과정이 일어나는 곳은? (설비-16)

① 압축기
② 응축기
③ 팽창밸브
④ 증발기

27 다음 중 어떤 성분을 많이 함유하고 있는 탄소강이 적열취성을 일으키는가?

① B ② P
③ Si ④ S

㉠ 적열취성 : 금속에 S이 존재 시 인장강도, 연신율, 인성이 저하. 이때 생성된 황화철(FeS)이 약간의 온도상승으로 취약하게 되는 성질
㉡ 상온취성 : 금속이 상온 이하로 내려갈 때 충격치가 감소하여 쉽게 파열을 일으키는 성질
㉢ 청열취성 : 탄소강이 300℃ 정도에서 경도와 인장강도가 최대연신율, 단면수축률은 최소되며 이 온도 근처에서 상온보다 약해지는 성질

28 가연성 가스를 충전하는 차량에 고정된 탱크 및 용기에 부착되어 있는 안전밸브의 작동압력으로 옳은 것은? (안전-52)

① 내압시험 압력의 10분의 8 이하
② 내압시험 압력의 1.5배 이하
③ 상용압력의 10분의 8 이하
④ 상용압력의 1.5배 이하

안전밸브 작동압력

㉠ T_P(내압시험압력)$\times \frac{8}{10}$

㉡ F_P(최고충전압력)$\times \frac{5}{3} \times \frac{8}{10}$

㉢ 상용압력$\times 1.5 \times \frac{8}{10}$

29 도시가스 제조에서 사이클링식 접촉분해(수증기개질)법에 사용하는 원료에 대한 설명으로 옳은 것은? (설비-3)

① 천연가스에서 원유에 이르는 넓은 범위의 원료를 사용할 수 있다.
② 석탄 또는 코크스만 사용할 수 있다.
③ 메탄만 사용할 수 있다.
④ 프로판만 사용할 수 있다.

30 부탄의 C/H 중량비는 얼마인가?

① 3 ② 4
③ 4.5 ④ 4.8

정답 24.③ 25.④ 26.③ 27.④ 28.① 29.① 30.④

$$\frac{C_4}{H_{10}} = \frac{12\times4}{1\times10} = 4.8$$

31 버너의 불꽃을 감지하여 정상적인 연소 중에 불꽃이 꺼졌을 때 신속하게 가스를 차단하여 생가스 누출을 방지하는 장치로서 불꽃의 도전성에 의한 정류성을 이용하여 불꽃을 감지하는 방식으로 대용량의 연소기에 사용하는 방식의 연소안전장치는 어느 것인가? (설비-49)

① 열전대식 ② 플레임로드식
③ 광전식 ④ 바이메탈식

32 고압가스 냉동장치의 용어에 대한 설명으로 옳은 것은?

① 냉동능력 : 냉매 1kg이 흡수하는 열량(kcal/kg)
② 체적냉동효과 : 압축기 입구에서 증기(건포화증기)의 체적당 흡열량($kcal/m^3$)
③ 냉동효과 : 1시간에 냉동기가 흡수한 열량(kcal/h)
④ 냉동톤 : 0℃의 물 10톤을 0℃ 얼음으로 냉동시키는 능력

㉠ 냉동능력 : 증발기에서 시간당 흡수하는 열량
㉡ 냉동효과 : 냉매 1kg이 증발기에서 흡수하는 열량
㉢ 냉동톤 : 0℃ 물 1톤을 얼음으로 하루동안 제거하여야 할 열량을 시간당으로 나타낸 값으로 한국 1냉동톤(1RT)=3320kcal/hr으로 정의

$$냉동톤 = \frac{냉동능력}{3320} = \frac{냉동순환량\times냉동효과}{3320}$$

33 배관 내의 마찰저항에 의한 압력손실에 대한 설명으로 옳지 않은 것은? (설비-8)

① 관내경의 5승에 반비례한다.
② 유속의 제곱에 비례한다.
③ 관의 길이에 반비례한다.
④ 유체점도가 크면 압력손실이 커진다.

$$h = \frac{Q^2 \cdot S \cdot L}{K^2 \cdot D^5}$$

압력손실은 유량의 제곱에 비례, 가스 비중에 비례, 관길이에 비례, 관내경의 5승에 반비례한다.

34 작동이 단속적이고 송수량을 일정하게 하기 위하여 공기실을 장치할 필요가 있는 펌프는?

① 기어펌프 ② 원심펌프
③ 축류펌프 ④ 왕복펌프

35 역화방지장치를 설치할 장소로 옳지 않은 곳은? (안전-91)

① 가연성 가스를 압축하는 압축기와 오토크레이브사이
② 아세틸렌 충전용지관
③ 가연성 가스를 압축하는 압축기와 저장탱크사이
④ 아세틸렌의 고압건조기와 충전용 교체밸브사이

36 프로판 20kg이 내용적 50L의 용기에 들어 있다. 이 프로판을 매일 $0.5m^3$씩 사용한다면 약 며칠을 사용할 수 있겠는가? (단, 25℃, 1atm기준이며, 이상기체로 가정한다.)

① 22 ② 31
③ 35 ④ 45

$$\frac{20}{44}\times22.4m^2\times\frac{(273+25)}{273}\div0.5m^2/일 = 22.22일$$

37 총 발열량이 $10000kcal/Sm^3$, 비중이 1.2인 도시가스의 웨버지수는? (안전-57)

① 8333 ② 9129
③ 10954 ④ 12000

$$W = \frac{H}{\sqrt{d}} = \frac{10000}{\sqrt{1.2}} = 9128.70$$

정답 31.② 32.② 33.③ 34.④ 35.③ 36.① 37.②

38 프로판의 비중을 1.5로 하면 입상관의 높이가 20m인 경우 압력손실(mmH_2O)은? (설비-8)

① 1.293 ② 12.93
③ 129.3 ④ 1293

$h = 1.293 \times (1.5-1) \times 20 = 12.93$m

39 배관의 스케줄 번호를 정하기 위한 식은? (단, P는 사용압력(kg/cm^2), S는 허용응력(kg/mm^2)이다.) (설비-13)

① $10 \times \frac{P}{S}$ ② $10 \times \frac{S}{P}$
③ $1000 \times \frac{P}{S}$ ④ $1000 \times \frac{S}{P}$

㉠ $10 \times \frac{P}{S}$ $[P(kg/cm^2),\ S(kg/mm^2)]$
㉡ $1000 \times \frac{P}{S}$ $[P(kg/cm^2),\ S(kg/mm^2)]$

40 펌프의 공동현상(cavitation) 방지법으로 틀린 것은? (설비-9)

① 흡입양정을 짧게 한다.
② 양흡입 펌프를 사용한다.
③ 흡입 비교회전도를 크게 한다.
④ 회전차를 물속에 완전히 잠기게 한다.

제3과목 가스안전관리

41 지상에 설치된 저장 탱크 중 저장능력 몇 톤 이상인 저장 탱크에 폭발방지장치를 설치하여야 하는가? (안전-82)

① 10톤 ② 20톤
③ 50톤 ④ 100톤

42 용기의 종류별 부속품의 기호로서 틀린 것은 어느 것인가? (안전-64)

① 아세틸렌 : AG
② 압축가스 : PG
③ 액화가스 : LP
④ 초저온 및 저온 : LT

43 메탄이 주성분인 가스는?

① 프로판가스 ② 천연가스
③ 나프타가스 ④ 수성가스

44 다음 중 분해폭발(分解爆發)을 일으키는 가스가 아닌 것은? (설비-18)

① 아세틸렌 ② 에틸렌
③ 산화에틸렌 ④ 메탄가스

45 독성 가스의 처리설비로서 1일 처리능력이 15000m^3인 저장시설과 21m 이상 이격하지 않아도 되는 보호시설은? (안전-9)

① 학교
② 도서관
③ 수용능력이 15인 이상인 아동복지시설
④ 수용능력이 300인 이상인 교회

③ 수용능력 20인 이상 아동복지시설이 1종

46 밸브가 돌출한 용기를 용기보관소에 보관하는 경우 넘어짐 등으로 인한 충격 및 밸브의 손상을 방지하기 위한 조치를 하지 않아도 되는 용기의 내용적의 기준은? (안전-111)

① 1L 이하
② 3L 이하
③ 5L 이하
④ 10L 이하

47 다음 중 저장량이 각각 1000톤인 LP가스 저장탱크 2기에서 발생할 수 있는 사고와 상해 발생 Mechanism으로 적절하지 않은 것은? (연소-9)

① 누출 → 화재 → BLEVE → Fireball → 복사열 → 화상
② 누출 → 증기운 확산 → 증기운 폭발 → 폭발과압 → 폐출혈
③ 누출 → 화재 → BLEVE → Fireball → 화재확대 → BLEVE
④ 누출 → 증기운 확산 → BLEVE → Fireball → 화상

정답 38.② 39.① 40.③ 41.① 42.③ 43.② 44.④ 45.③ 46.③ 47.④

48 차량에 고정된 탱크로 고압가스를 운반할 때의 기준으로 틀린 것은? (안전-33)

① 차량의 앞뒤 보기 쉬운 곳에 각각 붉은 글씨로 "위험고압가스"라는 경계표시를 하여야 한다.
② 수소 및 산소 탱크의 내용적은 1만 8천L를 초과하지 아니하여야 한다.
③ 염소 탱크의 내용적은 1만 5천L를 초과하지 아니하여야 한다.
④ 액화가스를 충전하는 탱크는 그 내부에 방파판 등을 설치한다.

49 다음 중 아세틸렌가스 충전 시 희석제로 적합한 것은? (설비-42)

① N_2　　② C_3H_8
③ SO_2　　④ H_2

C2H2 희석제(C_2H_2을 2.5MPa 이상으로 충전 시 첨가) : N_2, CH_4, CO, C_2H_4

50 저장 탱크에 의한 액화석유가스 저장소에서 지상에 설치하는 저장 탱크 및 그 받침대에는 외면으로부터 몇 m 이상 떨어진 위치에서 조작할 수 있는 냉각장치를 설치하여야 하는가?

① 2m　　② 5m
③ 8m　　④ 10m

냉각살수장치
㉠ 조작위치 : 저장 탱크 및 받침대 외면 5m 이상 떨어진 위치
㉡ 표면적 $1m^2$당 방사량 5L/min(준내화구조의 탱크 : 2.5L/min)

참고 물분무장치 : 15m 이상 떨어진 위치

51 다음 가스용품 중 합격표시를 각인으로 하여야 하는 것은?

① 배관용밸브
② 전기절연 이음관
③ 강제혼합식 가스버너
④ 금속플렉시블 호스

가스용품의 합격표시
㉠ 각인 : 배관용 밸브
㉡ 검사 증명서 부착
- 15mm×15mm 크기의 검사증명서 : 압력조정기, 가스누출 자동차단장치, 콕, 전기절연이음관, 이형질 이음관, 퀵커플러
- 30mm×30mm 크기의 검사증명서 : 연료전지, 강제혼합식 버너, 연소기
- 20mm×16mm 크기의 검사증명서 : 고압호스, 염화비닐 호스, 금속플렉시블 호스

52 자연기화방식에 의한 가스발생 설비를 설치하여 가스를 공급할 때 피크 시의 평균 가스 수요량은 얼마인가? (단, 1月은 30일로 한다.)

- 공급 세대수 : 140세대
- 피크월(月) 세대당 평균가스 수요량 : 27kg/月
- 피크 일(日)률 : 120%
- 최고 피크 시(時)율 : 25%
- 피크 시(時)율 : 16%

① 12kg/시　　② 24kg/시
③ 32kg/시　　④ 44kg/시

$$Q = q \times N \times \eta = \frac{27}{30} \times 140 \times 0.16 \times 1.2 = 24.192\text{kg/h}$$

53 고압가스안전관리법의 공급자의 안전점검 기준에 따라 공급자는 가스공급 시 마다 해당 시설에 대한 점검을 실시하고 주기적으로 정기점검을 실시하여야 한다. 이 때 정기점검을 실시한 후 작성한 기록은 몇 년간 보존하여야 하는가?

① 2년　　② 3년
③ 5년　　④ 영구

54 에어졸의 충전 기준에 적합한 용기의 내용적은 몇 L 미만이어야 하는가? (안전-70)

① 1　　② 2
③ 3　　④ 5

정답 48.③ 49.① 50.② 51.① 52.② 53.① 54.①

55 액화석유가스 설비의 가스안전사고방지를 위한 기밀시험 시 사용이 부적합한 가스는?

① 공기 ② 탄산가스
③ 질소 ④ 산소

56 우리나라는 1970년부터 시범적으로 동부이촌동의 3000가구를 대상으로 LPG/AIR 혼합방식의 도시가스를 공급하기 시작하였다. LPG에 AIR를 혼합하는 주된 이유는?

① 가스의 가격을 올리기 위해서
② 재액화를 방지하고 발열량을 조정하기 위해서
③ 공기로 LPG 가스를 밀어내기 위해서
④ 압축기로 압축하려면 공기를 혼합해야 하므로

해설
공기혼합가스의 목적
㉠ 발열량 조절
㉡ 재액화 방지
㉢ 연소효율 증대
㉣ 누설 시 손실 감소

57 시안화수소의 충전 시 주의사항의 기준으로 틀린 것은?

① 용기에 충전하는 시안화수소의 순도는 99% 이상이어야 한다.
② 아황산가스 또는 황산을 안정제로 첨가하여야 한다.
③ 충전한 용기는 24시간 이상 정치하여야 한다.
④ 질산구리벤젠 시험지로 1일 1회 이상 가스누출검사를 한다.

시안화수소의 순도 98% 이상

58 가연성 가스의 위험성에 대한 설명으로 틀린 것은?

① 온도, 압력이 높을수록 위험성이 커진다.
② 폭발한계 밖에서는 폭발의 위험성이 적다.
③ 폭발한계가 넓을수록 위험하다.
④ 폭발한계가 좁고, 하한이 낮을수록 위험성이 적다.

하한이 높을수록 위험성이 적다.

59 액화석유가스 집단공급사업 허가 대상인 것은? (안전-92)

① 70개소 미만의 수요자에게 공급하는 경우
② 전체 수용가구수가 100세대 미만인 공동주택의 단지 내인 경우
③ 시장 또는 군수가 집단공급사업에 의한 공급이 곤란하다고 인정하는 공공주택단지에 공급하는 경우
④ 고용주가 종업원의 후생을 위하여 사원주택 · 기숙사 등에게 직접 공급하는 경우

60 가스보일러의 급배기방식 중 연소용 공기는 옥내에서 취하고, 연소배기가스는 배기용 송풍기를 사용하여 강제로 옥외로 배출하는 방식은? (안전-93)

① 자연급 · 배기식
② 자연배기식(CF식)
③ 강제배기식(FE식)
④ 강제급배기식(FF식)

제4과목 가스계측기기

61 플로트(Float)형 액위(Level)측정 계측기기의 종류에 속하지 않는 것은?

① 도르래식 ② 차동변압식
③ 전기저항식 ④ 다이어프램식

62 파이프나 조절밸브로 구성된 계는 어떤 공정에 속하는가?

① 유동공정 ② 1차계 액위공정
③ 데드타임공정 ④ 적분계 액위공정

정답 55.④ 56.② 57.① 58.④ 59.② 60.③ 61.④ 62.①

63 아황산가스의 흡수제 및 중화제로 사용되지 않는 것은? (안전-44)

① 가성소다 ② 탄산소다
③ 물 ④ 염산

64 가스미터에 0.3L/rev의 표시가 의미하는 것은?

① 사용최대유량이 0.3L이다.
② 계량실의 1주기 체적이 0.3L이다.
③ 사용최소유량이 0.3L이다.
④ 계량실의 흐름속도가 0.3L이다.

65 다음의 제어동작 중 비례적분동작을 나타낸 것은?

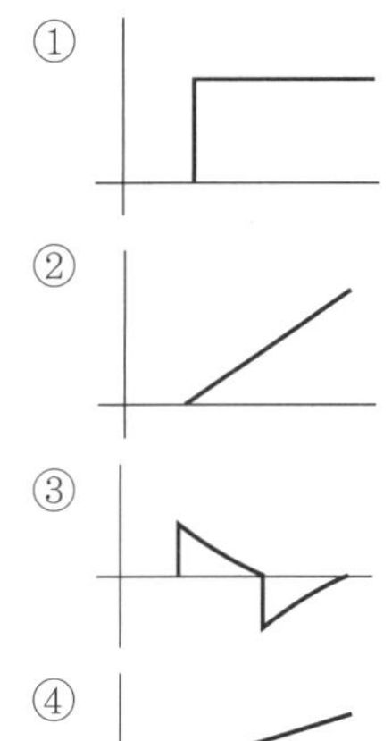

66 부르돈관 압력계의 호칭크기를 결정하는 기준은?

① 눈금판의 바깥지름(mm)
② 눈금판의 안지름(mm)
③ 지침의 길이(mm)
④ 바깥틀의 지름(mm)

67 벤투리 유량계의 특성에 대한 설명으로 틀린 것은?

① 내구성이 좋다.
② 압력손실이 적다.
③ 침전물의 생성우려가 적다.
④ 좁은 장소에 설치할 수 있다.

벤투리 유량계 : 경사가 완만한 관에 의하여 교축 압력손실이 적고, 가격이 고가이고, 설치면적을 요한다.

68 다음 중 기본단위가 아닌 것은?

① 길이 ② 광도
③ 물질량 ④ 밀도

해설

기본단위 : 길이(m), 질량(kg), 시간(sec), 전류(A), 온도(K), 광도(cd), 물질량(mol)

69 막식 가스미터에서 계량막이 신축하여 계량실 부피가 변화하거나 막에서의 누출, 밸브시트 사이에서의 누출 등이 원인이 되어 발생하는 고장의 형태는? (계측-5)

① 감도 불량 ② 기차 불량
③ 부동 ④ 불통

70 온도 25℃, 기압 760mmHg인 대기 속의 풍속을 피토관으로 측정하였더니 전압(全壓)이 대기압보다 40mmH_2O 높았다. 이 때 풍속은 약 몇 m/s인가? (단, 피스톤 속도계수(C)는 0.9, 공기의 기체상수(R)은 29.27kgf · m/kg · K이다.)

① 17.2 ② 23.2
③ 32.2 ④ 37.4

$$V = C\sqrt{2g \times \frac{P}{\gamma}}$$

$$= 0.9 \times \sqrt{2 \times 9.8 \times \frac{40}{1.184528}} = 23.15\text{m/s}$$

참고 $\gamma = \frac{P}{RT}$

$$= \frac{10332}{29.27 \times (273 + 15)} = 1.184528\text{kg/m}^3$$

71 다음 중 비중이 가장 큰 가스는?

① CH_4 ② O_2
③ C_2H_2 ④ CO

해설

CH_4(16g), O_2(32g), C_2H_2(26g), CO(28g)

정답 63.④ 64.② 65.④ 66.① 67.④ 68.④ 69.② 70.② 71.②

72 계통적 오차(systematic error)에 해당되지 않는 것은? (계측-2)

① 계기오차　② 환경오차
③ 이론오차　④ 우연오차

73 Block 선도의 등가변환에 해당하는 것만으로 짝지어진 것은?

① 전달요소 결합, 가합점 치환, 직렬결합, 피드백 치환
② 전달요소 치환, 인출점 치환, 병렬결합, 피드백 결합
③ 인출점 치환, 가합점 결합, 직렬결합, 병렬결합
④ 전달요소 이동, 가합점 결합, 직렬결합, 피드백 결합

해설
블록선도의 등가변환 : 복잡한 블록선도의 블록수를 줄여 간단하게 변환하는 것으로 직렬결합, 병렬결합, 피드백 결합, 인출점 치환, 전달요소 치환 등이 있다.

74 비례적분미분 제어동작에서 큰 시정수가 있는 프로세스제어 등에서 나타나는 오버슈트(OverShoot)를 감소시키는 역할을 하는 동작은? (계측-4)

① 적분동작
② 미분동작
③ 비례동작
④ 뱅뱅동작

해설
㉠ 오버슈트 : 과도기간 중 응답이 목표값을 넘어가는 오차
㉡ 적분동작(I) : 적분값의 크기에 비례하여 조작부 제어 오프셋을 소멸시키지만 진동이 발생
㉢ 비례동작(PI) : 검출값 편차의 크기에 비례하여 조작부를 제어하는 것으로 정상오차를 수반한다. 사이클링은 없으나 오프셋을 일으킨다.
㉣ 미분동작(D) : 제어오차가 검출될 때 오차가 변화하는 속도에 비례하여 조작량을 가감하는 동작으로 어떤 제어동작에서 오버슈트 등을 감소시켜 안정도를 증가시키는 제어특성이 있다.

75 다음 중 열전대에 대한 설명으로 틀린 것은? (계측-9)

① R 열전대의 조성은 백금과 로듐이며, 내열성이 강하다.
② K 열전대는 온도와 기전력의 관계가 거의 선형적이며, 공업용으로 널리 사용된다.
③ J 열전대는 철과 콘스탄탄으로 구성되며, 산에 강하다.
④ T 열전대는 저온계측에 주로 사용된다.

76 신호의 전송방법 중 유압전송방법의 특징에 대한 설명으로 틀린 것은? (계측-4)

① 조작력이 크고, 전송지연이 적다.
② 전송거리가 최고 300m이다.
③ 파이럿 밸브식과 분사관식이 있다.
④ 내식성, 방폭이 필요한 설비에 적당하다.

77 초산납을 물에 용해하여 만든 가스 시험지는?

① 리트머스지
② 연당지
③ KI-전분지
④ 초산벤젠지

연당지(초산납 시험지) : 황화수소를 검출하는데 사용

78 다음 중 가스분석방법이 아닌 것은?

① 흡수분석법
② 연소분석법
③ 용량분석법
④ 기기분석법

가스분석방법
흡수분석법, 연소분석법, 화학분석법, 기기분석법

79 다음 중 추량식 가스미터는? (계측-6)

① 막식　② 오리피스식
③ 루트식　④ 습식

정답 72.④ 73.② 74.② 75.③ 76.④ 77.② 78.③ 79.②

80 다음 중 분리분석법은?

① 광흡수분석법
② 전기분석법
③ Polarography
④ Chromatography

가스 크로마토그래피(Gas Chromatography) : 기기분석법의 종류이며, 색소를 머무르게 하는 고정상 색소를 이동시키는 성질이 있는 이동상의 2종류상이 있으며, 시료 중에 있는 혼합성분들을 운반기체에 의해 분리관을 통하여 운반, 분리 및 분석으로 각 성분을 검출·기록하므로 분리분석방법이 이용되는 분석기이다.

정답 80.④

HAPPY GAS
GAS

CBT 기출복원문제

2022년 산업기사 제1회 필기시험 (2022년 3월 2일 시행)

01 가스산업기사	수험번호 : 수험자명 :	※ 제한시간 : 120분 ※ 남은시간 :
글자 크기 100% 150% 200% 화면 배치	전체 문제 수 : 안 푼 문제 수 :	답안 표기란 ① ② ③ ④

제1과목 연소공학

01 다음 중 압력이 0.1MPa, 체적이 $3m^3$인 273.15K의 공기가 이상적으로 단열압축되어 그 체적이 1/3로 되었다. 엔탈피의 변화량은 약 몇 kJ인가? (단, 공기의 기체상수는 0.287kJ/kg · K, 비열비는 1.4이다.)

① 480 ② 580
③ 680 ④ 780

단열압축 엔탈피 변화량
$\Delta H = GC_P(T_2 - T_1)$이므로

㉠ $G = \dfrac{PV}{RT}$에서

$= \dfrac{0.1 \times 10^3 \text{kN/m}^2 \times 3\text{m}^3}{0.287\text{kJ/kg} \cdot \text{K} \times 273.15}$

$= 3.82682\text{kg}$

㉡ 단열변화 $\dfrac{T_2}{T_1} = \left(\dfrac{V_1}{V_2}\right)^{K-1}$ 에서

$T_2 = T_1 \times \left(\dfrac{V_1}{V_2}\right)^{K-1} = 273.15 \times \left(\dfrac{3}{1}\right)^{1.4-1}$

$= 423.8866$

$\therefore \Delta H = GC_P(T_2 - T_1)$

$= 3.82682 \times \dfrac{1.4}{1.4-1} \times 0.287$

$\times (423.8866 - 273.15)$

$= 579.43 \fallingdotseq 580\text{kJ}$

02 기체가 내부압력 0.05MPa, 체적 $2.5m^3$의 상태에서 압력 1MPa, 체적이 $0.3m^3$의 상태로 변하였을 때 1kg당 엔탈피 변화량은 약 몇 kJ인가? (단, 이 과정 중에 내부에너지 변화량은 일정하다.)

① 165 ② 170
③ 175 ④ 180

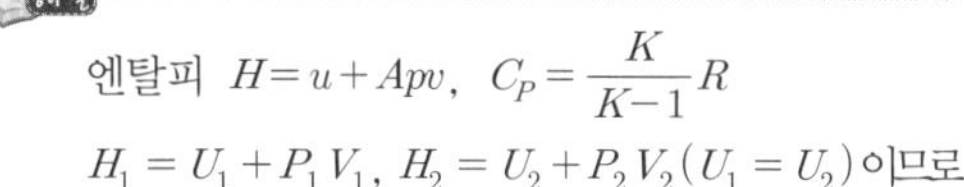

엔탈피 $H = u + Apv$, $C_P = \dfrac{K}{K-1}R$

$H_1 = U_1 + P_1V_1$, $H_2 = U_2 + P_2V_2 (U_1 = U_2)$이므로

$\Delta H = H_2 - H_1$

$= (P_2V_2 - P_1V_1)$

$= (1 \times 10^3 \text{kN/m}^3 \times 0.3\text{m}^3 - 0.05 \times 10^3 \text{kN/m}^2 \times 2.5\text{m}^3)$

$= 175\text{kN} \cdot \text{m} = 175\text{kJ}$

03 기상폭발 발생을 예방하기 위한 대책으로 옳지 않은 것은?

① 환기에 의해 가연성 기체의 농도 상승을 억제한다.
② 집진장치 등으로 분진 및 분무의 퇴적을 방지한다.
③ 휘발성 액체를 불활성 기체와의 접촉을 피하기 위해 공기로 차단한다.
④ 반응에 의해 가연성 기체의 발생 가능성을 검토하고, 반응을 억제하거나 또는 발생한 기체를 밀봉한다.

04 다음 중 연소폭발을 방지하기 위한 방법이 아닌 것은?

① 가연성 물질의 제거
② 조연성 물질의 혼입차단
③ 발화원의 소거 또는 억제
④ 불활성 가스 제거

정답 01.② 02.③ 03.③ 04.④

05 프로판 30vol% 및 부탄 70vol%의 혼합가스 1L가 완전연소하는 데 필요한 이론공기량은 약 몇 L인가? (단, 공기 중 산소농도는 20%로 한다.)

① 10　② 20
③ 30　④ 40

$C_3H_8 + 5O_2 \rightarrow 3CO_2 + 4H_2O$
$C_4H_{10} + 6.5O_2 \rightarrow 4CO_2 + 5H_2O$
$\therefore\ (5 \times 0.3 + 6.5 \times 0.7) \times \frac{1}{0.2} = 30.25\text{L}$

06 자연현상을 판명해 주고, 열이동의 방향성을 제시해 주는 열역학 법칙은? (설비-40)

① 제0법칙　② 제1법칙
③ 제2법칙　④ 제3법칙

열역학의 법칙
㉠ 0법칙 : 열평형의 법칙
㉡ 1법칙 : 에너지 보존(이론)적인 법칙
㉢ 2법칙 : 열이동 방향성의 법칙(100% 효율을 가진 것은 불가능)
㉣ 3법칙 : 어떠한 열기관을 이용하더라도 절대온도를 0으로 만들 수 없다.

07 비중(60/60℉)이 0.95인 액체연료의 API도는?

① 15.45　② 16.45
③ 17.45　④ 18.45

$\text{API} = \frac{141.5}{\text{비중}} - 131.5 = \frac{141.5}{0.95} - 131.5 = 17.45$

08 밀폐된 용기 내에 1atm, 27℃ 프로판과 산소가 부피비로 1 : 5의 비율로 혼합되어 있다. 프로판이 다음과 같이 완전연소하여 화염의 온도가 1000℃가 되었다면 용기 내에 발생하는 압력은 얼마가 되겠는가?

$C_3H_8 + 5O_2 \rightarrow 3CO_2 + 4H_2O$

① 1.95atm　② 2.95atm
③ 3.95atm　④ 4.95atm

$C_3H_8 + 5O_2 \rightarrow 3CO_2 + 4H_2O$
$V_1 = V_2 = \frac{n_1 R_1 T_1}{P_1} = \frac{n_2 R_2 T_2}{P_2}$ 이므로
$\therefore\ P_2 = \frac{P_1 n_2 T_2}{n_1 T_1} = \frac{1 \times 7 \times 1273}{6 \times 300} = 4.95\text{m}$

09 정상운전 중에 가연성 가스의 점화원이 될 전기불꽃, 아크 등의 발생을 방지하기 위하여 기계적, 전기적 구조상 또는 온도상승에 대해서 안전도를 증가시킨 방폭구조는? (안전-13)

① 내압방폭구조
② 압력방폭구조
③ 안전증방폭구조
④ 본질안전방폭구조

10 다음 중 고체연료의 착화에 대한 설명으로 옳은 것은?

① 고체연료의 착화에서 노벽온도가 높을수록 착화지연시간은 짧아진다.
② 고체연료의 착화에서 노벽온도가 낮을수록 착화지연시간은 짧아진다.
③ 고체연료의 착화에서 노벽온도가 높을수록 착화지연시간은 일정하다.
④ 고체연료의 착화에서 노벽온도와 착화지연시간은 무관하다.

11 다음 중 보일-샤를의 법칙을 바르게 표시한 것은? (설비-2)

① $PV = C$(일정)　② $\frac{T}{PV} = C$(일정)
③ $\frac{PV}{T} = C$(일정)　④ $\frac{TV}{P} = C$(일정)

12 100℃의 수증기 1kg이 100℃의 물로 응결될 때 수증기 엔트로피 변화량은 몇 kJ/K인가? (단, 물의 증발잠열은 2256.7kJ/kg이다.)

① −4.87　② −6.05
③ −7.24　④ −8.67

정답 05.③ 06.③ 07.③ 08.④ 09.③ 10.① 11.③ 12.②

해설

$$\Delta S=\frac{dQ}{T}=\frac{2256.7\left(\frac{kJ}{kg}\right)\times 1kg}{(273+100)K}=6.05kJ/K$$

(응결이므로)

∴ $-6.05kJ/K$

13 잠재적인 사고결과를 평가하는 정량적 안전성 평가기법은? (연소-12)

① 위험과 운전분석 ② 이상위험도분석
③ 결함수분석 ④ 사건수분석

14 $CH_4(g)+2O_2(g) \leftrightarrows CO_2(g)+2H_2O(L)$의 반응열은 약 몇 kcal인가?

- $CH_4(g)$의 생성열 : $-17.9kcal/g \cdot mol$
- $H_2O(L)$의 생성열 : $-68.4kcal/g \cdot mol$
- $CO_2(g)$의 생성열 : $-94kcal/g \cdot mol$

① −144.5 ② −180.3
③ −212.9 ④ −248.7

$CH_4+2O_2 \rightarrow CO_2+2H_2O+Q$

$-17.9=-94-2\times 68.4+Q$

∴ $Q=94+2\times 68.4-17.9=212.9kcal$

15 다음 중 폭굉(Detonation)에 대한 설명으로 옳은 것은? (연소-1)

① 폭속은 정상연소속도의 10배 정도이다.
② 폭굉범위는 폭발(연소)범위보다 넓다.
③ 가스 중의 연소전파 속도가 음속 이하로서, 파면선단에 충격파가 발생한다.
④ 폭굉의 상한계값은 폭발(연소)의 상한계 값보다 작다.

㉠ 폭굉속도 : 1000~3500m/s, 정상연소속도 : 0.1~10m/s
㉡ 폭굉은 화염전파 속도가 음속 이상이다.
㉢ 폭발범위는 폭굉범위보다 넓다.
㉣ 폭굉범위가 폭발범위보다 좁으므로 폭굉의 상한계값은, 폭발의 상한계값 보다 적다.

16 액체시안화수소를 장기간 저장치 못하게 하는 이유는?

① 산화폭발하기 때문에
② 중합폭발하기 때문에
③ 분해폭발하기 때문에
④ 동결되어 장치를 막기 때문에

17 연소에서 사용되는 용어와 그 내용에 대하여 가장 바르게 연결된 것은?

① 폭발－정상연소
② 착화점－점화 시 최대에너지
③ 연소범위－위험도의 계산 기준
④ 자연발화－불씨에 의한 최고연소 시작 온도

$$위험도=\frac{연소범위}{연소하한}$$

18 가연성 가스의 연소에서 산소의 농도가 증가할수록 일어나는 현상으로 옳은 것은 어느 것인가? (연소-35)

① 연소속도가 늦어진다.
② 발화온도가 높아진다.
③ 화염온도가 낮아진다.
④ 폭발범위가 넓어진다.

해설

산소농도가 증가할수록
㉠ 연소범위는 넓어진다.
㉡ 연소속도는 빨라진다.
㉢ 화염온도는 높아진다.
㉣ 발화온도는 낮아진다.
㉤ 점화에너지는 낮아진다.

19 난조가 있는 예혼합기 속을 전파하는 난류 예혼합화염은 층류 예혼합화염과 다르다. 이에 대한 설명으로 옳은 것은? (연소-10)

① 화염의 배후에 미연소분이 존재하지 않는다.
② 층류 예혼합화염에 비하여 화염의 휘도가 높다.
③ 난류 예혼합화염의 구조는 교란 없이 연소되는 분젠화염형태이다.
④ 연소속도는 층류 예혼합화염의 연소속도와 같은 수준이고, 화염의 휘도가 낮은 편이다.

정답 13.④ 14.③ 15.④ 16.② 17.③ 18.④ 19.②

20 폭굉유도거리(DID)에 대한 설명으로 옳은 것은? (연소-1)

① 관경이 클수록 짧아진다.
② 압력이 높을수록 길어진다.
③ 점화원의 에너지가 높을수록 짧아진다.
④ 폭굉유도거리라 함은 폐쇄단에서 최후 폭발파가 형성되는 위치까지의 거리이다.

㉠ 폭굉유도거리(DID) : 최초의 완만한 연소가 격렬한 폭굉으로 발전하는 거리
㉡ 폭굉유도거리가 짧아지는 조건
- 정상연소속도가 큰 혼합가스일수록
- 관속에 방해물이 있거나 관경이 가늘수록
- 압력이 높을수록
- 점화원의 에너지가 클수록

제2과목 가스설비

21 공기 액화사이클 중 비등점이 점차 낮은 냉매를 사용하여 낮은 비등점의 기체를 액화시키는 액화사이클은? (설비-57)

① 캐피자 액화사이클
② 다원 액화사이클
③ 린데식 액화사이클
④ 클라우드 액화사이클

22 다음 중 흡수식 냉동기의 기본 사이클에 해당하지 않는 것은? (설비-16)

① 흡수 ② 압축
③ 응축 ④ 증발

해설

흡수식 냉동기 : 흡수기-발생기-응축기-증발기

23 배관이음방법 중 배관의 직경이 서로 다른 관을 이을 때 사용하는 부품은?

① 캡
② 리듀서
③ 유니언
④ 플러그

24 다음 중 원심 펌프의 양수원리를 가장 바르게 설명한 것은?

① 익형 날개차의 양력을 이용한다.
② 익형 날개차의 양력과 원심력을 이용한다.
③ 회전차의 원심력을 압력에너지로 변환한다.
④ 회전차의 케이싱과 회전차 사이의 마찰력을 이용한다.

25 바깥지름과 안지름의 비가 1.2 이상인 산소가스 배관의 두께를 구하는 식은 다음과 같다. 여기에서 C는 무엇을 뜻하는가? (단, t는 관두께, D는 안지름, s는 안전율, P는 상용압력, f는 재료의 인장강도 규격 최소치이다.)

$$t=\frac{D}{2}\left(\sqrt{\frac{\frac{f}{s}+P}{\frac{f}{s}-P}}-1\right)+C$$

① 부식여유수치
② 인장강도
③ 이음매의 효율
④ 안전여유수치

바깥지름과 안지름의 비가 1.2 미만인 경우

$$t=\frac{PD}{2\cdot\frac{f}{s}-P}+C$$

여기서, t : 배관두께(mm)
P : 상용압력(MPa)
D : 안지름에서 부식여유에 상당하는 부분을 뺀 수치(mm)
f : 재료의 인장강도(N/mm^2) 또는 항복점의 (N/mm^2)의 1.6배
C : 부식여유치(mm)
s : 안전율

정답 20.③ 21.② 22.② 23.② 24.③ 25.①

26 용접결함의 종류 중 언더필(underfill)을 설명한 것은?

① 용접 시 양 모재의 단면이 불일치되어 굽어진 상태
② 융착부족으로 용접부 표면이 주위 모재의 표면보다 낮은 현상
③ 용접금속이 루트부분까지 도달하지 못했기 때문에 모재와 모재 사이에 발생한 결함
④ 과잉용접으로 용접금속이 국부적으로 홈의 반대면으로 흘러 떨어진 것

27 펌프의 전효율 η을 구하는 식으로 옳은 것은? (단, η_v는 체적효율, η_m은 기계효율, η_h는 수력효율이다.)

① $\eta = \dfrac{\eta_m + \eta_h}{\eta_v}$

② $\eta = \eta_v \cdot \eta_m \cdot \eta_h$

③ $\eta = \eta_v + \eta_m + \eta_h$

④ $\eta = \dfrac{\eta_m \cdot \eta_h}{\eta_v}$

28 도시가스의 연소속도(C_P)를 구하는 식으로 옳은 것은? (단, K는 도시가스 중 산소 함유율에 따라 정하는 정수, H_2는 가스 중의 수소의 함유율(vol%), CO는 가스 중의 CO 함유율(vol%), C_mH_n은 가스 중의 CH_4를 제외한 탄화수소 함유율(vol%), CH_4은 가스 중의 CH_4 함유율(vol%), d는 가스의 비중이다.) [안전-57]

① $C_P = K \cdot \dfrac{1.0H_2 + 0.6(CO + C_mH_n) + 0.3CH_4}{\sqrt{d}}$

② $C_P = K \cdot \dfrac{1.0CH_4 + 0.6(CO) + C_mH_n + 0.3H_2}{\sqrt{d}}$

③ $C_P = K \cdot \dfrac{1.0CH_4 + 0.3(CO + C_mH_n) + 0.6CH_4}{\sqrt{d}}$

④ $C_P = K \cdot \dfrac{1.0CO + 0.3CH_4 + (C_mH_n) + 0.6H_2}{\sqrt{d}}$

29 다음은 압력조정기의 기본구조이다. 옳은 것으로만 나열된 것은?

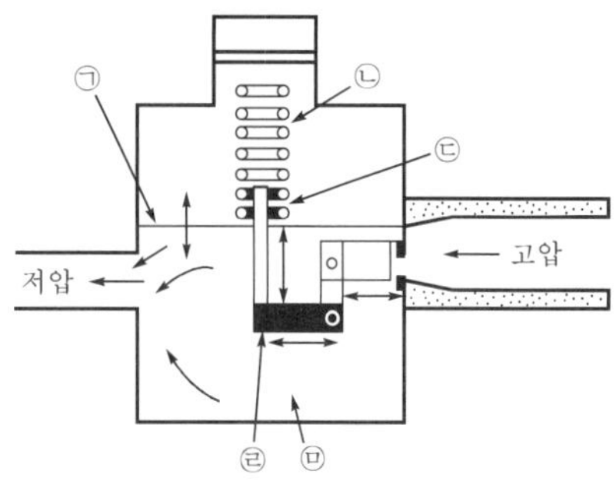

① ㉠ 다이어프램, ㉡ 안전장치용 스프링
② ㉡ 안전장치용 스프링, ㉢ 압력조정용 스프링
③ ㉢ 압력조정용 스프링, ㉣ 레버
④ ㉣ 레버, ㉤ 감압실

해설
㉠ 다이어프램
㉡ 압력조정용 스프링
㉢ 안전장치용 스프링
㉣ 레버
㉤ 감압실

30 다음 중 왕복동식(용적용 펌프)에 해당하지 않는 것은? [설비-33]

① 플런저 펌프 ② 다이어프램 펌프
③ 피스톤 펌프 ④ 제트 펌프

용적형 펌프
㉠ 왕복(피스톤, 플런저, 다이어프램)
㉡ 회전(기어, 원심, 베인)

31 용기 내압시험 시 뷰렛은 300mL의 용적을 가지고 있으며, 전증가는 200mL, 항구증가는 15mL일 때 이 용기의 항구증가율은 몇 %인가? [안전-18]

① 5% ② 6%
③ 7.5% ④ 8.5%

해설
$$\text{항구증가율} = \frac{\text{항구증가량}}{\text{전증가량}} \times 100 = \frac{15}{200} \times 100 = 7.5\%$$

정답 26.② 27.② 28.① 29.④ 30.④ 31.③

32 20층인 아파트에서 1층의 가스압력이 1.8kPa일 때, 20층에서의 압력은 약 몇 kPa인가? (단, 20층까지의 고저차는 60m, 가스의 비중은 0.65, 공기의 비중량은 1.3kg/m^{3}이다.)

① 1 ② 2
③ 3 ④ 4

$h = 1.3(1-S)H = 1.3(1-0.65)\times 60 = 27.3\text{mmH}_2\text{O}$

$\therefore \dfrac{27.3}{10332}\times 101.325 = 0.267\text{kPa}$

∴ 1.8+0.267=2.06kPa(공기보다 가벼운 기체이므로 20층의 압력이 1층보다 더 높다)

33 액화산소 탱크 4000L에 충전할 수 있는 질량은 몇 kg인가? (단, 상용의 온도에서 액화가스의 비중은 1.14이다.) (안전-36)

① 4104 ② 4154
③ 5104 ④ 5154

$G = 0.9dV = 0.9\times 1.14\times 4000 = 4104\text{kg}$

34 가스배관의 부식방지 조치로서 피복에 의한 방식법이 아닌 것은?

① 아연도금
② 도장
③ 도복장
④ 희생양극법

35 로딩(loading)형으로 정특성, 동특성이 양호한 정압기는? (설비-6)

① Fisher식
② Axial flow식
③ Reynolds식
④ KPF식

36 가스의 성질에 대한 설명으로 옳은 것은?

① 질소는 상온에서 대단히 안정된 불연성 가스로서 고온 · 고압에서도 금속과 화합하지 않는다.
② 염소는 반응성이 강한 가스이며, 강에 대해서 상온의 건조상태에서도 현저한 부식성이 있다.
③ 암모니아는 산이나 할로겐과도 잘 화합한다.
④ 산소는 액체공기를 분류하여 제조하는 반응성이 강한 가스이며, 그 자신도 연소된다.

㉠ 질소 고온 · 고압에서 금속과 결합한다.
㉡ 염소는 건조상태에서 부식성이 없다.
㉢ 산소는 조연성으로서 자신이 연소하지 않고 남이 연소하는 것을 도와주는 보조 가연성 가스이다.

37 용기 충전구에 "V" 홈의 의미는?

① 왼나사를 나타낸다.
② 위험한 가스를 나타낸다.
③ 가연성 가스를 나타낸다.
④ 독성 가스를 나타낸다.

38 시간당 50000kcal의 열을 흡수하는 냉동기의 용량은 몇 냉동톤에 해당하는가? (설비-37)

① 6.01
② 15.06
③ 63.40
④ 633.71

1RT=3320kcal/h이므로

$\therefore \dfrac{50000}{3220} = 15.06\text{RT}$

39 자연기화와 비교한 강제기화기 사용 시 특징에 대한 설명 중 틀린 것은? (설비-39)

① LPG 종류에 관계 없이 한랭 시에도 충분히 기화된다.
② 공급가스의 조성이 일정하다.
③ 기화량을 가감할 수 있다.
④ 설비장소가 커지고, 설비비는 많이 든다.

설비장소는 작아진다.

정답 32.② 33.① 34.④ 35.① 36.③ 37.① 38.② 39.④

40 전기방식법 중 외부전원법에 대한 설명으로 거리가 먼 것은? (안전-38)

① 간섭의 우려가 있다.
② 설비비가 비교적 고가이다.
③ 방식전류의 양을 조절할 수 있다.
④ 방식효과 범위가 좁다.

제3과목 가스안전관리

41 고압가스 충전용기의 운반기준 중 동일차량에 적재운반이 가능한 것은? (안전-34)

① 수소와 산소 ② 염소와 수소
③ 아세틸렌과 염소 ④ 암모니아와 염소

해설

동일차량에 적재금지
㉠ 염소-아세틸렌, 염소-수소, 염소-암모니아
㉡ 충전용기와 위험물안전관리법이 정하는 위험물
㉢ 독성 가스 중 가연성과 조연성
㉣ 가연성과 산소충전용기는 충전용기밸브가 마주보지 않게

42 다음 중 아세틸렌 충전 시 기준으로 옳지 않은 것은? (설비-58)

① 습식 아세틸렌발생기 표면은 40℃ 이하의 온도를 유지해야 한다.
② 용기 충전 중의 압력은 2.5MPa 이하로 하고, 충전 후에는 정치하여야 한다.
③ 압축 시 희석제는 질소, 메탄, 일산화탄소 등이 사용된다.
④ 용기에 충전하는 다공물질의 다공도는 75% 이상 92% 미만이어야 한다.

습식 아세틸렌발생기 표면온도 : 70℃ 이하

43 가연성 가스 누출경보기 중 반도체식 경보기의 검지부는 어떤 원리를 이용한 것인가?

① 검지부 표면에 가스가 접촉하면 금속산화물의 전기전도도가 변화하는 원리
② 백금선이 온도상승을 일으켜 전기저항이 변화하는 원리
③ 검지부 전류가 변화하는 원리
④ 검지부 전압이 변화하는 원리

44 다음 중 특정고압가스에 해당하는 것만으로 나열된 것은? (안전-76)

① 수소, 아세틸렌, 염화수소, 천연가스, 액화석유가스
② 수소, 산소, 액화석유가스, 포스핀, 디보레인
③ 수소, 염화수소, 천연가스, 액화석유가스, 포스핀
④ 수소, 산소, 아세틸렌, 천연가스, 포스핀

45 내용적 20000L의 저장탱크에 비중량이 0.8kg/L인 액화가스를 충전할 수 있는 양은 얼마인가? (안전-36)

① 13.6톤
② 14.4톤
③ 16.5톤
④ 17.7톤

$w = 0.9dV$
$= 0.9 \times 0.8 \times 20000$
$= 14400\text{kg} = 14.4\text{ton}$

46 도시가스 배관의 굴착으로 20m 이상 노출된 배관에 대하여 누출된 가스가 체류하기 쉬운 장소에 매 몇 m마다 가스 누출경보기를 설치하여야 하는가? (안전-77)

① 5m
② 10m
③ 15m
④ 20m

47 공업용 가스용기와 도색의 구분이 바르게 연결된 것은? (안전-59)

① 액화석유가스 – 갈색
② 수소용기 – 백색
③ 아세틸렌 용기 – 황색
④ 액화암모니아 용기 – 회색

정답 40.④ 41.① 42.① 43.① 44.④ 45.② 46.④ 47.③

48 액화석유가스 저장설비 및 가스설비는 그 외면으로부터 화기를 취급하는 장소까지 몇 m 이상의 우회거리를 두어야 하는가?

① 2　　② 3
③ 8　　④ 10

49 방폭전기기기의 선정기준에서 슬립링, 정류자는 어떤 방폭구조로 하여야 하는가?

① 유입방폭구조
② 내압방폭구조
③ 안전증방폭구조
④ 본질안전방폭구조

슬립 정류자의 방폭구조
㉠ 1종 장소 : 내압, 압력 방폭구조
㉡ 2종 장소 : 내압, 압력, 안전증 방폭구조
㉢ 회전기기의 슬립링 정류자의 경우 내압 또는 압력 방폭구조

50 고압가스 충전용기를 취급하거나 보관하는 때의 기준으로 틀린 것은?

① 충전용기는 항상 40℃ 이하로 유지할 것
② 정전에 대비하여 비상초와 성냥을 비치할 것
③ 용기 보관장소에는 작업에 필요한 물건 외에는 두지 않을 것
④ 충전용기와 잔가스용기는 구분하여 보관할 것

51 특수가스의 하나인 실란(SiH_4)의 주요 위험성은?

① 공기 중에 누출되면 자연발화한다.
② 태양광에 의해 쉽게 분해된다.
③ 분해 시 독성물질을 생성한다.
④ 상온에서 쉽게 분해된다.

실란(SiH4)
㉠ 연소범위(1.8~100%)
㉡ 무색 · 무취의 압축가스이다.
㉢ 공기보다 무겁다.
㉣ 강력한 환원성 가스이다.
㉤ 반도체의 공정에 사용한다.
㉥ 공기 중에 노출 시 자연발화한다.

52 2개 이상의 탱크를 동일한 차량에 고정하여 운반하는 경우의 기준에 대한 설명 중 틀린 것은? [안전-24]

① 탱크마다는 보조밸브를 설치하고, 메인탱크에는 주밸브를 설치할 것
② 탱크 상호간 또는 탱크와 차량과 견고하게 부착할 것
③ 충전관에는 긴급탈압밸브를 설치할 것
④ 충전관에는 안전밸브, 압력계를 설치할 것

탱크마다 주밸브를 설치할 것

53 도시가스용 PE 배관의 매몰설치 시 배관의 굴곡허용 반경은 외경의 몇 배 이상으로 하여야 하는가?

① 10　　② 20
③ 50　　④ 200

PE 배관의 굴곡허용반경은 바깥지름의 20배 이상. 단, 굴곡허용반경이 바깥지름의 20배 미만 시는 엘보를 사용

54 용기를 제조할 경우의 기준에 대한 설명 중 틀린 것은?

① 초저온 용기는 오스테나이트계 스테인리스강 또는 알루미늄합금으로 제조한다.
② 내식성이 없는 용기에는 부식방지 도장을 한다.
③ 액화석유가스용 강제용기의 스커드 형상은 용기의 길이방향에 대한 수평단면을 원형으로 하고, 하단에는 외측으로 굴곡부를 만들도록 한다.
④ 용기에는 부착된 부속품을 보호하기 위하여 프로텍터를 부착한다.

액화석유 가스용 강제 용기의 스커드 형상은 용기의 축방향에 대한 수직 단면을 원형으로 하고, 하단에는 내측으로 굴곡부를 만들기도 한다.

정답 48.③ 49.② 50.② 51.① 52.① 53.② 54.③

55 산화에틸렌의 제독제로 적당한 것은 어느 것인가? (안전-44)

① 물 ② 가성소다 수용액
③ 탄산소다 수용액 ④ 소석회

56 액체가스를 차량에 고정된 탱크에 의해 250km의 거리까지 운반하려고 한다. 운반책임자가 동승하여 감독 및 지원을 할 필요가 없는 경우는? (안전-5)

① 에틸렌 : 3000kg
② 아산화질소 : 3000kg
③ 암모니아 : 1000kg
④ 산소 : 6000kg

57 다음 가스 중 불연성 가스가 아닌 것은?

① 아르곤 ② 탄산가스
③ 질소 ④ 일산화탄소

CO(독성, 가연성)

58 액화석유가스 집단공급시설에서 지상에 설치하는 저장탱크의 내열구조에 대한 설명 중 틀린 것은?

① 가스설비실 및 자동차에 고정된 탱크의 이입, 충전장소에는 외면으로부터 5m 이상 떨어진 위치에서 조작할 수 있는 냉각장치를 설치한다.
② 살수장치는 저장탱크 표면적 $1m^2$당 2L/min 이상의 비율로 계산된 수량을 저장탱크 전표면에 분무할 수 있는 고정된 장치로 한다.
③ 소화전의 설치위치는 해당 저장탱크의 외면으로부터 40m 이내이고, 소화전의 방수방향은 저장탱크를 향하여 어느 방향에서도 방수할 수 있어야 한다.
④ 소화전은 동시에 방사를 필요로 하는 최대수량을 30분 이상 연속하여 방사할 수 있는 양을 갖는 수원에 접속되도록 한다.

살수장치는 저장탱크 표면적 $1m^2$당 5L/min 이상 비율로 계산된 수량을 저장탱크 전표면에 분무할 수 있는 고정된 장치로 한다(단, 준내화구조인 경우 표면적 $1m^2$당 2.5L/min).

59 표준상태에서 2000L의 체적을 갖는 부탄의 질량은?

① 4000g ② 4579g
③ 5179g ④ 5500g

해설
22.4L : 58g
2000L : x(g)
$\therefore\ x = \frac{2000}{22.4} \times 58 = 517\text{g}$

60 액화석유가스 집단공급시설의 점검기준에 대한 내용으로 옳은 것은?

① 충전용주관의 압력계는 매분기 1회 이상 국가표준기본법에 따른 교정을 받은 압력계로 그 기능을 검사한다.
② 안전밸브는 매월 1회 이상 설정되는 압력 이하의 압력에서 작동하도록 조정한다.
③ 물분무장치, 살수장치와 소화전은 매월 1회 이상 작동상황을 점검한다.
④ 집단공급시설 중 충전설비의 경우에는 매월 1회 이상 작동상황을 점검한다.

㉠ 충전용 주관의 압력계는 매월 1회 이상 검사
㉡ 액화석유가스 집단공급시설의 안전밸브는 1년 1회 이상 설정되는 압력 이하의 압력에서 작동되도록 조정
㉢ 집단공급시설 중 충전설비의 경우 1일 1회 이상 작동상황 점검

제4과목 가스계측기기

61 가연성 가스검출기의 종류가 아닌 것은?

① 안전등형 ② 간섭계형
③ 광조사형 ④ 열선형

정답 55.① 56.② 57.④ 58.② 59.③ 60.③ 61.③

62 전기저항식 온도계에서 측온저항체로 사용되지 않는 것은? (계측-22)

① Ni ② Pt
③ Cu ④ Fe

63 다음 중 Roots 가스미터의 장점으로 옳지 않은 것은? (계측-8)

① 대유량의 가스 측정에 적합하다.
② 중압가스의 계량이 가능하다.
③ 설치면적이 작다.
④ Strainer의 설치 및 유지관리가 필요하지 않다.

64 1차 제어장치가 제어량을 측정하여 제어명령을 하고, 2차 제어장치가 이 명령을 바탕으로 제어량을 조절하는 측정제어로서 옳은 것은? (계측-12)

① Program 제어 ② 비례제어
③ 캐스케이드 제어 ④ 정치제어

해설
㉠ 프로그램 제어 : 미리 정해진 프로그램을 따라 제어량을 변화
㉡ 비례제어 : 목표값이 다른 것과 일정 비율 관계를 가지고 변화하는 경우의 추종제어
㉢ 정치제어 : 제어량을 어떤 일정한 목표값으로 유지하는 제어

65 가스미터 설치 시 입상배관을 금지하는 가장 큰 이유는?

① 겨울철 수분 응축에 따른 밸브, 밸브 시트 동결방지를 위하여
② 균열에 따른 누출방지를 위하여
③ 고장 및 오차 발생방지를 위하여
④ 계량막 밸브와 밸브 시트 사이의 누출방지를 위하여

66 아르키메데스의 원리를 이용한 액면측정방식은?

① 퍼지식 ② 편위식
③ 기포식 ④ 차압식

해설
편위식 액면계 : 플로트의 부력으로 토크튜브의 회전각도로 액면을 지시하는 액면계로 아르키메데스의 원리를 이용한 액면계이다.

67 도시가스로 사용하는 LNG의 누출을 감지하기 위하여 감지기는 어느 위치에 설치하여야 하는가?

① 검지기 하단은 천장면 등의 아래쪽 0.3m 이내에 부착
② 검지기 하단은 천장면 등의 아래쪽 3m 이내에 부착
③ 검지기 상단은 바닥면 등에서 위쪽으로 0.3m 이내에 부착
④ 검지기 상단은 바닥면 등에서 위쪽으로 3m 이내에 부착

68 열전대 온도계를 수은 온도계와 비교했을 때 갖는 장점이 아닌 것은?

① 열용량이 크다.
② 국부온도의 측정이 가능하다.
③ 측정온도의 범위가 넓다.
④ 응답속도가 빠르다.

69 400m 길이의 저압 본관에 시간당 $200m^3$ 가스를 흐르도록 하려면 가스배관이 관경은 약 몇 cm가 되어야 하는가? (단, 기점, 종점간의 압력강하를 1.47mmHg, 가스비중을 0.64로 한다.)

① 12.45cm ② 15.93cm
③ 17.23cm ④ 21.34cm

$$D=\left(\frac{Q^2 \cdot S \cdot L}{K^2 \cdot H}\right)^{\frac{1}{5}}$$

$$=\left(\frac{200^2 \times 0.64 \times 400}{0.707^2 \times 19.984}\right)^{\frac{1}{5}}$$

$$=15.92\text{cm}$$

참고 $H=1.47\text{mmHg}$

$$=\frac{1.47}{760}\times 10322$$

$$=19.984\text{mmH}_2\text{O}$$

정답 62.④ 63.④ 64.③ 65.① 66.② 67.① 68.① 69.②

70 프로판의 성분을 가스 크로마토그래피를 이용하여 분석하고자 한다. 이 때 사용하기 가장 적합한 검출기는? [계측-13]

① FID(Flame Ionization Detector)
② TCD(Thermal Conductivity Detector)
③ NDIR(Non-Dispersive Infra-Red)
④ CLD(Chemiluminescence Detector)

FID 검출기 : 탄화수소 계열에서 감도가 최고이다.

71 온도가 60°F에서 100°F까지 비례제어된다. 측정온도가 71°F에서 75°F로 변할 때 출력 압력이 3psi에서 15psi로 도달하도록 조정될 때 비례대역(%)은?

① 5%
② 10
③ 20%
④ 33%

$$\text{비례대} = \frac{\text{측정온도차}}{\text{조절온도차}} \times 100 = \frac{75-71}{100-60} \times 100 = 10\%$$

72 수은을 이용한 U자관 액면계에서 그림과 같이 h는 70cm일 때 P_2는 절대압으로 약 몇 kg/cm^{2}인가? (단, 수은의 비중은 13.6이고, P_1은 절대압으로 1kg/cm^{2}이다.)

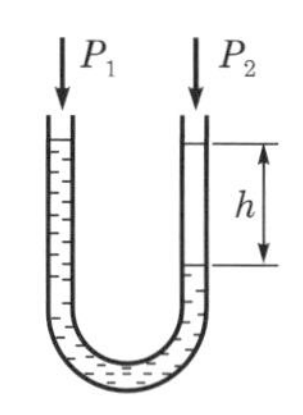

① 1.95 ② 19.5
③ 1.70 ④ 17.0

$$P_2 = P_1 + Sh = 1\text{kg/cm}^2 + \frac{13.6\text{kg}}{10^3\text{cm}^3} \times 70\text{cm} = 1.952\text{kg/cm}^2$$

73 가스 크로마토그래피에서 사용하는 검출기가 아닌 것은? [계측-13]

① 원자방출검출기(AED)
② 황화학발광검출기(SCD)
③ 열이온검출기(TID)
④ 열추적검출기(TTD)

74 막식 가스미터에서 미터의 지침의 시도(示度)에 변화가 나타나지 않는 고장으로서 계량막 밸브와 밸브 시트의 틈 사이 패킹부 등의 누출로 인하여 발생하는 고장은 어느 것인가? [계측-5]

① 불통
② 부동
③ 기차 불량
④ 감도 불량

75 대기압 이하의 진공압력을 측정하는 진공계의 원리에 해당하지 않는 것은?

① 수은주를 이용하는 것
② 부력을 이용하는 것
③ 열전도를 이용하는 것
④ 전기적 현상을 이용하는 것

76 100psi를 atm으로 환산하면 약 몇 atm인가?

① 4.8
② 5.8
③ 6.8
④ 7.8

$$\frac{100}{14.7} = 6.8\text{atm}$$

77 다음 중 자동제어계의 동작순서로 옳은 것은 어느 것인가? [계측-14]

① 비교 → 판단 → 검출 → 조작
② 조작 → 비교 → 검출 → 판단
③ 검출 → 비교 → 판단 → 조작
④ 판단 → 비교 → 검출 → 조작

정답 70.① 71.② 72.① 73.④ 74.④ 75.② 76.③ 77.③

78 25℃, 1atm에서 0.21mol%의 O_2와 0.79mol%의 N_2로 된 공기혼합물의 밀도는 약 몇 kg/m³인가?

① 0.118 ② 1.18
③ 0.134 ④ 1.34

$PV=\frac{W}{M}RT$이므로

$\therefore \frac{W}{V}=\frac{PM}{RT}=\frac{1\times(32\times0.21+28\times0.79)}{0.082\times(273+25)}$

$=1.18\text{g/L}=1.18\text{kg/m}^3$

79 일정 부피인 2개의 통에 기체를 교대로 충만하고 배출한 횟수를 이용하여 유량을 측정하는 가스미터는?

① 습식 가스미터 ② 벤투리미터
③ 루트미터 ④ 막식 가스미터

80 다음 중 용적식 유량계의 형태가 아닌 것은?

① 오벌형 유량계
② 원판형 유량계
③ 피토관 유량계
④ 로터리 피스톤식 유량계

해설

피토관 : 유속식 유량계

정답 78.② 79.④ 80.③

CBT 기출복원문제

2022년 산업기사 제2회 필기시험 (2022년 4월 17일 시행)

01 가스산업기사	수험번호 : 수험자명 :	※ 제한시간 : 120분 ※ 남은시간 :
글자 크기 100% 150% 200% 화면 배치	전체 문제 수 : 안 푼 문제 수 :	답안 표기란 ① ② ③ ④

제1과목 연소공학

01 다음 중 완전가스의 성질에 대한 설명으로 틀린 것은? [연소-3]

① 보일-샤를의 법칙을 만족한다.
② 아보가드로의 법칙에 따른다.
③ 비열비는 온도에 의존한다.
④ 기체의 분자력과 크기는 무시된다.

02 물의 비열 1, 수증기의 비열 0.45, 100℃에서의 증발잠열이 539kcal/kg일 때 110℃ 수증기의 엔탈피는? (단, 기준상태는 0℃, 1atm의 물이며, 비열의 단위는 kcal/kg · ℃이다.)

① 539kcal/kg ② 639kcal/kg
③ 643.5kcal/kg ④ 653.5kcal/kg

$Q_1 = Gc\Delta t_1 = 1\times1\times100 = 100\text{kcal/kg}$
$Q_2 = G\gamma = 1\times539 = 539\text{kcal/kg}$
$Q_3 = Gc\Delta t_2 = 1\times0.45\times10 = 4.5\text{kcal/kg}$
$\therefore\ Q = Q_1 + Q_2 + Q_3$
$= 100+539+4.5 = 643.5\text{kcal/kg}$

03 메탄 60vol%, 에탄 20vol%, 프로판 15vol%, 부탄 5vol%인 혼합가스의 공기 중 폭발하한계(vol%)는 약 얼마인가? (단, 각 성분의 폭발하한계는 메탄 5.0vol%, 에탄 3.0vol%, 프로판 2.1vol%, 부탄 1.8vol%로 한다.)

① 2.5 ② 3.0
③ 3.5 ④ 4.0

해설

$$\frac{100}{L} = \frac{60}{5}+\frac{20}{3}+\frac{15}{2.1}+\frac{5}{1.8}$$
$\therefore\ L = 3.5\%$

04 압력 1atm, 온도 20℃에서 공기 1kg의 부피는 약 몇 m^3인가? (단, 공기의 평균분자량은 29이다.)

① 0.42 ② 0.62
③ 0.75 ④ 0.83

$Pv = \frac{W}{M}RT$이므로

$$\therefore\ v = \frac{WRT}{PM} = \frac{1\times0.082\times293}{1\times29} = 0.83\text{m}^3$$

05 폭굉(detonation)의 화염전파속도로 옳은 것은? [연소-1]

① 0.1~10m/s ② 10~100m/s
③ 1000~3500m/s ④ 5000~10000m/s

06 CO_{2max}(%)는 다음 중 어느 때의 값을 말하는가? [연소-24]

① 실제공기량으로 연소시켰을 때
② 이론공기량으로 연소시켰을 때
③ 과잉공기량으로 연소시켰을 때
④ 부족공기량으로 연소시켰을 때

07 다음 연료 중 착화온도가 가장 낮은 것은?

① 벙커 C유 ② 목재
③ 무연탄 ④ 탄소

정답 01.③ 02.③ 03.③ 04.④ 05.③ 06.② 07.②

08 95℃의 온수를 100kg/h 발생시키는 온수 보일러가 있다. 이 보일러에서 저위발열량이 $45MJ/Nm^3$인 LNG를 $1m^3/h$ 소비할 때 열효율은 얼마인가? (단, 급수의 온도는 25℃이고, 물의 비열은 4.184kJ/kg · K이다.)

① 60.07%　② 65.08%
③ 70.09%　④ 75.10%

100kg/h×4.184kJ/kg · K×(95−25)K
=29288kJ/h

$$\therefore \eta = \frac{29288\text{kJ/h}}{45\times10^3\text{kJ/Nm}^3\times1\text{Nm}^3}\times100 = 65.08\%$$

09 층류 연소속도 측정법 중 단위화염 면적당 단위시간에 소비되는 미연소 혼합기체의 체적을 연소속도로 정의하여 결정하며, 오차가 크지만 연소속도가 큰 혼합기체에 편리하게 이용되는 측정방법은? 〔연소-25〕

① Slot 버너법
② Bunsen 버너법
③ 평면화염 버너법
④ Soap Bubble법

10 다음 연료 중 고위발열량과 저위발열량이 같은 것은?

① 일산화탄소　② 메탄
③ 프로판　④ 석유

연소 시 H_2O가 생성되지 않은 물질(CO)

11 다음 연소반응식 중 불완전연소에 해당하는 것은?

① $S+O_2 \rightarrow SO_2$
② $2H_2+O_2 \rightarrow 2H_2O$
③ $CH_4+\frac{5}{2}O_2 \rightarrow CO+2H_2O+O_2$
④ $C+O_2 \rightarrow CO_2$

불완전연소 시 생성되는 물질 CO, H_2

12 증기운폭발(UVCE)의 특징에 대한 설명으로 옳은 것은? 〔연소-9〕

① 증기운의 크기가 커지면 점화 확률도 커진다.
② 증기운의 재해는 화재보다 폭발이 보통이다.
③ 폭발효율은 BLEVE보다 크다.
④ 증기와 공기와의 난류혼합은 폭발의 충격을 감소시킨다.

13 저발열량이 46MJ/kg인 연료 1kg을 완전연소시켰을 때 연소가스의 평균정압비열이 1.3kJ/kg · K이고, 연소가스량은 22kg이 되었다. 연소 전의 온도가 25℃이었을 때 단열화염온도는 약 몇 ℃인가?

① 1341　② 1608
③ 1633　④ 1728

$$t_2 = t_1 + \frac{H_l}{GC} = (273+25) + \frac{46\times10^3\text{kJ/kg}}{22\text{kg}\times1.3\text{kJ/kg}\cdot\text{K}}$$
$$= 1906\text{K} = 1633℃$$

14 다음 중 상온 · 상압 하에서 프로판이 공기와 혼합하는 경우 폭발범위는 약 몇 %인가? 〔안전-106〕

① 1.9~8.5　② 2.2~9.5
③ 5.3~14　④ 4.0~75

15 다음 중 이상연소 현상인 리프팅(lifting)의 원인이 아닌 것은? 〔연소-22〕

① 버너 내의 압력이 높아져 가스가 과다 유출할 경우
② 가스압이 이상 저하한다든지 노즐과 콕 등이 막혀 가스량이 극히 적게될 경우
③ 공기조절장치(damper)를 너무 많이 열었을 경우
④ 버너가 낡고 염공이 막혀 염공의 유효면적이 적어져 버너 내압이 높게 되어 분출속도가 빠르게 되는 경우

정답 08.② 09.② 10.① 11.③ 12.① 13.③ 14.② 15.②

16 불완전연소에 의한 매연, 먼지 등을 제거하는 집진장치 중 건식 집진장치가 아닌 것은?

① 백필터
② 사이클론
③ 멀티클론
④ 사이클론 스크러버

㉠ 습식 집진장치 : 벤투리 스크러버, 사이클론 스크러버
㉡ 건식 집진장치 : 백필터(여과식) · 원심력식(사이클론, 멀티클론) · 관성력식, 중력식

17 점화원이 될 우려가 있는 부분을 용기 안에 넣고 불활성 가스를 용기 안에 채워넣어 폭발성 가스가 침입하는 것을 방지하는 방폭구조는? [안전-13]

① 압력방폭구조
② 안전증방폭구조
③ 유입방폭구조
④ 본질방폭구조

18 가스의 반응속도에 대한 설명으로 틀린 것은?

① 반응속도상수는 온도와 관계가 없다.
② 반응속도상수는 아레니우스 법칙으로 표시할 수 있다.
③ 반응은 원자나 분자의 충돌에 의해 이루어진다.
④ 반응속도에 영향을 미치는 요인에는 온도, 압력, 농도 등이 있다.

온도 10℃ 상승에 따라 반응속도는 21배 빨라진다.

19 다음 중 열역학 제2법칙에 대한 설명이 아닌 것은? [설비-40]

① 열은 스스로 저온체에서 고온체로 이동할 수 없다.
② 효율이 100%인 열기관을 제작하는 것은 불가능하다.
③ 자연계에 아무런 변화도 남기지 않고 어느 열원의 열을 계속해서 일로 바꿀 수 없다.
④ 에너지의 한 형태인 열과 일은 본질적으로 서로 같고, 열은 일로, 일은 열로 서로 전환이 가능하며, 이때 열과 일 사이의 변환에는 일정한 비례관계가 성립한다.

20 다음 가연물과 일반적인 연소형태를 짝지어 놓은 것 중 틀린 것은?

① 니트로글리세린 – 확산연소
② 코크스 – 표면연소
③ 등유 – 증발연소
④ 목재 – 분해연소

㉠ 확산연소 : 기체물질의 연소형태
㉡ 니트로글리세린[$(C_3H_5(ONO_2)_3)$, 증발연소] : 제5류 위험물, 자기연소성 물질(단, 상온 · 상압에서는 액체이므로 증발연소도 가능하다.)

제2과목 가스설비

21 왕복동식 압축기의 특징에 대한 설명으로 틀린 것은? [설비-35]

① 압축효율이 높다.
② 용량조절이 쉽다.
③ 설치면적이 크다.
④ 저압용으로 적합하다.

22 단면적이 $300mm^2$인 봉을 매달고 600kg의 추를 그 자유단에 달았더니 이 봉에 생긴 응력은 재료의 허용인장응력에 도달하였다. 이 봉의 인장강도가 $400kg/cm^2$이라면 안전율은 얼마인가?

① 1 ② 2
③ 3 ④ 4

$$\text{안전율} = \frac{\text{인장강도}}{\text{허용응력}} = \frac{400kg/cm^2}{\left(\frac{600kg}{3cm^2}\right)} = 2$$

정답 16.④ 17.① 18.① 19.④ 20.① 21.④ 22.②

23 보일러, 난방기, 가스레인지 등에 사용되는 과열방지장치의 검지부방식에 해당되지 않는 것은?

① 바이메탈식
② 액체팽창식
③ 퓨즈메탈식
④ 전극식

과열방지장치 : 연소기가 과열로 인한 이상고온이 형성되면 가스공급이 차단되는 장치

24 기화기에 의해 기화된 LPG에 공기를 혼합하는 목적으로 가장 거리가 먼 것은?

① 발열량조절
② 재액화방지
③ 압력조절
④ 연소효율 증대

㉠ 공기혼합의 목적 : ①, ②, ④ 및 누설 시 손실 감소
㉡ 공기희석 시 주의사항 : 폭발 범위 내에 들지 않도록

25 정압기의 유량 특성에서 메인밸브의 열림(스트로크 리프트)과 유량의 관계를 말하는 유량 특성에 해당되지 않는 것은? (설비-22)

① 직선형 ② 2차형
③ 3차형 ④ 평방근형

26 볼탱크에 저장된 액화프로판을 시간당 50kg씩 기체로 공급하려고 증발기에 전열기를 설치했을 때 필요한 전열기의 용량은 몇 kW인가? (단, 프로판의 증발열은 3740kcal/g · mol, 온도변화는 무시하고, 1cal는 1163×10^{-6}kW이다.)

① 0.217 ② 2.17
③ 0.494 ④ 4.94

해설

$(3740\text{cal/g} \cdot \text{mol}) \times (1.163 \times 10^{-6}\text{kW/cal}) \times (1\text{g} \cdot \text{mol}/44\text{g}) \times (50 \times 10^{3}\text{g}) = 4.94\text{kW}$

27 압축기에서 압축비가 커지면 발생하는 현상으로 틀린 것은?

① 소요 동력이 증가한다.
② 실린더 내의 온도가 상승한다.
③ 토출가스의 양이 증가한다.
④ 체적효율이 저하한다.

해설

상기 항목 외에 윤활기능 저하, 압축기 수명단축 등

28 나사 펌프의 특징에 대한 설명으로 틀린 것은? (설비-46)

① 고점도액의 이송에 적합하다.
② 고압에 적합하다.
③ 흡입양정이 크고, 소음이 적다.
④ 구조가 간단하고 청소, 분해가 용이하다.

29 갈바니 부식에 대한 설명으로 틀린 것은?

① 이중금속 접촉부식이라고도 한다.
② 전위가 낮은 금속표면에서 방식이 된다.
③ 전위가 낮은 금속표면에서 양극반응이 진행된다.
④ 두 종류의 금속이 접촉에 의해서 일어나는 부식이다.

해설

갈바니 부식=이종금속(성질이 다른 금속) 접촉에 의한 부식

30 압력조정기의 다이어프램에 사용하는 고무의 재료는 전체 배합성분 중 NBR의 성분의 함량이 몇 % 이상이어야 하는가?

① 50%
② 85%
③ 90%
④ 99%

해설

㉠ NBR 함유량 : 50% 이상
㉡ 가소제 18% 이하

정답 23.④ 24.③ 25.③ 26.④ 27.③ 28.③ 29.② 30.①

31 터보형 펌프에 속하지 않는 것은? [설비-33]

① 센트리퓨걸 펌프
② 사류 펌프
③ 축류 펌프
④ 플런저 펌프

32 배관의 규격기호와 그 용도 및 사용조건에 대한 설명으로 틀린 것은? [설비-59]

① SPPS는 350℃ 이하의 온도에서, 압력 9.8N/mm^2 이하에 사용한다.
② SPPH는 350℃ 이하의 온도에서, 압력 9.8N/mm^2 이하에 사용한다.
③ SPLT는 빙점 이하의 특히 낮은 온도의 배관에 사용한다.
④ SPPW는 정수두 100m 이하의 급수배관에 사용한다.

33 신축이음의 종류가 아닌 것은? [설비-10]

① 루프형 ② 슬리브형
③ 스위블형 ④ 플랜지형

34 탄소강에 각종 연소를 첨가하면 특수한 성질을 가진다. 다음 중 각 원소의 영향을 바르게 연결한 것은?

① Ni－내마멸성 및 내식성 증가
② Cr－인성 및 저온 충격저항 증가
③ Mo－고온에서 인장강도 및 경도 증가
④ Cu－전자기성 및 경화능력 증가

해설

㉠ Ni : 강인성 증가 내식성, 내산성 증가
㉡ Cr : 적은 양에 의해 경도, 인장강도 증가, 내식성, 내열성 커짐
㉢ Cu : 석출경화 일으키고, 내산화성을 나타냄

35 도시가스 배관에 대한 설명으로 옳지 않은 것은?

① 폭 8m 이상의 도로에는 1.2m 이상 매설한다.
② 배관 접합은 원칙적으로 용접에 의한다.
③ 지하매설 배관 재료는 주철관으로 한다.
④ 지상배관의 표면 색상은 황색으로 한다.

해설

지하매설 가능 배관
㉠ 가스용 폴리에틸렌관
㉡ 폴리에틸렌 피폭강관
㉢ 분말융착식 폴리에틸렌 피복강관

36 레이놀드(Reynolds)식 정압기의 특징인 것은? [설비-6]

① 로딩형이다.
② 콤팩트하다.
③ 정특성, 동특성이 양호하다.
④ 정특성은 극히 좋으나 안정성이 부족하다.

37 국내에서 주로 사용되는 저장탱크에서 초저온의 LNG와 직접 접촉하는 내부 바닥 및 벽체에 주로 사용되는 재료는?

① 멤브레인 ② 합금주철
③ 탄소강 ④ 알루미늄

38 20℃, 120atm의 산소 100kg이 들어있는 용기의 내용적은 약 몇 m^{3}인가? (단, 산소의 가스정수는 26.5로 한다.)

① 0.34 ② 0.52
③ 0.63 ④ 0.77

해설

$PV = GRT$이므로

$\therefore V = \dfrac{GRT}{P} = \dfrac{100 \times 26.5 \times 293}{120 \times 10332} = 0.63$

39 직경이 각각 4m와 8m인 2개의 액화석유가스 저장탱크가 인접해 있을 경우 두 저장탱크 간에 유지하여야 할 거리는 몇 m 이상인가? [안전-3]

① 1m ② 2m
③ 3m ④ 4m

$(4+8) \times \dfrac{1}{4} = 3\text{m}$

정답 31.④ 32.② 33.④ 34.③ 35.③ 36.④ 37.① 38.③ 39.③

40 공기액화 분리장치에서 탄산가스를 제거하기 위한 물질은? (설비-5)

① 실리카겔
② 염화칼슘
③ 활성알루미나
④ 수산화나트륨

$2NaOH + CO_2 \rightarrow Na_2CO_3 + H_2O$

제3과목 가스안전관리

41 차량에 고정된 탱크에 의하여 가연성 가스를 운반할 때 비치하여야 할 소화기의 종류와 최소 수량은? (단, 소화기의 능력단위는 고려하지 않는다.) (안전-8)

① 분말소화기 1개
② 분말소화기 2개
③ 포말소화기 1개
④ 포말소화기 2개

가연성 가스, 산소가스의 소화기 종류 및 수량 : 분말소화기 차량 좌우에 1개씩

42 용기 및 특정설비의 재검사기간의 기준으로 옳은 것은? (안전-21)

① 제조된 지 16년이 경과된 47L 용접용기는 2년마다 재검사를 받아야 한다.
② 용기에 부착되지 아니한 용기부속품은 3년마다 재검사를 받아야 한다.
③ 1993년에 신규검사를 받은 600L 복합재료 용기는 3년마다 재검사를 받아야 한다.
④ 제조된 지 20년이 경과된 차량에 고정된

43 고압가스 충전용기의 운반기준으로 틀린 것은? (안전-34)

① 가연성 가스 또는 산소를 운반하는 차량에는 소화설비 및 재해발생방지를 위한 응급조치에 필요한 자재 및 공구 등을 휴대할 것
② 염소와 아세틸렌, 암모니아 또는 수소는 동일차량에 적재하여 운반하지 아니할 것
③ 가연성 가스와 산소를 동일차량에 적재하여 운반하는 때에는 그 충전용기와 밸브가 마주보도록 할 것
④ 충전용기와 소방기본법이 정하는 위험물과는 동일차량에 적재하여 운반하지 아니할 것

가연성 산소는 충전용기 밸브가 마주보지 아니하도록 할 것

44 고압가스 저장에 대한 기술 중 틀린 것은?

① 충전용기는 항상 40℃ 이하를 유지할 것
② 가연성 가스를 저장하는 곳에는 방폭형 휴대용 손전등 외의 등화를 휴대하지 말 것
③ 산화에틸렌 저장탱크에는 45℃에서 그 내부 가스압력이 0.4MPa 이상 되도록 탄산가스를 충전할 것
④ 시안화수소 저장은 용기에 충전한 후 90일을 초과하지 아니할 것

45 방폭전기기기의 구조별 표시방법으로 옳은 것은? (안전-13)

① 내압방폭구조 : p
② 유입방폭구조 : a
③ 안전증방폭구조 : e
④ 본질안전방폭구조 : ba

46 1일 처리능력이 60000m^3인 가연성 가스 저온저장탱크와 제2종 보호시설과의 안전거리의 기준은? (안전-9)

① 20.0m ② 21.2m
③ 22.0m ④ 30.0m

정답 40.④ 41.② 42.① 43.③ 44.④ 45.③ 46.②

$\frac{2}{25}\sqrt{60000+10000}=21.26\text{m}$

구 분	저장능력	제1종 보호시설	제2종 보호시설
산소의 저장설비	1만 이하	12m	8m
	1만 초과 2만 이하	14m	9m
	2만 초과 3만 이하	16m	11m
	3만 초과 4만 이하	18m	13m
	4만 초과	20m	14m
독성 가스 또는 가연성 가스의 저장설비	1만 이하	17m	12m
	1만 초과 2만 이하	21m	14m
	2만 초과 3만 이하	24m	16m
	3만 초과 4만 이하	27m	18m
	4만 초과 5만 이하	30m	20m
	5만 초과 99만 이하	30m (가연성 가스 저온저장 탱크는 $\frac{3}{25}\sqrt{X+10000}$ m)	20m (가연성 가스 저온저장 탱크는 $\frac{2}{25}\sqrt{X+10000}$ m)
	99만 초과	30m (가연성 가스 저온저장 탱크는 120m)	20m (가연성 가스 저온저장 탱크는 80m)

47 가스보일러의 안전장치에 해당하지 않는 것은? (안전-84)

① 소화안전장치
② 과충전방지장치
③ 과열방지장치
④ 저가스압차단장치

가스보일러의 안전장치 : 소화안전장치, 과열방지장치, 동결방지장치, 저가스압차단장치, 정전 재통전 시 안전장치

48 다음 중 아세틸렌의 성질에 대한 설명으로 옳은 것은?

① 고체아세틸렌보다 액체아세틸렌이 안정하다.
② 흡열화합물이므로 압축하면 분해폭발을 일으킨다.
③ 융점(−81℃)과 비점(−84℃)이 비슷하여 승화하지 않고 융해한다.
④ 15℃ 상태에서 물에는 융해되지 않고, 아세톤 1L에 약 25배가 융해된다.

① 고체가 안정
③ 승화한다.
④ 15℃ 상태에서 물 1L에 1.1배 용해 아세톤 1L에 25배 용해

49 내용적 50L의 LPG 용기에 프로판을 충전할 때 최대 충전량은 몇 kg인가? (단, 프로판의 충전정수는 2.35이다.)

① 19.15
② 21.28
③ 32.62
④ 117.5

$G=\frac{V}{C}$

$=\frac{50}{2.35}=21.28\text{kg}$

50 차량에 고정된 탱크의 충전시설에서 가연성 가스 충전시설의 고압가스설비는 그 외면으로부터 다른 가연성 가스 충전시설의 고압가스설비와 안전거리 이상을 유지하도록 하고 있다. 그 거리는 몇 m 이상 이어야 하는가? (안전-128)

① 2m
② 3m
③ 5m
④ 7m

정답 47.② 48.② 49.② 50.③

51 다음 중 휴대용 부탄가스레인지의 올바른 사용방법은?

① 바람의 영향을 줄이기 위해서 텐트 안에서 사용한다.
② 효율을 높이기 위해서 두 대를 나란히 연결하여 사용한다.
③ 사용하는 그릇은 레인지의 삼발이보다 폭이 좁은 것을 사용한다.
④ 레인지를 운반 중에는 용기를 레인지 내부에 안전하게 보관한다.

52 고압가스 특정제조시설에 설치되는 가스누출 검지경보장치의 설치기준에 대한 설명으로 옳은 것은? (안전-67)

① 경보농도는 가연성 가스의 경우 폭발한계의 1/2 이하로 하여야 한다.
② 검지에서 발신까지 걸리는 시간은 경보농도의 1.2배 농도에서 보통 20초 이내로 한다.
③ 경보기의 정밀도는 경보농도 설정치에 대하여 가연성 가스용은 ±25% 이하이어야 한다.
④ 검지경보장치의 경보정밀도는 전원의 전압 등 변동이 ±20% 정도일 때에도 저하되지 아니하여야 한다.

해설
① 1/4 이하
② 1.6배 농도에서 30초
③ 경보기 정밀도 : 가연성 ±25%, 독성 ±30% 이하
④ 전원 전압변동 ±10%

53 액화염소 142g을 기화시키면 표준상태에서 몇 L의 기체 염소가 되는가? (단, 염소의 원자량은 35.5이다.)

① 22.4 ② 44.8
③ 67.2 ④ 89.6

해설
$\frac{142}{71} \times 22.4 = 44.8\text{L}$

54 정전기제거 또는 발생방지 조치에 대한 설명으로 틀린 것은?

① 대상물을 접지시킨다.
② 상대습도를 높인다.
③ 공기를 이온화시킨다.
④ 전기저항을 증가시킨다.

해설
정전기 방지법
㉠ 접지할 것
㉡ 공기 중 상대습도는 70% 이상으로 할 것
㉢ 공기를 이온화할 것

55 프레온 냉매가 실수로 눈에 들어갔을 경우 눈 세척에 주로 사용하는 약품으로 적당한 것은?

① 바셀린
② 희붕산용액
③ 농피크린산 용액
④ 유동 파라핀

56 고압가스 용기, 특정설비 등은 수리자격자별로 수리범위가 제한되어 있다. 다음 중 수리자격자별 수리범위로 틀린 것은? (안전-75)

① 저장능력 50톤의 액화석유가스용 저장탱크 제조자는 해당 제품의 부속품 교체 및 가공이 가능하며, 필요한 경우 단열재를 교체할 수 있다.
② 액화산소용 초저온용기 제조자는 해당 용기에 부착되는 용기부속품을 탈부착할 수 있으며, 용기 몸체의 용접도 가능하다.
③ 열처리설비를 갖춘 용기 전문검사기관에서 LPG 용기의 프로텍터, 스커트 교체가 가능하다.
④ 저장능력이 50톤인 석유정제업자의 석유정제시설에서 고압가스를 제조하는 자는 해당 저장시설의 단열재 교체가 가능하다.

정답 51.③ 52.③ 53.② 54.④ 55.② 56.④

57 차량에 고정된 탱크로 고압가스를 운반하는 차량의 운반기준으로 적합하지 않은 것은? (안전-24)

① 후부취출식 외의 저장탱크는 저장탱크 후면과 차량 뒷범퍼와의 수평거리가 20cm 이상 유지하여야 한다.
② 액화가스 중 가연성 가스, 독성 가스 또는 산소가 충전된 탱크에는 손상되지 아니하는 재료로 된 액면계를 사용한다.
③ 액화가스를 충전하는 탱크에는 그 내부에 방파판을 설치한다.
④ 2개 이상의 탱크를 동일한 차량에 고정하여 운반하는 경우에는 탱크마다 탱크의 주밸브를 설치한다.

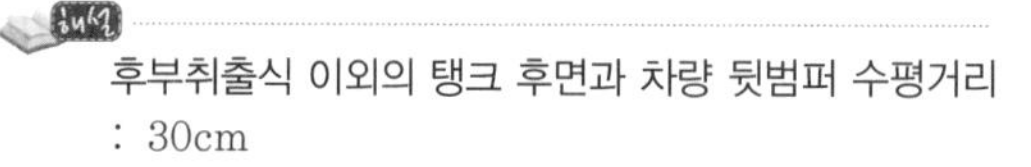

후부취출식 이외의 탱크 후면과 차량 뒷범퍼 수평거리 : 30cm

58 일반도시가스 정압기실 경계책의 설치기준에 대한 설명으로 틀린 것은?

① 높이 1.5m 이상의 철책 또는 철망으로 경계책을 설치한다.
② 경계책 주위에는 외부 사람의 무단출입을 금하는 내용의 경계표지를 부착(설치)한다.
③ 철근콘크리트로 지상에서 6m 이상의 높이에 설치된 정압기는 경계책을 설치한다.
④ 도로의 지하에 설치되어 사람 또는 차량통행에 지장을 주는 정압기는 경계표지를 설치하고, 경계책 설치를 생략한다.

59 고압가스 제조, 저장, 판매, 수입 시 독성 가스 배관용 밸브의 검사대상에 해당되지 않는 것은?

① 볼밸브 ② 글로브밸브
③ 콕 ④ 앵글밸브

해설

독성 가스 배관용 밸브의 검사대상 항목 ①, ②, ③ 이외에 슬루스밸브, 역지밸브 등

60 최고사용압력이 고압인 가스혼합기, 가스정제설비, 배송기, 압송기 그 밖에 공급시설의 부대설비는 그 외면으로부터 사업장의 경계까지 얼마 이상의 거리를 유지하여야 하는가?

① 3m ② 10m
③ 20m ④ 30m

공급설비의 부대설비로부터 사업장 경계까지 이격거리
㉠ 최고사용압력 고압 : 20m 이상
㉡ 최고사용압력 중압 : 10m 이상
㉢ 최고사용압력 저압 : 5m 이상

제4과목 가스계측기기

61 실제길이가 3.0cm인 물체를 측정하여 2.95cm를 얻었다. 이때 오차는 얼마인가?

① +0.05cm ② −0.05cm
③ +1.67% ④ −1.67%

오차 : 측정−참값=2.95−3.0=−0.05cm

62 가스분석계 중 화학반응을 이용한 측정방법은? (계측-3)

① 연소열법
② 열전도율법
③ 적외선흡수법
④ 가시광선분산법

63 액위(level)측정 계측기기의 종류 중 액체용 탱크에 많이 사용되는 사이트글라스(Sight Glass)의 단점에 해당하지 않는 것은?

① 측정범위가 넓은 곳에서 사용이 곤란하다.
② 동결방지를 위한 보호가 필요하다.
③ 파손되기 쉬우므로 보호대책이 필요하다.
④ 내부 설치 시 요동(Turbulance) 방지를 위해 Stilling Chamber 설치가 필요하다.

정답 57.① 58.③ 59.④ 60.③ 61.② 62.① 63.④

64 프로세스계 내에 시간지연이 크거나 외란이 심할 경우 조절계를 이용하여 설정점을 작동시키게 하는 제어방식은? (계측-12)

① Sequence 제어
② Cascade 제어
③ Program 제어
④ Feed back 제어

65 어떤 비례 제어기가 50℃에서 100℃ 사이에 온도를 조절하는 데 사용되고 있다. 만일 이 제어기기가 측정한 온도가 84℃에서 90℃일 때 비례대(Propotional band)는 약 얼마인가?

① 10% ② 11%
③ 12% ④ 13%

$$비례대 = \frac{측정\ 온도차}{조절\ 온도차} = \frac{90-84}{100-50} \times 100 = 12\%$$

66 막식 가스미터에서 이물질로 인한 불량이 생기는 원인으로 틀린 것은? (계측-5)

① 크랭크축에 이물질이 들어가 회전부에 윤활유가 없어진 경우
② 밸브와 시트 사이에 점성 물질이 부착된 경우
③ 연동기구가 변형된 경우
④ 계량기의 유리가 파손된 경우

67 다음 중 유황분 정량 시 표준용액으로 적절한 것은?

① 수산화나트륨 ② 과산화수소
③ 초산 ④ 요오드칼륨

68 가스 크로마토그래피의 주요 구성요소가 아닌 것은? (계측-10)

① 분리관(칼럼) ② 검출기
③ 기록계 ④ 흡수액

해설
가스 크로마토그래피 구성요소 : 유량조절밸브, 압력계, 시료도입장치 분리관, 검출기, 기록계, 캐리어가스

69 다음 중 포스겐가스의 검지에 사용되는 시험지는? (계측-15)

① 리트머스 시험지
② 하리슨 시험지
③ 연당지
④ 염화제일구리 착염지

70 스텝(step)과 응답이 그림처럼 표시되는 요소를 무엇이라 하는가?

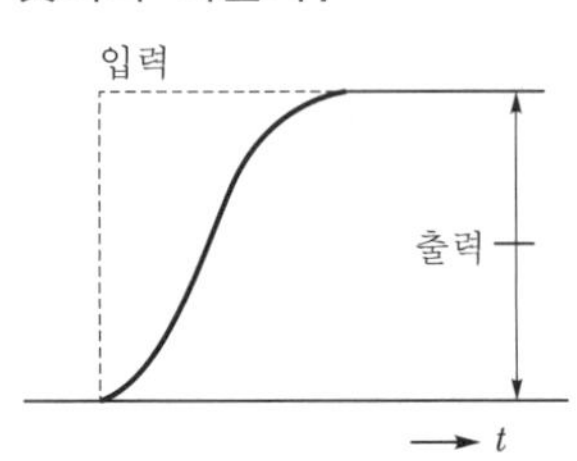

① 1차 지연요소 ② 낭비시간요소
③ 적분요소 ④ 고차지연요소

해설
1차 지연요소 : 입력이 급변하는 순간 출력은 변하지만 일정시간 후에는 지연이 있어 정상상태로 돌아오는 특성

71 도시가스 사용시설에 대하여 실시하는 내압시험에서 내압시험을 공기 등의 기체로 하는 경우 압력을 일시에 시험압력까지 올리지 아니하여야 한다. 이에 대한 설명으로 옳은 것은? (안전-119)

① 먼저 상용압력의 50%까지 승압하고, 그 후에는 상용압력의 10%씩 단계적으로 승압한다.
② 먼저 상용압력의 50%까지 승압하고, 그 후에는 상용압력의 20%씩 단계적으로 승압한다.
③ 먼저 상용압력의 80%까지 승압하고, 그 후에는 상용압력의 10%씩 단계적으로 승압한다.
④ 먼저 상용압력의 80%까지 승압하고, 그 후에는 상용압력의 20%씩 단계적으로 승압한다.

정답 64.② 65.③ 66.④ 67.① 68.④ 69.② 70.① 71.①

72 H_2와 O_2 등에는 감응이 없고, 탄화수소에 대한 감응이 가장 좋은 검출기는? (계측-13)

① 열전도도검출기(TCD)
② 불꽃이온화검출기(FID)
③ 전자포획검출기(ECD)
④ 열이온검출기(TID)

73 전자유량계는 다음 중 어느 법칙을 이용한 것인가?

① 쿨롱의 전자유도 법칙
② 옴의 전자유도 법칙
③ 패러데이의 전자유도 법칙
④ 줄의 전자유도 법칙

74 산소(O_2) 중에 포함되어 있는 질소(N_2) 성분을 가스 크로마토그래피로 정량하고자 한다. 다음 방법 중 옳지 않은 것은?

① 열전도도검출기(TCD)를 사용한다.
② 산소(O_2)의 피크가 질소(N_2)의 피크보다 먼저 나오도록 칼럼을 선택한다.
③ 캐리어가스로는 헬륨을 쓰는 것이 바람직하다.
④ 산소제거 트랩(Oxygen trap)을 사용하는 것이 좋다.

75 오리피스로 유량을 측정하는 경우 압력차가 4배로 증가하면 유량은 몇 배로 변하는가?

① 2배 증가　② 4배 증가
③ 8배 증가　④ 16배 증가

해설
$Q = A\sqrt{2gH}$ 이므로 H가 4배로 증가 시 Q는 2배 증가

76 탄성식 압력계가 아닌 것은? (계측-28)

① 벨로즈식 압력계
② 다이어프램식 압력계
③ 부르돈관 압력계
④ 링밸런스식 압력계

링밸런스=환상천평식 압력계 : 액주식 압력계

77 다음 중 대수용가(100~5000m^3/h)에 적당한 가스미터는? (계측-8)

① 막식 가스미터　② 습식 가스미터
③ 건식 가스미터　④ 루트식 가스미터

78 다이어프램 압력계의 특징에 해당되지 않는 것은? (계측-27)

① 미소한 압력을 측정하기 위한 압력계이다.
② 부식성 유체의 측정이 가능하다.
③ 과잉압력으로 파손되면 그 위험성은 커진다.
④ 감도가 높고, 응답성이 좋다.

79 측정기의 감도에 대한 일반적인 설명으로 옳은 것은?

① 감도가 좋으면 측정시간이 짧아진다.
② 감도가 좋으면 측정범위가 넓어진다.
③ 감도가 좋으면 아주 작은 양의 변화를 측정할 수 있다.
④ 측정량의 변화를 지시량의 변화로 나누어 준 값이다.

감도
㉠ 측정량의 변화에 대한 지시량의 변화 $= \dfrac{\text{지시량의 변화}}{\text{측정량의 변화}}$
㉡ 감도가 좋으면 측정시간이 길어지고, 측정범위는 좁아진다.

80 다음 중 습식 가스미터의 형태는?

① 루트형
② 오벌형
③ 피스톤 로터리형
④ 드럼형

정답 72.② 73.③ 74.② 75.① 76.④ 77.④ 78.③ 79.③ 80.④

CBT 기출복원문제

2022년 산업기사 제4회 필기시험 (2022년 9월 14일 시행)

01 가스산업기사	수험번호 : 수험자명 :	※ 제한시간 : 120분 ※ 남은시간 :
글자 크기  100% 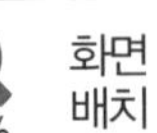 150% 200% 화면 배치 	전체 문제 수 : 안 푼 문제 수 :	답안 표기란 ① ② ③ ④

제1과목 연소공학

01 가연물과 그 연소형태를 짝지어 놓은 것 중 옳은 것은? 〔연소-2〕

① 알루미늄박－분해연소
② 목재－표면연소
③ 경유－증발연소
④ 휘발유－확산연소

02 실제기체가 이상기체에 가까워지기 위한 조건으로 옳은 것은? 〔연소-3〕

① 고온, 저압상태
② 저온, 저압상태
③ 고온, 고압상태
④ 분자량이 크거나 비체적이 클 때

㉠ 실제기체가 이상기체에 가까워지는 조건(액화가 불가능) : 고온, 저압상태
㉡ 이상기체가 실제기체에 가까워지는 조건(액화가 가능) : 저온, 고압상태

03 가스의 연소속도에 영향을 미치는 인자에 대한 설명 중 틀린 것은?

① 연소속도는 주변온도가 상승함에 따라 증가한다.
② 연소속도는 이론혼합기 근처에서 최대이다.
③ 압력이 증가하면 연소속도는 급격히 증가한다.
④ 산소농도가 높아지면 연소범위가 넓어진다.

해설

압력상승 시 연소속도는 증가하나 급격히 증가하지는 않는다.

04 다음 중 연료의 가연성분 원소가 아닌 것은?

① 유황 ② 질소
③ 수소 ④ 탄소

㉠ 연료의 주성분 : C, H, O
㉡ 연료의 가연성분 : C, H, S

05 압력이 0.1MPa, 체적이 $3m^3$인 273.15K의 공기가 이상적으로 단열압축되어 그 체적이 1/3으로 되었다. 엔탈피의 변화량은 약 몇 kJ인가? (단, 공기의 기체상수는 0.287kJ/kg · K, 비열비는 1.4이다.)

① 480 ② 580
③ 680 ④ 780

단열압축 엔탈피 변화량

$\Delta H = GC_P(T_2 - T_1)$에서

㉠ $G = \dfrac{PV}{RT} = \dfrac{0.1\times10^3\text{kN/m}^2\times3\text{m}^3}{0.287\text{kJ/kg}\cdot\text{K}\times273.15\text{K}} = 3.82682\text{kg}$

㉡ $C_P = \dfrac{K}{K-1}R$

㉢ $T_2 = T_1\cdot\left(\dfrac{V_1}{V_2}\right)^{K-1} = 273.15\times\left(\dfrac{3}{1}\right)^{1.4-1} = 423.8866$

$\therefore \Delta H = 3.82682\times\dfrac{1.4}{1.4-1}\times0.287\times(423.8866-273.15) = 587.43 \fallingdotseq 580\text{kJ}$

정답 01.③ 02.① 03.③ 04.② 05.②

06 다음 중 폭발방지를 위한 안전장치가 아닌 것은?

① 안전밸브
② 가스누출경보장치
③ 방호벽
④ 긴급차단장치

07 기체연료 중 공기와 혼합기체를 만들었을 때 연소속도가 가장 빠른 것은?

① 수소 ② 메탄
③ 프로판 ④ 톨루엔

연소범위
㉠ H_2(4~75%)
㉡ CH_4(5~15%)
㉢ C_3H_8(2.1~9.5%)
㉣ $C_6H_5CH_3$(1.4~6.7%)

08 아세틸렌을 일정압력 이상으로 압축하면 위험하다. 이때의 폭발형태는?

① 산화폭발 ② 중합폭발
③ 분해폭발 ④ 분진폭발

해설

C_2H_2은 2.5MPa 이상으로 압축하지 않는다. 분해폭발의 우려 때문에 부득이 2.5MPa 이상으로 압축 시 N_2, CH_4, CO, C_2H_4 등의 희석제를 첨가한다.

09 화염전파에 대한 설명으로 틀린 것은?

① 연료와 공기가 혼합된 혼합기체 안에서 화염이 전파하여 가는 현상을 말한다.
② 가연가스와 미연가스의 경계를 화염면이라 한다.
③ 연소파는 화염면 전후에 압력파가 있으며, 전파속도는 음속을 넘는다.
④ 데토네이션파(Detonation Wave)와 연소파(Combustion Wave)로 크게 나눌 수 있다.

연소파는 반응 후 온도가 상승하지만 음속보다 낮음, 음속 이상이 되려면 폭굉이 일어나야 한다.

10 증기 속에 수분이 많을 때 일어나는 현상으로 옳은 것은? (연소-26)

① 건조도가 증가된다.
② 증기엔탈피가 증가된다.
③ 증기배관에 수격작용이 방지된다.
④ 증기배관 및 장치부식이 발생된다.

11 이상기체가 담겨있는 용기를 가열하면 이 용기 내부의 압력과 온도의 변화는 어떻게 되는가? (단, 부피변화는 없다고 가정한다.)

① 압력증가, 온도상승
② 압력증가, 온도일정
③ 압력일정, 온도상승
④ 압력일정, 온도일정

해설

이상기체 정적 하에서
㉠ 가열 시 : 압력증가, 온도상승
㉡ 냉각 시 : 압력강하, 온도저하

12 가연성 가스의 위험성에 대한 설명으로 틀린 것은?

① 폭발범위가 넓을수록 위험하다.
② 폭발범위 밖에서는 위험성이 감소한다.
③ 온도나 압력이 증가할수록 위험성이 증가한다.
④ 폭발범위가 좁고, 하한계가 낮은 것은 위험성이 매우 적다.

폭발하한계가 낮은 가연성 가스는 위험성이 크다.

13 이산화탄소로 가연물을 덮는 방법은 소화의 3대 효과 중 어느 것인가? (연소-17)

① 제거효과 ② 질식효과
③ 냉각효과 ④ 촉매효과

14 부탄 10kg을 완전연소시키는 데 필요한 이론산소량은 약 몇 kg인가?

① 29.8 ② 31.2
③ 33.8 ④ 35.9

정답 06.③ 07.① 08.③ 09.③ 10.④ 11.① 12.④ 13.② 14.④

$C_4H_{10} + 6.5O_2 \rightarrow 4CO_2 + 5H_2O$

58kg : 6.5×32kg

10kg : x(kg)

$\therefore\ x = \frac{10 \times 6.5 \times 32}{58} = 35.86 - 35.9\text{kg}$

15 어떤 가역 열기관이 300℃에서 500kcal 열을 흡수하여 일을 하고 100℃에서 열을 방출한다고 할 때 열기관이 한 최대 일(Work)은 약 얼마인가?

① 175kcal ② 188kcal
③ 218kcal ④ 232kcal

카르노사이클에서

$\frac{Q_1}{T_1} = \frac{Q_2}{T_2}$ 이므로

$\therefore\ Q_2 = \frac{T_2}{T_1} \times Q_1 = \frac{(273+100)}{(273+300)} \times 500 = 325.47\text{kcal}$

$\therefore$ 일량 $Q = Q_1 - Q_2$

$= 500 - 325.47 = 174.52\text{kcal}$

$= 175\text{kcal}$

16 고체연료의 성질에 대한 설명 중 옳지 않은 것은?

① 수분이 많으면 통풍불량의 원인이 된다.
② 휘발분이 많으면 점화가 쉽고, 발열량이 높아진다.
③ 회분이 많으면 연소를 나쁘게 하여 열효율이 저하된다.
④ 착화온도는 산소량이 증가할수록 낮아진다.

휘발분 : 발열량과는 무관

17 각 화재의 분류가 잘못된 것은? (연소-27)

① A급 – 일반화재
② B급 – 유류화재
③ C급 – 전기화재
④ D급 – 가스화재

가스화재 – B급(소방법에서는 가스화재를 E급으로 정의)

18 어떤 혼합가스가 산소 10mol, 질소 10mol, 메탄 5mol을 포함하고 있다. 이 혼합가스의 비중은 약 얼마인가? (단, 공기의 평균 분자량은 29이다.)

① 0.88 ② 0.94
③ 1.00 ④ 1.07

혼합가스 분자량 $= 32 \times \frac{10}{25} + 28 \times \frac{10}{25} + 16 \times \frac{5}{25}$

$= 27.2\text{g}$

$\therefore$ 비중 $= \frac{27.2}{29} = 0.937 = 0.94$

19 인화성 물질이나 가연성 가스가 폭발성 분위기를 생성할 우려가 있는 장소 중 가장 위험한 장소 등급은? (연소-14)

① 1종 장소
② 2종 장소
③ 3종 장소
④ 0종 장소

20 설치장소의 위험도에 대한 방폭구조의 선정에 관한 설명 중 틀린 것은? (안전-13)

① 0종 장소에서는 원칙적으로 내압방폭구조를 사용한다.
② 2종 장소에서 사용하는 전선관용 부속품은 KS에서 정하는 일반품으로서 나사접속의 것을 사용할 수 있다.
③ 두 종류 이상의 가스가 같은 위험장소에 존재하는 경우에는 그 중 위험등급이 높은 것을 기준으로 하여 방폭전기기기의 등급을 선정하여야 한다.
④ 유입방폭구조는 1종 장소에서는 사용을 피하는 것이 좋다.

㉠ 0종 장소에는 원칙적으로 본질안전방폭구조를 사용한다.
㉡ 방폭전기기기의 설비 부속품은 내압 또는 안전증방폭구조의 것으로 한다.
㉢ 방폭전기기기에 설치하는 정션박스, 풀박스 접속함은 내압 또는 안전증 방폭구조로 한다.

정답 15.① 16.② 17.④ 18.② 19.④ 20.①

제2과목 가스설비

21 다음 중 압축기에서 다단압축을 하는 주된 목적은? (설비-48)

① 압축일과 체적효율 감소
② 압축일과 체적효율 증가
③ 압축일 증가와 체적효율 감소
④ 압축일 감소와 체적효율 증가

22 다음 중 보일러 입구 또는 실내 저압 배관부에 주로 사용되는 호스는?

① 염화비닐 호스
② 저압 고무호스
③ 고압 고무호스
④ 금속플렉시블 호스

금속플렉시블 호스 : 사용압력 3.3kPa 이하인 저압에서 주로 사용

23 다음 중 압축기 운전 개시 전에 주의하여야 할 사항은? (설비-48)

① 압력조정밸브는 천천히 잠그고, 주밸브를 열어 압력을 조정한다.
② 냉각수밸브를 닫고, 워터재킷 내부의 물을 드레인한다.
③ 드레인밸브를 1단에서 다음 단으로 서서히 잠근다.
④ 압력계, 압력조절밸브, 드레인밸브를 전개하여 지시압력의 이상 유무를 확인한다.

24 안지름 10cm의 파이프를 플랜지에 접속하였다. 이 파이프 내에 $40kgf/cm^2$의 압력으로 볼트 1개에 걸리는 힘을 400kgf 이하로 하고자 할 때 볼트 수는 최소 몇 개 필요한가?

① 5개
② 8개
③ 12개
④ 15개

볼트 전체의 하중

$W = PA$

$= 40kg/cm^2 \times \frac{\pi}{4} \times (10cm)^2 = 3141.59kg$

∴ 3141.59÷400=7.85=8개

25 다음 중 용기 부속품에 대한 표시사항으로 옳은 것은? (안전-64)

① 압축가스를 충전하는 용기의 부속품 : PG
② 초저온 용기 부속품 : LG
③ 저온 용기 부속품 : LG
④ 아세틸렌가스를 충전하는 용기의 부속품 : APG

26 다음 지상형 탱크 중 내진설계 적용대상 시설이 아닌 것은? (안전-54)

① 고법의 적용을 받는 10톤 이상의 아르곤 탱크
② 도법의 적용을 받는 3톤 이상의 저장탱크
③ 액법의 적용을 받는 3톤 이상의 액화석유가스 저장탱크
④ 고법의 적용을 받는 3톤 이상의 암모니아 탱크

27 직경 500mm의 강재로 된 둥근 막대가 8000kgf의 인장하중을 받을 때의 응력은?

① $2kgf/cm^2$ ② $4kgf/cm^2$
③ $6kgf/cm^2$ ④ $8kgf/cm^2$

$$\sigma = \frac{W}{A} = \frac{8000kgf}{\frac{\pi}{4} \times (500mm)^2}$$

$$= 0.04kgf/mm^2 = 4kgf/cm^2$$

28 다음 중 펌프에서 발생하는 현상인 캐비테이션(Cavitation)으로 인한 결과가 아닌 것은? (설비-9)

① 기계 손상 ② 정압 증가
③ 진동 ④ 소음

캐비테이션(공동현상) 발생에 따른 현상소음, 진동, 깃의 침식, 양정, 효율곡선 저하

29 배관용접부의 비파괴검사인 자분탐상시험을 한 경우 결함자분 모양의 길이가 몇 mm를 초과한 경우에 불합격으로 하는가? (안전-86)

① 3　② 4
③ 5　④ 6

30 LPG 탱크로리에서 지하저장탱크로 LPG를 이송하는 방법 중 빠르게 잔가스를 회수할 수 있고 베이퍼록 현상이 생기지 않는 방법은 어느 것인가? (설비-23)

① 압축기에 의한 방법
② 펌프에 의한 방법
③ 차압에 의한 방법
④ 중력에 의한 방법

베이퍼록 현상 : 저비등점의 액체를 이송 시 펌프 입구에서 발생하는 현상으로 액의 끓음에 의한 동요, LP가스 이송 시 압축기의 경우는 베이퍼록이 일어나지 않는다.

31 왕복동식 압축기의 흡입구, 토출구에서 압력계의 바늘이 흔들리면서 유량이 감소되는 현상은?

① 공동현상　② 히스테리시스
③ 수격현상　④ 맥동현상

32 정압기 설치에 대한 설명으로 가장 거리가 먼 것은?

① 출구에는 수분 및 불순물 제거장치를 설치한다.
② 출구에는 가스 압력측정장치를 설치한다.
③ 입구에는 가스 차단장치를 설치한다.
④ 정압기의 분해점검 및 고장을 대비하여 예비정압기를 설치한다.

정압기 입구에는 불순물 제거장치, 정압기 입·출구에는 가스 차단장치 설치

33 동일한 가스 입상배관에서 프로판가스와 부탄가스를 흐르게 할 경우 가스 자체의 무게로 인하여 입상관에서 발생하는 압력손실을 서로 비교하면? (단, 부탄의 비중은 2, 프로판의 비중은 1.5이다.)

① 프로판이 부탄보다 약 2배 정도 압력손실이 크다.
② 프로판이 부탄보다 약 4배 정도 압력손실이 크다.
③ 부탄이 프로판보다 약 2배 정도 압력손실이 크다.
④ 부탄이 프로판보다 약 4배 정도 압력손실이 크다.

입상손실 $h = 1.293(S-1)H$에서
가스 비중 2와 1.5이므로
$h_1 = 1.293(2-1)H$
$h_2 = 1.293(1.5-1)H$에서 1/0.5이므로 부탄의 입상손실이 프로판에 비해 2배 크다.

34 냉간가공과 열간가공을 구분하는 기준이 되는 온도는?

① 끓는 온도　② 상용 온도
③ 재결정 온도　④ 섭씨 0도

35 다음 지름이 150mm, 행정 100mm, 회전수 800rpm, 체적효율 85%인 4기통 압축기의 피스톤 압출량은 몇 m^3/h인가?

① 10.2　② 28.8
③ 102　④ 288

$$Q = \frac{\pi}{4} \times D^2 \times LN \times \eta \times \eta_V$$
$$= \frac{\pi}{4} \times (0.15mm)^2 \times 0.1m \times 800 \times 4 \times 0.85 \times 60$$
$$= 288m^3/h$$

36 고압식 액체산소분리장치에서 원료공기는 압축기에 흡입되어 몇 atm 정도까지 압축되는가? (설비-5)

① 80~140　② 110~150
③ 150~200　④ 180~230

정답 29.② 30.① 31.④ 32.① 33.③ 34.③ 35.④ 36.③

37 산소압축기의 내부 윤활제로 주로 사용되는 것은? (설비-32)

① 물
② 유지류
③ 석유류
④ 진한 황산

38 전기방식 조치대상 시설로서 전기방식을 하지 않아도 되는 배관은? (안전-87)

① 지중에 설치하는 폴리에틸렌 피복강관
② 지중에 설치하는 강제강관
③ 수중에 설치하는 폴리에틸렌관
④ 수중에 설치하는 강제강관

전기방식 조치대상 시설(배관재료 : 강제)
㉠ 고압가스 특정(일반) 제조사업자, 충전사업자 저장소 설치자 및 특정고압가스 사용자의 시설 중 지중 및 수중에서 설치하는 강제배관 및 저장탱크(고압가스시설, 액화석유가스시설, 도시가스시설)
㉡ 전기방식 제외 대상시설(가정용 가스시설, 기간을 정해 임시로 사용하기 위한 고압가스 시설)

39 정압기의 부속설비 중 조정기 전단에 설치되어 배관 내의 먼지 등을 제거하는 설비는?

① 필터
② 이상압력통보설비
③ 동결방지장치
④ 긴급차단장치

정압기 흐름도
가스차단장치 – 필터 – SSV – 정압기(조정기) – 가스차단장치 – 안전밸브

40 압력 22.5MPa로 내압시험을 하는 용기에 아세틸렌가스가 아닌 압축가스를 충전할 때 그 최고충전압력은 몇 MPa인가?

① 12.5
② 13.5
③ 14.0
④ 15.0

$$F_P = T_P \times \frac{3}{5}$$
$$= 22.5 \times \frac{3}{5} = 13.5\text{MPa}$$

제3과목 가스안전관리

41 다음 독성 가스별 제독제 및 제독제 보유량의 기준이 잘못 연결된 것은? (안전-44)

① 염소 : 소석회 – 620kg
② 포스겐 : 소석회 – 200kg
③ 아황산가스 : 가성소다 수용액 – 530kg
④ 암모니아 : 물 – 다량

42 냉동 용기에 표시된 각인 기호 및 단위로서 틀린 것은?

① 냉동능력 : RT
② 원동기소요전력 : kW
③ 최고사용압력 : DP
④ 내압시험압력 : AP

④ 내압시험압력 : TP

43 고압가스시설의 안전을 확보하기 위한 고압가스설비 설치기준에 대한 설명으로 틀린 것은?

① 아세틸렌 충전용 교체밸브는 충전하는 장소에서 격리하여 설치한다.
② 공기액화분리기에 설치하는 피트는 양호한 환기구조로 한다.
③ 에어졸 제조시설에는 과압을 방지할 수 있는 수동충전기를 설치한다.
④ 고압가스설비는 상용압력의 1.5배 이상의 압력으로 내압시험을 실시하여 이상이 없어야 한다.

㉠ 에어졸 제어시설에는 과압을 방지할 수 있는 자동충전기를 설치한다.
㉡ 인체에 사용하거나 가정에서 사용하는 에어졸 제조시설에는 불꽃길이 시험장치를 갖출 것

정답 37.① 38.③ 39.① 40.② 41.② 42.④ 43.③

44 용기에 의한 고압가스 판매의 시설기준으로 틀린 것은?

① 보관할 수 있는 고압가스량이 $300m^3$이 넘는 경우에는 보호시설과 안전거리를 유지해야 한다.
② 가연성 가스, 산소 및 독성 가스의 저장실은 각각 구분하여 설치한다.
③ 용기보관실의 지붕은 불연성 재질의 가벼운 것으로 설치한다.
④ 가연성 가스 충전용기 보관실의 주위 8m 이내에는 화기가 없어야 한다.

가연성 독성, 충전용기 보관실 2m 이내에 화기를 사용하거나 인화발화성 물질을 두지 않아야 한다.

45 암모니아에 대한 설명으로 틀린 것은?

① 강한 자극성이 있고 무색이며, 물에 잘 용해된다.
② 붉은 리트머스 시험지에 접촉하면 푸른색으로 변한다.
③ 20℃에서 $2.15kgf/cm^2$ 이상으로 압축하면 액화된다.
④ 고온에서 마그네슘과 반응하여 질화마그네슘을 만든다.

암모니아는 상온, 9atm에서 액화

46 공기 중 폭발범위가 가장 넓은 가스는 어느 것인가? (안전-106)

① 수소　② 아세트알데히드
③ 에탄　④ 산화에틸렌

① 수소 : 4~75%
② 아세트알데히드 : 4~60%
③ 에탄 : 3~12.5%
④ 산화에틸렌 : 3~80%

47 도로 밑 도시가스 배관 직상단에는 배관의 위치, 흐름방향을 표시한 라인마크(Line Mark)를 설치(표시)하여야 한다. 직선 배관인 경우 라인마크의 최소설치 간격은?

① 25m　② 50m
③ 100m　④ 150m

48 방폭전기기기의 용기에서 가연성 가스가 폭발할 경우 그 용기가 폭발압력에 견디고, 접합면, 개구부 등을 통하여 외부의 가연성 가스에 인화되지 않도록 한 구조는? (안전-13)

① 압력방폭구조
② 내압방폭구조
③ 유압방폭구조
④ 안전증방폭구조

49 다음의 특징을 가지는 가스는?

• 약산성으로 강한 독성, 가연성, 폭발성이 있다.
• 순수한 액체는 안정하나 소량의 수분에 급격한 중합을 일으키고 폭발할 수 있다.
• 살충용 훈증제, 전기도금, 화학물질 합성에 이용된다.

① 아크릴로니트릴　② 불화수소
③ 시안화수소　④ 브롬화메탄

50 다음 중 프로판가스의 폭발 위험도는 약 얼마인가? (설비-44)

① 3.5
② 12.5
③ 15.5
④ 20.2

프로판 위험도 $= \frac{9.5-2.1}{2.1} = 3.5$

51 아세틸렌을 용기에 충전할 때 다음 물질 중 침윤제로 사용되는 것은? (설비-42)

① 아세톤
② 벤젠
③ 케톤
④ 알데히드

정답 44.④ 45.③ 46.④ 47.② 48.② 49.③ 50.① 51.①

52 도시가스 공급 시 판넬(Panel)에 의한 가스 냄새 농도측정에서 냄새판정을 위한 시료의 희석배수가 아닌 것은? (안전-19)

① 100배
② 500배
③ 1000
④ 4000배

희석배수
500배, 1000배, 2000배, 4000배(4종류)

53 고압가스 설비의 수리 등을 할 때의 가스치환에 대한 설명으로 옳은 것은?

① 가연성 가스의 경우 가스의 농도가 폭발하한계의 1/2에 도달할 때까지 치환한다.
② 가스 치환 시 농도의 확인은 관능법에 따른다.
③ 불활성 가스의 경우 산소의 농도가 16% 이상에 도달할 때까지 공기로 치환한다.
④ 독성 가스의 경우 독성 가스의 농도가 TLV-TWA 기준농도 이하로 될 때까지 치환을 계속한다.

㉠ 폭발하한의 1/4 이하 도달할 때까지 확인
㉡ 산소의 농도 18% 이상 22% 이하
㉢ 농도 확인은 가스검지기 그 밖에 해당 가스농도 식별에 의한 적합한 분석방법(가스검지기 등)으로 한다.

54 고압가스를 운반하는 차량의 안전경계 표지 중 삼각기의 바탕과 글자색은? (안전-48)

① 백색바탕－적색글씨
② 적색바탕－황색글씨
③ 황색바탕－적색글씨
④ 백색바탕－청색글씨

55 가스 배관 내진설계기준에서 고압가스 배관의 지진해석 시 적용사항에 대한 설명으로 틀린 것은? (안전-88)

① 지반운동의 수평 2축방향 성분과 수직방향 성분을 고려한다.
② 지반을 통한 파의 방사조건을 적절하게 반영한다.
③ 배관－지반의 상호작용 해석 시 배관의 유연성과 변형성을 고려한다.
④ 기능수행수준 지진해석에서 배관의 거동은 거물형으로 가정한다.

56 고압가스 특정제조설비에는 비상전력설비를 설치하여야 한다. 다음 중 가스누출 검지경보장치에 설치하는 비상전력설비가 아닌 것은? (안전-89)

① 타처공급전력　② 자가발전
③ 엔진구동발전　④ 축전지장치

57 LPG 자동차 용기 충전시설에 설치되는 충전호스에 대한 기준으로 틀린 것은?

① 충전호스의 길이는 5m이어야 한다.
② 정전기 제거장치를 설치해야 한다.
③ 가스 주입구는 원터치형으로 한다.
④ 호스에 과도한 인장력이 가해졌을 때 긴급차단장치가 작동해야 한다.

호스에 과도한 인장력이 가해졌을 때 호스와 충전기가 분리되는 구조

58 차량에 고정된 2개 이상을 서로 연결한 이음매 없는 용기의 운반차량에 반드시 설치하지 않아도 되는 것은? (안전-33)

① 역류방지밸브　② 검지봉
③ 압력계　④ 긴급탈압밸브

59 도시가스 사업자가 가스시설에 대한 안전성 평가서를 작성할 때 반드시 포함하여야 할 사항이 아닌 것은?

① 절차에 관한 사항
② 결과조치에 관한 사항
③ 품질보증에 관한 사항
④ 기법에 관한 사항

정답 52.① 53.④ 54.② 55.④ 56.③ 57.④ 58.① 59.③

60 고압가스 특정제조시설에서 사업소 밖의 가연성 가스 배관을 노출하여 설치 시 다음 시설과 지상배관과의 수평거리를 가장 멀리하여야 하는 시설은? (안전-90)

① 도로 ② 철도
③ 병원 ④ 주택

제4과목 가스계측기기

61 다음 중 가스 크로마토그래피의 구성요소가 아닌 것은? (계측-10)

① 분리관(칼럼) ② 검출기
③ 유속조절기 ④ 단색화장치

해설
G/C(가스 크로마토그래피) 구성요소(유량조절기, 캐리어가스, 분리관(칼럼), 검출기록계, 유량 · 유속 조절기, 항온도, 유량계)

62 어떤 가스의 유량을 시험용 가스미터로 측정하였더니 $50m^3/h$이었다. 같은 가스를 기준 가스미터로 측정하였을 때 유량이 $52m^3/h$이었다면 이 시험용 가스미터의 기차는?

① +2.0% ② −2.0%
③ +4.0% ④ −4.0%

해설

$$기차 = \frac{시험미터\ 지시량 - 기준미터\ 지시량}{시험미터\ 지시량}$$
$$= \frac{50-52}{50} \times 100 = -4\%$$

63 가스압력 조정기(Regulator)의 역할에 대한 설명으로 가장 옳은 것은?

① 용기 내 노의 역화를 방지한다.
② 가스를 정제하고, 유량을 조절한다.
③ 용기 내의 압력이 급상승할 경우 정상화한다.
④ 공급되는 가스의 압력을 연소기구에 적당한 압력까지 감압시킨다.

64 생성열을 나타내는 표준온도로 사용되는 온도는?

① 0℃
② 4℃
③ 25℃
④ 35℃

65 검지관식 가스검지기에 대한 설명으로 틀린 것은?

① 검지기는 검지관과 가스채취기 등으로 구성된다.
② 검지관은 내경 2~4mm의 구리관을 사용한다.
③ 검지관 내부에 시료가스가 송입되면 검지제와의 반응으로 변색한다.
④ 검지관은 한번 사용하면 다시 사용할 수 없다.

해설
검지관은 내경 2~4mm의 유리관에 발색 시약을 흡착시킨 검지제를 충진하여 관의 양단을 액봉한 것

66 출력이 목표치와 비교되어 제어편차를 수정하는 과정이 없는 제어는?

① 폐회로(Closed Loop) 제어
② 개회로(Open Loop) 제어
③ 프로그램(Program) 제어
④ 피드백(Feedback) 제어

해설
① 폐루프 제어 : 출력의 일부를 입력방향으로 피드백시켜 목표값과 비교되도록 폐루프를 형성하는 제어계로 피드백 제어계라 함
② 개루프(회로) 제어 : 가장 간편한 장치로 제어동작이 출력과 관계 없이 신호의 통로가 열려 있는 제어계로서 수정하는 과정이 없음
③ 프로그램 제어 : 미리 정해진 프로그램에 따라 제어량을 변화시키는 것을 목적으로 하는 제어법

정답 60.③ 61.④ 62.④ 63.④ 64.③ 65.② 66.②

67 다음 중 비례제어(P동작)에 대한 설명으로 가장 옳은 것은? (계측-4)

① 비례대의 폭을 좁히는 등 오프셋은 극히 작게 된다.
② 조작량은 제어편차의 변화속도에 비례한 제어동작이다.
③ 제어편차와 지속시간에 비례하는 속도로 조작량을 변화시킨 제어조작이다.
④ 비례대의 폭을 넓히는 등 제어동작이 작동할 때는 비례동작이 강하게 되며, 피드백제어로 되먹임 된다.

68 가스미터를 검정하기 위하여 표준(기준)미터를 갖추고 가스미터시험에 적합한 유량 범위를 가지고 있어야 한다. 다음 중 옳은 규격은?

① 시험미터를 최소유량부터 최대유량까지 3포인트 유량시험이 가능할 것
② 시험미터를 최소유량부터 최대유량까지 5포인트 유량시험이 가능할 것
③ 시험미터를 최소유량부터 최대유량까지 7포인트 유량시험이 가능할 것
④ 시험미터를 최소유량부터 최대유량까지 10포인트 유량시험이 가능할 것

69 일반적으로 사용되는 진공계 중 정밀도가 가장 좋은 것은?

① 격막식 탄성 진공계
② 열음극 전리 진공계
③ 맥로드 진공계
④ 피라니 진공계

70 막식 가스미터에서 다음 [보기]와 같은 원인은 어떤 고장인가? (계측-5)

- 계량막이 신축하여 계량실 부피가 변화
- 막에서의 누설, 밸브와 밸브시트 사이에서의 누설
- 패킹부에서의 누설

① 부동　② 불통
③ 기차 불량　④ 감도 불량

71 다음 중 가스분석방법 중 연소분석법이 아닌 것은? (계측-17)

① 폭발법　② 완만연소법
③ 분별연소법　④ 증발연소법

72 계측에 사용되는 열전대 중 다음 [보기]의 특징을 가지는 온도계는? (계측-9)

- 열기전력이 크고, 저항 및 온도계수가 작다.
- 수분에 의한 부식에 강하므로 저온측정에 적합하다.
- 비교적 저온의 실험용으로 주로 사용한다.

① R형　② T형
③ J형　④ K형

73 가스 크로마토그래피 캐리어가스의 유량이 70mL/min에서 어떤 성분 시료를 주입하였더니 주입점에서 피크까지의 길이가 18cm 이었다. 지속 용량이 450mL라면 기록지의 속도는 약 몇 cm/min인가?

① 0.28　② 1.28
③ 2.8　④ 3.8

18cm × 70mL/min ÷ 450mL = 2.8cm/min

74 비접촉식 온도계의 특징으로 옳지 않은 것은? (계측-24)

① 내열성 문제로 고온 측정이 불가능하다.
② 움직이는 물체의 온도 측정이 가능하다.
③ 물체의 표면온도만 측정 가능하다.
④ 방사율의 보정이 필요하다.

비접촉식 온도계(광고 온도계, 광전관식 온도계, 방사(복사) 온도계, 색 온도계 → 고온 측정용

정답 67.② 68.③ 69.② 70.③ 71.④ 72.② 73.③ 74.①

75 압력의 단위를 차원(Dimension)으로 바르게 나타낸 것은?

① MLT ② ML^2T^2
③ M/LT^2 ④ M/L^2T^2

해설
차원계
[M][L][T] 차원계, [F][L][T] 차원계
(M=kg, F=kgf, L=m, T=sec)
$F=[MLT^{-2}]$
$kgf=kg\times m/s^2$

참고 kgf = F, kg = M, m = L, $\frac{1}{s^2}=T^{-2}$
압력(P) : kgf/cm^2
$FL^{-2}=MLT^{-2}L^{-2}=M/LT^2$

76 헴펠법 가스분석법에서 CO_2의 흡수제로 옳은 것은? (계측-1)

① 발연 황산
② 피로갈롤 알칼리 용액 : 산소
③ 암모니아성 염화제1동 용액 : CO산소
④ 수산화칼륨(KOH) 용액 : CO_2

77 대칭 이원자 분자 및 Ar 등의 단원자 분자를 제외한 거의 대부분의 가스를 분석할 수 있으며 선택성이 우수하고, 연속분석이 가능한 가스분석 방법은?

① 적외선법 ② 반응열법
③ 용액전도율법 ④ 열전도율법

78 다음 중 물리적 가스 분석계에 해당하지 않는 것은? (계측-3)

① 가스의 화학반응을 이용하는 것
② 가스의 열전도율을 이용하는 것
③ 가스의 자기적 성질을 이용하는 것
④ 가스의 광학적 성질을 이용하는 것

79 다음 중 시컨셜 제어(Sequential Control)에 해당되지 않는 것은?

① 교통신호등의 신호제어
② 승강기의 작동제어
③ 자동판매기의 작동제어
④ 피드백에 의한 유량제어

해설
시컨셜 제어 : 제어의 각 단계가 순차적으로 진행시킬 수 있는 제어로 입력신호에서 출력신호까지 정해진 순서에 따라 제어명령이 전해진다. 또 제어결과에 따라 조작이 자동적으로 이행된다.

80 Dial gauge는 다음 중 어느 측정 방법에 속하는가?

① 비교측정 ② 절대측정
③ 변위측정 ④ 직접측정

정답 75.③ 76.④ 77.① 78.① 79.④ 80.①

CBT 기출복원문제

2023년 산업기사 제1회 필기시험 (2023년 3월 1일 시행)

(01) 가스산업기사	수험번호 : 수험자명 :	※ 제한시간 : 120분 ※ 남은시간 :
글자 크기 100% 150% 200% 화면 배치	전체 문제 수 : 안 푼 문제 수 :	답안 표기란 ① ② ③ ④

제1과목 연소공학

01 자연발화온도(Autoignition temperature : AIT)에 영향을 주는 요인 중 증기의 농도에 관한 사항으로 가장 올바른 것은? (연소-30)

① 가연성 혼합기체의 AIT는 가연성 가스와 공기의 혼합비가 1 : 1일 때 가장 낮다.
② 가연성 증기에 비하여 산소의 농도가 클수록 AIT는 낮아진다.
③ AIT는 가연성 증기의 농도가 양론농도보다 약간 높을 때가 가장 낮다.
④ 가연성 가스와 산소의 혼합비가 1 : 1일 때 AIT는 가장 낮다.

02 가로, 세로, 높이가 각각 3m, 4m, 3m인 방에 약 몇 L의 프로판가스가 누출되면 폭발될 수 있는가? (단, 프로판의 폭발범위는 2.2~9.5%이다.)

① 510
② 610
③ 710
④ 810

해설

공기량 $=3\times4\times3=36\text{m}^3$ 누출

C_3H_8이 $x(\text{m}^3)$일 때 $\left(\dfrac{x}{36+x}\right)=0.022$이므로

$\therefore\ x=0.8098\text{m}^3=809.8\text{L} \fallingdotseq 810\text{L}$

03 메탄올 96g과 아세톤 116g을 함께 진공상태의 용기에 넣고 기화시켜 25℃의 혼합기체를 만들었다. 이때 전압력은 약 몇 mmHg인가? (단, 5℃에서 순수한 메탄올과 아세톤의 증기압 및 분자량은 각각 96.5mmHg, 56mmHg 및 32g, 58g이다.)

① 76.3 ② 80.3
③ 152.5 ④ 170.5

몰비(부피비) 메탄올 : $\dfrac{96}{32}=3$, 아세톤 : $\dfrac{116}{58}=2$

$\therefore\ P=96.5\times\dfrac{3}{3+2}+56\times\dfrac{2}{3+2}=80.3\text{mmHg}$

04 일반적으로 가연성 기체, 액체 또는 고체가 대기 중에서 연소를 하는 경우 4가지 연소형식으로 대별된다. 다음 중 일반적인 연소형식이 아닌 것은? (연소-2)

① 증발연소 ② 확산연소
③ 표면연소 ④ 폭발연소

05 단열가역변화에서의 엔트로피(entropy) 변화는?

① 증가
② 감소
③ 불변
④ 일정하지 않다.

㉠ 비가역 단열변화 : 엔트로피 증가
㉡ 가역 단열변화 : 엔트로피 불변

정답 01.③ 02.④ 03.② 04.④ 05.③

06 메탄올(g), 물(g) 및 이산화탄소(g)의 생성열은 각각 50kcal, 60kcal 및 95kcal이다. 이때 메탄올의 연소열은?

① 120kcal ② 145kcal
③ 165kcal ④ 180kcal

CH3OH의 연소 반응식

$CH_3OH + \frac{3}{2}O_2 \rightarrow CO_2 + 2H_2O + Q$에서

$-50 = -95 - 2 \times 60 + Q$

$\therefore Q = 95 + 2 \times 60 - 50 = 165\text{kcal}$

07 공기비가 적을 경우 나타나는 현상과 가장 거리가 먼 것은? (연소-15)

① 매연발생이 극심해진다.
② 폭발사고 위험성이 커진다.
③ 연소실 내의 연소온도가 저하된다.
④ 미연소로 인한 열손실이 증가한다.

08 연료비에 관한 공식이 올바른 것은?(연소-18)

① $\frac{\text{고정탄소}}{\text{휘발분}}$

② $\frac{1-\text{고정탄소}}{\text{휘발분}}$

③ $\frac{\text{휘발분}}{\text{고정탄소}}$

④ $\frac{1-\text{휘발분}}{\text{고정탄소}}$

09 다음 중 방폭구조 및 대책에 관한 설명이 아닌 것은?

① 방폭대책에는 예방, 국한, 소화의 피난대책이 있다.
② 가연성 가스의 용기 및 탱크 내부는 제2종 위험장소이다.
③ 분진처리장치의 호흡작용이 있는 경우에는 자동분진제거장치가 필요하다.
④ 내압방폭구조는 내부폭발에 의한 내용물 손상으로 영향을 미치는 기기에는 부적당하다.

가연성 용기탱크 내부 : 0종

10 가스의 연소에 대한 설명으로 옳은 것은?

① 부탄이 완전연소하면 일산화탄소가스가 생성된다.
② 부탄이 완전연소하면 탄산가스와 물이 생성된다.
③ 프로판이 불완전연소하면 탄산가스와 불소가 생성된다.
④ 프로판이 불완전연소하면 탄산가스와 규소가 생성된다.

$C_4H_{10} + 6.5O_2 \rightarrow 4CO_2 + 5H_2O$

11 완전기체에서 정적비열(C_v), 정압비열(C_p)의 관계식을 옳게 나타낸 것은? (단, R은 기체상수이다.) (연소-3)

① $C_p / C_v = R$
② $C_p - C_v = R$
③ $C_v / C_p = R$
④ $C_p + C_v = R$

$K(\text{비열비}) = \frac{C_P}{C_V}$

12 다음 중 안전간격에 대한 설명 중 틀린 것은 어느 것인가? (연소-31)

① 안전간격은 방폭전기기기 등의 설계에 중요하다.
② 한계직경은 가는 관 내부를 화염이 진행할 때 도중에 꺼지는 한계의 직경이다.
③ 두 평행판 간의 거리를 화염이 전파하지 않을 때까지 좁혔을 때 그 거리를 소염거리라고 한다.
④ 발화의 제반조건을 갖추었을 때 화염이 최대한으로 전파되는 거리를 화염일주라고 한다.

정답 06.③ 07.③ 08.① 09.② 10.② 11.② 12.④

13 탄소 2kg을 완전연소시켰을 때 발생된 연소가스(CO_2)의 양은 얼마인가?

① 3.66kg　　② 7.33kg
③ 8.89kg　　④ 12.34kg

$C+O_2 \rightarrow CO_2$
12kg : 44kg
2kg : x(kg)
$\therefore\ x=\dfrac{2\times 44}{12}=7.33\text{kg}$

14 기체연료를 미리 공기와 혼합시켜 놓고 점화해서 연소하는 것으로 혼합기만으로도 연소할 수 있는 연소방식은?

① 확산연소
② 예혼합연소
③ 증발연소
④ 분해연소

15 다음 중 자기연소를 하는 물질로만 나열된 것은? (연소-13)

① 경유, 프로판
② 질화면, 셀룰로이드
③ 황산, 나프탈렌
④ 석탄, 플라스틱(FRP)

16 연소관리에 있어서 배기가스를 분석하는 가장 큰 목적은?

① 노내압 조절
② 공기비 계산
③ 연소열량 계산
④ 매연농도 산출

17 다음 중 증기의 상태방정식이 아닌 것은 어느 것인가? (연소-32)

① Van der Waals식
② Lennard-Jones식
③ Clausius식
④ Berthelot식

18 증기 속에 수분이 많을 때 일어나는 현상으로 옳은 것은? (연소-33)

① 건조도가 증가된다.
② 증기엔탈피가 증가된다.
③ 증기배관에 수격작용이 방지된다.
④ 증기배관 및 장치부식이 발생된다.

19 다음 중 연소의 정의로 가장 적절한 표현은?

① 물질이 산소와 결합하는 모든 현상
② 물질이 빛과 열을 내면서 산소와 결합하는 현상
③ 물질이 열을 흡수하면서 산소와 결합하는 현상
④ 물질이 열을 발생하면서 수소와 결합하는 현상

20 상온 · 상압 하에서 메탄-공기의 가연성 혼합기체를 완전연소시킬 때 1kg을 완전연소시키기 위해서는 공기 몇 kg이 필요한가?

① 4
② 17.3
③ 19.04
④ 64

해설

$CH_4+2O_2 \rightarrow CO_2+2H_2O$
16kg : 2×32kg
1kg : x(kg)
$x=\dfrac{1\times 2\times 32}{36}=4\text{kg}$
$\therefore$ 공기량은 $4\times\dfrac{10}{23.2}=17.24=17.3\text{kg}$

제2과목 가스설비

21 메탄염소화에 의해 염화메틸(CH_3Cl)을 제조할 때 반응온도는 얼마 정도로 하는가?

① 100℃　　② 200℃
③ 300℃　　④ 400℃

정답 13.② 14.② 15.② 16.② 17.② 18.④ 19.② 20.② 21.④

22 압축산소용 용기의 체적이 50L이고 충전압력이 12MPa인 경우 저장능력은 몇 m^3가 되는가?

① 5.50
② 6.05
③ 8.10
④ 8.50

$Q=(10P+1)V=(10\times12+1)\times0.05=6.05m^3$

23 도시가스의 제조 시 사용되는 부취제의 주 목적은?

① 냄새가 나게 하는 것
② 발열량을 크게 하기 위한 것
③ 응결되지 않게 하기 위한 것
④ 연소효율을 높이기 위한 것

24 대용량의 액화가스 저장탱크 주위에는 방류둑을 설치하여야 한다. 방류둑의 설치목적으로 옳은 것은?

① 불순분자가 저장탱크에 접근하는 것을 방지하기 위하여
② 액상의 가스가 누출될 경우 그 가스를 쉽게 방류시키기 위하여
③ 빗물이 저장탱크 주의로 들어오는 것을 방지하기 위하여
④ 액상의 가스가 누출된 경우 그 가스의 유출을 방지하기 위하여

25 냉동사이클에 의한 압축냉동기의 작동순서로서 옳은 것은? (설비-16)

① 증발기 → 압축기 → 응축기 → 팽창밸브
② 팽창밸프 → 응축기 → 압축기 → 증발기
③ 증발기 → 응축기 → 압축기 → 팽창밸브
④ 팽창밸브 → 압축기 → 응축기 → 증발기

26 전기방식에 대한 설명으로 틀린 것은?

① 전해질 중 물, 토양, 콘크리트 등에 노출된 금속에 대하여 전류를 이용하여 부식을 제어하는 방식이다.
② 전기방식은 부식 자체를 제거할 수 있는 것이 아니고 음극에서 일어나는 부식을 양극에서 일어나도록 하는 것이다.
③ 방식 전류는 양극에서 양극반응에 의하여 전해질로 이온이 누출되어 금속표면으로 이동하게 되고 음극표면에서는 음극반응에 의하여 전류가 유입되게 된다.
④ 금속에서 부식을 방지하기 위해서는 방식 전류가 부식 전류 이하가 되어야 한다.

부식을 방지하기 위하여 방식 전류가 부식 전류 이상이어야 한다.

27 다음 중 정특성, 동특성이 양호하며 중압용으로 주로 사용되는 정압기는? (설비-6)

① Fisher식 정압기
② KRF식 정압기
③ Reynolds식 정압기
④ ARF식 정압기

28 비파괴검사방법 중 표면결함을 주로 시험하는 방법은? (설비-4)

① 방사선투과시험
② 초음파탐상시험
③ 자분탐상시험
④ 음향탐상시험

29 리듀서(reducer)와 부싱(vushing)을 사용하는 방법으로 옳은 것은?

① 직선배관에서 90° 혹은 45° 방향으로 따나갈 때의 연결
② 지름이 다른 관을 연결시킬 때
③ 배관의 끝부분을 마무리할 때
④ 주철관을 납으로 연결시킬 수 없는 장소에

정답 22.② 23.① 24.④ 25.① 26.④ 27.① 28.③ 29.②

30 정압기의 설치에 대한 설명으로 틀린 것은?

① 정압기는 설치 후 2년에 1회 이상 분해 점검을 실시한다.
② 정압기 입구에 가스압력 이상상승 방지장치를 설치한다.
③ 정압기 출구에는 가스의 압력을 측정 · 기록하는 장치를 설치한다.
④ 정압기 입구에는 불순물제거장치를 설치한다.

정압기 입구에 불순물제거장치, 정압기의 출구에 이상압력 상승방지장치를 설치

31 다음의 특징을 가지는 조정기는? (설비-55)

- 일반사용자 등이 LPG를 생활용 이외 이용도에 공급하는 경우에 한하여 사용한다.
- 장치 및 조작이 간단하다.
- 배관이 비교적 굵게 되며, 압력조정이 정확하지 않다.

① 1단 감압식 저압조정기
② 1단 감압식 준저압조정기
③ 2단 감압식 1차 조정기
④ 자동절체식 조정기

32 냉동설비에 사용되는 냉매가스의 구비조건으로 옳지 않은 것은? (설비-37)

① 안전성이 있어야 한다.
② 증기의 비체적이 커야 한다.
③ 증발열이 커야 한다.
④ 응고점이 낮아야 한다.

33 양정 24m, 송출유량 $0.56m^3/min$, 효율 65%인 원심 펌프로 물을 이송할 경우의 소요전력은 약 몇 kW인가?

① 1.4 ② 2.4
③ 3.4 ④ 4.4

$$L_{kW} = \frac{\gamma \cdot Q \cdot H}{102\eta} = \frac{1000\left(\frac{0.56}{60}\right)\times 24}{102\times 0.65} = 3.378kW$$

34 산소를 취급할 때 주의사항으로 틀린 것은?

① 액체충전 시에는 불연성 재료를 밑에 깔 것
② 가연성 가스 충전용기와 함께 저장하지 말 것
③ 고압가스 설비의 기밀시험용으로 사용하지 말 것
④ 밸브의 나사부분에 그리스(Grease)를 사용하여 윤활시킬 것

산소는 오일과 접촉 시 연소폭발이 일어남

35 증기압축기 냉동사이클에서 교축과정이 일어나는 곳은? (설비-16)

① 압축기 ② 응축기
③ 팽창밸브 ④ 증발기

36 다음 중 LP가스의 성분이 아닌 것은?

① 프로판
② 부탄
③ 메탄올
④ 프로필렌

37 강철 중에 함유되어 있는 5가지 성분 원소는?

① Sn, Pb, Cd, Ag, Fe
② C, N, S, He, P
③ C, Si, Mn, P, S
④ Cr, Ni, Mo, V, Hg

38 산소압축기의 윤활제로서 물을 사용하는 주된 이유는?

① 산소는 기름을 분해하므로
② 기름을 사용하면 실린더 내부가 더러워지므로
③ 압축산소에 유기물이 있으면 산화력이 커서 폭발하므로
④ 산소와 기름은 중합하므로

산소는 유지류(오일)와 접촉 시 산화력이 커져 폭발하는데 산소에 의한 폭발을 연소폭발이라 한다.

정답 30.② 31.② 32.② 33.③ 34.④ 35.③ 36.③ 37.③ 38.③

39 다음 중 압축기의 윤활에 대한 설명으로 옳은 것은? (설비-32)

① 수소압축기에는 광유가 쓰인다.
② 염소압축기에는 물이 쓰인다.
③ LP가스 압축기에는 농황산이 쓰인다.
④ 아세틸렌압축기에는 물이 쓰인다.

40 액화석유 저장탱크를 2개 이상 인접하여 설치하는 경우에는 탱크 상호간 최소유지거리는 얼마인가? (안전-3)

① 30cm 이상
② 60cm 이상
③ 1m 이상
④ 2m 이상

㉠ 지하탱크 : 1m 이상
㉡ 지상탱크
- $(D_1+D_2)\times\frac{1}{4}$의 간격이 1m 이상일 때 그 길이를 유지
- $(D_1+D_1)\times\frac{1}{4}$의 간격이 1m 이하일 때 1m를 유지

제3과목 가스안전관리

41 에어졸 제조 시 금속제 용기의 두께는 얼마 이상이어야 하는가? (안전-70)

① 0.05mm ② 0.1mm
③ 0.125mm ④ 0.2mm

42 최고충전압력이 12MPa인 압축가스 용기의 내압시험 압력은 몇 MPa인가? (단, 아세틸렌 이외의 가스이며, 강제로 제조한 용기이다.) (안전-52)

① 16 ② 18
③ 20 ④ 25

$$T_P = F_P \times \frac{5}{3} = 12 \times \frac{5}{3} = 20\text{MPa}$$

43 용기 및 특정설비는 신규검사 또는 재검사에 합격한 제품을 사용하여야 하며 검사에 불합격되면 파기하여야 한다. 다음 중 파기방법에 대한 설명으로 옳은 것은? (안전-143)

① 신규 용기는 절단 등의 방법으로 파기하여 원형으로 재가공하여 사용할 수 있도록 하여야 한다.
② 재검사에 불합격된 용기는 검사원으로 하여금 파기토록 하여야 하며 파기 후에는 파기 일시, 사유, 장소 등을 검사신청인에게 통지하여야 한다.
③ 재검사에 불합격된 용기는 검사장소에서 반드시 검사원으로 하여금 파기토록 하여야 하며, 불가피할 경우 검사원 입회 하에 해당 검사기관 직원으로 하여금 파기토록 할 수 있다.
④ 파기된 용기는 검사신청인이 인수시한(통지일로부터 1개월 이내) 내에 인수하지 아니하면 검사기관이 임의로 매각 처분할 수 있다.

③ 검사원 입회 하에 용기 특정설비 제조자로 하여금 실시하게 할 것

44 다음 중 압력방폭구조의 표시방법은 어느 것인가? (안전-13)

① p
② d
③ ia
④ s

45 지중 또는 수중에 설치된 양극금속과 매설배관을 전선으로 연결하여 양극금속과 매설배관 사이의 전지작용에 의하여 전기적 부식을 방지하는 방법은? (안전-38)

① 희생양극법
② 외부전원법
③ 직접배류법
④ 간접배류법

정답 39.① 40.③ 41.③ 42.③ 43.④ 44.① 45.①

46 저장탱크 설치방법에서 저장탱크를 지하에 묻는 경우 지면으로부터 저장탱크의 정상부까지의 깊이는 최소 얼마 이상으로 하여야 하는가? (안전-49)

① 20cm
② 40cm
③ 60cm
④ 1m

47 도시가스 압력조정기의 제품성능에 대한 설명 중 틀린 것은?

① 입구쪽은 압력조정기에 표시된 최대입구압력의 1.5배 이상의 압력으로 내압시험을 하였을 때 이상이 없어야 한다.
② 출구쪽은 압력조정기에 표시된 최대출구압력 및 최대폐쇄압력의 1.5배 이상의 압력으로 내압시험을 하였을 때 이상이 없어야 한다.
③ 입구쪽은 압력조정기에 표시된 최대입구압력 이상의 압력으로 기밀시험하였을 때 누출이 없어야 한다.
④ 출구쪽은 압력조정기에 표시된 최대출구압력 및 최대폐쇄압력의 1.5배 이상의 압력으로 기밀시험을 하였을 때 누출이 없어야 한다.

해설
출구쪽은 압력조정기에 표시된 최대출구압력 및 최대폐쇄압력의 1.1배 이상의 압력으로 기밀시험을 하였을 때 누출이 없을 것

48 가스홀더에 설치한 가스를 송출 또는 이입하기 위한 배관에는 가스홀더와 배관과의 접속부 부근에 어떤 안전장치를 설치하여야 하는가?

① 역화방지장치
② 가스차단장치
③ 역류방지밸브
④ 안전밸브

49 공기 중에서 수소의 폭발범위(vol%)는 어느 것인가? (안전-106)

① 3~80%
② 2.5~81%
③ 4.0~75%
④ 12.5%~74%

50 특정설비의 부품을 교체할 수 없는 수리자격자는? (안전-75)

① 용기제조자
② 특정설비제조자
③ 고압가스제조자
④ 검사기관

51 액화석유가스의 일반적인 특징으로 틀린 것은? (설비-56)

① LP가스는 공기보다 무겁다.
② 액상의 LP가스는 물보다 가볍다.
③ 기화하면 체적이 커진다.
④ 증발잠열이 적다.

52 냉동설비에는 안전을 확보하기 위하여 액면계를 설치하여야 한다. 가연성 또는 독성가스를 냉매로 사용하는 수액기에 사용할 수 없는 액면계는?

① 환형 유리관액면계
② 정전용량식 액면계
③ 편위식 액면계
④ 회전튜브식 액면계

해설
독성, 가연성 가스를 냉매로 사용하는 냉동설비 중 수액기에 설치하는 액면계는 환형 유리관액면계 이외의 것을 사용하여야 함

53 다음 중 역류방지밸브를 설치해야 하는 곳은 어느 것인가? (안전-91)

① 가연성 가스를 압축하는 압축기와 오토크레이브와의 사이의 배관
② 아세틸렌의 고압건조기와 충전용 교체밸브 사이의 배관
③ 아세틸렌충전용 지관
④ 메탄올의 합성탑 및 정제탑과 압축기와의 사이의 배관

정답 46.③ 47.④ 48.② 49.③ 50.① 51.④ 52.① 53.④

54 도로 밑 도시가스 배관 직상단에는 배관의 위치, 흐름방향을 표시한 라인마크(Line Mark)를 설치(표시)하여야 한다. 직선배관인 경우 라인마크의 최소설치간격은?

① 25m ② 50m
③ 100m ④ 150m

55 액화석유가스의 안전관리와 관련한 용어의 정의에 대한 설명 중 틀린 것은? (안전-50)

① 저장설비란 액화석유가스를 저장하기 위한 설비로서 저장탱크 · 소형 저장탱크 및 용기 등을 말한다.
② 저장탱크란 액화석유가스를 저장하기 위하여 지상 또는 지하에 고정 설치된 탱크로서 그 저장능력이 3톤 이상인 탱크를 말한다.
③ 충전설비란 용기 또는 차량에 고정된 탱크에 액화석유가스를 충전하기 위한 설비로서 충전기와 저장탱크에 부속된 펌프 · 압축기를 말한다.
④ 충전용기란 액화석유가스의 충전질량의 20% 이상이 충전되어 있는 상태의 용기를 말한다.

해설
충전용기 : 충전질량의 $50\%\left(\frac{1}{2}\right)$ 이상 충전되어 있는 용기

56 초저온 저장탱크의 내용적이 20000L일 때 충전할 수 있는 액체산소량은 몇 kg인가? (단, 액비중은 1.14이다.) (안전-36)

① 16350 ② 19230
③ 20520 ④ 22800

해설
$G=0.9dV=0.9\times1.14\times20000=20520\text{kg}$

57 고압가스안전관리법의 적용을 받는 고압가스의 종류 및 범위에 대한 설명 중 틀린 것은? (단, 압력은 게이지압력이다.) (안전-157)

① 섭씨 35도의 온도에서 압력이 0Pa을 초과하는 액화가스 중 액화산화에틸렌가스
② 상용의 온도에서 압력이 1MPa 이상이 되는 압축가스로서 실제로 그 압력이 1MPa 이상이 되는 압축가스(아세틸렌가스 제외)
③ 상용의 온도에서 압력이 0.2MPa 이상이 되는 액화가스로서 실제로 그 압력이 0.2MPa 이상이 되는 것
④ 상용의 온도에서 압력이 0Pa 이상인 아세틸렌가스

15℃의 온도에서 0Pa을 초과하는 C_2H_2가스

58 다음 중 고압가스 제조자가 수리할 수 있는 수리범위에 해당되는 것은? (안전-75)

㉠ 용기밸브의 부품 교체
㉡ 특정설비의 부품 교체
㉢ 냉동기의 부품 교체

① ㉠ ② ㉠, ㉡
③ ㉡, ㉢ ④ ㉠, ㉡, ㉢

59 고압가스안전관리법상 용기를 강으로 제조할 경우 성분의 함유량이 제한되어 있다. 다음 중 제한된 강의 성분이 아닌 것은? (안전-63)

① 탄소 ② 인
③ 황 ④ 마그네슘

해설
용기제조 시 강에 함유 성분
㉠ C : 0.33%(0.55% 무이음 용기) 이하
㉡ P : 0.04%
㉢ S : 0.05% 이하

60 독성 가스가 누출되었을 경우 이에 대한 제독조치로서 적당하지 않은 것은?

① 물 또는 흡수제에 의하여 흡수 또는 중화하는 조치
② 벤트스택을 통하여 공기 중에 방출시키는 조치
③ 흡착제에 의하여 흡착제거하는 조치
④ 집액구 등으로 고인 액화가스를 펌프 등의 이송설비로 반송하는 조치

정답 54.② 55.④ 56.③ 57.④ 58.④ 59.④ 60.②

제4과목 가스계측기기

61 다음의 제어동작 중 비례적분동작을 나타내는 것은?

①
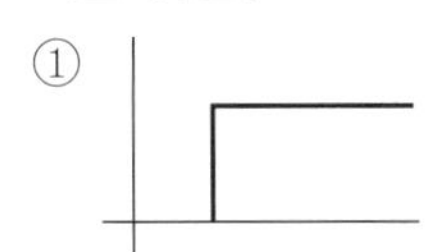

②
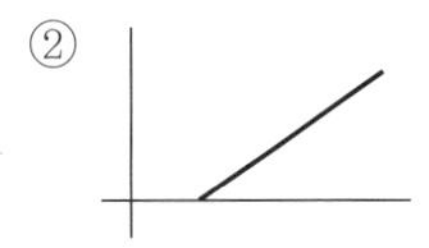

③
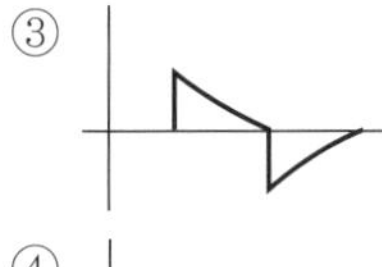

④

해설

① 비례(P) ② 적분(I) ④ 비례적분(PI)

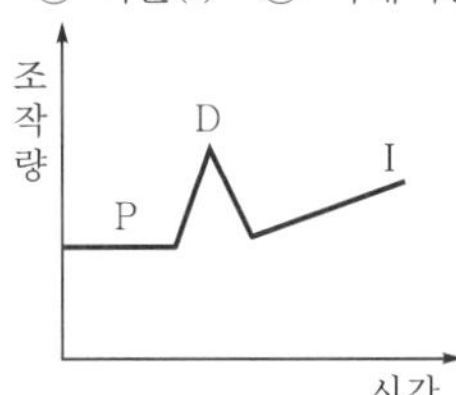

㉠ P : 조작량이 일정(비례)
㉡ D : 조작량이 증가하였다가 감소(미분)
㉢ I : 조작량이 비례적(적분)으로 증가

62 50L 물이 들어있는 욕조에 온수기를 사용하여 온수를 넣은 결과 17분 후에 욕조의 온도가 42℃, 온수량이 150L가 되었다. 이 때 온수기로부터 물에 가한 열량은 몇 kcal인가? (단, 가스발열량 5000kcal/m^3, 온수기의 가스소비량 5m^3/h, 물의 비열 1kcal/kg · ℃, 수도 및 욕조의 최초온도는 5℃로 한다.)

① 3700
② 5000
③ 5550
④ 7083

해설

온수 투입량 100L, 그 때의 온도 t(℃)이면

$50\times5+100\times t=150\times42$℃

$$t=\frac{150\times42-50\times5}{100}=60.5$$

$\therefore\ Q=Gc\Delta t$

$=100\times1\times(60.5-5)$

$=5550$kcal

63 가스미터 중 루트미터의 용량범위를 가장 옳게 나타낸 것은? [계측-8]

① 1.5~200m^3/h
② 0.2~ 3000m^3/h
③ 10~2000m^3/h
④ 100~5000m^3/h

64 차압식 유량계 중 플로노즐식의 일반적인 특징에 대한 설명으로 틀린 것은? [계측-23]

① 압력손실이 오리피스식 보다 크다.
② 슬러지 유체의 측정에 이용된다.
③ 구조가 다소 복잡하다.
④ 고속 및 고압 유체의 측정에도 사용된다.

해설

차압식 유량계 압력손실 크기의 순서(오리피스>플로노즐>벤투리미터)

65 황화합물과 인화합물에 대하여 선택성이 높은 검출기는? [계측-13]

① 불꽃이온검출기(FIO)
② 열전도도검출기(TCD)
③ 전자포획검출기(ECD)
④ 염광광도검출기(FPD)

66 오르자트 가스분석기에서 가스의 흡수 순서가 맞는 것은? [계측-1]

① $CO \rightarrow CO_2 \rightarrow O_2$
② $CO_2 \rightarrow CO \rightarrow O_2$
③ $O_2 \rightarrow CO_2 \rightarrow CO$
④ $CO_2 \rightarrow O_2 \rightarrow CO$

정답 61.④ 62.③ 63.④ 64.① 65.④ 66.④

67 도시가스회사에서는 가스홀더에서 매주 성분분석을 하는데 다음 중 유해성분이 아닌 것은?

① H_2S　② S
③ NH_3　④ H_2

해설
유해성분의 양
㉠ S : 0.5g 이하
㉡ H_2S : 0.02g 이하
㉢ NH_3 : 0.2g 이하

68 루트미터(Roots Meter)에 대한 설명 중 틀린 것은?

① 유량이 일정하거나 변화가 심한 곳, 깨끗하거나 건조하거나 관계 없이 모든 가스 타입을 계량하기에 적합하다.
② 액체 및 아세틸렌, 바이오가스, 침전가스를 계량하는 데에는 다소 부적합하다.
③ 공업용에 사용되고 있는 이 가스미터는 칼만(KARMAN)식과 스월(SWIRL)식의 두 종류가 있다.
④ 측정의 정확도와 예상수명은 가스흐름 내에 먼지의 과다 퇴적이나 다른 종류의 이물질 출현도에 따라 다르다.

69 주로 기체연료의 발열량을 측정하는 열량계는?

① Richter 열량계
② Scheel 열량계
③ Junker 열량계
④ Thomson 열량계

70 외란의 영향으로 인하여 제어량이 목표치 50L/min에서 53L/min으로 변하였다면 이 때 제어편차는 얼마인가?

① +3L/min　② −3L/min
③ +6.0%　④ −6.0%

해설
제어편차＝목표값－제어량
＝50－53＝－3L/min

71 전자유량계는 다음 중 어떤 법칙을 이용한 것인가?

① 페러데이의 전자유도 법칙
② 뉴튼의 점성 법칙
③ 스테판－볼츠만의 법칙
④ 존슨의 법칙

72 다음에서 설명하는 열전대 온도계는 무엇인가? (계측-9)

- 열전대 중 내열성이 가장 우수하다.
- 측정온도 범위가 0~1600℃ 정도이다.
- 환원성 분위기에 약하고, 금속 증기 등에 침식하기 쉽다.

① 백금－백금 · 로듐 열전대
② 크로멜－알루멜 열전대
③ 철－콘스탄탄 열전대
④ 동－콘스탄탄 열전대

73 전기저항식 습도계의 특징에 대한 설명 중 틀린 것은?

① 저온도의 측정이 가능하고, 응답이 빠르다.
② 고습도에 장기간 방치하면 감습막이 유동한다.
③ 연소기록, 원격측정, 자동제어에 주로 이용한다.
④ 온도계수가 비교적 작다.

74 방사성 동위원소의 자연붕괴과정에서 발생하는 베타입자를 이용하여 시료의 양을 측정하는 검출기는? (계측-13)

① ECD
② FID
③ TCD
④ TID

정답 67.④ 68.③ 69.③ 70.② 71.① 72.① 73.④ 74.①

75 초음파 유량계에 대한 설명으로 틀린 것은?

① 압력손실이 거의 없다.
② 압력은 유량에 비례한다.
③ 대구경 관로의 측정이 가능하다.
④ 액체 중 고형물이나 기포가 많이 포함되어 있어도 정도가 좋다.

76 가스분석법 중 하나인 게겔(Gockel)법의 흡수액으로 잘못 연결된 것은? [계측-1]

① 아세틸렌 – 옥소수은칼륨 용액
② 에틸렌 – 취화수소(HBr)
③ 프로필렌 – 87% KOH 용액
④ 산소 – 알칼리성 피로갈롤 용액

77 유속이 6m/s인 물 속에 피토(Pitot)관을 세울 때 수주의 높이는 약 몇 m인가?

① 0.54 ② 0.92
③ 1.63 ④ 1.83

$$h=\frac{V^2}{2g}\times\frac{6^2}{2\times 9.8}=1.83\text{m}$$

78 차압식 유량계 중 벤투리식(Venturi type)에서 교축기구 전후의 관계에 대한 설명으로 옳지 않은 것은?

① 유량은 차압의 평방근에 비례한다.
② 유량은 조리개 비의 제곱에 비례한다.
③ 유량은 고나지름의 제곱에 비례한다.
④ 유량은 유량계수에 비례한다.

$$Q=KAV=K\frac{\pi}{4}D^2\sqrt{2gh}$$

여기서, K : 유량계수
D : 관지름
h : 압력차

79 가스미터는 실측식과 추량식이 있다. 다음 중 실측식 가스미터가 아닌 것은? [계측-6]

① Orifice
② Roots식
③ 막식
④ 습식

추량식 : 오리피스, 벤투리, 터빈, 선근차식

80 제어 시스템을 구성하는 각 요소가 어떻게 동작하고, 신호는 어떻게 전달되는지를 나타내는 선도는?

① 블록선도
② 보상선도
③ 공중선도
④ 직선선도

블록선도 : 자동제어장치에서 신호의 전달경로 구성요소 등을 블록과 화살표로 나타낸 선도

정답 75.④ 76.③ 77.④ 78.② 79.① 80.①

CBT 기출복원문제

2023년 산업기사 제2회 필기시험 (2023년 5월 13일 시행)

01 가스산업기사	수험번호 : 수험자명 :	※ 제한시간 : 120분 ※ 남은시간 :
글자 크기  100%  150% 200% 화면 배치 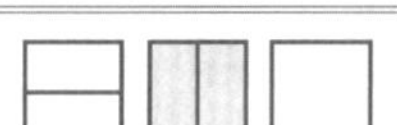	전체 문제 수 : 안 푼 문제 수 :	답안 표기란 ① ② ③ ④

제1과목 연소공학

01 다음 중 실제공기량(A)를 나타낸 식은 어느 것인가? (단, m은 공기비, A_0는 이론공기량이다.) (연소-15)

① $A = M + A_0$ ② $A = m \cdot A_0$
③ $A = A_0 - m$ ④ $A = m / A_0$

02 주된 소화효과가 질식효과에 의한 소화기가 아닌 것은?

① 분말소화기 ② 포말소화기
③ 산 · 알칼리 소화기 ④ CO_2 소화기

질식소화 : 산소와 공기를 제거해 연소를 억제함

03 표준상태에서 질소가스의 밀도는 몇 g/L인가?

① 0.97 ② 1.00
③ 1.07 ④ 1.25

질소의 밀도 : 28g/22.4L=1.25g/L

04 다음 중 연소의 3요소에 해당되지 않는 것은?

① 산소 ② 정전기불꽃
③ 질소 ④ 수소

연소의 3요소 : 산소+가연물+점화원(타격, 마찰, 단열압축, 열복사, 정전기불꽃 등)

05 부탄가스 1m³를 완전연소시키는 데 필요한 이론공기량은 약 몇 m³인가?

① 20 ② 31
③ 40 ④ 51

$C_4H_{10} + 6.5O_2 \rightarrow 4CO_2 + 5H_2O$

$\therefore 6.5 \times \frac{100}{21} = 30.95\text{Nm}^3 ≒ 31\text{Nm}^3$

06 메탄을 공기비 1.1로 완전연소시키고자 할 때 메탄 Nm³당 공급해야 할 공기량은 약 몇 Nm³인가?

① 2.2 ② 6.3
③ 8.4 ④ 10.5

$CH_4 + 2O_2 \rightarrow CO_2 + 2H_2O$

1 : 2

이론공기량 $A_0 = 2 \times \frac{100}{21} = 9.52\text{Nm}^3$

$\therefore$ 실제공기량 $A = mA_0 = 1.1 \times 9.52 = 10.47 = 10.5\text{Nm}^3$

07 다음 반응식을 이용하여 메탄(CH_4)의 생성열을 구하면?

> ㉠ $C + O_2 \rightarrow CO_2$
> $\Delta H = -97.2\text{kcal/mol}$
> ㉡ $H_2 + \frac{1}{2}O_2 \rightarrow H_2O$
> $\Delta H = -57.6\text{kcal/mol}$
> ㉢ $CH_4 + 2O_2 \rightarrow CO_2 + 2H_2O$
> $\Delta H = -194.4\text{kcal/mol}$

① $\Delta H = -20\text{kcal/mol}$
② $\Delta H = -18\text{kcal/mol}$
③ $\Delta H = 18\text{kcal/mol}$
④ $\Delta H = 20\text{kcal/mol}$

정답 01.② 02.③ 03.④ 04.③ 05.② 06.④ 07.②

해설

CH4의 생성 반응식

$C+2H_2 \rightarrow CH_4+Q$이므로

㉡×2

$2H_2+O_2 \rightarrow 2H_2O+57.6\times2-$㉡′

㉠+㉡′-㉢하면

$C+2H_2 \rightarrow CH_4+97.2+57.6\times2-194.4$

$=C+2H_2 \rightarrow CH_4+18\text{kcal}$

$\therefore\ \Delta H=-18\text{kcal}$

08 가연물에 대한 설명으로 옳은 것은?

① 0족 원소들은 모두 가연물이다.
② 가연물은 산화반응 시 흡열반응을 일으킨다.
③ 질소와 산소가 반응하여 질소산화물을 만들므로 질소는 가연물이다.
④ 가연물은 산화반응 시 발열반응이 일어나므로 열을 축적하는 물질이다.

09 다음 중 착화온도가 가장 높은 것은?

① 메탄 ② 가솔린
③ 프로판 ④ 아세틸렌

착화온도
① CH_4(537℃)
② 가솔린(300℃)
③ C_3H_8(466℃)
④ C_3H_2(299℃)

10 기체연료 중 천연가스에 대한 설명으로 옳은 것은?

① 주성분은 메탄가스로 탄화수소의 혼합가스이다.
② 상온·상압에서 LPG보다 액화하기 쉽다.
③ 발열량이 수성 가스에 비하여 작다.
④ 누출 시 폭발위험성이 적다.

11 다음 중 층류연소속도의 측정법으로 널리 이용되는 방법이 아닌 것은? (연소-25)

① 슬롯 버너법 ② 비누거품법
③ 평면화염 버너법 ④ 단일화염핵법

12 다음 폭발원인에 따른 종류 중 물리적 폭발은?

① 산화폭발 ② 분해폭발
③ 촉매폭발 ④ 압력폭발

해설

화학적 폭발 : 산화분해 촉매 중합 등

13 다음 중 이상기체에 대한 설명으로 틀린 것은? (연소-3)

① 이상기체는 분자 상호간의 인력을 무시한다.
② 이상기체에 가까운 실제기체로는 H_2, He 등이 있다.
③ 이상기체는 분자 자신이 차지하는 부피를 무시한다.
④ 저온·고압일수록 이상기체에 가까워진다.

14 메탄 50vol%, 에탄 25vol%, 프로판 25vol%가 섞여 있는 혼합기체의 공기 중에서의 연소하한계는(vol%)는 얼마인가? (단, 메탄, 에탄, 프로판의 연소하한계는 각각 5vol%, 3vol%, 2.1vol%이다.)

① 2.3 ② 3.3
③ 4.3 ④ 5.3

$$\frac{100}{L}=\frac{50}{5}+\frac{25}{3}+\frac{25}{2.1}$$

$\therefore\ L=3.3\%$

15 완전연소의 구비조건 중 틀린 것은?

① 연소에 충분한 시간을 부여한다.
② 연료를 인화점 이하로 냉각하여 공급한다.
③ 적정량의 공기를 공급하여 연료와 잘 혼합한다.
④ 연소실 내의 온도를 연소조건에 맞게 유지한다.

② 인화점 이상으로

정답 08.④ 09.① 10.① 11.④ 12.④ 13.④ 14.② 15.②

16 연소에서 유효수소를 옳게 나타낸 것은?

① $H - \frac{C}{8}$　　② $O - \frac{C}{8}$

③ $O - \frac{H}{8}$　　④ $H - \frac{O}{8}$

17 가스의 폭발범위에 대한 설명으로 옳은 것은?

① 가스의 온도가 높아지면 폭발범위는 좁아진다.
② 폭발상한과 폭발하한의 차이가 작을수록 위험도는 커진다.
③ 압력이 1atm보다 낮아질 때 폭발범위는 큰 변화가 생긴다.
④ 고온 · 고압 상태의 경우에 가스압이 높아지면 폭발범위는 넓어진다.

18 분진폭발의 위험성을 방지하기 위한 방법으로 잘못된 것은?

① 분진의 산란이나 퇴적을 방지하기 위하여 정기적으로 분진을 제거한다.
② 분진의 취급방법을 건식법으로 한다.
③ 분진이 일어나는 근처에 습식의 스크러버장치를 설치한다.
④ 환기장치는 공정별로 단독집진기를 사용한다.

분진의 취급방법 : 습식법

19 LPG에 대한 설명 중 틀린 것은?

① 포화탄화수소화합물이다.
② 휘발유 등 유기용매에 용해된다.
③ 상온에서는 기체이나 가압하면 액화된다.
④ 액체비중은 물보다 무겁고, 기체상태에서는 공기보다 가볍다.

④ 액체비중은 물보다 가볍고, 기체비중은 공기보다 무겁다.

20 파라핀계 탄화수소에서 탄소의 수가 증가함에 따른 변화에 대한 설명으로 틀린 것은?

① 발열량(kcal/m^3)은 커진다.
② 발화온도는 낮아진다.
③ 연소속도는 느려진다.
④ 폭발하한계는 높아진다.

파라핀계(C_nH_{2n+2}) : 탄소수 증가에 따라 하한값은 낮아짐

제2과목 가스설비

21 원심 펌프의 양수원리에 대한 설명으로 옳은 것은?

① 회전차의 원심력을 이용한다.
② 익형 날개차의 양력과 원심력을 이용한다.
③ 익형 날개차의 양력을 이용한다.
④ 회전차의 케이싱과 회전차 사이의 마찰력을 이용한다.

22 고압가스 제조설비의 가연성 가스 저장탱크에 설치하는 안전밸브의 가스 방출관의 설치위치는? [안전-41]

① 지면으로부터 3m 이상 또는 저장탱크의 정상부로부터 3m의 높이 중 높은 위치
② 지면으로부터 3m 이상 또는 저장탱크의 정상부로부터 2m 높은 위치
③ 지상으로부터 5m 이상 또는 저장탱크의 정상부로부터 2m의 높이 중 높은 위치
④ 지상에서 5m 이하의 높이에 설치하고 저장탱크의 주위에 마른 모래를 채울 것

소형 저장탱크의 안전밸브 방출관 위치 : 지면에서 2.5m 이상 탱크 정상부에서 1m 이상 중 높은 위치

정답 16.④ 17.④ 18.② 19.④ 20.④ 21.① 22.③

23 증기압축 냉동사이클에서 냉매가 순환되는 경로를 옳게 나타낸 것은? (설비-16)

① 압축기 → 증발기 → 팽창밸브 → 응축기
② 증발기 → 압축기 → 응축기 → 팽창밸브
③ 증발기 → 응축기 → 팽창밸브 → 압축기
④ 압축기 → 응축기 → 증발기 → 팽창밸브

24 전기방식방법 중 희생양극법의 특징에 대한 설명으로 틀린 것은? (안전-38)

① 시공이 간단하다.
② 단거리 배관에 경제적이다.
③ 과방식의 우려가 없다.
④ 방식효과 범위가 넓다.

25 강의 열처리 방법 중 오스테나이트 조직을 마텐자이트 조직으로 바꿀 목적으로 0℃ 이하로 처리하는 방법은?

① 담금질
② 불림
③ 심냉 처리
④ 염욕 처리

26 다음 중 특정고압가스이면서 그 성분이 독성가스인 것으로 나열된 것은? (안전-76)

① 액화암모니아, 액화염소
② 액화염소, 액화질소
③ 액화암모니아, 액화석유가스
④ 산소, 수소

㉠ 특정고압가스 : 산소, 수소, 액화암모니아, 액화염소, 아세틸렌, 천연가스, 압축모노실란, 압축디보레인, 액화알진 등
㉡ 특정고압가스 중 독성 : 액화암모니아, 액화염소, 액화알진, 압축디보레인, 압축모노실란

27 외경(D)이 216.3mm, 두께 5.8mm인 200A의 배관용 탄소강관이 내압 9.9kgf/cm²을 받았을 경우에 관에 생기는 원주방향 응력은 약 몇 kgf/cm²인가?

① 88 ② 175
③ 263 ④ 351

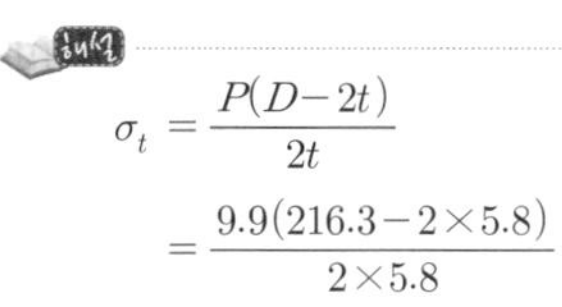

$$\sigma_t = \frac{P(D-2t)}{2t} = \frac{9.9(216.3-2\times5.8)}{2\times5.8} = 174.70\text{kgf/cm}^2$$

28 암모니아 압축기 실린더에 일반적으로 워터재킷을 사용하는 이유가 아닌 것은?

① 압축효율의 향상을 도모한다.
② 윤활유의 탄화를 방지한다.
③ 밸브 스프링의 수명을 연장시킨다.
④ 압축 소요일량을 크게 한다.

워터재킷 사용=실린더 냉각의 목적
①, ②, ③ 이외에 체적효율 향상, 소요동력 감소

29 실린더의 지름이 10cm, 행정거리가 20cm, 회전수가 1000rpm인 왕복압축기의 토출량은 약 몇 m³/h인가? (단, 압축기의 체적효율은 70%이다.)

① 46 ② 56
③ 66 ④ 76

해설

$$Q = \frac{\pi}{4}D^2\times L\times N\times\eta_v = \frac{\pi}{4}\times(0.1\text{m})^2\times(0.2\text{m})\times1000\times0.7\times60 = 65.97 = 66\text{m}^3/\text{h}$$

30 이음매 없는 용기 동판의 최대두께와 최소두께와의 차이는 평균두께의 몇 % 이하로 하는가?

① 10 ② 15
③ 20 ④ 30

용접용기 동판의 최소두께 차이는 평균두께의 10% 이하

정답 23.② 24.④ 25.③ 26.① 27.② 28.④ 29.③ 30.③

31 토양 중의 배관의 방식전위는 포화황산동 기준전극으로 기준하여 얼마 이하이어야 하는가? (단, 황산염 환원박테리아가 번식하지 않는 토양이다.) [안전-65]

① −0.85V ② −0.95V
③ −1.05V ④ −1.15V

32 신축조인트 방법이 아닌 것은? [설비-10]

① Ellow형
② 루프(Loop)형
③ 슬라이드(Slide)형
④ 벨로즈(Bellows)형

33 내용적이 500L, 압력이 12MPa이고 용기 본수는 120개일 때 압축가스의 저장능력은 몇 m^3인가? [안전-36]

① 3260
② 5230
③ 7260
④ 7580

$Q=(10P+1)V$
$=(10\times12+1)\times120\times0.5=7260\text{m}^3$

34 일산화탄소에 의한 카르보닐을 생성시키지 않는 금속은?

① 코발트(Co)
② 철(Fe)
③ 크롬(Cr)
④ 니켈(Ni)

35 배관을 통한 도시가스의 공급에 있어서 압력을 변경하여야 할 지점마다 설치되는 설비는?

① 압송기(壓送器)
② 정압기(Governor)
③ 가스전(栓)
④ 홀더(Holder)

36 다음은 수소의 성질에 대한 설명이다. 옳은 것만으로 나열된 것은?

> ㉠ 공기와 혼합된 상태에서의 폭발범위는 4.0~65%이다.
> ㉡ 무색, 무취, 무미이므로 누출되었을 경우 색깔이나 냄새로 알 수 없다.
> ㉢ 고온·고압 하에서 강(鋼) 중의 탄소와 반응하여 수소취성을 일으킨다.
> ㉣ 열전달률이 아주 낮고, 열에 대하여 불안정하다.

① ㉠, ㉡ ② ㉠, ㉢
③ ㉡, ㉢ ④ ㉡, ㉣

㉠ 폭발범위 4~75%이다.
㉣ 열전달률이 높다.

37 터보식 펌프 중 사류 펌프의 비교회전도 (m^3/min · m · rpm) 범위를 가장 옳게 나타낸 것은?

① 50~100 ② 100~600
③ 500~1200 ④ 120~2000

비교회전도(N_s)
㉠ 축류 펌프 : 1200~2000
㉡ 사류 펌프 : 500~1200

38 캐비테이션 현상의 발생 방지책에 대한 설명으로 가장 거리가 먼 것은? [설비-9]

① 펌프의 회전수를 높인다.
② 흡입관경을 크게 한다.
③ 펌프의 위치를 낮춘다.
④ 양흡입 펌프를 사용한다.

39 지름 20mm, 표점거리 150mm의 연강재 시험편을 인장시험한 결과 표점거리 180mm가 되었다. 이 때 연신율은 몇 %인가?

① 10 ② 15
③ 20 ④ 25

연신율 $=\dfrac{180-150}{150}\times100=20\%$

정답 31.① 32.① 33.③ 34.③ 35.② 36.③ 37.③ 38.① 39.③

40 캐스케이드 액화사이클에 사용되는 냉매가 아닌 것은? (설비-57)

① 암모니아(NH_3) ② 에틸렌(C_2H_4)
③ 메탄(CH_4) ④ 액화질소($L-N_2$)

캐스케이드 액화사이클 : 비점이 점차 낮은 냉매를 사용. 저비점의 기체를 액화하는 사이클로서 다원액화사이클이라 하며, 사용 냉매는 암모니아 · 에틸렌 · 메탄 등이다.

제3과목 가스안전관리

41 가연성 가스 저온저장탱크가 압력에 의해 파괴되는 것을 방지하기 위한 부압파괴 방지설비가 아닌 것은? (안전-85)

① 진공안전밸브
② 다른 저장탱크 또는 시설로부터의 가스도입 배관
③ 압력과 연동하는 긴급차단장치를 설치한 냉동제어설비
④ 압력과 연동하는 역류방지장치를 설치한 송기설비

42 액화석유가스의 저장설비와 화기취급장소와의 사이에는 몇 m 이상의 우회거리를 유지하여야 하는가? (안전-102)

① 3m ② 5m
③ 8m ④ 10m

43 압축가스 $10m^3$가 충전된 용기를 차량에 적재하여 운반할 때 비치하여야 할 소화설비의 기준으로 옳은 것은? (안전-8)

① 분말소화제 B-2 이상
② 분말소화제 B-3 이상
③ 분말소화제 BC용
④ 분말소화제 ABC용

44 프로판가스의 폭굉범위(vol%) 값에 가장 가까운 것은?

① 2.2~9.5 ② 2.7~36
③ 3.2~37 ④ 4.0~75

45 도시가스 배관을 지하에 설치 시 되메움 재료는 3단계로 구분하여 포설한다. 이때 "침상재료"라 함은? (안전-122)

① 배관침하를 방지하기 위해 배관 하부에 포설하는 재료
② 배관에 작용하는 하중을 분산시켜 주고 도로의 침하를 방지하기 위해 포설하는 재료
③ 배관 기초에서부터 노면까지 포설하는 배관 주위 모든 재료
④ 배관에 작용하는 하중을 수직방향 및 횡방향에서 지지하고 하중을 기초 아래로 분산하기 위한 재료

해설

㉠ 기초재료
㉡ 되메움

46 다음 중 LPG용기 밸브 안전장치로서 가장 널리 사용되고 있는 형식은? (안전-99)

① 파열판식 ② 스프링식
③ 중추식 ④ 완전수동식

해설

안전밸브의 종류
㉠ 가용전식 : C_2H_2, Cl_2, C_2H_4O
㉡ 파열판식 : H_2, O_2, N_2
㉢ 스프링식 : 가장 널리 사용

47 다음 중 고압가스 충전용기의 운반기준으로 틀린 것은? (안전-34)

① 운반 중의 충전용기는 항상 40℃ 이하로 유지하여야 한다.
② 독성 가스 탱크의 내용적은 1만 2천L를 초과하지 않아야 한다.
③ 염소와 아세틸렌은 동일차량에 적재하여 운반할 수 있다.
④ 가연성 가스와 산소를 동일차량에 적재하여 운반할 때는 그 충전용기의 밸브가 서로 마주보지 아니하도록 적재한다.

정답 40.④ 41.④ 42.③ 43.② 44.③ 45.④ 46.② 47.③

염소와 아세틸렌, 염소와 암모니아, 염소와 수소는 동일차량에 적재하여 운반하지 않는다.

48 염소가스 취급에 대한 설명 중 옳지 않은 것은?

① 독성이 강하여 흡입하면 호흡기가 상한다.
② 재해제로는 소석회 등이 사용된다.
③ 염소압축기의 윤활유는 진한 황산이 사용된다.
④ 산소와는 염소폭명기를 일으키므로 동일차량에 적재를 금한다.

$H_2+Cl_2 \rightarrow 2HCl$(염소폭명기)

49 고압가스 용기(공업용)의 외면에 도색하는 가스 종류별 색상이 바르게 짝지어진 것은 어느 것인가? (안전-59)

① 액화석유가스－회색
② 수소－백색
③ 액화염소－황색
④ 아세틸렌－회색

50 수소의 확산속도는 동일조건에서 산소의 확산속도에 비하여 몇 배 빠른가?

① 2배
② 4배
③ 8배
④ 16배

$$\frac{U_H}{U_O}=\frac{\sqrt{32}}{2}=\frac{4}{1}$$

51 이동식 부탄연소기와 관련된 사고가 액화석유가스 사고의 약 10% 수준으로 발생하고 있다. 이를 예방하기 위한 방법으로 잘못된 것은?

① 연소기에 접합용기를 정확히 장착한 후 사용한다.
② 과대한 조리기구를 사용하지 않는다.
③ 잔가스 사용을 위해 용기를 가열하지 않는다.
④ 사용한 접합용기는 파손되지 않도록 조치한 후 버린다.

④ 폐기 후 버린다.

52 차량에 고정된 탱크 운행 시 반드시 휴대하지 않아도 되는 서류는? (안전-47)

① 고압가스 이동계획서
② 탱크 내압시험 성적서
③ 차량등록증
④ 탱크용량 환산표

53 각 저장탱크의 저장능력이 20톤인 암모니아 저장탱크 2기를 지하에 인접하여 매설할 경우 상호간에 몇 m 이상의 이격거리를 유지하여야 하는가? (안전-49)

① 0.3m
② 0.6m
③ 1m
④ 1.2m

지하탱크 상호간 1m 유지

54 독성인 액화가스 저장탱크 주위에는 합산 저장능력이 몇 톤 이상일 경우 방류둑을 설치하여야 하는가? (안전-53)

① 2　　② 3
③ 5　　④ 10

55 내용적이 10000L인 액화산소 저장탱크의 저장능력은? (단, 액화산소의 비중은 1.04이다.) (안전-36)

① 6225kg
② 9360kg
③ 9615kg
④ 10400kg

$G=0.9dV=0.9\times1.04\times10000=9360$kg

정답 48.④ 49.① 50.② 51.④ 52.② 53.③ 54.③ 55.②

56 액화석유가스 저장탱크에 가스를 충전할 때 액체부피가 내용적의 90%를 넘지 않도록 규제하는 가장 큰 이유는?

① 액체팽창으로 인한 압력상승을 방지하기 위하여
② 온도상승으로 인한 탱크의 취약방지를 위하여
③ 등적팽창으로 인한 온도상승 방지를 위하여
④ 탱크 내부의 부압(negative pressure) 발생 방지를 위하여

57 용기 내부에서 가연성 가스의 폭발이 발생할 경우 그 용기가 폭발압력에 견디고 접합면, 개구부 등을 통하여 외부의 가연성 가스에 인화되지 아니하도록 한 구조는? (안전-13)

① 내압방폭구조
② 유입방폭구조
③ 압력방폭구조
④ 특수방폭구조

58 다음 독성 가스 중 허용농도가 가장 낮은 가스는?

① 암모니아 ② 염소
③ 산화에틸렌 ④ 포스겐

TLV-TWA 농도
NH_3(25ppm), Cl_2(1ppm), C_2H_4O(1ppm), $COCl_2$(0.1ppm)

59 다음의 액화가스를 이음매 없는 용기에 충전할 경우 그 용기에 대하여 음향검사를 실시하고 음향이 불량한 용기는 내부 조명검사를 하지 않아도 되는 것은?

① 액화프로판 ② 액화암모니아
③ 액화탄산가스 ④ 액화염소

60 메탄 70%, 에탄 20%, 프로판 10%로 구성된 혼합가스의 공기 중 폭발하한계(vol%) 값은? (단, 각 성분의 폭발하한계는 메탄 5.0, 에탄 3.0, 프로판 2.1이다.)

① 3.5 ② 3.9
③ 4.5 ④ 4.9

$$\frac{100}{L} = \frac{70}{5} + \frac{20}{3} + \frac{10}{2.1}$$
$\therefore L = 3.9\%$

제4과목 가스계측기기

61 가스미터 선정 시 고려할 사항으로 틀린 것은?

① 가스의 최대사용 유량에 적합한 계량 능력인 것을 선택한다.
② 가스의 기밀성이 좋고, 내구성이 큰 것을 선택한다.
③ 사용 시 기차가 커서 정확하게 계량할 수 있는 것을 선택한다.
④ 내열성, 내압성이 좋고, 유지관리가 용이한 것을 선택한다.

③ 기차가 적을 것

62 혼합물의 구성 성분을 분리하는 분리관의 분리능력에 가장 큰 영향을 미치는 것은?

① 시료의 용량
② 고정상 담체의 입자 크기
③ 담체에 부착되는 액체의 양
④ 분리관의 모양과 배치

63 다음 중 보상도선과 기준접점을 이용하는 온도계는?

① 바이메탈 온도계
② 압력 온도계
③ 베크만 온도계
④ 열전대 온도계

열전대 온도계
㉠ 측정원리 : 열기전력
㉡ 효과 : 제어베크 효과
㉢ 구성 : 보상도선 밀리볼트계, 냉접점, 보호관 열접점(냉점유지온도 : 0℃)

정답 56.① 57.① 58.④ 59.① 60.② 61.③ 62.③ 63.④

64 회전자형 및 피스톤형 가스미터를 제외한 건식 가스미터의 경우 검정 증인의 올바른 표시위치는?

① 외부함
② 전면판
③ 눈금지시부 및 상판의 접합부
④ 본관의 보기 쉬운 부분 및 부관의 출입구

65 바이메탈 온도계의 특징에 대한 설명으로 틀린 것은?

① 히스테리시스 오차가 발생한다.
② 온도변화에 대한 응답이 빠르다.
③ 온도조절 스위치로 많이 사용한다.
④ 작용하는 힘이 작다.

66 배관의 유속을 피토관으로 측정할 때 마노미터의 수주높이가 30cm이었다. 이때 유속은 약 몇 m/s인가?

① 0.76 ② 2.4
③ 7.6 ④ 24.2

$V=\sqrt{2gH}=\sqrt{2\times9.8\times0.3}=2.4\text{m/s}$

67 연소분석법 중 2종 이상의 동족 탄화수소와 수소가 혼합된 시료를 측정할 수 있는 것은?

① 폭발법, 완만연소법
② 분별연소법, 완만연소법
③ 파라듐관연소법, 산화구리법
④ 산화구리법, 완만연소법

구분		내용
정 의		시료가스를 공기 또는 산소 또는 산화제에 의해서 연소하고 그 결과 생긴 용적의 감소, 이산화탄소의 생성량, 산소의 소비량 등을 측정하여 목적성분으로 산출하는 방법
종류	폭발법	일정량의 가연성 가스 시료를 뷰렛에 넣고 적량의 산소 또는 공기를 혼합폭발 피펫에 옮겨 전기스파크로 폭발시킨다.
	완만연소법	직경 0.5mm 정도의 백금선을 3~4mm 코일로 한 적열부를 가진 완만연소 피펫으로 시료가스를 연소시키는 방법
	분별연소법	2종의 동족탄화수소와 H_2가 혼재하고 있는 시료에서는 폭발법, 완만연소법이 불가능할 때 탄화수소는 산화시키지 않고 H_2 및 CO만을 분별적으로 연소시키는 방법(종류 : 파라듐관 연소법, 산화동법) • 파라듐관연소분석법 : 10% 파라듐 석면을 넣은 파라듐관에 시료가스와 적당량의 O_2를 통하여 연소시켜 파라핀계탄화수소가 변화하지 않을 때 H_2를 산출하는 방법으로 파라듐 석면, 파라듐 흑연, 실리카겔이 촉매로 사용된다. • 산화구리법 : 산화구리를 250℃로 가열하여 시료가스 통과 시 H_2, CO는 연소 CH_4이 남는다. 800~900℃ 가열된 산화구리에서 CH_4도 연소되므로 H_2, CO를 제거한 가스에 대하여 CH_4도 정량이 된다.

68 차압식 유량계로 유량을 측정하였더니 교축기구 전후의 차압이 20.25Pa일 때 유량이 25m³/h이었다. 차압이 10.50Pa일 때의 유량은 약 몇 m³/h인가?

① 13
② 18
③ 23
④ 28

유량은 압력차의 평방근에 비례하므로

$25:\sqrt{20.25}=x:\sqrt{10.50}$

$\therefore x=\dfrac{\sqrt{10.50}}{\sqrt{20.25}}\times25$

$=18\text{m}^3/\text{h}$

정답 64.③ 65.④ 66.② 67.③ 68.②

69 액면조절을 위한 자동제어의 구성으로 가장 적당한 것은?

① 조작기 → 전송기 → 액면계 → 조절기 → 밸브
② 조절기 → 전송기 → 조작기 → 밸브 → 조절기
③ 밸브 → 액면계 → 전송기 → 조작기 → 조절기
④ 액면계 → 전송기 → 조절기 → 조작기 → 밸브

70 기준입력과 주피드백량의 차로서 제어동작을 일으키는 신호는?

① 기준입력 신호 ② 조작 신호
③ 동작 신호 ④ 주피드백 신호

71 다음 [그림]은 불꽃이온화검출기(FID)의 구조를 나타낸 것이다. ㉠~㉣의 명칭으로 부적당한 것은?

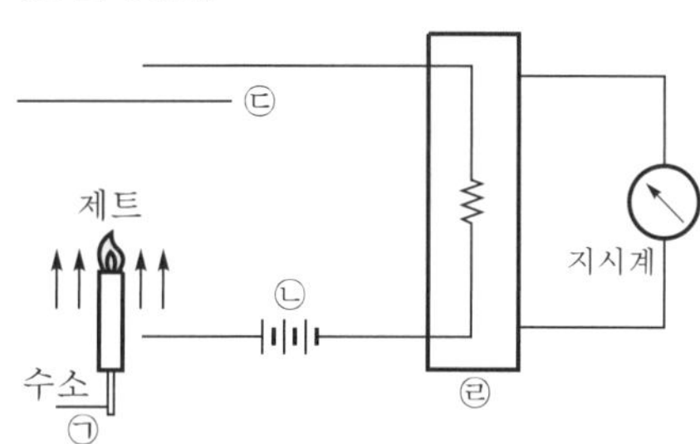

① ㉠ 시료가스 ② ㉡ 직류전압
③ ㉢ 전극 ④ ㉣ 가열부

해설

㉣ 증폭부

72 용적식 유량계에 해당되지 않는 것은?

① 루트식
② 피스톤식
③ 오벌식
④ 로터리 피스톤식

해설

용적식 유량계 : 상기 항목 이외에 습식 · 막식 가스미터 등이 있음

73 스프링 저울에 의한 무게 측정은 어느 방법에 속하는가? (계측-11)

① 치환법 ② 보상법
③ 영위법 ④ 편위법

74 다음 중 염화파라듐 시험지로 검지할 수 있는 가스는? (계측-15)

① H_2S ② CO
③ HCN ④ $COCl_2$

75 습도계의 종류와 [보기]의 내용이 바르게 연결된 것은? (계측-35)

[보기]
㉠ 저습도의 측정이 가능하다.
㉡ 물이 필요하다.
㉢ 구조 및 취급이 간단하다.
㉣ 연속기록, 원격측정, 자동제어에 이용된다.

① 저항온도계식 건습구습도계-㉠, ㉡
② 광전관식 노점계-㉠, ㉢
③ 전기저항식 습도계-㉡, ㉣
④ 건습구 습도계-㉡, ㉢

해설

종 류	장 점	단 점
건습구 습도계	• 구조 취급이 간단하다. • 원격 측정 자동제어용이다.	• 물이 필요하다. • 측정을 위하여 3~5m/s 통풍이 필요하다. • 냉각이 필요하며, 상대습도로 즉시 나타나지 않는다. • 통풍상태에 따라 오차가 발생한다.
저항식 습도계	• 저온도 측정이 가능하다. • 상대습도 측정에 적합하다. • 연속기록 원격전송 자동제어에 이용한다.	• 경년변화가 있다. • 장시간 방치 시 습도 측정에 오차가 발생한다.
노점 습도계	• 구조가 간단하다. • 휴대가 편리하다. • 저습도 측정이 가능하다.	• 오차 발생이 쉽다. • 종류(냉각식, 가열식, 듀셀식, 광전관식 노점계)

정답 69.④ 70.③ 71.④ 72.② 73.④ 74.② 75.④

종 류	장 점	단 점
모발 습도계	• 재현이 좋다. • 구조가 간단하고 취급이 용이하다. • 한냉지역에 사용하기 편리하다.	• 히스테리가 있다.

76 가스시험지법 중 염화제일구리 착염지로 검지하는 가스 및 반응색으로 옳은 것은? (계측-15)

① 아세틸렌-적색
② 아세틸렌-흑색
③ 할로겐화물-적색
④ 할로겐화물-청색

77 다음 중 유체에너지를 이용하는 유량계는?

① 터빈유량계
② 전자기유량계
③ 초음파유량계
④ 열유량계

78 실측식 가스미터가 아닌 것은? (계측-6)

① 다이어프램식 가스미터
② 와류식 가스미터
③ 회전자식 가스미터
④ 습식 가스미터

79 제어 동작에 따른 분류 중 연속되는 동작은?

① On-Off 동작
② 다위치 동작
③ 단속도 동작
④ 비례 동작

연속 동작(P : 비례, D : 미분, I : 적분)

80 MAX 1.0cm^3/h, 0.5L/rev로 표기된 가스미터가 시간당 50회전하였을 경우 가스 유량은?

① 0.5cm^3/h ② 25L/h
③ 25cm^3/h ④ 50L/h

0.52L/rev×50rev/h=25L/h

정답 76.① 77.① 78.② 79.④ 80.②

CBT 기출복원문제

2023년 산업기사 제4회 필기시험 (2023년 9월 2일 시행)

01 가스산업기사	수험번호 : 수험자명 :	※ 제한시간 : 120분 ※ 남은시간 :
글자 크기   100% 150% 200% 화면 배치  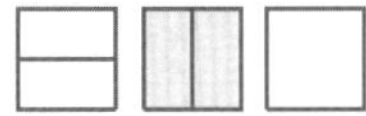	전체 문제 수 : 안 푼 문제 수 :	답안 표기란  ① ② ③ ④

제1과목 연소공학

01 증발연소 시 발생하는 화염을 무엇이라 하는가?

① 산화화염 ② 표면화염
③ 확산화염 ④ 환원화염

㉠ 확산화염 : 가연성 액체나 고체를 가열 시 표면에 가연성 증기가 발생, 점화원에 의해 발생하는 화염
㉡ 예혼합화염 : 가연성 기체가 미리 산소와 혼합한 상태에서 연소 시 발생하는 화염

02 고열원 T_1, 저열원 T_2인 카르노사이클의 열효율을 옳게 나타낸 것은? (연소-16)

① $\eta_c = \frac{T_1 - T_2}{T_1}$

② $\eta_c = \frac{T_1 - T_2}{T_2}$

③ $\eta_c = \frac{T_2 - T_1}{T_1}$

④ $\eta_c = \frac{T_2 - T_1}{T_2}$

03 공기 중에서 폭발하한계 값이 가장 낮은 가스는? (안전-106)

① 수소
② 메탄
③ 부탄
④ 일산화탄소

해설

㉠ H_2(4~75%)
㉡ CH_4(5~15%)
㉢ C_4H_{10}(1.8~8.4%)
㉣ CO(12.5~74%)

04 탄화수소계 연료에서 연소 시 검댕이가 많이 발생하는 순서를 바르게 나타낸 것은?

① 파라핀계＞올레핀계＞벤젠계＞나프탈렌계
② 나프탈렌계＞벤젠계＞올레핀계＞파라핀계
③ 벤젠계＞나프탈렌계＞파라핀계＞올레핀계
④ 올레핀계＞파라핀계＞나프탈렌계＞벤젠계

05 다음 중 연소가스와 폭발 등급이 바르게 짝지어진 것은? (안전-30)

① 수소－1등급
② 메탄－1등급
③ 에틸렌－1등급
④ 아세틸렌－1등급

06 상온 · 상압 하에서 메탄－공기의 가연성 혼합기체를 완전연소시킬 때 메탄 1kg을 완전연소시키기 위해서는 공기 몇 kg이 필요한가?

① 4 ② 17.3
③ 19.04 ④ 64

정답 01.③ 02.① 03.③ 04.② 05.② 06.②

$CH_4 + 2O_2 \rightarrow CO_2 + 2H_2O$

16kg : 2×32kg

1kg : x(kg)

$\therefore\ x = \dfrac{1\times2\times32}{16} = 4\text{kg}$

$\text{공기량} = 4\times\dfrac{100}{23.2} = 17.24\text{kg}$

07 다음 중 중합폭발을 일으키는 물질은?

① 히드라진 ② 과산화물
③ 부타디엔 ④ 아세틸렌

㉠ 분해폭발 : 히드라진, 과산화물 아세틸렌, 산화에틸렌
㉡ 중합폭발 : 시안화수소, 산화에틸렌 부타디엔, 염화비닐

08 다음 중 가연성 물질이 아닌 것은?

① 프로판 ② 부탄
③ 암모니아 ④ 사염화탄소

09 가정용 연료가스는 프로판과 부탄가스를 액화한 혼합물이다. 이 혼합물이 30℃에서 프로판과 부탄의 몰비가 5 : 1로 되어 있다면 이 용기 내의 압력은 약 몇 atm인가? (단, 30℃에서의 증기압은 프로판 9000mmHg이고, 부탄은 2400mmHg이다.)

① 2.6 ② 5.5
③ 8.8 ④ 10.4

$P = 9000\times\dfrac{5}{6} + 2400\times\dfrac{1}{6} = 7900\text{mmHg}$

$\therefore\ \dfrac{7900}{760} = 10.39\text{atm}$

10 정적변화인 때의 비열인 정적비열(C_v)과 정압변화인 때의 비열인 정압비열(C_p)의 일반적인 관계로 알맞은 것은?

① $C_p > C_v$
② $C_p < C_v$
③ $C_p = C_v$
④ C_p와 C_v는 일반적인 관계가 없다.

$K(\text{비열비}) = \dfrac{C_p}{C_v}$

K는 1보다 항상 크므로 $C_p > C_v$이다.

11 연소속도에 영향을 주는 영향이 아닌 것은?

① 화염온도
② 가연물질의 종류
③ 지연성 물질의 온도
④ 미연소가스의 열전도율

12 질소와 산소를 같은 질량으로 혼합하였을 때 평균분자량은 약 얼마인가? (단, 질소와 산소의 분자량은 각각 28, 32이다.)

① 28.25 ② 28.97
③ 29.87 ④ 45.0

$N_2(\%) = \dfrac{\frac{100}{28}}{\frac{100}{28}+\frac{100}{32}} = 0.5333$

그러므로 $O_2(\%) = 1 - 0.5333 = 0.4666$

$\therefore\ 28\times0.5333 + 32\times0.4666 = 29.87\text{g}$

13 일산화탄소(CO) 10Sm³를 완전연소시키는 데 필요한 공기량은 약 몇 Sm³인가?

① 17.2 ② 23.8
③ 35.7 ④ 45.0

$CO + \dfrac{1}{2}O_2 \rightarrow CO_2$

$10\text{Sm}^3 : \dfrac{1}{2}\times10\text{Sm}^3$

$\therefore\ \text{공기량} = \dfrac{1}{2}\times10\times\dfrac{1}{0.21} = 23.80\text{Sm}^3$

14 연료온도와 공기온도가 모두 25℃인 경우 기체연료의 이론화염온도가 옳게 표시된 것은?

① 수소 − 2252℃
② 메탄 − 3122℃
③ 일산화탄소 − 4315℃
④ 프로판 − 5123℃

정답 07.③ 08.④ 09.④ 10.① 11.③ 12.③ 13.② 14.①

이론화염온도

① H_2 : 2252℃

② CH_4 : 2000℃

③ CO : 2182℃

④ C_3H_8 : 2120℃

15 물질의 화재 위험성에 대한 설명으로 틀린 것은?

① 인화점이 낮을수록 위험하다.

② 발화점이 높을수록 위험하다.

③ 연소범위가 넓을수록 위험하다.

④ 착화에너지가 낮을수록 위험하다.

인화점, 발화점이 낮을수록 위험하다.

16 10℃의 공기를 단열압축하여 체적을 1/6로 하였을 때 가스의 온도는 약 몇 K인가? (단, 공기의 비열비는 1.4이다.)

① 580K ② 585K

③ 590K ④ 595K

단열압축 후 온도

$$T_2 = T_1 \times \left(\frac{V_1}{V_2}\right)^{K-1} = \left(\frac{P_2}{P_1}\right)^{\frac{K-1}{K}}$$

$$\therefore\ T_2 = T_1 \times \left(\frac{1}{\frac{1}{6}}\right)^{K-1} = 283 \times (6)^{1.4-1} = 579.49\text{K}$$

17 어떤 용기 중에 들어있는 1kg의 기체를 압축하는 데 1281kg일이 소요되었으며, 도중에 3.7kcal의 열이 용기 외부로 방출되었다. 이 기체 1kg당 내부에너지의 변화값은 약 몇 kcal인가?

① 0.7kcal/kg ② −0.7kcal/kg

③ 1.4kcal/kg ④ −1.4kcal/kg

해설

$i = u + A_{pv}$

$\therefore\ u = i - A_{pv}$

$$= \frac{1}{427}\text{kcal/kg} \times 1281\text{kg} - 3.7\text{kcal/kg}$$

$$= -0.7\text{kcal/kg}$$

18 가연성 혼합기체가 폭발범위 내에 있을 때 점화원으로 작용할 수 있는 정전기의 방지대책으로 틀린 것은?

① 접지를 실시한다.

② 제전기를 사용하여 대전된 물체를 전기적 중성 상태로 한다.

③ 습기를 제거하여 가연성 혼합기가 수분과 접촉하지 않도록 한다.

④ 인체에서 발생하는 정전기를 방지하기 위하여 방전복 등을 착용하여 정전기 발생을 제거한다.

19 상온 · 상압 하에서 수소가 공기와 혼합하였을 때 폭발범위는 몇 %인가? (안전-106)

① 4.0~75.1%

② 2.5~81.0%

③ 10.0~42.0%

④ 1.8~7.8%

20 위험성 평가기법 중 공정에 존재하는 위험요소들과 공정의 효율을 떨어뜨릴 수 있는 운전상의 문제점을 찾아내어 그 원인을 제거하는 정성적인 안전성 평가기법은? (연소-12)

① What-if

② HEA

③ HAZOP

④ FMECA

제2과목 가스설비

21 압축기에서 발생할 수 있는 과열의 원인이 아닌 것은?

① 증발기의 부하가 감소했을 경우

② 가스량이 부족할 때

③ 윤활유가 부족할 때

④ 압축비가 증대할 때

정답 15.② 16.① 17.② 18.③ 19.① 20.③ 21.①

22 펌프에서 발생하는 수격작용 방지방법으로 틀린 것은? (설비-17)

① 펌프에 플라이휠을 설치한다.
② 조압수조를 설치한다.
③ 관내 유속을 빠르게 한다.
④ 밸브를 송출구에 설치하고, 적당히 제어한다.

수격작용 방지법 : 관내 유속을 낮춘다.

23 외경과 내경의 비가 1.2 미만인 경우 배관 두께 계산식은? (단, t는 배관의 두께 수치[mm], P는 상용압력의 수치[MPa], D는 내경에서 부식여유에 해당하는 부분을 뺀 부분의 수치[mm], f는 재료의 인장강도 규격 최소치[N/mm^2], C는 관내면의 부식여유의 수치[mm], s는 안전율을 나타낸다.)

① $t = \dfrac{P \cdot D}{2 \cdot \dfrac{f}{s} + P} + C$

② $t = \dfrac{P \cdot D}{2 \cdot \dfrac{f}{s} - P} + C$

③ $t = \dfrac{P \cdot s}{2 \cdot \dfrac{D}{f} - P} + C$

④ $t = \dfrac{P \cdot s}{2 \cdot \dfrac{D}{f} + P} + C$

외경, 내경의 비가 1.2 이상의 경우 배관두께

$$t = \frac{D}{2}\left(\sqrt{\frac{\frac{f}{s}+P}{\frac{f}{s}-P}} - 1\right) + C$$

24 양정(H) 20m, 송수량(Q) 0.25m^3/min, 펌프효율(η) 0.65인 2단 터빈 펌프의 축동력은 약 몇 kW인가?

① 1.26 ② 1.37
③ 1.57 ④ 1.72

$$L_{kW} = \frac{\gamma \cdot Q \cdot H}{102\eta} = \frac{1000 \times 0.25 \times 20}{102 \times 0.65 \times 60} = 1.256\text{kW}$$

25 지하 도시가스 매설배관에 Mg과 같은 금속을 배관과 전기적으로 연결하여 방식하는 방법은? (안전-38)

① 희생양극법
② 외부전원법
③ 선택배류법
④ 강제배류법

26 상온 · 상압에서 수소용기의 파열원인으로 가장 거리가 먼 것은?

① 과충전
② 용기의 균열
③ 용기의 취급불량
④ 수소취성

수소취성=강의탈탄은 수소가스가 고온 · 고압에서 사용 시 발생되는 부식명으로 부식은 파열의 원인과는 관계가 없다.

27 LP가스의 연소방식 중 분젠식 연소방식에 대한 설명으로 틀린 것은? (연소-8)

① 일반 가스기구에 주로 적용되는 방식이다.
② 연소에 필요한 공기를 모두 1차 공기에서 취하는 방식이다.
③ 염의 길이가 짧다.
④ 염의 온도는 1300℃ 정도이다.

28 LPG와 공기를 일정한 혼합비율로 조절해 주면서 가스를 공급하는 Mixing System 중 벤투리식이 아닌 것은?

① 원료 가스압력 제어방식
② 전자밸브 개폐방식
③ 공기흡입 조절방식
④ 열량 제어방식

정답 22.③ 23.② 24.① 25.① 26.④ 27.② 28.④

29 다음 중 마이크로셀 부식이 아닌 것은?

① 토양의 용존염류에 의한 부식
② 콘크리트/토양 부식
③ 토양의 통기차에 의한 부식
④ 이종금속의 접촉 부식

해설
마이크로셀 부식 : 금속과 그 환경이 반응하여 셀(cell)을 형성하여 발생한 것으로 캐소우드(−)와 에노우드(+)가 정해져 있고, 에노우드가 부식을 계속하는 것

30 카플러 안전기구와 과류차단 안전기구가 부착된 콕은? (안전-97)

① 호스콕
② 퓨즈콕
③ 상자콕
④ 주물연소기용 노즐콕

31 최고사용온도가 100℃, 길이(L)가 10m인 배관을 상온(15℃)에서 설치하였다면 최고온도로 사용 시 팽창으로 늘어나는 길이는 약 몇 mm인가? (단, 선팽창계수 α는 12×10^{-6}m/m·℃이다.)

① 5.1mm ② 10.2mm
③ 102mm ④ 204mm

$\lambda = l\alpha\Delta t$
$= 100 \times 10^3 \text{mm} \times 12 \times 10^{-6} \text{m/m} \cdot ℃ \times (100-15)℃$
$= 10.2\text{mm}$

32 황화수소(H_2S)에 대한 설명으로 틀린 것은?

① 알칼리와 반응하여 염을 생성한다.
② 발화온도가 약 450℃ 정도로서 높은 편이다.
③ 습기를 함유한 공기 중에는 대부분 금속과 작용한다.
④ 각종 산화물을 환원시킨다.

해설
황화수소 발화온도 : 260℃

33 다음 중 부취제인 EM(Ethyl Mercaptan)의 냄새는? (안전-19)

① 하수구 냄새
② 마늘 냄새
③ 석탄가스 냄새
④ 양파 썩는 냄새

34 이음매 없는 용기 제조 시 재료시험 항목이 아닌 것은?

① 인장시험
② 충격시험
③ 압궤시험
④ 기밀시험

기밀시험 : 압력시험의 종류

35 다음 중 재료에 대한 비파괴검사방법이 아닌 것은? (설비-4)

① 타진법
② 초음파탐상시험법
③ 인장시험법
④ 방사선투과시험법

36 도시가스에서 액화가스가 기화되고 다른 물질과 혼합되지 아니한 경우에 중압의 범위는?

① 0.1MPa 미만
② 0.1MPa 이상 1MPa 미만
③ 1MPa 이상
④ 10MPa 이상

해설
㉠ 고압 : 1MPa 이상
㉡ 중압 : 0.1MPa~1MPa
㉢ 저압 : 0.1MPa 미만

37 −5℃에서 열을 흡수하여 35℃에 방열하는 역카르노사이클에 의해 작동하는 냉동기의 성능계수는? (연소-16)

① 0.125 ② 0.15
③ 6.7 ④ 9

정답 29.① 30.③ 31.② 32.② 33.② 34.④ 35.③ 36.② 37.③

해설

냉동기 성능계수

$\frac{T_2}{T_1 - T_2} = \frac{(273-5)}{35-(-5)}$

$= 6.7$

38 프로판의 비중을 1.5라 하면 입상 50m 지점에서의 배관의 수직방향에 의한 압력손실은 약 몇 mmH_2O인가?

① 12.9
② 19.4
③ 32.3
④ 75.2

해설

$h = 1.293(S-1)H$

$= 1.293 \times (1.5-1) \times 50$

$= 32.325 mmH_2O$

39 가스액화분리장치 구성기기 중 터보 팽창기의 특징에 대한 설명으로 틀린 것은 어느 것인가? (설비-28)

① 처리가스에 윤활유가 혼입되지 않는다.
② 회전수는 10000~20000rpm 정도이다.
③ 처리가스량은 $10000m^3/h$ 정도이다.
④ 팽창비는 약 2 정도이다.

해설

터보 팽창기
㉠ 팽창비 : 5
㉡ 형식 : 충도식, 반동식, 반경류반동식 등
※ 가장 효율이 높은 형식은 반동식(80~85%)이다.

40 원유, 중유, 나프타 등의 분자량이 큰 탄화수소 원료를 고온(800~900℃)으로 분해하여 고열량의 가스를 제조하는 방법으로 옳은 것은? (설비-3)

① 열분해 프로세스
② 접촉분해 프로세스
③ 수소화분해 프로세스
④ 대체 천연가스 프로세스

제3과목 가스안전관리

41 고압가스 제조자 또는 고압가스 판매자가 실시하는 용기의 안전점검 및 유지관리 기준으로 틀린 것은? (안전-12)

① 용기는 도색 및 표시가 되어 있는지의 여부를 확인할 것
② 용기캡이 씌어져 있거나 프로텍터가 부착되어 있는지의 여부를 확인할 것
③ 용기의 재검사기간의 도래여부를 확인할 것
④ 유통 중 열영향을 받았는지 여부를 점검하고, 열영향을 받은 용기는 재도색할 것

42 도시가스 사용시설에서 연소기 설치기준에 대한 설명으로 틀린 것은?

① 개방형 연소기를 설치한 실에는 급기구 또는 배기통을 설치한다.
② 가스온풍기와 배기통의 접합은 나사식이나 플랜지식 또는 밴드식 등으로 한다.
③ 배기통의 재료는 스테인리스 강판이나 내열, 내식성 재료를 사용한다.
④ 밀폐형 연소기는 급기통·배기통과 벽과의 사이에 배기가스가 실내에 들어올 수 없도록 밀폐하여 설치한다.

도시가스 Code KGS FU 551(2.7.2.1)
개방형 연소기를 설치한 실에는 환풍기 또는 환기구를 설치

43 연소기에서 역화(Flash Back)가 발생하는 경우를 바르게 설명한 것은? (연소-22)

① 가스의 분출속도보다 연소속도가 느린 경우
② 부식에 의해 염공이 커진 경우
③ 가스압력의 이상 상승 시
④ 가스량이 과도할 경우

정답 38.③ 39.④ 40.① 41.④ 42.① 43.②

44 내용적 1500L, 내압시험 압력 50MPa인 차량에 고정된 탱크의 안전유지 기준에 대한 설명으로 틀린 것은?

① 고압가스를 충전하거나 그로부터 가스를 이입 받을 때에는 차량정지목을 설치하여야 하나 주변상황에 따라 이를 생략할 수 있다.
② 차량에 고정된 탱크에는 안전밸브가 부착되어야 하며, 안전밸브는 40MPa 이하의 압력에서 작동되어야 한다.
③ 차량에 고정된 탱크에 부착되는 밸브, 부속배관 및 긴급차단장치는 50MPa 이상의 압력으로 내압시험을 실시하고 이에 합격된 제품이어야 한다.
④ 긴급차단장치는 원격조작에 의하여 작동되고 차량에 고정된 탱크 외면의 온도가 100℃일 때의 자동으로 작동되어야 한다.

긴급차단장치 원격조작온도 : 110℃

45 매몰 용접형 볼밸브에 대한 설명으로 옳은 것은?

① 가스 유로를 볼로 개폐하는 구조인 것으로 한다.
② 개폐용 핸들 휠은 열림방향이 시계바늘 방향이다.
③ 볼밸브의 퍼지관의 구조는 소켓에 고정시켜 소켓 용접한 것으로 한다.
④ 294.2N의 힘으로 90° 회전시켰을 때 1/2이 개폐되는 구조로 한다.

해설

LPG 고시 P175 제6관 매몰 용접형 볼밸브의 제조 및 검사

㉠ 개폐용 핸들 휠은 열림방향이 시계바늘 반대방향
㉡ 볼밸브 회전력은 시험 전 최소한 3회 개폐한 후 핸들 끝에서 294.2N 이하의 힘으로 90° 회전할 때 완전히 개폐하는 구조
㉢ 퍼지관은 스템 보호관에 고정시켜 용접한 구조일 것
㉣ 몸통형과 퍼지관의 용접은 웰도렛 또는 소코렛을 사용할 것(단, 일체형인 경우 소켓용접으로 할 수 있다.)

46 다음 중 액화가스를 충전하는 탱크의 내부에 액면 요동을 방지하기 위하여 설치하는 장치는? [안전-35]

① 방호벽 ② 방파판
③ 방해판 ④ 방지판

47 압력 0.3MPa, 온도 100℃에서 압력용기 속에 수증기로 포화된 공기가 밀봉되어 있다. 이 기체 100L 중에 포함된 산소는 몇 mol인가? (단, 이상기체의 법칙이 성립하며, 공기 중 산소는 21vol%로 한다.)

① 1.37 ② 2.37
③ 3.57 ④ 6.54

$PV=nRT$이므로

$$\therefore\ n=\frac{PV}{RT}=\frac{\frac{0.3}{0.101325}\times 100}{0.082\times 373}=9.68\text{mol}$$

공기 중 산소질량 : $32\times 0.21=6.72$
공기 중 질소질량 : $28\times 0.79=22.12$
수증기 질량은 18이므로
$6.72+22.12+18=46.84$
공기+수증기 혼합기체 안에
산소, 질량 비율은 $\frac{6.72}{46.84}=0.143$
몰수는 질량에 비례
$9.68\times 0.143=1.38\text{mol}\fallingdotseq 1.37$

48 용기 내장형 가스 난방기용으로 사용하는 부탄 충전용기에 대한 설명으로 틀린 것은?

① 용기 몸통부의 재료는 고압가스 용기용 강판 및 강대이다.
② 프로텍터의 재료는 KS D 3503 SS400의 규격에 적합하여야 한다.
③ 스커트의 재료는 KS D 3533 SG295 이상의 강도 및 성실을 가져야 한다.
④ 넥크링의 재료는 탄소함유량이 0.48% 이하인 것으로 한다.

용기 내장형 난방기용 용기 및 밸브 넥크링 재료는 KS D 3572(기계구조용 탄소강재)의 규격에 적합한 것 또는 이와 동등 이상의 기계적 성질 가공성을 가지는 것으로 탄소함유량이 0.28% 이하인 것으로 한다.

정답 44.④ 45.① 46.② 47.① 48.④

49 다음 중 동일차량에 적재하여 운반할 수 없는 가스는? (안전-34)

① Cl_2와 C_2H_2
② C_2H_4와 HCN
③ C_2H_4와 NH_3
④ CH_4와 C_2H_2

50 다음 중 독성 가스의 제독제로 사용되지 않는 것은? (안전-44)

① 가성소다 수용액
② 탄산소다 수용액
③ 물
④ 암모니아수

51 자동차 용기 충전시설에서 충전용 호스의 끝에 반드시 설치하여야 하는 것은?

① 긴급차단장치
② 가스누출경보기
③ 정전기 제거장치
④ 인터록장치

52 고압가스 일반제조시설에서 운전 중의 1일 1회 이상 점검항목이 아닌 것은?

① 가스설비로부터의 누출
② 안전밸브 작동
③ 온도, 압력, 유량 등 조업조건의 변동상황
④ 탑류, 저장탱크류, 배관 등의 진동 및 이상음

해설
안전밸브 작동점검 주기
㉠ 압축기 최종단 안전밸브 : 1년 1회 이상
㉡ 그 밖의 안전밸브 : 2년 1회 이상

53 타 공사로 인하여 노출된 도시가스 배관을 점검하기 위한 점검통로의 설치기준에 대한 설명으로 틀린 것은? (안전-77)

① 점검통로의 폭은 80cm 이상으로 한다.
② 가드레일은 90cm 이상의 높이로 설치한다.
③ 배관 양 끝단 및 곡관은 항상 관찰이 가능하도록 점검통로를 설치한다.
④ 점검통로는 가스배관에서 가능한 한 멀리 설치하는 것을 원칙으로 한다.

54 다음 중 고압가스 충전용기 운반 시 운반책임자의 동승이 필요한 경우는? (단, 독성가스는 허용농도가 100만분의 200을 초과한 경우이다.) (안전-5)

① 독성 압축가스 $100m^3$ 이상
② 가연성 압축가스 $100m^3$ 이상
③ 가연성 액화가스 1000kg 이상
④ 독성 액화가스 500kg 이상

55 다음 중 가스도매사업의 가스공급시설의 설치기준에 따르면 액화가스 저장탱크의 저장능력이 얼마 이상일 때 방류둑을 설치하여야 하는가? (안전-53)

① 100톤　② 300톤
③ 500톤　④ 1000톤

56 가스의 폭발상한계에 영향을 주는 요인으로 가장 거리가 먼 것은?

① 온도
② 가스의 농도
③ 산소의 농도
④ 부피

57 아세틸렌가스 또는 압력이 9.8MPa 이상인 압축가스를 용기에 충전하는 시설에서 방호벽을 설치하지 않아도 되는 경우는? (안전-16)

① 압축기와 그 충전장소 사이
② 충전장소와 긴급차단장치 조작장소 사이
③ 압축기와 그 가스충전용기 보관장소 사이
④ 충전장소와 그 충전용 주관밸브 조작밸브 사이

정답 49.① 50.④ 51.③ 52.② 53.④ 54.① 55.③ 56.④ 57.②

58 다음 중 밀폐식 보일러에서 사고원인이 되는 사항에 대한 설명으로 가장 거리가 먼 내용은?

① 전용 보일러실에 보일러를 설치하지 아니한 경우
② 설치 후 이음부에 대한 가스누출 여부를 확인하지 아니한 경우
③ 배기통이 수평보다 위쪽을 향하도록 설치한 경우
④ 배기통과 건물의 외벽사이에 기밀이 완전히 유지되지 않는 경우

해설
전용 보일러실에 설치하지 않아도 되는 보일러의 종류 : 밀폐식 보일러, 가스 보일러를 옥외에 설치하는 경우, 전용 급기통을 부착시키는 구조로서 검사에 합격한 강제 배기식 보일러

59 고압가스 일반제조시설에서 가연성 가스 제조시설의 고압가스설비 외면으로부터 산소 제조시설의 고압가스 설비까지의 거리는 몇 m 이상으로 하여야 하는가? (안전-128)

① 5m ② 8m
③ 10m ④ 20m

60 염소의 성질에 대한 설명으로 틀린 것은?

① 화학적으로 활성이 강한 산화제이다.
② 녹황색의 자극적인 냄새가 나는 기체이다.
③ 습기가 있으면 철 등을 부식시키므로 수분과 격리시켜야 한다.
④ 염소와 수소를 혼합하면 냉암소에서도 폭발하여 염화수소가 된다.

$H_2 + Cl_2 \rightarrow 2HCl$(햇빛, 일광에 의해 폭발)

제4과목 가스계측기기

61 다음 중 가스관리용 계기에 포함되지 않는 것은?

① 유량계 ② 온도계
③ 압력계 ④ 탁도계

62 도시가스 제조소에 설치된 가스누출 검지경보장치는 미리 설정된 가스농도에서 자동적으로 경보를 울리는 것으로 하여야 한다. 이때 미리 설정된 가스 농도란? (안전-67)

① 폭발하한계 값
② 폭발상한계 값
③ 폭발하한계의 1/4 이하 값
④ 폭발하한계의 1/2 이하 값

63 다이어프램 압력계의 측정범위로 가장 옳은 것은? (계측-27)

① 20~5000mmH_2O
② 1000~10000mmH_2O
③ 1~10kg/cm^2
④ 10~100kg/cm^2

64 국제 단위계(SI단위) 중 압력단위에 해당되는 것은?

① Pa ② bar
③ atm ④ kgf/cm^2

65 다음 [그림]과 같은 자동제어방식은?

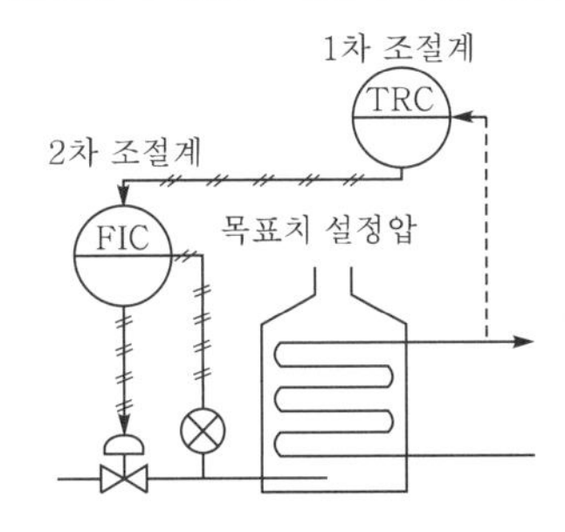

① 피드백 제어 ② 시퀀스 제어
③ 캐스케이드 제어 ④ 프로그램 제어

66 접촉식 온도계 중 알코올 온도계의 특징에 대한 설명으로 옳은 것은?

① 저온측정에 적합하다.
② 열팽창계수가 작다.
③ 열전도율이 좋다.
④ 액주의 복원시간이 짧다.

정답 58.① 59.③ 60.④ 61.④ 62.③ 63.① 64.① 65.③ 66.①

알코올 온도계 측정범위 : −100~100℃

67 시료가스 채취장치를 구성하는 데 있어 다음 설명 중 틀린 것은?

① 일반 성분의 분석 및 발열량 · 비중을 측정할 때, 시료 가스 중의 수분이 응축될 염려가 있을 때는 도관 가운데에 적당한 응축액 트랩을 설치한다.
② 특수 성분을 분석할 때, 시료 가스 중의 수분 또는 기름성분이 응축되어 분석결과에 영향을 미치는 경우는 흡수장치를 보온하거나 또는 적당한 방법으로 가온한다.
③ 시료 가스에 타르류, 먼지류를 포함하는 경우는 채취관 또는 도관 가운데에 적당한 여과기를 설치한다.
④ 고온의 장소로부터 시료 가스를 채취하는 경우는 도관 가운데에 적당한 냉각기를 설치한다.

수분 기름을 제거하기 위해 보관의 아래 부분에 응축액의 트랩을 설치한다.

68 50mL의 시료 가스를 CO_2, O_2, CO 순으로 흡수시켰을 때 이때 남은 부피가 각각 32.5mL, 24.2mL, 17.8mL이었다면 이들 가스의 조성 중 N_2의 조성은 몇 %인가? (단, 시료 가스는 CO_2, O_2, CO, N_2로 혼합되어 있다.)

① 24.2%
② 27.2%
③ 34.2%
④ 35.6%

$$CO_2 = \frac{50-32.5}{50}\times 100 = 35\%$$

$$CO_2 = \frac{50-24.2}{50}\times 100 = 16.6\%$$

$$CO = \frac{24.2-17.8}{50}\times 100 = 12.8\%$$

$$\therefore\ N_2 = 100-(35+16.6+12.8) = 35.6\%$$

69 주로 기체연료의 발열량을 측정하는 열량계는?

① Richter 열량계
② Scheel 열량계
③ Junker 열량계
④ Thomson 열량계

70 화씨(℉)와 섭씨(℃)의 온도눈금 수치가 일치하는 경우의 절대온도(K)는?

① 201 ② 233
③ 313 ④ 345

−40℃ = −40℉
∴ −40 + 273 = 233K

71 가스의 자기성(磁氣性)을 이용하여 검출하는 분석기기는?

① 가스 크로마토그래피
② SO_2계
③ O_2계
④ CO_2계

72 초음파식 액위계에서 사용하는 초음파의 주파수는?

① 1kHz 이상 ② 20kHz 이상
③ 100kHz 이상 ④ 200kHz 이상

73 운동하는 유체의 에너지 법칙을 이용한 유량계는?

① 면적식 ② 용적식
③ 차압식 ④ 터빈식

차압식 유량계 측정원리 : 베르누이 정리

74 차압식 유량계에 해당하지 않는 것은 어느 것인가? 【계측-23】

① 벤투리미터 유량계
② 로터미터 유량계
③ 오리피스 유량계
④ 플로노즐

정답 67.② 68.④ 69.③ 70.② 71.③ 72.② 73.③ 74.②

로터미터=면적식 유량계

75 터빈미터의 특징이 아닌 것은? (계측-28)

① 스월(Swirl)의 영향을 전혀 받지 않는다.
② 정밀도가 높고, 압력손실이 적다.
③ 오염물에 의한 영향이 크다.
④ 소용량에서 대용량까지 유량측정의 범위가 넓다.

터빈계량기 특징
㉠ 스월의 영향을 받는다.
㉡ 정밀도가 높고, 압력손실이 적다.
㉢ 유량측정 범위가 넓다.

76 다음 중 회전자식 가스미터는? (계측-6)

① 막식미터 ② 루트미터
③ 벤투리미터 ④ 델타미터

회전자식(루트형, 오벌형, 로타리 피스톤식)

77 불꽃광도검출기(FPD)에 대한 설명으로 옳은 것은?

① 감도 안정에 시간이 걸리고, 다른 검출기보다 나쁘다.
② 탄화수소(C, H)는 전혀 감응하지 않는다.
③ 가장 널리 사용하는 검출기이다.
④ 시료는 검출하는 동안 파괴되지 않는다.

가스 크로마토그래피 검출기의 특징

명 칭	설 명	특 성
TCD (열전도도형 검출기)	운반가스와 시료성 가스의 열전도 차를 금속필라멘트의 저항변화로 검출	• 구조가 간단하다. • 선형 감응범위가 넓다. • 검출 후 용질을 파괴하지 않는다. • 가장 널리 사용된다.
FID (수소염 이온화 검출기)	불꽃으로 시료 성분이 이온화됨으로서 불꽃 중에 놓여진 전극간의 전기전도도가 증대하는 것을 이용	탄화수소에서 감응이 최고 H_2, O_2, CO, CO_2, SO_2 등에 감응이 없다(유기화합물 분리에 적합).
ECD (전자포획 이온화 검출기)	방사선으로 운반가스가 이온화되고 생긴 자유전자를 시료 성분이 포획하면 이온전류가 감소되는 것을 이용	할로겐 및 산소화합물에서의 감응 최고, 탄화수소는 감도가 나쁨(베타입자 이용)
FPD (염광광도 검출기)		인, 유황화합물을 선택적으로 검출
FTD (알칼리성 열이온화 검출기)		유기질소화합물 · 유기인화합물을 선택적으로 검출

78 자동제어장치의 검출부에 대한 설명으로 옳은 것은?

① 목표치를 주피드백 신호와 같은 종류의 신호로 교환하는 부분이다.
② 제어대상에 대한 작용신호를 전달하는 부분이다.
③ 제어대상으로부터 제어에 필요한 신호를 나타내는 부분이다.
④ 기준입력과 주피드백 신호와의 차이에 의해서 조작부에 신호를 송출하는 부분이다.

79 시안화수소(HCN)가스 누출 시 검지기와 변색상태로 옳은 것은? (계측-15)

① 염화파라듐지–흑색
② 염화제일동 착염지–적색
③ 연당지–흑색
④ 초산(질산)구리 벤젠지–청색

80 잔류편차(off-set)는 제거되지만 제어시간은 단축되지 않고 급변할 때 큰 진동이 발생하는 제어기는? (계측-4)

① P 제어기
② PD 제어기
③ PI 제어기
④ on-off 제어기

정답 75.① 76.② 77.② 78.③ 79.④ 80.③

길을 가다가 돌이 나타나면
약자는 그것을 걸림돌이라고 말하고,
강자는 그것을 디딤돌이라고 말한다.

-토마스 칼라일(Thomas Carlyle)-

☆

같은 돌이지만 바라보는 시각에 따라 그리고 마음가짐에 따라
걸림돌이 되기도 하고 디딤돌이 되기도 합니다.
자기에게 주어진 상황을 활용할 줄 아는 자만이
성공의 문에 도달할 수 있습니다. ^^

부록

수소 경제 육성 및 수소 안전관리에 관한 법령 (출제예상문제)

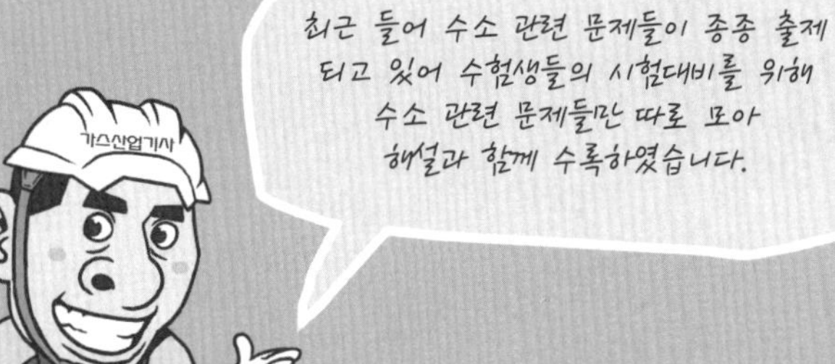

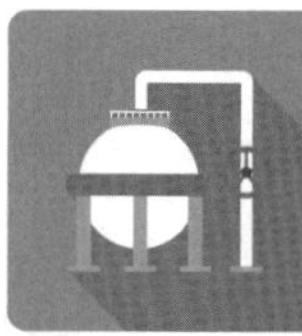

Happy Gas
GAS
가스산업기사 필기
www.cyber.co.kr

출/제/예/상/문/제

[수소 경제 육성 및 수소 안전관리에 관한 법령]

〈목 차〉

1. 수소연료 사용시설의 시설 · 기술 · 검사 기준
   - 일반사항(적용범위, 용어, 시설 설치 제한)
   - 시설기준(배치기준, 화기와의 거리)
     - 수소 제조설비
     - 수소 저장설비
     - 수소가스 설비(배관 설비, 연료전지 설비, 사고예방 설비)
2. 이동형 연료전지(드론용) 제조의 시설 · 기술 · 검사 기준
   - 용어 정의
   - 제조 기술 기준
   - 배관 구조
   - 충전부 구조
   - 장치(시동, 비상정지)
   - 성능(내압, 기밀, 절연저항, 내가스, 내식, 배기가스)
3. 수전해 설비 제조의 시설 · 기술 · 검사 기준
   - 제조시설(제조설비, 검사설비)
   - 안전장치
   - 성능(제품, 재료, 작동, 수소, 품질)
4. 수소 추출설비 제조의 시설 · 기술 · 검사 기준
   - 용어 정의
   - 제조시설(배관재료 적용 제외, 배관 구조, 유체이동 관련기기)
   - 장치(안전, 전기, 열관리, 수소 정제)
   - 성능(절연내력, 살수, 재료, 자동제어시스템, 연소상태, 부품, 내구)

1. 수소연료 사용시설의 시설 · 기술 · 검사 기준

01 다음 중 용어에 대한 설명이 틀린 것은 어느 것인가?

① "수소 제조설비"란 수소를 제조하기 위한 것으로서 법령에 따른 수소용품 중 수전해 설비 수소 추출설비를 말한다.
② "수소 저장설비"란 수소를 충전 · 저장하기 위하여 지상 또는 지하에 고정 설치하는 저장탱크(수소의 질을 균질화하기 위한 것을 포함)를 말한다.
③ "수소가스 설비"란 수소 제조설비, 수소 저장설비 및 연료전지와 이들 설비를 연결하는 배관 및 속설비 중 수소가 통하는 부분을 말한다.
④ 수소 용품 중 "연료전지"란 수소와 전기화학적 반응을 통하여 전기와 열을 생산하는 연료 소비량이 232.6kW 이상인 고정형, 이동형 설비와 그 부대설비를 말한다.

해설
연료전지 : 연료 소비량이 232.6kW 이하인 고정형, 이동형 설비와 그 부대설비

02 물의 전기분해에 의하여 그 물로부터 수소를 제조하는 설비는 무엇인가?

① 수소 추출설비
② 수전해 설비
③ 연료전지 설비
④ 수소 제조설비

정답 01.④ 02.②

03 수소 설비와 산소 설비의 이격거리는 몇 m 이상인가?

① 2m ② 3m
③ 5m ④ 8m

해설

수소-산소 : 5m 이상
참고 수소-화기 : 8m 이상

04 다음 [보기]는 수소 설비에 대한 내용이나 수치가 모두 잘못되었다. 맞는 수치로 나열된 것은 어느 것인가? (단, 순서는 (1), (2), (3)의 순서대로 수정된 것으로 한다.)

[보기]
(1) 유동방지시설은 높이 5m 이상 내화성의 벽으로 한다.
(2) 입상관과 화기의 우회거리는 8m 이상으로 한다.
(3) 수소의 제조 · 저장 설비의 지반조사 대상의 용량은 중량 3ton 이상의 것에 한한다.

① 2m, 2m, 1ton
② 3m, 2m, 1ton
③ 4m, 2m, 1ton
④ 8m, 2m, 1ton

해설

(1) 유동방지시설 : 2m 이상 내화성의 벽
(2) 입상관과 화기의 우회거리 : 2m 이상
(3) 지반조사 대상 수소 설비의 중량 : 1ton 이상
참고 지반조사는 수소 설비의 외면으로부터 10m 이내 2곳 이상에서 실시한다.

05 수소의 제조 · 저장 설비를 실내에 설치 시 지붕의 재료로 맞는 것은?

① 불연 재료
② 난연 재료
③ 무거운 불연 또는 난연 재료
④ 가벼운 불연 또는 난연 재료

해설

수소 설비의 재료 : 불연 재료(지붕은 가벼운 불연 또는 난연 재료)

06 다음 [보기]는 수소의 저장설비에서 대한 내용이다. 맞는 설명은 어느 것인가?

[보기]
(1) 저장설비에 설치하는 가스방출장치의 탱크 용량은 $10m^3$ 이상이다.
(2) 내진설계로 시공하여야 하며, 저장능력은 5ton 이상이다.
(3) 저장설비에 설치하는 보호대의 높이는 0.6m 이상이다.
(4) 보호대가 말뚝 형태일 때는 말뚝이 2개 이상이고 간격은 2m 이상이다.

① (1) ② (2)
③ (3) ④ (4)

해설

(1) 가스방출장치의 탱크 용량 : $5m^3$ 이상
(3) 보호대의 높이 : 0.8m 이상
(4) 말뚝 형태 : 2개 이상, 간격 1.5m 이상

07 수소연료 사용시설에 안전확보 정상작동을 위하여 설치되어야 하는 부속장치에 해당되지 않는 것은?

① 압력조정기
② 가스계량기
③ 중간밸브
④ 정압기

08 수소가스 설비의 T_p, A_p를 옳게 나타낸 것은?

① T_p =상용압력×1.5
A_p =상용압력
② T_p =상용압력×1.2
A_p =상용압력×1.1
③ T_p =상용압력×1.5
A_p =최고사용압력×1.1 또는 8.4kPa 중 높은 압력
④ T_p =최고사용압력×1.5
A_p =최고사용압력×1.1 또는 8.4kPa 중 높은 압력

정답 03.③ 04.① 05.④ 06.② 07.④ 08.③

09 다음 [보기]는 수소 제조 시의 수전해 설비에 대한 내용이다. 틀린 내용으로만 나열된 것은?

> [보기]
> (1) 수전해 설비실의 환기가 강제환기만으로 이루어지는 경우에는 강제환기가 중단되었을 때 수전해 설비의 운전이 정상작동이 되도록 한다.
> (2) 수전해 설비를 실내에 설치하는 경우에는 해당 실내의 산소 농도가 22% 이하가 되도록 유지한다.
> (3) 수전해 설비를 실외에 설치하는 경우에는 눈, 비, 낙뢰 등으로부터 보호할 수 있는 조치를 한다.
> (4) 수소 및 산소의 방출관과 방출구는 방출된 수소 및 산소가 체류할 우려가 없는 통풍이 양호한 장소에 설치한다.
> (5) 수소의 방출관과 방출구는 지면에서 5m 이상 또는 설비 상부에서 2m 이상의 높이 중 높은 위치에 설치하며, 화기를 취급하는 장소와 8m 이상 떨어진 장소에 위치하도록 한다.
> (6) 산소의 방출관과 방출구는 수소의 방출관과 방출구 높이보다 낮은 높이에 위치하도록 한다.
> (7) 산소를 대기로 방출하는 경우에는 그 농도가 23.5% 이하가 되도록 공기 또는 불활성 가스와 혼합하여 방출한다.
> (8) 수전해 설비의 동결로 인한 파손을 방지하기 위하여 해당 설비의 온도가 5℃ 이하인 경우에는 설비의 운전을 자동으로 차단하는 조치를 한다.

① (1), (2)
② (1), (2), (5)
③ (1), (5), (8)
④ (1), (2), (7)

해설
(1) 강제환기 중단 시 : 운전 정지
(2) 실내의 산소 농도 : 23.5% 이하
(5) 화기를 취급하는 장소와의 거리 : 6m 떨어진 위치

10 수소 추출설비를 실내에 설치하는 경우 실내의 산소 농도는 몇 % 미만이 되는 경우 운전이 정지되어야 하는가?

① 10.5%　② 15.8%
③ 19.5%　④ 22%

11 다음 ( ) 안에 공통으로 들어갈 단어는 무엇인가?

> 연료전지가 설치된 곳에는 조작하기 쉬운 위치에 ( )를 다음 기준에 따라 설치한다.
> • 수소연료 사용시설에는 연료전지 각각에 대하여 ( )를 설치한다.
> • 배관이 분기되는 경우에는 주배관에 ( )를 설치한다.
> • 2개 이상의 실로 분기되는 경우에는 각 실의 주배관마다 ( )를 설치한다.

① 압력조정기　② 필터
③ 배관용 밸브　④ 가스계량기

12 배관장치의 이상전류로 인하여 부식이 예상되는 장소에는 절연물질을 삽입하여야 한다. 다음의 보기 중 절연물질을 삽입해야 하는 장소에 해당되지 않는 것은?

① 누전으로 인하여 전류가 흐르기 쉬운 곳
② 직류전류가 흐르고 있는 선로(線路)의 자계(磁界)로 인하여 유도전류가 발생하기 쉬운 곳
③ 흙속 또는 물속에서 미로전류(謎路電流)가 흐르기 쉬운 곳
④ 양극의 설치로 전기방식이 되어 있는 장소

13 사업소 외의 배관장치에 설치하는 안전제어장치와 관계가 없는 것은?

① 압력안전장치
② 가스누출검지경보장치
③ 긴급차단장치
④ 인터록장치

정답 09.② 10.③ 11.③ 12.④ 13.④

14 수소의 배관장치에는 이상사태 발생 시 압축기, 펌프 긴급차단장치 등이 신속하게 정지 또는 폐쇄되어야 하는 제어기능이 가동되어야 하는데 이 경우에 해당되지 않는 것은?

① 온도계로 측정한 온도가 1.5배 초과 시
② 규정에 따라 설치된 압력계가 상용압력의 1.1배 초과 시
③ 규정에 따라 압력계로 측정한 압력이 정상운전 시보다 30% 이상 강하 시
④ 측정유량이 정상유량보다 15% 이상 증가 시

15 수소의 배관장치에 설치하는 압력안전장치의 기준이 아닌 것은?

① 배관 안의 압력이 상용압력을 초과하지 않고, 또한 수격현상(water hammer)으로 인하여 생기는 압력이 상용압력의 1.1배를 초과하지 않도록 하는 제어기능을 갖춘 것
② 재질 및 강도는 가스의 성질, 상태, 온도 및 압력 등에 상응되는 적절한 것
③ 배관장치의 압력변동을 충분히 흡수할 수 있는 용량을 갖춘 것
④ 압력이 상용압력의 1.5배 초과 시 인터록기구가 작동되는 제어기능을 갖춘 것

16 수소의 배관장치에서 내압성능이 상용압력의 1.5배 이상이 되어야 하는 경우 상용압력은 얼마인가?

① 0.1MPa 이상 ② 0.5MPa 이상
③ 0.7MPa 이상 ④ 1MPa 이상

17 수소 배관을 지하에 매설 시 최고사용압력에 따른 배관의 색상이 맞는 것은?

① 0.1MPa 미만은 적색
② 0.1MPa 이상은 황색
③ 0.1MPa 미만은 황색
④ 0.1MPa 이상은 녹색

해설

(1) 지상배관 : 황색
(2) 지하배관
① 0.1MPa 미만 : 황색
② 0.1MPa 이상 : 적색

18 다음 [보기]는 수소배관을 지하에 매설 시 직상부에 설치하는 보호포에 대한 설명이다. 틀린 내용은?

[보기]
(1) 두께 : 0.2mm 이상
(2) 폭 : 0.3m 이상
(3) 바탕색
– 최고사용압력 0.1MPa 미만 : 황색
– 최고사용압력 0.1MPa 이상 2MPa 미만 : 적색
(4) 설치위치 : 배관 정상부에서 0.3m 이상 떨어진 곳

① (1), (2)
② (1), (3)
③ (2), (3), (4)
④ (1), (2), (3)

해설

(2) 폭 : 0.15m 이상
(3) 바탕색
– 최고사용압력 0.1MPa 미만 : 황색
– 최고사용압력 0.1MPa 이상 1MPa 미만 : 적색
(4) 설치위치 : 배관 정상부에서 0.4m 이상 떨어진 곳

19 연료전지를 연료전지실에 설치하지 않아도 되는 경우는?

① 연료전지를 실내에 설치한 경우
② 밀폐식 연료전지인 경우
③ 연료전지 설치장소 안이 목욕탕인 경우
④ 연료전지 설치장소 안이 사람이 거처하는 곳일 경우

해설

연료전지를 연료전지실에 설치하지 않아도 되는 경우
• 밀폐식 연료전지인 경우
• 연료전지를 옥외에 설치한 경우

정답 14.① 15.④ 16.① 17.③ 18.③ 19.②

20 다음 중 틀린 설명은?

① 연료전지실에는 환기팬을 설치하지 않는다.
② 연료전지실에는 가스레인지의 후드등을 설치하지 않는다.
③ 연료전지는 가연물 인화성 물질과 2m 이상 이격하여 설치한다.
④ 옥외형 연료전지는 보호장치를 하지 않아도 된다.

해설

연료전지는 가연물 인화성 물질과 1.5m 이상 이격하여 설치한다.

21 다음 중 연료전지에 대한 설명으로 올바르지 않은 것은?

① 연료전지 연통의 터미널에는 동력팬을 부착하지 않는다.
② 연료전지는 접지하여 설치한다.
③ 연료전지 발열부분과 전선은 0.5m 이상 이격하여 설치한다.
④ 연료전지의 가스 접속배관은 금속배관을 사용하여 가스의 누출이 없도록 하여야 한다.

해설

전선은 연료전지의 발열부분과 0.15m 이상 이격하여 설치한다.

22 연료전지를 설치 시공한 자는 시공확인서를 작성하고 그 내용을 몇 년간 보존하여야 하는가?

① 1년 ② 2년
③ 3년 ④ 5년

23 수소의 반밀폐식 연료전지에 대한 내용 중 틀린 것은?

① 배기통의 유효단면적은 연료전지의 배기통 접속부의 유효단면적 이상으로 한다.
② 배기통은 기울기를 주어 응축수가 외부로 배출될 수 있도록 설치한다.
③ 배기통은 단독으로 설치한다.
④ 터미널에는 직경 20mm 이상의 물체가 통과할 수 없도록 방조망을 설치한다.

방조망 : 직경 16mm 이상의 물체가 통과할 수 없도록 하여야 한다.
그 밖에 터미널의 전방 · 측면 · 상하 주위 0.6m 이내에는 가연물이 없도록 하며, 연료전지는 급배기에 영향이 없도록 담, 벽 등의 건축물과 0.3m 이상 이격하여 설치한다.

24 수소 저장설비를 지상에 설치 시 가스 방출관의 설치위치는?

① 지면에서 3m 이상
② 지면에서 5m 이상 또는 저장설비의 정상부에서 2m 이상 중 높은 위치
③ 지면에서 5m 이상
④ 수소 저장설비 정상부에서 2m 이상

25 수소가스 저장설비의 가스누출경보기의 가스누출자동차단장치에 대한 내용 중 틀린 것은?

① 건축물 내부의 경우 검지경보장치의 검출부 설치개수는 바닥면 둘레 10m마다 1개씩으로 계산한 수로 한다.
② 건축물 밖의 경우 검지경보장치의 검출부 설치개수는 바닥면 둘레 20m마다 1개씩으로 계산한 수로 한다.
③ 가열로 등 발화원이 있는 제조설비에 누출가스가 체류하기 쉬운 장소의 경우 검지경보장치의 검출부 설치개수는 바닥면 둘레 10m마다 1개씩으로 계산한 수로 한다.
④ 검지경보장치 검출부 설치위치는 천장에서 검출부 하단까지 0.3m 이하가 되도록 한다.

③ 가열로 등 발화원이 있는 제조설비에 누출가스가 체류하기 쉬운 장소의 경우 : 20m마다 1개씩으로 계산한 수

정답 20.③ 21.③ 22.④ 23.④ 24.② 25.③

26 수소 저장설비 사업소 밖의 가스누출경보기 설치장소가 아닌 것은?

① 긴급차단장치가 설치된 부분
② 누출가스가 체류하기 쉬운 부분
③ 슬리브관, 이중관 또는 방호구조물로 개방되어 설치된 부분
④ 방호구조물에 밀폐되어 설치되는 부분

③ 슬리브관, 이중관 또는 방호구조물로 밀폐되어 설치된 부분이 가스누출경보기 설치장소이다.

27 수소의 저장설비에서 천장 높이가 너무 높아 검지경보장치·검출부를 천장에 설치 시 대량누출이 되어 위험한 상태가 되어야 검지가 가능하게 되는 것을 보완하기 위해 설치하는 것은?

① 가스웅덩이
② 포집갓
③ 가스용 맨홀
④ 원형 가스공장

28 수소 저장설비에서 포집갓의 사각형의 규격은?

① 가로 0.3m×세로 0.3m
② 가로 0.4m×세로 0.5m
③ 가로 0.4m×세로 0.6m
④ 가로 0.4m×세로 0.4m

해설

참고 원형인 경우 : 직경 0.4m 이상

29 수소의 제조·저장 설비 배관이 시가지 주요 하천, 호수 등을 횡단 시 횡단거리 500m 이상인 경우 횡단부 양끝에서 가까운 거리에 긴급차단장치를 설치하고 배관연장설비 몇 km마다 긴급차단장치를 추가로 설치하여야 하는가?

① 1km ② 2km
③ 3km ④ 4km

30 수소가스 설비를 실내에 설치 시 환기설비에 대한 내용으로 옳지 않은 것은?

① 천장이나 벽면 상부에 0.4m 이내 2방향 환기구를 설치한다.
② 통풍가능 면적의 합계는 바닥면적 $1m^2$당 $300cm^2$의 면적 이상으로 한다.
③ 1개의 환기구 면적은 $2400cm^2$ 이하로 한다.
④ 강제환기설비의 통풍능력은 바닥면적 $1m^2$마다 $0.5m^3/min$ 이상으로 한다.

0.3m 이내 2방향 환기구를 설치한다.

31 수소가스 설비실의 강제환기설비에 대한 내용으로 맞지 않는 것은?

① 배기구는 천장 가까이 설치한다.
② 배기가스 방출구는 지면에서 5m의 높이에 설치한다.
③ 수소연료전지를 실내에 설치하는 경우 바닥면적 $1m^2$당 $0.3m^3/min$ 이상의 환기능력을 갖추어야 한다.
④ 수소연료전지를 실내에 설치하는 경우 규정에 따른 $45m^3/min$ 이상의 환기능력을 만족하도록 한다.

배기가스 방출구는 지면에서 3m 이상 높이에 설치한다.

32 수소 저장설비는 가연성 저장탱크 또는 가연성 물질을 취급하는 설비와 온도상승방지 조치를 하여야 하는데 그 규정으로 옳지 않은 것은?

① 방류둑을 설치한 가연성 가스 저장탱크
② 방류둑을 설치하지 아니한 조연성 가스 저장탱크의 경우 저장탱크 외면으로부터 20m 이내
③ 가연성 물질을 취급하는 설비의 경우 그 외면에서 20m 이내
④ 방류둑을 설치하지 아니한 가연성 저장탱크의 경우 저장탱크 외면에서 20m 이내

정답 26.③ 27.② 28.④ 29.④ 30.① 31.② 32.②

해설

② 방류둑을 설치하지 아니한 가연성 가스 저장탱크의 경우 저장탱크 외면으로부터 20m 이내

33 수소 저장설비를 실내에 설치 시 방호벽을 설치하여야 하는 저장능력은?

① $30m^3$ 이상　② $50m^3$ 이상
③ $60m^3$ 이상　④ $100m^3$ 이상

34 수소가스 배관의 온도상승방지 조치의 규정으로 옳지 않은 것은?

① 배관에 가스를 공급하는 설비에는 상용온도를 초과한 가스가 배관에 송입되지 않도록 처리할 수 있는 필요한 조치를 한다.
② 배관을 지상에 설치하는 경우 온도의 이상상승을 방지하기 위하여 부식방지도료를 칠한 후 은백색 도료로 재도장하는 등의 조치를 한다. 다만, 지상설치 부분의 길이가 짧은 경우에는 본문에 따른 조치를 하지 않을 수 있다.
③ 배관을 교량 등에 설치할 경우에는 가능하면 교량 하부에 설치하여 직사광선을 피하도록 하는 조치를 한다.
④ 배관에 열팽창 안전밸브를 설치한 경우에는 온도가 40℃ 이하로 유지될 수 있도록 조치를 한다.

해설

열팽창 안전밸브가 설치된 경우 온도상승방지 조치를 하지 않아도 된다.

35 수소가스 배관에 표지판을 설치 시 표지판의 설치간격으로 맞는 것은?

① 지하 배관 500m마다
② 지하 배관 300m마다
③ 지상 배관 500m마다
④ 지상 배관 800m마다

해설

- 지하 설치배관 : 500m마다
- 지상 설치배관 : 1000m마다

36 물을 전기분해하여 수소를 제조 시 1일 1회 이상 가스를 채취하여 분석해야 하는 장소가 아닌 것은?

① 발생장치
② 여과장치
③ 정제장치
④ 수소 저장설비 출구

37 수소가스 설비를 개방하여 수리를 할 경우의 내용 중 맞지 않는 것은?

① 가스치환 조치가 완료된 후에는 개방하는 수소가스 설비의 전후 밸브를 확실히 닫고 개방하는 부분의 밸브 또는 배관의 이음매에 맹판을 설치한다.
② 개방하는 수소가스 설비에 접속하는 배관 출입구에 2중으로 밸브를 설치하고, 2중 밸브 중간에 수소를 회수 또는 방출할 수 있는 회수용 배관을 설치하여 그 회수용 배관 등을 통하여 수소를 회수 또는 방출하여 개방한 부분에 수소의 누출이 없음을 확인한다.
③ 대기압 이하의 수소는 반드시 회수 또는 방출하여야 한다.
④ 개방하는 수소가스 설비의 부분 및 그 전후 부분의 상용압력이 대기압에 가까운 설비(압력계를 설치한 것에 한정한다)는 그 설비에 접속하는 배관의 밸브를 확실히 닫고 해당 부분에 가스의 누출이 없음을 확인한다.

해설

대기압 이하의 수소는 회수 또는 방출할 필요가 없다.

38 수소 배관을 용접 시 용접시공의 진행방법으로 가장 옳은 것은?

① 작업계획을 수립 후 용접시공을 한다.
② 적합한 용접절차서(w.p.s)에 따라 진행한다.
③ 위험성 평가를 한 후 진행한다.
④ 일반적 가스 배관의 용접방향으로 진행한다.

정답 33.③ 34.④ 35.① 36.② 37.③ 38.②

39 수소 설비에 설치한 밸브 콕의 안전한 개폐 조작을 위하여 행하는 조치가 아닌 것은?

① 각 밸브 등에는 그 명칭이나 플로시트(flow sheet)에 의한 기호, 번호 등을 표시하고 그 밸브 등의 핸들 또는 별도로 부착한 표지판에 그 밸브 등의 개폐 방향(조작스위치로 그 밸브 등이 설치된 설비에 안전상 중대한 영향을 미치는 밸브 등에는 그 밸브 등의 개폐상태를 포함한다)이 표시되도록 한다.

② 밸브 등(조작스위치로 개폐하는 것을 제외한다)이 설치된 배관에는 그 밸브 등의 가까운 부분에 쉽게 식별할 수 있는 방법으로 그 배관 내의 가스 및 그 밖에 유체의 종류 및 방향이 표시되도록 한다.

③ 조작하여 그 밸브 등이 설치된 설비에 안전상 중대한 영향을 미치는 밸브 등(압력을 구분하는 경우에는 압력을 구분하는 밸브, 안전밸브의 주밸브, 긴급차단밸브, 긴급방출용 밸브, 제어용 공기 등)에는 개폐상태를 명시하는 표지판을 부착하고 조정밸브 등에는 개도계를 설치한다.

④ 계기판에 설치한 긴급차단밸브, 긴급방출밸브 등의 버튼핸들(button handle), 노칭디바이스핸들(notching device handle) 등(갑자기 작동할 염려가 없는 것을 제외한다)에는 오조작 등 불시의 사고를 방지하기 위해 덮개, 캡 또는 보호장치를 사용하는 등의 조치를 함과 동시에 긴급차단밸브 등의 개폐상태를 표시하는 시그널램프 등을 계기판에 설치한다. 또한 긴급차단밸브의 조작위치가 3곳 이상일 경우 평상시 사용하지 않는 밸브 등에는 "함부로 조작하여서는 안 된다"는 뜻과 그것을 조작할 때의 주의사항을 표시한다.

긴급차단밸브의 조작위치가 2곳 이상일 경우 함부로 조작하여서는 안 된다는 뜻과 주의사항을 표시한다.

참고 안전밸브 또는 방출밸브에 설치된 스톱밸브는 수리 등의 필요한 때를 제외하고는 항상 열어둔다.

40 수소 저장설비의 침하방지 조치에 대한 내용이 아닌 것은?

① 수소 저장설비 중 저장능력이 $50m^3$ 이상인 것은 주기적으로 침하상태를 측정한다.

② 침하상태의 측정주기는 1년 1회 이상으로 한다.

③ 벤치마크는 해당 사업소 앞 50만m^2당 1개소 이상을 설치한다.

④ 측정결과 침하량의 단위는 h/L로 계산한다.

저장능력 $100m^3$ 미만은 침하방지 조치에서 제외된다.

41 정전기 제거설비를 정상으로 유지하기 위하여 확인하여야 할 사항이 아닌 것은 어느 것인가?

① 지상에서의 접지 저항치
② 지상에서의 접속부의 접속상태
③ 지하에서의 접지 저항치
④ 지상에서의 절선 및 손상유무

42 수소 설비에서 이상이 발행하면 그 정도에 따라 하나 이상의 조치를 강구하여 위험을 방지하여야 하는데 다음 중 그 조치사항이 아닌 것은?

① 이상이 발견된 설비에 대한 원인의 규명과 제거
② 예비기로 교체
③ 부하의 상승
④ 이상을 발견한 설비 또는 공정의 운전 정지 후 보수

부하의 저하

정답 39.④ 40.① 41.③ 42.③

43 다음 중 틀린 내용은?

① 수소는 누출 시 공기보다 가벼워 누설 가스는 상부로 향한다.
② 수소 배관을 지하에 설치하는 경우에는 배관을 매몰하기 전에 검사원의 확인 후 공정별 진행을 한다.
③ 배관을 매몰 시 검사원의 확인 전에 설치자가 임의로 공정을 진행한 경우에는 그 검사의 성실도를 판단하여 성실도의 지수가 90 이상일 때는 합격 처리를 할 수 있다.
④ 수소의 저장탱크 설치 전 기초 설치를 필요로 하는 공정의 경우에는 보링조사, 표준관입시험, 베인시험, 토질시험, 평판재하시험, 파일재하시험 등을 하였는지와 그 결과의 적합여부를 문서 등으로 확인한다. 또한 검사신청 시험한 기관의 서명이 된 보고서를 첨부하며 해당 서류를 첨부하지 않은 경우 부적합한 것으로 처리된다.

해설

검사원의 확인 전에 설치자가 임의로 공정을 진행한 경우에는 검사원은 이를 불합격 처리를 한다.

44 수소 설비 배관의 기밀시험압력에 대한 내용 중 틀린 것은?

① 기밀시험압력은 상용압력 이상으로 한다.
② 상용압력이 0.7MPa 초과 시 0.7MPa 미만으로 한다.
③ 기밀시험압력에서 누설이 없는 경우 합격으로 처리할 수 있다.
④ 기밀시험은 공기 등으로 하여야 하나 위험성이 없을 때에는 수소를 사용하여 기밀시험을 할 수 있다.

해설

상용압력이 0.7MPa 초과 시 0.7MPa 이상으로 할 수 있다.

45 수소가스 설비의 배관 용접 시 내압기밀시험에 대한 다음 내용 중 틀린 것은?

① 내압기밀시험은 전기식 다이어프램 압력계로 측정하여야 한다.
② 사업소 경계 밖에 설치되는 배관에 대하여 가스시설 용접 및 비파괴시험 기준에 따라 비파괴시험을 하여야 한다.
③ 사업소 경계 밖에 설치되는 배관의 양끝부분에는 이음부의 재료와 동등 강도를 가진 엔드캡, 막음플랜지 등을 용접으로 부착하여 비파괴시험을 한 후 내압시험을 한다.
④ 내압시험은 상용압력의 1.5배 이상으로 하고 유지시간은 5분에서 20분간을 표준으로 한다.

해설

내압기밀시험은 자기압력계로 측정한다.

46 수소 배관의 기밀시험 시 기밀시험 유지시간이 맞는 것은? (단, 측정기구는 압력계 또는 자기압력기록계이다.)

① $1m^3$ 미만 20분
② $1m^3$ 이상 $10m^3$ 미만 240분
③ $10m^3$ 이상 50분
④ $10m^3$ 이상 시 1440분을 초과 시에는 초과한 시간으로 한다.

해설

압력 측정기구	용적	기밀시험 유지시간
압력계 또는 자기압력 기록계	$1m^3$ 미만	24분
	$1m^3$ 이상 $10m^3$ 미만	240분
	$10m^3$ 이상	$24\times V$분 (다만, 1440분을 초과한 경우는 1440분으로 할 수 있다.)
$24\times V$는 피시험 부분의 용적(단위 : m^3)이다.		

2. 이동형 연료전지(드론용) 제조의 시설 · 기술 · 검사 기준

47 다음 설명에 부합되는 용어는 무엇인가?

> 수소이온을 통과시키는 고분자막을 전해질로 사용하여 수소와 산소의 전기화학적 반응을 통해 전기와 열을 생산하는 설비와 그 부대설비를 말한다.

① 연료전지
② 이온전지
③ 고분자전해질 연료전지(PEMFC)
④ 가상연료전지

48 위험부분으로부터의 접근, 외부 분진의 침투, 물의 침투에 대한 외함의 방진보호 및 방수보호 등급을 표시하는 용어는?

① UP
② Tp
③ IP
④ MP

49 다음 중 연료전지에 사용할 수 있는 재료는?

① 폴리염화비페닐(PCB)
② 석면
③ 카드뮴
④ 동, 동합금 및 스테인리스강

50 배관을 접속하기 위한 연료전지 외함의 접속부 구조에 대한 설명으로 틀린 것은?

① 배관의 구경에 적합하여야 한다.
② 일반인의 접근을 방지하기 위하여 외부에 노출시켜서는 안 된다.
③ 진동, 자충 등의 요인에 영향이 없어야 한다.
④ 내압력, 열하중 등의 응력에 견뎌야 한다.

해설

외부에서 쉽게 확인할 수 있도록 외부에 노출되어 있어야 한다.

51 연료전지의 구조에 대한 맞는 내용을 고른 것은?

> (1) 연료가스가 통하는 부분에 설치된 호스는 그 호스가 체결된 축 방향을 따라 150N의 힘을 가하였을 때 체결이 풀리지 않는 구조로 한다.
> (2) 연료전지의 안전장치가 작동해야 하는 설정값은 원격조작 등을 통하여 변경이 가능하도록 한다.
> (3) 환기팬 등 연료전지의 운전상태에서 사람이 접할 우려가 있는 가동부분은 쉽게 접할 수 없도록 적절한 보호틀이나 보호망 등을 설치한다.
> (4) 정격입력전압 또는 정격주파수를 변환하는 기구를 가진 이중정격의 것은 변환된 전압 및 주파수를 쉽게 식별할 수 있도록 한다. 다만, 자동으로 변환되는 기구를 가지는 것은 그렇지 않다.
> (5) 압력조정기(상용압력 이상의 압력으로 압력이 상승한 경우 자동으로 가스를 방출하는 안전장치를 갖춘 것에 한정한다)에서 방출되는 가스는 방출관 등을 이용하여 외함 외부로 직접 방출하여서는 안 되는 구조로 하여야 한다.
> (6) 연료전지의 배기가스는 방출관 등을 이용하여 외함 외부로 직접 배출되어서는 안 되는 구조로 하여야 한다.

① (2), (4)　　② (3), (4)
③ (4), (5)　　④ (5), (6)

해설

(1) 147.1N
(2) 임의로 변경할 수 없도록 하여야 한다.
(5) 외함 외부로 직접 방출하는 구조로 한다.
(6) 외함 외부로 직접 배출되는 구조로 한다.

52 연료 인입 자동차단밸브의 전단에 설치해야 하는 것은?

① 1차 차단밸브　　② 퓨즈콕
③ 상자콕　　④ 필터

정답 47.③ 48.③ 49.④ 50.② 51.② 52.④

인입밸브 전단에 필터를 설치하며, 필터의 여과재 최대직경은 1.5mm 이하이고 1mm 초과하는 틈이 없어야 한다.

53 연료전지 배관에 대한 다음 설명 중 틀린 것은?

① 중력으로 응축수를 배출하는 경우 응축수 배출배관의 내부 직경은 13mm 이상으로 한다.
② 용기용 밸브의 후단 연료가스 배관에는 인입밸브를 설치한다.
③ 인입밸브 후단에는 그 인입밸브와 독립적으로 작동하는 인입밸브를 병렬로 1개 이상 추가하여 설치한다.
④ 인입밸브는 공인인증기관의 인증품 또는 규정에 따른 성능시험을 만족하는 것을 사용하고, 구동원 상실 시 연료가스의 통로가 자동으로 차단되는 fail safe로 한다.

직렬로 1개 이상 추가 설치한다.

54 연료전지의 전기배선에 대한 아래 ( ) 안에 공통으로 들어가는 숫자는?

- 배선은 가동부에 접촉하지 않도록 설치해야 하며, 설치된 상태에서 ( )N의 힘을 가하였을 때에도 가동부에 접촉할 우려가 없는 구조로 한다.
- 배선은 고온부에 접촉하지 않도록 설치해야 하며, 설치된 상태에서 ( )N의 힘을 가하였을 때 고온부에 접촉할 우려가 있는 부분은 피복이 녹는 등의 손상이 발생되지 않도록 충분한 내열성능을 갖는 것으로 한다.
- 배선이 구조물을 관통하는 부분 또는 ( )N의 힘을 가하였을 때 구조물에 접촉할 우려가 있는 부분은 피복이 손상되지 않는 구조로 한다.

① 1　② 2
③ 3　④ 5

55 연료전지의 전기배선에 대한 내용 중 틀린 것은?

① 전기접속기에 접속한 것은 5N의 힘을 가하였을 때 접속이 풀리지 않는 구조로 한다.
② 리드선, 단자 등은 숫자, 문자, 기호, 색상 등의 표시를 구분하여 식별 가능한 조치를 한다. 다만, 접속부의 크기, 형태를 달리하는 등 물리적인 방법으로 오접속을 방지할 수 있도록 하고 식별조치를 하여야 한다.
③ 단락, 과전류 등과 같은 이상 상황이 발생한 경우 전류를 효과적으로 차단하기 위해 퓨즈 또는 과전류보호장치 등을 설치한다.
④ 전선이 기능상 부득이하게 외함을 통과하는 경우에는 부싱 등을 통해 적절한 보호조치를 하여 피복 손상, 절연 파괴 등의 우려가 없도록 한다.

해설

물리적인 방법으로 오접속 방지 조치를 할 경우 식별조치를 하지 않을 수 있다.

56 연료전지의 전기배선에 있어 단자대의 충전부와 비충전부 사이 단자대와 단자대가 설치되는 접촉부위에 해야 하는 조치는?

① 외부 케이싱　② 보호관 설치
③ 절연 조치　④ 정전기 제거장치 설치

57 연료전지의 외부출력 접속기에 대한 적합하지 않은 내용은?

① 연료전지의 출력에 적합한 것을 사용한다.
② 외부의 위해요소로부터 쉽게 파손되지 않도록 적절한 보호조치를 한다.
③ 100N 이하의 힘으로 분리가 가능하여야 한다.
④ 분리 시 케이블 손상이 방지되는 구조이어야 한다.

150N 이하의 힘으로 분리가 가능하여야 한다.

정답 53.③ 54.② 55.② 56.③ 57.③

58 연료전지의 충전부 구조에 대한 틀린 설명은 어느 것인가?

① 충전부의 보호함이 드라이버, 스패너 등의 공구 또는 보수점검용 열쇠 등을 이용하지 않아도 쉽게 분리되는 경우에는 그 보호함 등을 제거한 상태에서 시험지를 삽입하여 시험지가 충전부에 접촉하지 않는 구조로 한다.
② 충전부의 보호함이 나사 등으로 고정 설치되어 공구 등을 이용해야 분리되는 경우에는 그 보호함이 분리되어 있지 않은 상태에서 시험지를 삽입하여 시험지가 충전부에 접촉하지 않는 구조로 한다.
③ 설치한 상태에서 사람이 쉽게 접촉할 우려가 없는 설치면의 충전부에 시험지가 접촉하여도 된다.
④ 질량이 40kg을 넘는 몸체 밑면의 개구부에서 0.4m 이상 떨어진 충전부에 시험지가 접촉하지 않는 구조로 한다.

해설

충전부에 시험지가 접촉하여도 되는 경우
- 설치한 상태에서 사람이 쉽게 접촉할 우려가 없는 설치면의 충전부
- 질량 40kg을 넘는 몸체 밑면의 개구부에서 0.4m 이상 떨어진 충전부
- 구조상 노출될 수밖에 없는 충전부로서 절연변압기에 접속된 2차측의 전압이 교류인 경우 30V(직류의 경우 45V) 이하인 것
- 대지와 접지되어 있는 외함과 충전부 사이에 1MΩ의 저항을 설치한 후 수전해 설비 내 충전부의 상용주파수에서 그 저항에 흐르는 전류가 1mA 이하인 것

59 다음 중 연료전지의 비상정지제어기능이 작동해야 하는 경우가 아닌 것은?

① 연료가스의 압력 또는 온도가 현저하게 상승하였을 경우
② 연료가스의 누출이 검지된 경우
③ 배터리 전압에 이상이 생겼을 경우
④ 비상제어장치와 긴급차단장치가 연동되어 이상이 발생한 경우

해설

비상제어기능이 작동해야 하는 경우
①, ②, ③ 및
- 제어 전원전압이 현저하게 저하하는 등 제어장치에 이상이 생길 우려가 있는 경우
- 스택에 과전류가 생겼을 경우
- 스택의 발생전압에 이상이 생겼을 경우
- 스택의 온도가 현저하게 상승 시
- 연료전지 안의 온도가 현저하게 상승, 하강 시
- 연료전지 안의 환기장치가 이상 시
- 냉각수 유량이 현저하게 줄어든 경우

60 연료전지의 장치 설치에 대한 내용 중 틀린 것은?

① 과류방지밸브 및 역류방지밸브를 설치하고자 하는 경우에는 용기에 직접 연결하거나 용기에서 스택으로 수소가 공급되는 라인에 직렬로 설치해야 한다.
② 역류방지밸브를 용기에 직렬로 설치할 때에는 충격, 진동 및 우발적 손상에 따른 위험을 최소화하기 위해 용기와 역류방지밸브 사이에는 반드시 차단밸브를 설치하여야 한다.
③ 용기 일체형 연료전지의 경우 용기에 수소를 공급받기 위한 충전라인에는 역류방지 기능이 있는 리셉터클을 설치하여야 한다.
④ 용기 일체형 리셉터클과 용기 사이에 추가로 역류방지밸브를 설치하여야 한다.

해설

용기와 역류방지밸브 사이에 차단밸브를 설치할 필요가 없다.

61 연료전지의 전기배선 시 용기 및 압력 조절의 실패로 상용압력 이상의 압력이 발생할 때 설치해야 하는 장치는?

① 과압안전장치
② 역화방지장치
③ 긴급차단장치
④ 소정장치

해설

참고 과압안전장치의 종류 : 안전밸브 및 릴리프밸브 등

정답 58.④ 59.④ 60.② 61.①

62 연료전지의 연료가스 누출검지장치에 대한 내용 중 틀린 것은?

① 검지 설정값은 연료가스 폭발하한계의 1/4 이하로 한다.
② 검지 설정값의 ±10% 이내의 범위에서 연료가스를 검지하고, 검지가 되었음을 알리는 신호를 30초 이내에 제어장치로 보내는 것으로 한다.
③ 검지소자는 사용 상태에서 불꽃을 발생시키지 않는 것으로 한다. 다만, 검지소자에서 발생된 불꽃이 외부로 확산되는 것을 차단하는 조치(스트레이너 설치 등)를 하는 경우에는 그렇지 않을 수 있다.
④ 연료가스 누출검지장치의 검지부는 연료가스의 특성 및 외함 내부의 구조 등을 고려하여 누출된 연료가스가 체류하기 쉬운 장소에 설치한다.

20초 이내에 제어장치로 보내는 것으로 한다.

63 연료전지의 내압성능에 대하여 ( ) 안에 들어갈 수치로 틀린 것은?

> 연료가스 등 유체의 통로(스택은 제외한다)는 상용압력의 (㉮)배 이상의 수압으로 그 구조상 물로 실시하는 내압시험이 곤란하여 공기·질소·헬륨 등의 기체로 내압시험을 실시하는 경우 1.25배 (㉯)분간 내압시험을 실시하여 팽창·누설 등의 이상이 없어야 한다. 공통압력시험은 스택 상용압력(음극과 양극의 상용압력이 서로 다른 경우 더 높은 압력을 기준으로 한다)의 1.5배 이상의 수압으로 그 구조상 물로 실시하는 것이 곤란하여 공기·질소·헬륨 등의 기체로 실시하는 경우 (㉰)배 음극과 양극의 유체통로를 동시에 (㉱)분간 가압한다. 이 경우, 스택의 음극과 양극에 가압을 위한 압력원은 공통으로 해야 한다.

① ㉮ 1.5　　② ㉯ 20
③ ㉰ 1.5　　④ ㉱ 20

㉰ 1.25배

64 연료전지 부품의 내구성능에 관한 내용 중 틀린 것은?

① 자동차단밸브의 경우, 밸브(인입밸브는 제외한다)를 (2~20)회/분 속도로 250000회 내구성능시험을 실시한 후 성능에 이상이 없어야 한다.
② 자동제어시스템의 경우, 자동제어시스템을 (2~20)회/분 속도로 250000회 내구성능시험을 실시한 후 성능에 이상이 없어야 하며, 규정에 따른 안전장치 성능을 만족해야 한다.
③ 이상압력차단장치의 경우, 압력차단장치를 (2~20)회/분 속도로 5000회 내구성능시험을 실시한 후 성능에 이상이 없어야 하며, 압력차만 설정값의 ±10% 이내에서 안전하게 차단해야 한다.
④ 과열방지안전장치의 경우, 과열방지안전장치를 (2~20)회/분 속도로 5000회 내구성능시험을 실시한 후 성능에 이상이 없어야 하며, 과열차단 설정값의 ±5% 이내에서 안전하게 차단해야 한다.

③ 이상압력차단장치 설정값의 ±5% 이내에서 안전하게 차단하여야 한다.

65 드론형 이동연료전지의 정격운전조건에서 60분 동안 5초 이하의 간격으로 측정한 배기가스 중 수소의 평균농도는 몇 ppm 이하가 되어야 하는가?

① 100
② 1000
③ 10000
④ 100000

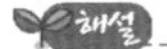

참고 이동형 연료전지(지게차용)의 정격운전조건에서 60분 동안 5초 이하의 간격으로 배기가스 중 H_2, CO, 메탄올의 평균농도가 초과하면 안 되는 배기가스 방출 제한 농도값

- H_2 : 5000ppm
- CO : 200ppm
- 메탄올 : 200ppm

정답 62.② 63.③ 64.③ 65.③

66 수소연료전지의 각 성능에 대한 내용 중 틀린 것은?

① 내가스 성능 : 수소가 통하는 배관의 패킹류 및 금속 이외의 기밀유지부는 5℃ 이상 25℃ 이하의 수소를 해당 부품에 인가되는 압력으로 72시간 인가 후 24시간 동안 대기 중에 방치하여 무게변화율이 20% 이내이고 사용상 지장이 있는 열화 등이 없어야 한다.
② 내식 성능 : 외함, 습도가 높은 환경에서 사용되는 것, 연료가스, 배기가스, 물 등의 유체가 통하는 부분의 금속재료는 규정에 따른 내식성능시험을 실시하여 이상이 없어야 하며, 합성수지 부분은 80℃±3℃의 공기 중에 1시간 방치한 후 자연냉각 시켰을 때 부풀음, 균열, 갈라짐 등의 이상이 없어야 한다.
③ 연료소비량 성능 : 연료전지는 규정에 따른 정격출력 연료소비량 성능시험으로 측정한 연료소비량이 표시 연료소비량의 ±5% 이내인 것으로 한다.
④ 온도상승 성능 : 연료전지의 출력 상태에서 30분 동안 측정한 각 항목별 허용최고온도에 적합한 것으로 한다.

해설

온도상승 성능 : 1시간 동안 측정한 각 항목별 최고온도에 적합한 것으로 한다.

참고 그 밖에

(1) 용기고정 성능
용기의 무게(완충 시 연료가스 무게를 포함한다)와 동일한 힘을 용기의 수직방향 중심높이에서 전후좌우의 4방향으로 가하였을 때 용기의 이탈 및 고정장치의 파손 등이 없는 것으로 한다.
(2) 환기 성능
① 환기유량은 연료전지의 외함 내에 체류 가능성이 있는 수소의 농도가 1% 미만으로 유지될 수 있도록 충분한 것으로 한다.
② 연료전지의 외함 내부로 유입되거나 외함 외부로 배출되는 공기의 유량은 제조사가 제시한 환기유량 이상이어야 한다.
(3) 전기출력 성능
연료전지의 정격출력 상태에서 1시간 동안 측정한 전기출력의 평균값이 표시정격출력의 ±5% 이내인 것으로 한다.
(4) 발전효율 성능
연료전지는 규정에 따른 발전효율시험으로 측정한 발전효율이 제조자가 표시한 값 이상인 것으로 한다.
(5) 낙하 내구성능
시험용 판재로부터 수직방향 1.2m 높이에서 4방향으로 떨어뜨린 후 제품성능을 만족하는 것으로 한다.

67 연료전지의 절연저항 성능에서 500V의 절연저항계 사이의 절연저항은 얼마인가?

① 1MΩ ② 2MΩ
③ 3MΩ ④ 4MΩ

68 수소연료전지의 절연거리시험에서 공간거리 측정의 오염등급 기준 중 1등급에 해당되는 것은?

① 주요 환경조건이 비전도성 오염이 없는 마른 곳 오염이 누적되지 않는 곳
② 주요 환경조건이 비전도성 오염이 일시적으로 누적될 수도 있는 곳
③ 주요 환경조건이 오염이 누적되고 습기가 있는 곳
④ 주요 환경조건이 먼지, 비, 눈 등에 노출되어 오염이 누적되는 곳

해설

①: 오염등급 1
②: 오염등급 2
③: 오염등급 3
④: 오염등급 4

69 연료전지의 접지 연속성 시험에서 무부하 전압이 12V 이하인 교류 또는 직류 전원을 사용하여 접지단자 또는 접지극과 사람이 닿을 수 있는 금속부와의 사이에 기기의 정격전류의 1.5배와 같은 전류 또는 25A의 전류 중 큰 쪽의 전류를 인가한 후 전류와 전압 강하로부터 산출한 저항값은 얼마 이하가 되어야 하는가?

① 0.1Ω ② 0.2Ω
③ 0.3Ω ④ 0.4Ω

정답 66.④ 67.① 68.① 69.①

70 연료전지의 시험연료의 성분부피 특성에서 온도와 압력의 조건은?

① 5℃, 101.3kPa
② 10℃, 101.3kPa
③ 15℃, 101.3kPa
④ 20℃, 101.3kPa

71 연료전지의 시험환경에서 측정불확도의 대기압에서 오차범위가 맞는 것은?

① ±100Pa
② ±200Pa
③ ±300Pa
④ ±500Pa

해설

측정 불확도(오차)의 범위
- 대기압 : ±500Pa
- 가스 압력 : ±2% full scale
- 물 배관의 압력손실 : ±5%
- 물 양 : ±1%
- 가스 양 : ±1%
- 공기량 : ±2%

72 연료전지의 시험연료 기준에서 각 가스 성분 부피가 맞는 것은?

① H_2 : 99.9% 이상
② CH_4 : 99% 이상
③ C_3H_8 : 99% 이상
④ C_4H_{10} : 98.9% 이상

해설

시험연료 성분 부피 및 특성

구분	성분 부피(%)						특성		
	수소 (H_2)	메탄 (CH_4)	프로판 (C_3H_{10})	부탄 (C_4H_{10})	질소 (N_2)	공기 (O_2 21% N_2 79%)	총발열량 MJ/m^3N	진발열량 MJ/m^3N	비중 (공기=1)
시험연료	99.9	–	–	–	0.1	–	12.75	10.77	0.070

73 다음은 연료전지의 인입밸브 성능시험에 대한 내용이다. 밸브를 잠근 상태에서 밸브 위 입구측에 공기, 질소 등의 불활성 기체를 이용하여 상용압력이 0.9MPa일 때는 몇 MPa로 가압하여 성능시험을 하여야 하는가?

① 0.7 ② 0.8
③ 0.9 ④ 1

해설

- 밸브를 잠근 상태에서 밸브의 입구측에 공기 또는 질소 등의 불활성 기체를 이용하여 상용압력 이상의 압력(0.7MPa을 초과하는 경우 0.7MPa 이상으로 한다)으로 2분간 가압하였을 때 밸브의 출구측으로 누출이 없어야 한다.
- 밸브는 (2~20)회/분 속도로 개폐를 250000회 반복하여 실시한 후 규정에 따른 기밀성능을 만족해야 한다.

74 연료전지의 인입배분 성능시험에서 밸브 호칭경에 대한 차단시간이 맞는 것은?

① 50A 미만 1초 이내
② 100A 미만 2초 이내
③ 100A 이상 200A 미만 3초 이내
④ 200A 이상 3초 이내

해설

밸브의 차단시간

밸브의 호칭 지름	차단시간
100A 미만	1초 이내
100A 이상 200A 미만	3초 이내
200A 이상	5초 이내

75 연료전지를 안전하게 사용할 수 있도록 극성이 다른 충전부 사이나 충전부와 사람이 접촉할 수 있는 비충전 금속부 사이 가스 안전수칙 표시를 할 때 침투전압 기준과 표시 문구가 맞는 것은?

① 200V 초과, 위험 표시
② 300V 초과, 주의 표시
③ 500V 초과, 위험 표시
④ 600V 초과, 주의 표시

정답 70.③ 71.④ 72.① 73.① 74.③ 75.④

76 연료전지를 안전하게 사용하기 위해 배관 표시 및 시공 표지판을 부착 시 맞는 내용은?

① 배관 연결부 주위에 가스 위험 등의 표시를 한다.
② 연료전지의 눈에 띄기 쉬운 곳에 안전관리자의 전화번호를 게시한다.
③ 연료전지의 눈에 띄기 쉬운 곳에 제조자의 상호가 표시된 시공 표지판을 부착한다.
④ 연료전지의 눈에 띄기 쉬운 곳에 제조자의 상호 소재지 제조일을 기록한 시공 표지판을 부착한다.

참고 배관 연결부 주위에 가스, 전기 등을 표시

3. 수전해 설비 제조의 시설 · 기술 · 검사 기준

77 다음 중 수전해 설비에 속하지 않는 것은?

① 산성 및 염기성 수용액을 이용하는 수전해 설비
② AEM(음이온교환막) 전해질을 이용하는 수전해 설비
③ PEM(양이온교환막) 전해질을 이용하는 수전해 설비
④ 산성과 염기성을 중화한 수용액을 이용하는 수전해 설비

78 수전해 설비의 기하학적 범위가 맞는 것은?

① 급수밸브로부터 스택, 전력변환장치, 기액분리기, 열교환기, 수분제거장치, 산소제거장치 등을 통해 토출되는 수소, 수소배관의 첫 번째 연결부위까지
② 수전해 설비가 하나의 외함으로 둘러싸인 구조의 경우에는 외함 외부에 노출되지 않는 각 장치의 접속부까지
③ 급수밸브에서 수전해 설비의 외함까지
④ 연료전지의 차단밸브에서 수전해 설비의 외함까지

참고 ② 수전해 설비가 외함으로 둘러싸인 구조의 경우 외함 외부에 노출되는 장치 접속부까지가 기하학적 범위에 해당한다.

79 수전해 설비의 비상정지등이 발생하여 수전해 설비를 안전하게 정지하고 이후 수동으로만 운전을 복귀시킬 수 있게 하는 용어의 설명은?

① IP 등급
② 로크아웃(lockout)
③ 비상운전복귀
④ 공정운전 재가 등

80 수전해 설비의 외함에 대하여 틀린 설명은 어느 것인가?

① 유지보수를 위해 사람이 외함 내부로 들어갈 수 있는 구조를 가진 수전해 설비의 환기구 면적은 $0.05m^2/m^3$ 이상으로 한다.
② 외함에 설치된 패널, 커버, 출입문 등은 외부에서 열쇠 또는 전용공구 등을 통해 개방할 수 있는 구조로 하고, 개폐상태를 유지할 수 있는 구조를 갖추어야 한다.
③ 작업자가 통과할 정도로 큰 외함의 점검구, 출입문 등은 바깥쪽으로 열리는 구조여야 하며, 열쇠 또는 전용공구 없이 안에서 쉽게 개방할 수 있는 구조여야 한다.
④ 수전해 설비가 수산화칼륨(KOH) 등 유해한 액체를 포함하는 경우, 수전해 설비의 외함은 유해한 액체가 외부로 누출되지 않도록 안전한 격납수단을 갖추어야 한다.

환기구의 면적은 $0.003m^2/m^3$ 이상으로 한다.

정답 76.④ 77.④ 78.① 79.② 80.①

81 수전해 설비의 재료에 관한 내용 중 틀린 것은 어느 것인가?

① 수용액, 산소, 수소가 통하는 배관은 금속재료를 사용해야 하며, 기밀을 유지하기 위한 패킹류 시일(seal)재 등에도 가능한 금속으로 기밀을 유지한다.
② 외함 및 습도가 높은 환경에서 사용되는 금속은 스테인리스강 등 내식성이 있는 재료를 사용해야 하며, 탄소강을 사용하는 경우에는 부식에 강한 코팅을 한다.
③ 고무 또는 플라스틱의 비금속성 재료는 단기간에 열화되지 않도록 사용조건에 적합한 것으로 한다.
④ 전기절연물 단열재는 그 부근의 온도에 견디고 흡습성이 적은 것으로 하며, 도전재료는 동, 동합금, 스테인리스강 등으로 안전성을 기하여야 한다.

기밀유지를 위한 패킹류에는 금속재료를 사용하지 않아도 된다.

82 수전해 설비의 비상정지제어기능이 작동해야 하는 경우가 맞는 것은?

① 외함 내 수소의 농도가 2% 초과할 때
② 발생 수소 중 산소의 농도가 2%를 초과할 때
③ 발생 산소 중 수소의 농도가 2%를 초과할 때
④ 외함 내 수소의 농도가 3%를 초과할 때

해설

비상정지제어기능 작동 농도
- 외함 내 수소의 농도 1% 초과 시
- 발생 수소 중 산소의 농도 3% 초과 시
- 발생 산소 중 수소의 농도 2% 초과 시

83 수전해 설비의 수소 정제장치에 필요 없는 설비는?

① 긴급차단장치
② 산소제거 설비
③ 수분제거 설비
④ 각 설비에 모니터링 장치

84 수전해 설비의 열관리장치에서 독성의 유체가 통하는 열교환기는 파손으로 인해 상수원 및 상수도에 영향을 미칠 위험이 있는 경우 이중벽으로 하고 이중벽 사이는 공극으로서 대기 중으로 개방된 구조로 하여야 한다. 독성의 유체 압력이 냉각 유체의 압력보다 몇 kPa 낮은 경우 모니터를 통하여 그 압력 차이가 항상 유지되는 구조인 경우 이중벽으로 하지 않아도 되는가?

① 30kPa
② 50kPa
③ 60kPa
④ 70kPa

85 수전해 설비의 정격운전 2시간 동안 측정된 최고허용온도가 틀린 항목은?

① 조작 시 손이 닿는 금속제, 도자기, 유리제 50℃ 이하
② 가연성 가스 차단밸브 본체의 가연성 가스가 통하는 부분의 외표면 85℃ 이하
③ 기기 후면, 측면 80℃
④ 배기통 급기구와 배기통 벽 관통부 목벽의 표면 100℃ 이하

기기 후면, 측면 100℃ 이하

4. 수소 추출설비 제조의 시설 · 기술 · 검사 기준

86 수소 추출설비의 연료가 사용되는 항목이 아닌 것은?

① 「도시가스사업법」에 따른 "도시가스"
② 「액화석유가스의 안전관리 및 사업법」(이하 "액법"이라 한다)에 따른 "액화석유가스"
③ "탄화수소" 및 메탄올, 에탄올 등 "알코올류"
④ SNG에 사용되는 탄화수소류

정답 81.① 82.③ 83.① 84.④ 85.③ 86.④

87 수소 추출설비의 기하학적 범위에 대한 내용이다. (　) 안에 공통으로 들어갈 적당한 단어는?

> 연료공급설비, 개질기, 버너, (　)장치 등 수소 추출에 필요한 설비 및 부대설비와 이를 연결하는 배관으로 인입밸브 전단에 설치된 필터부터 (　)장치 후단의 정제수소 수송배관의 첫 번째 연결부까지이며 이에 해당하는 수소 추출설비가 하나의 외함으로 둘러싸인 구조의 경우에는 외함 외부에 노출되는 각 장치의 접속부까지를 말한다.

① 수소여과　② 산소정제
③ 수소정제　④ 산소여과

88 수소 추출설비에 대한 내용으로 틀린 것은?

① "연료가스"란 수소가 주성분인 가스를 생산하기 위한 연료 또는 버너 내 점화 및 연소를 위한 에너지원으로 사용되기 위해 수소 추출설비로 공급되는 가스를 말한다.
② "개질가스"란 연료가스를 수증기 개질, 자열 개질, 부분 산화 등 개질반응을 통해 생성된 것으로서 수소가 주성분인 가스를 말한다.
③ 안전차단시간이란 화염이 있다는 신호가 오지 않는 상태에서 연소안전제어기가 가스의 공급을 허용하는 최소의 시간을 말한다.
④ 화염감시장치란 연소안전제어기와 화염감시기로 구성된 장치를 말한다.

해설

안전차단시간 : 공급을 허용하는 최대의 시간

89 수소 추출설비에서 개질가스가 통하는 배관의 재료로 부적당한 것은?

① 석면으로 된 재료
② 금속 재료
③ 내식성이 강한 재료
④ 코팅된 재료

90 수소 추출설비에서 개질기와 수소 정제장치 사이에 설치하면 안 되는 동력 기계 및 설비는 무엇인가?

① 배관
② 차단밸브
③ 배관연결 부속품
④ 압축기

91 수소 추출설비에서 연료가스 배관에는 독립적으로 작동하는 연료인입 자동차단밸브를 직렬로 몇 개 이상을 설치하여야 하는가?

① 1개　② 2개
③ 3개　④ 4개

92 수소 추출설비에서 인입밸브의 구동원이 상실되었을 때 연료가스 통로가 자동으로 차단되는 구조를 뜻하는 용어는?

① Back fire　② Liffting
③ Fail-safe　④ Yellow tip

93 다음 보기 내용에 대한 답으로 옳은 것으로만 묶여진 것은? (단, (1), (2), (3)의 순서대로 나열된 것으로 한다.)

> (1) 연료가스 인입밸브 전단에 설치하여야 하는 것
> (2) 중력으로 응축수를 배출 시 배출 배관의 내부직경
> (3) 독성의 연료가스가 통하는 배관에 조치하는 사항

① 필터, 15mm, 방출장치 설치
② 필터, 13mm, 회수장치 설치
③ 필터, 11mm, 이중관 설치
④ 필터, 9mm, 회수장치 설치

해설

연료가스 전단에 필터를 설치하며, 필터의 여과재 최대직경은 1.5mm 이하이고, 1mm를 초과하는 틈이 없어야 한다. 또한 메탄올 등 독성의 연료가스가 통하는 배관은 이중관 구조로 하고 회수장치를 설치하여야 한다.

정답 87.③ 88.③ 89.① 90.④ 91.② 92.③ 93.②

94 수소 추출설비에서 방전불꽃을 이용하는 점화장치의 구조로서 부적합한 것은?

① 전극부는 상시 황염이 접촉되는 위치에 있는 것으로 한다.
② 전극의 간격이 사용 상태에서 변화되지 않도록 고정되어 있는 것으로 한다.
③ 고압배선의 충전부와 비충전 금속부와의 사이는 전극간격 이상의 충분한 공간 거리를 유지하고 점화동작 시에 누전을 방지하도록 적절한 전기절연 조치를 한다.
④ 방전불꽃이 닿을 우려가 있는 부분에 사용하는 전기절연물은 방전불꽃으로 인한 유해한 변형 및 절연저하 등의 변질이 없는 것으로 하며, 그 밖에 사용 시 손이 닿을 우려가 있는 고압배선에는 적절한 전기절연피복을 한다.

전극부는 상시 황염이 접촉되지 않는 위치에 있는 것으로 한다.

참고 점화히터를 이용하는 점화의 경우에는 다음에 적합한 구조로 한다.
- 점화히터는 설치위치가 쉽게 움직이지 않는 것으로 한다.
- 점화히터의 소모품은 쉽게 교환할 수 있는 것으로 한다.

95 수소 추출설비에서 촉매버너의 구조에 대한 내용으로 맞지 않는 것은?

① 촉매연료 산화반응을 일으킬 수 있도록 의도적으로 인화성 또는 폭발성 가스가 생성되도록 하는 수소 추출설비의 경우 구성요소 내에서 인화성 또는 폭발성 가스의 과도한 축적위험을 방지해야 한다.
② 공기과잉 시스템인 경우 연료 및 공기의 공급은 반응 시작 전에 공기가 있음을 확인하고 공기 공급을 준비하며, 반응장치에 연료가 들어갈 수 있도록 조절되어야 한다.
③ 연료과잉 시스템인 경우 연료 및 공기의 공급은 반응 시작 전에 연료가 있음을 확인하고 연료 공급이 준비될 때까지 반응장치에 공기가 들어가지 않도록 조절되어야 한다.
④ 제조자는 제품 기술문서에 반응이 시작되는 최대대기시간을 명시해야 한다. 이 경우 최대대기시간은 시스템 제어장치의 반응시간, 연료-공기 혼합물의 인화성 등을 고려하여 결정되어야 한다.

공기 공급이 준비될 때까지 반응장치에 연료가 들어가지 않도록 조절되어야 한다.

96 다음 중 개질가스가 통하는 배관의 접지기준에 대한 설명으로 틀린 것은?

① 직선배관은 100m 이내의 간격으로 접지를 한다.
② 서로 교차하지 않는 배관 사이의 거리가 100m 미만인 경우, 배관 사이에서 발생될 수 있는 스파크 점프를 방지하기 위해 20m 이내의 간격으로 점퍼를 설치한다.
③ 서로 교차하는 배관 사이의 거리가 100m 미만인 경우, 배관이 교차하는 곳에는 점퍼를 설치한다.
④ 금속 볼트 또는 클램프로 고정된 금속 플랜지에는 추가적인 정전기 와이어가 장착되지 않지만 최소한 4개의 볼트 또는 클램프들마다에는 양호한 전도성 접촉점이 있도록 해야 한다.

직선배관은 80m 이내의 간격으로 접지를 한다.

97 수소 추출설비의 급배기통 접속부의 구조가 아닌 것은?

① 리브 타입
② 플랜지이음 방식
③ 리벳이음 방식
④ 나사이음 방식

정답 94.① 95.② 96.① 97.③

98 다음 중 수소 정제장치의 접지기준에 대한 설명으로 틀린 것은?

① 수소 정제장치의 입구 및 출구 단에는 각각 접지부가 있어야 한다.
② 직경이 2.5m 이상이고 부피가 $50m^3$ 이상인 수소 정제장치에는 두 개 이상의 접지부가 있어야 한다.
③ 접지부의 간격은 50m 이내로 하여야 한다.
④ 접지부의 간격은 장치의 둘레에 따라 균등하게 분포되어야 한다.

해설
접지부의 간격은 30m 이내로 하여야 한다.

99 수소 추출설비의 유체이동 관련 기기 구조와 관련이 없는 것은?

① 회전자의 위치에 따라 시동되는 것으로 한다.
② 정상적인 운전이 지속될 수 있는 것으로 한다.
③ 전원에 이상이 있는 경우에도 안전에 지장 없는 것으로 한다.
④ 통상의 사용환경에서 전동기의 회전자는 지장을 받지 않는 구조로 한다.

해설
① 회전자의 위치에 관계없이 시동이 되는 것으로 한다.

100 수소 추출설비의 가스홀더, 압축기, 펌프 및 배관 등 압력을 받는 부분에는 그 압력부 내의 압력이 상용압력을 초과할 우려가 있는 장소에 안전밸브, 릴리프밸브 등의 과압안전장치를 설치하여야 한다. 다음 중 설치하는 곳으로 틀린 것은?

① 내·외부 요인으로 압력상승이 설계압력을 초과할 우려가 있는 압력용기 등
② 압축기(다단압축기의 경우에는 각 단을 포함한다) 또는 펌프의 출구측
③ 배관 안의 액체가 1개 이상의 밸브로 차단되어 외부열원으로 인한 액체의 열팽창으로 파열이 우려되는 배관
④ 그 밖에 압력조절 실패, 이상반응, 밸브의 막힘 등으로 인해 상용압력을 초과할 우려가 있는 압력부

해설
③ 배관 안의 액체가 2개 이상의 밸브로 차단되어 외부열원으로 인한 액체의 열팽창으로 파열이 우려되는 배관

101 수소 추출설비 급배기통의 리브 타입의 접속부 길이는 몇 mm 이상인가?

① 10mm ② 20mm
③ 30mm ④ 40mm

102 수소 추출설비의 비상정지제어 기능이 작동하여야 하는 경우에 해당되지 않는 것은?

① 제어 전원전압이 현저하게 저하하는 등 제어장치에 이상이 생겼을 경우
② 수소 추출설비 안의 온도가 현저하게 상승하였을 경우
③ 수소 추출설비 안의 환기장치에 이상이 생겼을 경우
④ 배열회수계통 출구부 온수의 온도가 50℃를 초과하는 경우

해설
④ 배열회수계통 출구부 온수의 온도가 100℃를 초과하는 경우

상기항목 이외에
- 연료가스 및 개질가스의 압력 또는 온도가 현저하게 상승하였을 경우
- 연료가스 및 개질가스의 누출이 검지된 경우
- 버너(개질기 및 그 외의 버너를 포함한다)의 불이 꺼졌을 경우

참고 비상정지 후에는 로크아웃 상태로 전환되어야 하며, 수동으로 로크아웃을 해제하는 경우에만 정상운전하는 구조로 한다.

103 수소 추출설비, 수소 정제장치에서 흡착, 탈착 공정이 수행되는 배관에 산소농도 측정설비를 설치하는 이유는 무엇인가?

① 수소의 순도를 높이기 위하여
② 산소 흡입 시 가연성 혼합물과 폭발성 혼합물의 생성을 방지하기 위하여
③ 수소가스의 폭발범위 형성을 하지 않기 위하여
④ 수소, 산소의 원활한 제조를 위하여

정답 98.③ 99.① 100.③ 101.④ 102.④ 103.②

104 압력 또는 온도의 변화를 이용하여 개질가스를 정제하는 방식의 경우 장치가 정상적으로 작동되는지 확인할 수 있도록 갖추어야 하는 모니터링 장치의 설치위치는?

① 수소 정제장치 및 장치의 연결배관
② 수소 정제장치에 설치된 차단배관
③ 수소 정제장치에 연결된 가스검지기
④ 수소 정제장치와 연료전지

참고 모니터링 장치의 설치 이유 : 흡착, 탈착 공정의 압력과 온도를 측정하기 위해

105 수소 정제장치는 시스템의 안전한 작동을 보장하기 위해 장치를 안전하게 정지시킬 수 있도록 제어되는 것으로 하여야 한다. 다음 중 정지 제어해야 하는 경우가 아닌 것은?

① 공급가스의 압력, 온도, 조성 또는 유량이 경보 기준수치를 초과한 경우
② 프로세스 제어밸브가 작동 중에 장애를 일으키는 경우
③ 수소 정제장치에 전원공급이 차단된 경우
④ 흡착 및 탈착 공정이 수행되는 배관의 수소 함유량이 허용한계를 초과하는 경우

④ 흡착 및 탈착 공정이 수행되는 배관의 산소 함유량이 허용한계를 초과하는 경우
그 이외에 버퍼탱크의 압력이 허용 최대설정치를 초과하는 경우

106 수소 추출설비의 내압성능에 관한 내용이 아닌 것은?

① 상용압력 1.5배 이상의 수압으로 한다.
② 공기, 질소, 헬륨인 경우 상용압력 1.25배 이상으로 한다.
③ 시험시간은 30분으로 한다.
④ 안전인증을 받은 압력용기는 내압시험을 하지 않아도 된다.

시험시간은 20분으로 한다.

107 수소 추출설비의 각 성능에 대한 내용 중 틀린 것은?

① 충전부와 외면 사이 절연저항은 1MΩ 이상으로 한다.
② 내가스 성능에서 탄화수소계 연료가스가 통하는 배관의 패킹류 및 금속 이외의 기밀유지부는 5℃ 이상 25℃ 이하의 n-펜탄 속에 72시간 이상 담근 후, 24시간 동안 대기 중에 방치하여 무게 변화율이 20% 이내이고 사용상 지장이 있는 연화 및 취화 등이 없어야 한다.
③ 수소가 통하는 배관의 패킹류 및 금속 이외의 기밀유지부는 5℃ 이상 25℃ 이하의 수소가스를 해당 부품에 작용되는 상용압력으로 72시간 인가 후, 24시간 동안 대기 중에 방치하여 무게 변화율이 20% 이내이고 사용상 지장이 있는 연화 및 취화 등이 없어야 한다.
④ 투과성 시험에서 탄화수소계 비금속 배관은 35±0.5℃ 온도에서 0.9m 길이의 비금속 배관 안에 순도 95% C_3H_8가스를 담은 상태에서 24시간 동안 유지하고 이후 6시간 동안 측정한 가스 투과량은 3mL/h 이하이어야 한다.

순도 98% C_3H_8가스

108 다음 중 수소 추출설비의 내식 성능을 위한 염수분무를 실시하는 부분이 아닌 것은 어느 것인가?

① 연료가스, 개질가스가 통하는 부분
② 배기가스, 물, 유체가 통하는 부분
③ 외함
④ 습도가 낮은 환경에서 사용되는 금속

습도가 높은 환경에서 사용되는 금속 부분에 염수분무를 실시한다.

정답 104.① 105.④ 106.③ 107.④ 108.④

109 옥외용 및 강제배기식 수소 추출설비의 살수성능 시험방법으로 살수 시 항목별 점화성능 기준에 해당하지 않는 것은?

① 점화 ② 불꽃모양
③ 불옮김 ④ 연소상태

110 다음은 수소 추출설비에서 촉매버너를 제외한 버너의 운전성능에 대한 내용이다. ( ) 안에 맞는 수치로만 나열된 것은?

> 버너가 점화되기 전에는 항상 연소실이 프리퍼지되는 것으로 해야 하는데 송풍기 정격효율에서의 송풍속도로 프리퍼지하는 경우 프리퍼지 시간은 ( )초 이상으로 한다. 다만, 연소실을 ( )회 이상 치환할 수 있는 공기를 송풍하는 경우에는 프리퍼지 시간을 30초 이상으로 하지 않을 수 있다. 또한 프리퍼지가 완료되지 않는 경우 점화장치가 작동되지 않는 것으로 한다.

① 10, 5 ② 20, 5
③ 30, 5 ④ 40, 5

111 수소 추출설비에서 촉매버너를 제외한 버너의 운전성능에 대한 다음 내용 중 ( ) 안에 들어갈 수치가 틀린 것은?

> 점화는 프리퍼지 직후 자동으로 되는 것으로 하며, 정격주파수에서 정격전압의 (㉮)% 전압으로 (㉯)회 중 3회 모두 점화되는 것으로 한다. 다만, 3회 중 (㉰)회가 점화되지 않는 경우에는 추가로 (㉱)회를 실시하여 모두 점화되는 것으로 한다. 또한 점화로 폭발이 되지 않는 것으로 한다.

① ㉮ 90 ② ㉯ 3
③ ㉰ 1 ④ ㉱ 3

해설

3회 중 1회가 점화되지 않는 경우에는 추가로 2회를 실시하여 모두 점화되어야 하므로 총 5회 중 4회 점화

112 수소 추출설비 버너의 운전성능에서 가스공급을 개시할 때 안전밸브가 3가지 조건을 모두 만족 시 작동되어야 한다. 3가지 조건에 들지 않는 것은?

① 규정에 따른 프리퍼지가 완료되고 공기압력감시장치로부터 송풍기가 작동되고 있다는 신호가 올 것
② 가스압력장치로부터 가스압력이 적정하다는 신호가 올 것
③ 점화장치는 안전을 위하여 꺼져 있을 것
④ 파일럿 화염으로 버너가 점화되는 경우에는 파일럿 화염이 있다는 신호가 올 것

점화장치는 켜져 있을 것

113 수소 추출설비의 화염감시장치에서 표시가스 소비량이 몇 kW 초과하는 버너는 시동 시 안전차단시간 내에 화염이 검지되지 않을 때 버너가 자동폐쇄 되어야 하는가?

① 10kW
② 20kW
③ 30kW
④ 50kW

114 수소 추출설비의 화염감시에서 불꺼짐 시 안전장치 작동의 주역할은 무엇인가?

① 생가스 누출 방지
② 누출 시 검지장치 작동
③ 누출 시 퓨즈콕 폐쇄
④ 누출 시 착화 방지

115 수소 추출설비의 화염감시에서 불꺼짐 시 안전장치가 작동되어야 하는 화염의 형태는 어느 것인가?

① 리프팅
② 백파이어
③ 옐로팁
④ 블루오프

정답 109.② 110.③ 111.④ 112.③ 113.④ 114.① 115.④

116 수소 추출설비 운전 중 이상사태 시 버너의 안전장치가 작동하여 가스의 공급이 차단되어야 하는 경우가 아닌 것은?

① 제어에너지가 단절된 경우 또는 조절장치나 감시장치로부터 신호가 온 경우
② 가스압력감시장치로부터 버너에 대한 가스의 공급압력이 소정의 압력 이하로 강하하였다고 신호가 온 경우
③ 가스압력감시장치로부터 버너에 대한 가스의 공급압력이 소정의 압력 이상으로 상승하였다고 신호가 온 경우. 다만, 공급가스압력이 8.4kPa 이하인 경우에는 즉시 화염감시장치로 안전차단밸브에 차단신호를 보내 가스의 공급이 차단되도록 하지 않을 수 있다.
④ 공기압력감시장치로부터 연소용 공기압력이 소정의 압력 이하로 강하하였다고 신호가 온 경우 또는 송풍기의 작동상태에 이상이 있다고 신호가 온 경우

해설

③ 공급압력이 3.3kPa 이하인 경우에는 즉시 화염감시장치로 안전차단밸브에 차단신호를 보내 가스의 공급이 차단되도록 하지 않을 수 있다.

117 수소 추출설비의 버너 이상 시 안전한 작동정지의 주기능은 무엇인가?

① 역화소화음 방지
② 선화 방지
③ 블루오프 소음음 방지
④ 옐로팁 소음음 방지

해설

안전한 작동정지(역화 및 소화음 방지) : 정상운전상태에서 버너의 운전을 정지시키고자 하는 경우 최대연료소비량이 350kW를 초과하는 버너는 최대가스소비량의 50% 미만에서 이루어지는 것으로 한다.

118 수소 추출설비의 누설전류시험 시 누설전류는 몇 mA이어야 하는가?

① 1mA　② 2mA
③ 3mA　④ 5mA

119 수소 추출설비의 촉매버너 성능에서 반응실패로 잠긴 시간은 정격가스소비량으로 가동 중 반응실패를 모의하기 위해 반응기 온도를 모니터링하는 온도센서를 분리한 시점부터 공기과잉 시스템의 경우 연료 차단시점, 연료과잉 시스템의 경우 공기 및 연료 공급 차단시점까지 몇 초 초과하지 않아야 하는가?

① 1초
② 2초
③ 3초
④ 4초

120 수소 추출설비의 연소상태 성능에 대한 내용 중 틀린 것은?

① 배기가스 중 CO 농도는 정격운전 상태에서 30분 동안 5초 이하의 간격으로 측정된 이론건조연소가스 중 CO 농도(이하 "CO%"라 한다)의 평균값은 0.03% 이하로 한다.
② 이론건조연소가스 중 NO_x의 제한농도 1등급은 70(mg/kWh)이다.
③ 이론건조연소가스 중 NO_x의 제한농도 2등급은 100(mg/kWh)이다.
④ 이론건조연소가스 중 NO_x의 제한농도 3등급은 200(mg/kWh)이다.

해설

등급별 제한 NO_x 농도

등급	제한 NO_x 농도(mg/kWh)
1	70
2	100
3	150
4	200
5	260

121 수소 추출설비의 공기감시장치 성능에서 급기구, 배기구 막힘 시 배기가스 중 CO 농도의 평균값은 몇 % 이하인가?

① 0.05%　② 0.06%
③ 0.08%　④ 0.1%

정답 116.③ 117.① 118.④ 119.③ 120.④ 121.②

122 다음 보기 중 수소 추출설비의 부품 내구성능에서의 시험횟수가 틀린 것은?

(1) 자동차단밸브 : 250000회
(2) 자동제이시스템 : 250000회
(3) 전기점화장치 : 250000회
(4) 풍압스위치 : 5000회
(5) 화염감시장치 : 250000회
(6) 이상압력차단장치 : 250000회
(7) 과열방지안전장치 : 5000회

① (2), (3)
② (4), (5)
③ (4), (6)
④ (5), (6)

해설
(4) 풍압스위치 : 250000회
(6) 이상압력차단장치 : 5000회

123 수소 추출설비의 종합공정검사에 대한 내용이 아닌 것은?

① 종합공정검사는 종합품질관리체계 심사와 수시 품질검사로 구분하여 각각 실시한다.
② 심사를 받고자 신청한 제품의 종합품질관리체계 심사는 규정에 따라 적절하게 문서화된 품질시스템 이행실적이 3개월 이상 있는 경우 실시한다.
③ 수시 품질검사는 종합품질관리체계 심사를 받은 품목에 대하여 1년에 1회 이상 사전통보 후 실시한다.
④ 수시 품질검사는 품목 중 대표성 있는 1종의 형식에 대하여 정기 품질검사와 같은 방법으로 한다.

해설
1년에 1회 이상 예고없이 실시한다.

124 수소 추출설비에 대한 내용 중 틀린 것은?

① 정격 수소 생산 효율은 수소 추출시험 방법에 따른 제조자가 표시한 값 이상이어야 한다.
② 정격 수소 생산량 성능은 수소 추출설비의 정격운전상태에서 측정된 수소 생산량은 제조사가 표시한 값의 ±5% 이내인 것으로 한다.
③ 정격 수소 생산 압력성능은 수소 추출설비의 정격운전상태에서 측정된 수소 생산압력의 평균값을 제조사가 표시한 값의 ±5% 이내인 것으로 한다.
④ 환기성능에서 환기유량은 수소 추출설비의 외함 내에 체류 가능성이 있는 가연가스의 농도가 폭발하한계 미만이 유지될 수 있도록 충분한 것으로 한다.

해설
환기유량은 폭발하한계 1/4 미만

125 수소 추출설비의 부품 내구성능의 니켈, 카르보닐 배출제한 성능에서 니켈을 포함하는 촉매를 사용하는 반응기에 대한 ( ) 안에 알맞은 온도는 몇 ℃인가?

운전시작 시 반응기의 온도가 ( )℃ 이하인 경우에는 반응기 내부로 연료가스 투입이 제한되어야 한다.

① 100
② 200
③ 250
④ 300

해설
참고 비상정지를 포함한 운전 정지 시 및 종료 시 반응기의 온도가 250℃ 이하로 내려가기 전에 반응기의 내부로 연결가스 투입이 제한되어야 하며, 반응기 내부의 가스는 외부로 안전하게 배출되어야 한다.

126 아래의 보기 중 청정수소에 해당되지 않는 것은?

① 무탄소 수소
② 저탄소 수소
③ 저탄소 수소화합물
④ 무탄소 수소화합물

정답 122.③ 123.③ 124.④ 125.③ 126.④

- 무탄소 수소 : 온실가스를 배출하지 않는 수소
- 저탄소 수소 : 온실가스를 기준 이하로 배출하는 수소
- 저탄소 수소 화합물 : 온실가스를 기준 이하로 배출하는 수소 화합물
- 수소발전 : 수소 또는 수소화합물을 연료로 전기 또는 열을 생산하는 것

127 다음 중 수소경제이행기본계획의 수립과 관계없는 것은?

① LPG, 도시가스 등 사용연료의 협의에 관한 사항
② 정책의 기본방향에 관한 사항
③ 제도의 수립 및 정비에 관한 사항
④ 기반조성에 관한 사항

②, ③, ④ 이외에
- 재원조달에 관한 사항
- 생산시설 및 수소연료 공급시설의 설치에 관한 사항
- 수소의 수급계획에 관한 사항

128 수소전문투자회사는 자본금의 100분의 얼마를 초과하는 범위에서 대통령령으로 정하는 비율 이상의 금액을 수소전문기업에 투자하여야 하는가?

① 30
② 50
③ 70
④ 100

129 다음 중 수소 특화단지의 궁극적 지정대상 항목은?

① 수소 배관시설
② 수소 충전시설
③ 수소 전기차 및 연료전지
④ 수소 저장시설

130 수소 경제의 기반조성 항목 중 전문인력 양성과 관계가 없는 것은?

① 수소 경제기반 구축에 부합하는 기술인력 양성체제 구축
② 우수인력의 양성
③ 기반 구축을 위한 기술인력의 재교육
④ 수소 충전, 저장 시설 근무자 및 사무요원의 양성기술교육

상기 항목 이외에
수소경제기반 구축에 관한 현장 기술인력의 재교육

131 수소산업 관련 기술개발 촉진을 위하여 추진하는 사항과 거리가 먼 것은?

① 개발된 기술의 확보 및 실용화
② 수소 관련 사업 및 유사연료(LPG, 도시)
③ 수소산업 관련 기술의 협력 및 정보교류
④ 수소산업 관련 기술의 동향 및 수요 조사

132 수소 사업자가 하여서는 안 되는 금지행위에 해당하지 않는 것은?

① 수소를 산업통상자원부령으로 정하는 사용 공차를 벗어나 정량에 미달하게 판매하는 행위
② 인위적으로 열을 증가시켜 부당하게 수소의 부피를 증가시켜 판매하는 행위
③ 정량 미달을 부당하게 부피를 증가시키기 위한 영업시설을 설치, 개조한 경우
④ 정당한 사유 없이 수소의 생산을 중단, 감축 및 출고, 판매를 제한하는 행위

산업통상자원부령 → 대통령령

133 수소연료 공급시설 설치계획서 제출 시 관련 없는 항목은?

① 수소연료 공급시설 공사계획
② 수소연료 공급시설 설치장소
③ 수소연료 공급시설 규모
④ 수소연료 사용시설에 필요한 수소 수급방식

④ 사용시설 → 공급시설
상기 항목 이외에 자금조달방안

정답 127.① 128.② 129.③ 130.④ 131.② 132.① 133.④

134 다음 중 연료전지 설치계획서와 관련이 없는 항목은?

① 연료전지의 설치계획
② 연료전지로 충당하는 전력 및 온도, 압력
③ 연료전지에 필요한 연료공급 방식
④ 자금조달 방안

해설

② 연료전지로 충당하는 전력 및 열비중

135 다음 중 수소 경제 이행에 필요한 사업이 아닌 것은?

① 수소의 생산, 저장, 운송, 활용 관련 기반 구축에 관한 사업
② 수소산업 관련 제품의 시제품 사용에 관한 사업
③ 수소 경제 시범도시, 시범지구에 관한 사업
④ 수소제품의 시범보급에 관한 사업

해설

② 수소산업 관련 제품의 시제품 생산에 관한 사업
상기 항목 이외에
• 수소산업 생태계 조성을 위한 실증사업
• 그 밖에 수소 경제 이행과 관련하여 산업통상자원부 장관이 필요하다고 인정하는 사업

136 수소 경제 육성 및 수소 안전관리자의 자격 선임인원으로 틀린 것은 어느 것인가?

① 안전관리총괄자 1인
② 안전관리부총괄자 1인
③ 안전관리책임자 1인
④ 안전관리원 2인

137 수소 경제 육성 및 수소의 안전관리에 따른 안전관리책임자의 자격에서 양성교육 이수자는 근로기준법에 따른 상시 사용하는 근로자 수가 몇 명 미만인 시설로 한정하는가?

① 5인 ② 8인
③ 10인 ④ 15인

해설

안전관리자의 자격과 선임인원

안전관리자의 구분	자격	선임인원
안전관리 총괄자	해당사업자 (법인인 경우에는 그 대표자를 말한다)	1명
안전관리 부총괄자	해당 사업자의 수소용품 제조시설을 직접 관리하는 최고책임자	1명
안전관리 책임자	일반기계기사 · 화공기사 · 금속기사 · 가스산업기사 이상의 자격을 가진 사람 또는 일반시설 안전관리자 양성교육 이수자 (「근로기준법」에 따른 상시 사용하는 근로자 수가 10명 미만인 시설로 한정한다)	1명 이상
안전관리원	가스기능사 이상의 자격을 가진 사람 또는 일반시설 안전관리자 양성교육 이수자	1명 이상

138 수소 판매 및 수소의 보고내용 중 틀린 항목은?

① 보고의 내용은 수소의 종류별 체적단위(Nm^3)의 정상판매가격이다.
② 보고방법은 전자보고 및 그 밖의 적절한 방법으로 한다.
③ 보고기한은 판매가격 결정 또는 변경 후 24시간 이내이다.
④ 전자보고란 인터넷 부가가치통신망(UAN)을 말한다.

보고의 내용은 수소의 종류별 중량(kg)단위의 정상판매가격이다.

139 수소용품의 검사를 생략할 수 있는 경우가 아닌 것은?

① 검사를 실시함으로 수소용품의 성능을 떨어뜨릴 우려가 있는 경우
② 검사를 실시함으로 수소용품에 손상을 입힐 우려가 있는 경우
③ 검사 실시의 인력이 부족한 경우
④ 산업통상자원부 장관이 인정하는 외국의 검사기관으로부터 검사를 받았음이 증명되는 경우

정답 134.② 135.② 136.④ 137.③ 138.① 139.③

140 다음 [보기]는 수소용품 제조시설의 안전관리자에 대한 내용이다. 맞는 것은?

> ㉮ 허가관청이 안전관리에 지장이 없다고 인정하면 수소용품 제조시설의 안전관리책임자를 가스기능사 이상의 자격을 가진 사람 또는 일반시설 안전관리자 양성교육 이수자로 선임할 수 있으며, 안전관리원을 선임하지 않을 수 있다.
> ㉯ 수소용품 제조시설의 안전관리책임자는 같은 사업장에 설치된 「고압가스안전관리법」에 따른 특정고압가스 사용신고시설, 「액화석유가스의 안전관리 및 사업법」에 따른 액화석유가스 특정사용시설 또는 「도시가스사업법」에 따른 특정가스 사용시설의 안전관리책임자를 겸할 수 있다.

① ㉮의 보기가 올바른 내용이다.
② ㉯의 보기가 올바른 내용이다.
③ ㉮는 올바른 보기, ㉯는 틀린 보기이다.
④ ㉮, ㉯ 모두 올바른 내용이다.

정답 140.④

M · E · M · O

M · E · M · O

가스산업기사 기출문제집 필기

2020. 1. 9. 초판 1쇄 발행
2024. 1. 24. 개정 4판 1쇄(통산 5쇄) 발행

지은이 | 양용석
펴낸이 | 이종춘
펴낸곳 | BM (주)도서출판 성안당
주소 | 04032 서울시 마포구 양화로 127 첨단빌딩 3층(출판기획 R&D 센터)
10881 경기도 파주시 문발로 112 파주 출판 문화도시(제작 및 물류)
전화 | 02) 3142-0036
031) 950-6300
팩스 | 031) 955-0510
등록 | 1973. 2. 1. 제406-2005-000046호
출판사 홈페이지 | **www.cyber.co.kr**
ISBN | 978-89-315-2955-5 (13530)
정가 | 29,000원

이 책을 만든 사람들
책임 | 최옥현
진행 | 이용화, 박현수
전산편집 | 전채영
표지 디자인 | 박현정
홍보 | 김계향, 유미나, 정단비, 김주승
국제부 | 이선민, 조혜란
마케팅 | 구본철, 차정욱, 오영일, 나진호, 강호묵
마케팅 지원 | 장상범
제작 | 김유석